Python 机器学习实战：
真实智能案例实践指南

迪潘简·撒卡尔（Dipanjan Sarkar）

[印度]　拉格哈夫·巴利（Raghav Bali）　　著

图沙尔·夏尔马（Tushar Sharma）

徐　键　张善干　祁鹏宇　丁学文　肖　阳　鲁　辰　鲜思锐　柯振旭　译

机械工业出版社

CHINA MACHINE PRESS

本书帮你掌握通过机器学习和深度学习来识别和解决复杂问题所需的基本技能。本书使用了流行的 Python 机器学习生态系统中的真实示例，将成为你在学习机器学习的艺术和科学并成为一名成功的从业者道路上的完美伴侣。本书中使用的概念、技术、工具、框架和方法将教会你如何成功思考、设计、构建和执行机器学习系统和项目，并利用这些知识解决一些来自不同领域的实际问题，包括零售、运输、电影、音乐、计算机视觉、艺术和金融。本书将教会你解决自己遇到的机器学习问题！

本书适合人工智能、机器学习、深度学习相关行业的从业者和学习者阅读。

First published in English under the title

Practical Machine Learning with Python by Dipanjan Sarkar, Raghav Bali, Tushar Sharma

Copyright © 2018 by Dipanjan Sarkar, Raghav Bali and Tushar Sharma

This edition has been translated and published under licence from Apress Media，LLC.

本书由 Apress Media 授权机械工业出版社在中国境内（不包括香港、澳门特别行政区以及台湾地区）出版与发行。未经许可之出口，视为违反著作权法，将受法律之制裁。

北京市版权局著作权合同登记　图字：01-2018-5164 号。

图书在版编目（CIP）数据

Python 机器学习实战：真实智能案例实践指南 /（印）迪潘简·撒卡尔（Dipanjan Sarkar）等著；徐键等译 . —北京：机械工业出版社，2020.12

书名原文：Practical Machine Learning with Python：A Problem-Solver's Guide to Building Real-World Intelligent Systems

ISBN 978-7-111-66973-9

Ⅰ . ① P…　Ⅱ .①迪… ②徐…　Ⅲ .①软件工具 – 程序设计 ②机器学习
Ⅳ . ① TP311.561 ② TP181

中国版本图书馆 CIP 数据核字（2020）第 234517 号

机械工业出版社（北京市百万庄大街 22 号　邮政编码 100037）
策划编辑：林　桢　责任编辑：林　桢　朱　林
责任校对：张　薇　封面设计：鞠　杨
责任印制：李　昂
北京机工印刷厂印刷
2021 年 5 月第 1 版第 1 次印刷
184mm × 240mm · 30 印张 · 688 千字
标准书号：ISBN 978-7-111-66973-9
定价：168.00 元

电话服务　　　　　　　网络服务
客服电话：010-88361066　机 工 官 网：www.cmpbook.com
　　　　　010-88379833　机 工 官 博：weibo.com/cmp1952
　　　　　010-68326294　金 书 网：www.golden-book.com
封底无防伪标均为盗版　机工教育服务网：www.cmpedu.com

原书序言

由摩尔定律提供的计算能力使机器学习解决方案得以快速发展，并推动了其在跨行业各领域中的应用。通过系统的、易于应用的机器学习解决方案，从观察到的（训练）数据中学习现实世界过程背后的复杂模型的能力，对企业具有巨大的吸引力，可以利用其实现有意义的商业价值。机器学习的吸引力和机遇带来了许多资源，包括书籍、教程、在线培训和课程等，以帮助解决方案开发人员、分析师、工程师和科学家学习算法以及实现平台、方法。对于刚开始学习的人来说，被大量的材料所淹没是很常见的。此外，如果不遵循结构化的工作流程，则使用机器学习解决方案可能无法获得一致且相关的结果。

构建健壮的机器学习应用程序并获得一致的、可操作的结果的关键要求包括投入大量的时间和精力来理解项目的目标和关键价值，建立健壮的数据流程，分析和可视化数据，以及特征工程、特征选择和建模。这些项目的迭代本质上包括几个"选择→应用→验证→调优"周期，然后再提出一个合适的基于机器学习的模型。最后也是重要的一步是将解决方案（机器学习模型）集成到现有的（或新的）组织系统或业务流程中，以维持可操作的和相关的结果。因此，对健壮的机器学习解决方案的组成部分的广泛需求，要求开发平台不仅适合于机器学习的交互建模，而且在数据摄取、处理、可视化、系统集成，以及对运行时部署和维护的强大生态系统支持等方面也要表现出色。Python 是一种绝佳的语言选择，因为它的多用途功能、易于实现和集成、活跃的开发人员社区以及不断增长的机器学习生态系统满足了各种的需要，从而使其在机器学习中的使用迅速增长。

本书作者利用了自身使用 Python 及其机器学习生态系统解决实际问题的实践经验，帮助读者获得扎实的知识和案例，以便应用基本概念、方法、工具和技术来解决他们自己的实际问题。本书适合不同技能水平的读者，从初学者到专家，目的是帮助他们学习构建实用的机器学习解决方案。

英特尔高级首席工程师 Ram R. Varra

原书前言

数据是新的"石油"，而机器学习是一个强大的概念和框架，可以充分利用它。在这个自动化和充满智能系统的时代，机器学习和数据科学成为最热门的词汇并不令人惊讶。跨行业、企业和领域对数据科学领域的巨大兴趣和新投资清楚地展现了其巨大的潜力。智能系统和数据驱动的组织正在成为现实，工具和技术的进步只会帮助它进一步扩展。由于数据至关重要，因此对机器学习和数据科学从业人员的需求从未像现在这样旺盛。事实上，世界正面临着数据科学家短缺的情况。数据科学工作被称为"21世纪最性感的工作"，因此在该领域积累一些有价值的专业知识就变得更加有意义。

本书是方案解决者的指南，用于构建真实世界的智能系统。它采用了包含概念、方法论、实际示例和代码的三步法。本书通过遵循数据驱动的思维方式，帮助读者掌握解决机器学习与深度学习中复杂问题时所需的必要技能。使用真实世界的案例研究，利用流行的Python机器学习生态系统，本书将成为你在学习机器学习的艺术和科学并成为成功从业者道路上的完美伴侣。本书中使用的概念、技术、工具、框架和方法将教会你如何成功思考、设计、构建和执行机器学习系统和项目。

本书将带你开始探索利用Python机器学习生态系统及其各种框架和库的方法。本书的三步法首先侧重于围绕机器学习的基础知识以及相关工具和框架建立一个坚实的基础，之后强调构建机器学习流程的核心过程，最后利用这些知识解决一些来自不同领域的实际问题，包括零售、运输、电影、音乐、计算机视觉、艺术和金融。本书还涵盖了广泛的机器学习模型，包括回归、分类、预测、规则挖掘和聚类。本书还涉及深度学习领域的前沿方法和研究，包括迁移学习和与计算机视觉相关的案例研究（如图像分类和神经风格迁移）。每章都包含详细的概念、完整的实例、代码及详细的讨论。

本书的主要目的是为广泛的读者（包括IT专业人员、分析师、开发人员、数据科学家、工程师和研究生）提供一种结构化的方法来获得与机器学习有关的基本技能，以及利用先进的机器学习技术和框架的足够知识，以便他们能够开始解决他们自己的现实问题。本书是以应用实践为核心内容，所以它不能完全满足你对有关机器学习算法、方法及其内部实现的深入概念和理论知识的需求。我们建议你再通过一些关于数据挖掘、统计分析、机器学习算法和方法的理论方面的书籍来补充知识，从而对机器学习的世界有更深入的了解。

译者简介

徐键
讲师、架构师、全栈程序员。主要从事通信系统、IoT 等系统的设计与开发工作。研究方向为大数据、NewSQL 分布式数据库和机器学习。

张善干
高级工程师，专注于分布式、高并发、高可用的服务端系统实践。同时也是人工智能践行者，在生产实践中搭建智能客服系统，并将系统实现微服务化。

祁鹏宇
本科毕业于上海交通大学，硕士毕业于新加坡国立大学，拥有多年的机器学习实战经验。

丁学文
前端开发工程师，《现代 JavaScript 教程》中文版负责人、掘金优秀作者、掘金翻译计划前负责人。毕业于中国地质大学（武汉）自动化学院，2021 年 7 月入职阿里巴巴 - 阿里云。硕士研究方向为机器学习，拥有多年前端开发和机器学习领域翻译经验。个人微信公众号"技术漫谈"和"编程每日一题"。

肖阳
十年互联网工作经验，曾就职于多家知名互联网公司。

鲁辰
本科毕业于华中科技大学计算机专业，硕士毕业于卡内基·梅隆大学电子商务技术专业，目前在美国从事软件开发工作。

鲜思锐
毕业于厦门大学（信息与计算数学）及新加坡国立大学（商业分析），目前就职于新加坡某电商公司，担任高级数据分析师，拥有三年市场和广告方面的数据分析工作经验。

柯振旭
开源爱好者，Apache SkyWalking PMC 成员，Apache Incubator PMC 成员，Apache Local Community Beijing 成员。

目　录

第3部分　真实案例研究

第 1 部分

理解机器学习

第 1 章
机器学习基础

  制造智能、有知觉和自我意识的机器的想法并不是在最近几年才突然出现的。事实上，希腊神话的很多传说中都有关于智能机器和拥有自我意识和智慧的发明。计算机的起源和演变在几个世纪以来一直都是革命性的，从基本的算盘开始，到 17 世纪的计算尺再到 19 世纪由 Charles Babbage（查尔斯·巴贝奇）设计的第一台通用计算机。事实上，从计算机由查尔斯·巴贝奇发明的分析引擎开始，到 Ada Lovelace（阿达·洛芙莱斯）在 1842 年编写出第一个计算机程序，人们开始怀疑和思考，可能会有一天，计算机或机器会真正变得聪明，开始能够进行自我思考。事实上，著名的计算机科学家艾伦·图灵在理论计算机科学、算法和正式语言的发展方面具有很大的影响力，早在 20 世纪 50 年代就已经涉及人工智能和机器学习等概念。这里对机器学习演进的简要介绍，只是让你了解一下几个世纪以来一直存在的东西，但最近开始引起了很多关注。

  随着计算机运行速度越来越快、处理性能越来越好、计算能力越来越强，以及存储容量的增加，我们一直生活在所谓的"信息时代"或"数据时代"。现在每天都在使用数据科学、人工智能、数据挖掘和机器学习等概念和方法来处理大数据和构建智能系统。当然，你们中的大部分人一定听过我刚才提到的许多术语，并且遇到了类似"数据是新的石油"这样的说法。在过去十年中，企业和组织所面临的主要挑战是使用各种方法来理解它们拥有的所有数据，并从中获取有价值的信息和见解，以便做出更好的决策。事实上，随着技术的巨大进步，包括廉价和大规模计算、硬件（包括 GPU）和存储的可用性，人们已经看到了围绕人工智能、机器学习和最近的深度学习等领域构建的一个蓬勃发展的生态系统。研究人员、开发人员、数据科学家和工程师正在夜以继日地研究和创建工具、框架、算法、技术和方法，以构建能够预测事件的智能模型和系统、自动完成任务、执行复杂的分析、检测异常、自愈失败，甚至理解和响应人类的输入。

  本章采用结构化的形式来涵盖与机器学习相关的各种概念、方法和思想。核心思想是给你足够的背景，说明为什么需要机器学习，机器学习的基本组成部分，以及机器学习目前给我们提供了什么。这将使你能够了解如何最好地利用机器学习来从数据中获得最大的收益。由于这是一本关于实用机器学习的书，接下来将在后续的章节中重点讨论具体的用例、问题和真实案例研究，所以理解正式的定义、概念和基础对于学习算法、数据管理、模型构建、评估和部署都是非常重要的。本书涵盖了所有这些方面，包括与数据挖掘和机器学习工作流相关的行业标准，以便为你提供一个基本框架，可用于处理和解决实际问题。

除此之外，本书还涵盖了与机器学习相关的跨学科领域，这些领域实际上都是人工智能下的相关领域。

本书更侧重于应用或实用的机器学习，因此，大部分章节的重点将是应用机器学习技术和算法来解决实际问题，对于在基础数学、统计学和机器学习方面有一定熟悉程度的读者是有益的。然而，本书考虑到不同读者的专业知识水平不同，本章和第 I 部分、第 II 部分将会让你加快了解机器学习和构建机器学习流程的关键知识。如果你已经熟悉机器学习的基本概念及其意义，便可以快速浏览本章，然后转到第 2 章，在那里会讨论用 Python 构建机器学习系统的好处，介绍解决机器学习问题的主要工具和框架。

本书着重强调通过使用大量的代码片段、示例和案例研究来进行学习。书中利用 Python 3，并用相关代码文件（.py）和 Jupyter Notebook（.ipynb）来描述本书中所有的示例，以获得更好的交互体验。我们鼓励你参考本书的 GitHub 仓库 https://github.com/dipanjanS/practical-machine-learning-with-python，本书将分享与每一章相关的必要代码和数据集。当你浏览本书时，可以利用这个仓库来尝试所有的示例，也可以利用它们来解决实际问题。将来我们也会在这个 GitHub 仓库分享与机器学习和深度学习相关的额外内容，所以请持续关注！

1.1 机器学习的需求

人类可能是目前这个星球上最先进、最聪明的物种。人类可以思考、推理、构建、评估和解决复杂的问题。人类的大脑仍然是我们自己还没有完全弄明白的东西，因此在某些方面，人工智能仍然无法超越人类智能。因此，你可能会想到一个紧迫的问题：为什么需要机器学习？有什么必要花时间和精力让机器学习变得智能呢？答案可以用一句话来概括："在规模上以数据驱动决策"。本书将在下面的章节中详细解释这句话。

1.1.1 数据驱动决策

从数据中获取关键信息或见解是企业和组织大量投资于优秀员工以及机器学习和人工智能等新范式和领域的关键原因。数据驱动决策的概念并不新鲜。在运营研究、统计和管理信息系统等领域已经存在了几十年，它们试图通过使用数据和分析来做出以数据驱动的决策，为任何企业或组织提高效率。利用数据获取可操作的见解并做出更好的决策的艺术和科学被称为数据驱动决策。当然，说起来容易做起来难，因为人们很少能直接使用原始数据来做出有见地的决策。而另一个方面，我们经常利用推理或直觉，试图根据在一段时间内和工作中所学到的东西做出决定。大脑是一个非常强大的组织，可以帮助我们做到这一点。考虑一下这些场景，比如了解你的同事或朋友在说什么，从图像中识别人，决定是否批准或拒绝商业交易等。虽然人们可以几乎不自觉地解决这些问题，你能向某人解释你如何解决这些问题的过程吗？但也许过了一段时间，你会说，"嘿！我的大脑为我做了大部分的思考！"这就是为什么让机器学习解决某些问题是困难的，比如计算贷款利息或退税等常规计算程序。解决无法编程的问题本质上需要一种不同的方法,人们使用数据本身来驱动决策,而不是使用可编程的逻辑、规则或代码来做出这些决策。本书将在以后的章节中进一步讨论这个问题。

1.1.2 效率和规模

获取见解和由数据驱动的决策是至关重要的,但还需要以效率和规模来完成。使用机器学习或人工智能技术的关键思想是通过从数据中学习特定的模式来自动完成处理过程或任务。人们希望计算机或机器告诉我们一只股票什么时候可能会上涨或下跌,图像是计算机还是电视机,我们的产品摆放和价格是否是最合理的,确定购物价格趋势,在问题出现之前检测故障或中断,等等!虽然离不开人类的智慧和专业知识,但仍需要高效并大规模地解决现实世界问题。

一个现实世界中的规模问题

考虑以下现实问题。假设你是 DSS 公司世界级基础设施团队的经理,该团队为其他企业和消费者提供基于云的基础设施和分析平台的数据科学服务。作为服务和基础设施的提供者,你希望你的基础设施是一流的,并且对于故障和中断是健壮的。假设从圣路易斯的一个小办公室开始,你与 10 名有经验的员工组成团队,并且很好地掌握了如何监控所有的网络设备,包括路由器、交换机、防火墙和负载均衡等。很快你就在基于云的深度学习服务和 GPU 开发方面取得了突破,并获得了巨大的利润。现在客户越来越多,是时候把基地扩展到旧金山、纽约和波士顿了!你现在有一个巨大的连接基础设施,每个建筑里都有数百个网络设备!现在你将如何大规模地管理这些基础设施?你是否为每个办公室雇佣更多的人力,或者你是否试图利用机器学习来处理诸如故障预测、自动恢复和设备监控等任务?你可以试着从工程师和经理的角度思考这个问题。

1.1.3 传统编程范式

计算机,虽然是非常复杂的设备,但是我们可以认为它是一个白痴盒子,而另一个众所周知的白痴盒子是电视机!你可能会很惊讶:怎么可能?在这一点上,这是一个很有意思的问题。让我们思考一台电视机,甚至是一种现在市面上所谓的智能电视机。无论是在理论上还是在实践中,电视机都会做你为它设定的任何事情。它将显示你想要查看的频道,记录你稍后想要查看的内容,并运行你想要的应用程序!计算机也是做同样的事情,但是方式不同。传统的编程范式基本上是让用户或程序员使用代码编写一组指令或操作,使计算机对数据执行特定的计算,以得到所需的结果。图 1-1 描述了传统编程范式的典型工作流程。

从图 1-1 中你可以得到,计算机的核心输入是数据和一个或多个程序,这些程序基本上是使用编程语言编写的,比如 Java、Python 等高级编程语言,或者 C 或汇编语言等低级编程语言。程序使计算机能够处理数据、执行计算和生成输出。在传统编程范式中,可以很好地完成计算年度税收的任务。

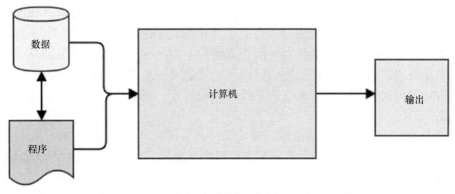

图 1-1　传统编程范式

现在，来考虑一下前面 DSS 公司所讨论的实际基础设施问题。你认为传统的编程方法能解决这个问题吗？嗯，在某种程度上是可以的。我们可能能够访问设备数据、事件流和日志，并访问各种设备属性，如使用级别、信号强度、传入和传出连接、内存和处理器使用级别、错误日志和事件等。然后，可以使用团队中网络和基础设施专家的领域知识，并基于这些数据属性建立一些基于特定决策和规则的事件监控系统。这将为我们提供一种基于规则的反应性分析解决方案，使得可以在其中监视设备，观察是否发生任何特定的异常或中断，然后采取必要的行动迅速解决任何潜在的问题。我们可能还需要雇佣一些操作人员来持续监控和解决问题。然而，仍然存在一个紧迫的问题，即在故障或问题真正发生之前，尽量避免出现更多的故障。机器学习能在某种程度上帮助我们吗？

1.1.4　为什么是机器学习

现在开始讨论为什么需要机器学习的问题。考虑到你到目前为止学到的知识，尽管传统的编程范式相当不错，而且人工智能和领域专家肯定是做出数据驱动决策的一个重要因素，但仍然需要机器学习来更快更好地做出决策。机器学习范式试图考虑数据和预期的输出或结果（如果有的话），并使用计算机构建程序，也称为模型。这个程序或模型可以在将来用于做出必要的决策，并从新的输入中给出预期的输出。图 1-2 显示了机器学习范式与传统编程范式的相似之处。

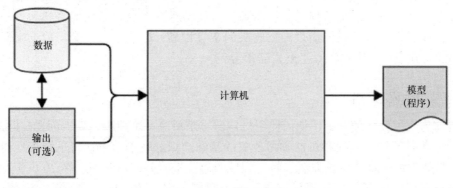

图 1-2　机器学习范式

图 1-2 强化了如下事实，在机器学习范式中，计算机试图使用输入数据和预期输出来学习固有模式的数据，并最终构建一个类似于计算机程序的模型，这将有助于在以后对新的输入数据点，利用从之前的数据点（知识或经验）中所学的知识进行数据驱动决策。你可能会从中受益。我们不需要手工编码的规则、复杂的流程图、案例和 if-then 条件，以及通常用于构建任何决策系统或决策支持系统的其他标准。基本思想是使用机器学习来做出有见地的决定。

当讨论为 DSS 公司管理基础设施的现实问题时，这一点就会更加清晰。在传统的编程方法中，讨论了雇佣新员工、建立基于规则的监控系统等。如果在这里使用机器学习范式，可以使用如下步骤来解决问题。

• 利用设备数据和日志，并确保在某些数据存储（数据库、日志或平面文件）中有足够的历史数据。

• 确定可能对构建模型有用的关键数据属性。这可能是设备利用率、日志、内存、处理器、连接、线路强度、链接等。

• 观察和捕获不同时间段的设备属性及其行为，包括正常的设备行为和异常的设备行为或者中断。这些结果将是你的输出，设备数据将是你的输入。

• 将这些输入和输出对输入到任何特定的机器学习算法中，并建立一个模型，学习内在的设备模式和观察相应的输出或结果。

• 部署模型，对于设备属性的最新值，可以预测特定设备是否运行正常，或者可能导致故障。

一旦你能够构建一个机器学习模型，便可以轻松地部署，并围绕它建立一个智能系统，这样不仅可以被动地监控设备，同时能够主动识别潜在的问题，甚至在出现任何问题之前修复它们。想象构建一个自愈系统，并进行 24 小时的设备监控。这种可能性总是存在的，你不必在每次扩建办公室或购买新的基础设施时都需要雇佣新员工。

当然，前面讨论的工作流程与构建机器学习模型所需的一系列步骤相比，机器学习要复杂得多，但这只是强调，并使你在概念上而不是技术上更多地思考范式如何在机器学习处理中进行迁移，同时你也需要改变你的思想，从基于传统的方法向基于数据驱动的方法进行转变。机器学习的美妙之处在于它不受领域限制，你可以使用技术来解决跨越多个领域、业务和行业的问题。同样，如图 1-2 所示，你不会总是需要输出数据点来构建模型；有时输入数据不足（或者更确切地说，输出数据可能不存在）更适合无监督学习。一个简单的例子是，通过查看顾客在商店里通常购买的杂货物品，根据过去的交易数据来确定他们的购物模式。在下一节中将深入了解机器学习。

1.2 理解机器学习

到目前为止，你已经看到了如何使用机器学习来解决一个典型的现实问题。除此之外，你还很好地掌握了传统编程和机器学习范式的基础知识。在本节中，将更详细地讨论机器学习。更具体地说，本节将从概念和特定领域的角度来看待机器学习。在 20 世纪 90 年代，当研究人员和科学家开始把机器学习作为人工智能（AI）的一个子领域时，它便成名了。

机器学习从 AI、概率论、统计学借用概念，与基于规则的模型需要大量的人工时间和精力相比，机器学习执行起来要快得多。当然，正如之前指出的，机器学习在 20 世纪 90 年代并非凭空产生。这是一个多学科的领域，随着时间的推移而逐渐发展，并且在我们讨论它的时候它仍在发展。

简单地提一下进化的历史，这会对了解机器学习和人工智能发展过程中涉及的各种概念和技术非常有帮助。可以说它开始于 18 世纪晚期和 19 世纪早期，当第一部研究著作出版时讲到了贝叶斯定理。事实上，Thomas Bayes 的主要著作 *An Essay Towards Solving a Problem in the Doctrine of Chances* 已在 1763 年出版。除此之外，在此期间，在概率论和数学领域进行了大量的研究。这为 20 世纪更多突破性的研究和发明铺平了道路，其中包括 Andrey Markov 在 20 世纪初发明的马尔可夫链，Alan Turing 提出的学习系统的观点，以及 Frank Rosenblatt 在 20 世纪 50 年代发明的非常著名的感知器。可能很多人都知道神经网络自 20 世纪 50 年代以来有几个高点和低点，它们在 20 世纪 80 年代重新出名，是因为反向传播（多亏了 Rumelhart、Hinton 和 Williams）和其他几个发明，包括 Hopfield 网络、感知器、卷积和递归神经网络以及 Q 学习。当然，自 20 世纪 90 年代以来，随着随机森林的发现以及支持向量机、长短期记忆（LSTM）网络及机器和深度学习（包括 Torch、Theano、TensorFlow、scikit-learn 等）的发布，机器学习也开始了快速的进化。我们还看到了包括 IBM Watson、DeepFace 和 AlphaGo 在内的智能系统的崛起。事实上，这段旅程就像坐过山车一样，还有很长的路要走。花点时间反思一下这个进化过程，让我们谈谈这个过程的目的，为什么以及什么时候应该让机器学习？

1.2.1　为什么需要机器学习

在前面的一节中讨论了为什么需要机器学习，当我们试图利用数据，使用学习算法大规模地做出数据驱动决策时，无须过多地关注手工工作和基于规则的固定系统。在本节中将更详细地讨论为什么以及什么时候应该让机器学习。为了我们的利益，人类、企业和组织每天都在努力完成和解决一些现实世界的任务和问题。有几个场景可能有助于机器学习，其中一些如下所示。

- 在某一领域缺乏足够的人类专业知识（例如，在未知领域甚至空间行星上模拟导航）。
- 场景和行为随着时间不断变化（例如，组织中基础设施的可用性、网络连接等）。
- 人类在某一领域拥有足够的专业知识，但要正式地解释或将其转化为计算任务（如语音识别、翻译、场景识别、认知任务等）是极其困难的。
- 用大量的数据处理特定领域的问题，而这些数据又有太多复杂的条件和约束。

前面提到的场景只是几个例子，在这些例子中，在作用域、覆盖范围、性能和智能方面受到限制时，机器学习要比在构建亚智能系统上投入时间、精力和金钱更为有效。作为人类和领域专家，我们已经对世界和各自的领域有了足够的了解，这些领域可以是客观的、主观的，有时甚至是直觉的。由于大量的历史数据的存在，我们可以利用机器学习范式使机器执行特定任务。机器通过在一段时间内观察数据中的模式来获得足够的经验，然后利用这些经验以最少的人工干预来解决问题。其核心思想仍然是让机器完成那些直观的、几乎是无意识的、但又非常难以正式定义的任务。

1.2.2　正式定义

我们现在已经准备好正式地定义机器学习了。到目前为止，你可能已经遇到了多种机器学习的定义，包括使机器智能化的技术、类固醇自动化、自动化任务本身、21 世纪最性感的工作、让计算机自己学习以及其他无数的定义！虽然所有这些都是很好的引用，并且在一定程度上也是正确的，但是定义机器学习的最好方法是从机器学习的基础知识开始，由著名的 Tom Mitchell 教授在 1997 年定义。

机器学习的思想是存在一些学习算法可以帮助机器从数据中学习。Mitchell 教授定义如下：

"如果计算机针对某类任务 T 的用 P 衡量的性能根据经验 E 来自我完善，那么我们称这个计算机程序是从经验 E 中学习，针对某类任务 T，它的性能用 P 来衡量。"

虽然这个定义乍一看可能让人望而生畏，但你可以多阅读几次，慢慢地关注三个参数（T、P 和 E），它们是任何学习算法的主要组成部分，如图 1-3 所示。

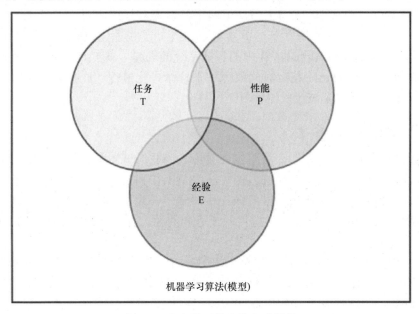

图 1-3　定义学习算法的组成部分

现在可以简化定义如下。机器学习是一个由学习算法组成的领域：

- 改进性能 P。
- 执行任务 T。
- 经验 E。

当在接下来的章节中详细讨论这些实体时，我们不会花时间来正式地或以数学方式定义每一个实体，因为本书的范围更倾向于应用或实战机器学习。如果你考虑前面提出的现实问题，其中一个任务 T 可能是预测我们的基础设施是否会出现故障；经验 E 是机器学习模型随着时间的推移通过观察不同设备数据属性的模式获得的；模型的性能 P 可以用不同的方式来衡量，比如模型预测中断的准确程度。

1.2.2.1　定义任务 T

在前一节中简要讨论了任务 T，它可以用两种方法定义。从问题的角度来看，任务 T 基本上就是我们手边要解决的现实问题，它可以是任何东西，从找到最佳的营销或产品组合到预测基础设施的失败等。在机器学习的世界里，最好是尽可能具体地定义任务，这样你就可以讨论你要解决的具体问题是什么，以及如何将问题定义成特定的机器学习任务。

基于机器学习的任务很难用传统的编程方法来解决。任务 T，通常可以将系统在数据点或样本上操作应该遵循的过程或工作流程定义为机器学习任务。通常，一个数据样本或数据点将包含多个数据属性（也称为机器学习术语中的特征），就像在前面的 DSS 公司问题中提到的各种设备参数一样。一个典型的数据点可以用一个向量（Python 列表）来表示，这样向量中的每个元素都是针对特定的数据特征或属性的。本书将在后面的章节以及第 4 章中详细讨论更多的特征和数据点。

回到可以归类为机器学习任务的典型任务，以下描述了一些典型的任务。

- **分类**：这通常包含一系列问题或任务列表，其中机器接收数据点或样本，并为每个样本分配特定的类或类别。一个简单的例子就是将动物图像分类为狗、猫和斑马。
- **回归**：这类任务通常涉及预测，这样一个真实的数值就是输入数据点的输出，而不是一个类或类别。以预测房价为例，理解回归任务的最佳方式是考虑实际问题，即考虑到地块、楼层数、浴室、卧室和厨房作为每个数据点的输入属性，从而预测房价。
- **异常检测**：这类任务涉及机器检查事件日志、事务日志和其他数据点，以便能够发现与正常行为不同的异常或异常模式或事件。例子包括试图从日志中发现拒绝服务攻击和欺诈迹象等。
- **结构化标注**：这通常涉及对输入数据点进行一些分析，并将结构化元数据作为注释添加到原始数据中，这些元数据描述了数据元素之间的额外信息和关系。简单的例子是用它们的词性、命名实体、语法和情感来标注文本。还可以对图像进行标注，比如为图像像素分配特定的类别，根据图像的类型、位置等对图像的特定区域进行标注。
- **翻译**：自动化机器翻译任务通常是这样的，如果你有属于特定语言的输入数据样本，则可以将其转换为另一种语言的输出。基于自然语言的翻译无疑是处理大量文本数据的一个巨大领域。
- **聚类或分组**：聚类或分组通常是由输入数据样本组成的，通过让机器学习或观察输入数据点之间固有的潜在模式、关系和相似性。通常，这些任务缺乏预先标记或预先标注的数据，因此它们是无监督机器学习的一部分（我们将在后面讨论）。例如，将类似的产品、事件和实体进行分组。
- **转录**：这些任务通常包含各种数据的表现形式，通常是连续的和非结构化的，并将它们转换为更结构化和离散的数据元素。例子包括语音到文本、光学字符识别及图像到文本等。

这应该会让你对使用机器学习解决的典型任务有一个很好的了解，但是上述内容绝对不是一个详尽的，因为任务是无穷无尽的，随着时间的推移和大量的研究，会发现更多的任务。

1.2.2.2　定义经验 E

你知道，任何学习算法通常都需要对数据学习一段时间，并执行特定的任务，我们称之为 T。使用由数据样本或数据点组成的数据集，学习算法或模型学习的固有模式定义为学习经验 E。算法获得的任何经验都来自数据样本或数据点，并且可以在任何时间点进行。你可以使用历史数据一次性提供数据样本，甚至可以在获取数据时提供新的数据样本。

因此，模型或算法获得经验通常是作为一个迭代过程出现的，也称为训练模型。你可以把模型想象成一个实体，就像人类一样，通过观察和学习数据中存在的各种属性、关系和模式，通过数据点获得知识或经验。当然，学习和获取经验的形式和方式有多种，包括监督、无监督和强化学习，本书将在以后的章节中讨论这些学习方法。现在，后退一步，记住这个类比，当一台机器真正学习的时候，它是基于数据的，从而使它获得要解决任务的经验和知识，这样在未来对于未知的数据点，它可以利用经验 E 来预测或解决相同的任务 T。

1.2.2.3　定义性能 P

假设我们有一个机器学习算法，它执行任务 T，并且在一段时间内通过数据点获得经验 E。但是怎么知道它表现得好或者是按照预设的行为呢？这就是模型的性能 P。性能 P，通常是一个定量测量或指标，用于查看算法或模型执行任务 T 以及经验 E 的良好程度。虽然性能度量通常是在经过多年的研究和开发之后建立的标准度量，但是每个度量通常都是特定于任务 T 的。

典型的性能指标包括准确度、精度、召回率、F1 评分、灵敏度、特异性、错误率、误判率等。性能度量通常是对训练数据样本（由算法用于获取经验 E）以及未知的数据样本（通常称为验证和测试数据集）进行评估。背后的思想是对算法进行归纳，使它对于训练数据点偏差不会太大，并在未来在较新的数据点上表现良好。当讨论模型生成和验证时，本书将讨论更多有关训练、验证和测试数据的信息。

大多数情况下，在解决任何机器学习问题时，性能度量 P 的选择通常是准确度、F1 评分、精度和召回率。虽然这在大多数情况下都是正确的，但是应该始终记住，有时很难选择性能度量，因为它能够准确地告诉我们，算法是如何根据预期的实际行为或结果来执行的。一个简单的例子是，有时我们想要惩罚误分类或误报，而不是正确的点击行为或预测。在这种情况下，可能需要使用一个修改过的成本或先验函数，这样就可以给出一个范围，以牺牲命中率或整体准确度来进行更准确的预测。一个真实的例子是一个智能系统，它可以预测我们是否应该贷款给客户。最好是建立这样一种体系，在这种方式下，它比拒绝贷款更谨慎。原因很简单，因为与拒绝向潜在客户提供几笔小额贷款相比，向潜在违约者提供贷款可能会导致巨大的损失。最后，你需要考虑任务 T 中涉及的所有参数和属性，以便能够为系统确定正确的性能度量 P。

1.2.3 多学科领域

已经在上一节中正式介绍并定义了机器学习，这将使你对任何学习算法涉及的主要组件有了一个很好的了解。现在把视角转向机器学习作为一个领域。从某些角度来看，机器学习被认为是人工智能甚至是计算机科学的一个子领域。机器学习的概念自诞生以来，在一段时间内从多个领域中派生和借鉴，使它成为一个真正的多学科或跨学科领域。基于概念、方法、思想和技术，图 1-4 给出了与机器学习重叠的主要领域。这里需要记住的重要一点是，这绝对不是一个详尽的领域名单，而是描述了与机器学习相关的主要领域。

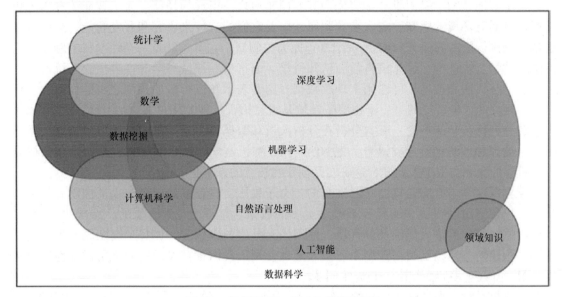

图 1-4　机器学习：真正的多学科领域

与机器学习相关的主要领域包括如下，如图 1-4 所示。本书将在接下来的章节中讨论这些领域。

- 人工智能；
- 自然语言处理；
- 数据挖掘；
- 数学；
- 统计学；
- 计算机科学；
- 深度学习；
- 数据科学。

数据科学就像是一个广泛的跨学科领域，跨越所有其他领域，所有其他领域都是它的子领域。当然，这只是一个简单的概括，并没有严格地表示它是包含所有其他领域的超集，而是借用它们的重要概念和方法。数据科学的基本思想是再次从数据和领域知识中提取信息的过程、方法和技术。这是在接下来的章节中讨论的一个重要部分。

回到机器学习，模式识别和数据库知识发现（KDD）等基本数据挖掘方法在关系数据库非常出名的时候就出现了。这些领域更侧重于从大型数据集中挖掘信息的能力和技术，以便能够获得感兴趣的模式、知识和见解。当然，KDD 本身就是一个包含数据获取、存储、处理和分析的完整过程。机器学习借用了与分析阶段更相关的概念，尽管确实需要通过其他步骤才能到达最后阶段。数据挖掘又是一个跨学科或多学科的领域，它借鉴了计算机科学、数学和统计学的概念。其结果是，计算统计学是大多数机器学习算法和技术的重要组成部分。

人工智能（AI）是由机器学习作为其专门领域之一组成的超集。人工智能的基本思想是根据机器对环境的感知、输入参数和属性以及它们的响应来研究和开发智能，从而可以根据期望执行所需的任务。AI 是一个真正庞大的领域，它本身就是一个跨学科的领域。它借鉴了数学、统计学、计算机科学、认知科学、语言学、神经科学等许多概念。机器学习更关心的是算法和技术，可以用来理解数据、构建表示和执行诸如预测之类的任务。与机器学习相关的人工智能的另一个主要子领域是自然语言处理（NLP），它大量借用了计算语言学和计算机科学的概念。文本分析在分析人员和数据科学家中是一个重要的领域，用于提取、处理和理解自然人类语言。把 NLP 与 AI 和机器学习结合起来，你会得到聊天机器人、机器翻译和虚拟个人助理，这确实是创新和技术的未来！

说到深度学习，它是机器学习本身的一个子领域，它更多地处理与表征性学习相关的技术，以便通过获得更多的经验来改进更多的数据。它遵循一种分层的、层次化的方法，以便尝试对给定的输入属性及其环境，使用嵌套分层的概念表示，每个复杂层都是由更简单的层构建的。神经网络在深度学习中大量被使用，我们将在以后的章节更详细地研究深度学习，并在本书后面解决一些现实问题。

计算机科学几乎是这些领域的基础，这些领域涉及计算机的研究、开发、工程和编程。因此，本书不会在这方面做太多的扩展，但是你一定要记住计算机科学对机器学习的重要性，并且可以很容易地用于解决实际问题。这将使你对机器学习这一多学科领域的广阔前景有一个很好的了解，以及它是如何跨多个相关和重叠的领域的。本书接下来将更详细地讨论其中的一些领域，并在必要时介绍每个领域中的一些基本概念。

下面来看看计算机科学的一些核心基本原理。

1.3　计算机科学

计算机科学（CS）领域可以定义为理解计算机科学的研究。这包括对理解、设计、构建和使用计算机的领域的研究、开发、工程和实验。这还涉及广泛的算法的程序设计和开发，这些算法和程序可用于使计算机执行所需的计算和任务。计算机科学有两个主要领域，如下所示。

- 理论计算机科学；
- 应用或实践计算机科学。

计算机科学的两个主要领域也跨越了多个领域，每个领域又构成了计算机科学的一部分或一个子领域。计算机科学的主要本质包括形式语言、自动机和计算理论、算法、数据结构、计算机设计和体系结构、编程语言和软件工程原理。

1.3.1　理论计算机科学

理论计算机科学是对理论和逻辑的研究，试图解释计算背后的原理和过程。这包括理解计算理论，它讨论如何有效地利用计算来解决问题。计算理论包括对形式语言、自动机的研究，以及对计算和算法所涉及的复杂性的理解。信息和编码理论是理论计算机科学下的另一个主要领域，它为我们提供了信号处理、密码学和数据压缩等领域的技术支撑。编程语言的原理及其分析是另一个重要的方面，它讨论了各种编程语言的特性、设计、分析和实现，以及编译器和解释器如何理解这些语言。最后，数据结构和算法是理论计算机科学在计算程序和函数中广泛使用的两个基本支柱。

1.3.2　实践计算机科学

实践计算机科学也称为应用计算机科学，它更多的是关于工具、方法和过程，这些工具、方法和过程处理在现实世界中应用计算机科学的概念和原理来解决实际的日常问题。这包括诸如人工智能、机器学习、计算机视觉、深度学习、自然语言处理、数据挖掘和机器人等新兴的子领域，它们试图基于多个约束和参数来解决复杂的现实问题，并试图模拟需要大量人类智力和经验的任务。此外，还有完善的领域，包括计算机体系结构、操作系统、数字逻辑和设计、分布式计算、计算机网络、安全、数据库和软件工程。

1.3.3　重要概念

这些是来自计算机科学的一些概念，你应该知道并记住它们，因为它们可以作为基础概念来更好地理解其他章节、概念和示例。它不是一个详尽的罗列，但应该覆盖了大部分。

1.3.3.1　算法

算法可以描述为执行特定任务的步骤、操作、计算或函数。它们基本上是通过一系列操作来描述和表示计算机程序的方法，这些操作通常使用纯自然语言、数学符号和图来描述。通常，流程图、伪代码和自然语言被广泛地用于表示算法。一种算法可以简单到累加两个数字，复杂到计算矩阵的逆。

1.3.3.2　编程语言

编程语言是一种语言，它有自己的一组符号、单词、标识和运算符，它们都有自己的含义。因此，语法和语义结合起来就形成了正式的语言。这种语言可以用来编写计算机程序，它们基本上是真实世界的算法实现，可以用来为计算机编写特定的指令，使其进行必要的计算和操作。编程语言可以是像 C 和汇编语言这样的低级语言，也可以是像 Java 和 Python 这样的高级语言。

1.3.3.3　编码

这基本上是构成计算机程序基础的源代码。代码是用编程语言编写的，由一组计算机语句和指令组成，使计算机执行特定的预期任务。代码使用编程语言将算法转换成程序。

我们将使用 Python 实现大多数真实世界的机器学习解决方案。

1.3.3.4　数据结构

数据结构是用于管理数据的专用结构。基本上，它们是抽象数据类型规范的真实实现，可以用来有效地存储、检索、管理和操作数据。目前有一套完整的数据结构，如数组、列表、元组、记录、结构、联合体、类等。我们将广泛地使用 Python 数据结构，如列表、数组、数据集和字典来操作真实的数据。

1.4　数据科学

数据科学领域是一个非常多样化的跨学科领域，它包含了我们在图 1-4 中描述的多个领域。数据科学主要处理从数据（结构化和非结构化）中收集知识或信息的原则、方法、过程、工具和技术。数据科学更多的是通过对过程、技术和方法的汇集，来促进基于数据的决策文化。实际上，图 1-5 所示的 Drew Conway 的数据科学维恩图展示了数据科学的核心组成部分和本质，数据科学在网络上迅速传播开来，并风靡一时。

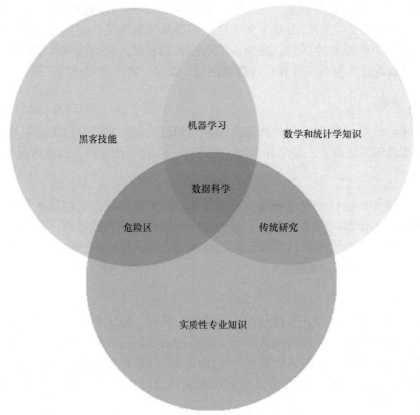

图 1-5　Drew Conway 的数据科学维恩图

图 1-5 非常直观，易于理解。基本上有三个主要的组成部分，数据科学位于它们的交叉点。数学和统计学知识是关于应用各种计算和定量的数学和统计技术，以从数据中提取

见解。黑客技能主要是指将数据进行处理、操作和将数据重整成易于理解和分析的格式的能力。实质性专业知识基本上是真实世界领域的专业知识,这在解决问题时非常重要,因为除了数据和算法方面的专业知识外,你还需要了解与该领域相关的各种因素、属性、约束和知识。

因此,Drew 指出,机器学习是对数据黑客技能、数学、统计学习方法和数据科学的专业知识的结合,你需要一定程度的领域专长和机器学习方面的知识。你可以在他的文章(见 http://drewconway.com/zia/2013/3/26/the-data-science-venn-diagram)中查看 Drew 的个人见解,其中,他谈到了数据科学维恩图。此外,还有 Brendan Tierney,他谈到了数据科学的真正本质是一个多学科领域,以及他的观点,如图 1-6 所示。

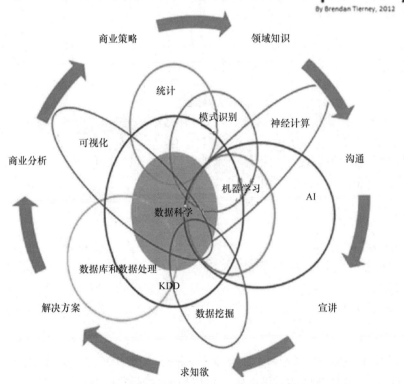

图 1-6   Brendan Tierney 关于数据科学是真正的多学科领域的描述

如果你仔细观察他的描述,你会看到这里提到的许多领域都是我们在前面几节中刚刚讨论过的,并且与图 1-4 的大部分内容相匹配。你可以清楚地看到,数据科学是关注的中心,并被其他领域和机器学习的部分作为子领域。

1.5   数学

数学领域涉及数字、逻辑和形式系统。数学的最佳定义是亚里士多德创造的"量的科学"。数学作为一个科学领域的范围是巨大的，跨越了代数、三角学、微积分、几何和数论等领域。线性代数和概率是数学中的两个主要子领域，它们在机器学习中被广泛使用，本节会对它们的一些重要概念进行讨论。我们的主要关注点将始终放在实用的机器学习上，而应用数学也是一个重要方面。线性代数处理数学对象和结构，如向量、矩阵、直线、平面、超平面和向量空间。概率论是一个数学领域和框架，用于研究和量化机会和不确定性事件，并从中推导出定理和公理。这些法则和公理帮助我们在任何真实世界的系统或场景中进行推理、理解和量化不确定性及其影响，这有助于我们利用框架构建机器学习模型。

1.5.1 重要概念

在本节中讨论了应用数学中的一些关键术语和概念，即线性代数和概率论。这些概念广泛应用于机器学习，并形成了跨机器学习算法、模型和过程的一些基本结构和原理。

1.5.1.1 标量

标量通常表示单个数字，而不是一组数字。一个简单的例子可能是 $x = 5$ 或 $x \in R$，其中 x 是标量元素，指向一个数字或一个实数。

1.5.1.2 向量

向量定义为一个结构，它包含按顺序排列的数字数组。这基本上意味着集合中数字的顺序很重要。向量可以在数学上表示为 $x = [x_1, x_2, \cdots, x_n]$，即是一个一维向量，数组中有 n 个元素。每个元素都可以使用数组索引来确定其在向量中的位置。下面的代码片段向我们展示了如何在 Python 中表示简单的向量。

```
In [1]: x = [1, 2, 3, 4, 5]
   ...: x
Out[1]: [1, 2, 3, 4, 5]
In [2]: import numpy as np
   ...: x = np.array([1, 2, 3, 4, 5])
   ...:
   ...: print(x)
   ...: print(type(x))
[1 2 3 4 5]
<class 'numpy.ndarray'>
```

因此，你可以看到 Python 列表以及基于 numpy 的数组可以用来表示向量。数据集中的每一行都可以作为 n 个属性的一维向量，可以作为学习算法的输入。

1.5.1.3 矩阵

矩阵是一个包含数字的二维结构。也被称为二维数组。与单个向量索引相比，矩阵中的每个元素都可以使用行和列索引。数学上，你可以把矩阵描述成 $M = \begin{bmatrix} m_{11} & m_{12} & m_{13} \\ m_{21} & m_{22} & m_{23} \\ m_{31} & m_{32} & m_{33} \end{bmatrix}$，式中 M 为 3×3 矩阵，有三行三列，每个元素用 m_{rc} 表示，其中 r 为行索引，c 为列索引。矩阵可以很容易地用 Python 中的列表表示，我们可以利用下面的代码片段描述 numpy 数组结构。

```
In [3]: m = np.array([[1, 5, 2],
   ...:               [4, 7, 4],
   ...:               [2, 0, 9]])

In [4]: # view matrix
   ...: print(m)
[[1 5 2]
 [4 7 4]
 [2 0 9]]

In [5]: # view dimensions
   ...: print(m.shape)
(3, 3)
```

因此，你可以看到我们如何轻松地利用 numpy 数组来表示矩阵。你可以将具有行和列的数据集看作一个矩阵，从而数据特征或属性由列表示，并且每一行表示一个数据样本。本书将在后面的分析中使用同样的类比。当然，你也可以执行矩阵运算，比如加法、减法、点乘、逆、转置、行列式等。下面的代码片段展示了一些常用的矩阵操作。

```
In [9]: # matrix transpose
   ...: print('Matrix Transpose:\n', m.transpose(), '\n')
   ...:
   ...: # matrix determinant
   ...: print ('Matrix Determinant:', np.linalg.det(m), '\n')
   ...:
   ...: # matrix inverse
   ...: m_inv = np.linalg.inv(m)
   ...: print ('Matrix inverse:\n', m_inv, '\n')
   ...:
   ...: # identity matrix (result of matrix x matrix_inverse)
   ...: iden_m =  np.dot(m, m_inv)
   ...: iden_m = np.round(np.abs(iden_m), 0)
   ...: print ('Product of matrix and its inverse:\n', iden_m)
   ...:
Matrix Transpose:
 [[1 4 2]
 [5 7 0]
 [2 4 9]]

Matrix Determinant: -105.0

Matrix inverse:
 [[-0.6         0.42857143 -0.05714286]
 [ 0.26666667 -0.04761905 -0.03809524]
 [ 0.13333333 -0.0952381   0.12380952]]

Product of matrix and its inverse:
 [[ 1.  0.  0.]
 [ 0.  1.  0.]
 [ 0.  0.  1.]]
```

这应该会让你对矩阵和它们的基本运算有一个很好的了解。更多关于这方面的内容将在第 2 章中介绍。

1.5.1.4 张量

你可以把张量看成一个泛型数组。张量基本上是具有可变轴数的数组。三维张量 T 中的元素可以用 $T_{x,y,z}$ 表示，其中 x、y、z 表示张量 T 的三个坐标轴。

1.5.1.5 范数

范数是计算向量的大小的一种度量，通常定义为从原点到由向量表示的点的距离的度量。数学上，向量的 p 范数记作如下：

$$L^p = \|x_p\| = \left(\sum_i |x_i|^p \right)^{\frac{1}{p}}$$

式中，$p \geq 1$ 且 $p \in R$。机器学习中流行的范数包括 L^1 范数 [广泛用于套索（Lasso）回归模型] 和 L^2 范数（也被称为 Euclidean 范数，用于岭回归模型）。

1.5.1.6 特征分解

特征分解是矩阵分解过程，是把矩阵分解为特征向量和特征值。矩阵的特征分解可以用数学方法表示为 $M = V \mathrm{diag}(\lambda) V^{-1}$，其中矩阵 M 共有 n 个线性无关的特征向量 $\{v^{(1)}, v^{(2)}, \cdots, v^{(n)}\}$ 及其相应的特征值 $\{\lambda_1, \lambda_2, \cdots, \lambda_n\}$。矩阵 V 的每一列由一个特征向量组成，即 $V = [v^{(1)}, v^{(2)}, \cdots, v^{(n)}]$，向量 λ 由所有特征值组成，即 $\lambda = [\lambda_1, \lambda_2, \cdots, \lambda_n]$。

矩阵的特征向量定位为非零向量，即当矩阵与特征向量相乘时，结果只改变特征向量的大小，即结果是一个标量乘以特征向量。这个标量称为与特征向量对应的特征值。数学上可以用 $Mv = \lambda v$ 表示，其中 M 为矩阵，v 为特征向量，λ 为相应的特征值。下面的 Python 代码片段描述了如何从一个矩阵中提取特征值和特征向量。

```
In [4]: # eigendecomposition
   ...: m = np.array([[1, 5, 2],
   ...:               [4, 7, 4],
   ...:               [2, 0, 9]])
   ...:
   ...: eigen_vals, eigen_vecs = np.linalg.eig(m)
   ...:
   ...: print('Eigen Values:', eigen_vals, '\n')
   ...: print('Eigen Vectors:\n', eigen_vecs)
   ...:
Eigen Values: [ -1.32455532  11.32455532   7.        ]

Eigen Vectors:
 [[-0.91761521  0.46120352 -0.46829291]
 [ 0.35550789  0.79362022 -0.74926865]
 [ 0.17775394  0.39681011  0.46829291]]
```

1.5.1.7　奇异值分解

奇异值分解（SVD）的过程，是另一个矩阵分解或分解过程，我们可以分解一个矩阵得到奇异向量和奇异值。任何实数矩阵都会被 SVD，即使特征分解在某些情况下并不适用。在数学上，SVD 可以定义如下。考虑矩阵 M 大小为 $m \times n$，m 表示行数，n 表示列数，矩阵的 SVD 可以用下面的方程表示。

$$M_{m \times n} = U_{m \times m} S_{m \times n} V_{n \times n}^{\mathrm{T}}$$

如下给出了分解方程的主要组成部分。

- $U_{m \times m}$ 为 $m \times m$ 酉矩阵，其中每一列代表左奇异向量。
- $S_{m \times n}$ 为 $m \times n$ 矩阵，对角线为正数，可以表示为奇异值向量。
- $V_{n \times n}^{\mathrm{T}}$ 为 $n \times n$ 酉矩阵，其中每一行代表右奇异向量。

在某些表示中，行和列可以互换，但最终结果应该是相同的。U 和 V 总是正交的。下面的代码片段显示了 Python 中简单的 SVD。

```
In [7]: # SVD
   ...: m = np.array([[1, 5, 2],
   ...:               [4, 7, 4],
   ...:               [2, 0, 9]])
   ...:
   ...: U, S, VT = np.linalg.svd(m)
   ...:
   ...: print('Getting SVD outputs:-\n')
   ...: print('U:\n', U, '\n')
   ...: print('S:\n', S, '\n')
   ...: print('VT:\n', VT, '\n')
   ...:
Getting SVD outputs:-

U:
 [[ 0.3831556  -0.39279153  0.83600634]
  [ 0.68811254 -0.48239977 -0.54202545]
  [ 0.61619228  0.78294653  0.0854506 ]]

S:
 [ 12.10668383   6.91783499   1.25370079]

VT:
 [[ 0.36079164  0.55610321  0.74871798]
  [-0.10935467 -0.7720271   0.62611158]
  [-0.92621323  0.30777163  0.21772844]]
```

SVD 作为一种技术，尤其是奇异值，在基于归纳的算法和维数约简等各种方法中非常有用。

1.5.1.8　随机变量

随机变量在概率和不确定性测量中经常使用，基本上是一个可以随机取不同值的变量。这些变量一般可以是离散型或连续型。

1.5.1.9　概率分布

概率分布是一种分布或排列，描述了随机变量或变量呈现每个可能状态的可能性。根据变量是离散的还是连续的，通常有两种主要分布类型。

1.5.1.10　概率质量函数

概率质量函数（PMF），是离散随机变量的概率分布。例子包括泊松和二项分布。

1.5.1.11　概率密度函数

概率密度函数（PDF），是连续随机变量的概率分布。常见的例子包括正态分布、均匀分布和学生 T 分布。

1.5.1.12　边际概率

当已经有了一组随机变量的概率分布，并且想要计算这些随机变量的子集的概率分布时，可使用边际概率。对于离散随机变量，我们可以定义边际概率如下：

$$P(x) = \sum_y P(x, y)$$

对于连续的随机变量，我们可以使用如下的积分定义。

$$p(x) = \int p(x, y) \mathrm{d}y$$

1.5.1.13　条件概率

当想要确定一件事情发生的情况下，另一件事情发生的概率，我们使用条件概率。数学上表示如下：

$$P(x \mid y) = \frac{P(x, y)}{P(y)}$$

它告诉我们 y 发生的情况下，x 发生的条件概率。

1.5.1.14　贝叶斯理论

这是另一个有用的规则或定理，当我们知道事件概率 $P(A)$，以及另一个事件的条件概率 $P(B|A)$，要确定条件概率 $P(A|B)$。数学表达式定义如下：

$$P(A \mid B) = \frac{P(B \mid A)P(A)}{P(B)}$$

式中，A 和 B 为事件，且 $P(B) = \sum_x P(B \mid A)P(A)$。

1.6　统计学

统计学领域可以定义为数学的一个专门分支，它由收集、组织、分析、解释和呈现数据的框架和方法组成。一般来说，这更多的是应用数学，并借鉴了线性代数、分布、概率论和推理方法的概念。统计学中有以下两个主要领域：

- 描述性统计。
- 推论统计。

任何统计过程的核心组成部分都是数据。因此，通常先进行数据收集，在全局范围内称为总体或更受限制的子集（由于各种各样的约束，又称为样本）。样本通常是手工收集的，它们来自调查、实验、数据存储和观察研究。根据这些数据，采用统计方法进行各种分析。

描述性统计用来理解数据的基本特征，使用各种聚合和总结措施更好地描述和理解数据。这些一般是标准的测量方法，比如均值、中值、众数、偏度、峰度、标准差、方差等。如果你感兴趣的话，可以参考任何有关统计的标准书籍来深入研究这些措施。下面的代码片段描述了如何计算一些基本的描述性统计度量。

```
In [74]: # descriptive statistics
    ...: import scipy as sp
    ...: import numpy as np
    ...:
    ...: # get data
    ...: nums = np.random.randint(1,20, size=(1,15))[0]
    ...: print('Data: ', nums)
    ...:
    ...: # get descriptive stats
    ...: print ('Mean:', sp.mean(nums))
    ...: print ('Median:', sp.median(nums))
    ...: print ('Mode:', sp.stats.mode(nums))
    ...: print ('Standard Deviation:', sp.std(nums))
    ...: print ('Variance:', sp.var(nums))
    ...: print ('Skew:', sp.stats.skew(nums))
    ...: print ('Kurtosis:', sp.stats.kurtosis(nums))
    ...:

Data:  [ 2 19  8 10 17 13 18  9 19 16  4 14 16 15  5]
Mean: 12.3333333333
Median: 14.0
Mode: ModeResult(mode=array([16]), count=array([2]))
Standard Deviation: 5.44875113112
Variance: 29.6888888889
Skew: -0.49820055879944575
Kurtosis: -1.0714842769550714
```

诸如 pandas、scipy 和 numpy 之类的库和框架通常可以帮助我们计算描述性统计数据，并使用 Python 轻松地总结数据。本书将在第 2 章和第 3 章中介绍这些框架以及基本的数据分析和可视化操作。

当我们想要检验假设、推断和得出关于我们的数据样本或总体的不同特征的结论时，可使用推论统计学。框架和技术，如假设测试、相关性和回归分析、预报和预测，通常用于任何形式的推论统计。在后面的章节中会详细讨论预测分析以及基于时间序列的预测。

1.7 数据挖掘

数据挖掘领域涉及从不平凡的数据集中发现和提取模式、知识、见解和有价值的信息的过程、方法、工具和技术。当数据集在数据库和数据仓库中大量可用时，它们被定义为不平凡的。数据挖掘本身又是一个多学科领域，融合了数学、统计学、计算机科学、数据库、机器学习和数据科学的概念和技术。"挖掘"是指从数据中挖掘实际的见解或信息，而不是数据本身。在基于数据库的知识发现（KDD）的整个过程中，数据挖掘是所有分析都会发生的步骤。

一般来说，KDD 和数据挖掘都与机器学习密切相关，因为它们都关注于分析数据以提取有用的模式和见解。因此，方法学、概念、技术和过程是在它们之间共享的。行业中遵循的数据挖掘标准过程被称为 CRISP-DM 模型，本书将在下一节中对此进行更详细的讨论。

1.8 人工智能

人工智能领域包括机器学习、自然语言处理、数据挖掘等多个子领域。它可以定义为制造智能代理、机器和程序的艺术、科学和工程。这个领域旨在为一个简单而又极其困难的目标提供解决方案，那就是"机器能像人类一样思考、推理和行动吗？"事实上，人工智能早在 14 世纪就已经存在了，那时人们就开始提出这样的问题，并开始研究和开发能够解决概念而不是像计算器那样处理数字的工具。人工智能的发展由于 Alan Turing、Mc-Cullouch 和 Pitts 在人工神经元的发现和发明而稳步推进。直到 20 世纪 80 年代，由于专家系统的成功，神经网络的复兴，Hopfield、Rumelhart、McClelland、Hinton 等人的努力，人工智能在经历了经济衰退后再次复苏。由于摩尔定律，运算速度越来越快，运算能力也越来越好，这使得数据挖掘、机器学习甚至深度学习等领域逐渐兴起，从而解决了用传统方法无法解决的复杂问题。图 1-7 展示了 AI 下的一些主要方面。

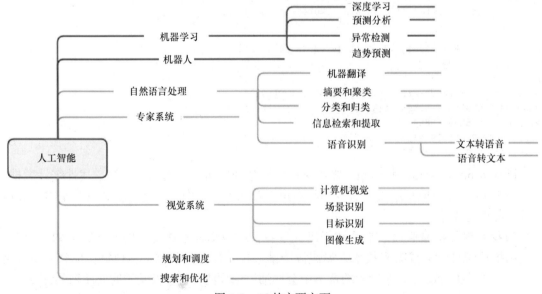

图 1-7　AI 的主要方面

　　AI 的一些主要目标包括模拟认知功能，也称为认知学习、语义、知识表示、学习、推理、问题解决、规划和自然语言处理。人工智能借鉴了统计学、应用数学、优化方法、逻辑、概率论、机器学习、数据挖掘、模式识别和语言学的工具、概念和技术。AI 仍在不断发展，在这一领域正在进行大量的创新，包括一些最新的发现和发明，如自动驾驶汽车、聊天机器人、无人机和智能机器人。

1.9　自然语言处理

　　自然语言处理（NLP）是计算语言学、计算机科学和人工智能等概念相结合的多学科领域。NLP 涉及机器处理、理解和使用自然语言与人类交互的能力。使用 NLP 构建的应用程序或系统的主要目标是使机器和自然语言之间的交互随着时间的推移而成为可能。这方面的主要挑战包括知识和语义表示、自然语言理解、生成和处理。以下是 NLP 的一些主要应用。

- 机器翻译
- 语音识别
- 问答系统
- 上下文识别和解决
- 文本摘要
- 文本分类
- 信息提取
- 情感分析
- 主题分割

　　使用 NLP 和文本分析技术，你可以对文本进行处理、标记、分类、聚类、摘要、提取语义、确定情绪等！下面的示例代码片段描述了文本数据上的一些基本的 NLP 操作，其中我们根据组成语法，使用不同的组件（如词性部分、短语级标记等）标记文档（文本句）。

```
from nltk.parse.stanford import StanfordParser

sentence = 'The quick brown fox jumps over the lazy dog'

# 创建解析对象
scp = StanfordParser(path_to_jar='E:/stanford/stanford-parser-full-2015-04-20/stanford-
parser.jar',
                     path_to_models_jar='E:/stanford/stanford-parser-full-2015-04-20/stanford-
parser-3.5.2-models.jar')

# 获得解析树
result = list(scp.raw_parse(sentence))
tree = result[0]

In [98]: # print the constituency parse tree
    ...: print(tree)
(ROOT
```

```
(NP
  (NP (DT The) (JJ quick) (JJ brown) (NN fox))
  (NP
    (NP (NNS jumps))
    (PP (IN over) (NP (DT the) (JJ lazy) (NN dog))))))

In [99]: # visualize constituency parse tree
    ...: tree.draw()
```

因此，你可以清楚地看到，图 1-8 描述了示例语句的语法分析树，它由多个名词短语（NP）组成。每个短语都有几个单词，用词性（POS）进行标注。本书将在后面的章节中详细介绍在机器学习流程的各种步骤中如何处理和分析文本数据，以及实际的用例。

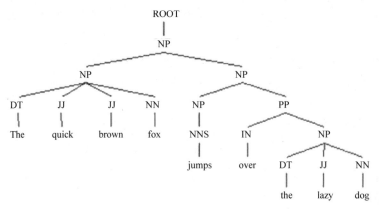

图 1-8　示例语句的语法分析树

1.10　深度学习

如前所述，深度学习是机器学习的一个子领域，最近非常出名。其主要目标是使机器学习研究更接近"使机器智能化"的真正目标。深度学习通常被视为是神经网络的别称。这在某种程度上是正确的，但深度学习肯定不只是基本的神经网络。基于深度学习的算法包括使用表示学习的概念，在不同的层中学习数据的不同表示，这也有助于从数据中自动提取特征。简单地说，基于深度学习的方法试图通过将数据表示为概念的分层结构来构建机器智能，其中每一层概念都是由其他更简单的层构建的。这种分层结构本身就是任何深度学习算法的核心组件之一。

在任何基本的监督机器学习技术中，基本上都是尝试学习数据样本和输出之间的映射，然后尝试预测更新的数据样本的输出。表征学习除了学习从输入到输出的映射外，还试图理解数据本身的表征。与常规技术相比，这使得深度学习算法非常强大，而常规技术需要在特征提取和工程化等领域具有重要的专业知识。与旧的机器学习算法相比，随着数据越来越多，深度学习在性能和可扩展性方面更具有优势。根据 Andrew Ng 在 Extract Data 会议上的讲话，图 1-9 描述了这一点。

为什么是深度学习

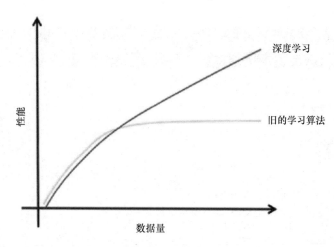

数据科学技术如何随着数据量而扩展?

图 1-9　Andrew Ng 有关深度学习和传统机器的性能比较

　　的确,正如 Andrew Ng 所言,在过去十年间我们已经注意到与深度学习有关的几个明显的趋势和特征。总结如下:

　　• 深度学习算法基于分布式表示学习,随着时间的推移和数据的增多,表现会越来越好。

　　• 深度学习可以说是神经网络的重塑,但与传统的神经网络相比,它包含了很多内容。

　　• 更好的软件框架,如 TensorFlow、Theano、Caffe、MXNet 和 Keras,再加上更好的硬件,使得构建极其复杂、多层次、规模巨大的深度学习模型成为可能。

　　• 深度学习在自动特征提取和执行监督学习操作方面有很多优势,这有助于数据科学家和工程师解决越来越复杂的问题。

　　以下几点描述了大多数深度学习算法的显著特征,其中一些将在本书中使用。

　　• 概念的分层表示。这些概念在机器学习术语中也称为特性(数据属性)。

　　• 数据的分布式表示学习通过多层架构(无监督学习)进行。

　　• 更复杂、更高级的特性和概念源自更简单、更低级的特性。

　　• 一个"深层"神经网络通常被认为除了输入层和输出层之外至少有一个隐藏层。通常它至少包含三到四个隐藏层。

　　• 深层架构具有一个多层架构,每个层均由多个非线性处理单元组成。每个层的输入都是架构中的前一层。第一层通常是输入,最后一层是输出。

　　• 能够执行自动特征提取、分类、异常检测等许多机器学习任务。

　　这将使你对与深度学习相关的概念有一个良好的理解。假设有一个现实世界的问题,从图像中识别物体。图 1-10 将使我们了解典型的机器学习和深度学习流程的不同之处（来源：Yann LeCun）。

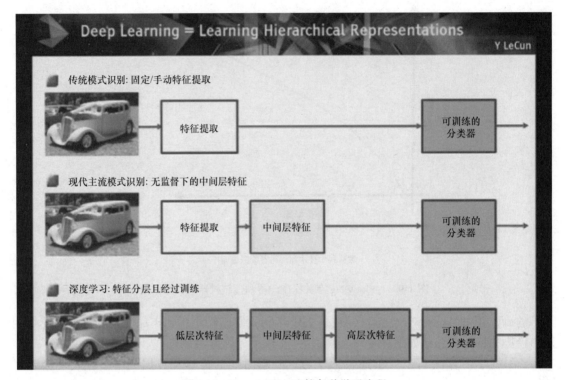

图 1-10　Yann LeCun 比较各种学习流程

与其他机器学习方法相比，你可以清楚地看到深度学习方法如何从原始数据产生特征和概念的分层表示。

1.10.1　重要概念

在本节中，将基于深度学习算法和架构讨论一些关键的术语和概念。当你建立自己的深度学习模型时，这在将来应该是有用的。

1.10.1.1　人工神经网络

人工神经网络（ANN）是一种模拟生物神经元及其在大脑中运作方式的计算模型和结构。通常，ANN 有相互连接的节点层。这些节点和它们之间的连接类似于人们大脑中的神经元网络。典型的 ANN 有一个输入层、一个输出层和至少一个隐藏层，层与层之间相互连接，如图 1-11 所示。

任何基本的 ANN 都会有多个节点层、特定的连接模式、层与层之间的连接、连接权重和将加权输入转换为输出的节点 / 神经元的激活函数。网络学习的过程通常包含一个成本函数，目标是优化成本函数（通常是最小化成本）。在学习过程中，连接权重不断更新。

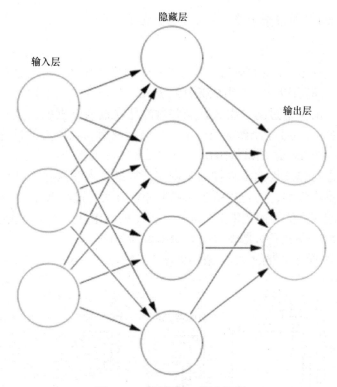

图 1-11   典型的人工神经网络

1.10.1.2   反向传播

反向传播算法是一种流行的训练人工神经网络的技术，它使得神经网络在 20 世纪 80 年代复兴。该算法有两个主要阶段——传播和权值更新。简要描述如下：

1. 传播

1）输入数据样本向量通过神经网络向前传播产生输出值；

2）比较实际输出向量和目标输出向量；

3）计算输出单元的差值；

4）对每一个节点 / 神经元反向传播偏差值。

2. 权值更新

1）计算输出增量和输入激活函数的乘积，得到权重梯度；

2）使用学习率确定从原始权重中减去的梯度的百分比，并更新节点的权重。

这两个阶段经过多次迭代 / 周期重复，直到得到满意的结果。通常，反向传播与优化算法或随机梯度下降等函数一起使用。

1.10.1.3   多层感知器

多层感知器（MLP），是一种完全连接的前馈人工神经网络，至少有三层（输入、输出和至少一层隐藏层），每一层都与相邻层充分连接。每个神经元通常都是一个非线性的功能处理单元。反向传播通常用于训练 MLP，甚至当深层神经网络具有多个隐藏层时，深层神经网络也是 MLP。MLP 通常用于监督机器学习任务，如分类。

1.10.1.4 卷积神经网络

卷积神经网络（convnet 或 CNN），是人工神经网络的变体，专门模仿人类视觉皮层的功能和行为。CNN 通常由以下三个组成部分组成。

- 多个卷积层，由多个过滤器组成，这些过滤器在输入数据的高度和宽度上进行卷积（例如，图像原始像素），通过计算点积产生二维激活映射。在所有的过滤器上叠加所有的映射，最终会得到一个卷积层的最终输出。
- 池化层，是进行非线性向下采样的基础层，以减少卷积层输出的输入大小和参数数量，以便更广泛地推广模型，防止过拟合和减少计算时间。过滤器在输入的高度和宽度上，通过求和、平均值或最大值等函数来减少输入。典型的池组件是平均池或最大池。
- 完全连接的 MLP，执行如图像分类和对象识别等任务。

一个典型的包含所有组件的 CNN 架构如图 1-12 所示，这是一个 LeNet CNN 模型（来源：deeplearning.net）。

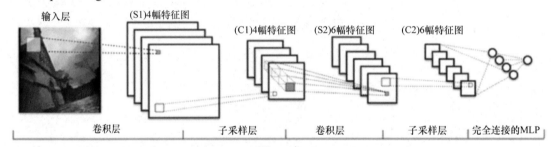

图 1-12　LetNet CNN 模型（来源：deeplearning.net）

1.10.1.5 递归神经网络

递归神经网络（RNN），是一种特殊类型的人工神经网络，它通过使用一种特殊类型的循环结构，允许基于过去的知识来保存信息。它们经常用于与数据相关的领域，比如预测句子的下一个单词。这些循环网络被称为递归，因为它们对输入数据序列中的每个元素执行相同的操作和计算。RNN 具有内存，可以从过去序列中捕获信息。图 1-13（来源：Colah 的博客 http：//colah.github.io/posts/2015-08-Understanding-LSTMs/）所示为一个 RNN 的典型结构，从图中可看出它的工作原理是根据输入序列长度展开网络，从而可以在任何时间点及时获得反馈。

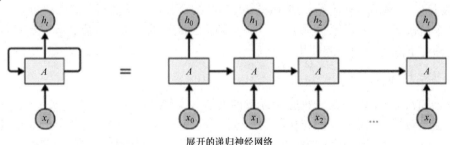

图 1-13　递归神经网络（来源：Colah 的博客）

图 1-13 清楚地描述了展开网络如何在每次输入数据的传递中接受长度为 t 的序列并对其进行相同的操作。

1.10.1.6 长短期记忆网络

RNN 擅长处理基于序列的数据，但是随着序列的增加，它们开始在序列中逐渐丢失历史上下文，因此输出并不总是所需要的。图 1-14 所示为长短期记忆网络（Long Short-Term Memory Networks，LSTM）。LSTM 由 Hochreiter 和 Schmidhuber 于 1997 年引入，能够记住来自长序列数据的信息，并防止出现梯度消失（通常发生在接受反向传播训练的 ANN 中）等问题。LSTM 单元通常由三或四个门组成，包括输入、输出和一个特殊的遗忘门。图 1-14 显示了单个 LSTM 单元的高级图形表示。

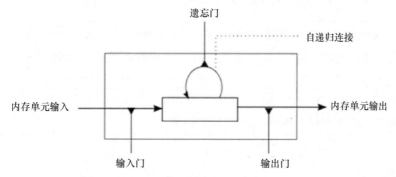

图 1-14　LSTM 单元（来源：deeplearning.net）

输入门通过允许 / 拒绝输入信号或输入来改变内存单元的状态。输出门通常根据需要将值传播到其他神经元。遗忘门控制内存单元的自递归连接，以便在必要时记住或忘记以前的状态。多个 LSTM 单元通常叠加在深度学习网络中，以解决如序列预测这样的实际问题。

1.10.1.7 自动编码器

自动编码器是一种特殊的人工神经网络，主要用于执行无监督的机器学习任务。它的主要目标是学习数据表示、逼近和编码。自动编码器可用于建立生成模型、进行降维和检测异常。

1.11 机器学习方法

机器学习有多种算法、技术和方法，可用于构建模型，以使用数据解决实际问题。本节试图将这些机器学习方法归类到一些广泛的类别中，以使对机器学习方法的总体轮廓有一定的了解，最终用于执行在前一节中讨论过的特定机器学习任务。通常，同一种机器学习方法可以按照多种方式进行分类。下面是机器学习方法的一些主要领域。

1. 基于学习过程中人的监督程度的方法分类

（1）监督学习

（2）无监督学习

（3）半监督学习

（4）强化学习

2. 基于从增量数据样本学习的能力分类

（1）批量学习

（2）在线学习

3. 基于数据样本泛化的方法的分类

（1）基于实例的学习

（2）基于模型的学习

下面将简要介绍各种类型的学习方法，以便为机器学习方法及其通常解决的任务类型打下良好的基础。当在本书后续章节中处理各种实际的用例和问题时，这将使你有足够的知识来理解应该在哪些场景中应用哪些方法。

讨论每一种机器学习算法的数学细节和内部原理超出了本书当前的范围和意图，因为本书重点是通过应用机器学习来解决现实问题，而不是理论的机器学习。因此，鼓励你参考标准的机器学习参考文献，如 *Pattern Recognition and Machine Learning*（Christopher Bishop，2006）和 *The Elements of Statistical Learning*（Robert Tibshirani 等人，2001），以获得更多关于机器学习算法和方法的理论和数学细节。

1.12 监督学习

监督学习方法或算法是指在模型训练过程中接收数据样本（称为训练数据）和相应的输出（称为标签或响应）的学习算法。其主要目标是基于多个训练数据实例，学习输入数据样本 x 与输出 y 之间的映射或关联。这些知识在将来用于预测任何新的输入数据样本 x'（在模型训练时是未知的）的输出 y'。这种方法被称为监督方法，是因为模型在数据样本上学习时，期望的输出响应/标签在训练之前就已经知道了。

监督学习试图从训练数据中对输入和输出的关系进行建模，以便能够根据输入与目标输出之间的关系和映射，对新的数据预测输出响应。这正是监督学习方法在预测分析中被广泛使用的原因。预测分析的主要目标是预测输入数据的响应，这些数据通常被输入到经过训练的监督机器学习模型中。根据要解决的机器学习任务类型，监督学习方法分为两大类。

- 分类；
- 回归。

接下来看看这两类机器学习任务，并观察一下最适合处理这些任务的监督学习方法的子集。

1.12.1 分类

基于分类的任务是监督机器学习的子领域，其关键目标是根据模型在训练阶段学到的知识预测输出标签或响应，这些标签或响应本质上是输入数据的类别。这里的输出标签也称为类或类标签，因为它们本质上是分类的，意味着它们是无序的和离散的值。因此，每个输出响应都属于特定的离散类或类别。

假设用一个真实的例子来预测天气。简单起见，假设我们正在尝试根据由湿度、温度、气压和降水等属性或特征组成的多个输入数据样本来预测天气是晴天还是雨天。由于预测可以是晴天或雨天，共有两个不同的分类；因此，这个问题称为二元分类问题。如图 1-15 所示，通过对每个数据样本 / 观测的输入数据样本（降水、湿度、气压、温度）及其对应的类别标签分别为晴天或雨天的训练，将监督模型描述为晴天或雨天的二元天气分类任务。

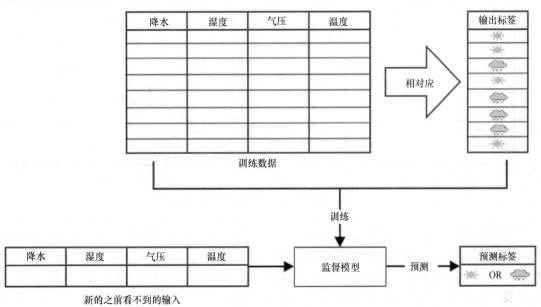

图 1-15　监督学习：预测天气的二元分类

如果在一个任务中，不同类的总数超过 2 个，则成为一个多元分类问题，每个预测响应都是这个集合中的任何一个可能的类。一个简单的例子就是试图预测扫描的手写图像中的数字。在这种情况下，它变成了一个 10 元分类问题，因为任何图像的输出类标签都可以是 0~9 的任意数字。在这两种情况下，输出类都是指向一个特定类的标量值。多标签分类任务是基于任何输入数据样本的，输出响应通常是具有一个或多个输出类标签的向量。一个简单的现实问题是预测新闻文章的类别，它可能有多个输出类，如新闻、金融、政治等。

常用的分类算法包括逻辑回归、支持向量机、神经网络、随机森林和梯度增强集成、K 近邻、决策树等。

1.12.2　回归

机器学习任务的主要目标是价值估计，可以称之为回归任务。基于回归的方法是在输入数据样本上进行训练的，这些数据样本的输出响应是连续的数值，不像分类，是离散的类别或分类。回归模型利用输入数据属性或特征（也称为解释变量或自变量）及其相应的连续数值输出值（也称为响应、因变量或结果变量）来学习输入及其相应输出之间的特定关系和关联。有了这些知识，它就可以预测新的、不可见的数据实例的输出响应，这些数据实例类似于分类，但具有连续的数值输出。

最常见的回归例子之一是房价预测。你可以构建一个简单的回归模型，根据与平方英尺⊖土地面积相关的数据来预测房价。图 1-16 给出了两种可能的回归模型，它们基于不同的方法来预测房价。

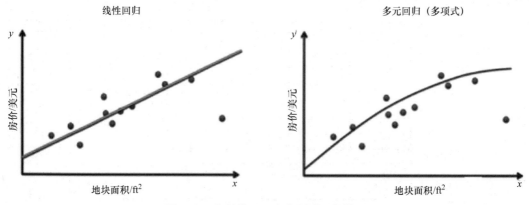

图 1-16　监督学习：房价预测回归模型

基本思想是，我们试图确定数据特征图区域和结果变量之间是否存在任何关系或关联，结果变量是房价，也是我们想要预测的。因此，一旦了解图 1-16 所示的趋势或关系，就可以预测任何给定地块的未来房价。如果你已经仔细地注意到了这个图形，图中特意描述了两种模型，表明可以有多种方法在训练数据上构建模型。回归的主要目标是在训练过程中最小化误差，并验证模型，使其泛化良好，不会过度拟合或只对训练数据产生偏差，并且在未来的预测中表现良好。

简单线性回归模型试图对一个特征或解释变量 x 和单一响应变量 y 进行建模，目标是预测 y。在模型训练中，通常使用普通最小二乘法（OLS）等方法获取最佳线性拟合。

多元回归也称为多变量回归。它试图对数据进行建模，在每个观测中都有一个响应输出变量 y，但是多个解释变量以向量 X 的形式出现，而不是一个解释变量。目的是根据 X 中存在的不同特征来预测 y。一个现实的例子是扩展房屋预测模型，建立一个更复杂的模型，在这个模型中，基于多个特征来预测房价，而不仅仅是每个数据样本的绘图区域。这些特征可以用向量来表示，比如小区面积、卧室的数量、卫生间的数量、总楼层、有家具和无家具。基于所有这些属性，模型试图了解每个特征向量与其对应的房价之间的关系，以便在未来进行预测。

多项式回归是一个特例，响应变量 y 为输入特征 x 的 n 项多项式。它基本上是多元回归，其中每个输入特征是 x 的倍数。如图 1-16 所示，右边的预测模型是一个 2 阶多项式模型。

⊖　1 平方英尺（ft^2）= 0.092903m^2。

非线性回归方法根据输入特征和模型参数的非线性函数组合，对输入特性和输出之间的关系进行建模。

Lasso 回归是一种特殊的回归形式，它通过对特征或变量选择进行正则化，对模型进行正态回归和泛化。Lasso 表示最小的绝对收缩和选择操作符。在 Lasso 回归中，通常使用 L1 范数作为正则项。

岭回归是另一种特殊的回归形式，它进行正态回归，并通过正则化来泛化模型，防止模型过拟合。在岭回归中，通常用 L2 范数作为正则项。

广义线性模型是一种通用框架，可用于对预测不同类型输出响应（包括连续、离散和顺序数据）的数据进行建模。分类数据采用逻辑回归算法，顺序数据采用有序 probit 回归算法。

1.13 无监督学习

监督学习方法通常需要一些训练数据，试图预测的结果已经以离散标签或连续值的形式出现。然而，通常并没有预先标记的训练数据的自由或优势，但仍然希望从数据中提取有用的见解或模式。在这种情况下，无监督学习方法非常强大。这些方法被称为无监督方法，因为模型或算法试图从给定的数据中学习固有的潜在结构、模式和关系，而不需要任何帮助或监督，比如以标注输出或结果的形式提供标记。

无监督学习更关心的是从数据中提取有意义的见解或信息，而不是根据先前可获得的监督训练数据来预测结果。在无监督学习的结果中有更多的不确定性，但是你也可以从这些模型中获得大量的信息，这些信息以前只能通过查看原始数据来获取。通常，无监督学习可能是构建一个庞大的智能系统所涉及的任务之一。例如，我们可以使用无监督学习，利用英语词汇知识得到可能的推文情绪结果标签，然后用类似的数据点和无监督学习得到的结果训练一个监督模型。对于是否只使用一种特定的技术，没有硬性规定。只要与解决问题相关，就可以组合多种方法。根据无监督学习相关的机器任务范围，分类如下：

- 聚类；
- 降维；
- 异常检测；
- 关联规则挖掘。

以下几节中将简要地研究这些任务，以了解在现实世界中如何使用这些无监督学习方法。

1.13.1 聚类

聚类方法是一种机器学习方法，它试图在数据样本中找到相似性和关系的模式，然后根据其固有的属性或特征将这些样本聚类到不同的组中，这样每个组或数据样本聚类都具有一定的相似性。这些方法是完全不受监督的，因为它们试图通过查看数据特性来对数据进行聚类，而不需要任何事先培训和监督，也不需要了解数据属性、关联和关系。

考虑在数据中心运行多个服务器并试图分析日志中典型的问题或错误的现实问题。我们的主要任务是确定每周经常出现的各种日志消息。简单地说,我们希望根据一些固有特性将日志消息分组到不同的聚类中。一种简单的方法是从日志消息中提取特征,这些特征将采用文本格式,并对相同的日志消息应用聚类,并基于内容的相似性将相似的日志消息分组在一起。图 1-17 显示了聚类如何解决这个问题。基本上,我们从原始日志消息开始。聚类系统从文本中提取特征,如单词出现、短语出现等。最后利用 K 均值或分层聚类算法,基于消息本身特征的相似性对消息进行分组或聚类。

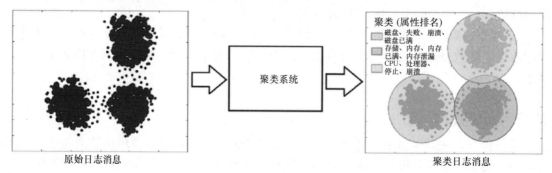

图 1-17 无监督学习:聚类日志消息

从图 1-17 可以清楚地看出,系统有三个不同的日志消息聚类,其中第一个聚类描述磁盘问题,第二个聚类描述内存问题,第三个聚类描述处理器问题。图中还描述了有助于区分聚类和将类似的数据样本(日志)分组在一起的顶级特征词。当然,因为这是无监督学习,有时一些特征可能存在于多个数据样本中,因此聚类之间也可能有轻微的重叠。但是,主要的目标始终是创建聚类,这样每个聚类的元素彼此接近,并且远离其他聚类的元素。

聚类方法有多种类型,可以按照以下方法进行分类。

- 基于中心点的方法,如 K 均值和 K 中心点聚类方法。
- 分层聚类方法,如凝聚和分裂聚类方法(Ward 的亲和力传播)。
- 基于分布的聚类方法,如高斯混合模型。
- 基于密度的聚类方法,如 dbscan 和 optics。

除此之外,最近还有一些景观聚类的方法,如 birch 和 clarans 方法。

1.13.2 降维

当开始从原始数据样本中提取属性或特征时,有时特征空间会因为大量的特征而变得臃肿。这带来了许多挑战,包括分析和可视化数千或数百万个特征的数据,这使得特征空间在训练模型、内存和空间约束方面非常复杂。事实上,这被称为"维度诅咒"。在这些场景中,可以使用无监督方法,减少每个数据样本的特征或属性的数量。这些方法通过提取或选择一组主体或代表性特征来减少特征变量的数量。有多种常用的降维算法,如主成分分析(PCA)、最近邻和判别分析。图 1-18 显示了一个典型的特征约简过程的输出,该过程被应用到一个具有三个维度的瑞士卷(Swiss Roll)三维结构上,使用 PCA 获取每个数据样本的二维特征空间。

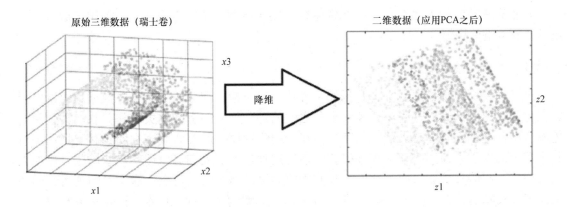

图 1-18　无监督学习：降维

从图 1-18 可以很清楚地看出，每个数据样本最初都有三个特征或维度，即 $D(x1，x2，x3)$，在应用 PCA 之后，将数据集中的每个数据样本都减少到二维，即 $D'(z1，z2)$。降维技术可分为以下两种主要方法。

- **特征选择方法**：从原始特征列表中为每个数据样本选择特定的特征，并丢弃其他特征。在此过程中不会生成任何新特征。
- **特征提取方法**：从数据中的原始特征列表中提取新的特征。因此，降维后的特征子集中将包含新生成的特征，而这些特征并不是原始特征集的一部分。

1.13.3　异常检测

异常检测也称为离群检测，感兴趣的是从历史数据样本中找出通常很少发生的事件。有时，异常很少发生，因此是罕见的事件，在其他情况下，异常可能并不罕见，但可能会在很短的时间内发生，从而具有特定的模式。无监督学习方法可用于异常检测，使得在训练数据集上训练具有正常、无异常数据样本的算法。一旦它学习了正常样本中必要的数据表示、模式和属性之间的关系，对任何新的数据样本，它都将能够使用它学到的知识将其识别为异常的或正常的数据点。图 1-19 描述了一些典型的基于异常检测的场景，在这些场景中，你可以应用监督方法（如单类 SVM）和非监督方法（如聚类、K 近邻、自动编码器等），基于数据来检测异常及其特征。

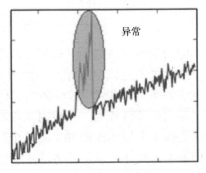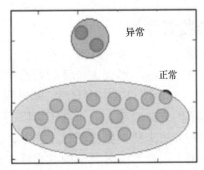

图 1-19　无监督学习：异常检测

基于异常检测的方法在现实中非常流行，比如检测安全攻击或漏洞、信用卡欺诈、制造异常和网络问题等。

1.13.4　关联规则挖掘

通常，关联规则挖掘是一种数据挖掘方法，用于检查和分析大型事务数据集，以发现感兴趣的模式和规则。这些模式表示事务之间的各种项之间有趣的关系和关联。关联规则挖掘也经常被称为购物篮分析，用于分析客户的购物模式。关联规则有助于基于从训练事务中获得的知识来检测和预测事务模式。使用这种技术，人们可以回答一些问题，比如人们倾向于一起购买什么东西，从而得到购买较频繁的商品。也可以关联产品和项目，例如在酒吧里买啤酒的人也会买鸡翅。图 1-20 显示了典型的关联规则挖掘方法在事务数据集上的理想工作方式。

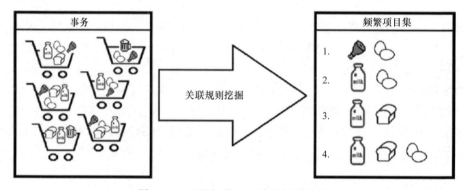

图 1-20　无监督学习：关联规则挖掘

从图 1-20 可以清楚地看到，在一段时间内，根据不同的客户交易，我们获得了紧密关联的商品，客户倾向于一起购买它们。其中一些常见的商品描述为 { 肉，蛋 }，{ 牛奶，蛋 } 等。确定良好的质量关联规则或频繁项集的标准通常是使用支持、信任和提升等指标完成的。

关联规则挖掘是一种无监督的方法，因为不知道频繁项集是什么，也不知道哪些项事先与哪些项有更强的相关性。只有应用 apriori 或 FP-growth 等算法，才能检测和预测彼此密切相关的产品或项目，并找到条件概率依赖性。本书将在第 8 章中详细介绍关联规则挖掘。

1.14　半监督学习

半监督学习方法通常介于监督学习方法和无监督学习方法之间。这些方法通常使用大量未标记的训练数据（形成无监督学习组件）与少量的预先标记和标注的数据（形成有监督学习组件）。多种技术以生成方法、基于图的方法和基于启发式的方法的形式存在。

一种简单的方法是建立一个基于有限的标记数据的监督模型，然后对大量的未标记数据应用相同的方法来获得更多的标记样本，在这些样本上训练模型并重复这个过程。另一种方法是使用无监督算法对类似的数据样本进行聚类，使用人工环路方法手工注释或标记这些组，然后在将来使用这些信息的组合。这种方法在许多图像标记系统中都经常使用。

半监督的方法超出了本书的范围。

1.15 强化学习

强化学习方法与传统的监督或无监督方法略有不同。在强化学习中，存在一个代理，希望在一段时间内对其进行训练，以便与特定环境进行交互，并在一段时间内针对其在环境上执行的操作类型改进其性能。通常，代理从一组与环境交互的策略开始。在观察环境时，它根据规则或策略并通过观察环境的当前状态采取特定的行动。根据行动，代理会得到奖励，这可能是有益的，也可能是有害的。如果需要，它更新当前的策略，这个迭代过程将继续下去，直到它了解了足够多的环境而获得预期的奖励。强化学习方法的主要步骤如下。

1）代理初始化策略。

2）观察环境和当前状态。

3）选择最优策略并执行操作。

4）得到相应的奖励（或惩罚）。

5）如果需要，更新策略。

6）重复步骤 2）~ 5），直到代理学习了最优策略。

考虑一个现实问题：让机器人或机器学会下国际象棋。在这种情况下，代理将是机器人，环境和状态将是棋盘和棋子的位置。图 1-21 描述了一种合适的强化学习方法。

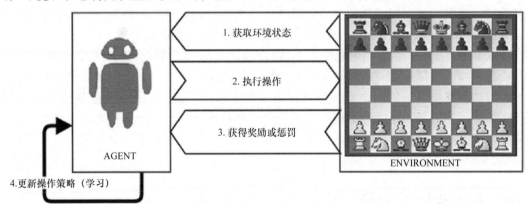

图 1-21　强化学习：训练机器人下国际象棋

让机器人学习下国际象棋的主要步骤如图 1-21 所示。这是基于前面讨论的强化学习方法的步骤。事实上，谷歌的 DeepMind 将 AlphaGo AI 与强化学习组合起来，训练系统进行围棋游戏。

1.16 批量学习

批量学习方法也称为离线学习方法，主要用于端到端机器学习系统。在这些系统中，模型一次性使用所有可用的训练数据进行训练。一旦训练完成，模型就完成了学习过程，在获得满意的性能后，就被部署到生产环境中，用来预测新的数据样本的输出。然而，该模型并没有在一段时间内持续学习新的数据。一旦训练完成，模型就停止学习。因此，由于模型训练的数据是单一批次的，且通常是一次性的，所以被称为批量或脱机学习。

我们总是可以在新的数据上对模型进行训练，但是必须在旧的历史训练数据的基础上添加新的数据样本，然后使用这批新数据重新构建模型。如果模型构建工作流的大部分已经实现，那么对模型的再训练将不会涉及很多工作。但是，随着每个新数据示例的数据量越来越大，训练过程将在一段时间内开始消耗更多的处理器、内存和磁盘资源。当你在容量有限的系统上运行模型时，需要考虑这些问题。

1.17 在线学习

在线学习方法与批量学习不同。训练数据通常由多个增量批次提供给算法。这些数据批次在机器学习术语中也称为小批量。但是，与批量学习方法不同的是，训练过程并没有结束。它持续学习一段时间，基于发送给它的新的数据样本进行预测。基本上，它使用动态的新数据来预测和学习过程，而不必在以前的数据样本中重新运行整个模型。

在线学习有几个优点——它适用于实际场景，在这些场景中，模型可能需要在新数据样本到达时继续学习和重新训练。设备故障或异常预测和股票市场预测是两个相应的场景。除此之外，由于数据是以增量的小批量方式输入到模型，所以你可以在普通硬件上构建这些模型，而不必担心内存或磁盘约束，与批量学习方法不同，你不需要在训练模型之前在内存中加载完整的数据集。此外，一旦模型对数据集进行训练，你就可以删除它们，因为不再需要相同的数据，模型会逐步学习，并记住它在过去学到的知识。

在线学习方法的一个主要问题是，不良的数据样本可能会对模型的性能产生不利影响。所有机器学习方法都遵循"错进错出"的原则。因此，如果你向一个训练有素的模型提供了不良的数据样本，它就会学习没有真正意义的关系和模式，从而影响整体模型的性能。由于在线学习方法基于新的数据样本不断学习，你应该确保有适当的检查来通知你，以防止模型性能突然下降。还要谨慎地选择合适的模型参数，如学习率，以确保模型不会过拟合或基于特定的数据样本产生偏差。

1.18 基于实例的学习

基于对输入数据进行泛化，有多种方法可以构建机器学习模型。基于实例的学习涉及机器学习系统和一些方法，这些系统和方法使用原始数据点本身来计算更新的、以前未见过的数据示例的结果，而不是构建训练数据的显式模型，然后对其进行测试。

一个简单的例子是 K 近邻算法。假设 $k = 3$，且有初始训练数据。机器学习方法通过特征学习数据的表示，包括数据的维数、每个数据点的位置等。对于任何新的数据点，它将使用相似度度量（如余弦或欧几里得距离），并找到距离这个新数据点的三个最近的输入数据点。一旦确定了这一点，只需对这三个数据点的大部分结果进行预测，并将其作为这个新数据点的结果标签 / 响应。因此，基于实例的学习通过查看输入数据点并使用相似度度量对新数据点进行泛化和预测。

1.19　基于模型的学习

基于模型的学习方法是一种更传统的基于训练数据的机器学习方法。通常会出现一个迭代过程，在这个过程中，输入数据用于提取特征，并基于各种模型参数（称为超参数）构建模型。这些超参数基于各种模型验证技术进行优化，以选择最适合于训练数据以及验证和测试数据（从初始数据集分离）的模型。最后，最好的模型用于在需要时进行预测或决策。

1.20　CRISP-DM 处理模型

CRISP-DM 模型代表了数据挖掘的跨行业标准流程。更通俗地说，CRISP-DM 是一种经过尝试、测试和健壮的行业标准流程模型，用于数据挖掘和分析项目。CRISP-DM 清楚地描述了执行任何项目所需的步骤、流程和工作流，从将业务需求形式化到测试和部署解决方案，以将数据转换为见解。数据科学、数据挖掘和机器学习都是关于尝试运行多个迭代过程来从数据中提取见解和信息的。因此，我们可以说，分析数据既是一门艺术，也是一门科学，因为它并不总是毫无理由地运行算法；很多主要的工作都涉及理解业务，投资的实际价值，以及用恰当的方法来阐明最终的结果和见解。

CRISP-DM 模型告诉我们，为任何分析项目或系统构建端到端解决方案，都有 6 个主要步骤或阶段，其中一些是迭代的。就像我们有一个软件开发生命周期，其中包含软件开发项目的几个主要阶段或步骤，我们也有一个数据挖掘或分析生命周期。图 1-22 用 CRISP-DM 模型描述了数据挖掘生命周期。

图 1-22 清楚地显示了在数据挖掘生命周期中总共有 6 个主要阶段，并使用箭头来指向下一阶段。这个模型不是一个严格的要求，而是一个框架，确保在任何分析项目的生命周期中都处于正确的轨道上。在某些场景中，如异常检测或趋势分析，你可能更感兴趣的是数据理解、探索和可视化，而不是密集的建模。这 6 个阶段详细描述如下。

1.20.1　业务理解

这是启动任何项目前的初始阶段。但是，却是生命周期中最重要的阶段之一！其主要是从理解业务上下文和需要解决的问题的需求开始。业务需求的定义对将业务问题转换为数据挖掘或分析问题，以及为客户和解决方案工作组设置预期和成功的标准至关重要。这个阶段最终交付的将是一个详细的计划，其中列出了项目的主要里程碑和预期的时间线，以及成功的标准、假设、约束、警告和挑战。

1.20.1.1　定义业务问题

该阶段的第一项任务是首先理解要解决的问题的业务目标，然后构建问题的正式定义。以下几点对清晰地表达和定义业务问题至关重要。

- 获取要解决的问题的业务上下文，在领域专家（Subject Matter Expert，SME）的帮助下对问题进行评估。
- 描述要解决的业务目标的关键点或目标领域。
- 了解目前的解决方案、不足之处以及需要改进之处。
- 根据业务、数据科学家、分析师和领域专家的意见，定义业务目标以及适当的可交付成果和成功的标准。

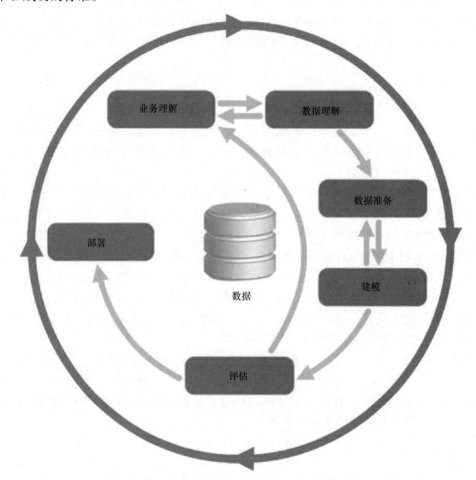

图 1-22　CRISP-DM 模型描述数据挖掘生命周期

1.20.1.2　评估和分析场景

一旦明确定义了业务问题，所涉及的主要任务将是分析和评估与业务问题定义相关的场景。这包括查看当前可用的内容，并记录从资源、人员到数据所需的各种项目。此外，还需要对风险和应急计划进行适当的评估。本评估阶段涉及的主要步骤如下。
- 从数据、人员、资源时间和风险等不同的角度评估和分析目前可用的解决方案。
- 列出所需的关键资源（包括硬件和软件）和相关人员的简要报告。如果有缺点，一定要在必要时指出来。

• 逐个讨论业务目标需求，然后在领域专家的帮助下确定并记录每个需求可能的假设和约束。

• 根据现有数据验证假设和约束（很多假设和约束可能只有在详细分析后才会被回答，因此它取决于要解决的问题和可用的数据）。

• 记录和报告项目中可能涉及的风险，包括时间线、资源、人员、数据和财务。为每个可能的场景构建应急计划。

• 讨论成功的标准，并在必要时记录投资回报或成本与估值的对比分析。这只是一个粗略的基准，以确保项目与公司或业务远景保持一致。

1.20.1.3　定义数据挖掘问题

这可以定义为预分析阶段，一旦定义了成功标准和业务问题，并记录了所有风险、假设和约束，该阶段就开始了。这个阶段包括与分析师、数据科学家和开发人员进行详细的技术讨论，并与业务保持同步。以下是本阶段将要执行的关键任务。

• 通过评估可能的工具、算法和技术，讨论并记录适合解决方案的可能的机器学习和数据挖掘方法。

• 为端到端解决方案架构开发高层次设计方案。

• 记录解决方案的最终输出是什么，以及如何与现有业务组件集成。

• 从数据科学的角度记录成功的评估标准。一个简单的例子可以确保预测至少 80% 是准确的。

1.20.1.4　项目计划

这是业务理解的最后阶段。项目计划通常由 CRISP-DM 模型中的主要 6 个阶段、评估时间线、分配资源和人员，以及可能的风险和应急计划组成。要注意确保为每个阶段定义具体的高级别可交付结果和成功的标准，并且在部署之前，基于领域专家的反馈，对建模这样的迭代阶段进行突出标注，可能需要重新构建和调整模型。

一旦你具有了以下几点，就应该为下一步做好准备。

• 定义问题的业务目标。

• 业务和数据挖掘工作的成功标准。

• 预算分配和资源规划。

• 要遵循的清晰、定义良好的机器学习和数据挖掘方法，包括从探索到部署的高级工作流。

• 详细的项目计划，包括 CRISP-DM 模型的所有 6 个阶段，其中定义了时间点和风险评估。

1.20.2　数据理解

CRISP-DM 的第二阶段涉及深入理解可用的数据，并在开始分析之前对其进行更详细的理解。这包括收集数据、描述各种属性、对数据进行一些探索性的分析，并密切关注数据质量。这一阶段不应被忽视，因为在此过程的后期阶段，不良数据或对可用数据缺乏足够的了解可能会产生不良的连锁影响。

1.20.2.1　数据收集

此任务负责提取、管理和收集业务目标所需的所有必要数据。通常这涉及利用组织的历史数据仓库、数据集市和数据湖等。评估是基于组织中现有的数据以及是否需要额外的数据进行的。这可以从 Web 获得，即开放数据源，或者从其他渠道获得，如调查、购买、实验和模拟。详细的文档应跟踪所有数据集，如果有必要，将用于分析和其他数据源。此文档可与此阶段的后续阶段相结合使用。

1.20.2.2　数据描述

数据描述包括对数据进行初始分析，以了解更多关于数据、数据源、数量、属性和关系的更多信息。一旦这些细节被记录下来，如果发现缺陷，应通知相关人员。以下因素对于构建一个合适的数据描述文档至关重要。

- 数据源（SQL、NoSQL、大数据）、原始记录（ROO）、引用记录（ROR）。
- 数据量（大小、记录数量、数据库总量、表）。
- 数据属性及其描述（变量、数据类型）。
- 关系和映射方案（理解属性表示）。
- 基本描述性统计（平均值、中位数、方差）。
- 关注哪些属性对业务来说是重要的。

1.20.2.3　探索性数据分析

探索性数据分析（EDA），是生命周期中的第一个主要分析阶段。其主要目标是详细地探索和理解数据。你可以使用描述性统计、图形、图表和可视化方法来查看各种数据属性，找到关联性和相关性，并记录数据质量问题（如果有的话）。以下是这个阶段的一些主要任务。

- 探索、描述和可视化数据属性。
- 选择对问题最重要的数据和属性子集。
- 广泛分析，找出相关性和关联性，并检验假设。
- 注意缺失的数据点（如果有的话）。

1.20.2.4　数据质量分析

数据质量分析是数据理解阶段的最后阶段，在此阶段我们分析数据集的数据质量，并记录潜在的错误、缺点和在进一步分析数据或开始建模工作之前需要解决的问题。数据质量分析的主要关注点包含以下内容。

- 缺失值。
- 不一致的值。
- 由于数据错误导致的信息错误（手动 / 自动）。
- 错误的元数据信息。

1.20.3　数据准备

CRISP-DM 的第三阶段发生在对业务问题和相关数据集有足够的了解之后。数据准备工作主要是在运行任何分析或机器学习方法和构建模型之前，对数据进行清理、重整、规划和准备的一系列任务。在本节中，我们将简要讨论数据准备阶段下的一些主要任务。这里需要记住的重要一点是，数据准备通常是数据挖掘生命周期中最耗时的阶段，在整个项目中通常需要 60%~70% 的时间。但是，这个阶段应该非常认真地对待，因为就像我们之前多次讨论过的那样，不良的数据将导致不良的模型以及糟糕的性能和结果。

1.20.3.1 数据集成

数据集成的过程主要是在我们有可能想要集成或合并多个数据集时进行的。这可以通过两种方式实现。一是通过组合多个数据集（通常用于具有相同属性的数据集）来扩展数据集，二是通过使用诸如键之类的公共字段，将具有不同属性或列的多个数据集合并在一起。

1.20.3.2 数据重整

数据重整涉及数据处理、清除、规范化和格式化。原始数据很少被机器学习方法用于构建模型。因此，我们需要根据数据的形式来处理数据，清除潜在的错误和不一致性，并将其格式化为机器学习算法可使用的格式。以下是与数据重整相关的主要任务。

- 处理缺失值（删除行，估算缺失值）。
- 处理数据不一致（删除行、属性，修正不一致）。
- 修复不正确的元数据和注释。
- 处理模糊属性值。
- 将数据整理和格式化为必要的格式（CSV、Json、关系格式文件）。

1.20.3.3 属性生成与选择

数据由观察或样本（行）和属性或特性（列）组成。属性生成过程在机器学习术语中也称为特征提取和工程化。属性生成是基于某些规则、逻辑或假设从现有属性创建新的属性或变量。一个简单的例子是创建一个新的数字变量 age，该变量基于两个日期时间字段——current_date 和 birth_date——用于组织中雇员的数据集。关于属性生成有几种技术，我们将在以后的章节中讨论。

属性选择基本上是根据属性的重要性、质量、相关性、假设和约束等参数从数据集中选择特征或属性的子集。有时甚至使用机器学习方法来选择与数据相关的属性。这在机器学习术语中被称为特征选择。

1.20.4 建模

CRISP-DM 的第四阶段是该流程的核心阶段，在这个阶段中，大多数分析都是关于使用干净的、格式化的数据及其属性来构建模型以解决业务问题。这是一个迭代过程，如图 1-22 所示，包含了模型评估和建模之前的所有步骤。其基本思想是以迭代方式构建多个模型，以达到满足我们的成功的标准、数据挖掘目标和业务目标的最佳模型。在本节中，我们将简要地讨论与建模相关的一些主要阶段。

1.20.4.1 模型选择技术

在此阶段，我们获取了"业务理解"阶段中列出的相关机器学习和数据挖掘工具、框架、技术和算法的列表。在解决问题时，通常是基于数据分析师和数据科学家的意见和见解选择可靠和有用的技术。这些主要是由当前可用的数据、业务目标、数据挖掘目标、算法需求和约束来决定的。

1.20.4.2 建模

建模过程也被称为使用数据和特征来训练模型的过程。将数据（特征）和机器学习算法结合在一起，给我们提供了一个模型，它试图对训练数据进行归纳，并以见解和 / 或预测的形式给出必要的结果。通常，对相同的数据使用多种算法尝试多种建模方法，以解决相同的问题，获得最佳的模型，并给出最接近业务成功标准的输出。这里需要跟踪的关键内容是创建的模型、使用的模型参数以及它们的结果。

1.20.4.3 模型评估与调优

在这个阶段中，我们基于几个指标来评估模型，比如模型的准确度、精度、召回率、F1 评分等。我们还基于网格搜索和交叉验证等技术对模型参数进行优化，以获得最佳的模型。调优模型还与数据挖掘目标相匹配，以查看我们是否能够获得预期的结果和性能。在机器学习领域，模型调优也被称为超参数优化。

1.20.4.4 模型评估

一旦我们获得了理想的模型，就可以根据以下参数对模型进行详细的评估。
- 模型性能符合已定义的成功标准。
- 模型的重现性和一致性结果。
- 可扩展性、健壮性和易于部署。
- 模型的未来可扩展性。
- 模型评估得到满意的结果。

1.20.5 评估

CRISP-DM 的第五阶段发生在我们拥有来自建模阶段的最终模型之后，该模型满足了数据挖掘目标所需的成功标准，并且在模型评估指标（如准确度）方面具有预期的性能和结果。评估阶段包括对最终模型及其得到的结果进行详细的评估和审查。本节中评估的一些要点如下。
- 根据结果的质量及其与业务目标的一致性对最终模型进行排序。
- 任何被模型证明无效的假设或约束。
- 从数据提取、处理到建模和预测整个机器学习流程的部署成本。
- 在整个过程中有痛点吗？应该推荐什么？应该避免什么？
- 基于结果的数据充分性报告。
- 解决方案团队和领域专家的最终建议、反馈和建议。

根据从这些点形成的报告，在讨论之后，团队可以决定他们是否要进行模型部署的下一个阶段，还是需要从业务和数据理解，再到建模的完全重复。

1.20.6 部署

CRISP-DM 的最后阶段是将你所选择的模型部署到生产环境中，并确保从开发到生产的过渡是无缝的。通常大多数组织遵循标准的生产路径方法。根据所需的资源、服务器、硬件、软件等构建适当的部署计划。模型被验证、保存并部署在必要的系统和服务器上。还需制定计划，定期监测和维护模型，以不断评估其性能，检查结果及其有效性，并在需要时将模型废弃、替换和更新。

1.21 构建机器智能

机器学习、数据挖掘或人工智能的目标是使我们的生活更容易，使任务的完成自动化，并做出更好的决定。构建机器智能涉及我们迄今为止所学到的一切，从机器学习概念到实际实现和构建模型，并在现实世界中使用它们。机器智能可以使用非传统的计算方法（如机器学习）来构建。在本节中，我们将基于 CRISP-DM 模型建立完整的端到端机器学习流程，这将帮助我们通过使用结构化的过程构建机器智能来解决实际问题。

1.21.1 机器学习流程

解决现实世界中的机器学习或分析问题的最佳方法是使用机器学习流程，从获取数据到使用机器学习算法和技术将其转换为信息和见解。这更像是一个基于技术或解决方案的流程，它假定已经覆盖了 CRISP-DM 模型的几个方面，包括以下几点。

- 业务和数据理解。
- 机器学习 / 深度机器学习技术选择。
- 风险、假设和约束评估。

机器学习流程主要由数据检索、提取、准备、建模、评估和部署相关的元素组成。图 1-23 为一个标准机器学习流程的高级概述，块中突出显示了其主要阶段。

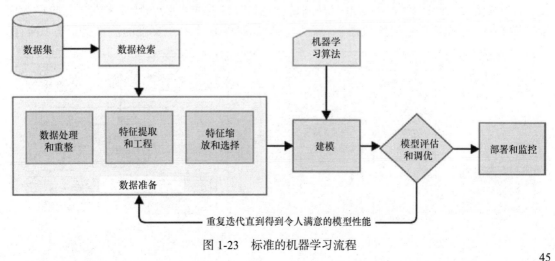

图 1-23　标准的机器学习流程

从图 1-23 中可以明显看出,机器学习流程中有几个主要阶段,它们与 CRISP-DM 模型非常相似,这就是前面详细讨论它的原因。下面简要介绍流程的主要步骤。

• **数据检索:** 主要是指从各种数据源和数据存储中进行的数据收集、提取和采集。我们将在第 3 章中详细介绍数据检索机制。

• **数据准备:** 在这一步中,对数据进行预处理、清理、重整,并根据需要对其进行操作。还进行了初步的探索性数据分析。接下来的步骤包括从数据中提取、工程化和选择特征 / 属性。

　　■ **数据处理和重整:** 主要涉及数据处理、清理、重整和执行初步的描述性和探索性数据分析。在第 3 章中,将通过示例进一步详细介绍这一点。

　　■ **特征提取和工程:** 是指从原始数据中提取重要的特征或属性,甚至从现有的特征中创建或设计新的特征。关于各种特征工程技术的详细信息参考第 4 章。

　　■ **特征缩放和选择:** 通常需要对数据特征进行规范化和缩放,以防止机器学习算法产生偏差。此外,我们通常需要根据特征的重要性和质量选择所有可用特征的子集。这个过程称为特征选择。第 4 章涵盖了这些方面。

• **建模:** 在建模过程中,通常将数据特征提供给机器学习方法或算法,并对模型进行训练,通常在大多数情况下优化一个特定的成本函数,目的是减少误差并归纳从数据中获得的表示。第 5 章涵盖了构建机器学习模型背后的艺术和科学。

• **模型评估和调优:** 构建的模型在验证数据集上进行评估和测试,并基于准确度、F1 评分等指标对模型性能进行评估。模型具有各种参数,这些参数在一个称为超参数优化的过程中进行调整,以获得最佳和最优的结果。第 5 章涵盖了这些方面内容。

• **部署和监控:** 在生产中部署选定的模型,并根据它们的预测和结果进行持续监控。关于模型部署的详细信息将在第 5 章中介绍。

1.21.2　监督机器学习流程

到目前为止,我们知道,监督机器学习方法都是关于使用监督标记的数据来训练模型,然后预测新的数据样本的结果。一些过程,如特征工程、缩放和选择应始终保持不变,以便使用相同的特征来训练模型,并且从新的数据样本中提取相同的特征来在预测阶段为模型提供支持。根据之前的通用机器学习流程,图 1-24 显示了一个标准的监督机器学习流程。

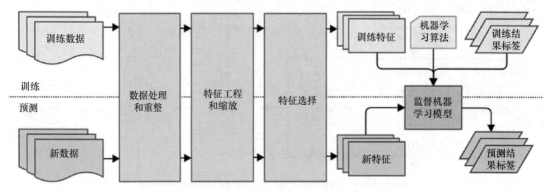

图 1-24　监督机器学习流程

如图 1-24 所示，你可以清楚地看到模型训练和预测两个阶段。同样，根据前面提到的，同一序列的数据处理、重整、特征工程、缩放和选择序列被用于训练模型和模型预测结果的未来数据样本。这是非常重要的一点，当你构建任何监督模型时都必须记住这一点。此外，如图所示，模型是机器学习（监督）算法和训练数据特征以及相应标签的组合。该模型将从新数据样本和预测阶段的输出预测标签中提取特征。

1.21.3　无监督机器学习流程

无监督机器学习就是从数据中提取模式、关系、关联和聚类。与特征工程、缩放和选择相关的过程与监督学习相似。但是这里没有预先标记数据的概念。因此，与监督机器学习流程相比，无监督机器学习流程将略有不同。图 1-25 为一个标准的无监督机器学习流程。

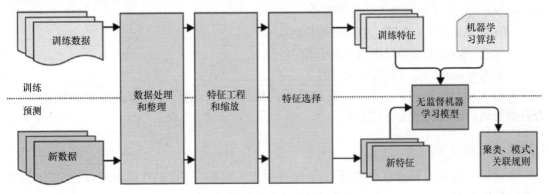

图 1-25　无监督机器学习流程

图 1-25 清楚地描述了无监督的标记数据用于训练模型。由于没有标签，只有训练数据（经历了与监督学习流程相同的数据准备阶段），此时就会建立一个无监督机器学习算法和训练特征的无监督模型。在预测阶段，我们从新的数据样本中提取特征，并通过模型进行传递，模型根据我们正在执行的机器学习任务的类型给出相应的结果，可以是聚类、模式检测、关联规则或降维。

1.22　真实案例研究：预测学生获取推荐

让我们后退一步！本节的主要目标是对整个机器学习领域有一个坚实的了解，理解关键的概念，建立基本的基础，并且理解如何在机器学习流程的帮助下执行机器学习项目，而 CRISP-DM 模型是所有灵感的来源。让我们把所有这些结合起来，通过在一个玩具数据集上构建一个监督机器学习流程来进行一个非常基本的真实案例研究。我们的主要目标如下，如果你有几个学生的等级、表现和分数等多种属性，你能基于过去的历史数据建立一个模型来预测学生获得研究项目推荐奖学金的机会吗？

本节将快速介绍如何构建和部署一个真实世界的机器学习流程并执行预测。这也会给你一个很好的动手体验机会，让你开始学习机器学习。如果你不了解每一行代码的细节，不要太担心，后面的章节详细介绍了这里使用的所有工具、技术和框架。我们将在本书中使用 Python 3.5；你可以参考第 2 章了解更多 Python 的有关知识，以及在机器学习中使用的各种工具和框架。你可以跟随本节中的代码片段，或者在命令行 / 终端上在相应的目录下运行 Jupyter Notebook 打开预测学生推荐机器学习流程 Pipeline.ipynb[⊖]。然后，你可以从浏览器中运行这个文件中的相关代码片段。第 2 章将详细介绍 Jupyter Notebook 的相关知识。

1.22.1　目标

你有学生表现的历史数据和他们的授予推荐结果，格式是一个名为 student_records.csv 的逗号分隔值文件。每个数据示例由以下属性组成。

- Name（学生姓名）。
- OverallGrade（获得的整体等级）。
- Obedient（在学习过程中是否勤奋）。
- ResearchScore（在研究中取得的分数）。
- ProjectScore（在项目中取得的分数）。
- Recommend（是否获得资助推荐）。

你的主要目标是建立一个基于这些数据的预测模型，这样你就可以预测未来的学生是否会因为他们的表现属性而被推荐。

1.22.2　数据获取

在这里，将利用 pandas 框架从 CSV 文件中检索数据。下面的代码片段向我们展示了如何检索数据并查看它。

```
In [1]: import pandas as pd
   ...: # 警告信息
   ...: pd.options.mode.chained_assignment = None  # default='warn'
   ...:
   ...: # 获取数据
   ...: df = pd.read_csv('student_records.csv')
   ...: df
```

现在，在图 1-26 中我们可以看到每个学生的数据样本及其相应的推荐结果，我们将执行数据准备相关的任务。

1.22.3　数据准备

根据我们前面看到的数据集，没有任何数据错误或缺失值，因此将主要关注特征工程和缩放。

1.22.3.1　特征提取和工程

让我们先从数据集中提取现有特征，然后从单独的变量中提取结果。下面的代码片段展示了这个过程。如图 1-27 和图 1-28 所示。

⊖　注：Pipeline.ipynb 文件可以在本书的 GitHub 仓库中找到。

```
In [2]: # 获取特征和相应结果
   ...: feature_names = ['OverallGrade', 'Obedient', 'ResearchScore',
                         'ProjectScore']
   ...: training_features = df[feature_names]
   ...:
   ...: outcome_name = ['Recommend']
   ...: outcome_labels = df[outcome_name]

In [3]: # 查看特征
   ...: training_features
```

Out[1]:

	Name	OverallGrade	Obedient	ResearchScore	ProjectScore	Recommend
0	Henry	A	Y	90	85	Yes
1	John	C	N	85	51	Yes
2	David	F	N	10	17	No
3	Holmes	B	Y	75	71	No
4	Marvin	E	N	20	30	No
5	Simon	A	Y	92	79	Yes
6	Robert	B	Y	60	59	No
7	Trent	C	Y	75	33	No

图 1-26 描述学习记录和推荐的原始数据

Out[3]:

	OverallGrade	Obedient	ResearchScore	ProjectScore
0	A	Y	90	85
1	C	N	85	51
2	F	N	10	17
3	B	Y	75	71
4	E	N	20	30
5	A	Y	92	79
6	B	Y	60	59
7	C	Y	75	33

图 1-27 数据集特征

```
In [4]: # 查看结果
   ...: outcome_labels
```

Out[4]:

	Recommend
0	Yes
1	Yes
2	No
3	No
4	No
5	Yes
6	No
7	No

图 1-28 每个学生的推荐结果标签

现在，已经从数据及其相应的结果标签中提取了初始的可用特征，让我们根据它们的类型（数值的和类别的）分离出可用的特征。在第 3 章中更详细地讨论了特征变量的类型。

```
In [5]: # 基于类型将下述特征列表
   ...: numeric_feature_names = ['ResearchScore', 'ProjectScore']
   ...: categoricial_feature_names = ['OverallGrade', 'Obedient']
```

现在，我们将使用来自 scikit-learn 的标准标量，使用以下代码扩展或规范化两个基于数字评分的属性，如图 1-29 所示。

```
In [6]: from sklearn.preprocessing import StandardScaler
   ...: ss = StandardScaler()
   ...:
   ...: # 数字特征的缩放
   ...: ss.fit(training_features[numeric_feature_names])
   ...:
   ...: # 缩放数字特征
   ...: training_features[numeric_feature_names] =
                          ss.transform(training_features[numeric_feature_names])
   ...:
   ...: # 查看更新的特征集
   ...: training_features
```

Out[6]:

	OverallGrade	Obedlent	ResearchScore	ProjectScore
0	A	Y	0.899583	1.376650
1	C	N	0.730648	−0.091777
2	F	N	−1.803390	−1.560203
3	B	Y	0.392776	0.772004
4	E	N	−1.465519	−0.998746
5	A	Y	0.967158	1.117516
6	B	Y	−0.114032	0.253735
7	C	Y	0.392776	−0.869179

图 1-29　缩放数字属性的特征集

现在已经成功地缩放了我们的数字特征（见图 1-29），下面来处理分类特征，并根据下面的代码进行必要的特征工程化，如图 1-30 所示。

```
In [7]: training_features = pd.get_dummies(training_features,
                           columns=categoricial_feature_names)
   ...: # 查看新的特征工程
   ...: training_features
```

Out[7]:

	ResearchScore	ProJectScore	OverallGrade_A	OverallGrade_B	OverallGrade_C	OverallGrade_E	OverallGrade_F	Obedlent_N	Obedlent_Y
	0.899583	1.376650	1	0	0	0	0	0	1
	0.730648	−0.091777	0	0	1	0	0	1	0
	−1.803390	−1.560203	0	0	0	0	1	1	0
	0.392776	0.772004	0	1	0	0	0	0	1
	−1.465519	−0.998746	0	0	0	1	0	1	0
	0.967158	1.117516	1	0	0	0	0	0	1
	−0.114032	0.253735	0	1	0	0	0	0	1
	0.392776	−0.869179	0	0	1	0	0	0	1

图 1-30　具有工程分类变量的特征集

```
In [8]: # 获取新分类特征的列表
   ...: categorical_engineered_features = list(set(training_features.columns) -
                           set(numeric_feature_names))
```

图 1-30 显示了具有新的工程分类变量的更新的特征集。此过程也称为独热编码。

1.22.4　建模

现在我们将使用 logistic 回归算法基于特征集构建一个简单的分类（监督）模型。下面的代码描述了如何构建监督模型。

```
In [9]: from sklearn.linear_model import LogisticRegression
   ...: import numpy as np
   ...:
   ...: # 拟合模型
   ...: lr = LogisticRegression()
   ...: model = lr.fit(training_features,
                       np.array(outcome_labels['Recommend']))
   ...: # 查看模型参数
   ...: model
Out[9]: LogisticRegression(C=1.0, class_weight=None, dual=False,
                       fit_intercept=True, intercept_scaling=1, max_iter=100,
                       multi_class='ovr', n_jobs=1, penalty='l2',
                       random_state=None, solver='liblinear', tol=0.0001,
                       verbose=0, warm_start=False)
```

因此，我们现在有了基于 L2 正则化的逻辑回归模型的监督学习模型，你可以在之前输出的参数中看到。

1.22.5 模型评估

通常，模型评估是基于一些与训练数据集不同的交叉或验证数据集来完成的，以防止模型过拟合或偏置。由于这是玩具数据集上的一个示例，让我们使用下面的代码片段来评估我们的模型在训练数据上的性能。

```
In [10]: # 训练数据的简单评估
    ...: pred_labels = model.predict(training_features)
    ...: actual_labels = np.array(outcome_labels['Recommend'])
    ...:
    ...: # 评估模型参数
    ...: from sklearn.metrics import accuracy_score
    ...: from sklearn.metrics import classification_report
    ...:
    ...: print('Accuracy:', float(accuracy_score(actual_labels,
             pred_labels))*100, '%')
    ...: print('Classification Stats:')
    ...: print(classification_report(actual_labels, pred_labels))

Accuracy: 100.0 %
Classification Stats:
             precision    recall   f1-score   support

        No      1.00        1.00     1.00         5
       Yes      1.00        1.00     1.00         3

avg / total     1.00        1.00     1.00         8
```

因此，你可以看到前面提到的描述模型性能的各种指标，比如准确度、召回率和 F1 评分。本书在第 5 章中会详细讨论这些指标。

1.22.6 模型部署

现在构建了第一个监督学习模型,并在系统或服务器上部署了该模型,下面需要持久化这个模型。我们还需要保存用来扩展数字特征的标量对象,因为要使用它来转换新的数据样本的数字特征。下面的代码片段描述了一种存储模型和标量对象的方法。

```
In [11]: from sklearn.externals import joblib
    ...: import os
    ...: # 保存模型以在服务器上部署
    ...: if not os.path.exists('Model'):
    ...:     os.mkdir('Model')
    ...: if not os.path.exists('Scaler'):
    ...:     os.mkdir('Scaler')
    ...:
    ...: joblib.dump(model, r'Model/model.pickle')
    ...: joblib.dump(ss, r'Scaler/scaler.pickle')
```

这些文件可以很容易地部署到服务器上,并使用必要的代码重新加载模型并预测新的数据样本,将在后面的章节中看到这一点。

1.22.7 实际预测

现在可以使用新建立和部署的模型开始预测了!开始预测前,需要将模型和标量对象加载到内存中。下面的代码帮助我们做到了这一点。

```
In [12]: # 下载模型和缩放对象
    ...: model = joblib.load(r'Model/model.pickle')
    ...: scaler = joblib.load(r'Scaler/scaler.pickle')
```

我们有一些新学生记录(见图 1-31)的样本(两个学生的),希望用我们的模型预测他们是否会得到奖学金推荐。让我们使用以下代码检索和查看这些数据。

```
In [13]: ## 数据检索
    ...: new_data = pd.DataFrame([{'Name': 'Nathan', 'OverallGrade': 'F',
                    'Obedient': 'N', 'ResearchScore': 30, 'ProjectScore': 20},
    ...:                          {'Name': 'Thomas', 'OverallGrade': 'A',
                    'Obedient': 'Y', 'ResearchScore': 78, 'ProjectScore': 80}])
    ...: new_data = new_data[['Name', 'OverallGrade', 'Obedient',
                    'ResearchScore', 'ProjectScore']]
    ...: new_data
```

Out[13]:

	Name	OverallGrade	Obedient	ResearchScore	ProjectScore
0	Nathan	F	N	30	20
1	Thomas	A	Y	78	80

图 1-31 新学生记录

现在将在下面的代码片段中执行与数据准备相关的任务——特征提取、工程化和缩放,如图 1-32 所示。

```
In [14]: ## data preparation
    ...: prediction_features = new_data[feature_names]
    ...:
    ...: # 缩放
    ...: prediction_features[numeric_feature_names] =
            scaler.transform(prediction_features[numeric_feature_names])
    ...:
    ...: # 工程分类变量
    ...: prediction_features = pd.get_dummies(prediction_features,
                            columns=categoricial_feature_names)
    ...:
    ...: # 查看特征集
    ...: prediction_features
```

Out[14]:

	ResearchScore	ProjectScore	OverallGrade_A	OverallGrade_F	Obedient_N	Obedient_Y
0	−1.127647	−1.430636	0	1	1	0
1	0.494137	1.160705	1	0	0	1

图 1-32　新学生的更新特征集

　　我们现在有了新学生的相关特征！但是你可以看到，有些分类特征在 B、C 和 E 等级上缺失了，这是因为这些学生都没有获得这些等级，但是我们仍然需要这些属性，因为模型是针对所有属性的。下面的代码片段帮助我们识别和添加丢失的分类特征。我们为每个学生添加这些特征的值为 0，因为他们没有获得这些等级，如图 1-33 所示。

```
In [15]: # add missing categorical feature columns
    ...: current_categorical_engineered_features =
            set(prediction_features.columns) - set(numeric_feature_names)
    ...: missing_features = set(categorical_engineered_features) -
                            current_categorical_engineered_features
    ...: for feature in missing_features:
    ...:     # add zeros since feature is absent in these data samples
    ...:     prediction_features[feature] = [0] * len(prediction_features)
    ...:
    ...: # view final feature set
    ...: prediction_features
```

Out[15]:

	ResearchScore	ProjectScore	OverallGrade_A	OverallGrade_F	Obedient_N	Obedient_Y	OverallGrade_C	OverallGrade_B	OverallGrade_E
	−1.127647	−1.430636	0	1	1	0	0	0	0
	0.494137	1.160705	1	0	0	1	0	0	0

图 1-33　新学生的最终特征集

　　我们已经为两个新学生准备好了完整的特征集。让我们对模型进行测试，得到关于奖学金推荐的预测，如图 1-34 所示。

```
In [16]: ## predict using model
    ...: predictions = model.predict(prediction_features)
    ...:
    ...: ## display results
    ...: new_data['Recommend'] = predictions
    ...: new_data
```

Out[16]:

	Name	OverallGrade	Obedient	ResearchScore	ProjectScore	Recommend
0	Nathan	F	N	30	20	No
1	Thomas	A	Y	78	80	Yes

图 1-34　模型预测的具有奖学金推荐的新学生记录

从图 1-34 中可以清楚地看到，我们的模型已经预测了两个新学生的奖学金推荐标签。很明显，Thomas 很勤奋，等级是 A，而且分数还不错，他比 Nathan 更有可能获得奖学金推荐。因此，你可以看到，我们的模型已经学会了如何根据过去的学生历史数据预测奖学金推荐结果。这应该会激起你对机器学习入门的兴趣。本书将在接下来的章节中深入探讨更复杂的现实问题！

1.23　机器学习的挑战

机器学习是一个快速发展的、快节奏的、令人兴奋的领域，有很好的前景、很多的机会。然而，由于机器学习方法的复杂性，它对数据有依赖，并不是更传统的计算范式，它也带来了一系列的挑战。以下几点涉及机器学习中的一些主要挑战。

- 数据质量问题导致的问题，特别是在数据处理和特征提取方面。
- 数据采集、提取和检索是一个极其烦琐和耗时的过程。
- 在许多情况下缺乏良好的质量和足够的训练数据。
- 明确界定业务问题，定义业务目标。
- 特征提取和工程化，尤其是手工提取的特征，是机器学习中最困难但最重要的任务之一。深度学习最近似乎在这一领域获得了一些优势。
- 过拟合或欠拟合的模型都会导致模型学习不佳的表现，以及训练数据导致的不良表现。
- 维度的诅咒：太多的特征会成为真正的障碍。
- 复杂模型在现实世界中很难部署。

这并不是当今机器学习所面临的挑战的详尽清单，但它肯定是数据科学家或分析人员在机器学习项目和任务中通常面临的最主要问题的清单。当我们进一步讨论机器学习流程中的各个阶段时，以及在后续章节中解决现实问题时，我们将详细讨论这些问题。

1.24　机器学习的现实应用

今天，机器学习在现实世界中得到了广泛的应用，以解决传统方法和基于规则的系统无法解决的复杂问题。以下描述了一些机器学习的实际应用。

- 网络购物平台上的产品推荐。
- 情感分析。
- 异常检测。
- 欺诈检测与预防。

- 内容推荐（新闻、音乐、电影等）。
- 天气预报。
- 股票市场预测。
- 市场购物篮分析。
- 客户细分。
- 图像和视频中的物体和场景识别。
- 语音识别。
- 生产分析。
- 点击预测。
- 故障 / 缺陷检测和预防。
- 电子邮件中的垃圾邮件过滤。

1.25 总结

本章的目的是让你在深入了解机器学习流程并解决实际问题之前熟悉机器学习的基础知识。本章介绍了当今世界对机器学习的需求，重点是在规模上做出数据驱动的决策。本书还讨论了各种编程范式，以及机器学习是如何打破传统编程范式的。接下来，从正式的定义到与机器学习相关的各个领域，探讨了机器学习的前景。基础概念涵盖了数学、统计学、计算机科学、数据科学、数据挖掘、人工智能、自然语言处理和深度学习等领域，因为它们都与机器学习有关，还将在以后的章节中使用这些领域的工具、技术、方法和过程。与各种机器学习方法相关的概念也包括监督、无监督、半监督和强化学习。我们还描述了机器学习方法的其他分类，如基于批量在线的学习方法和基于在线实例的学习方法。本章阐述了 CRISP-DM 模型，概述了数据挖掘项目的行业标准流程。从这个模型中我们得到了类似的模型来构建机器学习流程，我们将重点放在监督学习流程和无监督学习流程上。

我们将本章所涉及的所有内容结合在一起，解决了一个小的现实问题，即预测学生的奖学金推荐建议，并从头开始构建了一个示例机器学习流程。这一定会让你为下一章做好准备，在下一章，你将深入研究机器学习流程中的每个阶段，并且可以学习 Python 机器学习生态系统的基础知识。最后，机器学习的挑战和实际应用将使你对机器学习有一个很好的了解，并使你了解与机器学习问题相关的注意事项和缺陷。

第 2 章
Python 机器学习生态系统

第 1 章分享了机器学习的一些干货知识，并研究了一些我们会使用到的算法。机器学习是当今科技领域一个非常流行且意义重大的话题。因此，我们在编程语言和框架方面为机器学习提供了非常多样化的支持。几乎所有流行的编程语言都有机器学习库，像 C++、R、Julia、Scala、Python 等。在本章中，我们将会解释为什么 Python 是适合机器学习的语言，然后将会简要介绍 Python 机器学习（ML）的生态系统。这里介绍的 Python 机器学习生态系统是一个库集合，这些库使开发人员能够提取和转换数据，执行数据重整操作，应用现有的强大的机器学习算法，还可以轻松地开发自定义算法。这些库有：numpy、scipy、panda、scikit-learn、statsmodels、TensorFlow、Keras 等。我们简要介绍其中的几个库，以便大家熟悉每个库的基础知识。这些库将在本书后面的章节中广泛使用。也就是说，本章的目的是让你熟悉 Python 机器学习生态系统中的各种框架和库，让你了解可以用什么来解决机器学习的相关问题。为了使文章内容更丰富，我们提供了一些实用的链接，你可以浏览这些链接获取大量文档和教程。我们假定你对 Python 和编程有一定的了解，本章的所有代码片段和例程都可以在本书的 GitHub 仓库中找到，地址为 https://github.com/dipanjanS/practical-machine-learning-with-python，参见仓库中第 2 章的相关目录。对于本章的所有示例，你都可以参考仓库中 "notebooks" 目录下第 2 章的 python_ml_ecosystem.py 文件，你可以在阅读本章时尝试使用这些例程。此外还可以参考仓库中名为 The Python Machine Learning Ecosystem.ipynb 的 Jupyter Notebook 文件，进行更有交互性的实践。

2.1 Python 简介

Python 的第一个版本于 1991 年发布，由 Guido van Rossum 在荷兰数学和计算机科学研究学会（CWI，见 https://www.cwi.nl/）工作时创建。Guido 编写 Python 作为 ABC 编程语言的继承者。在接下来的几年中，Python 已经发展成为一种广泛使用的高级语言和通用编程语言。Python 是一种解释性语言，这意味着 Python 程序的源代码会被转换为字节码，然后由 Python 虚拟机执行。Python 与 C 和 C++ 等主流编译型语言不同，因为 Python 代码不需要像这些语言的代码那样构建和链接。这有两点很重要的区别：

• Python 代码开发速度很快：由于不需要编译和构建代码，因此可以很容易地修改和执行 Python 代码，形成一个快速的开发周期。

• Python 代码的执行速度相对慢一点：由于代码不是直接编译和执行的，而是由

Python 虚拟机的附加层负责执行代码，所以 Python 代码运行起来要比 C、C++ 等传统语言要慢一点。

2.1.1　优势

根据一些调查和研究，在广泛使用的编程语言榜单中，Python 的位置正在稳步上升，它是世界上排名第五的重要语言。最近几项调查显示 Python 是机器学习和数据科学最受欢迎的语言！这里简要罗列了一些 Python 所具备的优势，这或许能解释它为什么如此受欢迎。

1）容易上手：Python 是一种相对容易学习的语言。它的语法对初学者来说很容易学习和理解。与 C 或 Java 等语言相比，执行 Python 程序所需的样板代码最少。

2）支持多种编程范式：Python 是一种多范式、多用途的编程语言。它支持面向对象编程、结构化编程、函数式编程，甚至面向切面的编程。这种多功能性使得它可以被众多程序员使用。

3）可扩展性：Python 的可扩展性是其最重要的特性之一。Python 有大量易于使用的模块，可以方便地安装和使用。这些模块从数据访问到流行算法实现，涵盖了编程的各个方面。这种易于扩展的特性确保了 Python 开发人员的工作效率更高，因为有很多可用的库解决大量问题。

4）活跃的开源社区：Python 是开源的，并且有大型的开发者社区提供支持。这使得 Python 更稳健且具有强大的适应性。出现的错误很快被 Python 社区修复。同时，作为开源语言，开发者在需要时可以修改 Python 源代码。

2.1.2　缺点

尽管 Python 是非常流行的编程语言，但它也有自己的缺陷，最突出的一点就是执行速度。作为一种解释性语言，与编译型语言相比，它的执行速度要慢些。在需要极高性能代码的情况下，会使 Python 难以施展拳脚。这是未来 Python 将要改进的一个主要领域，每个后续的 Python 版本都会改善这个问题。尽管我们必须承认，它永远不可能像编译型语言那样快，但我们相信，它能通过在其他方面的超高效率来弥补这一不足。

2.1.3　搭建 Python 开发环境

进入数据科学世界的第一步就是搭建 Python 开发环境。通常有两种方法来搭建开发环境：

- 单独安装 Python 和必要的库。
- 使用预先打包的 Python 发行版，它附带了一些必要的库，如 Anaconda。

Anaconda 是 Python 和一系列不同库的打包编译，它包含了在数据科学中广泛使用的核心库。它由 Anaconda（以前称为 Continuum Analytics）开发，是数据科学家的首选工具。特拉维斯·奥列芬特（Travis Oliphant）是 numpy 和 scipy 库的主要贡献者，他是 Anaconda 的总裁和联合创始人之一。Anaconda 发行版使用 BSD 开源协议，因此它允许我们将其用于商业以及再分发。这种发行版的一个主要优点是，不需要进行复杂的设置，而且适用于各种操作系统和平台，特别是 Windows 系统（Windows 系统安装特定 Python 包时常常会出现问题）。因此，只需下载并安装一次就可以开始我们的数据科学之旅。Anaconda 发行版广泛应用于各个行业的数据科学环境，它还附带了一个很棒的 IDE：Spyder（Scientific Python Development Environment），以及其他的实用工具，如 Jupyter Notebook、IPython 控制台和优秀的包管理工具 conda。最近他们还广泛地讨论了是否要集成 Jupyterlab（Jupyter 项目的下一代 UI）。我建议大家使用 Anaconda 的发行版，并且查看 https：//www.anaconda. com/what-is-anaconda/ 以了解更多关于 Anaconda 的信息。

1. 搭建 Anaconda Python 开发环境

搭建 Anaconda 发行版开发环境的第一步是从 https：//www.anaconda.com/download/ 下载所需的安装包，安装包提供了 Anaconda 发行版。这里需要注意的一点是，我们将使用 Python 3.5 版和相应的 Anaconda 发行版。Python 3.5.2 版在 2016 年 6 月发布，而 Python 3.6 版在 2016 年 12 月发布。我们选择 Python 3.5 版，因为我们希望确保在本书中使用的库中没有任何库存在兼容性问题。由于 Python 3.5 版已经存在了很长一段时间，我们通过选择它来避免任何此类兼容性问题。但是，你可以随意使用 Python 3.6 版，并且本书中使用的代码估计不会出现重大问题。我们之所以没有选择 Python 2.7 版，是因为官方对 Python 2 版的支持在 2020 年结束，从 Python 社区的视角来看，Python 3 版显然是未来，我们建议你使用 Python 3 版。

从 https：/repo .continuum.io/archive/ 上下载 Anaconda3-4.2.0-Windows-x86_64 安装包（带有 Python 3.5 版的安装包）。下载页面的屏幕截图如图 2-1 所示。之所以特地选择 Windows 操作系统，是因为在 Windows 系统上很少有一些 Python 包或库在安装或运行时会出现问题，因此我们希望确保覆盖这些细节。如果你正在使用任何其他操作系统，如 Linux 或 MacOSX，请下载相应的操作系统版本并安装它。

安装下载的文件非常简单，只需双击文件并完成整个安装过程。要检查安装是否成功，只需打开命令提示符或终端并启动 Python。你应该能看到如图 2-2 所示的消息，其中展示了 Python 和 Anaconda 版本。我们建议你使用 iPython shell（命令是 ipython）而不是常规的 Python shell。因为它有更多好用的功能，如内联图、代码自动补全等。

以上完成了为数据科学和机器学习搭建 Python 开发环境的过程。

2. 安装库

这里假设你已经熟悉了 Python 的基本语法，所以将不再介绍 Python 的基础知识。如果你需要了解其基础知识，请查阅有关 Python 编程的标准课程或书籍。我们接下来将介绍安装其他库的一个非常基本但又非常重要的内容。在 Python 中，安装其他库的首选方法是使用 pip 安装程序。使用 pip 从 Python 包索引（PyPI）安装软件包的基本语法如下所示。

```
pip install required_package
```

如果 required_package 存在于 PyPI 中，那么程序就会安装它。我们也可以使用 PyPI 之外的其他源来安装软件包，但通常不需要那样做。Anaconda 发行版已经添加了大量的附加库，因此我们不太可能需要其他来源的附加软件包。

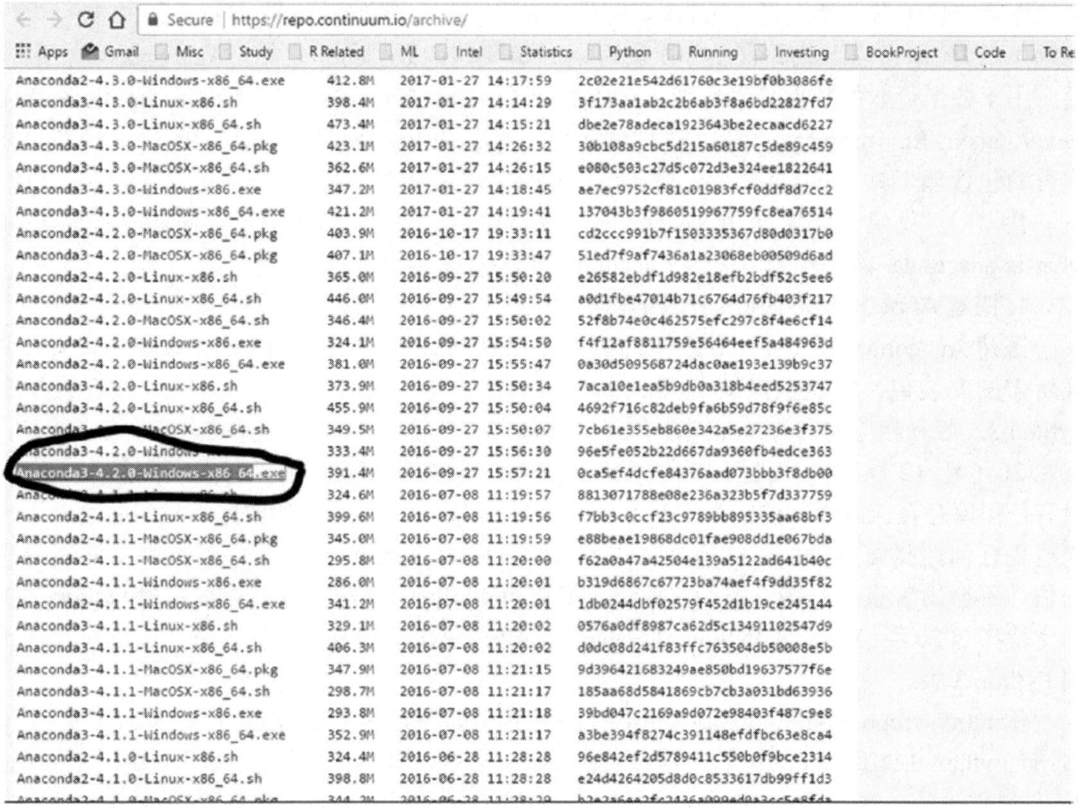

图 2-1 下载 Anaconda 安装包

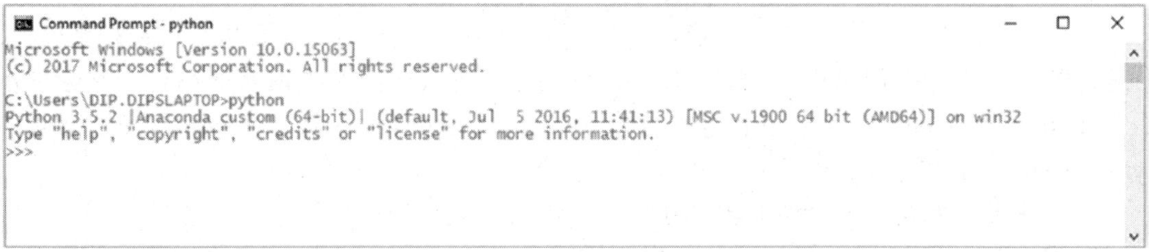

图 2-2 使用 Python shell 验证安装是否成功

另一种安装软件包的方法（仅限于 Anaconda）是使用 conda install 命令。通常我们建议使用这个方法，尤其是在 Windows 系统上。

2.1.4 为什么选择 Python 用于数据科学

根据 StackOverflow 在 2017 年的调查（https：//insights.stackoverflow.com/survey/2017），Python 是世界第五大最常用的语言。它是数据科学家使用的三大语言之一，也是 Stack-Overflow 用户中最受欢迎的语言之一。事实上，在 2017 年 KDnuggets 最近的一次民意调查中，根据用户的选择，Python 作为分析、数据科学和机器学习的领先平台而获得了最多

的 投 票 （ http://www.kdnuggets.com/2017/08/python-overtakes-r-leader-analytics-data-science. html ）。Python 具有很多优点使其成为数据科学实践的首选语言。我们现在来说说 Python 的优势，并探讨一下为什么 Python 是数据科学家的首选语言。

1. 强大的软件包合集

Python 以其广泛而强大的软件包合集而闻名。实际上，Python 共享的一个设计哲学是"自备电池"，这意味着 Python 自带丰富而强大的软件包，可以在各种领域和用例中使用。这种思想被扩展到数据科学和机器学习所需的软件包中。像 numpy、scipy、pandas、scikit-learn 等，这些都是为解决各种真实的数据科学问题量身定制的，而且非常强大。这使得 Python 成为解决数据科学相关问题的首选语言。

2. 简便快速的原型设计

当我们讨论 Python 对数据科学的适用性时，Python 的简单性是另一个重要方面。Python 语法易于理解也容易上手，这使得理解现有代码变得相对简单。开发人员能够轻松地修改现有的实现并拓展自己的实现。这个特性对于开发新的算法特别有用，这些算法可能还处于实验阶段，还没能支持其他外部库。基于我们前面讨论的内容，Python 开发已经省去了（像编译型语言那样）耗时的构建和链接过程。使用 REPL shell、IDE 和 notebook，你可以快速构建和迭代多个研究和开发周期，并且可以轻松地验证和测试所有更改。

3. 易于协作

数据科学解决方案很少是一个人的工作。通常，数据科学团队需要大量的协作来开发一个很好的分析解决方案。幸运的是，Python 提供的工具使得不同的团队进行协作非常容易。最受欢迎的功能之一就是 Jupyter Notebook。Notebook 是一个新颖的概念，它允许数据科学家在一个地方共享代码、数据和有见地的结果。这使得 Jupyter Notebook 成为一种易于重现结果的研究工具。我们认为这是一个非常重要的功能，并将在整个章节中介绍使用 notebooks 带来的好处。

4. 一站式解决方案

在第 1 章探讨了数据科学领域是如何与其他各个领域相互关联的。一个典型的项目都有一个迭代的生命周期，包括数据提取、数据操作、数据分析、特征工程、建模、评估、解决方案开发、部署和解决方案的持续更新。Python 作为一种多用途编程语言是非常多样化的，它允许开发人员在一个通用平台上处理所有这些不同的操作。使用 Python 库，你可以使用来自多个源的数据，对那些数据进行不同的数据重整，对处理后的数据应用机器学习算法，并部署已开发的解决方案。因为不需要接口，所以使得 Python 非常有用，也就是说，你不需要将整个流程的任何部分移植到其他编程语言。此外，企业级别的数据科学项目通常需要与不同的编程语言进行交互，这也可以通过使用 Python 实现。例如，假设某些企业使用定制的 Java 库进行一些深奥的数据操作，那么你可以使用 Python 的 Jython 实现来使用该 Java 库，而无须为接口层编写自定义代码。

5. 大型的活跃社区支持

Python 开发者社区非常活跃且数量庞大。这个庞大的社区确保核心 Python 语言和软件包保持高效且无错误。开发者可以使用各种平台（如 Python 邮件列表、stackoverflow、博客和 usenet 组）去解决遇到的 Python 问题。这种大型支持生态系统也是使 Python 成为数据科学青睐语言的原因之一。

2.2　Python 机器学习生态系统简介

在本节中将介绍 Python 机器学习生态系统的重要部分，并对它们做简要介绍，它们是 Python 能成为数据科学重要语言的几个原因。本节旨在做详细介绍，并使你熟悉这些核心数据科学库。鉴于篇幅，不会对每个库都进行非常深入的讲解，但本书会在后续章节中详细使用它们。拥有一个庞大的 Python 开发人员社区的另一个好处是，通过简单的搜索就能找到关于这些库丰富的内容。当然我们能在书中做的介绍是有限的，在这里选择了整个生态系统重要的组成部分做介绍。

2.2.1　Jupyter Notebook

Jupyter Notebook，以前叫作 ipython notebooks，是一种交互式计算环境，用来开发基于 Python 的数据科学分析，该分析强调可重现的研究。交互式环境对开发很友好，它使我们能够很容易地与同行共享 notebook 和代码，他们也可以复制我们的研究和分析。这些 Jupyter Notebook 可以包含代码、文本、图像、输出等，可以一步一步地排列，对整个分析过程一步一步地进行完整的说明。这种能力使 Jupyter Notebook 成为可重现分析和研究的一大利器，尤其是当你想与同行分享你的工作时。在开发分析时，你可以将你的思考过程记录下来，并将其与结果一起记录在笔记中。文档、代码和结果的无缝交织使 Jupyter Note-book 成为每个数据科学家的宝贵工具。

现在将使用已经安装好的 Anaconda 发行版自带的 jupyter notebook。这类似于 ipython shell，区别在于它还可以用于除 Python 以外的其他编程后端。但是两者的功能都是相似的，都能交互式地展示内容，而且在 Jupyter Notebook 上有更多好用的功能。

安装和执行

这里不需要为 Jupyter Notebook 安装任何额外的东西，因为 Anaconda 发行版已经安装了它。可以通过在命令提示符或终端执行以下命令来调用 Jupyter Notebook。

```
C:\>jupyter notebook
```

这将在机器的 localhost：8888 处启动一个 notebook 服务器。非常让人称道的一点是，可以使用浏览器访问 notebook，甚至可以在远程服务器上启动它，并使用 ssh 等技术在本地使用它。如果你有强大的计算资源，只能远程访问但是没有图形界面，那么这个特性非常有用。Jupyter Notebook 允许你在可视化的交互 shell 中访问这些资源。调用此命令后，可以在浏览器中导航到 localhost：8888 地址，以找到如图 2-3 中所示的登录页面，该页面可用于访问现有的 notebook 或创建新的 notebook。

在登录成功后的页面上，可以单击右上角的"新建"按钮启动新的 notebook。默认情况下，它将使用默认内核（即 Python 3.5 内核），但也可以将 notebook 与不同的内核（例如 Python 2.7 内核，前提是系统已经安装了 Python 2.7 版）相关联。一个 notebook 只是一组单元格。notebook 中有 3 种主要类型的单元格：

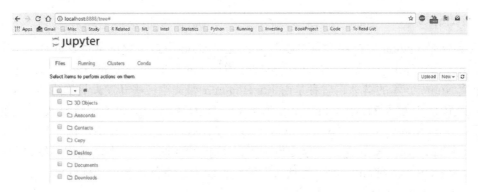

图 2-3　Jupyter Notebook 登录界面

• **代码单元格**：顾名思义，这些单元格可以用来编写代码和相关的注释。这些单元格的内容被发送到与 notebook 相应的内核，得出的运算结果作为单元格的输出展示。

• **Markdown 单元格**：Markdown 可用于智能地表示计算过程。这些单元格可以包含简单的文本注释、HTML 标记、图像，甚至是 Latex 公式。当处理非标准的新算法时，这些将非常方便。我们还可以捕捉与算法相关的回归数学和逻辑。

• **原始单元格**：这些是最简单的单元格，它们按原样显示文本。这些单元格可用于添加你不希望被 notebook 转换机制转换的文本。

在图 2-4 中，我们看到了一个示例 Jupyter Notebook，它体现了一些在本节中讨论的思想。

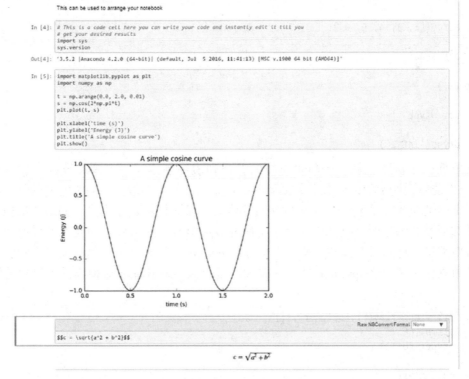

图 2-4　Jupyter Notebook 示例

2.2.2　NumPy

NumPy 是 Python 中机器学习的支柱。它是 Python 中最重要的数值计算库之一。它为多维数组（和矩阵）以及数组的快速向量操作增加了对核心 Python 的支持。目前的 NumPy 库是早期 Numeric 库的继承，后者是由 Jim Hugunin 和其他一些开发人员创建的。Anaconda 的总裁兼联合创始人 Travis Oliphant 以 Numeric 库为基础并添加了大量修改，于 2005 年推出了现在的 NumPy 库。它是最受欢迎的开源 Python 库之一，几乎可用于所有机器学习和科学计算库。NumPy 的受欢迎程度得到了以下事实的证实：主要的操作系统发行版（如 Linux 和 MacOS）将 NumPy 捆绑为默认安装包，而不是将其视为附加软件包。

1. NumPy ndarray

NumPy 的所有数值功能都是由 ndarray 和 Ufuncs（通用函数）两个重要部分组成的。NumPy ndarray 是一个多维数组对象，是所有 NumPy 操作的核心数据容器。通用函数是按元素的方式对 ndarray 进行操作的函数。这些是 numpy 包中不太为人所知的成员，将在本节的后面部分对它们进行简要介绍。我们在后面的章节中主要学习 ndarray（为了简单起见，在下文中将它们称为数组）。

数组（或矩阵）是数据的基本表示方法之一。通常一个数组是单一的数据类型（同种类型的），有时可能是多维数组，NumPy ndarray 也是那样。下面从创建数组开始介绍。

```
In [4]: import numpy as np
   ...: arr = np.array([1,3,4,5,6])
   ...: arr

Out[4]: array([1, 3, 4, 5, 6])

In [5]: arr.shape

Out[5]: (5,)

In [6]: arr.dtype

Out[6]: dtype('int32')
```

在上面的示例中，从一个包含整数的普通列表中创建了一个一维数组。数组对象的 shape 属性能够说明数组的维数。数据类型属性是从元素中提取的，因为它们都是整数，所以数据类型是 int32。谨记，数组中的所有元素必须是相同的数据类型。如果尝试初始化一个数据类型混合的数组，例如将一些字符串和数字混合，那么所有的元素都将被转换成一个字符串类型，将无法对该数组执行大部分的 numpy 操作。一个简单的经验法则就是只处理数值数据。你可以在 ipython shell 中键入下面的代码来验证在这种场景下出现的错误消息！

```
In [16]: arr = np.array([1,'st','er',3])
   ...: arr.dtype
Out[16]: dtype('<U11')

In [17]: np.sum(arr)
```

2. 创建数组

数组可以在 numpy 中以多种方式创建。上面的例子演示了一种创建单维数组的方法，类似地，可以堆叠多个列表来创建多维数组。

```
In [19]: arr = np.array([[1,2,3],[2,4,6],[8,8,8]])
    ...: arr.shape

Out[19]: (3, 3)

 In [20]: arr

Out[20]:
array([[1, 2, 3],
       [2, 4, 6],
       [8, 8, 8]])
```

除此之外，还可以使用 numpy 提供的一系列特殊函数创建数组。

np.zeros：创建仅包含零的指定维度的矩阵。

```
In [21]: arr = np.zeros((2,4))
    ...: arr
Out[21]:array([[ 0.,  0.,  0.,  0.],
               [ 0.,  0.,  0.,  0.]])
```

np.ones：创建一个只包含 1 的指定维度的矩阵。

```
In [22]: arr = np.ones((2,4))
    ...: arr
Out[22]:
array([[ 1.,  1.,  1.,  1.],
       [ 1.,  1.,  1.,  1.]])
```

np.identity：创建指定维度的单位矩阵。

```
In [23]: arr = np.identity(3)
    ...: arr
Out[23]:
array([[ 1.,  0.,  0.],
       [ 0.,  1.,  0.],
       [ 0.,  0.,  1.]])
```

通常，一个重要的需求是使用随机值初始化指定维度的数组。这可以通过使用 numpy.random 包中的 randn 函数轻松完成：

```
In [25]: arr = np.random.randn(3,4)
    ...: arr

Out[25]:
array([[ 0.0102692 , -0.13489664,  1.03821719, -0.28564286],
       [-1.12651838,  1.41684764,  1.11657566, -0.1909584 ],
       [ 2.20532043,  0.14813109,  0.73521382,  1.1270668 ]])
```

实际上，大多数数组都是在读取数据时创建的。下面将简要介绍 numpy 的文本数据检索操作，因此我们将尝试使用 pandas 进行数据提取过程。（本章后面的部分将对此做进一步说明。)

genfromtext 函数将数据从文本文件读取到 numpy 数组中。此函数可以打开文本文件并读入由任何字符分隔的数据（逗号分隔文件的分隔符是","）。由于它不是检索数据的首选方式，因此我们在这仅仅给出一个简单的函数示例。

```
In [39]: b = BytesIO(b"2,23,33\n32,42,63.4\n35,77,12")
    ...: arr = np.genfromtxt(b, delimiter=",")
    ...: arr

Out[39]:
array([[  2. ,  23. ,  33. ],
       [ 32. ,  42. ,  63.4],
       [ 35. ,  77. ,  12. ]])
```

3. 访问数组元素

通过读入数据创建了一个数组，下一个重要的部分就是使用各种机制访问这些数据。NumPy 提供了许多可以访问数组元素的方法。接下来将尝试提供最流行的方式来进行学习。

（1）基本的索引和切片

ndarray 可以利用列表类型所遵循的基本索引操作，形如 object[obj]。如果 obj 不是 ndarray 对象，则索引被称为基本索引。

> 需要记住的重要一点是，基本索引将始终返回原始数组的视图。这意味着它只会引用原始数组，而且值的变化也是作用于原始数组。

例如，如果想在前面的示例中访问数组完整的第二行，我们可以使用 arr[1] 简单地引用它。

```
In [44]: arr[1]
Out[44]: array([32.,  42.,  63.4])
```

对于具有两个以上维度的数组，这种访问变得很有意思。思考下面的代码片段：

```
In [48]: arr = np.arange(12).reshape(2,2,3)
In [49]: arr

Out[49]:
array([[[ 0,  1,  2],
        [ 3,  4,  5]],
       [[ 6,  7,  8],
        [ 9, 10, 11]]])

In [50]: arr[0]
Out[50]:
array([[0, 1, 2],
       [3, 4, 5]])
```

在这里，可看到使用与上面类似的索引方案，我们得到一个比原始数组小一个维度的数组。

访问数组的下一个重要概念是切片数组。假设只想要一个元素的集合，而不是所有的元素，那么可以使用切片来访问元素。下面将用一维数组来演示这个概念。

```
In [57]: arr = np.arange(10)
    ...: arr[5:]
Out[57]: array([5, 6, 7, 8, 9])

In [58]: arr[5:8]
Out[58]: array([5, 6, 7])

In [60]: arr[:-5]
Out[60]: array([0, 1, 2, 3, 4])
```

如果提供的对象中的维数小于要访问的数组的维数，那么冒号（:）代表所有维度。思考下面的示例：

```
In [13]: arr = np.arange(12).reshape(2,2,3)
    ...: arr
Out[13]:
array([[[ 0,  1,  2],
        [ 3,  4,  5]],

       [[ 6,  7,  8],
        [ 9, 10, 11]]])

In [14]: arr[1:2]
Out[14]:
array([[[ 6,  7,  8],
        [ 9, 10, 11]]])
```

访问数组的另一种方法是使用基于点（...）的索引。假设在三维数组中我们只想访问一列的值，可以通过两种方式实现。

```
In [8]: arr = np.arange(27).reshape(3,3,3)
    ...: arr
Out[8]:
array([[[ 0,  1,  2],
        [ 3,  4,  5],
        [ 6,  7,  8]],

       [[ 9, 10, 11],
        [12, 13, 14],
        [15, 16, 17]],

       [[18, 19, 20],
        [21, 22, 23],
        [24, 25, 26]]])
```

现在，如果我们想要访问第三列，可以使用两种不同的符号来访问该列：

```
In [10]: arr[:,:,2]
Out[10]:
array([[ 2,  5,  8],
       [11, 14, 17],
       [20, 23, 26]])
```

这里也可以用点符号来表示。这两种方法都能得到相同的值，但点符号更简洁。点符号表示完成索引操作所需的所有冒号。

```
In [11]: arr[...,2]
Out[11]:
array([[ 2,  5,  8],
       [11, 14, 17],
       [20, 23, 26]])
```

（2）高级索引

高级索引和基本索引的不同之处在于引用数组的对象的类型。如果对象是 ndarray 对象（数据类型是 int 或 bool）或非 tuple 序列对象或包含 ndarray（数据类型是 integer 或 bool）的 tuple 序列对象，那么对数组进行索引的操作将被称为高级索引。

 高级索引将总是返回原始数组数据的副本。

整数数组索引：当引用对象也是数组时，就会出现这种高级索引。最简单的索引类型是当提供的数组在维度上与被访问的数组相等时。例如：

```
In [19]: arr = np.arange(9).reshape(3,3)
    ...: arr
Out[19]:
array([[0, 1, 2],
       [3, 4, 5],
       [6, 7, 8]])
```

```
In [20]: arr[[0,1,2],[1,0,0]]
Out[20]: array([1, 3, 6])
```

本例提供了一个数组，其中第一部分标识了要访问的行，第二部分标识了要处理的列。这非常类似于提供一个集体元素积的地址。

布尔索引：当引用对象是布尔值数组时，就会用到这种高级索引。当希望基于某些条件访问数据时，布尔索引就能派上用场。举个例子，假设在一个数组中有一些城市的名字，而在另一个数组中，有一些与这些城市相关的数据。

```
In [3]: cities = np.array(["delhi","bangalore","mumbai","chennai","bhopal"])
    ...: city_data = np.random.randn(5,3)
    ...: city_data
Out[3]:array([[ 1.78780089, -0.25099029, -0.26002244],
             [ 1.41016167, -0.43878679,  0.4912639 ],
             [-0.32176723, -0.01912549, -1.22891881],
             [-0.93371835, -0.03604015, -0.37319556],
             [ 1.48625779,  0.62758167,  0.77321756]])
```

```
In [4]: city_data[cities =="delhi"]
Out[4]: array([[ 1.78780089, -0.25099029, -0.26002244]])
```

还可以使用布尔索引来选择满足特定条件的数组的某些元素。例如，在上面的数组中假设只想选择大于 0 的元素，可以使用以下代码轻松实现。

```
In [6]: city_data[city_data >0]
Out[6]:
array([ 1.78780089, 1.41016167, 0.4912639 , 1.48625779, 0.62758167,
       0.77321756])
```

细心的你肯定会发现，上面的例子中数组形状已经改变，因此不能总是直接使用这种索引方法。但是这种方法在做条件数据替换时非常实用。假设在上面的例子中，我们想用 0 代替所有的大于 0 的值，可以通过以下代码实现。

```
In [7]: city_data[city_data >0] = 0
   ...: city_data
Out[7]:
array([[ 0.        , -0.25099029, -0.26002244],
       [ 0.        , -0.43878679,  0.        ],
       [-0.32176723, -0.01912549, -1.22891881],
       [-0.93371835, -0.03604015, -0.37319556],
       [ 0.        ,  0.        ,  0.        ]])
```

4. 对数组的操作

在本节的开头，提到了通用函数（Ufuncs）的概念。在本部分中，将了解这些函数提供的一些功能。numpy 数组的大部分操作都是通过使用这些函数实现的。NumPy 提供了一组丰富的函数，我们可以利用这些函数对数组进行各种操作。我们简单介绍其中的一些功能，但我建议你参考 NumPy 的官方文档以了解更多，以便你在自己的项目中更好地使用它们。

通用函数是以元素为单位对数组进行操作的函数。通用函数（Ufuncs）的实现是向量化的，这意味着在数组上执行 Ufuncs 是非常快的。在 numpy 包中实现的 Ufuncs 由编译后的 C 代码实现，那样可以提高速度和效率。同时也可以通过扩展 numpy 包的 numpy.ufunc 类来编写自定义函数。

当你能够将特殊数组和它们产生的输出联系起来时，Ufuncs 就很好理解了。

```
In [23]: arr = np.arange(15).reshape(3,5)
   ...: arr
   ...:
Out[23]:
array([[ 0,  1,  2,  3,  4],
       [ 5,  6,  7,  8,  9],
       [10, 11, 12, 13, 14]])

In [24]: arr + 5
Out[24]:
array([[ 5,  6,  7,  8,  9],
       [10, 11, 12, 13, 14],
       [15, 16, 17, 18, 19]])

In [25]: arr * 2
Out[25]:
array([[ 0,  2,  4,  6,  8],
       [10, 12, 14, 16, 18],
       [20, 22, 24, 26, 28]])
```

在上面的例子中能看出，标准运算符和数组元素可以结合使用。Ufuncs 能将两个数组作为输入并输出一个数组，而很少情况会输出两个数组。

```
In [29]: arr1 = np.arange(15).reshape(5,3)
    ...: arr2 = np.arange(5).reshape(5,1)
    ...: arr2 + arr1

Out[29]:
array([[ 0,  1,  2],
       [ 4,  5,  6],
       [ 8,  9, 10],
       [12, 13, 14],
       [16, 17, 18]])

In [30]: arr1
Out[30]:

array([[ 0,  1,  2],
       [ 3,  4,  5],
       [ 6,  7,  8],
       [ 9, 10, 11],
       [12, 13, 14]])

In [31]: arr2
Out[31]:

array([[0],
       [1],
       [2],
       [3],
       [4]])
```

可以看到，即使两个数组大小不同，也可以把它们相加。这是通过"广播"的概念实现的。下面将通过演示一个返回两个数组的函数来结束对数组操作的讨论。

```
In [32]: arr1 = np.random.randn(5,3)
    ...: arr1
Out[32]:
array([[-0.57863219, -0.36613451, -0.92311378],
       [ 0.81557068,  0.20486617, -0.16740779],
       [ 0.73806067,  1.30173294,  0.6144705 ],
       [ 0.26294157, -0.09300711,  1.1794524 ],
       [ 0.25011242, -0.65374314, -0.57663904]])

In [35]: np.modf(arr1)
Out[35]:
(array([[-0.57863219, -0.36613451, -0.92311378],
        [ 0.81557068,  0.20486617, -0.16740779],
        [ 0.73806067,  0.30173294,  0.6144705 ],
        [ 0.26294157, -0.09300711,  0.1794524 ],
        [ 0.25011242, -0.65374314, -0.57663904]]),
```

```
array([[-0., -0., -0.],
       [ 0.,  0., -0.],
       [ 0.,  1.,  0.],
       [ 0., -0.,  1.],
       [ 0., -0., -0.]]))
```

modf 函数返回输入数组的小数部分和整数部分，因此它返回两个形状相同的数组。本节介绍了 numpy 包提供的数组操作的一些基本概念，限于篇幅，通用函数 Ufuncs 的更多用法请参考链接：https：//docs.scipy.org/doc/numpy/reference/ufuncs.html。

5. NumPy 的线性代数使用

线性代数是机器学习领域的重要基础。我们将要处理的大多数算法都可以用线性代数的运算来简洁地表示。NumPy 最初是为了提供类似于 MATLAB 的函数而构建的，因此数组上的线性代数函数始终是它的重要组成部分。在本节中，我们将学习如何使用 numpy 包中实现的函数在 ndarray 上执行线性代数。

线性代数中最常用的运算之一是点积。这可以通过使用点函数在两个兼容的 ndarray（复习一下矩阵和数组的知识，你需要知道什么样的数组可以进行点积运算）上执行。

```
In [39]: A = np.array([[1,2,3],[4,5,6],[7,8,9]])
    ...: B = np.array([[9,8,7],[6,5,4],[1,2,3]])
In [40]: A.dot(B)
Out[40]:
array([[ 24,  24,  24],
       [ 72,  69,  66],
       [120, 114, 108]])
```

类似地，也有实现用于查找诸如内积、外积等矩阵的不同乘积的函数。另一种常用的矩阵操作是矩阵的转置，这可以通过使用 T 函数轻松实现。

```
In [41]: A = np.arange(15).reshape(3,5)
In [46]: A.T
Out[46]:
array([[ 0,  5, 10],
       [ 1,  6, 11],
       [ 2,  7, 12],
       [ 3,  8, 13],
       [ 4,  9, 14]])
```

通常，我们需要将矩阵分解成因子，称为矩阵分解。这可以通过用适当的函数来实现。一种流行的矩阵分解方法是 SVD 分解（在第 1 章概念中有简要介绍），它将矩阵分解成 3 个不同的矩阵。此外还可以使用 linalg.svd 函数实现矩阵分解。

```
In [48]: np.linalg.svd(A)

Out[48]:
(array([[-0.15425367,  0.89974393,  0.40824829],
        [-0.50248417,  0.28432901, -0.81649658],
        [-0.85071468, -0.3310859 ,  0.40824829]]),
 array([ 3.17420265e+01,  2.72832424e+00,  4.58204637e-16]),
```

```
array([[-0.34716018, -0.39465093, -0.44214167, -0.48963242, -0.53712316],
       [-0.69244481, -0.37980343, -0.06716206,  0.24547932,  0.55812069],
       [ 0.33717486, -0.77044776,  0.28661392,  0.38941603, -0.24275704],
       [-0.36583339,  0.32092943, -0.08854543,  0.67763613, -0.54418674],
       [-0.39048565,  0.05843412,  0.8426222 , -0.29860414, -0.21196653]]]))
```

线性代数也常用于解方程组。利用方程组的矩阵表示法和 NumPy 提供的函数，可以很容易地解出这样一个方程组。思考以下方程组：

$$7x + 5y - 3z = 16$$
$$3x - 5y + 2z = -8$$
$$5x + 3y - 7z = 0$$

这可以表示为两个矩阵：系数矩阵（在示例中为 a）和常量向量（在示例中为 b）。

```
In [51]: a = np.array([[7,5,-3], [3,-5,2],[5,3,-7]])
    ...: b = np.array([16,-8,0])
    ...: x = np.linalg.solve(a, b)
    ...: x
```

```
Out[51]: array([ 1.,  3.,  2.])
```

很贴心的是，还可以使用 np.allclose 函数来验证方程的求解是否正确。

```
In [52]: np.allclose(np.dot(a, x), b)
Out[52]: True
```

类似的函数还有用于计算矩阵的逆矩阵，矩阵的特征向量和特征值，矩阵的范数，矩阵的行列式等，其中一些在第 1 章中有详细介绍。这些函数在 https://docs.scipy.org/doc/numpy/reference/routines.linalg.html 能找到更多实现的细节。

2.2.3 Pandas

Pandas 是一个重要的 Python 库，用于数据操作、重整和分析。它是一个直观且使用方便的工具，可以对任何类型的数据进行操作。Pandas 最初的开发是由韦斯·麦金尼（Wes McKinney）在 2008 年完成的，当时他是 AQR 资本管理公司的开发人员。从那时起，Pandas 项目的影响力变得越来越大，目前它已成为全世界数据科学家的首选库。Pandas 允许你使用横截面数据和时间序列数据。那么现在开始探索 Pandas 吧！

1. Pandas 的数据结构

Pandas 中的所有数据表示都是使用两个主要数据结构完成的：

• Series；

• DataFrame。

1）Series：Pandas 的 Series 是带有轴标签的一维 ndarray。这意味着在功能上，它几乎与普通数组一样。Series 中的一个值需要有一个可哈希的索引，因为当对包含在系列数据结构中的数据进行操作和汇总的时候，这是有必要的。Series 对象也可以用来表示时间序列数据，在这种情况下，索引是一个 datetime 对象。

2）DataFrame：DataFrame 是最重要和最实用的数据结构，几乎用于 Pandas 中的所有数据表示和操作。与 numpy 数组不同（常规情况下），DataFrame 可以包含异构数据。通常，表格数据使用 DataFrame 表示，如 Excel 工作表或 SQL 表。这对于表示原始数据集以及在机器学习和数据科学中处理的特征集非常有用。DataFrame 所有操作都可以沿着轴、行和列执行。DataFrame 是在后面章节中的大多数用例中使用的主要数据结构。

2. 数据检索

Pandas 提供了多种检索和读取数据的方法。我们可以将 CSV 文件、数据库、flat 文件等数据转换为 DataFrame。我们还可以将字典列表（Python 的 dict 类型）转换为 DataFrame。Pandas 允许处理的数据来源几乎涵盖了所有主要的数据源。下面将介绍 3 个最重要的数据源：

- 字典列表；
- CSV 文件；
- 数据库。

1）字典列表转换为 DataFrame：这是创建 DataFrame 的最简单方法之一。在对原始数据执行某些计算和操作之后，在已获得要分析的数据的情况下，它非常有用。这使得我们可以很容易地将基于 Pandas 的分析集成到其他 Python 处理流生成的数据中。

```
In[27]: import pandas as pd
In[28]: d =  [{'city':'Delhi',"data":1000},
    ...:         {'city':'Bangalore',"data":2000},
    ...:         {'city':'Mumbai',"data":1000}]
In[29]: pd.DataFrame(d)
Out[29]:
        city  data
0      Delhi  1000
1  Bangalore  2000
2     Mumbai  1000

In[30]: df = pd.DataFrame(d)
In[31]: df
Out[31]:

        city  data
0      Delhi  1000
1  Bangalore  2000
2     Mumbai  1000
```

上面例子中，为 Pandas 库的 DataFrame 类提供了一个 Python 字典列表，并将该字典转换为 DataFrame。这里有重要的两点需要注意：首先，字典的键被选为 DataFrame 中的列名（还可以用一些其他名称作为不同列名的参数），其次我们没有提供索引，因此它默认使用了普通数组的索引。

2）CSV 文件转换为 DataFrame：CSV（逗号分隔值）文件可能是最广泛使用的创建数据框的方法之一。这里可以使用 Pandas 轻松读入 CSV 或任何分隔文件（如 TSV）并转换为 DataFrame。对于我们的示例，将从下面的文件中读取并使用 Python 转换为 DataFrame。图 2-5 截取了 CSV 文件的一个片段，包含了一些世界城市的数据，详见 http: //simplemaps. com/data/world-cities。本章后面的部分中也会用到这些数据。

```
city,city_ascii,lat,lng,pop,country,iso2,iso3,province
Qal eh-ye Now,Qal eh-ye,34.98300013,63.13329964,2997,Afghanistan,AF,AFG,Badghis
Chaghcharan,Chaghcharan,34.5167011,65.25000063,15000,Afghanistan,AF,AFG,Ghor
Lashkar Gah,Lashkar Gah,31.58299802,64.35999955,201546,Afghanistan,AF,AFG,Hilmand
Zaranj,Zaranj,31.11200108,61.88699752,49851,Afghanistan,AF,AFG,Nimroz
Tarin Kowt,Tarin Kowt,32.63329815,65.86669865,10000,Afghanistan,AF,AFG,Uruzgan
Zareh Sharan,Zareh Sharan,32.85000016,68.41670453,13737,Afghanistan,AF,AFG,Paktika
Asadabad,Asadabad,34.86600004,71.15000459,48400,Afghanistan,AF,AFG,Kunar
Taloqan,Taloqan,36.72999904,69.54000364,64256,Afghanistan,AF,AFG,Takhar
Mahmud-E Eraqi,Mahmud-E Eraqi,35.01669608,69.33330065,7407,Afghanistan,AF,AFG,Kapisa
Mehtar Lam,Mehtar Lam,34.65000001,70.16670052,17345,Afghanistan,AF,AFG,Laghman
Baraki Barak,Baraki Barak,33.9667021,68.96670354,22305,Afghanistan,AF,AFG,Logar
Aybak,Aybak,36.26100015,68.04000051,24000,Afghanistan,AF,AFG,Samangan
```

图 2-5　CSV 文件样本

下面可以利用 Pandas 将此文件转换为 DataFrame，代码如下：

```
In [1]: import pandas as pd

In [2]: city_data = pd.read_csv(filepath_or_buffer='simplemaps-worldcities-basic.csv')
In [3]: city_data.head(n=10)
Out[3]:
city city_ascii lat lng pop country \
0 Qal eh-ye Now Qal eh-ye 34.983000 63.133300 2997 Afghanistan
1 Chaghcharan Chaghcharan 34.516701 65.250001 15000 Afghanistan
2 Lashkar Gah Lashkar Gah 31.582998 64.360000 201546 Afghanistan
3 Zaranj Zaranj 31.112001 61.886998 49851 Afghanistan
4 Tarin Kowt Tarin Kowt 32.633298 65.866699 10000 Afghanistan
5 Zareh Sharan Zareh Sharan 32.850000 68.416705 13737 Afghanistan
6 Asadabad Asadabad 34.866000 71.150005 48400 Afghanistan
7 Taloqan Taloqan 36.729999 69.540004 64256 Afghanistan
8 Mahmud-E Eraqi Mahmud-E Eraqi 35.016696 69.333301 7407 Afghanistan
9 Mehtar Lam Mehtar Lam 34.650000 70.166701 17345 Afghanistan


iso2 iso3 province
0 AF AFG Badghis
1 AF AFG Ghor
2 AF AFG Hilmand
3 AF AFG Nimroz
4 AF AFG Uruzgan
5 AF AFG Paktika
6 AF AFG Kunar
7 AF AFG Takhar
8 AF AFG Kapisa
9 AF AFG Laghman
```

由于提供的文件包含一个题头，因此这些值用作结果 DataFrame 中列的名称。这是函数 pandas.read_csv 的一个很基本但非常重要的用法。该函数可以使用多种参数，可以根据需求传入相应的参数，但我们不会介绍所有可用的参数。这里建议读者阅读这个函数的文档，因为这是大多数基于 Python 的数据分析的起点之一。

3）数据库转换为 DataFrame：数据科学家最重要的数据源是他们的组织使用的现有数据源。关系数据库（DB）和数据仓库（DW）几乎是所有组织的数据存储标准。Pandas 提供直接连接到这些数据库的函数，对它们执行查询以提取数据，然后将查询结果转换为结构化的 DataFrame。pandas.from_sql 函数结合 Python 强大的处理数据库的库，使得从关系数据库（DB）获取数据的任务简单易行。受益于这个能力，省去了数据提取的中间步骤。我们现在将举例说明从 Microsoft SQL Server 数据库中读取数据，代码如下。

```
server = 'xxxxxxxx'  # 数据库服务器的地址
user = 'xxxxxx'      # 数据库服务器的用户名
password = 'xxxxx'   # 用户的密码
database = 'xxxxx'   # 表中的数据库
conn = pymssql.connect(server=server, user=user, password=password, database=database)
query = "select * from some_table"
df = pd.read_sql(query, conn)
```

这里要注意的重要事项是连接对象（代码中的 conn）。conn 是 Pandas 中标识数据库服务器信息和数据库类型的对象。对基于端点的数据库服务器，将更改连接对象。例如，在这里使用 pymssql 库来访问 Microsoft SQL 服务器。如果将数据源修改为 Postgres 数据库，那么需要修改连接对象，但是其余的过程是类似的。当需要对不同数据源的数据进行类似分析时，这个功能非常有用。再说一次，Pandas 的 read_sql 函数提供了许多可选参数，这些参数允许我们控制 Pandas 的行为。这里还建议读者查看 sqlalchemy 库，它使创建连接对象更容易，而不需要考虑数据库类型，并且它还提供了许多其他实用程序。

3. 数据访问

在读取数据之后，最重要的部分是使用数据结构的访问机制访问该数据。访问 Pandas 的 DataFrame 和 Series 对象中的数据与访问 Python 列表或 numpy 数组中的访问机制非常相似。但是它们也提供了一些特定于 DataFrame/Series 的数据访问的额外方法。

1）首尾：在上一部分中，我们见识了方法 head。它给出了数据的前几行（默认为 5 行）。相应的函数是 tail，它给出了 DataFrame 的最后几行。这是 Pandas 最广泛使用的函数之一，因为经常需要在对其应用不同的操作 / 选择时查看我们的数据。现在已经看过 head 的输出，所以我们将在相同的 DataFrame 上使用 tail 函数并查看它的输出。

```
In [11]: city_data.tail()
Out[11]:
city city_ascii lat lng pop country \
7317 Mutare Mutare -18.970019 32.650038 216785.0 Zimbabwe
7318 Kadoma Kadoma -18.330006 29.909947 56400.0 Zimbabwe
7319 Chitungwiza Chitungwiza -18.000001 31.100003 331071.0 Zimbabwe
7320 Harare Harare -17.817790 31.044709 1557406.5 Zimbabwe
7321 Bulawayo Bulawayo -20.169998 28.580002 697096.0 Zimbabwe

iso2 iso3 province
7317 ZW ZWE Manicaland
7318 ZW ZWE Mashonaland West
7319 ZW ZWE Harare
7320 ZW ZWE Harare
7321 ZW ZWE Bulawayo
```

2）切片和分片：我们在 Python 列表中使用的数据切片和分片规则也适用于 Series 对象。

```
In [12]: series_es = city_data.lat
In [13]: type(series_es)
Out[13]: pandas.core.series.Series

In [14]: series_es[1:10:2]
Out[14]:
1    34.516701
3    31.112001
5    32.850000
7    36.729999
9    34.650000
Name: lat, dtype: float64

In [15]: series_es[:7]
Out[15]:
0    34.983000
1    34.516701
2    31.582998
3    31.112001
4    32.633298
5    32.850000
6    34.866000
Name: lat, dtype: float64

In [23]: series_es[:-7315]
Out[23]:
0    34.983000
1    34.516701
2    31.582998
3    31.112001
4    32.633298
5    32.850000
6    34.866000
Name: lat, dtype: float64
```

以上示例是很简单明了的，你可以参考 Numpy 一节了解更多细节。

类似地，切片的规则也适用于 DataFrame，但唯一的区别是，简单的切片指的是对行进行切片。思考下面的例子：

```
In [24]: city_data[:7]
Out[24]:
city city_ascii lat lng pop country \
0 Qal eh-ye Now Qal eh-ye 34.983000 63.133300 2997 Afghanistan
1 Chaghcharan Chaghcharan 34.516701 65.250001 15000 Afghanistan
2 Lashkar Gah Lashkar Gah 31.582998 64.360000 201546 Afghanistan
3 Zaranj Zaranj 31.112001 61.886998 49851 Afghanistan
4 Tarin Kowt Tarin Kowt 32.633298 65.866699 10000 Afghanistan
5 Zareh Sharan Zareh Sharan 32.850000 68.416705 13737 Afghanistan
6 Asadabad Asadabad 34.866000 71.150005 48400 Afghanistan
```

```
iso2 iso3 province
0 AF AFG Badghis
1 AF AFG Ghor
2 AF AFG Hilmand
3 AF AFG Nimroz
4 AF AFG Uruzgan
5 AF AFG Paktika
6 AF AFG Kunar
```

为了提供对特定行和特定列的访问，Pandas 提供了一些好用的函数，比如 iloc 和 loc，它们可以用来引用 DataFrame 中特定的行和列。还有 ix 函数，但建议使用 loc 或 iloc。下面的示例利用了 Pandas 提供的 iloc 函数。我们可以使用类似于数组切片的结构来选择行和列。在本例中，将只选取前 5 行和前 4 列。

```
In [28]: city_data.iloc[:5,:4]

Out[28]:
city city_ascii lat lng
0 Qal eh-ye Now Qal eh-ye 34.983000 63.133300
1 Chaghcharan Chaghcharan 34.516701 65.250001
2 Lashkar Gah Lashkar Gah 31.582998 64.360000
3 Zaranj Zaranj 31.112001 61.886998
4 Tarin Kowt Tarin Kowt 32.633298 65.866699
```

另一种访问机制是基于布尔运算对 DataFrame 行或列的访问。这对于 DataFrame 来说尤为重要，因为它允许我们处理特定的一组行和列。现在思考下面的例子，要选择人口超过 1000 万的城市，并选择以字母 l 开头的列：

```
In [56]: city_data[city_data['pop'] >
                   10000000][city_data.columns[pd.Series(city_data.columns).str.
startswith('l')]]

Out[53]:
lat lng
360 -34.602502 -58.397531
1171 -23.558680 -46.625020
2068 31.216452 121.436505
3098 28.669993 77.230004
3110 19.016990 72.856989
3492 35.685017 139.751407
4074 19.442442 -99.130988
4513 24.869992 66.990009
5394 55.752164 37.615523
6124 41.104996 29.010002
7071 40.749979 -73.980017
```

当根据某种条件选择数据时，总能得到满足条件的 DataFrame 部分。有时，我们希望对 DataFrame 进行测试，但希望保留 DataFrame 的形状。在这样的情况下，我们可以使用 where 函数（你可以查看 NumPy 的 where 函数做类比）。我们将用一个例子来演示这个函数，在这个例子中，将尝试选择所有人口超过 1500 万的城市。

```
In [6]: city_greater_10mil = city_data[city_data['pop'] > 10000000]
In [23]: city_greater_10mil.where(city_greater_10mil.population > 15000000)
Out[23]:
city city_ascii lat lng population country iso2 iso3 \
360 NaN NaN NaN NaN NaN NaN NaN NaN
1171 NaN NaN NaN NaN NaN NaN NaN NaN
2068 NaN NaN NaN NaN NaN NaN NaN NaN
3098 NaN NaN NaN NaN NaN NaN NaN NaN
3110 Mumbai Mumbai 19.016990 72.856989 15834918.0 India IN IND
3492 Tokyo Tokyo 35.685017 139.751407 22006299.5 Japan JP JPN
4074 NaN NaN NaN NaN NaN NaN NaN NaN
4513 NaN NaN NaN NaN NaN NaN NaN NaN
5394 NaN NaN NaN NaN NaN NaN NaN NaN
6124 NaN NaN NaN NaN NaN NaN NaN NaN
7071 NaN NaN NaN NaN NaN NaN NaN NaN

province
360 NaN
1171 NaN
2068 NaN
3098 NaN
3110 Maharashtra
3492 Tokyo
4074 NaN
4513 NaN
5394 NaN
6124 NaN
7071 NaN
```

这里，我们得到了相同规模的输出 DataFrame，但是不符合条件的行被替换为 NaN。

在本部分中，学习了一些 Pandas DataFrame 的核心数据访问机制。Pandas 的数据访问机制与 NumPy 一样简单和被广泛使用，这确保了我们有各种方式来访问我们的数据。

4. 数据操作

在本书的后续章节中，对于大多数数据处理和重整操作，Pandas DataFrame 将是首选数据结构。因此，我们希望花多些时间去研究一些重要的操作，这些操作可以使用特定提供的函数在 DataFrame 上执行。

1）values 属性：每个 Pandas DataFrame 都具有某些属性。其中一个重要的属性是 values。这很重要，因为它允许我们访问存储在 DataFrame 中的原始值，如果它们都是同质的，即同一种类型，那么就可以对它们使用 NumPy 的操作。当我们的数据是数字和其他数据类型的混合体，经过一些选择和计算之后，得到了数字类型数据的必需子集时，这是一个很重要的操作。使用输出 DataFrame 的 values 属性，我们可以像 numpy 数组一样处理它。这对于在机器学习中使用特征集非常有用。一般地，numpy 向量化操作比基于函数的 DataFrame 操作要快得多。

```
In [55]: df = pd.DataFrame(np.random.randn(8, 3),
    ...:    columns=['A', 'B', 'C'])
In [56]: df
Out[56]:
```

```
        A         B         C
0 -0.271131  0.084627 -1.707637
1  1.895796  0.590270 -0.505681
2 -0.628760 -1.623905  1.143701
3  0.005082  1.316706 -0.792742
4  0.135748 -0.274006  1.989651
5  1.068555  0.669145  0.128079
6 -0.783522  0.167165 -0.426007
7  0.498378 -0.950698  2.342104

In [58]: nparray = df.values
In [59]: type(nparray)
Out[59]: numpy.ndarray
```

2）缺失数据和 fillna 函数：在现实世界中的数据集，数据很少是干净和完美的。我们通常会遇到很多数据质量问题（缺失值、错误值等）。最常见的数据质量问题之一是缺失数据。Pandas 为我们提供了一个方便的函数，允许处理缺失的 DataFrame 值。为了演示 fillna 函数的使用，将使用前面示例中创建的 DataFrame，并在其中引入缺失的值。

```
In [65]: df.iloc[4,2] = NA
In [66]: df
Out[66]:
        A         B         C
0 -0.271131  0.084627 -1.707637
1  1.895796  0.590270 -0.505681
2 -0.628760 -1.623905  1.143701
3  0.005082  1.316706 -0.792742
4  0.135748 -0.274006       NaN
5  1.068555  0.669145  0.128079
6 -0.783522  0.167165 -0.426007
7  0.498378 -0.950698  2.342104

In [70]: df.fillna (0)
Out[70]:
        A         B         C
0 -0.271131  0.084627 -1.707637
1  1.895796  0.590270 -0.505681
2 -0.628760 -1.623905  1.143701
3  0.005082  1.316706 -0.792742
4  0.135748 -0.274006  0.000000
5  1.068555  0.669145  0.128079
6 -0.783522  0.167165 -0.426007
7  0.498378 -0.950698  2.342104
```

这里我们用默认值替换了缺失值。我们可以使用各种方法来得到替换值（平均值、中位数等）。在接下来的章节中，将会看到更多的处理缺失值的方法。

3）描述性统计函数：处理数据集的一般做法是尽可能多地了解它们。DataFrame 的描述性统计使数据科学家能够全面地了解数据集中任何属性和特征的重要信息。Pandas 有很多函数，便于轻松访问这些统计信息。

思考一下在前面部分中参考的城市 DataFrame（city_data）。我们将使用 pandas 函数来收集关于该 DataFrame 属性的一些描述性统计信息。由于在该特定 DataFrame 中只有 3 个数字列，因此处理仅包含这 3 个值的 DataFrame 的子集。

```
In [76]: columns_numeric = ['lat','lng','pop']
In [78]: city_data[columns_numeric].mean()
Out[78]:
lat        20.662876
lng        10.711914
pop    265463.071633
dtype: float64


In [79]: city_data[columns_numeric].sum()
Out[79]:
lat    1.512936e+05
lng    7.843263e+04
pop    1.943721e+09
dtype: float64


In [80]: city_data[columns_numeric].count()
Out[80]:
lat    7322
lng    7322
pop    7322
dtype: int64


In [81]: city_data[columns_numeric].median()
Out[81]:
lat       26.792730
lng       18.617509
pop    61322.750000
dtype: float64


In [83]: city_data[columns_numeric].quantile(0.8)
Out[83]:
lat        46.852480
lng        89.900018
pop    269210.000000
dtype: float64
```

所有这些操作都应用于每个列，即默认行为。这里还可以使用不同的轴获取每行的所有这些统计信息。这为 DataFrame 中的每一行提供了已计算好的统计信息。

```
In [85]: city_data[columns_numeric].sum(axis = 1)
Out[85]:
0    3.095116e+03
1    1.509977e+04
2    2.016419e+05
3    4.994400e+04
4    1.009850e+04
```

Pandas 还提供了另一个非常方便的函数，叫作 describe。这个函数将一次性计算数值类数据最重要的统计信息，这样就不必使用单独的函数了。

```
In [86]: city_data[columns_numeric].describe()
Out[86]:
                 lat           lng           pop
count    7322.000000   7322.000000   7.322000e+03
mean       20.662876     10.711914   2.654631e+05
std        29.134818     79.044615   8.287622e+05
min       -89.982894   -179.589979  -9.900000e+01
25%        -0.324710    -64.788472   1.734425e+04
50%        26.792730     18.617509   6.132275e+04
75%        43.575448     73.103628   2.001726e+05
max        82.483323    179.383304   2.200630e+07
```

4）连接 DataFrame：大部分数据科学项目都有来自多个数据源的数据。这些数据源将主要具有以某种方式相互关联的数据，而数据分析中的后续步骤将要求它们被连接。Pandas 提供了丰富的函数集，使得我们可以合并不同的数据源。这里将介绍这类方法的一小部分。在本部分中，将探索和了解可以用于执行各种 DataFrame 合并的两种方法。

① 使用 concat 方法连接：Pandas 中第一个将不同 DataFrame 串接在一起的方法是使用 concat 方法。通过调整 concat 方法的参数，可以实现对 DataFrame 的大多数连接操作。下面来看几个例子来理解 concat 方法是如何工作的。

连接的最简单的场景是当有多个相同的 DataFrame 片段（比如你从数据流或块中读取数据）。在这种情况下，可以将构成的 DataFrame 提供给 concat 函数，如下所示。

```
In [25]: city_data1 = city_data.sample(3)
In [26]: city_data2 = city_data.sample(3)
In [29]: city_data_combine = pd.concat([city_data1,city_data2])
In [30]: city_data_combine
Out[30]:
          city city_ascii       lat        lng        pop \
4255  Groningen  Groningen  53.220407   6.580001   198941.0
5171     Tambov     Tambov  52.730023  41.430019   296207.5
4204    Karibib    Karibib -21.939003  15.852996     6898.0
4800    Focsani    Focsani  45.696551  27.186547    92636.5
1183     Pleven     Pleven  43.423769  24.613371   110445.5
7005 Indianapolis Indianapolis 39.749988 -86.170048 1104641.5

           country iso2 iso3 province
4255   Netherlands   NL  NLD Groningen
5171        Russia   RU  RUS    Tambov
4204       Namibia  NaN  NAM    Erongo
4800       Romania   RO  ROU   Vrancea
1183      Bulgaria   BG  BGR    Pleven
7005 United States of America US USA Indiana
```

连接的另一种常见场景是，当获得有关在不同 DataFrame 之间拆分的相同 DataFrame 列信息时，可以再次使用 concat 方法来组合所有 DataFrame。思考下面的例子：

```
In [32]: df1 = pd.DataFrame({'col1': ['col10', 'col11', 'col12', 'col13'],
    ...:                      'col2': ['col20', 'col21', 'col22', 'col23'],
    ...:                      'col3': ['col30', 'col31', 'col32', 'col33'],
    ...:                      'col4': ['col40', 'col41', 'col42', 'col43']},
    ...:                      index=[0, 1, 2, 3])
```

```
In [33]: df1
Out[33]:
    col1   col2   col3   col4
0 col10 col20 col30 col40
1 col11 col21 col31 col41
2 col12 col22 col32 col42
3 col13 col23 col33 col43

In [34]: df4 = pd.DataFrame({'col2': ['col22', 'col23', 'col26', 'col27'],
    ...:                      'Col4': ['Col42', 'Col43', 'Col46', 'Col47'],
    ...:                      'col6': ['col62', 'col63', 'col66', 'col67']},
    ...:                      index=[2, 3, 6, 7])
In [37]: pd.concat([df1,df4], axis=1)
Out[37]:
    col1   col2   col3   col4  Col4  col2  col6
0 col10 col20 col30 col40   NaN   NaN   NaN
1 col11 col21 col31 col41   NaN   NaN   NaN
2 col12 col22 col32 col42 Col42 col22 col62
3 col13 col23 col33 col43 Col43 col23 col63
6   NaN   NaN   NaN   NaN Col46 col26 col66
7   NaN   NaN   NaN   NaN Col47 col27 col67
```

② 使用 merge 命令的数据库样式连接：连接数据（对于熟悉关系数据库的人）最常见的方式是使用数据库提供的连接操作。Pandas 为 DataFrame 提供了一组友好的数据库连接操作。这些操作针对高性能的要求进行了优化，通常是连接不同的 DataFrame 的首选方法。

按列连接：这是连接两个 DataFrame 最自然的方式。这个方法中，有两个 DataFrame 共享一个公共列，可以使用该列连接两个 DataFrame。Pandas 库有完整的连接操作（内部、外部、左侧、右侧等），我们在本部分将演示内部连接的使用。你可以通过查看 Pandas 文档轻松找出如何执行其余的连接操作。

在这个例子中，我们将原始城市数据分成两个不同的 DataFrame，一个具有城市信息，另一个具有国家信息。然后，可以使用其中一个共享公共列连接它们。

```
In [51]: country_data = city_data[['iso3','country']].drop_duplicates()
In [52]: country_data.shape
Out[52]: (223, 2)

In [53]: country_data.head()
Out[53]:
iso3 country
0 AFG Afghanistan
33 ALD Aland
34 ALB Albania
60 DZA Algeria
111 ASM American Samoa

In [56]: del(city_data['country'])
In [59]: city_data.merge(country_data, 'inner').head()
Out[59]:
city city ascii lat lng pop iso2 iso3 \
```

```
0 Qal eh-ye Now Qal eh-ye 34.983000 63.133300 2997 AF AFG
1 Chaghcharan Chaghcharan 34.516701 65.250001 15000 AF AFG
2 Lashkar Gah Lashkar Gah 31.582998 64.360000 201546 AF AFG
3 Zaranj Zaranj 31.112001 61.886998 49851 AF AFG
4 Tarin Kowt Tarin Kowt 32.633298 65.866699 10000 AF AFG

  province country
0 Badghis Afghanistan
1 Ghor Afghanistan
2 Hilmand Afghanistan
3 Nimroz Afghanistan
4 Uruzgan Afghanistan
```

这里在 DataFrame 和 iso3 中都有一个公共列，merge 函数自动获取这个列。如果没有这些公共名称，可以通过使用 merge 函数的参数 on 提供要连接的列名。merge 函数提供了一组丰富的参数，可根据需要对应使用。你可以通过一些上述示例来了解关于 merge 函数的更多信息。

2.2.4　scikit-learn

scikit-learn 是 Python 中数据科学和机器学习最重要和最不可或缺的 Python 框架之一。它实现了众多的机器学习算法，涵盖机器学习的主要领域，如分类、聚类、回归等。所有主流的机器学习算法，如支持向量机、逻辑回归、随机森林、K-means 聚类、层次聚类等，都在这个库中得到了高效实现。这个库构成了应用和实践机器学习的基础。除此之外，其易于使用的 API 和代码设计模式也已被其他框架广泛采用！

scikit-learn 项目是由 David Cournapeau 发起的 Google 夏季代码项目。该库的第一版发布于 2010 年末。它是最活跃的 Python 项目之一，并且仍在积极开发中，不断添加新功能和增强现有功能。scikit-learn 主要用 Python 编写，但为了提供更好的性能，一些核心代码是用 Cython 编写的。它还使用了流行的学习算法实现的包装器，如逻辑回归（使用 LIBLIN-EAR）和支持向量机（使用 LIBSVM）。

在对 scikit-learn 的介绍中，将首先介绍该库的基本设计原则，然后在该软件包的理论知识的基础上进行构建。我们将在示例数据上实现一些算法，以便熟悉基本语法。在后续章节中会广泛使用 scikit-learn，因此本节的目的是让你了解库的结构及其核心组件。

1. 核心 API

scikit-learn 是一个不断发展和活跃的项目，其 GitHub 仓库统计数据很好地说明了这一点。该框架基于一个非常小而简单的核心 API 思想和设计模式列表。在本部分中，将简要地介绍核心 API，scikit-learn 的核心操作是基于这些 API 的。

• **数据集表示**：大多数机器学习任务的数据表示彼此非常相似。通常，我们会拥有由数据点向量堆叠表示的数据点集合。基本上，数据集中的每一行代表特定数据点观察的向量。数据点向量包含多个自变量（或特征）和一个或多个因变量（响应变量）。例如，如果有一个线性回归问题，可以表示为 $[(X_1, X_2, X_3, X_4, \cdots, X_n), (Y)]$，其中自变量（特征）由 X_s 表示，因变量（响应变量）由 Y 表示。其思想是通过在特征上拟合模型来预测 Y，这个数据表示类似于矩阵（考虑到多个数据点向量），并且描述它的自然方法是使用 numpy 数组。这种数据表示的选择非常简单而且功能强大，因为我们能够使用向量化 numpy 数组操作的强大功能和高效性的操作。事实上，scikit-learn 最新的更新甚至接受 Pandas DataFrame 作为输入，而不是显式要求你将它们转换为特征数组！

- **估算器：** 估算器接口是 scikit-learn 库中最重要的组件之一。库中的所有机器学习算法都实现了估算器接口。学习过程分为两个步骤，第一步是估算器对象的初始化，这包括为算法选择适当的类对象并为其提供参数或超参数。第二步是将拟合函数应用于所提供的数据（特征集和响应变量）。拟合函数将学习机器学习算法的输出参数，并将它们作为对象的公共属性，以便于对最终模型进行检验。拟合函数的数据通常以 input-output 矩阵对的形式提供。除了机器学习算法之外，还可以使用估算器 API（例如特征扩展、PCA 等）实现一些数据转换机制。从而使得简单的数据转换和一种简单的机制可以用一致的方式公开转换机制。

- **预测器：** 预测器接口用于产生预测，即通过对未知数据使用已学习的估算器。例如，在监督学习问题的情况下，预测器接口将为提供给它的未知测试数组提供预测类。预测器接口还包含对它所提供的输出的量化值的支持。预测器实现的一个要求是提供评分函数，此函数将为提供给它的测试输入提供标量值，它将量化所用模型的有效性。这些值将在未来用于调整我们的机器学习模型。

- **转换器：** 在模型学习之前对输入数据进行转换是机器学习中很常见的任务。一些数据转换很简单，例如用常量替换一些丢失的数据、使用对数转换，而一些数据转换类似于学习算法本身（例如 PCA）。为了简化这种转换的任务，一些估算器对象将实现转换器接口。该接口允许我们对输入数据执行非常规转换，并将输出提供给实际的学习算法。由于转换器对象将保留用于转换的估算器，因此使用转换函数将相同转换应用于未知测试数据变得非常容易。

2. 高级 API

在前面的部分中看到了 scikit-learn 包的一些基本原理。在本部分中，将简要介绍基于这些基础知识构建的高级构造。这些高级 API 通常可以帮助数据科学家使用简单的流式语法表达一组复杂的基本操作。

- **元估算器：** 元估算器接口（使用多类接口实现）是一组估算器，可以通过累积简单的二元分类器来组成。它允许我们扩展二元分类器以实现多类、多标签、多元回归和多类多标签分类。这个接口很重要，因为这些场景在现代机器学习中很常见，并且实现这种开箱即用的能力降低了对数据科学家的编程要求。此外，scikit-learn 库中的大多数二元估算器都内置了多类功能，除非需要自定义行为，否则不会使用元估算器。

- **流水线和特征结合：** 机器学习的步骤本质上都是连续的。我们将读入数据，应用一些简单或复杂的转换，拟合适当的模型，并使用模型预测未知的数据。机器学习过程的另一个特点是，由于迭代的性质，这些步骤多次迭代，以获得最佳模型，然后部署它们。将这些操作连接在一起，并将它们作为一个单元进行重复操作，而不是逐个操作重复。这个概念也称为机器学习流程。scikit-learn 提供了一个流程 API 来达到类似的目的。

流程模块的 Pipeline（）对象可以将多个估算器连接在一起（进行变换、建模等操作），并且结果对象可以用作估算器本身。除了在顺序方法中应用这些估算器的流程 API 之外，还可以使用 FeatureUnion API，它将并行执行一组指定的操作并显示所有并行操作的输出。流程的使用是一个相当高级的用法，在后续章节中会有例子，能让你更好地理解它。

- **模型调整和选择**：每个学习算法都有一堆参数或与之相关的超参数。机器学习的迭代过程旨在找到最佳的参数集，使模型具有最佳性能。例如，对随机森林算法的各种超参数进行调整，以找到给出最佳预测精度（或任何其他性能度量）的集合。此过程有时需要遍历参数空间，搜索最佳参数集。请注意，即使在这里提到术语参数，通常也会指出模型的超参数。scikit-learn 提供了实用的 API，可帮助我们轻松地在这个参数空间中导航，以找到最佳的参数组合。我们可以使用两个元估算器——GridSearchCV 和 RandomizedSearchCV 以方便搜索最佳参数。GridSearchCV，顾名思义，提供了一个可能参数的网格，并尝试其中的每个可能的组合，以获取最佳参数。优化的方法通常是随机搜索可能的参数集，这种方法由 RandomizedSearchCV API 提供。它对参数进行采样，避免了在参数数量较多的情况下可能导致的组合爆炸。除参数搜索外，这些模型选择方法还允许使用不同的交叉验证方案和评分函数来衡量性能。

3. scikit-learn 示例：回归模型

在第 1 章中讨论了一个涉及分类任务的例子。在本部分中，将解决另一个有趣的机器学习问题，即回归问题。这里的重点是向你介绍使用一些 scikit-learn 库 API 所涉及的基本步骤，而不会试图过度设计我们的解决方案以获得最佳模型。未来的章节将重点关注这些方面与现实世界的数据集。

对于回归示例，将使用糖尿病数据集作为 scikit-learn 库的数据集。

数据集

糖尿病数据集是 scikit-learn 库绑定的数据集之一。这个小数据集允许库的新用户使用一个众所周知的数据集学习和验证各种机器学习概念。它包含了 10 个基线变量，如年龄、性别、体重指数、平均血压的观察结果，以及对 442 名糖尿病患者进行的 6 次血清测量结果。与包绑定的数据集已经标准化（按比例缩放），即它们具有零均值和单位 L2 范数。响应（或目标变量）是在基线一年之后对疾病进展的定量测量。该数据集可用于回答两个问题：

- 对未来患者的疾病进展的基线预测是什么？
- 哪些自变量（特征）是预测疾病进展的重要因素？

下面将尝试通过构建简单的线性回归模型来回答第一个问题。开始加载数据。

```
In [60]: from sklearn import datasets

In [61]: diabetes = datasets.load_diabetes()
In [63]: y = diabetes.target
In [66]: X = diabetes.data
```

```
In [67]: X.shape
Out[67]: (442L, 10L)

In [68]: X[:5]
Out[68]:
array([[ 0.03807591,  0.05068012,  0.06169621,  0.02187235, -0.0442235 ,
        -0.03482076, -0.04340085, -0.00259226,  0.01990842, -0.01764613],
       [-0.00188202, -0.04464164, -0.05147406, -0.02632783, -0.00844872,
        -0.01916334,  0.07441156, -0.03949338, -0.06832974, -0.09220405],
       [ 0.08529891,  0.05068012,  0.04445121, -0.00567061, -0.04559945,
        -0.03419447, -0.03235593, -0.00259226,  0.00286377, -0.02593034],
       [-0.08906294, -0.04464164, -0.01159501, -0.03665645,  0.01219057,
         0.02499059, -0.03603757,  0.03430886,  0.02269202, -0.00936191],
       [ 0.00538306, -0.04464164, -0.03638469,  0.02187235,  0.00393485,
         0.01559614,  0.00814208, -0.00259226, -0.03199144, -0.04664087]])
In [69]: y[:10]
Out[69]: array([ 151.,  75., 141., 206., 135.,  97., 138.,  63., 110., 310.])
```

由于正以 numpy 数组的形式使用数据，所以无法获得数据特征的名称。但是将保留对变量名的引用，因为这些变量名在稍后的过程中可能需要使用，或者仅供将来参考。

```
In [78]: feature_names=['age', 'sex', 'bmi', 'bp',
    ...:                'sl', 's2', 's3', 's4', 's5', 's6']
```

为了预测响应变量，这里将学习一个 Lasso 模型。Lasso 模型是正态线性回归模型的扩展，它允许将 L1 正则化应用于模型。简单地说，Lasso 回归将尝试最小化最终模型中的自变量的数量。这将只给我们的模型提供最重要的变量（特征选择）。

```
In [2]: from sklearn import datasets
    ...: from sklearn.linear_model import Lasso
    ...: import numpy as np
    ...: from sklearn import linear_model, datasets
    ...: from sklearn.model_selection import GridSearchCV
```

我们将数据分成独立的测试和训练数据集（训练用于模型训练，测试用于模型性能测试和评估）。

```
In [3]: diabetes = datasets.load_diabetes()
    ...: X_train = diabetes.data[:310]
    ...: y_train = diabetes.target[:310]
    ...:
    ...: X_test = diabetes.data[310:]
    ...: y_test = diabetes.data[310:]
```

然后将定义我们想要使用的模型以及模型的一个超参数的参数空间。这里将搜索 Lasso 模型的参数 alpha。该参数基本控制了正则化的严格性。

```
In [4]: lasso = Lasso(random_state=0)
    ...: alphas = np.logspace(-4, -0.5, 30)
```

然后初始化一个估算器，用于识别要使用的模型。在这里我们注意到，对于学习单个模型和模型的网格搜索，其过程是相同的，即它们都是估算器类的对象。

```
In [9]: estimator = GridSearchCV(lasso, dict(alpha=alphas))

In [10]: estimator.fit(X_train, y_train)
Out[10]:
GridSearchCV(cv=None, error_score='raise',
             estimator=Lasso(alpha=1.0, copy_X=True, fit_intercept=True, max_iter=1000,
                             normalize=False, positive=False, precompute=False, random_state=0,
                             selection='cyclic', tol=0.0001, warm_start=False),
             fit_params={}, iid=True, n_jobs=1,
             param_grid={'alpha': array([ 1.00000e-04, 1.32035e-04, 1.74333e-04, 2.30181e-04,
                                         3.03920e-04, ..., 2.39503e-01, 3.16228e-01])},
             pre_dispatch='2*n_jobs', refit=True, return_train_score=True, scoring=None,
             verbose=0)
```

这需要我们的训练集，并通过改变 alpha 超参数的值学习一组 Lasso 模型。GridSearch-CV 对象也将对正在学习的模型进行评分，也可以使用 best_estimator_ 属性来识别模型和超参数的最佳值，从而使我们获得最佳评分。这里也可以直接使用相同的对象来预测未知数据的最佳模型。

```
In [12]: estimator.best_score_
Out[12]: 0.46540637590235312

In [13]: estimator.best_estimator_
Out[13]:
Lasso(alpha=0.025929437974046669, copy_X=True, fit_intercept=True, max_iter=1000,
      normalize=False, positive=False, precompute=False, random_state=0, selection='cyclic',
      tol=0.0001, warm_start=False)

In [18]: estimator.predict(X_test)
Out[18]:
array([ 203.42104984, 177.6595529 , 122.62188598, 212.81136958, 173.61633075, 114.76145025,
        202.36033584, 171.70767813, 164.28694562, 191.29091477, 191.41279009, 288.2772433,
        296.47009002, 234.53378413, 210.61427168, 228.62812055,...])
```

接下来的步骤包括重复整个过程，对数据转换、机器学习算法、调整算法的超参数等进行修改，但基本步骤将保持不变。本书将在后续章节中详细介绍这些过程。在这里，将结束对 scikit-learn 的介绍，并建议你参考 scikit-learn 的主页（http://scikit-learn.org/stable）上的大量文档。

2.2.5 神经网络和深度学习

近年来，深度学习已成为机器学习中最著名的代表之一。深度学习应用在各个领域，特别是在图像和音频相关领域得到了广泛应用。Python 是学习深度网络和复杂数据表示的首选语言。在本节中将简要讨论 ANN（人工神经网络）和深度学习网络。然后将继续使用流行的 Python 深度学习框架。因为 ANN 背后的数学理论是非常先进的，所以我们尽力讲得通俗易懂一些，并专注于学习神经网络的实际应用方面。如果你对其内部实现更感兴趣，建议你参考一些关于深度学习和神经网络（如 Goodfellow 和 Bengio 的深度学习）的理论方面的标准文献。下面简要介绍神经网络和基于我们在第 1 章中详细介绍的深度学习。

1. 人工神经网络

深度学习可以被视为人工神经网络（ANN）的扩展。神经网络最早是由 Frank Rosen-blatt 在 1958 年提出的一种学习方法，虽然称为感知器的学习模型与现代神经网络不同，但仍然可以将感知器视为第一个人工神经网络。

人工神经网络根据学习分布式数据的工作原理进行松散的工作。基本假设是，生成的数据是一组潜在因子的非线性组合的结果，如果能够学习这种分布式表示，那么就可以对一组新的未知数据做出准确的预测。最简单的神经网络有一个输入层、一个隐藏层（对输入数据应用非线性变换的结果）和一个输出层。ANN 模型的参数是网络中存在的每个连接的权重，以及偏差参数。一个简单的神经网络如图 2-6 所示。

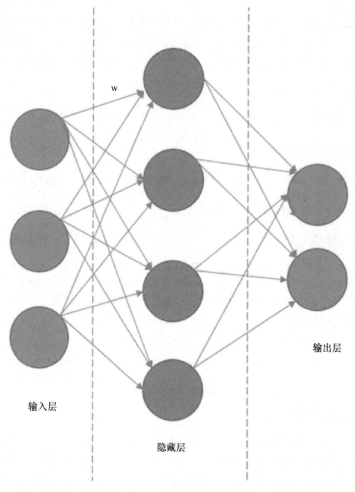

图 2-6　一个简单的神经网络

该网络具有一个大小为 3 的输入向量，一个大小为 4 的隐藏层和一个二元输出层。学习 ANN 的过程将包括以下步骤。

1）定义想要使用的网络的结构或架构。这是至关重要的，假如选择一个包含大量神经

元 / 单元的网络（图 2-6 中的每个圆圈可以被标记为神经元或单元），那么会过拟合训练数据而得不到理想的模型。

2）选择要应用于每个连接的非线性变换。这种变换控制着网络中每个神经元的活跃性。

3）确定输出层的损失函数。这适用于监督学习的情况，即具有与每个输入数据点相关联的输出标签。

4）学习神经网络的参数，即确定每个连接权重的值。图 2-6 中的每个箭头都带有连接权重。我们将通过使用一些优化算法和反向传播方法优化损失函数来学习这些权重。

我们不会在这里讨论反向传播的细节，因为它超出了本章的范围。当实际使用神经网络时，再展开这些话题。

2. 深度神经网络

深度神经网络是通用人工神经网络的延伸。与通用神经网络相比，深度神经网络有两个主要的区别。

1）层数：通用神经网络层数比较少，这意味着它们将具有最多一个或两个隐藏层。而深度神经网络有更多的隐藏层，且这个数字通常非常大。例如，谷歌大脑项目使用了具有数百万个神经元的神经网络。

2）多样化的架构：基于在第 1 章中讨论的内容，有各种各样的深度神经网络架构，包括 DNN、CNN、RNN 和 LSTM。我们注意到，最近的一些对于神经网络的研究，特别注重深度神经网络的特定部分。可见深度学习已经超越了传统的 ANN 架构。

3）计算能力：网络规模越大，层数越多，网络就变得越复杂，使得训练需要大量的时间和资源。深度神经网络在基于 GPU 的架构上工作得最好，并且可比传统 CPU 花费更少的时间进行训练。

3. 深度学习的一些 Python 库

Python 是学术界和企业开发和使用通用 / 深度神经网络的首选语言。我们将了解两个库——Theano 和 TensorFlow。这将允许我们在数据集上构建基于神经网络的模型。除此之外，还将学习使用 Keras，它是一个可以轻松构建神经网络的高级接口，并且具有简洁的 API，能够在 TensorFlow 和 Theano 之上运行。除此之外，还有一些优秀的深度学习框架，如 PyTorch、MXNet、Caffe（最近刚刚发布了 Caffe2）和 Lasagne。

1）Theano：我们要学习的第一个神经网络库是被广泛使用的 Theano。虽然 Theano 本身并不是传统的机器学习或神经网络学习框架，但它提供了一组强大的（数据）结构，可以用来训练通用的机器学习模型和神经网络。Theano 允许我们象征性地定义数学函数并自动地推导出它们的梯度表达式。这是学习任何机器学习模型时经常使用的步骤之一。使用 Theano，可以用普通的符号表达式来表示我们的学习过程，然后 Theano 可以生成执行这些步骤的优化函数。

机器学习模型的训练是一个计算密集型的过程。特别是神经网络，它所涉及的学习步骤的数量和非线性使得它对计算有很高的要求。当决定学习一个深度神经网络时，这个问题就变得更加复杂了。Theano 之所以对神经网络学习很重要，是因为它能够生成在 CPU 和 GPU 上无缝执行的代码。因此，如果使用 Theano 定义的机器学习模型，还能够获得 GPU

提供的速度优势。

在本部分的其余内容中，我们将了解如何安装 Theano 并使用 Theano 提供的表达式学习一个非常简单的神经网络。

① 安装：可以使用 Python 包管理器 pip 或 conda 轻松安装 Theano。

```
pip install theano
```

pip 安装程序在 Windows 系统上经常失败，因此我们建议在 Windows 系统上使用 conda 安装 Theano。可以通过在 Python shell 中导入新安装的包来验证安装是否成功。

```
In [1]: import theano
```

如果没有错误，则表示你已经成功地在系统中安装了 Theano 库。

② Theano 基础（简化版）：在本部分中，将学习 Theano 的一些基础知识，以及如何利用这些知识来构建一些简单的学习模型。这里，不会直接使用 Theano 构建神经网络，但是你将知道如何在 Theano 中执行符号操作。除此之外，将在接下来的部分中看到，当使用高级库（如 Keras）时，构建神经网络会变得更容易。

Theano 使用张量来表示符号表达式。一个张量最简单的定义是一个多维数组。所以一个零阶张量数组是一个标量，一个一阶张量是一个向量，一个二阶张量是一个矩阵。

现在看看如何使用 Theano 提供的构造来处理一个零阶张量或标量。

```
In [3]: import numpy
   ...: import theano.tensor as T
   ...: from theano import function
   ...: x = T.dscalar('x')
   ...: y = T.dscalar('y')
   ...: z = x + y
   ...: f = function([x, y], z)
   ...: f(8, 2)

Out[3]: array(10.0)
```

例子中，我们定义了一个符号操作（用符号 z 表示），然后将输入和操作绑定到函数中。这是通过使用 Theano 提供的函数结构实现的。与传统编程范式相比，我们需要自己定义整个函数。这是使用像 Theano 这样具有符号数学包的最强大的一点。使用类似的构造，可以定义一组复杂的操作。

图形结构：Theano 将符号数学运算表示为图形。因此，当我们定义一个像 z 这样的操作时，如前面的示例那样，没有计算发生，相反，得到的是表达式的图形表示。这些图由 Apply、op 和变量节点组成。Apply 节点表示某个 op 在一些变量节点上的应用。因此，如果想要将我们在上一步中定义的操作可视化为图形，则它看起来像图 2-7 中的描述（来自：http：//deeplearning.net/software/theano/extending/graphstructures.html）。

Theano 有各种低阶张量 API，用于利用 Tensor 算法和 op 构建神经网络架构。这可以在 theano.tensor.nnet 模块中找到，或者在 http：//deeplearning.net/software/theano/library/ tensor/nnet/index.html 查看相关函数，其中包括用于卷积神经网络的 conv 和用于传统神经网络

操作的 nnet。至此，我们结束了对 Theano 的基本介绍。这里只是做了简单的介绍，因为很少直接使用 Theano，而是依靠像 Keras 这样的高级库来构建功能强大的深度神经网络，只需要最少的代码，更专注于有效地解决问题。

2）TensorFlow：TensorFlow 是谷歌于 2015 年 11 月发布的一个机器学习开源软件库。TensorFlow 基于谷歌用于驱动其研发和产品的内部系统。TensorFlow 与 Theano 很相似，可以认为是谷歌提供的 Theano 升级版。它提供了易于使用的接口用来进行深度学习、神经网络研究和机器学习，并专注于快速原型和模型部署结构。与 Theano 一样，它也提供了符号数学的结构，然后将其转换为计算图，再将这些图编译成较底层的代码并有效地执行。和 Theano 一样，TensorFlow 也能无缝地支持 CPU 和 GPU。事实上，TensorFlow 最适用于TPU，即由谷歌发明的张量处理单元。除了可以使用 Python API 外，TensorFlow 还为 C++、Haskell、Java 和 Go 等语言提供了 API。与 Theano 相比，TensorFlow 主要的区别是提供了对更高级别操作的支持，它简化了机器学习的过程，并将重点放在模型开发上，以及通过多个机制部署到生产和模型服务上（https：//www.tensorflow.org/serving/serving_basic）。另外，Theano 的文档和用法也不太直观，这也是 TensorFlow 改进的一个目标，它通过提供易于理解的实现和广泛的文档来吸引更多用户。

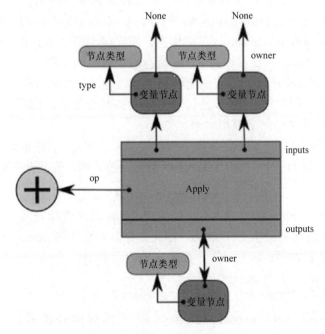

图 2-7　Theano 操作的图形结构

注：箭头表示指向 Python 对象的引用。

TensorFlow 提供的结构与 Theano 非常相似，所以我们不会再重复。关于更多细节，你可以参考 https：//www.tensorflow.org/ 上为 TensorFlow 提供的文档。

安装：TensorFlow 在 Linux 和 Mac 系统上运行良好，但由于 Bazel 的内部依赖，因此不能直接在 Windows 系统上使用。好消息是，它最近也成功地在 Windows 系统平台上发布了。它的执行至少需要 Python 3.5 版本的环境，可以使用 pip 或 conda install 来安装，见下面代码。注意，为了成功安装 TensorFlow，我们还需要在系统上更新 dask 和 pandas 库。

```
conda install tensorflow
```

一旦我们成功安装了库，就可以通过以下命令在 ipython 控制台来验证安装是否成功。

```
In [21]: import tensorflow as tf
    ...: hello = tf.constant('Hello, TensorFlow!')
    ...: sess = tf.Session()
    ...: print(sess.run(hello))

<A bunch of warning messages>

b'Hello, TensorFlow!'
```

该消息验证了成功安装了 TensorFlow 库。可能会看到一些警告消息，但是你可以放心地忽略它们。这些消息的原因是默认的 TensorFlow 构建不支持某些指令集，这可能会降低学习的速度。

3）Keras：Keras 是 Python 的高级深度学习框架，由 Francois Chollet 开发，能够在 Theano 和 TensorFlow 之上运行。Keras 最重要的优势是它易于使用且具有功能强大的高级 API，可以将一个想法快速实现原型设计而节省时间。Keras 允许我们以更加直观和易于使用的方式使用 TensorFlow 和 Theano 提供的构造，而无须编写过多的样板代码来构建基于神经网络的模型。这种灵活性和简单性是 Keras 流行的重要原因。除了可以方便地访问这两个有点深奥的库之外，Keras 还确保了我们能够利用这些库所具备的优势。在本部分中，你将了解如何安装 Keras，了解使用 Keras 进行模型开发的基础知识，然后了解如何使用 Keras 和 TensorFlow 开发一个神经网络模型示例。

① 安装：使用熟悉的 pip 或 conda 命令可以轻松安装 Keras。这里假设已经安装了 TensorFlow 和 Theano，因为它们将被用作 keras 模型开发的后端。安装命令如下：

```
conda install keras
```

我们可以通过在 IPython 中导入 Keras 来检查 Keras 是否成功安装。导入成功后，它将显示当前后端，默认情况下通常为 Theano。因此，你需要跳转到 keras.json 文件，该文件位于你的用户账户目录下的 .keras 目录下。配置文件内容如下。

```
{"epsilon": 1e-07, "floatx": "float32",
"backend": "tensorflow", "image_data_format": "channels_last"}
```

你可以参考 https://keras.io/backend/，它会告诉你如何轻松地将 Keras 中的后端从 Theano 切换到 TensorFlow。在配置文件中指定后端后，在导入 Keras 时，你应该在 ipython shell 中能看到以下消息。

```
In [22]: import keras
Using TensorFlow backend
```

② Keras 基础：神经网络的主要抽象是 Keras 中的一个模型。模型是用来定义神经网络结构的神经元的集合。有两种不同类型的模型：

- **顺序模型**：顺序模型只是层的堆栈。这些层可以一起定义一个神经网络。如果你在引入神经网络时再参考图 2-6，可以通过在顺序 Keras 模型中指定 3 个层来定义该网络。下面将在本节后面看到一个顺序模型的示例。

- **功能 API 模型**：顺序模型非常有用，但有时我们的要求将超过使用顺序模型可能的构造，这时候就需要功能 API 了。该 API 允许指定复杂的网络，即可以具有多个输出的网络，具有共享层的网络等。当需要使用诸如卷积神经网络或递归神经网络的高级神经网络时，需要这些类型的模型。

③ 模型建立：使用 Keras 的模型构建过程分为 3 个步骤。第一步是指定模型的结构。这是通过配置我们想要使用的基本模型来实现的，该基本模型是顺序模型或功能模型。一旦确定了问题的基础模型，将通过向模型添加层来进一步丰富该模型。我们将从输入层开始，在输入层输入数据特征向量。然后根据需求基于此模型添加后续层。Keras 提供了一组可以添加到模型中的层（隐藏层、完全连接层、CNN、LSTM、RNN 等），我们将在运行神经网络示例时描述其中的一些层。我们可以以复杂的方式将这些层堆叠在一起并添加最终输出层，以实现整体模型架构。

模型学习过程的下一步是编译我们在第一步中定义的模型架构。根据我们在前面 Theano 和 TensorFlow 的部分中学到的知识，大多数模型构建步骤都是符号化的，实际学习往往要推迟到后面执行。在编译步骤中，我们配置学习过程。除模型结构外，学习过程还需要指定以下 3 个重要参数：

- **优化器**：在第 1 章中了解到，学习过程的最简单解释是优化损失函数。一旦我们有了模型和损失函数，就可以指定优化器来识别将使用的实际优化算法或程序，以训练模型并最小化损失或误差。它可以是已经实现的优化器的字符串标识符、函数或可以实现的优化器类的对象。

- **损失函数**：也称为目标函数，将指定最小化损失 / 误差的目标，我们的模型将利用该目标在多次迭代中获得最佳性能。它也可以是一些预先实现的损失函数的字符串标识符，如交叉熵损失（分类）或方均误差（回归），或者是我们开发的自定义损失函数。

- **性能指标**：该指标是指衡量学习过程的量化指标。在编译模型时，可以指定我们想要跟踪的性能指标（例如：分类模型的准确性），这能告诉我们学习过程的有效性，有助于评估模型性能。

模型构建过程的最后一步是执行编译后的方法来启动训练过程。这将执行较低级别的编译代码，以便在训练过程中找出模型的必要参数和权重。在 Keras 中，就像 scikit-learn 那样，它是通过在模型上调用 fit 函数来实现的。我们可以通过提供适当的参数来控制函数的行为。想要了解这些参数你可以访问：https : //keras.io/models/sequential/。

④ 学习神经网络示例：我们将通过在与 scikit-learn 包绑定的数据集上构建一个简单的工作神经网络模型来结束本部分。在我们的示例中，我们将使用 TensorFlow 后端，但是你可以尝试使用 Theano 后端，并在后台验证模型的执行情况。

例如，将使用与 scikit-learn 库绑定在一起的威斯康星州的乳腺癌数据集。该数据集包含从乳房肿块的细针抽吸的数字化图像中提取的属性。它们描述了图像中存在的细胞核的特征。根据这些属性，肿块可以标记为恶性或良性。我们分类系统的目标是预测该水平。下面从加载数据集开始。

```
In [33]: from sklearn.datasets import load_breast_cancer
    ...: cancer = load_breast_cancer()
    ...:
    ...: X_train = cancer.data[:340]
    ...: y_train = cancer.target[:340]
    ...:
    ...: X_test = cancer.data[340:]
    ...: y_test = cancer.target[340:]
```

该过程的下一步是使用 Keras 模型类定义模型架构。我们看到输入向量具有 30 个属性，因此将拥有一个浅层网络，其中隐藏层有一半单元（神经元），即隐藏层中将有 15 个单元。我们添加一个单元输出层，根据输入数据点是良性还是恶性来预测 1 或 0。这是一个简单的神经网络，不涉及深度学习。

```
In [39]: import numpy as np
    ...: from keras.models import Sequential
    ...: from keras.layers import Dense, Dropout
    ...:

In [40]: model = Sequential()
    ...: model.add(Dense(15, input_dim=30, activation='relu'))
    ...: model.add(Dense(1, activation='sigmoid'))
```

上例中定义了一个序列 Keras 模型，它具有 15 个单元的密集隐藏层。密集层意味着一个完全连接层，因此这意味着这 15 个单元（神经元）中的每一个都完全连接到 30 个输入特性。示例的输出层是一个带有 sigmoid 激活的密集层。sigmoid 激活用于将真实值输入转换为二进制输出（1 或 0）。当我们定义了模型，就会通过提供必要的优化器以及损失函数和评估模型性能的指标来编译模型。

```
In [41]: model.compile(loss='binary_crossentropy', optimizer='rmsprop', metrics=['accuracy'])
```

这里使用了 binary_crossentropy 的损失函数，它是二进制分类问题的标准损失函数。对于优化器，我们使用 rmsprop，它是普通梯度下降算法的升级。下一步是使用 fit 函数拟合模型。

```
In [41]: model.fit(X_train, y_train, epochs=20, batch_size=50)
Epoch 1/20
340/340 [==============================] - 0s - loss: 7.3616 - acc: 0.5382
Epoch 2/20
340/340 [==============================] - 0s - loss: 7.3616 - acc: 0.5382
 ...
Epoch 19/20
340/340 [==============================] - 0s - loss: 7.3616 - acc: 0.5382
Epoch 20/20
340/340 [==============================] - 0s - loss: 7.3616 - acc: 0.5382
```

这里，epochs 参数表示所有训练样本完成一次完整的正向和反向传递。batch_size 参数表示一次通过 NN 模型传播的样本总数，用于训练模型和更新梯度。

假设你有 100 个观测值，批处理大小为 10，则每次 epoch 将包含 10 次迭代，每次 10 个观测值（数据点）通过网络传递，并且隐藏层单元的权重将被更新。但是可以看到总损失和训练准确度保持不变，这意味着该模型并没有学到任何东西！

Keras 的 API 同样遵循 scikit-learn 模型的约定，因此可以使用 prediction 函数来预测测试集中的数据点。实际上，我们可以使用 predict_classes 来获取每个测试数据实例的实际类标签。

```
In [43]: predictions = model.predict_classes(X_test)
128/229 [===============>..............] - ETA: 0s
```

下面通过查看测试数据的准确度和其他性能指标（如精度、召回率和 F1 评分）来评估模型性能。如果你不理解其中的一些术语也不要紧，因为将在第 5 章详细介绍它们。现在，你应该知道接近 1 的分数表示更好的结果，即准确度为 1 表示 100% 模型准确度（即完美）。幸运的是，scikit-learn 提供了必要的性能指标度量 API。

```
In [44]: from sklearn import metrics
    ...: print('Accuracy:', metrics.accuracy_score(y_true=y_test, y_pred=predictions))
    ...: print(metrics.classification_report(y_true=y_test, y_pred=predictions))score
Accuracy: 0.759825327511
         precision    recall  f1-score   support

      0       0.00      0.00      0.00        55
      1       0.76      1.00      0.86       174

avg / total   0.58      0.76      0.66       229
```

根据以上的性能指标，我们可以看到即使模型准确度为 76%，对于具有癌症（恶性）即标签 0 的数据点，它也会将它们误分类为 1（55 个实例），只有剩余的 174 个实例准确地分类为 1（良性）。因此，这个模型没能很好地学习，并且预测的每个反应都是良性的（标签 1）。还可以做得比这更好吗？

⑤ 深度学习的力量：深度学习的思想是使用多个隐藏层来学习复杂和潜在的数据模式、关系和表示，以构建一个能够很好地学习和概括底层数据的模型。让我们以前面的例子为例，通过引入两个隐藏层将其转换为完全连接的深度神经网络（DNN）。以下代码片段实现了构建并训练 DNN，其配置与之前的实验相同，只是添加了两个新的隐藏层。

```
In [45]: model = Sequential()
    ...: model.add(Dense(15, input_dim=30, activation='relu'))
    ...: model.add(Dense(15, activation='relu'))
    ...: model.add(Dense(15, activation='relu'))
    ...: model.add(Dense(1, activation='sigmoid'))
    ...:
    ...: model.compile(loss='binary_crossentropy',
    ...:               optimizer='rmsprop',
    ...:               metrics=['accuracy'])
    ...:
    ...: model.fit(X_train, y_train,
```

```
    ...:                  epochs=20,
    ...:                  batch_size=50)
    ...:
Epoch 1/20
340/340 [==============================] - 0s - loss: 3.3799 - acc: 0.3941
Epoch 2/20
340/340 [==============================] - 0s - loss: 1.3740 - acc: 0.6059
Epoch 3/20
340/340 [==============================] - 0s - loss: 0.4258 - acc: 0.8471
 ...
Epoch 19/20
340/340 [==============================] - 0s - loss: 0.2361 - acc: 0.9235
Epoch 20/20
340/340 [==============================] - 0s - loss: 0.3154 - acc: 0.9000
```

这里看到训练准确度显著提高,并且对比前面的训练输出,损失也有所下降。这确实很不错,看起来很有前途!现在来看一下测试数据的模型性能。

```
In [46]: predictions = model.predict_classes(X_test)
    ...: print('Accuracy:', metrics.accuracy_score(y_true=y_test, y_pred=predictions))
    ...: print(metrics.classification_report(y_true=y_test, y_pred=predictions))score
Accuracy: 0.912663755459
            precision    recall   f1-score    support

         0      0.78      0.89      0.83         55
         1      0.96      0.92      0.94        174

avg / total     0.92      0.91      0.91        229
```

我们的总体准确度和 F1 得分达到 91%,可以看到,F1 得分为 83%,而之前的模型为 0%,为 0 级(恶性)。因此,可以清楚地看到深度学习的强大力量,这是通过在网络中引入更多的隐藏层来实现的,使得我们的模型能够更好地理解数据。你还可以尝试一下其他架构,甚至引入正则化,如 dropout。

因此,在本节中,你了解了一些与神经网络和深度学习相关的重要框架。当我们进行实际案例研究时,将重新讨论这些框架的更高级的方面。

2.2.6 文本分析和自然语言处理

到目前为止,主要讨论了结构化的数据格式和数据、数据集等,其中有以行形式出现的观测值,以及以列形式出现的每个观测值的特征或属性。这种格式对机器学习算法来说是最方便的,但问题是原始数据并不总是以这种易于理解的格式出现。这就是非结构化数据格式的情况,如音频、视频、文本数据集。在本节中,将简要介绍当使用的数据是非结构化文本数据时,该如何使用一些框架来解决这个问题。我们不会详细介绍如何使用这些框架,如果你有兴趣,建议你阅读本书的第 7 章关于分析文本数据的真实案例研究。

1. 自然语言工具包

用于处理文本数据的最重要的 Python 库应该是 NLTK(Natural Language Tool Kit,自然语言工具包)。本节将介绍 NLTK 及其重要模块,包括介绍库的安装过程以及其重要模块的简要说明。

1）安装和简介：可以使用 pip 或 conda 命令安装 nltk 包，其方式与本书中使用的大多数其他包相同，命令如下：

```
conda install nltk
```

我们可以通过在 IPython/Python shell 中导入包来验证安装是否成功，如下所示。

```
In [1]: import nltk
```

与其他标准库相比，nltk 库有一个重要的区别。对于其他库，通常不需要下载任何辅助数据。但是为了让 nltk 库发挥其全部作用，需要一些辅助数据，这些数据主要是各种语料库。该数据被库中的多个功能和模块利用。我们可以通过在 Python shell 中执行以下命令来下载此数据。

```
In [5]: nltk.download()
```

执行命令后将会弹出如图 2-8 所示的窗口，可以在其中选择需要安装的其他数据并选择安装位置。此处选择了安装所有可用的附加数据和软件包。

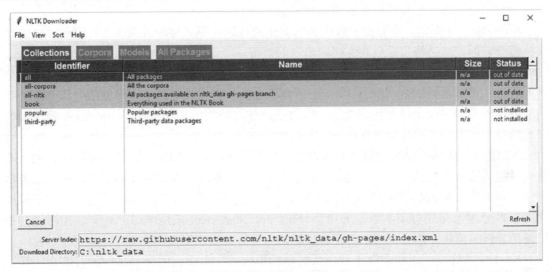

图 2-8　nltk 下载选项

你还可以不使用图形界面，而直接通过 ipython 或 Python shell 输入命令下载所有必要的数据集，如下所示。

```
nltk.download('all', halt_on_error=False)
```

下载完成后，将能够使用 nltk 软件包的所有必要功能和绑定数据。现在看一下 nltk 库的主要模块，并介绍它们各自提供的功能。

2）语料库：任何文本分析过程的起点都是在单个数据集中收集感兴趣的文档的过程。该数据集是后续处理和分析步骤的核心。该文档集合通常称为 corpus（文集）。多个 corpus 的数据集称为 corpora（语料库）。nltk 模块的 nltk.corpus 提供了必要的函数，可用于读取各种格式的语料库文件。它支持从 nltk 包中绑定的数据集和外部语料库中读取语料库。

3）标记化：标记化（Tokenization）是文本预处理和规范化的核心步骤之一。每个文本文档都有几个组成部分，如段落、句子和单词。标记化过程用于将文档分解为这些较小的组成部分。这种标记化可以是句子、单词、从句等。最流行的标记任何文档的方法是使用句子标记和单词标记。nltk 库的 nltk.tokenize 模块提供了有效标记化任何文本数据的功能。

4）标签化：文本文档是基于各种语法规则和结构来构建的。语法取决于文本文档的语言。每种语言的语法都包含不同的实体和词性，如名词、代词、形容词、副词等。标签化的过程将涉及获取文本语料库，对文本进行标记并将标签等元数据信息分配给语料库中的每个单词。nltk.tag 模块包含可用于此类标签和其他相关活动的不同算法的实现。

5）词干化与词形化：一个单词可以根据它所代表的词性而有几种不同的形式。例如 fly 这个单词，它可以以各种形式出现在同一文本中，如 flying、flies、flyer 等。词干化过程用于将单词的所有不同形式转换为基本形式，即根步骤。词形化类似于词干化，但基本形式被称为词根，它在语义和词法上都是正确的。这种转换至关重要，因为很多时候核心词包含有关该文档的更多信息，可以通过这些不同的形式进行稀释。nltk.stem 模块包含可用于对语料库进行词干化和词形化的不同技术。

6）分块：分块是一个类似于解析或标记化的过程，但主要的区别在于，我们不会尝试解析每个单词，而是将目标放在文档中出现的短语。考虑一下这个句子 "The brown fox saw the yellow dog"。在这句话中，有两个感兴趣的短语，第一个是 "the brown fox"，它是一个名词短语，第二个是短语 "the yellow dog"，它也是一个名词短语。通过使用分块过程，我们能够使用附加的词语信息标记短语，这对于理解文档的结构很重要。nltk.chunk 模块包含必要的技术，可用于将分块处理应用于我们的语料库。

7）情感：情感或情绪分析是文本数据中最具代表性的应用之一。情感分析是获取文本文档并尝试确定该文档所代表的观点和极性的过程。"极性"在文本文档的引用中可以表示情绪，例如，积极的、消极的或中性的情绪被数据所代表。可以使用不同的算法和不同层次的文本分段来完成对文本数据的情感分析。nltk.sentiment 包是可用于对文本文档执行不同情绪分析的模块。你可查看第 7 章，了解情绪分析的真实案例研究！

8）分类/聚类：正如在第 1 章中所解释的那样，文本文档的分类是一种有监督的学习问题。文本文档的分类可能包括学习几个文本文档（语料库）的情感、话题、主题、类别等，然后使用训练的模型来标记未来的未知文档。与普通结构化数据的主要区别在于，我们将使用非结构化文本的特征表示形式。聚类包括基于相似度度量（如余弦相似度、bm25 距离甚至是语义相似度）将相似的文档分组在一起。当进行必要的特征工程和提取时，通常使用 nltk.classify 和 nltk.cluster 模块执行这些操作。

2. 其他文本分析框架

通常，nltk 是处理文本数据的首选库，但 Python 生态系统还包含其他可用于处理文本数据的库。下面将简要地介绍其中的一些库，以便你在处理非结构化文本数据时能够知道可以使用哪些工具包。

- **pattern**：pattern 框架是用于 Python 编程语言的 Web 挖掘模块。它有用于 Web 挖掘

（从 Google，Twitter，Web 爬虫或 HTML DOM 解析器提取数据）、信息检索、NLP、机器学习、情感分析和网络分析以及可视化的工具。不幸的是，pattern 目前在 Python 2.7 版上效果最好，但没有 Python 3.x 版的官方版本。

• gensim：gensim 框架代表生成相似（generate similar），是一个 Python 库，其核心目的是大规模的主题建模！它可用于从文档中提取语义主题。gensim 的重点是提供有效的主题建模和相似性分析，它还包含谷歌流行的 word2vec 模型的 Python 实现。

• textblob：这是另一个可以简化文本处理的 Python 库。它提供了一个简单的 API，用于执行常见的文本处理任务，包括词性标签化、标记化、短语提取、情感分析、分类、翻译等！

• spacy：这是 Python 文本处理领域的最新成员，是一个优秀而强大的框架。spacy 的重点是工业强度的自然语言处理，因此它针对大规模语料库的高效文本分析。它通过在 Cython 中利用精细的内存管理操作来实现这种效率。我们建议使用 spacy 进行自然语言处理，你还会在第 7 章看到它广泛用于文本规范化过程。

2.2.7 Statsmodels

Statsmodels 是 Python 中用于统计和计量分析的库。像 R 语言这样的语言的优势在于它是一种具有大量功能的集中统计的语言。它由易于使用但功能强大的模型组成，可用于统计分析和建模。然而，从部署、集成和性能方面来看，数据科学家和工程师通常更喜欢 Python，但它没有易于使用的统计函数和（像 R 语言那样的）库。Statsmodels 库目的是将 Python 的优点与像 R 这样的语言的统计能力结合起来，提供统计、财务和计量经济学的操作功能。因此熟悉 R、SAS、Stata、SPSS 等的用户可轻松使用 statsmodels。最初的 statsmodels 软件包由斯坦福大学的统计学家乔纳森·泰勒（Jonathan Taylor）开发，是 SciPy 的一部分。在 2009 年和 2010 年的谷歌夏季代码中，statsmodels 被当作是 SciPy 的重点项目被不断改进。目前，statsmodels 可作为 SciKit 或 SciPy 的附加软件包提供。我们建议你去参考 Seabold、Skipper 和 Josef Perktold 撰 写 的 论 文 "*Statsmodels：Econometric and statistical modeling with Python*"，以及 2010 年科学大会第九届 Python 的会议记录。

1. 安装
可以使用 pip 或 conda install 命令安装这个库，如下所示。

```
pip install statsmodels
conda install -c conda-forge statsmodels
```

2. 模块
在本部分中，将简要介绍构成 statsmodel 软件包的重要模块以及这些模型提供的功能。这应该能让你充分了解利用什么来构建统计模型并执行统计分析和推理。

1）分布：统计学的中心思想之一是统计数据集的分布。分布是为数据的所有可能值分配概率值的列表或函数。statsmodels 包的分布模块实现了与统计分布相关的一些重要功能，包括从分布的抽样、分布的变换、生成重要分布的累积分布函数等。

2）线性回归：线性回归是最简单的统计建模形式，用于对响应因变量与一个或多个自变量之间的关系进行建模，使得响应变量通常遵循正态分布。statsmodels.regression 模块允许我们学习具有 IID 的数据的线性模型，即独立分布误差和同分布误差。该模块允许使用不同的方法，如普通最小二乘法（OLS）、加权最小二乘法（WLS）、广义最小二乘法（GLS）等，用于估计线性模型参数。

3）广义线性模型：当因变量遵循与正态分布不同的分布时，可以推广正态线性回归。statsmodels.genmod 模块允许我们将正态线性模型扩展到不同的响应变量。这使我们能够预测当因变量跟随非正态分布的分布时，自变量和因变量之间的线性关系。

4）方差分析：方差分析是用于分析组均值和相关程序之间差异的统计过程。方差分析是检验几个组均值是否相等的重要方法。这是假设测试和统计推断中非常强大的工具，在 statsmodels 包的 anova_lm 模块中实现。

5）时间序列分析：时间序列分析是数据分析的重要组成部分。许多数据来源，如股票价格、降雨量、人口统计数据等都是周期性的。时间序列分析用于发现这些数据流中的结构、趋势和模式。这些趋势可用数学模型来理解潜在现象，甚至可以对未来事件进行预测。基本时间序列模型包括单变量自回归模型（AR）、向量自回归模型（VAR）、单变量自回归移动平均模型（ARMA）、以及非常流行的自回归集成移动平均（ARIMA）模型。statsmodels 包的 tsa 模块提供了时间序列模型的实现，还提供时间序列数据操作的工具。

6）统计推断：传统统计推断的一个重要部分是假设检验过程。统计假设是关于总体参数的假设。假设检验是在从人群中收集到的观察数据的基础上接受或拒绝对数据的假设的正式过程。statsmodels 包的 stats.stattools 模块实现了最重要的假设检验。其中一些测试独立于任何模型，而一些测试仅与特定模型相关联。

7）非参数方法：非参数统计是指不基于概率分布的任何参数化族的统计。当假设一个随机变量的分布时，分配了确定其行为所需的参数的数量。例如，如果说一些感兴趣的度量符合正态分布，则意味着如果我们能够确定该度量的均值和方差，就可以理解其行为。这是非参数方法与参数方法的关键差异，即我们没有描述未知随机变量所需的固定数量的参数。相反，参数的数量取决于训练数据的数量。在 statsmodels 库中，非参数模块将帮助我们对数据进行非参数化分析。它包括单变量和多变量数据的核密度估计、核回归和局部加权散点平滑法。

2.3　总结

本章介绍了一组精选的库，我们可能会经常使用它们来处理、分析和建模数据。你可以将这些库和框架视为数据科学家工具箱的核心工具。我们所介绍的软件包列表是有限的，但本书介绍的无疑都是很重要的软件包。这里强烈建议你通过阅读它们的文档和相关教程来熟悉这些库。本书将在以后的章节中继续介绍和解释这些框架的其他重要特性。本章的例子，以及第 1 章提供的概念知识，应该能让你更好地理解机器学习，并以简单、简洁的方式解决问题。在随后的章节中可能会发现，通常对数据学习模型的过程，是对这些简单步骤和概念的重复。在下一章中，你将学习如何使用这些工具来解决数据处理、整理和可视化领域中更大、更复杂的问题。

第 2 部分
机器学习流程

第 3 章
数据的处理、重整以及可视化

自从计算机和互联网成为主流后，我们周围的世界发生了巨大的变化。随着无处不在的移动电话和无数可以使用互联网的设备，数字和网络的虚拟世界与现实世界之间的界限相比以前更加模糊。而造成这一现象的核心是数据。数据在我们身边无处不在，无论是在金融、供应链、医学科学、宇宙空间探索等领域，还是在团队内交流以及合作中，都可以找到数据的身影。我们在过去几年的时间内已经创造了全球 90% 的数据，但这种现象并不奇怪，相反这仅仅是数据时代的开始。更加准确地说，数据被称为 21 世纪的新"石油"。最后几章介绍了机器学习基本概念和如何运用 Python 语言来实现机器学习。本章的重点是介绍在机器学习的世界中所依赖的核心部分，也就是数据，并且运用它们向读者们展示其魔力和奇迹。

一切数字化过后的东西都会以某种形式或其他形式来存储数据。数据会在全球众多的格式中以各种各样不同的资源、不同的速率来产生。在我们深入了解机器学习的细节之前，将花费一些时间和精力来理解这个称为数据的核心组成部分。我们将了解它各个方面的特点，并根据要求，学习用不同的技术对它进行处理，这几点在以后的学习中是十分重要的。

在本章中，我们将介绍一个典型的机器学习相关用例中的过程数据，并告诉读者们如何使它从最初的原始形式转变为机器学习算法或者模型可以使用的形式。我们涵盖各种数据格式及其处理和整理技术，其目的是更好地将数据转换为机器学习算法分析可用的形式。同时，我们还将了解不同的可视化技术，以便更好地理解手头的数据。这些技术将一起帮助我们为接下来的章节中出现的具体问题以及未来在现实情况中可能需要解决的问题做好准备。

我们在第 1 章介绍了 CRISP-DM 方法。它是全球数据科学团队遵循的标准工作流程之一。在本章接下来的几节中，我们将集中讨论这种方法的以下几个部分：

- **数据收集**：了解不同数据类型的不同数据提取机制。
- **数据描述**：了解收集到的数据中的各种属性和特征。
- **数据重整**：重整数据从而使得数据可以用于接下来的建模。
- **数据可视化**：将数据结果以及数据中重要的属性及特征进行可视化呈现，从而方便其他观察者进行理解。

本章的代码示例是 jupyter notebook 的格式，示例数据集可在这本书的 GitHub 存储库中的第 3 章目录 / 文件夹中找到（https：//github.com/dipanjanS/practical-machine-learning-with-python）。

3.1 数据收集

数据收集是一切开始的地方。虽然被它在标准化流程中被放在商业业务理解和问题定义之后，但是实际情况是，在进行这两个步骤的时候，数据收集往往并行发生。这样做是为了在了解可用性、潜在价值等事实之前，帮助增强商业业务理解过程，从而可以形成和处理完整的实用事例。当然，一旦实际问题被准确定义或者项目正在进行，数据收集这一步骤就会采用更加正式的形式。

数据存在于我们周围的各个角落，它无处不在，同时这是一个巨大的机会。然而，这也表明它必须以不同的格式、形状和尺寸呈现出来。它的无所不在也意味着它存在于传统机器（比如大型机器）、网络（比如网站和网络应用程序）、数据库、文件文档、传感器和移动设备等系统中。

让我们一起来看看一些最常见的数据格式和收集这些数据的方式。

3.1.1 CSV

CSV 数据文件是最广泛运用的数据格式之一。它也是在跨领域的不同系统中仍然偏好使用的最古老的数据格式之一。逗号分隔值（CSV）是包含数据的数据文件，数据中的每个属性都用 "，"（逗号）分隔。图 3-1 描述了典型 CSV 文件的数据特征。

示例的 CSV 显示了数据通常如何排列。它包含用逗号分隔的不同数据类型的属性。一个 CSV 可能包含一个可以选择的标题行（如示例所示）。CSV 还可以选择性地将每个属性用单引号或双引号标记起来以便更好地进行划分。虽然，我们通常使用 CSV 来存储表格数据，即以行和列的形式存储数据，但这不是唯一存储表格数据的方法。

```
sno,fruit,color,price
1,apple,red,110.85
2,banana,yellow,50.12
3,mango,yellow,70.29
4,orange,orange,80.00
5,kiwi,green,150.00
6,pineapple,yellow,90.00
7,guava,green,20.00
```

CSV 有不同的变化，如果只是将分隔符更改为制表符便可以得到得一个 TSV（制表符分隔值）文件。这里的基本思想是使用独特的符号来划分不同的属性。

图 3-1　CSV 文件示例

现在我们知道了 CSV 的数据是什么样子，接下来使用 Python 语言来读取或者说是提取这些数据以供使用。使用像 Python 这样的语言的优点之一是它能够提取和处理大量的数据或者是文件。与需要特定库或大量代码来完成基本工作的其他语言不同，Python 会使用 élan 处理它。它会沿着同样的路线读取一个 CSV 文件。读取 CSV 的最简单方法是通过 Python csv 模块。该模块提供了一个称为 reader（）的抽象函数。

这个读取函数将一个文件对象作为输入来返回包含从 CSV 文件读取的信息的迭代器。以下代码片段使用 csv.reader（）函数来读取给定的 CSV 文件。

```
csv_reader = csv.reader(open(file_name, 'rb'), delimiter=',')
```

一旦迭代器返回，我们便可以轻松地获得文件内容并获取所需格式的数据。为了完整起见，下面来看一个使用 csv 模块读取图 3-1 所示的 CSV 内容的示例。然后，将提取它的每个属性并将这些数据转换为一个具有键的字典格式。以下代码片段完成了这些操作。

```
csv_rows = list()
csv_attr_dict = dict()
csv_reader = None

# 读取CSV文件
csv_reader = csv.reader(open(file_name, 'rb'), delimiter=delimiter)

# 迭代并提取数据
for row in csv_reader:
    print(row)
    csv_rows.append(row)

# （迭代并将数据添加到属性列表中）
for row in csv_rows[1:]:
    csv_attr_dict['sno'].append(row[0])
    csv_attr_dict['fruit'].append(row[1])
    csv_attr_dict['color'].append(row[2])
    csv_attr_dict['price'].append(row[3])
```

上面代码的输出是一个包含每个属性的字典格式，其中包含数值以及从 CSV 文件读取的有序数值列表。

```
CSV Attributes:
{'color': ['red', 'yellow', 'yellow', 'orange', 'green', 'yellow', 'green'],
 'fruit': ['apple', 'banana', 'mango', 'orange', 'kiwi', 'pineapple', 'guava'],
 'price': ['110.85', '50.12', '70.29', '80.00', '150.00', '90.00', '20.00'],
 'sno': ['1', '2', '3', '4', '5', '6', '7']}
```

从 CSV 文件中提取数据及其转换方法取决于实际情况的需求。将样本 CSV 转换为具有属性的字典数据格式只是其中的一种方法。我们会根据数据以及实际情况要求，来最终选择不同的输出格式。

尽管处理和读取 CSV 文件的工作流程非常简单易用，但我们希望将其标准化从而加快流程。另外，通常情况下，以表格方式理解数据会更加容易。在前一章介绍了 pandas 这个 Python 库，并知道它有着一些非常棒的功能。接下来利用 pandas 来读取 CSV 文件。

以下代码片段显示了 pandas 如何从 CSV 中读取和提取数据，并且可以很明显地看出来，运用 pandas 来读取这些数据比以前运用 csv 模块来读取数据会更加快速与一致。

```
df = pd.read_csv(file_name,sep=delimiter)
```

通过一行简单的代码和几个可选参数（根据每个问题要求），pandas 库将 CSV 文件中的数据提取到数据框中，并且该数据框是以相同数据表格进行表示的。使用 pandas 的一个主要优点是它可以处理 CSV 文件中的很多不同的情况，例如带或不带标题的文件，用引号标注起来的属性值，推断数据类型等。此外，各种其他的机器学习库几乎都能够直接处理 pandas 所生成的数据框，所以 pandas 几乎成为处理 CSV 文件的标准包。

前面的代码片段会生成以下输出数据框：

```
  sno      fruit   color   price
0   1      apple     red  110.85
1   2     banana  yellow   50.12
2   3      mango  yellow   70.29
3   4     orange  orange   80.00
4   5       kiwi   green  150.00
5   6  pineapple  yellow   90.00
6   7      guava   green   20.00
```

 虽然 pandas 使读取 CSV 文件的过程变得轻而易举，但当需要更多的灵活的读取文件方式时，csv 模块会派上用场。例如，并不是每个用例都需要表格形式的数据，或者数据可能没有一致的格式，并且需要像 csv 这样的灵活多变的库来启用自定义参数来处理这些数据。

运用同样的代码，使用这两个模块可以很容易地读取分隔符不是 ', '（逗号）而是制表符或分号的简单文件数据。在接下来章节的具体实用案例中将使用这些有用的程序；在此之前，也曾鼓励你探索与思考，以便更好地理解这些内容。

3.1.2   JSON

Java Script Object Notation（JSON）是数字科学领域中使用最广泛的数据交互格式之一。JSON 是 XML（将在后面讨论这种格式）等传统格式的轻量级替代品。JSON 是一种文本格式，这种文本格式是独立于语言的一种特定的约定。JSON 是一种很容易阅读的数据格式，在大多数编程语言或者脚本语言中很容易解析。JSON 文件或者对象只是名称（键）值的一个配对。在其他的编程语言中，这样的键 - 值对结构在字典（Python 字典）、结构、对象、记录、键控列表等形式中也具有相对应的数据结构。如果想了解更多详情，读者们可以访问 http : //www.json.org/。

JSON 标准定义了 JSON 对象结构，如图 3-2 所示。

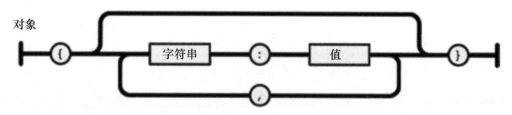

图 3-2　JSON 对象结构（参考 http : //www.json.org/）

图 3-3 是一个 JSON 的示例，描述了具有不同数据类型的各种属性的词汇表记录。

```json
{
    "glossary": {
        "title": "example glossary",
            "GlossDiv": {
            "title": "S",
                    "GlossList": {
            "GlossEntry": {
                "ID": "SGML",
                                "SortAs": "SGML",
                                "GlossTerm": "Standard Generalized Markup Language",
                                "Acronym": "SGML",
                                "Abbrev": "ISO 8879:1986",
                                "GlossDef": {
                        "para": "A meta-markup language, used to create markup languages such as DocBook.",
                                    "GlossSeeAlso": ["GML", "XML"]
                    },
                                "GlossSee": "markup"
                }
            }
        }
    }
}
```

图 3-3　JSON 示例（参考 http：//www.json.org/）

　　JSON 广泛用于系统之间的信息传送。与 JSON 对象相当的是 Python 的 dict 数据类型，因为它本身就是一个键 - 值配对的数据结构。Python 有各种与 JSON 相关的库，这些库可以提供要么抽象要么细节化的功能。JSON 库就是这样一个选项，它允许我们处理 JSON 文件或者是 JSON 对象。现在先来看看 JSON 示例文件，然后使用这个库将这些数据导入 Python 以供使用。

```json
{
            "outer_col_1":[
                {
                 "nested_inner_col_1":"val_1",
                 "nested_inner_col_2":2
                },
                {
                 "nested_inner_col_1":"val_2",
                 "nested_inner_col_2":2
                }
            ],
            "outer_col_2":{
                    "inner_col_1":3
            },
            "outer_col_3":4
}
```

图 3-4　带有嵌套属性的 JSON 示例

　　图 3-4 中的 JSON 对象描述了一个嵌套结构，它包含字符串、数字和数组类型的值。JSON 同时也支持对象、布尔值和其他数据类型作为值的输入。下面的代码片段可以用来读取文件的内容，然后利用 json.loads（）这个函数将 JSON 解析出来并将其转换为标准的 Python 字典格式。

```python
json_filedata = open(file_name).read()
json_data = json.loads(json_filedata)
```

json_data 是一个 Python 字典，其中的 JSON 文件中的键和值都被转换为 Python 数据类型。JSON 库还提供有效的程序将 Python 字典转换为 JSON 文件，并具有错误检查和类型转换功能。前面操作的输出如下：

```
outer_col_1 :
        nested_inner_col_1 : val_1
        nested_inner_col_2 : 2
        nested_inner_col_1 : val_2
        nested_inner_col_2 : 2
outer_col_2 :
        inner_col_1 : 3
outer_col_3 : 4
```

在转向下一种格式之前，值得注意的是，pandas 还提供了程序来解析 JSON。pandas read_json（）是一个非常强大的函数，它提供了多种选项来处理以不同类型创建的 JSON。图 3-5 描述了一个有多个数据点的 JSON 示例，其中每个数据点都具有列为 col_1 和 col_2 的两个属性。

下面可以通过将 orientation 参数设置为"records"来轻松解析这样的 JSON，如下所示：

```
df = pd.read_json(file_name,orient="records")
```

上面的输出是一个表格数据框，每个数据点均由两个属性值表示，如下所示：

```
  col_1 col_2
0   a     b
1   c     d
2   e     f
3   g     h
4   i     j
5   k     l
```

我们鼓励你在网址 https：//pandas.pydata.org/pandas-docs/stable/generated/pandas.read_json.html 上阅读更多有关 pandas read_json（）的内容。

3.1.3 XML

在介绍了两种最广泛使用的数据格式之后，现在来看看 XML。XML 是一种相当古老的数

```
[
    {
        "col_1":"a",
        "col_2":"b"
    },
    {
        "col_1":"c",
        "col_2":"d"
    },
    {
        "col_1":"e",
        "col_2":"f"
    },
    {
        "col_1":"g",
        "col_2":"h"
    },
    {
        "col_1":"i",
        "col_2":"j"
    },
    {
        "col_1":"k",
        "col_2":"l"
    }
]
```

图 3-5 拥有相似属性的 JSON 示例

据格式，但仍然被许多系统所使用。XML 或 eXtensible Markup Language 是一种标记性语言，它用于定义那些在互联网上存在并共享的编码数据或者是文档的规则。像 JSON 一样，XML 也是一种常人可读的文本格式。其设计目标包括对各种人类语言（通过 Unicode）的强大支持、平台独立性和简单性。XML 广泛用于表示不同种类和大小的数据。

XML 被广泛用作不同系统的配置格式、元数据以及 RSS、SOAP 等服务的数据表示格式。

XML 是一种具有完善的语法规则和模式的语言，并且随着时间的推移它也在不断地进步与优化。XML 的最重要组件如下所示：

- **标签：**由尖括号（"<"和">"）包围的字符串表示的标记结构。
- **内容：**标记语法中未标记的任何数据都是 XML 文件或者对象的内容。
- **元素：**XML 的逻辑构造。一个元素可以用一个开始和结束标签来定义，可以有或者没有属性，或者它可以是一个简单的空标签。
- **属性：**表示考虑中的元素的属性或属性的键 - 值对。这些被封闭在一个新的或一个空标签中。

图 3-6 是一个 XML 的示例，描述了可扩展标记语言中的各个组件。有关主要概念和细节的更多详细信息，请访问 https：//www.w3schools.com/xml/。

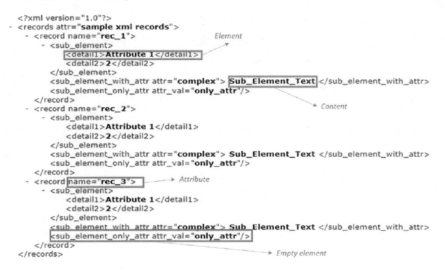

图 3-6　XML 示例的关键组件注释

我们可以将 XML 视为一个树状结构，从一个根元素开始，该元素像树枝一样分支到其他各个元素中，而每个元素都有自己的属性和更多的分支，数据的内容则位于叶节点。

大多数 XML 解析器使用这种树状结构来读取 XML 内容。以下是 XML 解析器的两种主要类型：

- **DOM 解析器：**文档对象模型（DOM）解析器是 XML 最接近树形表示的形式。它解析 XML 并生成树状结构。DOM 解析器的一大缺点是它解析巨大的 XML 文件的不稳定性。
- **SAX 解析器：**XML 的简单 API（SAX）是网络上广泛使用的一种变体。这是一个基于事件的解析器，它通过元素解析 XML 元素，并提供基于标签的挂钩来触发事件。这中解析方法克服了 DOM 的基于内存的限制，但劣势是缺乏总体代表能力。

还有多种可用的变体可以从这两种类型中派生出来。首先，来看看 Python 的 xml 库中

可用的 ElementTree 解析器。ElementTree 解析器是对 DOM 解析器的优化，它利用 Python
数据结构（如列表和字典）以简洁的方式处理数据。

以下代码片段使用 ElementTree 解析器来加载和解析先前看到的 XML 示例文件。parse( )
函数返回一个树对象，该对象具有各种属性、迭代器和用来提取解析 XML 的根和其他组件
的实用程序。

```
tree = ET.parse(file_name)
root = tree.getroot()

print("Root tag:{0}".format(root.tag))
print("Attributes of Root:: {0}".format(root.attrib))
```

这两条输出的语句为我们提供了与根标签及其属性相关的值（如果有的话）。根对象也
有一个迭代器，它可以用来提取与所有节点有关的信息。以下代码片段通过迭代根对象从
而来输出子节点的内容：

```
for child in xml:root:
        print("{0}tag:{1}, attribute:{2}".format(
                                        "\t"*indent_level,
                                        child.tag,
                                        child.attrib))

        print("{0}tag data:{1}".format("\t"*indent_level,
                                    child.text))
```

通过使用 ElementTree 来解析 XML 生成的最终输出如下，我们使用自定义的输出这个
实用程序来使输出更具可读性，当然，在存储库上存储的代码依然可用：

```
Root tag:records
Attributes of Root:: {'attr': 'sample xml records'}
tag:record, attribute:{'name': 'rec_1'}
tag data:

        tag:sub_element, attribute:{}
        tag data:

                tag:detail1, attribute:{}
                tag data:Attribute 1
                tag:detail2, attribute:{}
                tag data:2
                tag:sub_element_with_attr, attribute:{'attr': 'complex'}
                tag data:
                    Sub_Element_Text

                tag:sub_element_only_attr, attribute:{'attr_val': 'only_attr'}
                tag data:None
        tag:record, attribute:{'name': 'rec_2'}
        tag data:

                tag:sub_element, attribute:{}
```

```
tag data:

        tag:detail1, attribute:{}
        tag data:Attribute 1
        tag:detail2, attribute:{}
        tag data:2
tag:sub_element_with_attr, attribute:{'attr': 'complex'}
tag data:
    Sub_Element_Text

tag:sub_element_only_attr, attribute:{'attr_val': 'only_attr'}
tag data:None
```

公开的 xml 库提供了 ElementTree 解析器，这是一个非常有用的实用程序，但它缺少很多"火力"来完善自身。另一个 Python 库 xmltodict 提供了类似的功能，但它只能用一种更加 Python 化的方式来处理 XML，那就是它只能处理 Python 的本地数据结构（如字典）来解析 XML。以下是解析相同 XML 的片段。与 ElementTree 不同，xmltodict 的 parse（）函数的功能是读取文件对象并将其内容转换为嵌套字典。

```
xml_filedata = open(file_name).read()
ordered_dict = xmltodict.parse(xml_filedata)
```

最后生成的输出与使用 ElementTree 生成的输出类似，不同之处在于 xmltodict 自动使用 @ 符号标记元素和属性。以下是示例的输出。

```
records :
        @attr : sample xml records
record :
                @name : rec_1
sub_element :
                        detail1 : Attribute 1
                        detail2 : 2
sub_element_with_attr :
                        @attr : complex
                        #text : Sub_Element_Text
sub_element_only_attr :
                        @attr_val : only_attr
```

3.1.4 HTML 和网络抓取

现在开始讨论那些可以以极快的速度生成的信息或者数据。互联网是这场革命的推动力之一，当然也包括由于计算机、智能手机和平板电脑的快速发展而对其产生的影响。

互联网是通过超链接而相互连接的巨大的互联信息网络。互联网上的大量数据是以网页的形式出现的。这些网页每天生成、更新并被用户们浏览数百万次。随着信息越来越多地存在于这些网页中，我们必须学习如何与这些网页形成交互并从中提取这些有用的信息或者数据。

到目前为止，我们已经知道如何处理 CSV、JSON 和 XML 等数据格式，这些格式的数据可以通过手动下载或连接 API 等各种方式来获取它们。但是对于从网页中抓取数据，方法会改变。本节将讨论 HTML 格式（最常见的与网页相关的格式）和网页抓取技术。

1. HTML

超文本标记语言（HTML）是一种类似于 XML 的标记语言。HTML 主要应用于网页浏览器和类似的应用程序，其目的是为了呈现网页以供用户使用。

HTML 使用标记来定义了网页的规则和结构。以下是 HTML 页面的标准组件：

- **元素**：构成 HTML 页面的基本构建块的逻辑构件。
- **标签**：由尖括号（＜和＞）定义的标记构造。一些重要的标签是：

    ■ <html></ html>：这一对标签包含整个 HTML 文档。它标志着 HTML 页面的开始和结束。

    ■ <body></ body>：这一对标签包含浏览器呈现的 HTML 页面的主要内容。

在 HTML 标准中定义了许多其他的标准标签集合，读者可以通过访问 https：//www.w3schools.com/html/html_intro.asp 来获得更多的信息。

以下是由网页浏览器生成的 HTML 页面的片段，如图 3-7 所示。

```
<!DOCTYPE html>
<html>
<head>
<title>Sample HTML Page</title>
</head>
<body>

<h1>Sample WebPage</h1>
<p>HTML has been rendered</p>

</body>
</html>
```

图 3-7　浏览器中呈现的 HTML 页面示例

浏览器使用标记标签来理解文本格式、定位、超链接等特殊指令，但仅为终端用户呈现最终内容。对于一些数据或者是信息存留在 HTML 页面中的情况，需要用特殊的技术来提取这些内容。

2. 网页抓取

网页抓取是一种从网页上提取数据的技术，特别是从网页上抓取数据。从网页上抓取可能包含手动复制数据或使用自动化工具来从网页抓取、解析和提取网页中的信息。在大多数情况下，网页数据抓取指的是自动抓取特定的网站或提取网页的一部分有用信息，而这些信息可用于今后的问题分析或其他用途。典型的网页抓取流程可以总结如下：

- **网页爬虫：**一个网页爬虫程序一般需要一组 URL 来查询网络服务器从而获取网页。爬虫工具可以通过使用复杂的技术从链接到相关 URL 的页面获取信息，甚至可以在某种程度上解析网页上的信息。网站维护名为 robots.txt 的文件，以使用所谓的"机器人排除协议"来限制或者是提供对其内容的访问。更多详细信息请参见 http：//www.robotstxt.org/robotstxt.html。

- **数据抓取：**一旦原始网页被提取，下一个任务将是从网页中提取信息。抓取的任务涉及利用正则表达式，基于 XPath 的信息提取或根据特定标签等技术来缩小页面上所需的信息。

从缩小到所需的确切信息的角度来看，网页爬虫是一项非常具有创造力的应用程序。随着网站不断变化以及网页的流动性越来越大（参见 asp、jsp 等），访问控制（用户名/密码、CAPTCHA 等）的存在使得任务变得更加复杂。Python 可以提供多种实用的程序来帮助我们从网页上抓取信息，所以 Python 是一种非常强大的编程语言，现在应该是明显的了。接下来先从 Apress 博客中提取博客内容以便更好地理解网页抓取。

第一项任务是确定我们感兴趣的 URL。对于目前的例子，专注于 Apress 网站（http：//www.apress.com/in/blog/all-blog-posts）上当天发表的第一篇博客文章。现在单击最上面的博客文章，它将我们带入文章内容。该文章显示在图 3-8 中。

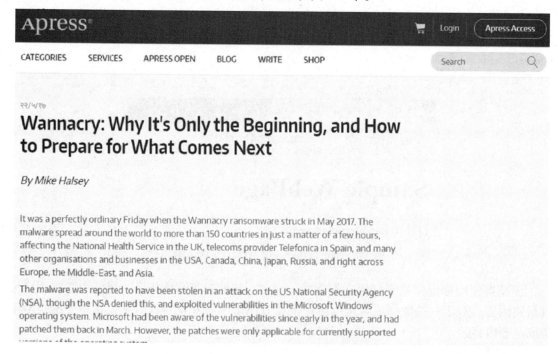

图 3-8 一篇 Apress 网站上的博客文章

现在我们已经有了所需的页面和 URL，将使用请求库来查询所需的 URL 并获得响应。下面的代码片段完成了这些。

```
base_url = "http://www.apress.com/in/blog/all-blog-posts"
blog_suffix = "/wannacry-how-to-prepare/12302194"

response = requests.get(base_url+blog_suffix)
```

如果获取请求成功，则响应对象的 status_code 属性值为 200（等同于 HTML 成功代码）。在获得成功的响应后，下一个任务是设计一种方法来提取所需的信息。

因为在这种情况下，我们对博客文章的实际内容感兴趣，下面来分析页面背后的 HTML，看看能否找到感兴趣的特定标签。

 现在大多数浏览器都带有内置的 HTML 检查工具。如果你使用的是谷歌浏览器，请按 F12 或用鼠标右键单击页面，然后选择检查或查看源代码。这将打开 HTML 源代码供你分析。

图 3-9 描述了我们感兴趣的博客文章的 HTML 源代码。

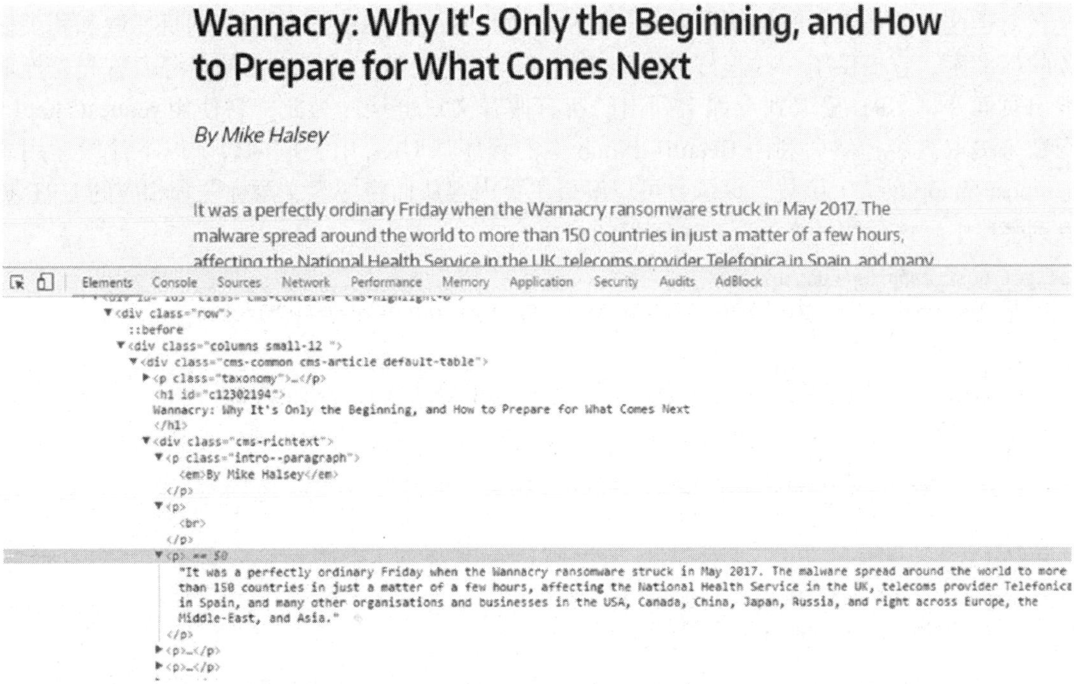

图 3-9　检查 Apress.com 上的博客文章的 HTML 内容

经过仔细检查，可以清楚地看到这篇博客文章的内容是包含在 div 标签 <div class = "cms-richtext"> 中。现在已经缩小到感兴趣的标签，我们使用 Python 的正则表达式库来搜索并提取只包含在这个标签中的数据。以下代码片段利用 re.compile（）编译正则表达式，然后使用 re.findall()从获取的响应中提取信息。

```
content_pattern = re.compile(r'<div class="cms-richtext">(.*?)</div>')
result = re.findall(content_pattern, content)
```

查找操作的输出是博客文章中我们所需要的文本信息。当然,它仍然包含实际文本之间交错的 HTML 标签。现在可以进一步清理这些文本从而使得其达到我们要求的水平,然而不可否认的是这是一个好的开始。以下是使用正则表达式提取的信息:

```
Out[59]: '<p class="intro--paragraph"><em>By Mike Halsey</em></p><p><br/></p><p>It was a
perfectly ordinary Friday when the Wannacry ransomware struck in May 2017. The malware
spread around the world to more than 150 countries in just a matter of a few hours,
affecting the National Health Service in the UK, telecoms provider Telefonica in Spain,
and many other organisations and businesses in the USA, Canada, China, Japan, Russia, and
right across Europe, the Middle-East, and Asia.</p><p>The malware was reported to have been
stolen in an attack on the US National Security Agency (NSA), though the NSA denied this,
and exploited vulnerabilities in the Microsoft Windows operating system. Microsoft had been
aware of the vulnerabilities since early in the year, and had patched them back in March.
```

这是一种非常直接也非常简单的基本的获取所需数据的方法。如果想更进一步,尝试提取页面上所有博客文章的内容并进行更好的数据清洗,该怎么办?

对于这样的任务,我们使用 BeautifulSoup 库。BeautifulSoup 是用于网页抓取和相关任务的标准库。它提供了一些很好的功能来缓解爬虫的过程。对于现在的任务,首先是抓取索引页面并将 URL 提取到页面上列出的所有博客文章链接。为此,将使用 requests.get()函数来提取内容,然后利用 BeautifulSoup 中的程序从 URL 中获取内容。以下片段运用了 get_post_mapping()函数,该函数可以解析主页内容从而将博客文章标题和相应的 URL 提取到字典中。该函数最终返回一个字典的列表。

```
def get_post_mapping(content):
    """This function extracts blog post title and url from response object

    Args:
        content (request.content): String content returned from requests.get

    Returns:
        list: a list of dictionaries with keys title and url

    """
    post_detail_list = []
    post_soup = BeautifulSoup(content,"lxml")
    h3_content = post_soup.find_all("h3")

    for h3 in h3_content:
        post_detail_list.append(
            {'title':h3.a.get_text(),'url':h3.a.attrs.get('href')}
            )

    return post_detail_list
```

之前的函数我们首先创建一个 BeautifulSoup 对象,指定 lxml 作为其解析器。然后,它使用 h3 标签和基于正则表达式的搜索来提取所需的标签列表（之前通过使用相同的检查元素方法得到了 h3 标签）。接下来的任务仅仅是遍历 h3 标签列表并利用 BeautifulSoup 中的 get_text（）程序函数获取博客文章标题及其相应的 URL。从上述函数返回的列表如下：

```
[{'title': u"Wannacry: Why It's Only the Beginning, and How to Prepare for What Comes Next",
  'url': '/in/blog/all-blog-posts/wannacry-how-to-prepare/12302194'},
 {'title': u'Reusing ngrx/effects in Angular (communicating between reducers)',
  'url': '/in/blog/all-blog-posts/reusing-ngrx-effects-in-angular/12279358'},
 {'title': u'Interview with Tony Smith - Author and SharePoint Expert',
  'url': '/in/blog/all-blog-posts/interview-with-tony-smith-author-and-sharepoint-expert/12271238'},
 {'title': u'Making Sense of Sensors \u2013 Types and Levels of Recognition',
  'url': '/in/blog/all-blog-posts/making-sense-of-sensors/12253808'},
 {'title': u'VS 2017, .NET Core, and JavaScript Frameworks, Oh My!',
  'url': '/in/blog/all-blog-posts/vs-2017-net-core-and-javascript-frameworks-oh-my/12261706'}]
```

现在已经有了这个列表，最后一步来遍历这个 URL 列表并提取每篇博客文章的文本。以下函数展示了与先前使用正则表达式的方法相比，BeautifulSoup 如何简化这个任务。我们识别所需标签的方法保持不变，只是利用了该库强大的功能，来获取没有任何 HTML 标签的文本。

```python
def get_post_content(content):
    """This function extracts blog post content from response object

    Args:
        content (request.content): String content returned from requests.get

    Returns:
        str: blog's content in plain text

    """
    plain_text = ""
    text_soup = BeautifulSoup(content,"lxml")
    para_list = text_soup.find_all("div",
                                    {'class':'cms-richtext'})

    for p in para_list[0]:
        plain_text += p.getText()

    return plain_text
```

以下输出来自其中一篇博客文章的内容。与以前的方法相比，可以注意到这种方法抓取的数据会更加干净。

By Mike HalseyIt was a perfectly ordinary Friday when the Wannacry ransomware struck in May 2017. The malware spread around the world to more than 150 countries in just a matter of a few hours, affecting the National Health Service in the UK, telecoms provider Telefonica in Spain, and many other organisations and businesses in the USA, Canada, China, Japan, Russia, and right across Europe, the Middle-East, and Asia.The malware was reported to have been stolen in an attack on the US National Security Agency (NSA), though the NSA denied this, and exploited vulnerabilities in the Microsoft Windows operating system. Microsoft had been aware of the vulnerabilities since early in the year, and had patched them back in March.

通过这两种方法，可以从自己感兴趣的网站上抓取并提取与博客文章相关的信息。现在鼓励你试用 BeautifulSoup 库中的其他有用功能以及其他网站来进行练习，以便更好地理解。当然，进行练习之前，请阅读 robots.txt 并遵守网站管理员设定的规则。

3.1.5 SQL

数据库可以追溯到 20 世纪 70 年代，它一般代表以关系形式存储的大量数据。每个数据库用表格形式的数据，或者更具体地说，关系数据库是一种在处理不同问题时遇到的另一种结构化数据格式。多年来，已经有各种各样的数据库被人们所使用，其中大多书数据库尊崇着 SQL 标准。

Python 生态系统主要以两种方式来处理数据库的数据。第一种，也是最常用的用来处理数据科学相关问题和相关例子的一种方式是直接使用 SQL 查询语言访问数据。为了使用 SQL 查询语言来访问数据，像 sqlalchemy 和 pyodbc 这样的强大的 Python 库为这种方式提供了便捷的接口用于连接、提取和操作来自各种关系数据库（如 MS SQL Server、MySQL、Oracle 等）的数据。sqlite3 库提供了一个简便的易于使用的界面来处理 SQLite 数据库，同样的，SQLite 数据库中的数据也可以通过之前提到的两个库来进行处理。

与数据库进行交互的第二种方法是对象关系映射器方法，简称 ORM。这种方法与面向对象的数据模型类似，即关系数据按照对象和类来映射。Sqlalchemy 提供了一个以 ORM 方式与数据库进行交互的高级接口。本书将在后面的章节中根据实际案例来进一步探讨这些内容。

3.2 数据描述

在前一节中讨论了各种各样的数据格式和从这些格式中提取信息的方法。每种数据格式都是由不同类型、不同属性的数据点组成。在原始数据形式中，这些数据类型构成了机器学习算法和整个数据科学工作流程中最基本的输入特征。本节将介绍在不同案例情况可能会遇到的主要数据类型。

1. 数字

这是所有可用的数据类型中最简单的一种。它也是大多数算法可以直接使用和理解的数据类型（尽管这并不意味着我们使用原始数字数据）。数字数据表示被观察实体的标量信息，例如，访问网站的次数、产品的价格、人的体重等。数值也是构成向量特征的基础，其中每个维度均由标量值表示。数字数据的规模，范围和分布对算法和或整个工作流程具有潜在的影响。为了处理数字数据，可使用归一化、分块、量化等技术来根据要求转换数字数据。

2. 文本

包含非结构化字母数字内容的数据是最常见的数据类型之一。表示人类语言内容的文本数据包含隐含的语法结构和意思。处理这种数据时，需要付出额外的关心和汗水来对这类数据进行转换与理解。本书将在接下来的章节中介绍如何转换和使用文本数据。

3. 类别

该数据类型位于数字和文本之间。类别变量指的是被观察实体的类别。例如，头发的颜色是黑色、棕色、金色和红色或经济状态为低、中、高。这些值可以用数字或字母数字来描述它们所存在的项目属性。基于某些特征，类别变量可以被看作：

- **名义变量**：这些只定义了数据点的类别，没有任何可能的顺序。例如，头发的颜色可以是黑色、棕色、金色等，但是这些类别不能有任何顺序。
- **序数变量**：这些定义了类别，但也可以根据上下文的规则进行排序。例如，按照低、中或高的经济状况分类的人可以按照相应的顺序明确地进行排序或者是分类。

需要读者们注意的是，标准的数学运算，如加法、减法、乘法等不会对类别变量带来影响，即使这可能是数学运算上上允许的（类别变量以数字表示）。因此，小心处理类别变量非常重要，在下文中将看到几种处理类别变量数据的方法。

不同的数据类型构成了获取用于分析数据的算法的基础特征。在接下来的章节中，特别是第 4 章，将学习更多关于如何使用特定数据类型的知识。

3.3　数据重整

本章到目前为止已经讨论了数据格式和数据类型，并了解了如何从不同信息来源来收集数据的方法。现在已经对数据的收集和数据的理解有了一个初步的概念，按照常规的讲述逻辑，下一个步骤是能够根据当前所学到的知识来实际处理一个案例问题，并运用各种机器学习算法来对数据进行分析。但是在得到一种任何地方都可以用于算法或可视化之前，需要对数据进行处理以及"美化"。

数据重整或数据处理是将数据从一种形式映射到另一种形式的过程，其中的过程包括数据的清洗和数据的处理等，其目的是可将最后处理过的数据用于分析、汇总、报告、可视化等任务当中去。

3.3.1　理解数据

数据重整是整个数据科学工作流程中最重要的步骤之一。此过程的数据输出将会直接影响剩下所有的数据科学工作流程步骤，例如数据的探索、汇总、可视化、分析甚至最终结果。这也就清楚地说明了为什么数据科学家花费大量时间在数据收集和重整上。已经有很多调查结果显示，数据科学家们最终花费了 80% 的时间在数据的处理以及重整上面！

因此，在开始讨论接下来实际案例和机器学习算法的章节之前，必须了解并学习如何将数据进行整理并最终转换为可用的形式。首先，先来介绍一下数据集。为了简单起见，我们准备了一个数据集的示例，这个数据集用来描述特定用户购买产品的交易历史。由于已经讨论了如何收集以及提取数据的方法，因此在这里将跳过这一步。图 3-10 显示了数据集的一部分内容。

> 这个数据集是使用标准 Python 库生成的，这些标准库包括 random、datetime、numpy、pandas 等。此数据集是使用本书在代码存储库中提供的名为 generate_sample_data（）的实用程序函数生成的。数据是随机生成的，仅供参考。

	日期	价格	产品 ID	购买数量	序列号	用户 ID	用户类型
0	NaN	3021.06	417	13	1000	5958	NaN
1	NaN	1822.62	731	1	1001	5351	c
2	2016−07−01	542.36	829	2	1002	5799	a
3	2016−01−20	2323.30	905	0	1003	5480	d
4	2016−01−19	243.43	158	37	1004	5790	a
5	2016−01−16	274.26	754	33	1005	5820	a
6	NaN	5836.68	341	18	1006	5468	c
7	2016−01−19	NaN	819	34	1007	5486	b
8	2016−01−23	1171.88	929	12	1008	5143	a
9	2016−07−01	668.80	718	31	1009	5510	d

图 3-10 数据集示例

这个数据集描述了在交易过程中的如下属性或者特征：

- **日期（Data）**：交易日期。
- **价格（Price）**：购买产品的价格。
- **产品 ID（Product ID）**：产品标识号。
- **购买数量（Quantity Purchased）**：在此次交易中购买的产品数量。
- **序列号（Serial No）**：交易序列号。
- **用户 ID（User ID）**：执行交易的用户的标识号。
- **用户类型（User Type）**：用户的类型。

现在来开始数据整理过程，并同时了解各种清洗、转换、映射数据集以将其转换为可用形式的技巧以及方法。第一步也是最重要的一步通常是记录数据集的行数、列数或者是特征数、特征名称及其数据类型。

对于本节和后续章节的大部分内容，将依赖于 pandas 库及其相关函数来执行所需的任务。以下代码片段提供了数据集行计数、属性计数和其他细节。

```
print("Number of rows::",df.shape[0])
print("Number of columns::",df.shape[1] )

print("Column Names::",df.columns.values.tolist())

print("Column Data Types::\n",df.dtypes)
```

所需信息直接来自 pandas 数据框本身。shape 属性是分别代表行数和列数的二值数组。列名可以通过列属性获得，而 dtypes 属性为我们提供了数据集中每个列的数据类型。以下是这段代码的输出。

```
Number of rows:: 1001
Number of columns:: 7

Column Names:: ['Date', 'Price', 'Product ID', 'Quantity Purchased', 'Serial No', 'User ID',
'User Type']

Column Data Types::
Date                    object
Price                   float64

Product ID                  int32
Quantity Purchased          int32
Serial No                   int32
User ID                     int32
User Type               object
dtype: object
```

    列名已经被清楚地列举出来，并已在前面解释过。在检查数据类型时，可以清楚地看到 Date 属性被表示为一个对象。在进行转换和清洗之前，来进一步深入并收集更多有用的信息，从而更好地了解和制定我们接下来需要如何重整数据集的策略。以下代码片段有助于得到那些属性，包含缺失值、行数以及缺失值的索引。

```
print("Columns with Missing Values::",df.columns[df.isnull().any()].tolist())

print("Number of rows with Missing Values::",len(pd.isnull(df).any(1).nonzero()[0].tolist()))

print("Sample Indices with missing data::",pd.isnull(df).any(1).nonzero()[0].tolist()[0:5] )
```

    使用 pandas，下标可以同时处理行和列（详见第 2 章）。也可以使用 isnull（）来标识包含缺失值的列。同时 any（）和 nonzero（）函数提供了很好的抽象查找，从而从数据框中识别出符合条件的任何行或者列（在这个问题中，符合条件的是具有缺失值的行或列）。输出如下。

```
Columns with Missing Values:: ['Date', 'Price', 'User Type']
Number of rows with Missing Values:: 61
Sample Indices with missing data:: [0L, 1L, 6L, 7L, 10L]
```

    接下来再来做另外一个练习，这次的目标是获取每列的非空行的详细信息以及此数据框所消耗的内存量。我们也得到一些基本的总结统计，如 min，max 等；这些数值在接下来的任务中会有所帮助。对于第一个任务，使用 info（）程序，而摘要统计信息由 describe（）函数提供。下面的代码片段可以完成这个任务。

```
print("General Stats::")
print(df.info())

print("Summary Stats::" )
print(df.describe())
```

    以下是使用 info（）和 describe（）这两个函数生成的输出。它显示 Date 和 Price 都有大约 970 个非空行，而数据集消耗的内存接近 40KB。摘要统计信息的内容不言而喻，并从最后的输出中删除非数字列，如日期和用户类型。

```
General Stats::
<class 'pandas.core.frame.DataFrame'>
RangeIndex: 1001 entries, 0 to 1000
Data columns (total 7 columns):
Date                 970 non-null object
Price                970 non-null float64
Product ID           1001 non-null int32
Quantity Purchased   1001 non-null int32

Serial No            1001 non-null int32
User ID              1001 non-null int32
User Type            1000 non-null object
dtypes: float64(1), int32(4), object(2)
memory usage: 39.2+ KB
None
```

```
Summary Stats::
          Price   Product ID  Quantity Purchased    Serial No       User ID
count   970.000000  1001.000000        1001.000000  1001.000000   1001.000000
mean   1523.906402   600.236763          20.020979  1452.528472   5335.669331
std    1130.331869   308.072110          11.911782   386.505376    994.777199
min       2.830000     0.000000           0.000000    -1.000000   -101.000000
25%     651.622500   342.000000          10.000000  1223.000000   5236.000000
50%    1330.925000   635.000000          20.000000  1480.000000   5496.000000
75%    2203.897500   875.000000          30.000000  1745.000000   5726.000000
max    5840.370000  1099.000000          41.000000  2000.000000   6001.000000
```

3.3.2 过滤数据

现在已经完成了数据集处理的第一个小步骤，并了解了它有什么以及缺少什么。下一个阶段是关于清洗数据集。清洗数据集包括如何删除、处理不准确或缺失的数据，如何处理异常值等。清洗数据集还涉及将属性列名称标准化从而使得其更具有可读性、直观性并更加易于让每个人都可以清楚地明白这个数据集是什么。为了完成这个任务，我们编写了一个小函数，并利用pandas的rename()工具来完成这一步。rename()函数带有一个字典，在这个字典中，其中的键代表旧列名，而新的值则代表新的列名。也可以通过适当地设置inplace参数来决定是要修改现有的数据框还是生成一个新的数据框。以下代码片段展示了这个功能。

```python
def cleanup_column_names(df,rename_dict={},do_inplace=True):
    """This function renames columns of a pandas dataframe
       It converts column names to snake case if rename_dict is not passed.
    Args:
        rename_dict (dict): keys represent old column names and values point to
                            newer ones
        do_inplace (bool): flag to update existing dataframe or return a new one
    Returns:
        pandas dataframe if do_inplace is set to False, None otherwise
```

```
"""
if not rename_dict:
    return df.rename(columns={col: col.lower().replace(' ','_')
                    for col in df.columns.values.tolist()},
                inplace=do_inplace)
else:
    return df.rename(columns=rename_dict,inplace=do_inplace)
```

在数据框中使用这个函数之后，会生成如图 3-11 所示的输出。由于没有传递任何带有新旧列名的字典，函数会将所有列名中的单词通过下划线进行分开，并将所有的大写字母变成小写字母。

	日期	价格	产品ID	购买数量	序列号	用户ID	用户类型
0	NaN	3021.06	417	13	1000	5958	NaN
1	NaN	1822.62	731	1	1001	5351	c
2	2016−07−01	542.36	829	2	1002	5799	a
3	2016−01−20	2323.30	905	0	1003	5480	d
4	2016−01−19	243.43	158	37	1004	5790	a

图 3-11　更名后的数据框

对于不同的算法、分析过程甚至可视化，通常只需要一部分属性来进行运算。借助 pandas，可以以各种方式选择所需要的属性或者是行、列。pandas 提供了不同的方式来适应不同的场景，在下面的代码片段中将会看到。

```
print("Using Column Index::" )
print(df[[3]].values[:, 0] )

print("Using Column Name::" )
print(df.quantity_purchased.values)

print(Using Column Data Type::" )
print(df.select_dtypes(include=['float64']).values[:,0] )
```

在这个片段中，会用三种不同的方法进行属性选择。第一种方法利用列的索引号来获取所需的属性。在这种情况下，我们只想使用 quantity_purchased 这个属性，因此索引号为 3（pandas 列的索引从 0 开始）。第二种方法是直接通过引用点表示法来表示列名称从而来提取我们所需要的属性的数据。虽然第一种方法在循环工作时非常方便，但第二种方法在 Python 中利用面向对象特性时更具可读性和灵活性。然而，有时候需要根据数据类型来获取所需要的属性。第三种方法使用 select_dtypes（）工具来完成这项工作。它会根据数据类型来选择所需要的属性或者剔除所不需要的属性。在这个例子中选择了数据类型为 float 的列（我们数据集中的价格列）。这段代码的输出如下：

```
Using Column Index::
[13  1  2 ...,  2 30 17]

Using Column Name::
[13  1  2 ...,  2 30 17]

Using Column Data Type::
[ 3021.06  1822.62   542.36 ...,  1768.66  1848.5   1712.22]
```

选择特定的属性/列是子集化数据框的方法之一。有时，可能还需要水平分割数据框。如果要使用行的子集，pandas 提供了以下片段来完成这项操作：

```
print("Select Specific row indices::")
print(df.iloc[[10,501,20]] )

print(Excluding Specific Row indices::" )
print(df.drop([0,24,51], axis=0).head())

print("Subsetting based on logical condition(s)::" )
print(df[df.quantity_purchased>25].head())

print("Subsetting based on offset from top (bottom)::" )
print(df[100:].head() #df.tail(-100) )
```

第一种方法基于 iloc（或整数索引、位置）来进行选择，这种方法需要从数据框中指定所需要的索引列表。第二种方法是从数据框本身去除或者过滤特定的行索引。这种方法在需要过滤那些不满足某些选取标准的行的情况下会派上用场。第三种方法是基于条件逻辑的行过滤。最后的方法则是基于数据框顶部的行进行过滤。同样，一个叫作 tail（）的函数也可以通过类似方法来从底部开始进行过滤。上述代码的输出如图 3-12 所示。

基于逻辑条件的子集化：

	日期	价格	产品ID	购买数量	序列号	用户ID	用户类型
4	2016-01-19	243.43	158	37	1004	5790	a
5	2016-01-16	274.26	754	33	1005	5820	a
7	2016-01-19	NaN	819	34	1007	5486	b
9	2016-07-01	668.80	718	31	1009	5510	d
10	NaN	653.34	649	27	1010	5563	d

基于顶部（底部）偏移的子集化：

	日期	价格	产品ID	购买数量	序列号	用户ID	用户类型
100	2016-01-30	1031.37	456	19	1100	5095	d
101	2016-01-17	1860.96	150	27	1101	5492	b
102	2016-01-20	609.15	842	14	1102	5601	d
103	2016-01-20	2572.66	561	21	1103	−101	a
104	NaN	1507.27	595	31	1104	5392	b

图 3-12　行的子集化的不同方式

3.3.3 数据类型转换

  将数据转换为适当的数据类型是整个数据清理和重整的重要部分。通常情况下，数据会在从一种表单提取或转换为另一种形式的时候将数据转换为错误的数据类型。另外不同的平台和系统处理每种数据类型的方式不同，因此获得正确的数据类型就显得非常重要。在开始进行数据重整的时候，我们检查了数据集中所有列的数据类型。如果你还记得，日期列被标记为一个对象。虽然如果不打算使用日期进行数据处理与分析，这个可能不是问题，但在需要日期和相关属性的情况下，将它们作为对象或者字符串来进行处理时可能会造成问题。而且，如果日期操作以字符串形式提供，对于一些基本操作则会很难处理。为了修改数据框，使用 pandas 的 to_datetime（ ）函数。这是一个非常灵活的实用程序，它允许设置不同的属性，如日期时间格式和时区等。由于在例子中，属性只涉及日期，所以按照默认值使用该函数。

```
df['date'] = pd.to_datetime(df.date)
print(df.dtypes)
```

  同样，我们可以使用 to_numeric（ ）将标记为字符串的数字列与相对应的 Python 样式类型转换一起转换。现在检查数据类型后，我们可以清楚地看到 date 列的数据类型已经成功转换成了正确的 datetime64。

```
date                     datetime64[ns]
price                           float64
product_id                        int32
quantity_purchased                int32
serial_no                         int32
user_id                           int32
user_type                        object
dtype: object
```

3.3.4 数据变形

  在数据重整中的另一个常见任务是根据案例或数据本身的需求，通过转换现有列中的数据或者根据已有的属性来派生出所需的新属性。为了派生或转换，pandas 提供了 3 种不同的工具：apply（ ）、applymap（ ）和 map（ ）。apply（ ）函数会根据轴（默认情况下是位于所有行上）上的整个对象执行操作。applymap（ ）和 map（ ）函数与来自 pandas.Series 层次结构中的 map（ ）一起工作。

  为了更好地理解这 3 个实用程序，举一个小例子来进行联系，在这个例子中，会推导一些新的属性。首先，使用 map（ ）函数展开 user_type 属性。这里编写一个小函数来将每个不同的 user_type 代码映射到它们相应的用户类中，如下所示。

```
def expand_user_type(u_type):
    if u_type in ['a','b']:
        return 'new'
    elif u_type == 'c':
        return 'existing'
```

```
        elif u_type == 'd':
            return 'loyal_existing'
        else:
            return 'error'

df['user_class'] = df['user_type'].map(expand_user_type)
```

用同样的方式，使用 applymap（）函数来执行另一个基于元素的操作，就是从 date 属性中获取发生交易的周数。对于这种情况，使用 lambda 函数快速完成工作。有关 lambda 函数的更多详细信息，请参阅前面的章节。以下片段提供了每笔交易发生在哪一周。

```
df['purchase_week'] = df[['date']].applymap(lambda dt:dt.week
                                   if not pd.isnull(dt.week)
                                   else 0)
```

图 3-13 展示了数据框中新增加的两个附加属性 user_class（用户类）和 purchase_week（购买周数）。

	日期	价格	产品ID	购买数量	序列号	用户ID	用户类型	用户等级	购买周数
0	NaT	1075.89	1023	14	1000	5067	NaN	错误	0
1	2016-01-18	158.82	503	33	1001	5654	a	新用户	3
2	2016-10-01	587.60	0	32	1002	5554	d	忠实的原有用户	39
3	2016-01-31	21.58	831	40	1003	5951	d	忠实的原有用户	4
4	NaT	1630.22	245	35	1004	5755	d	忠实的原有用户	0

图 3-13　带有使用 map 和 applymap 函数的派生属性的数据框

现在来使用 apply（）函数对整个数据框这个对象本身来执行操作。以下片段使用 apply（）函数为所有数字类型的属性来获取数值范围（从最大值到最小值）。下面使用前面讨论过的 select_dtypes 和 lambda 函数来完成任务。

```
df.select_dtypes(include=[np.number]).apply(lambda x: x.max()- x.min())
```

这行代码的输出是一个 pandas.Series 对象，用于展示每个数字列的范围值。

```
price              5837.54
product_id         1099.00
quantity_purchased   41.00
serial_no          2001.00
user_id            6102.00
purchase_week        53.00
```

3.3.5　填充缺失值

在处理机器学习和数据科学相关案例时，缺失值可能会导致各种问题。它们不仅会导致算法出现问题，而且可能会影响计算甚至是最终结果。缺失值也会导致运用一种不正确的方式解释案例风险，从而导致混淆和更多错误。因此，在整个数据重整过程中，盲目地填充缺失值会带来很大的影响。

处理缺失值的最简单方法之一是忽略或从数据集中完全删除它们。当数据集相当大，并且我们有足够多的各种类型的样本时，可以安全地执行此选项。在下面的代码片段中使用 pandas 的 dropna（）函数来删除交易日期丢失的数据行。

```
print("Drop Rows with missing dates::" )
df_dropped = df.dropna(subset=['date'])
print("Shape::",df_dropped.shape)
```

结果是一个没有任何缺失日期的行的数据框。输出数据框如图 3-14 所示。

```
Drop Rows with missing dates::
Shape:: (970, 9)
```

	日期	价格	产品ID	购买数量	序列号	用户ID	用户类型	用户等级	购买周数
1	2016-01-18	158.82	503	33	1001	5654	a	新用户	3
2	2016-10-01	587.60	0	32	1002	5554	d	忠实的原有用户	39
3	2016-01-31	21.58	831	40	1003	5951	d	忠实的原有用户	4
6	2016-05-02	245.64	461	12	1006	5065	a	新用户	18
11	2016-01-02	1762.14	345	37	1011	5972	a	新用户	53

图 3-14　没有任何缺失日期信息的数据框

通常删除行是代价非常高且不可行的选项。在很多情况下，会使用数据框中其他值的帮助来估算缺失值。一种常用的技巧是用中心倾向度量数值来替代缺失值，例如平均值或中位数。当然，也可以选择其他复杂的度量统计方法来代替缺失值。在数据集中，价格列似乎有一些缺失的数据。我们利用 pandas 的 fillna（）方法来填充这些数值，在这里会运用数据框的平均价格值来填充缺失值。

同样的，我们使用 ffill（）和 bfill（）函数来为 user_type 属性设置缺失值。因为 user_type 是一个字符串类型，所以在这种情况下使用基于接近度的解决方案来处理缺失的值。ffill（）函数是将前一行的数据复制下来进行填充（前向填充），bfill（）函数是将后一行的数据复制下来进行填充（后向填充）。以下片段展示了这 3 个功能。

```
print("Fill Missing Price values with mean price::" )
df_dropped['price'].fillna(value=np.round(df.price.mean(),decimals=2),
                           inplace=True)

print("Fill Missing user_type values with value from \
        previous row (forward fill) ::" )
df_dropped['user_type'].fillna(method='ffill',inplace=True)

print("Fill Missing user_type values with value from \
      next row (backward fill) ::" )
df_dropped['user_type'].fillna(method='bfill',inplace=True)
```

除了这些方法之外，在某些特定的情况下，如果某条记录的属性值缺失数量超过某个阈值，那么这条记录就没有多大用处了。例如，如果在数据集中交易记录的非空属性少于 3 个，则该交易记录可能几乎不可用。在这种情况下，最好删除该数据点本身。我们可以通过在函数 dropna（）中设置参数 thresh 为非空属性阈值数目，从而来过滤掉这些数据点。更多详细信息可在官方页面上找到。

3.3.6　处理重复数据

许多数据集中可能存在的另一个问题是重复数据。尽管数据很重要，而且越来越重要，但重复数据本身并没有为数据增加太多价值。更重要的是，重复数据可帮助识别录制或者收集数据本身时可能出现的错误。为了识别重复项，有一个名为 duplicated（）的函数，这个函数可以应用于整个数据框及其子集。我们可以通过使用 duplicated（）函数来处理重复项，尽管也可能选择完全删除重复的数据点。要删除重复项，可以使用方法 drop_duplicates（）。以下代码片段展示了这里讨论的两个功能。

```
df_dropped[df_dropped.duplicated(subset=['serial_no'])]
```

```
df_dropped.drop_duplicates(subset=['serial_no'],inplace=True)
```

图 3-15 描述了在 serial_no 这个属性中具有重复项的输出。上一段代码中的第二行简单地删除了这些重复项。

	日期	价格	产品ID	购买数量	序列号	用户ID	用户类型	用户等级	购买周数
41	2016-08-01	2774.02	388	40	-1	5848	a	新用户	31
60	2016-12-01	1202.85	728	17	-1	5594	a	新用户	48
102	2016-01-16	173.71	725	1	-1	5494	c	现有用户	2
107	2016-01-25	1618.98	540	32	-1	6000	a	新用户	4
118	2016-01-16	1291.09	742	35	-1	5130	a	新用户	2

图 3-15　具有重复 serial_no 值的数据框

3.3.7　处理类别数据

正如"数据描述"部分所讨论的那样，类别属性可以由有限数量值的数据而组成（但并非总是如此）。在数据集中，属性 user_type 是一个类别变量，它仅仅可以从允许的集合 {a，b，c，d} 中获取有限数量的值。在接下来的章节中将要学习和使用的算法主要处理数值数据，而对于类别变量则可能会带来一些问题。借助 pandas，可以通过几种不同的方法处理类别变量。第一个是使用 map（）函数，只需将可允许集合中的每个值映射到相对应的数值即可。虽然这种方式十分简便而且行之有效，但应谨慎处理此方法。例如，加法、平均值等统计操作虽然在数学上行之有效，但是在某些显而易见的情况下，应该避免使用（在接下来的章节中会详细介绍这一点）。第二种方法是使用 get_dummies（）函数将类别变量转换为指示符变量。该函数只是一个包装器，它用于为变量生成一个独热编码。一个独热编码和其他编码一样，可以使用像 sklearn 这样的库来处理（在接下来的章节中会看到更多的例子）。

以下片段展示了使用了前面讨论的 map（）和 get_dummies（）两种方法。

```
# 使用 map 去虚拟编码
type_map={'a':0,'b':1,'c':2,'d':3,np.NAN:-1}
df['encoded_user_type'] = df.user_type.map(type_map)
print(df.head())

# 使用 get_dummies 进行独热编码
print(pd.get_dummies(df,columns=['user_type']).head())
```

输出如图 3-16 和图 3-17 所示。图 3-16 显示了虚拟编码的输出。使用 map()方法，会检查特征值的数量，但在使用的过程中，必须注意本节中提到的注意事项。

	日期	价格	产品ID	购买数量	序列号	用户ID	用户类型	用户等级	购买周数	编码的用户类型
0	NaT	1075.89	1023	14	1000	5067	NaN	错误	0	-1
1	2016-01-18	158.82	503	33	1001	5654	a	新用户	3	0
2	2016-10-01	587.60	0	32	1002	5554	d	忠实的原有用户	39	3
3	2016-01-31	21.58	831	40	1003	5951	d	忠实的原有用户	4	3
4	NaT	1630.22	245	35	1004	5755	d	忠实的原有用户	0	3

图 3-16　含有虚拟编码的 user_type 属性的数据框

第二张图片（见图 3-17）展示了一个独热编码 user_type 属性的输出。本书将在第 4 章详细讨论与介绍如何对数据框中的特征进行处理。

用户ID	用户等级	购买周数	user_type_a	user_type_b	user_type_c	user_type_d
5067	错误	0	0.0	0.0	0.0	0.0
5654	新用户	3	1.0	0.0	0.0	0.0
5554	忠实的原有用户	39	0.0	0.0	0.0	1.0
5951	忠实的原有用户	4	0.0	0.0	0.0	1.0
5755	忠实的原有用户	0	0.0	0.0	0.0	1.0

图 3-17　带有独热编码的 user_type 属性的数据框

3.3.8　数值标准化

属性的标准化是标准化属性值范围的过程之一。在许多情况下，机器学习算法可能会使用不同的尺度、范围、距离的单位、属性或特征，而这些不同则会产生对结果不利的影响或偏差。标准化也称为特征归一化。在数学中，有多种归一化特征的方法，其中一些是对数据重新缩放、标准化（或零均值单位方差）、单位缩放等。现在可以根据手头的特征、算法和案例的情况来选择合适的标准化技术。我们在处理实际案例时会更加清楚。本书还将在第 4 章中详细介绍特征缩放策略。以下代码片段展示了使用 sklearn 的预处理模块提供的 min-max 缩放器的一个快速示例，该模块将属性重新调整到所需要的给定范围之内。

```
df_normalized = df.dropna().copy()
min_max_scaler = preprocessing.MinMaxScaler()
np_scaled = min_max_scaler.fit_transform(df_normalized['price'].reshape(-1,1))
df_normalized['normalized_price'] = np_scaled.reshape(-1,1)
```

图 3-18 显示了之前未缩放的价格和已缩放
到 [0，1] 范围的标准化价格。

3.3.9 字符串操作

原始数据在可用于分析之前会出现各种复
杂的问题。字符串是另一类运用机器学习算法
对其进行分析之前需要特别关注和处理的原始
数据。正如讨论类别数据的重整方法时提到的
那样，如果在算法中直接使用字符串数据会出
现许多限制和问题。

字符串数据一般代表人类的自然语言，但

	价格	标准化价格
2	1312.22	0.217750
5	706.62	0.116814
7	760.75	0.125835
9	2445.60	0.406652
10	1862.96	0.309543

图 3-18　价格的原始值和标准化值

是这类数据通常非常杂乱，并且需要其自己的一套步骤来进行重整。虽然这些步骤中的大
多数都是依赖于案例的，但在此却值得一提（下面将在实际案例中详细介绍这些内容，以
便更好地理解）。字符串数据通常会经历诸如以下的重整步骤：

- **分词化**：将字符串数据分割为小的组成单位。例如，将句子分成单词或将单词分为。
- **词干化和词形化**：这些是将词汇带入其根源或规范形式的标准化方法。词干化是用
一种启发式的过程来找出词根，而词形化是利用语法和词汇规则来导出词根。
- **删除停用词**：文本包含高频出现的单词，但不会传达很多信息（标点符号、连词等）。
这些单词或者短语通常会被删除从而减少数据的维度和杂质。

除了前面提到的 3 个常用步骤外，还有其他操作，如 POS 标记、模糊化、分词索引等。
这些都是根据手头的数据和具体的问题陈述进行必要调整和选择的。在接下来的章节中请
继续关注这些细节。

3.4　数据汇总

数据汇总是指将原始数据通过一些统计或者数学的方式紧凑地放在一起进行呈现的过
程。这个过程涉及使用不同的统计、数学和其他方法来汇总数据。数据汇总有助于可视化、
压缩原始数据并更好地理解其特征变量。

pandas 库提供了各种强大的数据汇总技术以适应不同的需求。在这里会介绍其中的几
个。最常用的汇总形式是基于特定的条件或属性从而对数值进行分组。以下片段说明了一
种这样的数据汇总方式。

```
print(df['price'][df['user_type']=='a'].mean())
print(df['purchase_week'].value_counts())
```

第一个语句通过 user_type 计算所有交易的平均价格，而第二个语句计算每周交易的数量。虽然这些计算很有帮助，但根据属性对数据进行分组有助于我们更好地理解它。group-by（）函数帮助我们执行了相同的操作，如以下代码片段所示。

```
print(df.groupby(['user_class'])['quantity_purchased'].sum())
```

该语句生成一个表格输出，表示每个 user_class 购买的数量总和。产生的输出如下：

```
user_class
existing            4830
loyal_existing      5515
new                 10100
Name: quantity_purchased, dtype: int32
```

groupby（）函数是一个功能强大的函数，它允许执行复杂的分组和聚合。在前面的例子中，只对一个属性进行了分组，并执行单个聚合（即 sum）。使用 groupby（），可以执行多属性分组并跨属性应用多个聚合。以下代码片段展示了 3 种使用 groupby（）用法的情况及其相应输出。

```
# variant-1: 单个属性上的多重聚合
df.groupby(['user_class'])['quantity_purchased'].agg([np.sum, np.mean,
                                                       np.count_nonzero])

# variant-2: 每个属性的不同聚合函数
df.groupby(['user_class','user_type']).agg({'price':np.mean,
                                            'quantity_purchased':np.max})

# variant-3
df.groupby(['user_class','user_type']).agg({'price':{'total_price':np.sum,
                                            'mean_price':np.mean,
                                            'variance_price':np.std,
                                            'count':np.count_nonzero},
                                            'quantity_purchased':np.sum})
```

3 种不同的使用方法可以解释如下。

variant1：在这里，首先，我们对 user_class 分组，然后对购买的数量应用了 3 不同的聚合（见图 3-19）。

	总和	平均值	计数非零
用户等级			
现有用户	4830	20.466102	236
忠实的原有用户	5515	20.811321	265
新用户	10100	21.581197	468

图 3-19　groupby 函数在单个属性上的多重聚合

variant2：在这里，对两个不同的属性应用不同的聚合函数。agg（）函数将一个字典作为输入，在这个字典中其键的输入为属性，值的输入为聚合函数（见图 3-20）。

		价格	购买数量
用户等级	用户类型		
现有用户	c	2242.485042	41
忠实的原有用户	d	2277.297887	41
新用户	a	2246.811982	41
	b	2292.995104	41

图 3-20　groupby 具有不同属性的聚合函数

variant3：在这里，进行 variant 1 和 2 的组合，即在价格字段上应用多个汇总，而在 quantity_purchased 上仅应用一个汇总。再次传递一个字典，如片段所示。输出如图 3-21 所示。

		价格				购买数量
		计数	总价	平均价格	差异价格	总和
用户等级	用户类型					
现有用户	a	236.0	529226.47	2242.485042	1458.283022	4830
忠实的原有用户	d	265.0	603483.94	2277.297887	1565.646118	5515
新用户	a	227.0	510026.32	2246.811982	1538.380005	4891
	b	241.0	552611.82	2292.995104	1563.058020	5209

图 3-21　groupby 更复杂的操作

除了基于 groupby（）的汇总函数之外，其他函数 [如 pivot（）、pivot_table（）、stack（）、unstack（）、crosstab（）和 melt（）] 还可重新生成所需要的 pandas 数据框。作为 pandas 文档的一部分，在 https://pandas.pydata.org/pandas-docs/stable/reshaping.html 上可以找到这些函数的使用方法和使用案例的完整描述。我们鼓励通过相同的方式来对这些函数进行学习。

3.5　数据可视化

数据科学是一种以数据为主要特征的学科。作为数据科学从业人员，我们使用大量数据进行日常处理、重整和分析各种实际案例。用图表、图形、地图等视觉方面的内容来增强这种叙述方式不仅有助于提高对数据的理解（反过来对解决案例的实际问题也有帮助），而且还提供了发现隐藏和潜在信息的机会。

因此，数据可视化是一种以图表、图片等形式直观地表示信息的过程，以更好地和全面地理解数据为目的的操作。

在提到普遍一致地理解这个问题时，会指出人类语言中存在的一个非常普遍的问题。人类语言本质上是复杂的，并且取决于作者的写作意图和技巧，所以会导致观众可能以不同的方式来理解书面信息（导致各种问题）。因此，以可视化的方式呈现数据为我们提供了一致的语言来呈现和理解信息（尽管这也不是没有误解，但它提供了一定的一致性）。

在本节中，先利用 pandas 库中的一些函数功能，通过不同的可视化方法直观地理解数据。然后我们将从 matplotlib 的角度介绍可视化。

 数据可视化本身是一个在跨越多领域的基础上，如何更好地使用和进一步深入研究的领域。本章仅介绍几个课题，这绝不是关于数据可视化全面而详细的指南。尽管这一章和未来章节中涉及的课题应该足以完成与可视化相关的大多数常见任务，但是仍然欢迎有兴趣的读者可以进一步探讨。

3.5.1 Pandas 可视化

数据可视化是一个多元化的领域，也是一门科学。尽管可视化类型的选择高度依赖于数据及观众喜好等，但我们将继续使用前一节中的产品交易数据集来理解和可视化。

下面先来简单回顾一下，手头的数据集由某些用户购买产品的记录组成。每笔交易都有以下属性。

- **日期**：交易日期。
- **价格**：购买产品的价格。
- **产品** ID：产品标识号。
- **购买数量**：在此次交易中购买的产品数量。
- **序列号**：交易序列号。
- **用户** ID：执行交易的用户的标识号。
- **用户类型**：用户的类型。

对数据集的处理方式包括清理列名，将属性转换为正确的数据类型，然后派生 user_class 和 purchase_week 的其他属性，如前一节所述。

pandas 是一个非常受欢迎和强大的库，在本章中已经看到了这些例子。可视化是 pandas 另一个十分重要和广泛使用的特征。它通过 plot 界面公开其可视化功能，并严格遵循 matplotlib 风格的可视化语法。

1. 折线图

从首先查看具有最大交易次数的用户的购买模式（我们将其留作练习以识别这样的用户）。趋势最好使用折线图进行可视化。只需在必填字段中对数据集进行子集化，plot（）接口默认情况下会绘制折线图。以下片段显示了给定用户的购买价格趋势。

```
df[df.user_id == max_user_id][['price']].plot(style='blue')
plt.title('Price Trends for Particular User')
```

plt 别名为 matplotlib.pyplot。在下一节将讨论这个问题，现在假设需要对 pandas 生成的图形附加一些内容。在这种情况下，使用它来为我们的情节添加标题。生成的图如图 3-22 所示。

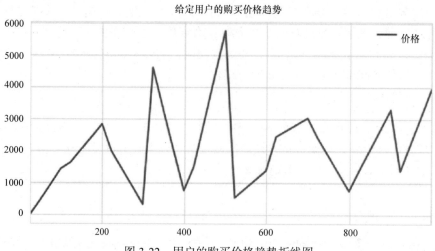

图 3-22　用户的购买价格趋势折线图

　　虽然可以直观地看到该用户不同的交易价格，但这并没有多大帮助。现在来再次使用折线图来了解他 / 她随着时间变化的购买趋势（记住在数据集中我们有可用的交易日期）。为了使用相同的绘图界面，必须将数据框分为两个必需的属性。以下代码片段概述了该过程。

```
df[df.user_id == max_user_id].plot(x='date',y='price',style='blue')
plt.title('Price Trends for Particular User Over Time')
```

　　这一次，因为有两个属性，所以告知 pandas 使用日期作为 x 轴，价格作为 y 轴。绘图界面使用 élan 处理日期时间数据类型，如图 3-23 所示。

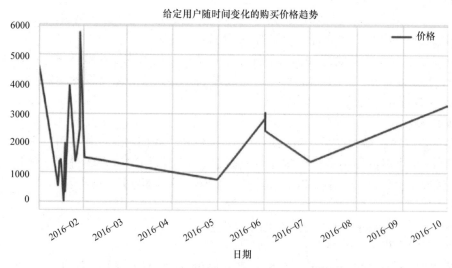

图 3-23　给定用户随时间变化的购买价格趋势

　　这次的可视化图显然帮助我们看到了这个用户的购买模式。虽然可以从这个可视化图中深入讨论洞察力，但是快速的推断却依然清晰可见。折线图显示，用户似乎在今年年初购买了高价值商品，随着时间的推进呈下降趋势。此外，今年年初的交易数量与其他年份相比更加接近。也可以将这些细节与更多数据关联起来，以识别用户购买模式和行为。在接下来的章节中将介绍更多这些方面的内容。

2. 条形图

查看特定用户的购买趋势后，来看一下我们的数据集。由于已经有一个名为 purchase_week 的派生属性，用它来汇总用户随着时间变化购买的数量。我们首先使用 groupby（）函数在周级别聚合数据，然后聚合属性 quantity_purchased。最后一步是在条形图上绘制聚合图。以下片段有助于绘制这些信息。

```
df[['purchase_week',
        'quantity_purchased']].groupby('purchase_week').sum().plot.barh(
                                                    color='orange')
plt.title('Quantities Purchased per Week')
```

这里使用 barh（）函数来准备一个水平条形图。就其表示信息的方式而言，它与标准的 bar（）图相似。区别在于条形图的方向。图 3-24 显示了生成的输出。

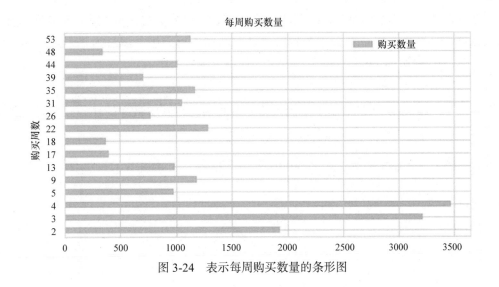

图 3-24　表示每周购买数量的条形图

3. 直方图

探索性数据分析（EDA）最重要的方面之一是了解给定数据集的各种数字属性的分布。可视化分布的最简单和最常见的方式是通过直方图。下面绘制了在数据集中购买的产品的价格分布，如下面的代码片段所示。

```
df.price.hist(color='green')
plt.title('Price Distribution')
```

这里使用 hist（）函数在代码中绘制价格分布图，输出如图 3-25 所示。

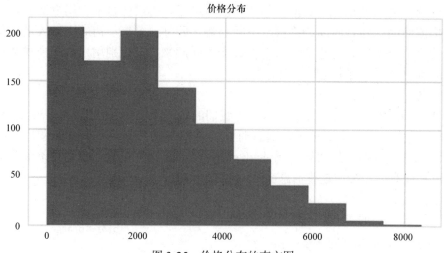

图 3-25　价格分布的直方图

图 3-25 中清楚地显示了偏斜和尾部分布。这些信息在运用这些属性在机器学习算法时会非常有用。当处理实际案例时，将会从中发现更多隐藏的内容。

现在可以进一步尝试以基于周将价格分布可视化。我们通过改变 hist（ ）函数中的参数来完成此操作。这个参数帮助根据提到的属性对数据进行分组，然后为每个这样的分组生成一个子图。在案例中，我们按购买周分组，如以下片段所示。

```
df[['price','purchase_week']].hist(by='purchase_week' ,sharex=True)
```

图 3-26 所示的输出结果显示了每周价格的分布情况，其中最高的长条以不同的灰度清晰标记。

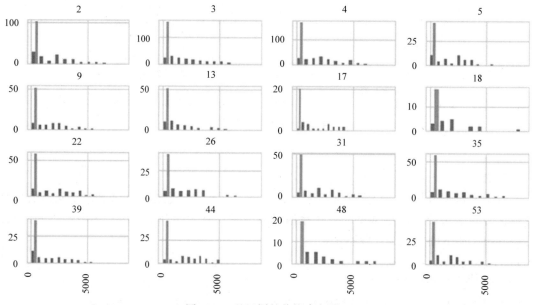

图 3-26　基于周的价格直方图

4. 饼图

理解数据或洞察信息时最常见的问题之一是了解哪种类型的贡献最大。为了可视化百分比分布，最好利用饼图。对于我们的数据集，以下代码片段可帮助我们可视化每种用户类型分别购买了多少。

```
class_series = df.groupby('user_class').size()
class_series.name = 'User Class Distribution'
class_series.plot.pie(autopct='%.2f')
plt.title('User Class Share')
plt.show()
```

前面的代码片段使用 groupby（）来提取表示每个 user_class 级别中的交易次数，然后使用 pie（）函数来绘制百分比分布，使用 autopct 参数来为每个 use_class 的实际百分比贡献注释图。图 3-27 为输出饼图。

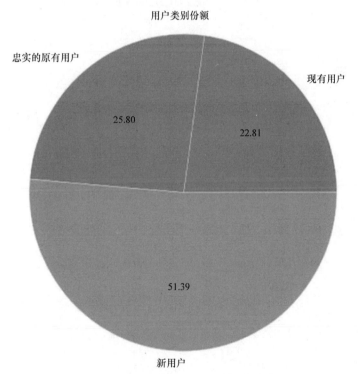

图 3-27　用户类别交易分布的饼图

图 3-27 中清楚地指出，新用户占总交易份额的 50% 以上，而现有用户和忠实的原有用户则占用其他的份额。特别是当你有超过 3 个或 4 个类别时，这里不建议使用饼图，而改用条形图。

5. 箱形图

箱形图是帮助了解数值数据的四分位数分布的重要可视化图。箱形图或盒图是一种简明的表示形式，可以帮助理解数据中不同的四分位数、偏度、离散度和异常值。

下面将使用箱形图查看属性 quantity_purchased 和 purchase_week 的具体细节。以下片段完成了这些。

```
df[['quantity_purchased','purchase_week']].plot.box()
plt.title('Quantity and Week value distribution')
```

现在，来看看生成的图（见图 3-28）。箱子的底部边缘标志着第一个四分位数，而最高的一个标志着第三个。箱子中间的线表示第二个四分位数或中位数。从箱子延伸出来的顶部和底部晶须标记值的范围。异常值被标记在晶须边界之外。在例子中，对于购买的数量，中位数相当接近箱子的中间位置，而购买周数则位于底部（明确指出数据的偏斜）。我们鼓励在 http://www.physics.csbsju.edu/stats/box2.html 和 http://www.stat.yale.edu/ Courses/1997-98/101/boxplot.htm 阅读更多关于箱形图的介绍以及知识。

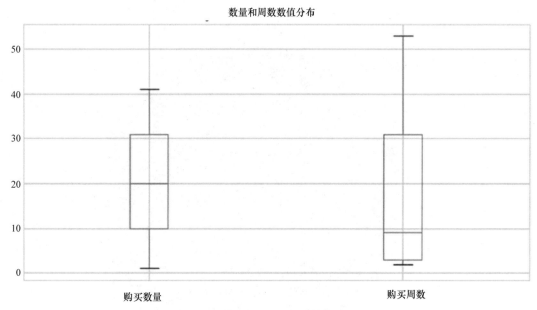

图 3-28　使用 pandas 生成的箱形图

6. 散点图

散点图是通常用于识别属性之间相关性的另一类可视化方法。像迄今为止所看到的大多数可视化一样，散点图也可以通过 pandas 中的 plot（）函数获得。

为了理解散点图，首先需要执行几个数据重整步骤来将数据转换为所需的格式。首先使用伪编码方法（如前一节中讨论的）运用 map（）函数对 user_class 进行编码，然后使用 groupby（）获取每个 user_class 级别每周的平均购买价格和交易数量。以下代码片段可以帮助获得最后的数据框。

```
uclass_map = {'new': 1, 'existing': 2, 'loyal_existing': 3,'error':0}
df['enc_uclass'] = df.user_class.map(uclass_map)
```

```
bubble_df = df[['enc_uclass',
                'purchase_week',
                'price','product_id']].groupby(['purchase_week',
                                                enc_uclass']).agg(
                                                    {'price':'mean',
                                                     'product_id':'count'}
                                                    ).reset_index()
```

```
bubble_df.rename(columns={'product_id':'total_transactions'},inplace=True)
```

图 3-29 显示了结果数据框。现在，来使用散点图可视化这些数据。以下片段完成了这项工作。

	购买周数	用户级编码	价格	总交易数目
0	2	1	2380.846349	63
1	2	2	1984.570645	31
2	2	3	2167.079286	28
3	3	1	2620.948333	84
4	3	2	2757.447632	38
5	3	3	2394.359250	40
6	4	1	2347.251364	88
7	4	2	2315.305185	27
8	4	3	2322.400213	47
9	5	1	2384.101333	30

图 3-29　每周每个 user_class 级别的数据框汇总

```
bubble_df.plot.scatter(x='purchase_week',
                       y='price')
plt.title('Purchase Week Vs Price ')
plt.show()
```

以上代码产生了图 3-30 所示的图表，显示了几周内数据随机地分布在图表中，但是在图的左上角，平均价格有一些轻微集中。

散点图还提供了比基本维度下更多的可视化功能。我们可以使用颜色和大小绘制第三个和第四个维度。下面的代码片段可以帮助理解利用颜色表示 user_class，而散点的大小表示交易的数量的图像。

```
bubble_df.plot.scatter(x='purchase_week',
                       y='price',
                       c=bubble_df['enc_uclass'],
                       s=bubble_df['total_transactions']*10)
plt.title('Purchase Week Vs Price Per User Class Based on Tx')
```

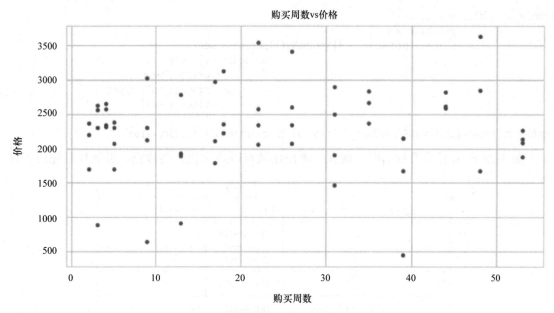

图 3-30　显示购买周数和价格之间关系的散点图

在参数设置中，c 代表颜色，s 代表散点的大小。这些图也被称为气泡图。生成的输出如图 3-31 所示

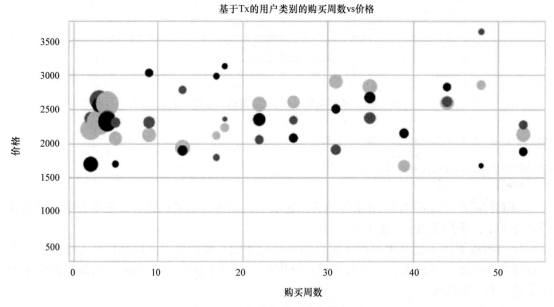

图 3-31　多维数据可视化散点图

本节利用 pandas 绘制了各种可视化图。这些是一些最广泛使用的可视化方法，pandas 由于具有很好的灵活性，所以还可以制作出更多其他种类的可视化图。此外，还有一个有关 pandas 的可视化的扩展列表，里面包含了所有 pandas 可以绘制出来的可视化图的种类。

完整的信息可在 pandas 的官方文档中找到。

3.5.2　Matplotlib 可视化

matplotlib 是一个流行的绘图库。它提供了接口和实用程序来生成可供发布的可视化图。从 2003 年的第一个版本到今天，matplotlib 正在由其社区中活跃的开发者们不断完善。它也构成了许多其他绘图库的基础。正如前一节所讨论的，pandas 与 SciPy（另一个流行的科学计算 Python 库）一起为 matplotlib 实现了封装，以便于可视化数据。

matplotlib 提供了两个主要模块，pylab 和 pyplot。在这一节中只专注于 pyplot 模块（这里并不鼓励大家去使用 pylab）。pyplot 接口是一个面向对象的接口，这有利于实例化，而不是像 pylab 的隐藏实例。

在上一节中简要介绍了不同的可视化方法，并看到了一些调整它们的方法。由于 pandas 可视化来自 matplotlib 本身，因此我们将涵盖 matplotlib 的其他概念和功能。这将使你不仅可以轻松使用 matplotlib，还可以提供一些技巧来改进使用 pandas 生成的可视化图的效果。

1. 图形和子图

首先要了解的是，任何 matplotlib 样式可视化的基础都以图形和子图作为对象而进行编辑。图形模块帮助 matplotlib 生成绘图窗口对象及其相关图像元素。简而言之，它是所有可视化组件的顶级容器。在 matplotlib 语法中，图形是最上面的容器，在每一个图中，都可以灵活地显示多个图。因此，子图是高层图形容器内的图。

接下来先来尝试一个简单的例子并导入这个例子中所需的数据。然后，将以这个例子为基础，更好地理解图形和子图的概念。以下片段导入了 matplotlib 的 pyplot 模块并使用 numpy 绘制简单的正弦曲线以生成 x 和 y 值。

```
import numpy as np
import matplotlib.pyplot as plt

# sample plot
x = np.linspace(-10, 10, 50)
y=np.sin(x)

plt.plot(x,y)
plt.title('Sine Curve using matplotlib')
plt.xlabel('x-axis')
plt.ylabel('y-axis')
```

pyplot 模块中可以通过诸如 plot（）的方法来实现可视化。在这个例子中，通过 plt.plot（x，y），matplotlib 在后台工作，生成图形和轴对象，如图 3-32 所示。为了完整起见，plt.title（）、plt.xlabel（）等语句分别提供了设置图形标题和轴标签的方法。

现在已经完成了一个样例图，下面来看看不同的对象在 matplotlib 中的交互方式。如前所述，图形对象是所有元素的最顶层容器。在复杂化之前，首先绘制不同的图形，即每个图形只包含一个图。以下片段使用 numpy 和 matplotlib 在两个不同的图中绘制正弦和余弦曲线。

```
# 第1张图
plt.figure(1)
plt.plot(x,y)
plt.title('Fig1: Sine Curve')
plt.xlabel('x-axis')
plt.ylabel('y-axis')

# 第2张图
plt.figure(2)
y=np.cos(x)
plt.plot(x,y)
plt.title('Fig2: Cosine Curve')
plt.xlabel('x-axis')
plt.ylabel('y-axis')
```

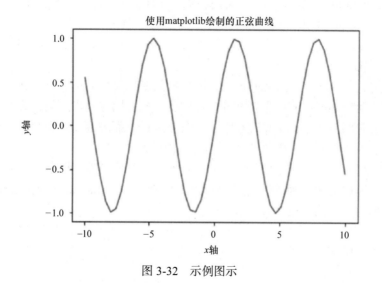

图 3-32　示例图示

　　语句 plt.figure（）创建了一个类型为 Figure 的实例。作为参数传入的数字是数字标识符，这在同一个案例中存在多个相同数字的情况下会很有帮助。其余的语句与样例图相似，pyplot 始终指向当前的图形对象。请注意，在新图像实例化的那一刻，pyplot 引用新创建的对象，除非另有指定。生成的输出如图 3-33 所示。

　　这里绘制多个图形从而可以告诉读者案例中的数据形式。然而，有些情况下需要在一幅图中出现多个图形或者曲线。这就是所说的子图的概念。子图将图形划分为指定行和列的网格，并提供与绘图元素交互的接口。子图可以使用几种不同的方式生成，它们的使用取决于个人偏好和案例需求。从最直观的一个开始，即 add_subplot（）方法。该方法通过图形对象本身进行显示，其参数有助于定义网格布局和其他属性。以下代码片段在图中生成 4 个子图。

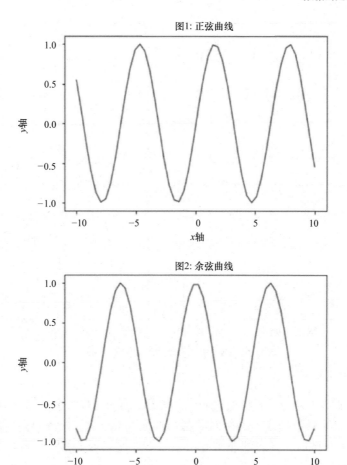

图 3-33　使用 matplotlib 绘制的多图形

```
y = np.sin(x)
figure_obj = plt.figure(figsize=(8, 6))
ax1 = figure_obj.add_subplot(2,2,1)
ax1.plot(x,y)

ax2 = figure_obj.add_subplot(2,2,2)
ax3 = figure_obj.add_subplot(2,2,3)
ax4 = figure_obj.add_subplot(2,2,4)
ax4.plot(x+10,y)
```

　　这个片段首先使用 plt.figure（）定义一个图形对象。然后可得到一个轴对象，使用语句 figure_obj.add_subplot（2,2,1）生成第一个子图。这个陈述实际上是将这个图形分成两行和两列。最后一个参数（值为 1）指向此网格中的第一个子图。片段只是绘制左上角子图中的正弦曲线（标识为 2,2,1），另一个正弦曲线在第四个子图（标识为 2,2,4）中在 x 轴上移动 10 个单位得到。生成的输出如图 3-34 所示。

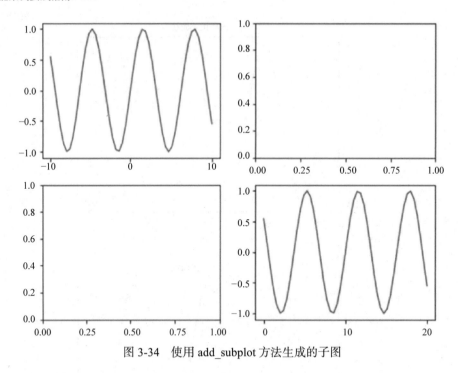

图 3-34　使用 add_subplot 方法生成的子图

　　第二种产生子图的方法是直接通过 pyplot 模块。pyplot 模块公开了一种方法 subplots（），它返回图形对象和轴对象列表，每个对象都指向 subplots（）参数中提到的布局中的子图。当知道需要多少个子图时，此方法非常有用。以下片段展示了相同的内容。

```
fig, ax_list = plt.subplots(2,1,sharex=True, figsize=(8, 6))
y= np.sin(x)
ax_list[0].plot(x,y)

y= np.cos(x)
ax_list[1].plot(x,y)
```

　　语句 plt.subplots（2,1，sharex = True）一次完成 3 件事。首先产生一个图形对象，然后将其分成 2 行 1 列（即总共两个子图）。两个子图以轴对象列表的形式返回。最后，第三件事是共享 x 轴，可以使用参数 sharex 来实现。x 轴的这种共享允许该图中的所有子图都具有相同的 x 轴。这可在图形的美化改进的同时查看相同规模的数据。输出如图 3-35 所示，在同一个 x 轴上显示正弦和余弦曲线。

　　类似的另一种变体是 subplot（）函数，它也直接通过 pyplot 模块展开。这很好地模拟了图形对象的 add_subplot（）方法。可以在本章的代码中找到列出的示例。在转到下一个概念之前，快速了解一下 subplot2grid（）函数，该函数也通过 pyplot 模块展开。此功能达到了与已讨论过的函数功能类似的效果，但是可以提供更准确的控制，从而定义网格布局，其中子图可以使用任意数量的列和行进行显示。以下片段展示了具有不同大小子图的网格。

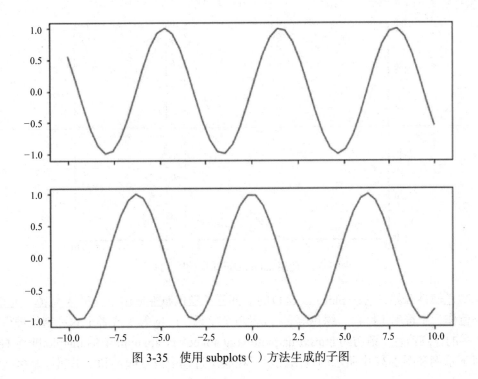

图 3-35　使用 subplots（）方法生成的子图

```
y = np.abs(x)
z = x**2

plt.subplot2grid((4,3), (0, 0), rowspan=4, colspan=2)
plt.plot(x, y,'b',x,z,'r')

ax2 = plt.subplot2grid((4,3), (0, 2),rowspan=2)
plt.plot(x, y,'b')
plt.setp(ax2.get_xticklabels(), visible=False)

plt.subplot2grid((4,3), (2, 2), rowspan=2)
plt.plot(x, z,'r')
```

　　subplot2grid（）函数带有许多参数，解释如下：
- shape：表示网格中的行和列的元组（行，列）。
- loc：代表子图位置的元组。该参数为 0 索引。
- rowspan：此参数表示子图覆盖的行数。
- colspan：此参数表示子图延伸到的列数。

图 3-36 中由片段生成的输出具有一个覆盖四行和两列的子图，其中包含两个函数。另外两个子图分别覆盖两行和一列。

2. 绘图格式

　　将图形调整为一个易于读者观看的格式也是故事叙述的另一个重要方面，matplotlib 提供了大量的功能。从改变颜色到标记等，matplotlib 提供了易于使用的直观界面。

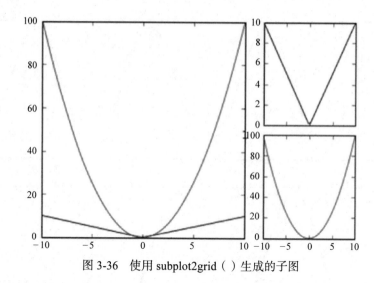

图 3-36　使用 subplot2grid（）生成的子图

从颜色属性开始，它是 plot（）接口的一部分。颜色属性适用于 RGBA 规范，允许将字母和颜色作为字符串（红色、绿色等），或者单个字母（r、g 等）或者十六进制值进行输入。有关更多的详细信息，请访问 https://matplotlib.org/api/colors_api.html 上的 matplotlib 文档。

以下示例和图 3-37 中所示的输出说明了在绘图过程中设置颜色和字母属性是多么容易。

```
y = x

# 颜色
ax1 = plt.subplot(321)
plt.plot(x,y,color='green')
ax1.set_title('Line Color')

# 字母
ax2 = plt.subplot(322,sharex=ax1)
alpha = plt.plot(x,y)

alpha[0].set_alpha(0.3)
ax2.set_title('Line Alpha')
plt.setp(ax2.get_yticklabels(), visible=False)
```

用同样的方法，也可以选择使用不同的形状来标记数据点以及不同的样式来绘制线条。这些选项在代表不同属性或者类别的情况下均可派上用场。以下代码片段和输出如图 3-38 所示。

```
# 标记
# markers -> '+', 'o', '*', 's', ',', '.', etc
ax3 = plt.subplot(323,sharex=ax1)
plt.plot(x,y,marker='*')
ax3.set_title('Point Marker')

# 线型
# linestyles -> '-','--','-.', ':', 'steps'
```

```
ax4 = plt.subplot(324,sharex=ax1)
plt.plot(x,y,linestyle='--')
ax4.set_title('Line Style')
plt.setp(ax4.get_yticklabels(), visible=False)
```

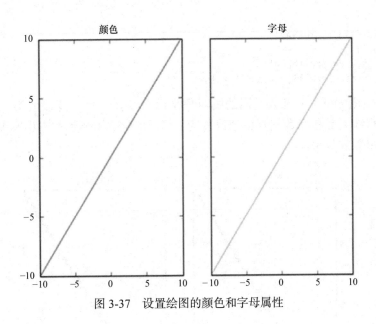

图 3-37　设置绘图的颜色和字母属性

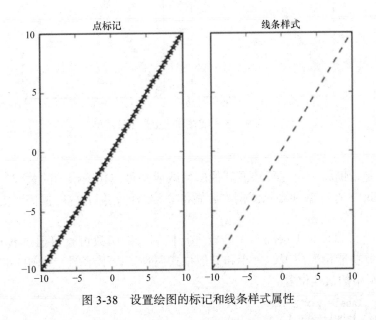

图 3-38　设置绘图的标记和线条样式属性

　　虽然还有更多可用的微调选项，但我们仍鼓励你阅读参考文档以获取详细信息。最后用两个技巧来结束本部分，这些技巧涉及线宽和速记符号，如下面的代码片段所示。

```
# 线宽
ax5 = plt.subplot(325,sharex=ax1)
line = plt.plot(x,y)
line[0].set_linewidth(3.0)
ax5.set_title('Line Width')

# 合并线型
ax6 = plt.subplot(326,sharex=ax1)
plt.plot(x,y,'b^')
ax6.set_title('Styling Shorthand')
plt.setp(ax6.get_yticklabels(), visible=False)
```

这段代码使用 plot（）函数返回的线对象来设置线宽。代码片段的第二部分展示了速记符号，用于将线条颜色和数据点标记设置为 b ^。图 3-39 中显示的输出有助于帮助读者了解这段代码所呈现的效果。

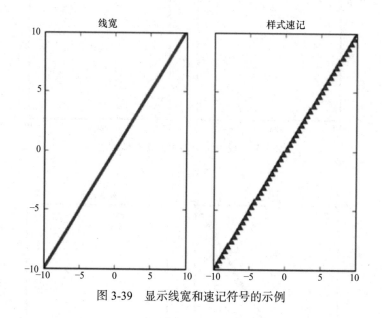

图 3-39　显示线宽和速记符号的示例

3. 图例

图形图例是帮助将颜色、形状或其他属性映射到可视化图形中的关键。尽管在大多数情况下，matplotlib 在准备和展示图例方面做得非常出色，但有些时候需要更好的方法来对图例进行设置。

示例的图例可以使用 legend（）函数进行控制，该函数可直接通过 pyplot 模块使用。我们可以通过此功能设置位置、大小和其他格式属性。以下示例（见图 3-40）显示了如何将图例放在图形中的最佳位置。

```
plt.plot(x,y,'g',label='y=x^2')
plt.plot(x,z,'b:',label='y=x')
plt.legend(loc="best")
plt.title('Legend Sample')
```

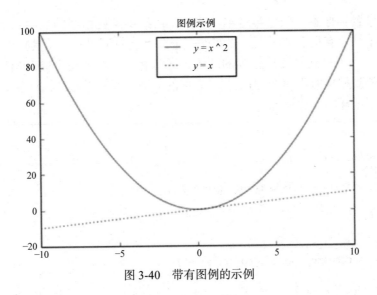

图 3-40　带有图例的示例

　　matplotlib 的主要目标之一是提供高质量的可视化图形。matplotlib 支持 LaTEX 样式的图例格式来清晰地显示数学符号和方程式。$ 符号用于标记 LaTEX 样式格式的开始和结束。下面的代码片段和输出显示了如上相同的内容（见图 3-41）。

```
# 带有latex 格式的图例
plt.plot(x,y,'g',label='$y = x^2$')
plt.plot(x,z,'b:',linewidth=3,label='$y = x^2$')
plt.legend(loc="best",fontsize='x-large')
plt.title('Legend with $LaTEX$ formatting')
```

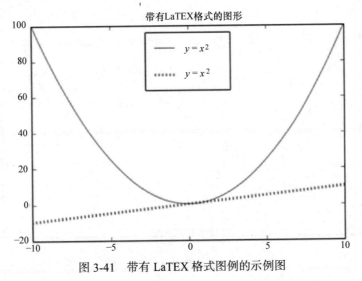

图 3-41　带有 LaTEX 格式图例的示例图

4. 坐标轴控制

matplotlib 的下一个特性是能够控制图的 x 轴和 y 轴。除了使用方法 set_xlabel（）和

147

set_ylabel（）设置轴标签和颜色等基本功能外，还提供了更精细的控制功能。下面先看看如何添加辅助 y 轴。有很多情况下，当在同一个图上绘制不同特征（具有不同的数值范围）相关的数据时。为了得到对数据正确的理解，通常有两个特征值会同时出现在不同的 y 轴上（每个都缩放到相应的范围）。为了获得更多的 y 轴，可使用通过轴对象的函数 twinx（）。以下片段概述了这样的一种情况。

```
## 轴控制
# 辅助 y 轴
fig, ax1 = plt.subplots()
ax1.plot(x,y,'g')
ax1.set_ylabel(r"primary y-axis", color="green")

ax2 = ax1.twinx()

ax2.plot(x,z,'b:',linewidth=3)
ax2.set_ylabel(r"secondary y-axis", color="blue")

plt.title('Secondary Y Axis')
```

起初，用一个名为 twinx（）的函数来生成辅助 y 轴，这个可能听起来很奇怪。但是巧妙的是，matplotlib 具有这样的功能来指出附加的 y 轴是为了共享相同的 x 轴，因此才将这个函数命名为 twinx（）。在同一行上，使用 twiny（）函数获得附加的 x 轴。输出图如图 3-42 所示。

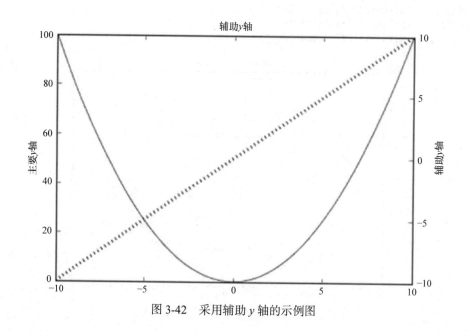

图 3-42　采用辅助 y 轴的示例图

默认情况下，matplotlib 会标识正在绘制的图形中值的范围，并调整 x 轴和 y 轴的范围。它还提供了通过 axis（）函数来手动设置它们的功能。通过这个函数，我们可以使用预定的关键字（如紧缩、缩放、相等）来设置轴范围，并传递一个列表，使其将值标记为 [xmin，xmax，ymin，ymax]。以下代码片段显示了如何手动调整轴范围。

```
# 手动
y = np.log(x)
z = np.log2(x)
w = np.log10(x)

plt.plot(x,y,'r',x,z,'g',x,w,'b')
plt.axis([0,2,-1,2])
plt.title('Manual Axis Range')
```

图 3-43 中输出的左侧显示了没有任何轴调整情况下生成的图，而右侧显示了在前面的片段中完成轴调整之后的图形。

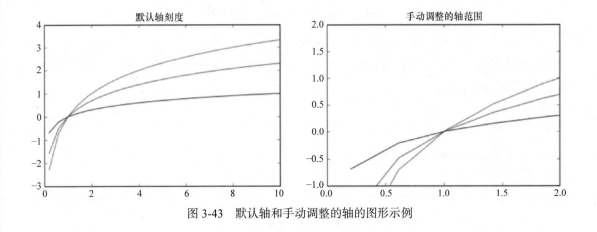

图 3-43　默认轴和手动调整的轴的图形示例

现在已经看到了如何设置轴范围，接下来也会很快地学习如何手动设置刻度或轴标记。对于坐标轴，有两个独立的功能，一个用于设置刻度的范围，而另一个用于设置刻度标签。这些函数分别直观地命名为 set_ticks（）和 set_ticklabels（）。在下面的例子中，我们设置标记为 x 轴的刻度，而为 y 轴设置刻度范围和使用适当函数的标签。

```
# 手动调整
plt.plot(x, y)
ax = plt.gca()

ax.xaxis.set_ticks(np.arange(-2, 2, 1))

ax.yaxis.set_ticks(np.arange(0, 5))
ax.yaxis.set_ticklabels(["min", 2, 4, "max"])

plt.grid(True)
plt.title("Manual ticks on the x-axis")
```

输出是一个其中 x 轴的标签只在 −2 和 1 之间标记，而 y 轴的范围为 0 ~ 5，但是 y 轴的标签已经被手动更改过的图像，如图 3-44 所示。

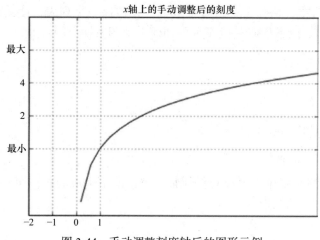

图 3-44   手动调整刻度轴后的图形示例

在介绍下一组绘图功能之前，值得注意的是，使用 matplotlib，除了手动设置之外，还可以根据数据范围以标准方式缩放轴（如前所述）。以下是在对数刻度上缩放 y 轴的简单示例，输出如图 3-45 所示。

```
# 缩放
plt.plot(x, y)
ax = plt.gca()
# 取值: log, logit, symlog
ax.set_yscale("log")
plt.grid(True)
plt.title("Log Scaled Axis")
```

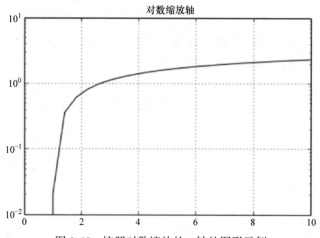

图 3-45   按照对数缩放的 y 轴的图形示例

5. 图形注释

pyplot 模块的 text（）接口完成了 matplotlib 的注释功能。接下来也可以使用这个接口注释图、主图、子图的任何部分。它将 x 和 y 坐标、要显示的文本、对齐方式和字体大小参数作为输入，从而将注释放置在图上的所需位置。以下代码片段标注了抛物线图的最小值。

```
# 注释
y = x**2
min_x = 0
min_y = min_x**2

plt.plot(x, y, "b-", min_x, min_y, "ro")
plt.axis([-10,10,-25,100])

plt.text(0, 60, "Parabola\n$y = x^2$", fontsize=15, ha="center")
plt.text(min_x, min_y+2, "Minima", ha="center")
plt.text(min_x, min_y-6, "(%0.1f, %0.1f)"%(min_x, min_y), ha='center',color='gray')
plt.title("Annotated Plot")
```

text（）接口还提供了更多格式功能。本书鼓励阅读官方文档和示例以获取有关此方面的详细信息。带有注释抛物线的输出曲线如图 3-46 所示。

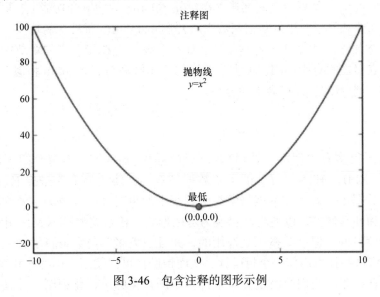

图 3-46　包含注释的图形示例

6. 全局参数

为保持一致性，通常会尝试在整个图形中保持绘图大小、字体和颜色的一致性。但是如果对每一个属性每一个图形都进行单独的设置，会十分复杂以及麻烦。为了解决这些问题，可以设置全局的格式，如下面的代码片段所示。

```
# 全局格式化参数
params = {'legend.fontsize': 'large',
          'figure.figsize': (10, 10),
          'axes.labelsize': 'large',
          'axes.titlesize':'large',
          'xtick.labelsize':'large',
          'ytick.labelsize':'large'}

plt.rcParams.update(params)
```

一旦使用 rcParams.update（）设置后，params 字典中提供的属性将应用于生成的每一个图形当中。我们鼓励你将这些设置应用在本节中讨论的图表中，从而生成不同的图形，以了解差异。

3.5.3　Python 可视化生态系统

matplotlib 库是一个非常强大和流行的可视化绘图库，这点是毋庸置疑的。它提供了绘制任何类型的数据所需的大部分工具和技巧，并能够将其控制得最好。

然而，matplotlib 使得用户留下更多其他的需求。作为一个低级的 API，它需要大量的样板代码，而且本身的交互性是有限的，另外，它的样式和其他格式默认值似乎也有点过时了。

为了解决这些问题并提供高级接口以及与当前 Python 生态系统一起工作的能力，在 Python 世界中有很多其他可视化库可供选择。一些流行和强大的绘图库包括 bokeh、seaborn、ggplot 和 plotly。这每一个库都建立在对 matplotlib 的理解和功能上，同时提供了它们自己所独有的功能和易于使用的封装函数来填补在 matplotlib 所没有的功能。

我们鼓励你探索这些库并了解其差异。如有需要，将在接下来的章节中介绍其中的一些内容。虽然它们之间有所不同，但大多数库的工作原理与 matplotlib 相似，因此如果你熟悉了 matplotlib，学习的过程将会更加容易。

3.6　总结

本章涵盖了很多有关理解、处理和数据重整的基础内容。本章介绍了诸如平面文件（CSV、JSON、XML、HTML 等）的主要数据格式，并使用标准库来提取或者收集数据。同时谈到标准数据类型及其在数据科学整个过程中的重要性。本章的主要内容涉及数据重整任务，清理和处理数据，以便将其转换为可用形式。虽然这些技术是使用 pandas 库来帮助完成及进行解释的，但这些概念是通用的，并且在大多数与数据科学相关的用例中都有应用。你可以将这些技术用作一个指南针，从而帮助你可以使用不同的库和编程 / 脚本语言来轻松应用这些技术。我们同时也介绍了许多不同种类的可视化视图，并且通过示例数据集介绍了每一种视图的用法。我们也谈到了 matplotlib 的基础知识和强大的技巧。这里强烈建议你打开在本章内容中所提到的链接，参考相关文档以便深入了解。本章介绍 CRISP DM 数据收集、处理和可视化模型的初始步骤。在接下来的章节中，将基于这些概念并将其应用于解决特定的现实世界问题。敬请关注！

第4章
特征工程和特征选择

通过你在前几章所了解到的内容可以明显地看出，构建机器学习系统和流程需要付出很大的努力。在第1章中，介绍了一些用于构建机器学习流程的高层架构。从数据到其内涵和信息的路径并不是简单直接的。在本质上，数据科学家和分析人员需要不断地重复几个步骤，以获得完美的模型并获得正确的见解，这是很困难的，也是需要迭代的。机器学习算法的局限性在于，它们只能理解数值型的输入。这是因为，在任何算法的核心，通常都有多个数学方程、约束、优化和计算。因此，几乎不可能将原始数据输入到任何算法中并期望得到结果。这就是在数据之上建立模型的特征和属性非常有用之处。

构建机器智能是一个具有多个方面的多层次过程。在本书中，到目前为止，已经探讨了如何检索、处理、重整和可视化数据。探索性数据分析和数据可视化是更好地理解数据的第一步。理解数据需要理解包含数据的完整范围，包括域、约束、注意事项、质量和可用属性。在第3章中，你可能还记得数据由多个字段、属性或变量组成。每个属性本身就是数据的一个固有特征。接下来，可以从这些固有特征中派生出进一步的特征，这本身就是特征工程的一个主要部分。特征选择是与特征工程同时进行的另一项重要的任务，数据科学家的任务是选择特征和属性的最佳子集，以帮助构建正确的模型。

这里需要记住的重要一点是，特征工程和选择不是一个一次性的过程，而应该是一个以特定方式进行的过程。构建机器学习系统的本质就是迭代（遵循CRISP-DM原则），因此从数据集中提取特征和进行特征工程并不是一次性的任务。你可能需要提取新的特征，并在每次构建模型时尝试选择不同的特征以获得你所面对的问题的最佳模型。数据处理和特征工程通常被认为是数据科学家在构建任何机器学习系统时最困难的任务或步骤。由于既需要相关的领域知识又需要数学变换，所以特征工程常常被认为既是一门艺术也是一门科学。其复杂性主要是指处理不同类型的数据和变量。除此之外，每一个机器学习问题或任务都需要特定的特征，在特征工程中没有一种能够适用于所有问题的解决方案，这使得特征工程变得更加困难和复杂。

因此，在本章中采用了一种合适的结构化方法，涵盖了特征工程工作流中如下所示的3个主要领域。

- 特征提取和工程化。
- 特征缩放。
- 特征选择。

本章涵盖了上述 3 个主要领域的基本概念。并将详细介绍关于不同数据类型（包括数值型、分类型、时态型、文本型和图像型数据）的特征工程技术。这里要感谢我们的好朋友、数据科学家 Gabriel Moreira，他为我们提供了一些关于不同数据类型方面的优秀特征工程技术的内容。本章将介绍不同的特征缩放方法，它们通常作为特征工程过程的一部分来进行数据规范化，防止权重更高的特征不必要的突出性。还将介绍一些特征选择技术，如过滤式（Filter）、包装式（Wrapper）和嵌入式（Embedded）方法。相关的技术和概念，均配备了足够的实例和代码片段作为补充。你可以在 GitHub 仓库 https：//github.com/dipanjanS/practical-machine-learning-with-python 中查看本章的相关代码，该仓库包含了必要的代码、笔记和数据。这将使得学习的内容更容易理解，可帮助你获得足够的知识以了解在哪个场景中应该使用哪种技术，从而帮助你开始自己在构建机器学习模型时的特征工程之旅，以最终构建机器学习模型！

4.1 特征：更好地理解你的数据

任何机器学习模型的本质都是由两部分组成的，即数据和算法。你可能记得在第 1 章中的机器学习示例部分介绍过同样的内容。任何机器学习算法本质上都是数学函数、方程和优化的组合，通常会根据需要，通过业务逻辑对其进行扩充。这些算法还不够智能，通常无法处理原始数据也无法从用于训练系统的数据中发现潜在的模式。因此，需要更好的数据表示来构建机器学习模型，这些数据表示被称为数据特征或属性。下面来看一下本节中与数据和特征相关的一些重要概念。

4.1.1 数据和数据集

数据对于分析和机器学习是必不可少的。没有数据，就无法实现任何智能系统。数据的正式定义是包含基于观察值的定性变量或定量变量的集合。数据通常是通过各种观察来测量和收集的，并将其存储为原始表单，然后可以根据需要进一步对其进行处理和分析。通常在任何分析或机器学习系统中，可能会需要多个数据源，并且一个组件处理后的数据可以作为原始数据，提供给另一个组件进行进一步处理。数据可以被构造成表示观察和属性的具有明确的行和列的结构化数据，或者像自由文本数据那样的非结构化数据。

数据集可以定义为数据的集合。通常数据集表示以 CSV 文件或 MS Excel 文件、关系数据库表或视图甚至原始数据二维矩阵等平面文件形式存在的数据。scikit-learn 包提供了机器学习中非常流行的样本数据集，可以快速入门。sklearn.datasets 模块具有哪些随时可用的样本数据集以及与加载和处理数据集相关的其他实用的程序，你可以在链接 http：//scikit-learn.org/stable/datasets/index.html#datasets 中找到更多详细信息，以了解更多关于 Toy 数据集及处理和加载数据的最佳实践。另一个流行的机器学习的数据集资源是 UC Irvine 机器学习库，可以在这里找到它 http：//archive.ics.uci.edu/ml/index.php，它包含来自现实问题、场景和设备的各种数据集。事实上，流行的机器学习和预测分析竞赛平台 Kaggle 也提供了一些来自于 UCI 的数据集以及与各种竞赛相关的其他数据集。你可以随意查看这些资源，我们也将在本章以及后续的章节中使用这些资源中的一些数据集。

4.1.2　特征

原始数据很难用于构建任何机器学习模型，主要是因为算法无法处理未经适当处理并以所需格式进行变换的数据。特征是从原始数据中获得的特性或属性。每个特征都是原始数据之上的特定表示。通常每个特征都是一个单独可度量的属性，它们由二维数据集中的一列来描述。每个观察都用一行来描述，每个特征都有一个特定的观察值。因此每一行通常表示一组特征向量，并且所有观察值所对应的特征所形成的二维特征矩阵也称为特征集。特征对于构建机器学习模型极其重要，每个特征代表模型所使用的数据的特定表示和信息块。特征的质量和特征的数量都会影响模型的性能。

基于数据集，特征可以被分为两大类。固有的原始特征是直接从数据集获得的，没有额外的数据操作和工程化处理。衍生特征通常指的是我们通过特征工程，从现有数据的属性中提取的特征。举一个简单的例子，例如从包含出生日期的员工数据集中创建新的特征年龄，只需要通过使用当前的日期减去他们的出生日期。下一部分将介绍如何基于不同数据类型的数据进行数据处理、特征提取及特征工程的更多细节。

4.1.3　模型

特征是作为任何机器学习模型的输入的底层原始数据更好的表示。通常，模型由数据特征、可选类标签或监督学习的数字响应和机器学习算法组成。算法是根据我们想要解决的问题（将问题转化为特定的机器学习任务）类型来选择的。通过使用数据特征迭代地对系统进行训练来构建模型，直到获得我们期望的性能。因此，模型可以说是用于表示我们数据的各种特征之间的关系。

通常，建模过程涉及多个主要的步骤。模型构建侧重于基于数据特征对模型进行训练。模型调整和优化涉及调整特定的模型参数（又称为超参数）来优化模型，以获得最佳的模型。模型评估包括使用标准的性能评估指标（如准确性）来评估模型的性能。模型部署通常是最后一步，一旦选择了最合适的模型，就将其部署在生产环境中，这通常涉及基于CRISP-DM方法来建立围绕该模型的整个系统。第 5 章将对这些方面做进一步的介绍。

4.2　重温机器学习流程

在第 1 章中详细介绍了基于 CRISP-DM 标准的标准机器学习流程。让我们通过图 4-1来回忆一下相关内容，图 4-1 展示了标准通用机器学习流程，其中包含了主要组件和各种构件块。

该图清楚地描述了流程中的主要组件，现在应该已经很熟悉它们了。为了便于理解，在这再次提到了这些组件。

1）数据检索。

2）数据准备。

3）建模。

4）模型评估和优化。

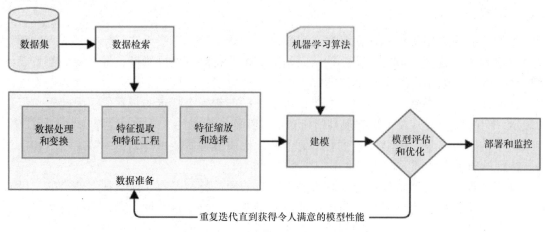

图 4-1　重温我们标准的机器学习流程

5）模型部署和监控。

本章重点关注的是"数据准备"模块下的内容。本书已经在第 3 章中详细地讨论了如何处理和重整数据。在这将重点讨论数据特征处理的 3 个主要步骤，它们如下所示。

1）特征提取和特征工程。

2）特征缩放。

3）特征选择。

从图 4-1 可以看出，这几个模块它们对将处理后的数据转换为特征的过程至关重要。经过处理的数据指的是经过必要的预处理和重整操作后的原始数据。图 4-2 更详细地描述了流程中将处理过的数据转换为特征的过程中通常遵循的流程步骤。

图 4-2　特征工程、特征缩放和特征选择的标准流程

很明显，基于图 4-2 所示的流程步骤，首先提取特征并进行工程化处理，并进行必要的规范化和缩放处理，最后选择最相关的特征以给出最终的特征集。本书将按照图 4-2 所示的顺序，在后续的章节中详细介绍这 3 个组件。

4.3　特征提取和特征工程

特征提取和特征工程可能是整个机器学习流程中最重要的部分。优质的特征能够用最合适的方式对数据进行表征，这将有助于构建更有效的机器学习模型。实际上，通常决定模型有效性的不是算法而是特征。简单来说，好的特征可以训练出好的模型。数据科学家在构建任何机器学习模型时，要花费 70%~80% 的时间来进行数据处理、重整和特征工程。

因此，如果想精通机器学习，详细地了解与特征工程相关的内容是至关重要的。

通常，特征提取和特征工程是同义词，它们指的是使用领域知识、手工技术和数学变换的组合将数据变换为特征的过程。此后，将使用特征工程这个术语来指代从数据中提取或创建新特征的任务的相关内容。虽然机器学习算法的选择在构建模型时非常重要，但通常情况下，特征的选择和数量往往会对模型性能产生更大的影响。本节将回答一些问题，例如为什么要进行特征工程、什么是特征工程和如何进行特征工程等，以便更深入地了解特征工程。

4.3.1　什么是特征工程

本书已经对特征工程背后的核心概念，即使用领域知识中的特定部分和特定技术从数据中提取特征进行了非正式的解释。这里的数据指的是我们前面提到的，经过必要的预处理和重整后的原始数据。这包括处理坏数据、插补缺失值和变换特定值等。特征是特征工程处理的最终结果，它描述了底层数据的各种表示。

现在来看看数据科学领域的一些知名人士对特征工程的一些定义和描述！著名的计算机和数据科学家吴恩达（Andrew Ng）曾谈到机器学习和特征工程。

"提取特征是困难、耗时且需要专业知识的。'机器学习应用'的基础就是特征工程。"

——吴恩达教授

这也印证了之前提到的关于数据科学家近 80% 的时间花费在特征工程上，这是一个很困难且耗时的过程，需要相关领域的知识和数学计算。除此之外，在解决实际问题和应用中使用机器学习时，最主要的部分也是特征工程，因为构建和评估模型所花费的时间要远远少于在特征工程这一部分所花费的时间。但是，这并不意味着模型构建和评估不如特征工程重要。

现在来看看杰森·布朗利（Jason Brownlee）博士对特征工程的定义，他是数据科学家，也是机器学习从业者，他在 http://machinelearningmastery.com 上提供了许多关于机器学习和数据科学的优秀资源。布朗利博士将特征工程定义如下。

"特征工程是指将**原始数据**转换为能够更好地表征**预测模型潜在问题**的**特征**的过程，从而提高对**未知数据**的**模型准确率**。"

——布朗利博士

下面在这个特征工程的定义上多花些时间。这个定义告诉我们，特征工程的过程包括将数据转换为特征，并考虑与问题、模型、性能和数据相关的几个方面。这些方面在该定义中均被做了加粗显示，并将进一步详细解释如下。

1）原始数据：指的是从源数据检索出的原生数据。通常，在特征工程的实际过程之前会进行一些数据处理和重整。

2）特征：指的是通过特征工程从原始数据中获得的具体表征信息。

3）潜在问题：指的是希望借助机器学习来解决的特定业务问题或用例。业务问题通常可以转换为机器学习任务。

4）预测模型：通常，特征工程是用于提取特征以构建机器学习模型来了解数据以及基于这些特征要解决的问题。监督预测模型被广泛用于解决各种各样的问题。

5）模型准确率：这指的是用于评估模型的模型性能指标。

6）未知数据：一般指的是以前未用于构建或训练模型的新数据。期望该模型能够基于高质量的特征来学习和概括未知的数据。

因此，特征工程是将数据转换为特征以充当机器学习模型的输入的过程，得到优质的特征来帮助提高模型的整体性能。特征也非常依赖于潜在的问题。因此，即使在不同场景中的机器学习任务也可能相同，例如将电子邮件分类为垃圾邮件和非垃圾邮件或对手写数字进行分类，但是在每个场景中所提取的特征将是非常不同的。

到目前为止，你一定很好地掌握了特征工程的概念和意义。请永远记住，要解决任何机器学习问题，特征工程是关键！事实上，这是华盛顿大学的佩德罗·多明戈斯（Pedro Domingos）教授在题为"关于机器学习的一些有用的事"的论文中强调的内容，你可以通过 http://homes.cs.washington.edu/~pedrod/papers/cacm12.pdf 链接查看这篇论文，它告诉我们以下内容。

"一天下来，一些机器学习项目成功了，而有些失败了。区别是什么？最重要的因素是使用的特征。"

——佩德罗·多明戈斯教授

特征工程实际上是一种将数据转换为模型特征的科学，也是一种艺术。有时你需要结合领域知识、经验、直觉和数学变换来提取你所需要的特征。通过解决更多的问题，你将获得经验的积累，你可以知道哪些特征可能最适合解决这个问题。因此，不要不堪重负，实践和时间的积累将使你掌握特征工程。下面列出了一些特征工程示例的描述。

1）根据出生日期和当前日期推算一个人的年龄。

2）获取特定歌曲和音乐视频播放次数的平均数和中位数。

3）从文本文档中提取单词和短语出现的次数。

4）从原始图像中提取像素信息。

5）列出学生取得的各科成绩的情况。

让你对特征工程产生兴趣的最后一个引言来自于著名的 Kaggler 的 Xavier Conort。大多数人都知道，很多关于机器学习的难题经常被贴在 Kaggle 上，它通常是对所有人开放的。Xavier 对特征工程的看法如下。

"我们使用的算法对于 Kaggler 用户来讲是非常标准的。……我们将大部分精力都花在了特征工程上。……我们也非常小心地去掉那些可能使我们的模型面临过拟合风险的特征。"

——Xavier Conort

这应该让你了解了什么是特征工程和关于它的各方面的信息，以及我们为什么很需要特征工程。在下一节中，我们将进一步对为什么需要特征工程以及它的好处和优点进行扩展介绍。

4.3.2　为什么要进行特征工程

在上一节中已经定义了特征工程，还介绍了与特征工程重要性相关的基本知识。现在来看看为什么需要特征工程，以及如何使得特征工程在我们建立机器学习模型和使用数据时成为一个优势。

1）数据更好的表征：特征是底层原始数据的表征，它能够帮助机器学习模型更好地理解原始数据。此外，这些数据的表征通常也更容易进行可视化。一个简单的例子是对报纸文章中频繁出现的词进行可视化，而不是完全困惑于如何处理原始文本！

2）性能更佳的模型：无论算法有多复杂，合适的特征往往会使模型的性能优于其他模型。通常，如果你拥有更合适的特征集，即使是简单的模型也能运行良好，并给出你所需要的结果。简而言之，更好的特征能够训练出更好的模型。

3）模型构建和评估的必要性：到目前为止，本书已经多次提到原始数据不能用于构建机器学习模型。你应该首先获取数据，提取特征，然后开始构建模型！此外，在模型性能评估和模型调优时，你可以不断地在特征数据集中选择合适的特征集来获得最优的模型。

4）更灵活的数据类型：虽然直接使用数值型数据来进行机器学习算法运算显然更容易，这只需要很少甚至不需要进行数据转换。但是真正的挑战是基于更复杂的数据类型（如文本、图像甚至视频）的数据来构建模型。特征工程帮助我们通过必要的转换，基于各种类型的数据来构建模型，使我们能够在复杂的非结构化的数据上工作。

5）根据业务和领域扩展：数据科学家和分析师通常将处理、清理数据和构建模型作为日常任务的一部分。这通常会使业务参与者和技术 / 分析团队之间产生分歧。特征工程让数据科学家能够后退一步，通过从业务和相关领域专家那里获取有价值的信息来更好地理解业务及相关领域。这对选择对构建模型有帮助的合适的特征来创建能够解决问题的正确模型来说至关重要。纯粹的统计学和数学知识很少能够很好地解决复杂现实世界中的问题。因此，特征工程强调在构建特征时要关注业务和领域的问题。

以上这几项虽然不是很详细，但可以很好地了解特征工程的重要性，以及它是构建机器学习模型多么重要的一个方面。在特征工程中，要解决的问题和领域也非常重要。

4.3.3　如何进行特征工程

特征工程没有固定的规则。它包括使用领域知识、业务约束、手工转换和数学变换的组合，将原始数据转换为所需要的特征。不同的数据类型有不同的特征提取技术。因此，在本节中，将重点讨论以下主要数据类型的各种特征工程技术和策略。

1）数值型数据。

2）分类型数据。

3）文本型数据。

4）时态型数据。

5）图像型数据。

本章后面的部分将重点介绍如何处理这些不同的数据类型和可以应用于特征工程的特定技术。现在可以将它们作为未来你使用特征工程处理数据的参考和指南。

特征工程的另一个方面最近也得到了重视。就是不使用手工处理的特征，而是让机器自己去尝试，通过检测的方式从原始数据中提取有用的数据表征，这些数据可以作为特征，此过程也称为自动特征生成。深度学习在这一领域已被证明是非常有效的，并且诸如卷积神经网络（Convolutional Neural Networks，CNN）、递归神经网络（Recurrent Neural Networks，RNN）和长短期记忆网络（Long Short Term Memory Networks，LSTM）等神经网络架构被广泛用于自动化特征工程和自动化特征提取。现在通过一些真实的数据集和示例深入到特征工程领域。

4.4 数值型数据的特征工程

数值型数据、字段、变量或特征通常表示观察、记录或测量的标量形式的数据。当然，数值型数据也可以表示为标量向量，其中向量中的每个特定实体本身就是数值数据点。整数和浮点数是最常用也是使用最广泛的数值型数据。除此之外，数值型数据可能是最容易处理的，并且通常可以在机器学习模型中直接使用。不知你是否还记得之前在第3章的"数据描述"部分讨论过数值型数据。

即使数值型数据可以直接输入到机器学习模型中，但仍需要在构建模型之前进行与场景、问题和领域相关的特征工程处理。因此，对特征工程的需求仍然存在。数值型特征的重要方面包括特征范围和分布，你将在本节的示例中看到关于这些方面的内容。在某些情况下，需要应用特定的转换来改变数值的范围，而在其他情况下，需要改变数值的总体分布，例如将偏斜的分布转换为正态分布。

本章的代码文件中提供了本节所使用的代码。你可以直接加载 feature_ engineering_numeric.py 文件，或使用交互体验更好的 Jupyter Notebook 打开 Feature Engineering on Numeric Data.ipynb 文件并开始运行示例。在开始之前，先加载以下依赖项和配置设置。

```
In [1]: import pandas as pd
   ...: import matplotlib.pyplot as plt
   ...: import matplotlib as mpl
   ...: import numpy as np
   ...: import scipy.stats as spstats
   ...:
   ...: %matplotlib inline
   ...: mpl.style.reload_library()
   ...: mpl.style.use('classic')
   ...: mpl.rcParams['figure.facecolor'] = (1, 1, 1, 0)
   ...: mpl.rcParams['figure.figsize'] = [6.0, 4.0]
   ...: mpl.rcParams['figure.dpi'] = 100
```

现在已经加载了初始的依赖项，在接下来的章节中可查看一些对数值型数据进行特征工程处理的方法。

4.4.1 原始测量数据

正如前面提到的，数值型特征通常可以直接输入到机器学习模型中，因为它们的格式易于理解、解释和操作。通常可以直接使用数值型变量表示原始测量数据的特征，无须任何形式的转换和特征工程处理。通常，这些特征可以表征数值或计数。

1. 数值

通常，原始形式的标量值表示的是属于特定变量或字段的特定测量、度量或观察值。该字段的含义通常可以从字段名称本身或数据字典（如果存在）中获得。让我们现在加载一个关于口袋妖怪（Pokémon）的数据集！此数据集也可在 Kaggle 上获得。如果你还不知道，其实口袋妖怪就是一个巨大的有着媒体特许经营权的，围绕着构造被称为 Pokémon 的口袋妖怪虚拟角色的游戏。简而言之，可以把它们想象成拥有超能力的虚构动物！下面的代码段将提供些关于此数据集的信息。

```
In [2]: poke_df = pd.read_csv('datasets/Pokemon.csv', encoding='utf-8')
   ...: poke_df.head()
```

如果观察图 4-3 所描述的数据集，可以发现这有几个可以直接使用以数值表示的属性。下面的代码片段更着重地描述了其中的这些特征。

Out[2]:

	#	Name	Type 1	Type 2	Total	HP	Attack	Defense	Sp.Atk	Sp.Def	Speed	Generation	Legendary
0	1	Bulbasaur	Grass	Poison	318	45	49	49	65	65	45	1	False
1	2	Ivysaur	Grass	Poison	405	60	62	63	80	80	60	1	False
2	3	Venusaur	Grass	Poison	525	80	82	83	100	100	80	1	False
3	3	VenusaurMega Venusaur	Grass	Poison	625	80	100	123	122	120	80	1	False
4	4	Charmander	Fire	NaN	309	39	52	43	60	50	65	1	False

图 4-3　口袋妖怪数据集的原始数据

```
In [3]: poke_df[['HP', 'Attack', 'Defense']].head()
Out[3]:
   HP  Attack  Defense
0  45      49       49
1  60      62       63
2  80      82       83
3  80     100      123
4  39      52       43
```

可以直接将前面数据框中描述的属性作为特征来使用。这些属性包括每个口袋妖怪的 HP（生命值）及攻击和防御属性。实际上，还可以使用以下代码来计算这些字段的一些基本统计量。

```
In [4]: poke_df[['HP', 'Attack', 'Defense']].describe()
Out[4]:
                HP        Attack        Defense
```

```
count    800.000000    800.000000    800.000000
mean      69.258750     79.001250     73.842500
std       25.534669     32.457366     31.183501
min        1.000000      5.000000      5.000000
25%       50.000000     55.000000     50.000000
50%       65.000000     75.000000     70.000000
75%       80.000000    100.000000     90.000000
max      255.000000    190.000000    230.000000
```

可以从这个输出中看到每个数值型特征的多个统计量，如总和、平均值、标准差和四分位数。你还可以尝试绘制它们的分布图！

2. 计数

原始测量数据还可以表示特定属性的计数、频次和出现次数。下面来看看描述了不同用户听过的歌曲的数量和频次的，有着上百万首歌曲信息的数据集的数据样本。

```
In [5]: popsong_df = pd.read_csv('datasets/song_views.csv', encoding='utf-8')
   ...: popsong_df.head(10)
```

现在可以看到图 4-4 中描述的数据中的 listen_count 字段可以直接用作基于收听数 / 频次的数值型特征。

Out[5]:

	user_Id	song_Id	title	llsten_count
0	b6b799f34a204bd928ea014c243ddad6d0be4f8f	SOBONKR12A58A7A7E0	You're The One	2
1	b41ead730ac14f6b6717b9cf8859d5579f3f8d4d	SOBONKR12A58A7A7E0	You're The One	0
2	4c84359a164b161496d05282707cecbd50adbfc4	SOBONKR12A58A7A7E0	You're The One	0
3	779b5908593756abb6ff7586177c966022668b06	SOBONKR12A58A7A7E0	You're The One	0
4	dd88ea94f605a63d9fc37a214127e3f00e85e42d	SOBONKR12A58A7A7E0	You're The One	0
5	68f0359a2f1cedb0d15c98d88017281db79f9bc6	SOBONKR12A58A7A7E0	You're The One	0
6	116a4c95d63623a967edf2f3456c90ebbf964e6f	SOBONKR12A58A7A7E0	You're The One	17
7	45544491ccfcdc0b0803c34f201a6287ed4e30f8	SOBONKR12A58A7A7E0	You're The One	0
8	e701a24d9b6c59f5ac37ab28462ca82470e27cfb	SOBONKR12A58A7A7E0	You're The One	68
9	edc8b7b1fd592a3b69c3d823a742e1a064abec95	SOBONKR12A58A7A7E0	You'reThe One	0

图 4-4　将歌曲收听数作为数值型特征

4.4.2　二值化

在构建模型时通常原始数据的频次或计数不是必要的，特别是在构建推荐引擎时所应用的方法。例如，如果想知道某人对某首歌是否感兴趣或是否听过某首歌，不需要知道他 / 她听过同一首歌的总次数。我更关心他 / 她听过的各种各样的歌曲。在这种情况下，二值化特征比基于计数的特征更受欢迎。现在可以通过以下方式将 listen_count 字段从之前的数据集中分离出来。

```
In [6]: watched = np.array(popsong_df['listen_count'])
   ...: watched[watched >= 1] = 1
   ...: popsong_df['watched'] = watched
```

也可以在此使用 scikit-learn 预处理模块中的 Binarizer 类来执行这个任务，而不使用
numpy 数组，如下面的代码所示。

```
In [7]: from sklearn.preprocessing import Binarizer
   ...:
   ...: bn = Binarizer(threshold=0.9)
   ...: pd_watched = bn.transform([popsong_df['listen_count']])[0]
   ...: popsong_df['pd_watched'] = pd_watched
   ...: popsong_df.head(11)
```

从图 4-5 中可以清楚地看到，这两种方法在信息表征上获得了相同的效果，如特征
watched 和 pd_watched 所示。因此，这里使用二值化特征来对歌曲收听计数进行表征，表
示每位用户是否收听了该歌曲。

Out[7]:

	user_Id	song_Id	title	listen_count	watched	pd_watched
0	b6b799f34a204bd928ea014c243ddad6d0be4f8f	SOBONKR12A58A7A7E0	You're The One	2	1	1
1	b41ead730ac14f6b6717b9cf8859d5579f3f8d4d	SOBONKR12A58A7A7E0	You're The One	0	0	0
2	4c84359a164b161496d05282707cecbd50adbfc4	SOBONKR12A58A7A7E0	You're The One	0	0	0
3	779b5908593756abb6ff7586177c966022668b06	SOBONKR12A58A7A7E0	You're The One	0	0	0
4	dd88ea94f605a63d9fc37a214127e3f00e85e42d	SOBONKR12A58A7A7E0	You're The One	0	0	0
5	68f0359a2f1cedb0d15c98d88017281db79f9bc6	SOBONKR12A58A7A7E0	You're The One	0	0	0
6	116a4c95d63623a967edf2f3456c90ebbf964e6f	SOBONKR12A58A7A7E0	You're The One	17	1	1
7	45544491ccfcdc0b0803c34f201a6287ed4e30f8	SOBONKR12A58A7A7E0	You're The One	0	0	0
8	e701a24d9b6c59f5ac37ab28462ca82470e27cfb	SOBONKR12A58A7A7E0	You're The One	68	1	1
9	edc8b7b1fd592a3b69c3d823a742e1a064abec95	SOBONKR12A58A7A7E0	You're The One	0	0	0
10	fb41d1c374d093ab643ef3bcd70eeb258d479076	SOBONKR12A58A7A7E0	You're The One	1	1	1

图 4-5　二值化歌曲计数

4.4.3　舍入

通常在处理数值型属性（如比例或百分比）时，可能不需要非常精确的值。因此，将
这些高精度的分数舍入为整数数值是很有意义的。之后这些整数就可以直接被用作原始数
值，甚至是分类型（基于离散类的）特征。接下来尝试将这个概念应用到一个描述存储项
及其受欢迎程度（百分比）的虚拟数据集中。

```
In [8]: items_popularity = pd.read_csv('datasets/item_popularity.csv', encoding='utf-8')
   ...: #对百分比进行舍入
   ...: items_popularity['popularity_scale_10'] =
               np.array(np.round((items_popularity['pop_percent'] * 10)), dtype='int')
   ...: items_popularity['popularity_scale_100'] =
               np.array(np.round((items_popularity['pop_percent'] * 100)), dtype='int')
   ...: items_popularity
Out[8]:
```

	item_id	pop_percent	popularity_scale_10	popularity_scale_100
0	it_01345	0.98324	10	98
1	it_03431	0.56123	6	56
2	it_04572	0.12098	1	12
3	it_98021	0.35476	4	35
4	it_01298	0.92101	9	92
5	it_90120	0.81212	8	81
6	it_10123	0.56502	6	57

因此，在舍入操作之后，可以在前面的数据框中看到表征数据的新特征。前面尝试了两种舍入方式，分别将特征的数值范围转换到 1~10 和 1~100，来描述数据集中元素的受欢迎程度。你可以根据场景和问题将这些值用作数值型特征或分类型特征。

4.4.4　交互

模型的构建方式通常是我们尝试将输出响应（离散类或连续值）建模为输入特征变量的函数。例如，一个简单的线性回归方程可以被描述为 $y = c_1 x_1 + c_2 x_2 + \cdots + c_n x_n$，其中输入特征由变量 $\{x_1, x_2, \cdots, x_n\}$ 表示，变量的权重或系数分别为 $\{c_1, c_2, \cdots, c_n\}$，预测的目标是 y。在这个例子中，这个简单的线性模型就描述了输出和输入之间的关系，并且纯粹是基于单独的输入特征的。

然而通常在一些现实的数据集和场景中，尝试提取一些特征变量之间的交互作为输入特征集的一部分也是很有意义的。对上述特征之间交互的线性回归公式的扩展可以简单地表示为 $y = c_1 x_1 + c_2 x_2 + \cdots + c_n x_n + c_{11} x_1^2 + c_{22} x_2^2 + c_{12} x_1 x_2 + \cdots$，其中用 $\{x_1, x_2, x_1^2, \cdots\}$ 来表示特征之间的联系。现在尝试在口袋妖怪数据集上做些特征之间交互的工程化处理。

```
In [9]: atk_def = poke_df[['Attack', 'Defense']]
   ...: atk_def.head()
Out[9]:
   Attack  Defense
0      49       49
1      62       63
2      82       83
3     100      123
4      52       43
```

从上面这个输出中可以看到描述口袋妖怪攻击和防御的两个数值型特征。下面的代码将帮助从这两个特征中获取反映它们之间交互的特征。下面将使用来自 scikitt -learn API 中的 PolynomialFeatures 类来构建特征。

```
In [10]: from sklearn.preprocessing import PolynomialFeatures
    ...:
    ...: pf = PolynomialFeatures(degree=2, interaction_only=False, include_bias=False)
    ...: res = pf.fit_transform(atk_def)
    ...: res
Out[10]:
array([[   49.,    49.,  2401.,  2401.,  2401.],
       [   62.,    63.,  3844.,  3906.,  3969.],
       [   82.,    83.,  6724.,  6806.,  6889.],
```

```
      ...,
      [   110.,     60.,  12100.,   6600.,   3600.],
      [   160.,     60.,  25600.,   9600.,   3600.],
      [   110.,    120.,  12100.,  13200.,  14400.]])
```

可以通过这个输出清楚地看到，包括新的交互特征在内，总共有 5 个特征。可以使用下面的这个代码片段来查看矩阵中每个特征的 degree 参数信息。

```
In [11]: pd.DataFrame(pf.powers_, columns=['Attack_degree', 'Defense_degree'])
Out[11]:
   Attack_degree   Defense_degree
0              1                0
1              0                1
2              2                0
3              1                1
4              0                2
```

现在已经知道了每个特征从描述的角度来看，实际上表示的是什么。可以为每个特征分配一个名称，并对特征集进行更新，如下所示。

```
In [12]: intr_features = pd.DataFrame(res,
    ...:                         columns=['Attack', 'Defense',
    ...:                                  'Attack^2', 'Attack x Defense', 'Defense^2'])
    ...: intr_features.head(5)
Out[12]:
   Attack  Defense  Attack^2  Attack x Defense  Defense^2
0    49.0     49.0    2401.0            2401.0     2401.0
1    62.0     63.0    3844.0            3906.0     3969.0
2    82.0     83.0    6724.0            6806.0     6889.0
3   100.0    123.0   10000.0           12300.0    15129.0
4    52.0     43.0    2704.0            2236.0     1849.0
```

原始特征和交互特征如图 4-10 所示。scikit-learn 中的 fit_transform(...)API 函数对于在训练数据上构建特征工程表示对象很有帮助，在模型预测期间处理新数据时，还可以通过调用 transform(...) 函数对其进行重用。让我们重新观察一下口袋妖怪的攻击和防御特征，并尝试使用这个相同的机制对其进行转换。

```
In [13]: new_df = pd.DataFrame([[95, 75],[121, 120], [77, 60]],
    ...:                         columns=['Attack', 'Defense'])
    ...: new_df
Out[13]:
   Attack  Defense
0      95       75
1     121      120
2      77       60
```

现在可以使用之前创建的 pf 对象对这些输入特征进行转换，以便提供如下的交互特征。

```
In [14]: new_res = pf.transform(new_df)
    ...: new_intr_features = pd.DataFrame(new_res,
    ...:                         columns=['Attack', 'Defense',
    ...:                                  'Attack^2', 'Attack x Defense', 'Defense^2'])
    ...: new_intr_features
Out[14]:
```

```
     Attack  Defense  Attack^2  Attack x Defense  Defense^2
0     95.0     75.0    9025.0            7125.0     5625.0
1    121.0    120.0   14641.0           14520.0    14400.0
2     77.0     60.0    5929.0            4620.0     3600.0
```

现在可以看到，已经成功地从新数据集中提取出了必要的交互特征。现在可以尝试在 3 个或者更多特征上来构建它们的交互特征！

4.4.5　分箱

通常在处理数值型数据时，可能会遇到描述原始测量（如数值或频次）的特征或属性。在许多情况下，这些属性的分布通常是歪曲的，因为某些数值集合会经常出现，而另一些则非常罕见。除此之外，还有一个问题就是这些值的范围不同。假设讨论的是歌曲或视频画面的计数。在某些情况下，计数会异常大，在某些情况下则非常小。在建模中直接使用这些特征可能就会出问题。如果直接使用数值范围跨越了多个数量级的原始数值特征，例如相似度、聚类距离和回归系数等，也可能有不利的影响。我们有多种特征工程方法对这些原始数据进行处理，从而解决上述问题。这些方法包括变换、缩放和分箱 / 量化。

本节将讨论数据分箱，也被称为量化。分箱操作用于将连续数值转换为离散数值。这些离散的数字可以被认为是将原始值或数字被分箱或分组到区间中。每个区间代表一个特定的强度，并具有一定的数值范围，处在该范围内的值就必须归于该区间。数据分箱的方法有多种，包括固定宽度和自适应分箱。每个分箱过程都可以采用特定的计数。我们将使用从 2016 年 FreeCodeCamp 开发者 / 程序员调查中提取的数据集，该数据集搜集了与程序员和软件开发者相关的各种信息。你可以通过链接 https://github.com/freeCodeCamp/2016-new-coder-survey 来了解更多细节。让我们加载数据集来看一些有趣的属性。

```
In [15]: fcc_survey_df = pd.read_csv('datasets/fcc_2016_coder_survey_subset.csv',
                                     encoding='utf-8')
    ...: fcc_survey_df[['ID.x', 'EmploymentField', 'Age', 'Income']].head()
```

图 4-6 中的数据框展示了程序员调查数据集中的一些将在本节中进行分析的有趣的属性。ID.x 变量可以说是参与调查的每个程序员或开发人员的唯一标识符，其他的字段都很容易理解。

Out[15]:

	ID.x	职位	年龄	收入
0	cef35615d61b202f1dc794ef2746df14	office and administrative support	28.0	32000.0
1	323e5a113644d18185c743c241407754	food and beverage	22.0	15000.0
2	b29a1027e5cd062e654a63764157461d	finance	19.0	48000.0
3	04a11e4bcb573a1261eb0d9948d32637	arts,entertainment,sports,or media	26.0	43000.0
4	9368291c93d5d5f5c8cdb1a575e18bec	education	20.0	6000.0

图 4-6　来源于 FCC 程序员调查数据集的重要属性

1. 固定宽度分箱

在固定宽度分箱中，就像它的名称那样，我们为每个分箱操作的区间设置了特定的固定宽度，这通常是由用户分析数据而预先定义的。每个区间都有一个预先设定的数值范围，这些值应该是根据某些业务或自定义逻辑、规则或必要的变换而分配给各个区间的。

基于舍入的分箱是其中的一种方法，你可以使用前面讨论过的舍入操作来对原始值进行分箱。下面看一下程序员调查数据集中的年龄特征。下面的代码展示了接受调查的开发人员的年龄分布。

```
In [16]: fig, ax = plt.subplots()
    ...: fcc_survey_df['Age'].hist(color='#A9C5D3')
    ...: ax.set_title('Developer Age Histogram', fontsize=12)
    ...: ax.set_xlabel('Age', fontsize=12)
    ...: ax.set_ylabel('Frequency', fontsize=12)
```

图 4-7 中的直方图描绘了开发人员的年龄分布，这与预期略有偏差。下面尝试根据以下的逻辑将这些原始年龄值分配到特定的区间中。

```
年龄范围 : 区间
----------------
 0 -  9 : 0
10 - 19 : 1
20 - 29 : 2
30 - 39 : 3
40 - 49 : 4
50 - 59 : 5
60 - 69 : 6
   ... 等等
Out[16]:
```

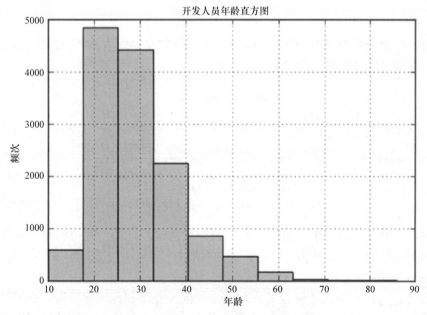

图 4-7　描绘开发人员年龄分布的直方图

我们可以使用之前在"舍入"部分所学到的内容轻松地完成此项操作，其中通过在将年龄除以 10，之后取其底数来对这些原始年龄值进行舍入操作。下方的代码描述了这样的操作。

```
In [17]: fcc_survey_df['Age_bin_round'] = np.array(np.floor(np.array(fcc_survey_df['Age']) /
                                                                                10.))
    ...: fcc_survey_df[['ID.x', 'Age', 'Age_bin_round']].iloc[1071:1076]
Out[17]:
                                    ID.x   Age  Age_bin_round
1071   6a02aa4618c99fdb3e24de522a099431  17.0            1.0
1072   f0e5e47278c5f248fe861c5f7214c07a  38.0            3.0
1073   6e14f6d0779b7e424fa3fdd9e4bd3bf9  21.0            2.0
1074   c2654c07dc929cdf3dad4d1aec4ffbb3  53.0            5.0
1075   f07449fc9339b2e57703ec7886232523  35.0            3.0
```

现在采用特定的数据集片段（1071~1075 行）来描述不同年龄的用户。可以看到每个年龄对应的区间都是根据舍入原则来分配的。但是，如果需要更多灵活性呢？如果想自己决定并修改区间宽度该怎么办？

关于固定宽度分箱的所有问题的答案就是基于自定义范围的分箱，也即刚才提到的相关问题。接下来使用以下方案为开发者年龄分箱定义一些自定义的年龄范围。

```
年龄范围：区间
---------------
 0  -  15  : 1
16  -  30  : 2
31  -  45  : 3
46  -  60  : 4
61  -  75  : 5
75 - 100  : 6
```

基于此自定义分箱方案，现在将通过下列代码为每个开发人员年龄值标记对应的区间。我们将同时存储区间的数值范围和相应的标签。

```
In [18]: bin_ranges = [0, 15, 30, 45, 60, 75, 100]
    ...: bin_names = [1, 2, 3, 4, 5, 6]
    ...: fcc_survey_df['Age_bin_custom_range'] = pd.cut(np.array(fcc_survey_df['Age']),
    ...:                                                bins=bin_ranges)
    ...: fcc_survey_df['Age_bin_custom_label'] = pd.cut(np.array(fcc_survey_df['Age']),
    ...:                                                bins=bin_ranges, labels=bin_names)
    ...: fcc_survey_df[['ID.x', 'Age', 'Age_bin_round',
    ...:               'Age_bin_custom_range', 'Age_bin_custom_label']].iloc[1071:1076]
```

从图 4-8 中的数据框中可以看出，基于自定义的区间范围，已经为每个开发人员的年龄分配了对应的区间。来试试你自己的分箱方案吧！

2. 自适应分箱

到目前为止，已经确定了固定宽度分箱中的区间宽度和范围。然而，这种技术不是根据落入每个区间中的数据点或值的数量而设定的，可能会导致不规则的区间产生。有些区间中的人数可能比较多，而有些可能人数就很少，甚至是空的！自适应分箱是一种更好更安全的方法，在这种方法中根据数据自身的分布情况来决定如何设定适当的区间。

Out[18]:

	ID.x	年龄	Age_bin_round	Age_bin_custom_range	Age_bin_custom_label
1071	6a02aa4618c99fdb3e24de522a099431	17.0	1.0	(15,30]	2
1072	f0e5e47278c5f248fe861c5f7214c07a	38.0	3.0	(30,45]	3
1073	6e14f6d0779b7e424fa3fdd9e4bd3bf9	21.0	2.0	(15,30]	2
1074	c2654c07dc929cdf3dad4d1aec4ffbb3	53.0	5.0	(45,60]	4
1075	f07449fc9339b2e57703ec7886232523	35.0	3.0	(30,45]	3

图 4-8   自定义开发人员年龄分箱

基于分位数的分箱是用于自适应分箱的良好策略。分位数是特定值或切点，它有助于将特定数值字段的连续值分布划分为离散的连续区间或间隔。*q* 分位数是将数值属性划分为 *q* 个相等的分区。常见的分位数例子包括被称为中位数的二分位数，它将数据分布分成两个相等的区间，4-Quantiles 被称为四分位数，它将数据分成 4 个相等的区间，10-Quantiles 也称为十分位数，它将数据分为十个宽度相等的区间。现在看一下与程序员调查数据集中的开发人员收入值相关的一些数据。

```
In [19]: fcc_survey_df[['ID.x', 'Age', 'Income']].iloc[4:9]
Out[19]:
                               ID.x   Age    Income
4   9368291c93d5d5f5c8cdb1a575e18bec  20.0    6000.0
5   dd0e77eab9270e4b67c19b0d6bbf621b  34.0   40000.0
6   7599c0aa0419b59fd11ffede98a3665d  23.0   32000.0
7   6dff182db452487f07a47596f314bddc  35.0   40000.0
8   9dc233f8ed1c6eb2432672ab4bb39249  33.0   80000.0
```

数据框描绘的数据片段展示了数据集中每个开发人员的收入。现在来使用以下代码来查看该 Income 变量的整个数据分布。

```
In [20]: fig, ax = plt.subplots()
    ...: fcc_survey_df['Income'].hist(bins=30, color='#A9C5D3')
    ...: ax.set_title('Developer Income Histogram', fontsize=12)
    ...: ax.set_xlabel('Developer Income', fontsize=12)
    ...: ax.set_ylabel('Frequency', fontsize=12)
```

可以从图 4-9 所示的分布中看出，正如预期的那样，有很少的开发人员获得了高薪，反之亦然。接下来试用一下基于四分位数的自适应数据分箱方案。下方的代码段将帮助获取分布在四分位数的 4 个分位点上的收入值。

```
In [21]: quantile_list = [0, .25, .5, .75, 1.]
    ...: quantiles = fcc_survey_df['Income'].quantile(quantile_list)
    ...: quantiles
Out[21]:
0.00      6000.0
0.25     20000.0
0.50     37000.0
0.75     60000.0
1.00    200000.0
```

Out[20]:

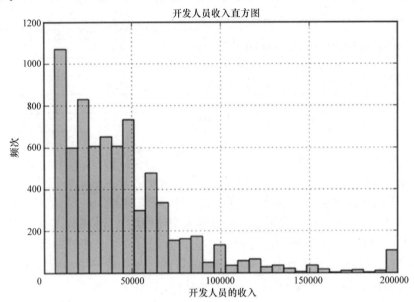

图 4-9 描绘开发人员收入的直方图

为了更好地将从这个输出中获得的四分位数进行可视化，可以使用下面的代码段将其在数据分布图中绘制出来。

```
In [22]: fig, ax = plt.subplots()
    ...: fcc_survey_df['Income'].hist(bins=30, color='#A9C5D3')
    ...:
    ...: for quantile in quantiles:
    ...:     qvl = plt.axvline(quantile, color='r')
    ...: ax.legend([qvl], ['Quantiles'], fontsize=10)
    ...:
    ...: ax.set_title('Developer Income Histogram with Quantiles', fontsize=12)
    ...: ax.set_xlabel('Developer Income', fontsize=12)
    ...: ax.set_ylabel('Frequency', fontsize=12)
```

图 4-10 中的垂直实线表示的是收入属性中的四分位数值。现在来使用分位数分箱法，通过以下代码将每个开发人员的收入值分箱到相应的区间中。

```
In [23]: quantile_labels = ['0-25Q', '25-50Q', '50-75Q', '75-100Q']
    ...: fcc_survey_df['Income_quantile_range'] = pd.qcut(fcc_survey_df['Income'],
    ...:                                                  q=quantile_list)
    ...: fcc_survey_df['Income_quantile_label'] = pd.qcut(fcc_survey_df['Income'],
    ...:                                                  q=quantile_list,
    ...:                                                  labels=quantile_labels)
    ...: fcc_survey_df[['ID.x', 'Age', 'Income',
                        'Income_quantile_range', 'Income_quantile_label']].iloc[4:9]
```

Out[22]:

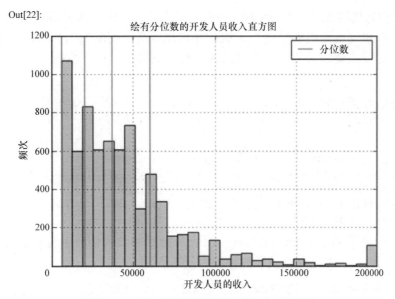

图 4-10　绘有分位数的开发人员收入直方图

图 4-11 所示的数据框中清楚地显示了 Income_quantile_range 和 Income_quantile_label 特征中为每个开发人员收入值分配的基于分位数的区间范围和相应的标签。

Out[23]:

	ID.x	年龄	收入	Income_quantile_range	Income_quantile_label
4	9368291c93d5d5f5c8cdb1a575e18bec	20.0	6000.0	(5999.999,20000.0]	0~25Q
5	dd0e77eab9270e4b67c19b0d6bbf621b	34.0	40000.0	(37000.0,60000.0]	50~75Q
6	7599c0aa0419b59fd11ffede98a3665d	23.0	32000.0	(20000.0,37000.0]	25~50Q
7	6dff182db452487f07a47596f314bddc	35.0	40000.0	(37000.0,60000.0]	50~75Q
8	9dc233f8ed1c6eb243267a2ab4bb39249	33.0	80000.0	(60000.0,200000.0]	75~100Q

图 4-11　基于分位数的开发人员收入的区间范围和标签信息

4.4.6　统计变换

现在看一下通过使用统计和数学变换来研究的一种不同的数值型数据特征工程策略。本节将介绍对数变换以及 Box-Cox 变换。这两个变换函数都属于幂变换函数族。这些函数通常用于进行单调变化的数据的变换，但它们的主要意义在于帮助稳定方差，它们严格遵循正态分布，能够使数据独立于基于正态分布的均值。有一些变换也被用作特征缩放的一部分，我们将在后面的内容中介绍到。

1. 对数变换

对数变换属于幂变换函数族。该函数可以定义为 $y = \log_b(x)$，你可以将它读为以 b 为底数的 x 的对数等于 y。它还可以变换为 $b^y = x$，表示为了获得 x，必须将底数 b 提高到什么量级。自然对数运算的底数 $b = e$，其中 $e = 2.71828$，该值通常被称为欧拉数。你也可以使用十进制系统中常用的底数，即 $b = 10$。对数变换在应用于偏斜式分布时是很有用的，因为它趋向于将较低幅度范围内的值进行扩展，并对在较高幅度范围内的值进行压缩，这可以使偏斜式分布尽可能地正常化。下面对从程序员调查数据集中提取的开发人员收入特征进行对数变换。

```
In [24]: fcc_survey_df['Income_log'] = np.log((1+ fcc_survey_df['Income']))
    ...: fcc_survey_df[['ID.x', 'Age', 'Income', 'Income_log']].iloc[4:9]
Out[24]:
                            ID.x   Age    Income   Income_log
4    9368291c93d5d5f5c8cdb1a575e18bec   20.0   6000.0    8.699681
5    dd0e77eab9270e4b67c19b0d6bbf621b   34.0  40000.0   10.596660
6    7599c0aa0419b59fd11ffede98a3665d   23.0  32000.0   10.373522
7    6dff182db452487f07a47596f314bddc   35.0  40000.0   10.596660
8    9dc233f8ed1c6eb2432672ab4bb39249   33.0  80000.0   11.289794
```

上方输出的数据框中的 Income_log 字段表示的是对收入信息进行对数变换后的结果。接下来使用下面的代码来绘制变换后的特征的分布情况。

```
In [25]: income_log_mean = np.round(np.mean(fcc_survey_df['Income_log']), 2)
    ...:
    ...: fig, ax = plt.subplots()
    ...: fcc_survey_df['Income_log'].hist(bins=30, color='#A9C5D3')
    ...: plt.axvline(income_log_mean, color='r')
    ...: ax.set_title('Developer Income Histogram after Log Transform', fontsize=12)
    ...: ax.set_xlabel('Developer Income (log scale)', fontsize=12)
    ...: ax.set_ylabel('Frequency', fontsize=12)
    ...: ax.text(11.5, 450, r'$\mu$='+str(income_log_mean), fontsize=10)
```

因此，可以清楚地看到，原始的开发人员的收入分布是右偏斜的，如图 4-10 所示。而应用了对数变换后的分布则更像高斯分布或正态分布，如图 4-12 所示。

Out[25]:

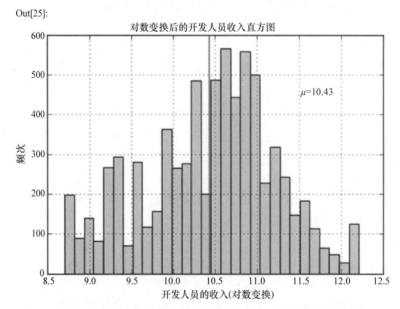

图 4-12　描绘了对数变换后的开发人员收入分布的直方图

2. Box-Cox 变换

现在来看一下 Box-Cox 变换，它是属于幂变换函数族的另一种常用的函数。此函数的先决条件是要变换的数值必须为正（类似于对数变换所期望的值）。如果它们是负数，则可以使用常数值先对其进行移位操作。在数学上，Box-Cox 变换函数可以定义为

$$y = f(x,\lambda) = x^\lambda = \begin{cases} \dfrac{x^\lambda - 1}{\lambda} & \lambda > 0 \\ \log_e(x) & \lambda = 0 \end{cases}$$

像这样，变换的输出结果 y 是输入量 x 和变换参数 λ 的函数，例如当 $\lambda=0$ 时，该变换就是在前面讨论过的自然对数变换。参数 λ 的最优值一般是通过最大似然或对数似然估计来确定的。下面在开发人员收入特征中使用一下 Box-Cox 变换。为了使用该方法，首先通过使用以下代码删除非空值，来从数据分布中获得最佳的 λ 值。

```
In [26]: # 从收入值的非空值中获取最佳的λ值
    ...: income = np.array(fcc_survey_df['Income'])
    ...: income_clean = income[~np.isnan(income)]
    ...: l, opt_lambda = spstats.boxcox(income_clean)
    ...: print('Optimal lambda value:', opt_lambda)
Optimal lambda value: 0.117991239456
```

现在已经获得了最佳的 λ 值，接下来分别使用 $\lambda=0$ 和 $\lambda=\lambda_{optimal}$ 两个参数值的 Box-Cox 变换来对开发人员收入相关的原始数据进行变换。

```
In [27]: fcc_survey_df['Income_boxcox_lambda_0'] = spstats.boxcox((1+fcc_survey_df['Income']),
    ...:                                                           lmbda=0)
    ...: fcc_survey_df['Income_boxcox_lambda_opt'] = spstats.boxcox(fcc_survey_df['Income'],
    ...:                                                           lmbda=opt_lambda)
    ...: fcc_survey_df[['ID.x', 'Age', 'Income', 'Income_log',
    ...:                'Income_boxcox_lambda_0', 'Income_boxcox_lambda_opt']].iloc[4:9]
```

在输出结果数据框中使用 Income_boxcox_lambda_0 和 Income_boxcox_lambda_opt 字段来分别表示使用 $\lambda=0$ 和 $\lambda=\lambda_{optimal}$ 两个参数值的 Box-Cox 变换后的开发人员收入特征，如图 4-13 所示。就像预想的那样，Income_log 栏的值和参数 $\lambda=0$ 的 Box-Cox 变换的值相同。现在绘制一下参数 $\lambda=\lambda_{optimal}$ 的 Box-Cox 变换后的开发人员收入分布，如图 4-14 所示。

Out[27]:

	ID.x	年龄	收入	Income_log	Income_boxcox_lambda_0	Income_boxcox_lambda_opt
4	9368291c93d5d5f5c8cdb1a575e18bec	20.0	6000.0	8.699681	8.699681	15.180668
5	dd0e77eab9270e4b67c19b0d6bbf621b	34.0	40000.0	10.596660	10.596660	21.115342
6	7599c0aa0419b59fd11ffede98a3665d	23.0	32000.0	10.373522	10.373522	20.346420
7	6dff182db452487f07a47596f314bddc	35.0	40000.0	10.596660	10.596660	21.115342
8	9dc233f8ed1c6eb2432672ab4bb39249	33.0	80000.0	11.289794	11.2889794	23.637131

图 4-13　描述 Box-Cox 变换后的开发人员收入分布的数据框

```
In [30]: income_boxcox_mean = np.round(np.mean(fcc_survey_df['Income_boxcox_lambda_opt']), 2)
    ...:
    ...: fig, ax = plt.subplots()
    ...: fcc_survey_df['Income_boxcox_lambda_opt'].hist(bins=30, color='#A9C5D3')
    ...: plt.axvline(income_boxcox_mean, color='r')
    ...: ax.set_title('Developer Income Histogram after Box-Cox Transform', fontsize=12)
    ...: ax.set_xlabel('Developer Income (Box-Cox transform)', fontsize=12)
    ...: ax.set_ylabel('Frequency', fontsize=12)
    ...: ax.text(24, 450, r'$\mu$='+str(income_boxcox_mean), fontsize=10)
```

Out[28]:

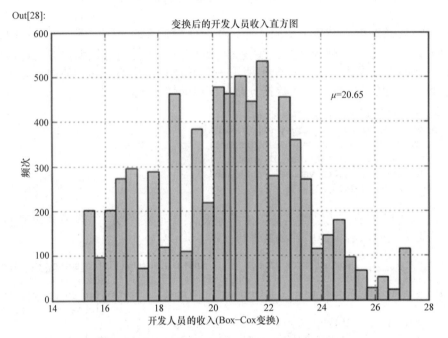

图 4-14　描绘了 Box-Cox 变换后的开发人员收入分布直方图（$\lambda = \lambda_{optimal}$）

经过 Box-Cox 变换的开发人员收入值的分布与使用对数变换后的开发人员收入分布类似，都使得开发人员收入值的分布更趋于正态分布，并且原始数据中存在的极右偏斜状况也得到了最小化处理。

4.5　分类型数据的特征工程

到目前为止，我们一直在研究连续的数值型数据，同时你还了解到了各种特征工程技术。现在将研究另一种结构化的数据类型，它就是分类型数据。任何本质上属于分类型数据的属性或特征，表示的都是属于特定分类或类别的离散值的有限集。分类或类别的标签本质上可以是文本或数值。分类型变量通常分为标称型和有序型两种。

标称型的分类特征值之间没有顺序的概念，对它们进行排序没有意义。例如电影或视频游戏、天气季节和国家名称是标称型属性的一些示例。有序型分类变量可以根据它们的值进行排序，因此这些值具有特定的意义，使得它们的顺序也是有意义的。有序型属性的例子包括服装尺寸和教育水平等。

本节将介绍用于对分类型特征和属性进行变换和编码的各种方案和技术。本章的代码文件中提供了本节所使用的代码。你可以直接加载 feature_engineering_categorical.py 文件，或使用交互体验更好的 Jupyter Notebook 打开 Feature Engineering on Categorical Data.ipynb 文件并开始运行示例。在开始之前，先加载以下依赖项。

```
In [1]: import pandas as pd
   ...: import numpy as np
```

当加载完这些依赖项，就开始对分类型数据进行特征工程处理吧。

4.5.1 标称型特征变换

标称型特征或属性通常是一组不同的有限离散值的分类型变量。这些值通常是字符串或文本格式，而机器学习算法无法直接理解它们。因此，通常你可能需要将这些特征变换为更具代表性的数值格式。接下来看一个与视频游戏销售有关的新数据集。这个数据集也可以在 Kaggle（https://www.kaggle.com/gregorut/videogamesales）上找到。方便起见，已将该内容下载了下来。以下代码可以帮助加载此数据集并查看一些我们感兴趣的属性。

```
In [2]: vg_df = pd.read_csv('datasets/vgsales.csv', encoding='utf-8')
   ...: vg_df[['Name', 'Platform', 'Year', 'Genre', 'Publisher']].iloc[1:7]
Out[2]:
                        Name Platform    Year         Genre Publisher
1          Super Mario Bros.      NES  1985.0      Platform  Nintendo
2            Mario Kart Wii      Wii  2008.0        Racing  Nintendo
3          Wii Sports Resort      Wii  2009.0        Sports  Nintendo
4     Pokemon Red/Pokemon Blue     GB  1996.0  Role-Playing  Nintendo
5                    Tetris      GB  1989.0        Puzzle  Nintendo
6        New Super Mario Bros.      DS  2006.0      Platform  Nintendo
```

这个数据框中描述的信息展示了数据集中与视频游戏相关的各种属性。Platform、Genre 和 Publisher 等特征都是标称型分类变量。现在先尝试将视频游戏 Genre 特征变换为数值表示。请注意，这并不表示变换后的特征就是数值型特征。它仍然是一个离散值的分类型特征，只是用数值表示而不是文本。下面的代码描述了所有不同类型的视频游戏的标签信息。

```
In [3]: genres = np.unique(vg_df['Genre'])
   ...: genres
Out[3]:
array(['Action', 'Adventure', 'Fighting', 'Misc', 'Platform', 'Puzzle',
       'Racing', 'Role-Playing', 'Shooter', 'Simulation', 'Sports',
       'Strategy'], dtype=object)
```

这个输出说明在数据集中有共有 12 种不同的视频游戏类型。现在使用下面代码的映射方案对这些特征进行变换。

```
In [4]: from sklearn.preprocessing import LabelEncoder
   ...:
   ...: gle = LabelEncoder()
```

```
...: genre_labels = gle.fit_transform(vg_df['Genre'])
...: genre_mappings = {index: label for index, label in enumerate(gle.classes_)}
...: genre_mappings
Out[4]:
{0: 'Action', 1: 'Adventure', 2: 'Fighting', 3: 'Misc',
 4: 'Platform', 5: 'Puzzle', 6: 'Racing', 7: 'Role-Playing',
 8: 'Shooter', 9: 'Simulation', 10: 'Sports', 11: 'Strategy'}
```

从上面的输出可以看到已经生成了一个映射方案，其中每个类型值都借助 LabelEncoder 对象的 gle 映射到了一个数值。变换后的标签存储在 genre_labels 值中。下面将其写回到原来的数据框并查看结果。

```
In [5]: vg_df['GenreLabel'] = genre_labels
   ...: vg_df[['Name', 'Platform', 'Year', 'Genre', 'GenreLabel']].iloc[1:7]
Out[5]:
                        Name Platform    Year        Genre  GenreLabel
1           Super Mario Bros.      NES  1985.0     Platform           4
2              Mario Kart Wii      Wii  2008.0       Racing           6
3            Wii Sports Resort      Wii  2009.0       Sports          10
4     Pokemon Red/Pokemon Blue       GB  1996.0  Role-Playing          7
5                      Tetris       GB  1989.0       Puzzle           5
6         New Super Mario Bros.       DS  2006.0     Platform           4
```

GenreLabel 字段描述了每个 Genre 标签所映射到的数值标签，可以清楚地看到，这与前面生成的映射是一致的。

4.5.2 有序型特征变换

有序型特征与标称型特征相似，只是有序型特征的顺序更重要，它可以用来解释这些特征值的固有属性。像标称型特征一样，即使是有序型特征也可能以文本的形式出现，你需要对它们进行映射，变换为它们的数值形式表示。现在加载之前使用过的口袋妖怪数据集，并查看每个口袋妖怪的 Generation 属性值。

```
In [6]: poke_df = pd.read_csv('datasets/Pokemon.csv', encoding='utf-8')
   ...: poke_df = poke_df.sample(random_state=1, frac=1).reset_index(drop=True)
   ...:
   ...: np.unique(poke_df['Generation'])
Out[6]: array(['Gen 1', 'Gen 2', 'Gen 3', 'Gen 4', 'Gen 5', 'Gen 6'], dtype=object)
```

通过此代码对数据集进行重新采样，以便稍后可以获得一个我们正在寻找的且能够代表所有数据的片段。从这个输出可以看到共有六代口袋妖怪。这个属性肯定是有序型的，因为第 1 代口袋妖怪比第 2 代等在视频游戏和电视节目中被介绍得更早。因此，它们之间是有顺序的。不幸的是，由于每个有序型变量都涉及特定的逻辑和规则，所以没有一个通用的模块或函数能够对这些特征进行映射，将其变换为数值表示。因此，需要像下面的代码片段这样，使用自己的逻辑来进行人工处理。

```
In [7]: gen_ord_map = {'Gen 1': 1, 'Gen 2': 2, 'Gen 3': 3,
   ...:                'Gen 4': 4, 'Gen 5': 5, 'Gen 6': 6}
   ...:
```

```
...: poke_df['GenerationLabel'] = poke_df['Generation'].map(gen_ord_map)
...: poke_df[['Name', 'Generation', 'GenerationLabel']].iloc[4:10]
Out[7]:
                 Name Generation   GenerationLabel
4            Octillery      Gen 2                 2
5            Helioptile     Gen 6                 6
6               Dialga     Gen 4                 4
7  DeoxysDefense Forme     Gen 3                 3
8             Rapidash     Gen 1                 1
9              Swanna     Gen 5                 5
```

可以看到，使用 Python 字典很容易就能构建自定义的映射变换方案，然后使用 pandas 中的 map（）函数来将其变换为有序型特征。

4.5.3 编码分类型特征

之前曾多次提到机器学习算法通常可以很好地处理数值型数据。现在可能想知道在前面的部分中已经将分类型变量变换成了数值型表示，那么为什么还要进行更高级别的编码？答案很简单。如果直接将这些变换后的分类型特征的数值表示输入到任何一个算法中，模型都将试图把它们理解为原始的数值特征，因此系统会错误地将大小的概念引入进来。

一个简单的例子就是前面的输出结果的数据框中的信息，当模型在处理 GenerationLabel 特征的值时会认为 6 > 5 > 4，以此类推。虽然口袋妖怪的代的顺序（有序型变量）很重要，但是这并没有一个明确的大小概念。第 6 代并不比第 5 代大，第 1 代也不比第 6 代小。因此，直接使用这些特征构建的并不是一个好的或正确的模型。这有几种方案和策略，可以为特征的不同类别中的每个唯一值或标签创建虚拟特征。在随后的章节中，将讨论其中的一些方案，包括独热编码、虚拟编码、效应编码和特征哈希方案。

1. 独热编码方案

考虑到对任何带有 m 个标签的分类型特征都有数值表示，独热编码方案可以将特征编码或转换为 m 个只包含 0 和 1 的二进制特征。分类型特征中的每一项属性都将被变换成大小为 m 的向量，其中只有一个值为 1（表示这是被激活的）。接下来使用独热编码对口袋妖怪数据集中的一些分类型特征数据进行编码。

```
In [8]: poke_df[['Name', 'Generation', 'Legendary']].iloc[4:10]
Out[8]:
                 Name Generation   Legendary
4            Octillery      Gen 2       False
5            Helioptile     Gen 6       False
6               Dialga     Gen 4        True
7  DeoxysDefense Forme     Gen 3        True
8             Rapidash     Gen 1       False
9              Swanna     Gen 5       False
```

从输出的数据框中展示的信息可以看出，现在有两个分类型特征分别为 Generation 和 Legendary，它们描述了口袋妖怪的世代和传奇地位。首先，需要将这些文本标签变换为数值型表示。下面的代码可以帮助达成这个目的。

```
In [9]: from sklearn.preprocessing import OneHotEncoder, LabelEncoder
   ...:
   ...: # 对口袋妖怪的Generation特征进行变换和映射
   ...: gen_le = LabelEncoder()
   ...: gen_labels = gen_le.fit_transform(poke_df['Generation'])
   ...: poke_df['Gen_Label'] = gen_labels
   ...:
   ...: # 对口袋妖怪的Legendary特征进行变换和映射
   ...: leg_le = LabelEncoder()
   ...: leg_labels = leg_le.fit_transform(poke_df['Legendary'])
   ...: poke_df['Lgnd_Label'] = leg_labels
   ...:
   ...: poke_df_sub = poke_df[['Name', 'Generation', 'Gen_Label', 'Legendary', 'Lgnd_Label']]
   ...: poke_df_sub.iloc[4:10]
Out[9]:
                 Name Generation  Gen_Label  Legendary  Lgnd_Label
4           Octillery      Gen 2          1      False           0
5          Helioptile      Gen 6          5      False           0
6              Dialga      Gen 4          3       True           1
7  DeoxysDefense Forme      Gen 3          2       True           1
8            Rapidash      Gen 1          0      False           0
9              Swanna      Gen 5          4      False           0
```

两个分类型特征现在已经分别使用字段 Gen_Label 和字段 Lgnd_Label 通过数值表示了出来。现在来使用以下代码对这些特征进行独热编码。

```
In [10]: # 使用独热编码方案对generation标签进行编码
   ...: gen_ohe = OneHotEncoder()
   ...: gen_feature_arr = gen_ohe.fit_transform(poke_df[['Gen_Label']]).toarray()
   ...: gen_feature_labels = list(gen_le.classes_)
   ...: gen_features = pd.DataFrame(gen_feature_arr, columns=gen_feature_labels)
   ...:
   ...: # 使用独热编码方案对legendary标签进行编码
   ...: leg_ohe = OneHotEncoder()
   ...: leg_feature_arr = leg_ohe.fit_transform(poke_df[['Lgnd_Label']]).toarray()
   ...: leg_feature_labels = ['Legendary_'+str(cls_label) for cls_label in leg_le.classes_]
   ...: leg_features = pd.DataFrame(leg_feature_arr, columns=leg_feature_labels)
```

现在还应该记得,可以通过将两个特征的二维数组传递给 fit_transform() 函数,从而将这两个特征编码在一起。但是为了便于理解,对这两个特征分别进行了独热编码。此外,我们也分别为其创建了数据框和相应的标签来对其进行标记。现在来把这些特征的数据框整合到一起并看一下最终的结果。

```
In [11]: poke_df_ohe = pd.concat([poke_df_sub, gen_features, leg_features], axis=1)
   ...: columns = sum([['Name', 'Generation', 'Gen_Label'],gen_feature_labels,
   ...:                 ['Legendary', 'Lgnd_Label'],leg_feature_labels], [])
   ...: poke_df_ohe[columns].iloc[4:10]
```

通过图 4-15 输出的特征集中的信息我们可以清楚地看到 Gen_Label 和 Lgnd_Label 的新独热编码特征。每个独热编码特征本质上都是二进制的,如果它们中包含数字 1,那就意味着该特征对应的属性是激活的。例如，第 6 行表示口袋妖怪 Dialga 的 Gen_Label=3（映射从 0 开始），并且它是属于 Gen 4 的口袋妖怪，该行中特征 Gen 4 对应的独热编码值为 1，其余特征的独热编码值为 0。同样，第 6 行中的 Legendary 处的值为 True，对应的 Lgnd_Label 值为 1，Legendary_True 的独热编码特征值也为 1，表示它处于激活状态。

Out[11]:

	Name	Generation	Gen_Label	Gen1	Gen2	Gen3	Gen4	Gen5	Gen6	Legendary	Lgnd_Label	Legendary_False	Legendary_True
4	Octillery	Gen2	1	0.0	1.0	0.0	0.0	0.0	0.0	False	0	1.0	0.0
5	Helloptlle	Gen6	5	0.0	0.0	0.0	0.0	0.0	1.0	False	0	1.0	0.0
6	Dialge	Gen4	3	0.0	0.0	0.0	1.0	0.0	0.0	True	1	0.0	1.0
7	DeoxysDefense Forme	Gen3	2	0.0	0.0	1.0	0.0	0.0	0.0	True	1	0.0	1.0
8	Rapldash	Gen1	0	1.0	0.0	0.0	0.0	0.0	0.0	False	0	1.0	0.0
9	Swanna	Gen5	4	0.0	0.0	0.0	0.0	1.0	0.0	False	0	1.0	0.0

图 4-15　表征了口袋妖怪 Generation 和 Legendary 特征的独热编码的特征集

假设在训练和建立模型时使用了这些数据，但现在又有了一些新的口袋妖怪数据，在我们想要用训练过的模型运行它之前，需要从这些数据中处理得到相同的特征。也可以使用之前为了对训练数据进行特征工程处理而构建的 LabelEncoder 和 OneHotEncoder 对象的 transform（）函数。下面的代码展示了与新口袋妖怪相关的两个虚拟数据点数据的预处理。

```
In [12]: new_poke_df = pd.DataFrame([['PikaZoom', 'Gen 3', True],
    ...:                             ['CharMyToast', 'Gen 4', False]],
    ...:                             columns=['Name', 'Generation', 'Legendary'])
    ...: new_poke_df
Out[12]:
        Name Generation  Legendary
0    PikaZoom      Gen 3       True
1  CharMyToast      Gen 4      False
```

下面将按照前面的步骤，首先使用前面构建的 LabelEncoder 对象将文本分类数据变换为数值表示，如下面的代码所示。

```
In [13]: new_gen_labels = gen_le.transform(new_poke_df['Generation'])
    ...: new_poke_df['Gen_Label'] = new_gen_labels
    ...:
    ...: new_leg_labels = leg_le.transform(new_poke_df['Legendary'])
    ...: new_poke_df['Lgnd_Label'] = new_leg_labels
    ...:
    ...: new_poke_df[['Name', 'Generation', 'Gen_Label', 'Legendary', 'Lgnd_Label']]
Out[13]:
        Name Generation  Gen_Label  Legendary  Lgnd_Label
0    PikaZoom      Gen 3          2       True           1
1  CharMyToast      Gen 4          3      False           0
```

现在，可以使用之前构建的 LabelEncoder 对象，并使用以下代码对这些新数据进行独热编码，如图 4-16 所示。

```
In [14]: new_gen_feature_arr = gen_ohe.transform(new_poke_df[['Gen_Label']]).toarray()
    ...: new_gen_features = pd.DataFrame(new_gen_feature_arr, columns=gen_feature_labels)
```

```
...:
...: new_leg_feature_arr = leg_ohe.transform(new_poke_df[['Lgnd_Label']]).toarray()
...: new_leg_features = pd.DataFrame(new_leg_feature_arr, columns=leg_feature_labels)
...:
...: new_poke_ohe = pd.concat([new_poke_df, new_gen_features, new_leg_features], axis=1)
...: columns = sum([['Name', 'Generation', 'Gen_Label'], gen_feature_labels,
...:                ['Legendary', 'Lgnd_Label'], leg_feature_labels], [])
...: new_poke_ohe[columns]
```

Out[14]:

	Name	Generation	Gen_Label	Gen1	Gen2	Gen3	Gen4	Gen5	Gen6	Legendary	Lgnd_Label	Legendary_False	Legendary_True
0	PikaZoom	Gen 3	2	0.0	0.0	1.0	0.0	0.0	0.0	True	1	0.0	1.0
1	CharMyToast	Gen 4	3	0.0	0.0	0.0	1.0	0.0	0.0	False	0	1.0	0.0

图 4-16　表征了新的口袋妖怪数据点特征的独热编码特征集

现在你可以看到如何使用 fit_transform（）函数对数据集进行特征工程处理了，然后可以使用编码对象，使用 transform（）函数基于之前对数据的观察，对新数据进行特征工程处理，特别是数据的不同类别及其相应的标签和独热编码。未来在构建模型过程中处理训练数据集和测试数据集时，你在任何类型的特征工程中都应该始终遵循此工作流程。Pandas 还提供了一个名为 to_dummies（）的很棒的函数，它可以帮助我们轻松地进行独热编码。以下代码描述了如何实现这个目标。

```
In [15]: gen_onehot_features = pd.get_dummies(poke_df['Generation'])
    ...: pd.concat([poke_df[['Name', 'Generation']], gen_onehot_features], axis=1).iloc[4:10]
Out[15]:
            Name Generation  Gen 1  Gen 2  Gen 3  Gen 4  Gen 5  Gen 6
4          Octillery     Gen 2      0      1      0      0      0      0
5         Helioptile     Gen 6      0      0      0      0      0      1
6             Dialga     Gen 4      0      0      0      1      0      0
7  DeoxysDefense Forme     Gen 3      0      0      1      0      0      0
8           Rapidash     Gen 1      1      0      0      0      0      0
9             Swanna     Gen 5      0      0      0      0      1      0
```

输出描述了类似于之前分析中的表征方式的口袋妖怪 Generation 值的独热编码方案。

2. 虚拟编码方案

虚拟编码方案类似于独热编码方案，除了在虚拟编码方案的情况下，当应用于具有 m 个不同标签的分类型特征时，将获得 $m-1$ 个二进制特征。因此，分类变量的每个值都被变换为大小为 $m-1$ 的向量。其他的特征被完全忽略，因此如果类别值范围为 $\{0,1,\cdots,m-1\}$，则第 0 或第 $m-1$ 个特征通常由全零（0）的向量表示。

以下代码描述了通过删除第一级二进制编码特征（Gen1）对口袋妖怪 Generation 的虚拟编码方案。

```
In [16]: gen_dummy_features = pd.get_dummies(poke_df['Generation'], drop_first=True)
    ...: pd.concat([poke_df[['Name', 'Generation']], gen_dummy_features], axis=1).iloc[4:10]
Out[16]:
            Name Generation  Gen 2  Gen 3  Gen 4  Gen 5  Gen 6
```

4	Octillery	Gen 2	1	0	0	0	0
5	Helioptile	Gen 6	0	0	0	0	1
6	Dialga	Gen 4	0	0	1	0	0
7	DeoxysDefense Forme	Gen 3	0	1	0	0	0
8	Rapidash	Gen 1	0	0	0	0	0
9	Swanna	Gen 5	0	0	0	1	0

如果你想，也可以选择使用以下代码删除最后一级二进制编码特征（Gen6）。

```
In [17]: gen_onehot_features = pd.get_dummies(poke_df['Generation'])
    ...: gen_dummy_features = gen_onehot_features.iloc[:,:-1]
    ...: pd.concat([poke_df[['Name', 'Generation']], gen_dummy_features], axis=1).iloc[4:10]
Out[17]:
```

	Name	Generation	Gen 1	Gen 2	Gen 3	Gen 4	Gen 5
4	Octillery	Gen 2	0	1	0	0	0
5	Helioptile	Gen 6	0	0	0	0	0
6	Dialga	Gen 4	0	0	0	1	0
7	DeoxysDefense Forme	Gen 3	0	0	1	0	0
8	Rapidash	Gen 1	1	0	0	0	0
9	Swanna	Gen 5	0	0	0	0	1

现在从这些输出中可以看到基于编码级的二进制特征，特定的分类值由向量 / 编码特征表示，删掉的一级均用 0 表示。例如，在之前的结果特征集中，口袋妖怪 Helioptile 属于第 6 代（Gen 6），在虚拟编码的特征中用全 0 表示。

3. 效应编码方案

在大多数方面，效应编码方案与虚拟编码方案非常相似。然而，对于编码特征或特征向量，在虚拟编码方案中使用全 0 表示的类别值，在效应编码方案中则被替换为 −1。以下代码描述了对口袋妖怪 Generation 特征的效应编码方案。

```
In [18]: gen_onehot_features = pd.get_dummies(poke_df['Generation'])
    ...: gen_effect_features = gen_onehot_features.iloc[:,:-1]
    ...: gen_effect_features.loc[np.all(gen_effect_features == 0, axis=1)] = -1.
    ...: pd.concat([poke_df[['Name', 'Generation']], gen_effect_features], axis=1).iloc[4:10]
Out[18]:
```

	Name	Generation	Gen 1	Gen 2	Gen 3	Gen 4	Gen 5
4	Octillery	Gen 2	0.0	1.0	0.0	0.0	0.0
5	Helioptile	Gen 6	-1.0	-1.0	-1.0	-1.0	-1.0
6	Dialga	Gen 4	0.0	0.0	0.0	1.0	0.0
7	DeoxysDefense Forme	Gen 3	0.0	0.0	1.0	0.0	0.0
8	Rapidash	Gen 1	1.0	0.0	0.0	0.0	0.0
9	Swanna	Gen 5	0.0	0.0	0.0	0.0	1.0

现在可以从输出特征集中清楚地看到，之前在虚拟编码方案中使用全 0 表示的值，现在其中的 0 均被替换成了 −1。

4. 区间计数方案

到目前为止所发现的编码方案在一般的分类型数据上工作得很好，但是当任何特征中的不同类别的数量变得非常大时，它们就开始产生问题了。对于 m 个不同的标签的任何分类型特征都有 m 个单独的特征。这就很容易使得特征集的大小变大，从而导致诸如存储问题及关于时间、空间和内存的模型训练问题等。除此之外，还必须处理所谓的"维数的诅咒"，即通常有大量的特征而没有足够的代表性样本，使得模型性能开始受到影响。因此，需要寻找具有大量可能类别（如 IP 地址）特征的其他分类型数据的特征工程方案。

区间计数方案对处理具有很多类别的分类型变量很有用。在这个方案中使用的是基于概率的统计信息，而不是使用实际的标签值来进行编码，这里的目的是预测建模工作中的目标或响应值。一个简单的例子就是基于 IP 地址的历史数据和曾被用于 DDOS 攻击的 IP 数据，可以计算出任意 IP 地址引起 DDOS 攻击的概率值。利用这些信息，可以对输入特征进行编码，使用该特征来描述如果将来出现相同的 IP 地址，导致 DDOS 攻击的概率值是多少。这个方案需要精心设计的历史数据作为先决条件。用一个完整的例子来描述这个内容则超出了本章的范围，但是你可以参考一些在线的资料。

5. 特征哈希方案

特征哈希方案是另一种用于处理大规模分类型特征的有效的特征工程方案。在该方案中，哈希函数通常与预先设置的编码特征的数量（作为预定长度的向量）一起使用，在此预定义向量中使用特征的哈希值作为索引，并相应地更新该值。由于哈希函数将大量的值映射到一组有限的值中，因此多个不同的值可能会创建相同的散列，称为碰撞。通常使用带符号的哈希函数，使得从散列获得的值的符号用作值的符号，该值存储在最终特征向量的适当索引处。这将确保较小的碰撞和较小的碰撞积累误差。

哈希方案适用于字符串、数值和向量等其他结构。你可以将哈希输出看作是一个有限的 h 个区间的集合，这样当哈希函数应用于相同的值时，它们就会根据哈希值被分配到相同的区间中。同时可以指定 h 的值，它将成为我们使用特征哈希方案对每个分类型特征进行编码的特征向量的最终大小。因此，即使在一个特征中有超过 1000 个不同的类别，那么设置 h =10，则输出特征集将只有 10 个特征，如果使用独热编码方案，则会有 1000 个特征。下面来看一下下面的代码片段，它展示了视频游戏类型的数量。

```
In [19]: unique_genres = np.unique(vg_df[['Genre']])
    ...: print("Total game genres:", len(unique_genres))
    ...: print(unique_genres)
Total game genres: 12
['Action' 'Adventure' 'Fighting' 'Misc' 'Platform' 'Puzzle' 'Racing'
 'Role-Playing' 'Shooter' 'Simulation' 'Sports' 'Strategy']
```

我们可以从输出中清楚地看到有 12 种不同的类型，如果在 Genre 特征上使用独热编码方案，将会得到 12 个二进制特征。然而，现在将使用特征哈希方案，利用 scikitt-learn 中使用了一个已签名的 32 位版本的 Murmurhash3 哈希函数的 FeatureHasher 类。下面的代码展示了如何使用特征哈希方案，应预先将特征向量的大小设置为 6（6 个特征，而不是 12 个）。

```
In [21]: from sklearn.feature_extraction import FeatureHasher
    ...:
    ...: fh = FeatureHasher(n_features=6, input_type='string')
    ...: hashed_features = fh.fit_transform(vg_df['Genre'])
    ...: hashed_features = hashed_features.toarray()
    ...: pd.concat([vg_df[['Name', 'Genre']], pd.DataFrame(hashed_features)], axis=1).
          iloc[1:7]
```

```
Out[21]:
                        Name          Genre    0    1    2     3    4     5
1            Super Mario Bros.     Platform  0.0  2.0  2.0  -1.0  1.0   0.0
2              Mario Kart Wii       Racing -1.0  0.0  0.0   0.0  0.0  -1.0
3            Wii Sports Resort       Sports -2.0  2.0  0.0  -2.0  0.0   0.0
4     Pokemon Red/Pokemon Blue  Role-Playing -1.0  1.0  2.0   0.0  1.0  -1.0
5                       Tetris       Puzzle  0.0  1.0  1.0  -2.0  1.0  -1.0
6        New Super Mario Bros.     Platform  0.0  2.0  2.0  -1.0  1.0   0.0
```

从结果特征集中可以清楚地看到，Genre 分类型特征已经通过哈希方案被编码成了 6 个特征，而不是 12 个。还可以看到，第 1 行和第 6 行表示相同类型的游戏，Platform 已经像预期那样被正确地编码成了相同的特征向量。

4.6　文本型数据的特征工程

处理像数值型或分类型变量这样的结构化数据类型，通常不像文本和图像这样的非结构化类型那么具有挑战性。对于文本文档之类的非结构化数据，第一个挑战是处理文档的语法、格式和内容的不可预测性，这使得提取有用的信息以构建模型成为一项挑战。第二个挑战是将这些文本表示变换为可以被机器学习算法理解的数值型表示。数据科学家每天使用各种特征工程技术从非结构化文本中提取数值型特征向量。本节中将讨论其中的几种技术。在开始之前，你应该记住，在文本型数据上执行特征工程有两个方面。

1）预处理和规范化文本。

2）特征提取和特征工程。

如果没有文本预处理和规范化，特征工程技术将无法发挥其核心效率，因此对文本文档进行预处理至关重要。你可以直接加载 feature_engineering_text.py 文件，或使用交互体验更好的 Jupyter Notiebook 打开 Feature Engineering on Text Data.ipynb 文件并开始运行示例。在开始之前，先加载以下必要的依赖项。

```
In [1]: import pandas as pd
   ...: import numpy as np
   ...: import re
   ...: import nltk
```

现在，加载一些示例文本文档进行一些基本的预处理，并学习处理文本型数据的各种特征工程策略。可以通过下面的代码创建我们的示例文本语料库（文本文档的集合），后面将在本节中使用它。

```
In [2]: corpus = ['The sky is blue and beautiful.',
   ...:           'Love this blue and beautiful sky!',
   ...:           'The quick brown fox jumps over the lazy dog.',
   ...:           'The brown fox is quick and the blue dog is lazy!',
   ...:           'The sky is very blue and the sky is very beautiful today',
   ...:           'The dog is lazy but the brown fox is quick!'
   ...: ]
   ...: labels = ['weather', 'weather', 'animals', 'animals', 'weather', 'animals']
   ...: corpus = np.array(corpus)
   ...: corpus_df = pd.DataFrame({'Document': corpus,
```

```
    ...:                                    'Category': labels})
    ...: corpus_df = corpus_df[['Document', 'Category']]
    ...: corpus_df
Out[2]:
                                             Document Category
0                      The sky is blue and beautiful.  weather
1                     Love this blue and beautiful sky!  weather
2         The quick brown fox jumps over the lazy dog.   animals
3    The brown fox is quick and the blue dog is lazy!   animals
4    The sky is very blue and the sky is very beaut...  weather
5          The dog is lazy but the brown fox is quick!   animals
```

可以看到，一共有 6 个文档，其中 3 个文档与天气有关，正如 Category 标签下的内容所示，另外 3 个文档讨论的是动物。

4.6.1 文本预处理

在进行特征工程之前，我们需要像之前提到的那样进行预处理、清洗和规范化文本。有多种预处理技术，其中一些非常复杂。我们不会在本节中讨论很多细节，但将在之后的处理文本分类和情感分析等章节中更详细地介绍它们。以下是一些流行的预处理技术。

1）文本分词和小写转换。

2）删除特殊字符。

3）缩放。

4）删除停用词。

5）拼写纠正。

6）词干提取。

7）词形还原。

关于这些主题的更多详细信息，你可以跳到本书的第 7 章，或 *Text Anaytics with Python*（Apress；Dipanjan Sarkar，2016）一书，其中详细介绍了这些技术。下面将通过小写转换、删除特殊字符、分词和删除停用词来规范化我们的文本。以下代码可帮助实现这一目标。

```
In [3]: wpt = nltk.WordPunctTokenizer()
    ...: stop_words = nltk.corpus.stopwords.words('english')
    ...:
    ...: def normalize_document(doc):
    ...:     # 小写转换及删除特殊字符和空格
    ...:     doc = re.sub(r'[^a-zA-Z0-9\s]', '', doc, re.I)
    ...:     doc = doc.lower()
    ...:     doc = doc.strip()
    ...:     # 文档分词
    ...:     tokens = wpt.tokenize(doc)
    ...:     # 滤除文档中的停用词
    ...:     filtered_tokens = [token for token in tokens if token not in stop_words]
    ...:     # 通过分词进行文档重建
    ...:     doc = ' '.join(filtered_tokens)
    ...:     return doc
    ...:
    ...: normalize_corpus = np.vectorize(normalize_document)
```

np.vectorize（）函数帮助在 numpy 数组的所有元素上运行相同的函数，而不是通过编写循环。现在将使用此函数来对文本语料库进行预处理。

```
In [4]: norm_corpus = normalize_corpus(corpus)
   ...: norm_corpus
Out[4]:
array(['sky blue beautiful', 'love blue beautiful sky',
       'quick brown fox jumps lazy dog', 'brown fox quick blue dog lazy',
       'sky blue sky beautiful today', 'dog lazy brown fox quick'],
      dtype='<U32')
```

你可以在初始的数据框中将每个文本文档与其原始形式进行比较。你将看到，每个文档都是小写的，特殊符号已被删除，停用词（包含像 articles 和 pronouns 等意义不大的词）已被删除。现在可以使用此预处理后的语料库来进行特征工程处理了。

4.6.2　词袋模型

这可能是从非结构化文本中向量化特征的最简单而有效的方案之一。该模型的核心原则是将文本文档转换为数值型向量。每个向量大小为 N，其中 N 表示文档语料库中所有可能的不同单词。变换后的每个文档都是一个大小为 N 的数值型向量，其中向量中的值或权重表示特定文档中每个单词出现的频率。下面的代码将文本语料库向量化为数值型特征向量。

```
In [5]: from sklearn.feature_extraction.text import CountVectorizer
   ...:
   ...: cv = CountVectorizer(min_df=0., max_df=1.)

   ...: cv_matrix = cv.fit_transform(norm_corpus)
   ...: cv_matrix = cv_matrix.toarray()
   ...: cv_matrix
Out[5]:
array([[1, 1, 0, 0, 0, 0, 0, 0, 0, 1, 0],
       [1, 1, 0, 0, 0, 0, 0, 1, 0, 1, 0],
       [0, 0, 1, 1, 1, 1, 1, 0, 1, 0, 0],
       [0, 1, 1, 1, 1, 0, 1, 0, 1, 0, 0],
       [1, 1, 0, 0, 0, 0, 0, 0, 0, 2, 1],
       [0, 0, 1, 1, 1, 0, 1, 0, 1, 0, 0]], dtype=int64)
```

如前所述，上面这个输出表示了基于每个文档词汇出现频率数值型特征向量。为了更好地理解它，可以使用特征名来表示它，并将它视为一个 DataFrame。

```
In [6]: vocab = cv.get_feature_names()
   ...: pd.DataFrame(cv_matrix, columns=vocab)
Out[6]:
   beautiful  blue  brown  dog  fox  jumps  lazy  love  quick  sky  today
0          1     1      0    0    0      0     0     0      0    1      0
1          1     1      0    0    0      0     0     1      0    1      0
2          0     0      1    1    1      1     1     0      1    0      0
3          0     1      1    1    1      0     1     0      1    0      0
4          1     1      0    0    0      0     0     0      0    2      1
5          0     0      1    1    1      0     1     0      1    0      0
```

现在可以清楚地看到，DataFrame 的每一行都描述了每个文本文档的词汇频率向量。该模型将非结构化的文本表示为一组单词，而不考虑单词的位置、语法或语义，因此就有了词袋模型这个名称。

4.6.3　N-Grams 袋模型

本书在上面提到的词袋模型中使用了单个术语作为特征。但是，如果还想考虑序列中出现的短语或单词集合呢？N-grams 能够帮助我们达到这个目标。N-grams 是文本文档中分词的集合，这些分词是连续的，并且是在一个序列中的。bi-grams 表示 N-grams 的 2 阶（两个词）形式，tri-grams 表示 N-grams 的 3 阶（三个词）形式，依此类推。我们可以很容易地对词袋模型进行扩展，使用 N-grams 袋模型来给出基于 N-grams 的特征向量。以下代码计算了语料库的基于 bi-grams 的特征。

```
In [7]: bv = CountVectorizer(ngram_range=(2,2))
   ...: bv_matrix = bv.fit_transform(norm_corpus)
   ...: bv_matrix = bv_matrix.toarray()
   ...: vocab = bv.get_feature_names()
   ...: pd.DataFrame(bv_matrix, columns=vocab)
```

图 4-17 清晰地展示了二元组特征向量，其中每个特征是两个连续单词的二元组，并且它的值表征的是每个文档中该二元组出现的频率。你可以使用 ngram_range 参数来扩展 N-grams 的范围以获得更高阶的 N-grams。通常，三阶及以下的 N-grams 袋模型对大多数的机器学习和自然语言处理任务来说都是足够的。

Out[7]:

	beautiful sky	beautiful today	blue beautiful	blue dog	blue sky	brown fox	dog lazy	fox Jumps	fox quick	Jumps lazy	lazy brown	lazy dog	love blue	quick blue	qulck brown	sky beautiful	sky blue
0	0	0	1	0	0	0	0	0	0	0	0	0	0	0	0	0	1
1	1	0	1	0	0	0	0	0	0	0	0	1	0	0	0	0	0
2	0	0	0	0	0	1	0	1	0	1	0	1	0	0	1	0	0
3	0	0	0	1	0	1	1	0	1	0	0	0	1	0	0	0	0
4	0	1	1	0	1	0	0	0	0	0	0	0	0	0	0	1	1
5	0	0	0	0	0	1	0	0	1	0	1	0	0	0	0	0	0

图 4-17　基于 N-grams 袋模型从我们语料库提取的二阶特征向量

4.6.4　TF-IDF 模型

在大型语料库中使用词袋模型时，可能会出现一些潜在的问题。由于特征向量是基于绝对项的频率，而有些术语可能会在所有文档中都频繁地出现，这些术语往往会掩盖特征集中的其他术语。TF-IDF 模型试图通过在其计算中使用缩放或标准化因子来解决这个问题。TF-IDF 表示术语频率 - 逆文档频率，它在计算中使用两个指标的组合，即术语频率（Term Frequency，TF）和逆文档频率（Inverse Document Frequency，IDF）。这种技术是为搜索引擎中的查询排序而开发的，现在它是信息检索和文本分析领域中不可或缺的模型。

在数学上，可以将 TF-IDF 定义为 $tfidf = ft \times idf$，可以进一步扩展得到如下公式，

$$tfidf(w,D) = tf(w,D) \times idf(w,D) = tf(w,D) \times \log\left(\frac{C}{df(w)}\right)$$

式中，*tfidf* (*w,D*) 是文件 *D* 中词 *w* 的 TF-IDF 分数；*tf* (*w,D*) 是文件 *D* 中词 *w* 出现的频率，它可以通过词袋模型得到；*idf* (*w,D*) 是词 *w* 的逆文档频率，它可以计算为语料库 *C* 中文档总数的 log 变换除以单词 *w* 的文档频率，也就是语料库中出现单词 *w* 的文档的频率。下面的代码描述的是基于 TF-IDF 方法在语料库上进行特征工程处理。

```
In [8]: from sklearn.feature_extraction.text import TfidfVectorizer
   ...:
   ...: tv = TfidfVectorizer(min_df=0., max_df=1., use_idf=True)
   ...: tv_matrix = tv.fit_transform(norm_corpus)
   ...: tv_matrix = tv_matrix.toarray()
   ...:
   ...: vocab = tv.get_feature_names()
   ...: pd.DataFrame(np.round(tv_matrix, 2), columns=vocab)
Out[8]:
   beautiful  blue  brown   dog   fox  jumps  lazy  love  quick   sky  today
0      0.60  0.52   0.00  0.00  0.00   0.00  0.00  0.00   0.00  0.60   0.00
1      0.46  0.39   0.00  0.00  0.00   0.00  0.00  0.66   0.00  0.46   0.00
2      0.00  0.00   0.38  0.38  0.38   0.54  0.38  0.00   0.38  0.00   0.00
3      0.00  0.36   0.42  0.42  0.42   0.00  0.42  0.00   0.42  0.00   0.00
4      0.36  0.31   0.00  0.00  0.00   0.00  0.00  0.00   0.00  0.72   0.52
5      0.00  0.00   0.45  0.45  0.45   0.00  0.45  0.00   0.45  0.00   0.00
```

因此，前面的输出描述了我们每个文本文档基于 TF-IDF 的特征向量。请注意，与原始的词袋模型相比，这是一个经过缩放和标准化的版本。感兴趣的且要深入了解此模型内部工作原理的读者，请参阅 *Text Analytics with Python* 一书第 181 页。

4.6.5 文档相似度

你甚至可以在我们前面章节中基于 TF-IDF 通过特征工程处理得到的特征之上，构建许多应用程序中都可用的新特征。文档相似度检测就是一个例子。它在搜索引擎、文档聚类和信息检索等领域都非常有用。文档相似度是使用基于距离或相似度的度量来确定文本文档与另一个文档的相似程度的过程，该度量基于通过诸如词袋模型或 TF-IDF 模型等从文档中提取的特征。在语料库中，成对的文档相似度涉及计算每对文档在语料库中的相似度。因此，如果在一个语料库中有 *C* 个文档，你就会得到一个 *C* × *C* 的矩阵，这样每一行和每一列表示一对文档的相似度分数，它们分别表示行和列的索引。

这有几个用于计算文档相似度的距离和相似度度量指标。它们包括余弦距离 / 相似度、BM25 距离、Hellinger-Bhattacharya 距离和 jaccard 距离等。在分析中，将使用最流行和最广泛使用的相似度度量（即余弦相似度度量）。余弦相似度是使用两个文本文档的特征向量之间夹角的余弦值来表示其相似度的度量方法。图 4-18 为文本文档的一些典型特征向量的分布。

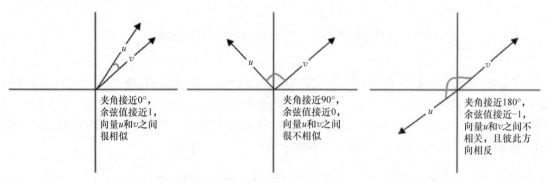

图 4-18　文本文档特征向量的余弦相似度描述（来源：使用 Python 进行文本分析，Apress）

　　从图 4-18 中可以清楚地看到，具有相似方向的特征向量彼此靠得很近，并且它们之间的夹角更接近于 0°，因此余弦相似度近乎为 cos 0°= 1。当余弦相似度为 cos 90°= 0 时，文档的特征向量之间的夹角接近 90°，表明它们相距很远，因此不太相似。相似度得分接近 −1 表示文档特征向量的方向完全相反，它们之间的夹角接近 180°。以下代码可以帮助计算样本语料库中所有文档的成对余弦相似度。

```
In [9]: from sklearn.metrics.pairwise import cosine_similarity
   ...:
   ...: similarity_matrix = cosine_similarity(tv_matrix)
   ...: similarity_df = pd.DataFrame(similarity_matrix)
   ...: similarity_df
Out[9]:
          0         1         2         3         4         5
0  1.000000  0.753128  0.000000  0.185447  0.807539  0.000000
1  0.753128  1.000000  0.000000  0.139665  0.608181  0.000000
2  0.000000  0.000000  1.000000  0.784362  0.000000  0.839987
3  0.185447  0.139665  0.784362  1.000000  0.109653  0.933779
4  0.807539  0.608181  0.000000  0.109653  1.000000  0.000000
5  0.000000  0.000000  0.839987  0.933779  0.000000  1.000000
```

　　从前面输出中得到的成对相似度矩阵可以看出，文档 0、1 和 4 之间具有很强的相似度。并且文档 2、3 和 5 之间也有很强的相似度。这表明它们都具有一些相似的特征。这是一个可以通过无监督学习解决的分组或聚类的完美的例子。
　　下面使用 K-means 聚类来看看是否可以基于文档的特征来对这些文档进行聚类或分组。在 K-means 聚类中，有一个输入参数 k，它指定了使用文档特征输出的聚类数。这个聚类方法是一种基于质心的聚类方法，它尝试将这些文档聚类为具有相等方差的群集。它试图通过最小化群集内平方和（也称为惯性）的方式来创建这些群集。以下代码片段使用我们的相似度特征构建了一个聚类模型，以对文本文档进行聚类。

```
In [10]: from sklearn.cluster import KMeans
   ...:
   ...: km = KMeans(n_clusters=2)
```

```
    ...: km.fit_transform(similarity_df)
    ...: cluster_labels = km.labels_
    ...: cluster_labels = pd.DataFrame(cluster_labels, columns=['ClusterLabel'])
    ...: pd.concat([corpus_df, cluster_labels], axis=1)
Out[10]:
                                            Document Category  ClusterLabel
0                      The sky is blue and beautiful.  weather             0
1                    Love this blue and beautiful sky!  weather             0
2        The quick brown fox jumps over the lazy dog.  animals             1
3    The brown fox is quick and the blue dog is lazy!  animals             1
4      The sky is very blue and the sky is very beaut...  weather             0
5              The dog is lazy but the brown fox is quick!  animals             1
```

获得的输出清楚地展示了我们的 K-means 聚类模型已将文档标记为具有标签 0 和 1 的两类。同时还可以看到这些标签标定的是正确的,其中值为 0 的标签表示与天气相关的文档,值为 1 的标签表示与动物相关的文档。因此,你可以看到这些特征在文档聚类和分类中是很有用的!

4.6.6 主题模型

除了文档术语、短语和相似度之外,还可以使用一些汇总技术从文本文档中提取主题或概念的特征。主题模型的概念围绕着从文档语料库中提取能够对主题进行表征的关键主题或概念的过程。每个主题都可以表示为一个袋或文档语料库中单词 / 术语的集合。这些术语共同表示一个特定的主题、话题或概念,通过这些术语所传达的语义,可以很容易地将每个主题与其他主题区分开来。这些概念可以从简单的事实和陈述到意见与展望。主题模型在总结大型文本文档集以提取和描述关键概念时非常有用。它们在从文本型数据中提取捕获数据中潜在模式的特征时也很有用。

主题模型的建模方法有很多,其中大多数都涉及某种形式的矩阵分解。像隐语义索引(LSI)这样的方法使用的就是矩阵分解操作,更具体地说是奇异值分解(参见第 1 章中的重要的数学概念),将术语 - 文档矩阵(TF-IDF 文档 - 术语特征矩阵的转置矩阵)分解为 U、S & V^T 三个矩阵。你可以在矩阵 U 中使用左奇异向量,并将其与奇异向量 S 相乘,以获得每个主题的术语及其权重(表示重要性)。你可以使用 scikit-learn 或 gensim 来进行基于 LSI 方法的主题模型建模。

另一种方法是使用概率生成模型的隐狄利克雷分布(Latent Dirichlet Allocation,LDA),其中每个文档由多个主题的组合构成,每个术语或单词都可以分配给特定的主题。这类似于基于 pLSI(概率 LSI)的模型。在 LDA 模型中,每个隐主题都包含一个狄利克雷先验分布。这背后的数学是非常复杂的,并且在当前范围内不可能进行详述。感兴趣的读者可以参考 *Text Analytics with Python* 第 241 页(Apress;Dipanjan Sarkar,2016)了解更多关于 LDA 的详细信息。为了进行特征工程,你需要记住当 LDA 应用于文档 - 术语矩阵(TF-IDF 特征矩阵)时,它会被分解为两个主要的分量。文档 - 主题矩阵是我们要找的特征矩阵,此外主题 - 术语矩阵可以帮助查找出语料库中的潜在主题。以下代码构建了一个 LDA 模型,以从示例语料库中提取特征和主题。

```
In [11]: from sklearn.decomposition import LatentDirichletAllocation
    ...:
    ...: lda = LatentDirichletAllocation(n_topics=2, max_iter=100, random_state=42)
    ...: dt_matrix = lda.fit_transform(tv_matrix)
    ...: features = pd.DataFrame(dt_matrix, columns=['T1', 'T2'])
    ...: features
Out[11]:
         T1        T2
0  0.190615  0.809385
1  0.176860  0.823140
2  0.846148  0.153852
3  0.815229  0.184771
4  0.180563  0.819437
5  0.839140  0.160860
```

在这，dt_matrix 指的是文档 - 主题矩阵，它提供了两个特征，因为这里选择的主题数为 2。你还可以使用分解而来的另一个矩阵，即主题 - 术语矩阵来查看使用 LDA 模型从语料库中提取的主题，代码实现如下。

```
In [12]: tt_matrix = lda.components_
    ...: for topic_weights in tt_matrix:
    ...:     topic = [(token, weight) for token, weight in zip(vocab, topic_weights)]
    ...:     topic = sorted(topic, key=lambda x: -x[1])
    ...:     topic = [item for item in topic if item[1] > 0.6]
    ...:     print(topic)
    ...:     print()
[('fox', 1.7265536238698524), ('quick', 1.7264910761871224), ('dog', 1.7264019823624879),
('brown', 1.7263774760262807), ('lazy', 1.7263567668213813), ('jumps', 1.0326450363521607),
('blue', 0.7770158513472083)]

[('sky', 2.263185143458752), ('beautiful', 1.9057084998062579), ('blue',
1.7954559705805626), ('love', 1.1476805311187976), ('today', 1.0064979209198706)]
```

前面的输出将每两个主题都表示为术语的集合，并且使用相应的权重来表示它们的重要性。很有趣的是，通过观察术语可以发现这两个主题是与其他主题非常不同的。第一个主题显示的是与动物相关的术语，第二个主题显示的是与天气相关的术语。通过使用以下代码片段在文档 - 主题特征矩阵（dt_matrix）上应用我们的无监督 K-means 聚类算法可以强化这一点。

```
In [13]: km = KMeans(n_clusters=2)
    ...: km.fit_transform(features)
    ...: cluster_labels = km.labels_
    ...: cluster_labels = pd.DataFrame(cluster_labels, columns=['ClusterLabel'])
    ...: pd.concat([corpus_df, cluster_labels], axis=1)
Out[13]:
                                    Document Category  ClusterLabel
0              The sky is blue and beautiful.  weather             0
1           Love this blue and beautiful sky!  weather             0
2   The quick brown fox jumps over the lazy dog.  animals          1
3  The brown fox is quick and the blue dog is lazy!  animals        1
```

```
4  The sky is very blue and the sky is very beaut...   weather      0
5            The dog is lazy but the brown fox is quick!   animals      1
```

这显然是有道理的，可以看到，仅仅通过使用两个基于主题模型的特征，仍然能够有效地对文档进行聚类！

4.6.7　单词嵌入

有几种先进的单词向量化模型最近获得了大量的关注。几乎所有这些都涉及单词嵌入的概念。可以说单词嵌入可用于特征提取和语言建模。这种表示方法试图将每个单词或短语映射到一个完整的数值型向量中，这样语义上相似的单词或术语就会彼此更接近，并且可以使用这些嵌入来量化它们。word2vec 模型可能是最流行的基于神经网络的概率语言模型之一，可以用来学习单词的分布式表示向量。通过 word2vec 进行的单词嵌入包括在文本文档的语料库中、在大的高维向量空间中对单词进行表示，使得每个单词在该空间中都具有对应的向量，并且使相似的单词（甚至语义上）彼此靠得更近，类似于之前在文档相似度中观察到的那样。

word2vec 模型于 2013 年由 Google 发布，它使用像连续词袋模型和 Skip-Grams 模型等基于人工神经网络架构实现的模型来实现，用来从语料库中学习单词的分布式向量表示。下面将使用 gensim 框架在语料库上实现相同的模型来提取特征。模型中的一些重要参数简要说明如下。

1）size：表示进行变换时语料库中每个单词的特征向量大小。

2）window：设置上下文窗口大小，指定要在训练时的单个、相似上下文的单词窗口的长度。

3）min_count：指定语料库中所需的最小词频值，以便在训练模型时将满足的单词作为最终词汇表的一部分。

4）sample：用于对出现频繁的词的影响度进行下采样。

以下代码片段在示例语料库文档上构建了 word2vec 单词嵌入模型。请记住在将每个文档传递给模型之前先对其进行分词。

```
In [14]: from gensim.models import word2vec
    ...:
    ...: wpt = nltk.WordPunctTokenizer()
    ...: tokenized_corpus = [wpt.tokenize(document) for document in norm_corpus]
    ...:
    ...: # 设置各个参数值
    ...: feature_size = 10      #单词向量的维数
    ...: window_context = 10          # 上下文窗口大小
    ...: min_word_count = 1    # 最小词频值
    ...: sample = 1e-3    # 对频繁出现的词进行下采样
    ...:
    ...: w2v_model = word2vec.Word2Vec(tokenized_corpus, size=feature_size,
    ...:                       window=window_context, min_count = min_word_count,
    ...:                       sample=sample)
Using TensorFlow backend.
```

语料库中的每个单词现在基本上都变成了大小为 10 的向量,可以使用以下代码进行验证。

```
In [15]: w2v_model.wv['sky']
Out[15]:
array([ 0.02626196, -0.02171229, -0.04910386,  0.0194816 ,  0.01649994,
        0.01200452,  0.04641563,  0.01844106,  0.02693636, -0.02992732], dtype=float32)
```

现在你可能会想到一个问题,到目前为止,每个完整的文档都有了对应的特征向量,且现在每个单词也都有对应的向量。现在到底应该如何来表征整个文档呢?可以使用各种聚合和组合来做到这一点。一个简单的方案是使用平均单词向量表示,只需要将文档中出现的所有单词向量相加,然后除以单词向量的总数来表示文档的平均单词向量。下面的代码可以实现这个方案。

```
In [16]: def average_word_vectors(words, model, vocabulary, num_features):
    ...:
    ...:        feature_vector = np.zeros((num_features,),dtype="float64")
    ...:        nwords = 0.
    ...:
    ...:        for word in words:
    ...:            if word in vocabulary:
    ...:                nwords = nwords + 1.
    ...:
    ...:                feature_vector = np.add(feature_vector, model[word])
    ...:
    ...:        if nwords:
    ...:            feature_vector = np.divide(feature_vector, nwords)
    ...:
    ...:        return feature_vector
    ...:
    ...:
    ...: def averaged_word_vectorizer(corpus, model, num_features):
    ...:        vocabulary = set(model.wv.index2word)
    ...:        features = [average_word_vectors(tokenized_sentence, model, vocabulary,
    ...:                                         num_features)
    ...:                        for tokenized_sentence in corpus]
    ...:        return np.array(features)

In [17]: w2v_feature_array = averaged_word_vectorizer(corpus=tokenized_corpus, model=w2v_model,
    ...:                                       num_features=feature_size)
    ...: pd.DataFrame(w2v_feature_array)
```

现在为所有语料库文档提供了基于平均单词向量的特征集,如图 4-19 中的数据框所示。这次使用一种不同的被称为近邻传播(Affinity Propagation,AP)的聚类算法,尝试基于这些新特征来对文档进行聚类。近邻传播算法是一种基于信息传递的聚类算法,你不需要像使用 K-means 进行聚类那样预先设定聚类数。

Out[17]:

	0	1	2	3	4	5	6	7	8	9
0	−0.010540	−0.015367	0.005373	−0.020741	0.030717	−0.022407	−0.001724	0.004722	0.026881	0.011909
1	−0.017797	−0.013693	−0.003599	−0.015436	0.022831	−0.017905	0.010470	0.001540	0.025658	0.016208
2	−0.020869	−0.018273	−0.019681	−0.004124	−0.010980	0.001654	−0.001310	0.003395	0.003760	0.010851
3	−0.017561	−0.017866	−0.016438	−0.007601	−0.005687	−0.008843	−0.002385	0.001444	0.005643	0.012638
4	0.002371	−0.006731	0.017480	−0.014220	0.022088	−0.014882	0.003067	0.002605	0.021167	0.006461
5	−0.018306	−0.012056	−0.015671	−0.011617	−0.011667	−0.005490	0.005404	−0.003512	−0.003198	0.013306

图 4-19　语料库文档的平均单词向量特征集

```
In [18]: from sklearn.cluster import AffinityPropagation
    ...:
    ...: ap = AffinityPropagation()
    ...: ap.fit(w2v_feature_array)
    ...: cluster_labels = ap.labels_
    ...: cluster_labels = pd.DataFrame(cluster_labels, columns=['ClusterLabel'])
    ...: pd.concat([corpus_df, cluster_labels], axis=1)
Out[18]:
                                         Document Category  ClusterLabel
0                    The sky is blue and beautiful.  weather            0
1                    Love this blue and beautiful sky!  weather          0
2       The quick brown fox jumps over the lazy dog.  animals           1
3     The brown fox is quick and the blue dog is lazy!  animals          1
4    The sky is very blue and the sky is very beaut...  weather          0
5         The dog is lazy but the brown fox is quick!  animals           1
```

　　前面的输出使用的是基于单词嵌入的平均单词向量来对我们语料库中的文档进行聚类，可以清楚地看到它获得了正确的聚类结果！还有其他一些聚合单词向量的方案，例如使用 TF-IDF 权重以及单词向量表示等。除此之外，在深度学习领域还有一些最新的进展，例如 RNN 和 LSTM 等架构也被用于了文本型数据的特征工程。

4.7　时态型数据的特征工程

　　时态型数据涉及的是在一段时间内发生变化的数据集，这些数据集中基于时间的属性是最重要的。通常时态型属性包括如数值、时间以及时间戳等形式，通常还可以包含其他形式的数据，如时区、夏令时信息等。时态型数据，尤其是基于时间序列的数据，被广泛应用于股票、商品和天气预报等多个领域。你可以直接加载 feature_engineering_temporal.py 文件，或使用交互体验更好的 Jupyter Notebook 打开 Feature Engineering on Temporal Data.ipynb 文件并开始运行示例。在进行数据处理之前，让我们先加载以下依赖项。

```
In [1]: import datetime
    ...: import numpy as np
    ...: import pandas as pd
    ...: from dateutil.parser import parse
    ...: import pytz
```

现在将在数据框中加载以下值来使用一些基于时间的示例数据作为时态型数据的来源。

```
In [2]: time_stamps = ['2015-03-08 10:30:00.360000+00:00', '2017-07-13 15:45:05.755000-07:00',
    ...:               '2012-01-20 22:30:00.254000+05:30', '2016-12-25
00:30:00.000000+10:00']
    ...: df = pd.DataFrame(time_stamps, columns=['Time'])
    ...: df
Out[2]:
                                Time
0   2015-03-08 10:30:00.360000+00:00
1   2017-07-13 15:45:05.755000-07:00
2   2012-01-20 22:30:00.254000+05:30
3   2016-12-25 00:30:00.000000+10:00
```

当然，默认情况下它们将被作为字符串或文本存储在数据框中，所以需要使用以下代码将时态型数据转换为 Timestamp 对象。

```
In [3]: ts_objs = np.array([pd.Timestamp(item) for item in np.array(df.Time)])
    ...: df['TS_obj'] = ts_objs
    ...: ts_objs
Out[3]:
array([Timestamp('2015-03-08 10:30:00.360000+0000', tz='UTC'),

Timestamp('2017-07-13 15:45:05.755000-0700', tz='pytz.FixedOffset(-420)'),
Timestamp('2012-01-20 22:30:00.254000+0530', tz='pytz.FixedOffset(330)'),
Timestamp('2016-12-25 00:30:00+1000', tz='pytz.FixedOffset(600)')], dtype=object)
```

可以从时态型值清楚地看到，每个 Timestamp 对象都有多个分量，包括日期、时间，甚至是基于时间的偏移，这些量也可用于标识时区。当然，我们无法在任何机器学习模型中直接读取或使用这些特征。因此，需要特定的策略来从这些数据中提取有意义的特征。在下面章节中将介绍一些将来你可以在自己的时态型数据上使用的策略。

4.7.1 基于日期的特征

每个时态型值都有一个可用于提取与日期相关的有用信息和特征的日期分量。其中包括年、月、日、季度、星期几和日期名称以及一年中的第几天和一年中的第几周等特征和分量。以下代码描述了如何从时态型数据中获取这些特征信息。

```
In [4]: df['Year'] = df['TS_obj'].apply(lambda d: d.year)
    ...: df['Month'] = df['TS_obj'].apply(lambda d: d.month)
    ...: df['Day'] = df['TS_obj'].apply(lambda d: d.day)
    ...: df['DayOfWeek'] = df['TS_obj'].apply(lambda d: d.dayofweek)
    ...: df['DayName'] = df['TS_obj'].apply(lambda d: d.weekday_name)
    ...: df['DayOfYear'] = df['TS_obj'].apply(lambda d: d.dayofyear)
    ...: df['WeekOfYear'] = df['TS_obj'].apply(lambda d: d.weekofyear)
    ...: df['Quarter'] = df['TS_obj'].apply(lambda d: d.quarter)
    ...:
    ...: df[['Time', 'Year', 'Month', 'Day', 'Quarter',
    ...:     'DayOfWeek', 'DayName', 'DayOfYear', 'WeekOfYear']]
```

图 4-20 中描述的特征展示了之前讨论过的一些属性，它们完全是从每个时态型值的日期段派生出来的。这里的每一个特征都可以用作分类型特征，并且可以使用像独热编码、

聚类和分箱等方法进行进一步的特征工程处理。

Out[4]:

	Time	Year	Month	Day	Quarter	DayOfWeek	DayName	DayOfYear	WeekOfYear
0	2015-03-08 10:30:00.360000+00:00	2015	3	8	1	6	Sunday	67	10
1	2017-07-13 15:45:05.755000-07:00	2017	7	13	3	3	Thursday	194	28
2	2012-01-20 22:30:00.254000+05:30	2012	1	20	1	4	Friday	20	3
3	2016-12-25 00:30:00.000000+10:00	2016	12	25	4	6	Saturday	360	51

图 4-20　时态型数据中基于日期的特征

4.7.2　基于时间的特征

每个时态型值都有一个可以用来提取与时间有关的有用信息和特征的分量。这包括小时、分钟、秒、微秒和 UTC 偏移量等。下面的代码从时态型数据中提取了前面提到的一些基于时间的特征。

```
In [5]: df['Hour'] = df['TS_obj'].apply(lambda d: d.hour)
   ...: df['Minute'] = df['TS_obj'].apply(lambda d: d.minute)
   ...: df['Second'] = df['TS_obj'].apply(lambda d: d.second)
   ...: df['MUsecond'] = df['TS_obj'].apply(lambda d: d.microsecond)
   ...: df['UTC_offset'] = df['TS_obj'].apply(lambda d: d.utcoffset())
   ...:
   ...: df[['Time', 'Hour', 'Minute', 'Second', 'MUsecond', 'UTC_offset']]
```

图 4-21 中描述的特征展示了之前谈到过的一些属性，这些属性完全来自各个时态型值的时间段。我们可以基于分类型特征工程技术进一步对这些特征进行工程化处理，甚至可以得到其他特征，例如提取出时区等。下面试着借助刚刚获得的 Hour 特征，使用分箱法将每个时态型值分箱到一天中的特定时间。

Out[5]:

	Time	Hour	Minute	Second	MUsecond	UTC_offset
0	2015-03-08 10:30:00.360000+00:00	10	30	0	360000	00:00:00
1	2017-07-13 15:45:05.755000-07:00	15	45	5	755000	-1 days+17:00:00
2	2012-01-20 22:30:00.254000+05:30	22	30	0	254000	05:30:00
3	2016-12-25 00:30:00.000000+10:00	0	30	0	0	10:00:00

图 4-21　时态型数据中基于时间的特征

```
In [6]: hour_bins = [-1, 5, 11, 16, 21, 23]
   ...: bin_names = ['Late Night', 'Morning', 'Afternoon', 'Evening', 'Night']
   ...: df['TimeOfDayBin'] = pd.cut(df['Hour'],
   ...:                             bins=hour_bins, labels=bin_names)
   ...: df[['Time', 'Hour', 'TimeOfDayBin']]
Out[6]:
```

	Time	Hour	TimeOfDayBin
0	2015-03-08 10:30:00.360000+00:00	10	Morning
1	2017-07-13 15:45:05.755000-07:00	15	Afternoon
2	2012-01-20 22:30:00.254000+05:30	22	Night
3	2016-12-25 00:30:00.000000+10:00	0	Late Night

现在可以从前面的输出中看到，基于小时的时间范围（0- 5,5 -11, 11-16,16-21,21-23）为每个时态型值分配了一个特定的时间区间。时态型数据中的 UTC 偏移量分量对于知道时间值距离 UTC（协调世界时）值前后多远是非常有用的，协调世界时是时钟和时间调节的主要时间标准。这些信息还可以用来从像每个时态型值中可能隐含的时区信息中提取时区特征等新的特征信息。下面的代码可以帮助实现这一目标。

```
In [7]: df['TZ_info'] = df['TS_obj'].apply(lambda d: d.tzinfo)
   ...: df['TimeZones'] = df['TS_obj'].apply(lambda d: list({d.astimezone(tz).tzname()
   ...:                              for tz in map(pytz.timezone,
   ...:                                            pytz.all_timezones_set)
   ...:                              if d.astimezone(tz).utcoffset() == d.utcoffset()}))
   ...:
   ...: df[['Time', 'UTC_offset', 'TZ_info', 'TimeZones']]
```

如前所述，图 4-22 中描述的特征显示了与时区相关的每个时态型值的一些属性。我们还可以获得一些像纪元等其他格式的时间分量，纪元指的是从协调世界时的 1970 年 1 月 1 日 0 时 0 分 0 秒以来所经过的秒数。例如第一年的 1 月 1 日用 Python 的格里高利序数 1 来表示。以下代码可以帮助提取这些时间的表征，如图 4-23 所示。

Out[7]:

	Time	UTC_offset	TZ_info	TimeZones
0	2015-03-08 10:30:00.360000+00:00	00:00:00	UTC	[WET,UTC,UCT,GMT]
1	2017-07-13 15:45:05.755000-07:00	-1 days +17:00:00	pytz.FIxedOffset(-420)	[MST,GMT+7,PDT]
2	2012-01-22 20:30:00.254000+05:30	05:30:00	pytz.FIxedOffset(330)	[IST]
3	2016-12-25 00:30:00.000000+10:00	10:00:00	pytz.FIxedOffset(600)	[VLAT,ChST,AEST,PGT,DDUT,GMT-10,CHUT]

图 4-22　时态型数据中与时区相关的特征

```
In [8]: df['TimeUTC'] = df['TS_obj'].apply(lambda d: d.tz_convert(pytz.utc))
   ...: df['Epoch'] = df['TimeUTC'].apply(lambda d: d.timestamp())
   ...: df['GregOrdinal'] = df['TimeUTC'].apply(lambda d: d.toordinal())
   ...:
   ...: df[['Time', 'TimeUTC', 'Epoch', 'GregOrdinal']]
```

Out[8]:

	Time	TimeUTC	Epoch	GregOrdinal
0	2015-03-08 10:30:00.360000+00:00	2015-03-08 10:30:00.360000+00:00	1.425811e+09	7356
1	2017-07-13 15:45:05.755000-07:00	2017-07-13 22:45:05.755000+00:00	1.499986e+09	736523
2	2012-01-20 22:30:00.254000+05:30	2012-01-20 17:00:00.254000+00:00	1.327079e+09	734522
3	2016-12-25 00:30:00.000000+10:00	2016-12-24 14:30:00+00:00	1.482590e+09	736322

图 4-23　时间分量的各种不同的表示

注意，在派生出其他特征之前，先将每个时态型值都变换为 UTC 标准值。这些变换后的时间值可以进一步用于简单的日期计算。纪元以秒为单位计算，格里高利序数以天为单位计算。可以使用它来获得进一步的特征，例如从当前时间开始的时间，或基于试图解决的问题或重大事件所经过的时间。现在计算一下自当前时间以来每个时态型值所经过的时间，如图 4-24 所示。

```
In [9]: curr_ts = datetime.datetime.now(pytz.utc)
   ...: # compute days elapsed since today
   ...: df['DaysElapsedEpoch'] = (curr_ts.timestamp() - df['Epoch']) / (3600*24)
   ...: df['DaysElapsedOrdinal'] = (curr_ts.toordinal() - df['GregOrdinal'])
   ...:
   ...: df[['Time', 'TimeUTC', 'DaysElapsedEpoch', 'DaysElapsedOrdinal']]
```

Out[9]:

	Time	TimeUTC	DaysElapsedEpoch	DaysElapsedOrdinal
0	2015-03-08 10:30:00.360000+00:00	2015-03-08 10:30:00.360000+00:00	860.207396	860
1	2017-07-13 15:45:05.755000-07:00	2017-07-13 22:45:05.755000+00:00	1.696917	2
2	2012-01-20 22:30:00.254000+05:30	2012-01-20 17:00:00.254000+00:00	2002.936564	2003
3	2016-12-25 00:30:00.000000+10:00	2016-12-24 14:30:00+00:00	203.040734	203

图 4-24　基于当前时间所经过的时间值

根据计算，每个新的派生特征都应该为我们提供出当前时间与 Time 这列中时间值之间所经过的时间间隔（实际上是 TimeUTC 这一列，因为变换为 UTC 标准值是很有必要的）。像预期的那样，DaysElapsedEpoch 和 DaysElapsedOrdinal 两个值几乎一样。因此，你可以使用时间和日期算法来提取和工程化处理出更多可以帮助构建出更好的模型的特征。时间变换表示让你能够直接执行日期时间运算，但需要使用 Python 的 Timestamp 和 datetime 对象这些特定的 API。当然，你可以使用任何方法来获得你所想要的结果。这一切都与易用性和效率有关！

4.8　图像型数据的特征工程

另一种非常流行的非结构化数据格式就是图像。图像、视频和音频形式的声音和视觉数据是非常受欢迎的数据源，这对在处理、存储、特征提取和建模方面给数据科学家带来了很多挑战。然而，作为数据的来源，它们的好处是很显而易见的，特别是在人工智能和计算机视觉领域。由于数据的非结构化特性，不可能直接将图像用于模型的训练。如果给你一个原始图像，你可能很难想办法对它进行表征，以便让任何机器学习算法都可以利用它进行模型的训练。在这种情况下，可以使用各种策略和技术来从图像中工程化处理出正确的特征。处理图像时要记住的核心原则之一就是，任何图像都可以表示为数字像素值的矩阵。带着这个想法，现在开始吧！你可以直接加载 feature_engineering_image.py 文件，或使用交互体验更好的 Jupyter Notebook 打开 Feature Engineering on Image Data.ipynb 文件并开始运行示例。在开始之前，先加载一些依赖项和配置设置。

```
In [1]: import skimage
   ...: import numpy as np
   ...: import pandas as pd
   ...: import matplotlib.pyplot as plt
```

```
...: from skimage import io
...:
...: %matplotlib inline
```

scikit-image（skimage）库是一个出色的框架，它由一些对图像处理和特征提取很有用的接口和算法组成。除此之外，还将使用 mahotas 框架，它在计算机视觉和图像处理中很有帮助。Open CV 是另一个好用的框架，如果你对计算机视觉方面感兴趣，可以查看它。现在看看如何将图像变换为表征能力很强的特征向量。

4.8.1　图像元数据特征

从图像元数据本身可以获得大量有用的特征，甚至不需要进行任何的图像处理。大部分信息可以从 EXIF 数据中找到，EXIF 数据通常是在拍摄照片时设备为每张图像记录的。以下是可以从图像的 EXIF 数据中获得的一些常用特征。

1）图像创建的日期和时间；

2）图像尺寸；

3）图像压缩格式；

4）设备和模型；

5）图像分辨率和宽高比；

6）图像作者；

7）闪光、光圈、焦距和曝光。

关于图像 EXIF 元数据中其他可作为特征的数据点的更多详细信息请参阅 https: //sno. phy.queensu.ca/~phil/exiftool/TagNames/EXIF.html，它列出了 EXIF 所有可能的标签。

4.8.2　原始图像和通道像素

图像可以通过其每个像素的值构成的二维阵列表示出来。我们可以利用 numpy 数组对其进行表示。然而，彩色图像通常具有 3 个分量，也称为通道。R、G 和 B 通道分别代表红色、绿色和蓝色通道。这可以表示为一个三维数组（m,n,c），其中 m 表示图像中的行数，n 表示列数。这些都是由图像的尺寸决定的。c 表示它代表哪个通道（R、G 或 B）。现在加载一些彩色图像样本，并尝试理解它们表征的信息。

```
In [2]: cat = io.imread('datasets/cat.png')
   ...: dog = io.imread('datasets/dog.png')
   ...: df = pd.DataFrame(['Cat', 'Dog'], columns=['Image'])
   ...:
   ...: print(cat.shape, dog.shape)
(168, 300, 3) (168, 300, 3)

In [3]: fig = plt.figure(figsize = (8,4))
   ...: ax1 = fig.add_subplot(1,2, 1)
   ...: ax1.imshow(cat)
   ...: ax2 = fig.add_subplot(1,2, 2)
   ...: ax2.imshow(dog)
```

　　从图 4-25 可以清楚地看到，有两个尺寸为 168×300 像素的猫和狗的图像，其中每行和每列表示图像的特定像素。第三维表示这些是具有 3 个颜色通道的彩色图像。现在先尝试使用 numpy 索引来分割和提取画着狗的图像中的 3 个颜色通道。

Out[3]:

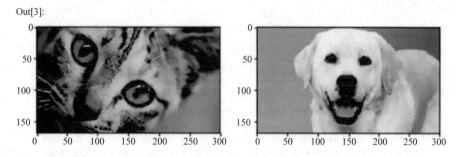

图 4-25　我们的两个彩色图像样本

```
In [4]: dog_r = dog.copy() # Red Channel
   ...: dog_r[:,:,1] = dog_r[:,:,2] = 0 # set G,B pixels = 0
   ...: dog_g = dog.copy() # Green Channel
   ...: dog_g[:,:,0] = dog_r[:,:,2] = 0 # set R,B pixels = 0
   ...: dog_b = dog.copy() # Blue Channel
   ...: dog_b[:,:,0] = dog_b[:,:,1] = 0 # set R,G pixels = 0
   ...:
   ...: plot_image = np.concatenate((dog_r, dog_g, dog_b), axis=1)
   ...: plt.figure(figsize = (10,4))
   ...: plt.imshow(plot_image)
```

　　可以从图 4-26 中清楚地看到如何使用 numpy 索引并从示例图像中提取 3 个颜色通道。现在可以引用这些通道的任何原始图像像素矩阵，如果需要形成特征向量，甚至可以将其平坦化处理。

Out[4]:

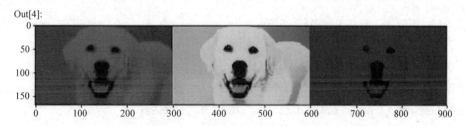

图 4-26　从彩色 RGB 图像中提取红色、绿色和蓝色通道

```
In [5]: dog_r[:,:,0]
Out[5]:
array([[160, 160, 160, ..., 113, 113, 112],
       [160, 160, 160, ..., 113, 113, 112],
       ...,

[165, 165, 165, ..., 212, 211, 210],
[165, 165, 165, ..., 210, 210, 209],
[164, 164, 164, ..., 209, 209, 209]], dtype=uint8)
```

这个图像像素矩阵是一个二维矩阵，因此你可以从这个矩阵中进一步提取出特征，甚至可以将其平坦化为一维向量，以用作任何机器学习算法的输入。

4.8.3　灰度图像像素

如果你正在处理彩色图像，可能会很难对多个通道和三维数组进行处理。因此，将图像转换为灰度图像是一种很好的方法，在将图像变为容易处理的二维图像的同时，还可以保持必要的像素强度值。灰度图像通常是捕获每个像素的亮度或强度，这样每一个像素值都可以用下面的这个等式来计算。

$$Y = 0.2125R + 0.7154G + 0.0721B$$

其中 R、G 和 B 为 3 个通道的像素值，Y 代表最终获得的像素强度信息，范围通常为 0（强度完全缺失，即黑色）到 1（强度完全存在，即白色）。下面的代码片段展示了如何将 RGB 彩色图像转换为灰度图像，并进行可以用作特征的原始像素值的提取。

```
In [6]: from skimage.color import rgb2gray
   ...:
   ...: cgs = rgb2gray(cat)
   ...: dgs = rgb2gray(dog)
   ...:
   ...: print('Image shape:', cgs.shape, '\n')
   ...:
   ...: # 2维像素图
   ...: print('2D image pixel map')
   ...: print(np.round(cgs, 2), '\n')
   ...:
   ...: # 像素特征向量平坦化处理
   ...: print('Flattened pixel map:', (np.round(cgs.flatten(), 2)))
Image shape: (168, 300)

2D image pixel map
[[ 0.42  0.41  0.41 ...,  0.5   0.52  0.53]
 [ 0.41  0.41  0.4  ...,  0.51  0.52  0.54]
 ...,
 [ 0.11  0.11  0.1  ...,  0.51  0.51  0.51]
 [ 0.11  0.11  0.1  ...,  0.51  0.51  0.51]]

Flattened pixel map: [ 0.42  0.41  0.41 ...,  0.51  0.51  0.51]
```

4.8.4　图像强度分布分箱

在前一节中，已经得到了灰度图像的原始图像强度值。一种方法是将这些原始像素值本身作为特征。另一种方法是使用直方图并将区间作为特征来基于强度值对图像强度分布进行分箱。下面的代码片段展示了两个示例图像的图像强度分布。

```
In [7]: fig = plt.figure(figsize = (8,4))
   ...: ax1 = fig.add_subplot(2,2, 1)
   ...: ax1.imshow(cgs, cmap="gray")
   ...: ax2 = fig.add_subplot(2,2, 2)
```

```
...: ax2.imshow(dgs, cmap='gray')
...: ax3 = fig.add_subplot(2,2, 3)
...: c_freq, c_bins, c_patches = ax3.hist(cgs.flatten(), bins=30)
...: ax4 = fig.add_subplot(2,2, 4)
...: d_freq, d_bins, d_patches = ax4.hist(dgs.flatten(), bins=30)
```

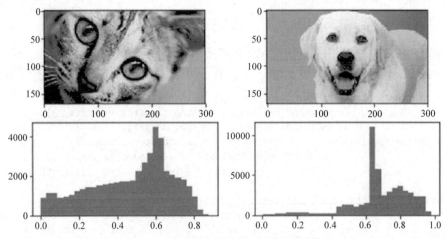

图 4-27　基于直方图分箱的图像强度分布

正如所提到的，图像强度范围从 0 到 1，从如图 4-27 所示的 x 轴可以看出这一点。y 轴表示像素强度落在各个区间的频率。可以清楚地看到，画有狗的图像中，范围在 $0.6 \sim 0.8$ 的区间频率值更高，这表明了该处的强度更高，这是因为拉布拉多狗是白色的，而白色的强度值很高，这和在前一节中提到的是一致的。可以使用变量 c_freq、c_bin、d_freq 和 d_bin 来获取与区间相关的数值，并将其作为特征。

4.8.5　图像聚合统计

在上一节已经获得了灰度图像的原始图像强度值。一种方法是将它们直接作为特征，或者使用可以从像素和强度中获得的某种级别的聚合和统计度量。我们已经看到了使用直方图对强度值进行分箱的方法。在本节中使用描述性统计度量和聚合来对图像像素值进行计算，得到特定的特征。

我们可以用每个通道像素值的最大值减去最小值来计算每个图像的 RGB 范围。下面的代码可以帮助实现这一点。

```
In [8]: from scipy.stats import describe
...:
...: cat_rgb = cat.reshape((168*300), 3).T
...: dog_rgb = dog.reshape((168*300), 3).T
...:
...: cs = describe(cat_rgb, axis=1)
...: ds = describe(dog_rgb, axis=1)
...:
...: cat_rgb_range = cs.minmax[1] - cs.minmax[0]
```

```
...: dog_rgb_range = ds.minmax[1] - ds.minmax[0]
...: rgb_range_df = pd.DataFrame([cat_rgb_range, dog_rgb_range],
...:                    columns=['R_range', 'G_range', 'B_range'])
...: pd.concat([df, rgb_range_df], axis=1)
Out[8]:
  Image  R_range  G_range  B_range
0  Cat      240      223      235
1  Dog      246      250      246
```

之后我们可以将这些范围特征作为每个图像的特定特征属性。除此之外，还可以计算其他指标，例如每个图像通道的平均值、中位数、方差、偏度和峰度等，如下所示。

```
In [9]: cat_stats= np.array([np.round(cs.mean, 2),np.round(cs.variance, 2),
   ...:                      np.round(cs.kurtosis, 2),np.round(cs.skewness, 2),
   ...:                      np.round(np.median(cat_rgb, axis=1), 2)]).flatten()
   ...: dog_stats= np.array([np.round(ds.mean, 2),np.round(ds.variance, 2),
   ...:                      np.round(ds.kurtosis, 2),np.round(ds.skewness, 2),
   ...:                      np.round(np.median(dog_rgb, axis=1), 2)]).flatten()
   ...:
   ...: stats_df = pd.DataFrame([cat_stats, dog_stats],
   ...:                  columns=['R_mean', 'G_mean', 'B_mean', 'R_var', 'G_var',
   ...:                           'B_var', 'R_kurt', 'G_kurt', 'B_kurt', 'R_skew',
   ...:                           'G_skew', 'B_skew', 'R_med', 'G_med', 'B_med'])
   ...: pd.concat([df, stats_df], axis=1)
```

可以从图 4-28 中观察到获得的特征，画有狗的图像的各个通道的平均值、中位数和峰度值大多都大于画有猫的图像对应的值。然而，画有猫的图像的方差和偏度值则更高一些。

Out[9]:

Image	R_mean	G_mean	B_mean	R_var	G_var	B_var	R_kurt	G_kurt	B_kurt	R_skew	G_skew	B_skew	R_med	G_med	B_med
0 Cat	127.48	118.80	111.94	3054.04	2863.78	3003.05	-0.63	-0.77	-0.94	-0.48	-0.50	-0.25	140.0	132.0	120.0
1 Dog	184.46	173.46	160.77	1887.71	1776.00	1574.73	1.30	2.24	2.32	-0.96	-1.12	-1.09	185.0	169.0	165.0

图 4-28 图像通道的聚合统计特征

4.8.6 边缘检测

图像边缘检测是一种有趣且复杂的技术。边缘检测算法可用于检测图像中的锐化强度和亮度变化并找到感兴趣的区域。Canny 边缘检测算法是目前应用最广泛的边缘检测算法之一。该算法通常需要使用具有特定标准差 σ（sigma）的高斯分布来对图像进行平滑和去噪。之后我们采用 Sobel 滤波器来提取图像的强度梯度。该梯度的标准值将用于确定边缘强度。将潜在的边缘细化为宽度为 1 像素的曲线，并使用基于滞后的阈值处理将特定高阈值以上的所有点标记为边缘，然后递归地使用低阈值，将低阈值以上的点连接到任何先前标记的点。以下代码将 Canny 边缘检测器应用到了样本图像中。

```
In [10]: from skimage.feature import canny
    ...:
    ...: cat_edges = canny(cgs, sigma=3)
    ...: dog_edges = canny(dgs, sigma=3)
    ...:
```

```
    ...: fig = plt.figure(figsize = (8,4))
    ...: ax1 = fig.add_subplot(1,2, 1)
    ...: ax1.imshow(cat_edges, cmap='binary')
    ...: ax2 = fig.add_subplot(1,2, 2)
    ...: ax2.imshow(dog_edges, cmap='binary')
```

如图 4-29 所示的边缘特征阵列的图像清晰地显示了猫和狗的显著性边缘。你可以将这些边缘特征数组（cat_edges 和 dog_edges）展平，提取与边缘有关的像素值和位置（非零值），或者甚至将它们聚合起来，找出生成的边缘的总像素点和平均值等。

Out[10]:

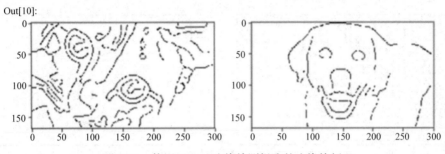

图 4-29　使用 Canny 边缘检测提取的边缘特征

4.8.7　对象检测

对象检测是计算机视觉领域的另一个有趣的技术，它可以检测和提取图像中突出显示的特定对象的特征。定向梯度的直方图，也称为 HOG，是在对象检测中广泛使用的技术之一。在当前的范围内，不可能深入讲解该技术的细节，但是在特征工程的过程中你需要记住，HOG 算法是按照类似于边缘检测的一系列步骤来工作的。通过图像标准化和去噪以去除多余的照明效果。通过计算一阶图像梯度以捕获诸如轮廓和纹理等图像属性。梯度直方图基于特定的称为单元格的窗口建立在这些梯度之上。最后对这些单元格进行标准化处理，得到一个可作为模型的特征向量的扁平的特征描述符。下面的代码展示了在示例图像上使用 HOG 对象检测技术。

```
In [11]: from skimage.feature import hog
    ...: from skimage import exposure
    ...:

    ...: fd_cat, cat_hog = hog(cgs, orientations=8, pixels_per_cell=(8, 8),
    ...:                        cells_per_block=(3, 3), visualise=True)
    ...: fd_dog, dog_hog = hog(dgs, orientations=8, pixels_per_cell=(8, 8),
    ...:                        cells_per_block=(3, 3), visualise=True)
    ...:
    ...: # 重新调整强度以获得更好的结果图
    ...: cat_hogs = exposure.rescale_intensity(cat_hog, in_range=(0, 0.04))
    ...: dog_hogs = exposure.rescale_intensity(dog_hog, in_range=(0, 0.04))
    ...:
    ...: fig = plt.figure(figsize = (10,4))
    ...: ax1 = fig.add_subplot(1,2, 1)
```

```
...: ax1.imshow(cat_hogs, cmap='binary')
...: ax2 = fig.add_subplot(1,2, 2)
...: ax2.imshow(dog_hogs, cmap='binary')
```

图 4-30 中的图像显示了 HOG 检测器如何识别示例图像中的对象。同时还可以获得如下所示的扁平化的特征描述符。

```
In [12]: print(fd_cat, fd_cat.shape)
[ 0.00288784  0.00301086  0.0255757 ...,  0.         0.         0.        ] (47880,)
```

Out[11]:

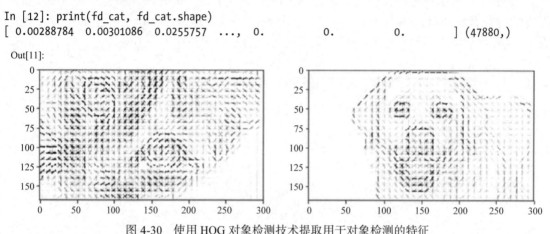

图 4-30　使用 HOG 对象检测技术提取用于对象检测的特征

4.8.8　局部特征提取

前面讨论了从二维图像或特征矩阵中聚合像素值，并将它们平坦化为特征向量。基于局部特征提取的技术是一种更好的方法，它尝试在输入的图像不同的小的局部区域上检测和提取局部特征描述符。这就是所谓的局部特征提取。我们将使用 Herbert Bay 等人发明的流行的并且已取得专利授权的 SURF 算法。SURF 代表加速稳健特征。其主要思想是从图像中获取尺度不变的局部特征描述符，这些特征描述符以后可以作为图像特征来使用。该算法与流行的 SIFT 算法类似。该算法主要分为两个阶段。第一个阶段是利用方形滤波器和 hessian 矩阵来检测兴趣点。第二阶段是通过提取这些兴趣点周围的局部特征来构建特征描述符。通常是通过在兴趣点周围取一个局部的方形图像区域，然后在特定的区间内进行基于采样点聚合 Haar 小波响应计算。我们使用 mahotas Python 框架来从示例图像中提取 SURF 特征描述符。

```
In [13]: from mahotas.features import surf
    ...: import mahotas as mh
    ...:
    ...: cat_mh = mh.colors.rgb2gray(cat)
    ...: dog_mh = mh.colors.rgb2gray(dog)
    ...:
    ...: cat_surf = surf.surf(cat_mh, nr_octaves=8, nr_scales=16, initial_step_size=1,
                              threshold=0.1, max_points=50)
    ...: dog_surf = surf.surf(dog_mh, nr_octaves=8, nr_scales=16, initial_step_size=1,
                              threshold=0.1, max_points=54)
    ...:
```

```
    ...: fig = plt.figure(figsize = (10,4))
    ...: ax1 = fig.add_subplot(1,2, 1)
    ...: ax1.imshow(surf.show_surf(cat_mh, cat_surf))
    ...: ax2 = fig.add_subplot(1,2, 2)
    ...: ax2.imshow(surf.show_surf(dog_mh, dog_surf))
```

图 4-31 所示图像中的方形框指的是用于局部特征提取的兴趣点周围的方形图像区域。你还可以使用 surf. dense(···) 函数在密集点处提取具有规律性间隔 (以像素为单位) 的均匀维度特征描述符。下面的代码描述了如何实现这一点。

```
In [14]: cat_surf_fds = surf.dense(cat_mh, spacing=10)
    ...: dog_surf_fds = surf.dense(dog_mh, spacing=10)
    ...: cat_surf_fds.shape
Out[14]: (140, 64)
```

Out[13]:

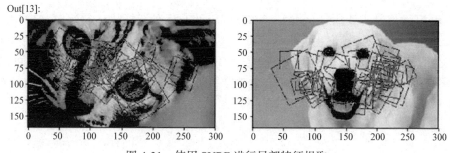

图 4-31   使用 SURF 进行局部特征提取

从前面的输出中可以看出，获得了 140 个大小为 64 (元素) 的特征描述符。你可以在此基础上进一步应用如聚合、展平等其他方案以获得进一步的特征。还可以使用另一种称为视觉词袋模型的复杂技术来在这些 SURF 特征描述符上进行特征提取，在下一节中将对这种方法进行讨论。

4.8.9   视觉词袋模型

我们已经看到了流行的词袋模型在从非结构化文本文档中提取有意义的特征方面的有效性。词袋是指文件被分解成的组成部分、单词、计数频率或例如 tf-idf 等其他度量。同样，对于图像原始像素矩阵或其他算法派生的特征描述符，也可以应用词袋原则。然而在这种情况下，词袋的组成部分将不是单词了，而是从相似的图像中提取的特征 / 像素的子集。

假设有多张章鱼的图片，你可以提取 140 个密集的加速稳健特征，每个特征向量都有 64 个值。现在，可以使用一种无监督的学习算法 (如聚类) 来提取相似特征描述符的聚类。每个聚类都可以标记为视觉词或一个视觉特征。接下来，可以将每个特征描述符分箱到这些聚类或视觉词之一。因此，你最终可以得到一个一维的视觉词向量袋，其中包含大小为 140 × 64 的特征描述符矩阵的每个视觉词分配的特征描述符。每个特征或视觉词都倾向于捕获图像的一部分，如章鱼的眼睛、触手和吸盘等，如图 4-32 所示。

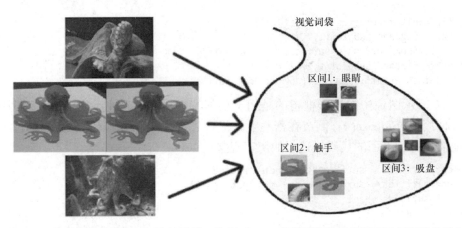

图 4-32　视觉词袋（由伊恩·伦敦提供，使用 Python 实现用视觉词袋模型进行图像分类）

　　基本思想就是通过使用任何算法（如 SURF）来获取特征描述符矩阵，应用无监督算法（如 K-means 聚类），提取出 k 个区间或视觉特征 / 词及其计数（基于分配到每个区间的特征描述符的数量）。接下来对于每个后续的图像，一旦提取了特征描述符，就可以使用 K-means 模型将每个特征描述符分配给一个视觉特征簇，并获得一个一维的计数向量。假设 VBOW（视觉词袋）模型有眼睛、触手和吸盘 3 个区间，那么一个章鱼图像样本的分箱情况如图 4-33 所示。

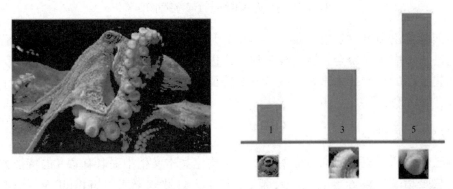

图 4-33　将图片变换成 VBOW 向量（由伊恩·伦敦提供，使用 Python 实现用视觉词袋模型进行图像分类）

　　从图 4-33 可以看出，可以很容易地将二维图像及其对应的特征描述符转换为一维的 VBOW 向量 [1,3,5]。在目前的范围内不可能详细介绍 VBOW 模型，但是我要感谢我的朋友数据科学家伊恩·伦敦对我的帮助，为我提供了 VBOW 模型所使用的数据。我也建议你去看看他精彩的讨论如何使用 VBOW 模型进行图像分类的博文（https：//ianlondon.github.io/blog/visual-bag-of-words/）。

　　我们现在将使用 K-means 对我们的两个样本图像的 140×64 SURF 特征描述符进行聚类，并通过将每个特征描述符分配给其中一个容器来计算每个图像的 VBOW 向量。在这 $k = 20$，如图 4-34 所示。

```
In [15]: from sklearn.cluster import KMeans
    ...:
    ...: k = 20
    ...: km = KMeans(k, n_init=100, max_iter=100)
    ...:
    ...: surf_fd_features = np.array([cat_surf_fds, dog_surf_fds])
    ...: km.fit(np.concatenate(surf_fd_features))
    ...:
    ...: vbow_features = []
    ...: for feature_desc in surf_fd_features:
    ...:     labels = km.predict(feature_desc)
    ...:     vbow = np.bincount(labels, minlength=k)
    ...:     vbow_features.append(vbow)
    ...:
    ...: vbow_df = pd.DataFrame(vbow_features)
    ...: pd.concat([df, vbow_df], axis=1)
```

Out[15]:

	Image	0	1	2	3	4	5	6	7	8	...	10	11	12	13	14	15	16	17	18	19
0	Cat	8	16	11	7	3	0	16	6	0	...	0	13	1	0	1	15	10	2	14	2
1	Dog	3	10	6	16	9	16	9	5	3	...	2	10	3	2	3	7	7	6	7	2

图 4-34 将样本图像的 SURF 描述符转换成 VBOW 向量

可以看到，将复杂的二维 SURF 特征描述符矩阵转换为易于解释的 VBOW 向量是多么容易。现在来看一个新的图像并思考如何应用 VBOW 流程。首先，需要使用以下代码从图像中提取 SURF 特征描述符（这只是为了描述 SURF 中使用的局部化的图像子集，实际上将像以前一样使用密集的特征），如图 4-35 所示。

```
In [16]: new_cat = io.imread('datasets/new_cat.png')
    ...: newcat_mh = mh.colors.rgb2gray(new_cat)
    ...: newcat_surf = surf.surf(newcat_mh, nr_octaves=8, nr_scales=16, initial_step_size=1,
                                 threshold=0.1, max_points=50)
    ...:
    ...: fig = plt.figure(figsize = (10,4))
    ...: ax1 = fig.add_subplot(1,2, 1)
    ...: ax1.imshow(surf.show_surf(newcat_mh, newcat_surf))
```

Out[16]:

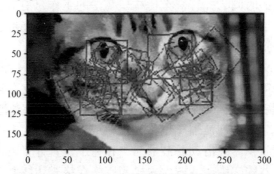

图 4-35 使用 SURF 对新图像进行局部特征提取

现在使用之前训练过的 VBOW 模型提取密集的 SURF 特征并将它们转换为 VBOW 向量。以下代码可帮助实现这一目标，如图 4-36 所示。

```
In [17]: new_surf_fds = surf.dense(newcat_mh, spacing=10)
    ...:
    ...: labels = km.predict(new_surf_fds)
    ...: new_vbow = np.bincount(labels, minlength=k)
    ...: pd.DataFrame([new_vbow])
```

Out[17]:

0	1	2	3	4	5	6	7	8	9	10	11	12	13	14	15	16	17	18	19
0	9	5	11	0	9	4	19	9	0	16	0	7	3	0	0	7	20	3	16	2

图 4-36 将新图像的 SURF 描述符转换为 VBOW 向量

现在你可以查看新图像最终的基于 SURF 特征描述符的 VBOW 特征向量。这也是使用无监督机器学习模型进行特征工程的一个示例。现在可以使用一些相似度度量方法来比较这个新图像与其他两个样本图像的相似度。

```
In [18]: from sklearn.metrics.pairwise import euclidean_distances, cosine_similarity
    ...:
    ...: eucdis = euclidean_distances(new_vbow.reshape(1,-1) , vbow_features)
    ...: cossim = cosine_similarity(new_vbow.reshape(1,-1) , vbow_features)
    ...:
    ...: result_df = pd.DataFrame({'EuclideanDistance': eucdis[0],
    ...:              'CosineSimilarity': cossim[0]})
    ...: pd.concat([df, result_df], axis=1)
Out[18]:
   Image  CosineSimilarity  EuclideanDistance
0  Cat          0.871609          21.260292
1  Dog          0.722096          30.000000
```

根据距离和相似度度量，可以看到我们的新图像（猫），与画有狗的图像相比更接近画有猫的图像。尝试使用更大的数据集来获得更好的结果吧！

4.8.10　基于深度学习的自动化特征工程

目前为止，在本节中使用了许多简单和复杂的特征工程技术。构建复杂的特征工程系统和流程需要花费大量的时间，并且甚至比构建算法的工作量更大。深度学习是一种新颖的方法，它通过学习底层原始数据的多层和复杂表示，让机器能够自动进行特征提取，从而实现特征工程这一复杂任务的自动化。

卷积神经网络或 CNN 被广泛用于自动图像特征提取。在第 1 章中已经介绍了 CNN 的基本原理。你可以回到第 1 章中"深度学习"一节的"重要概念"这部分回顾一下相关知识。就像之前提到的，除常规激活函数层外，CNN 还依据卷积层和池化层运行。

卷积层通常使用可学习的滤波器（也称为内核或卷积矩阵）在输入图像像素的整个宽度和高度上进行滑动或卷积。在滑动滤波器时，在每个位置计算输入像素和滤波器之间的点积。我们创建了滤波器的二维激活图，这样当网络在检查边缘和转角等特定的特征时能够通过这些滤波器进行学习。如果采用 n 个滤波器，将得到 n 个单独的二维激活图，可以将这些图在深度维度上进行叠加来获得输出量。

池化层是一种聚合层或下采样层，通常会在卷积层之间插入非线性的下采样层。这里也应用了滤波器。它们沿着卷积输出矩阵滑动，每个滑动操作也称为步幅，池滤波器覆盖的矩阵段中的元素要么被求和（和池化），要么被取平均（均值池化），或者被提取最大值（最大值池化）。通常，最大值池化在一些真实场景中是非常有效的。池化有助于减少特征维度并控制模型的过拟合。现在来尝试基于深度学习，使用 CNN 对样本图像进行自动特征提取。先加载以下构建深度网络所需的依赖项。

```
In [19]: from keras.models import Sequential
    ...: from keras.layers.convolutional import Conv2D
    ...: from keras.layers.convolutional import MaxPooling2D
    ...: from keras import backend as K
Using TensorFlow backend.
```

后端使用的是 TensorFlow。

你可以使用 Theano 或 TensorFlow 作为 Keras 的后端深度学习框架。我在本场景中使用的是 TensorFlow。现在构建一个在 CNN 的两层之间有一个最大值池化层的基础的双层 CNN。

```
In [20]: model = Sequential()
    ...: model.add(Conv2D(4, (4, 4), input_shape=(168, 300, 3), activation='relu',
    ...:                 kernel_initializer='glorot_uniform'))
    ...: model.add(MaxPooling2D(pool_size=(2, 2)))
    ...: model.add(Conv2D(4, (4, 4), activation='relu',
    ...:                 kernel_initializer='glorot_uniform'))
```

实际上可以使用以下代码片段对这个网络架构进行可视化，以便用更好的方式来理解在这个网络中所使用的层。

```
In [21]: from IPython.display import SVG
    ...: from keras.utils.vis_utils import model_to_dot
    ...:
    ...: SVG(model_to_dot(model, show_shapes=True,
    ...:                 show_layer_names=True, rankdir='TB').create(prog='dot', format='svg'))
```

现在可以从图 4-37 中了解到，我们使用了两个二维卷积层，其中包含 4 个（4×4）的滤波器。在它们之间有一个大小为（2×2）的用于下采样的最大池化层。现在来构建一些函数来从这些中间网络层中提取特征。

```
In [22]: first_conv_layer = K.function([model.layers[0].input, K.learning_phase()],
    ...:                 [model.layers[0].output])
    ...: second_conv_layer = K.function([model.layers[0].input, K.learning_phase()],
    ...:                 [model.layers[2].output])
```

现在来使用这些函数提取在卷积层中学习到的特征表示，并对这些特征进行可视化，以了解这些网络试图通过图像学习些什么。

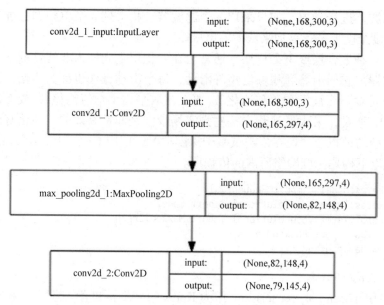

图 4-37　对双层卷积神经网络架构进行可视化

```
In [23]: catr = cat.reshape(1, 168, 300,3)
    ...:
    ...: # 特征提取
    ...: first_conv_features = first_conv_layer([catr])[0][0]
    ...: second_conv_features = second_conv_layer([catr])[0][0]
    ...:
    ...: # 查看特征表示
    ...: fig = plt.figure(figsize = (14,4))
    ...: ax1 = fig.add_subplot(2,4, 1)
    ...: ax1.imshow(first_conv_features[:,:,0])
    ...: ax2 = fig.add_subplot(2,4, 2)
    ...: ax2.imshow(first_conv_features[:,:,1])
    ...: ax3 = fig.add_subplot(2,4, 3)
    ...: ax3.imshow(first_conv_features[:,:,2])
    ...: ax4 = fig.add_subplot(2,4, 4)
    ...: ax4.imshow(first_conv_features[:,:,3])
    ...:
    ...: ax5 = fig.add_subplot(2,4, 5)
    ...: ax5.imshow(second_conv_features[:,:,0])
    ...: ax6 = fig.add_subplot(2,4, 6)
    ...: ax6.imshow(second_conv_features[:,:,1])
    ...: ax7 = fig.add_subplot(2,4, 7)
    ...: ax7.imshow(second_conv_features[:,:,2])
    ...: ax8 = fig.add_subplot(2,4, 8)
    ...: ax8.imshow(second_conv_features[:,:,3])
```

图 4-38 中的可视化特征图非常有趣。你可以清楚地看到卷积神经网络生成的每个特征矩阵都在试图了解图像的某些内容，如纹理、拐角、边缘、光照、色调和亮度等。这应该可以让你了解到如何将这些激活特征图用作图像的特征。实际上，你可以对 CNN 的输出进

行堆叠，在需要时再将其展平，并将其作为输入层传递给多层完全连接的感知器神经网络，使用它来解决图像分类问题。你现在应该可以在深度学习的帮助下开始自动特征提取了！

Out[23]:

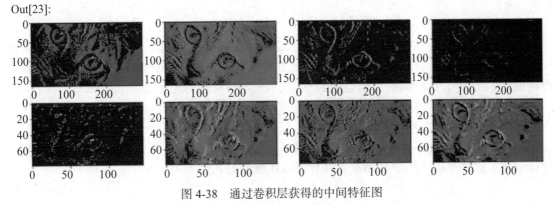

图 4-38　通过卷积层获得的中间特征图

如果你不理解本节中提到的一些术语，请不要担心，接下来将在后面的章节中更深入地介绍深度学习和 CNN。如果你迫不及待地想要开始学习深度学习，你可以打开本章提供的名为 Bonus-Classifying handwritten digits using Deep CNNs.ipynb 的额外笔记本文件，该文件包含了一个完整的应用 CNN 和深度学习对手写数字进行分类的真实例子！

4.9　特征缩放

在处理数字特征时，有些特定的属性可能在本质上是完全没有限制的，比如视频点击量和网页浏览量。使用原始值作为输入特征可能会使模型偏向数值范围大的要素。像线性和逻辑回归等模型通常对特征的数量和范围很敏感。其他模型（如基于树的方法）在不进行特征缩放的情况下仍然可以正常工作，但是我们仍然建议通过特征缩放来对特征进行标准化和缩放，特别是你想尝试使用多个机器学习算法来对这些特征进行处理的时候。在本章前面已经看到了一些使用对数和 Box-Cox 变换来对特征进行缩放和变换的例子。在本节中，我们将介绍一些流行的特征缩放技术。你可以直接加载 feature_scaling.py 文件，或使用交互体验更好的 Jupyter Notebook 打开 Feature Scaling.ipynb 文件并开始运行示例。在开始之前，先加载以下依赖项和配置项。

```
In [1]: from sklearn.preprocessing import StandardScaler, MinMaxScaler, RobustScaler
   ...: import numpy as np
   ...: import pandas as pd
   ...: np.set_printoptions(suppress=True)
```

现在加载一些与在线视频相关的用户点击量的示例数据。下方代码片段创建了这个示例的数据集。

```
In [2]: views = pd.DataFrame([1295., 25., 19000., 5., 1., 300.], columns=['views'])
   ...: views
Out[2]:
     views
0   1295.0
```

```
1       25.0
2    19000.0
3        5.0
4        1.0
5      300.0
```

从上面的数据框中可以看到，有 5 个已经被用户观看的视频，我们用观看量特征来表征每个视频的总点击数。有些视频很明显比其他视频的观看量多，进而产生了大数值和大范围的值。下面看一下如何使用几种便利的技术来对特征进行缩放。

4.9.1 标准化缩放

标准化缩放是通过减去特征值的平均值，并将方差缩放至 1 来对特征值列的每个值进行标准化。这也被称为居中和缩放，并且可以用数学公式表示为

$$SS(X_i) = \frac{X_i - \mu_X}{\sigma_X}$$

特征 X 中的每个值减去它们的平均值 μ_X，之后将得到的结果除以特征 X 的标准差 σ_X。该方法常被称为 z-score 缩放。你也可以用结果除以方差而不是标准差，下面的代码片段可以帮助实现这一点。

```
In [3]: ss = StandardScaler()
   ...: views['zscore'] = ss.fit_transform(views[['views']])
   ...: views
Out[3]:
      views     zscore
0   1295.0  -0.307214
1     25.0  -0.489306
2  19000.0   2.231317
3      5.0  -0.492173
4      1.0  -0.492747
5    300.0  -0.449877
```

可以在上面的数据框中看到 zscore 列中的标准化和缩放后的值。实际上，你可以使用之前用的公式计算出相同的结果。下面的例子是通过数学运算计算出的 z-score。

```
In [4]: vw = np.array(views['views'])
   ...: (vw[0] - np.mean(vw)) / np.std(vw)
Out[4]: -0.30721413311687235
```

4.9.2 最大最小值缩放

通过最小最大值缩放，我们也可以对特征值进行缩放和变换，使得每个值都在 [0,1] 的范围内。当然，在 scikit-learn 中的 MinMaxScaler 类还允许你使用 feature_range 变量在缩放值范围中自定义上限和下限。数学上可以把该缩放表示为

$$MMS(X_i) = \frac{X_i - \min(X)}{\max(X) - \min(X)}$$

我们将特征 X 中的每个值减去特征 X 中的最小值 min (X)，并将结果除以特征 X 中最大值和最小值的差值。下面的代码片段帮我们实现了这一点。

```
In [5]: mms = MinMaxScaler()
   ...: views['minmax'] = mms.fit_transform(views[['views']])

   ...: views
Out[5]:
      views     zscore    minmax
0    1295.0  -0.307214  0.068109
1      25.0  -0.489306  0.001263
2   19000.0   2.231317  1.000000
3       5.0  -0.492173  0.000211
4       1.0  -0.492747  0.000000
5     300.0  -0.449877  0.015738
```

从上面的输出可以看出，minmax 列显示的是经过最大最小值缩放后的值。像预期那样，视频最大观看数在第 2 行中，值为 1。视频最小观看数在第 4 行中，值为 0。你还可以使用以下代码对其进行数学运算（第一行为计算示例）。

```
In [6]: (vw[0] - np.min(vw)) / (np.max(vw) - np.min(vw))
Out[6]: 0.068108847834096528
```

4.9.3　鲁棒缩放

最大最小值缩放的缺点是，异常值的存在通常会影响所有特征的缩放值。鲁棒（Robust）缩放则尝试使用特定的统计度量对特征进行缩放，而不受异常值的影响。在数学上鲁棒缩放可以表示为

$$RS(X_i) = \frac{X_i - median(X)}{IQR_{(1,3)}(X)}$$

我们将特征 X 中的每个值减去特征 X 的中值 $median(X)$，将结果除以特征 X 的四分位距 IQR，即第三个四分位数和第一个四分位数的差值。下面的代码对示例特征进行了鲁棒缩放。

```
In [7]: rs = RobustScaler()
   ...: views['robust'] = rs.fit_transform(views[['views']])
   ...: views
Out[7]:
      views     zscore    minmax     robust
0    1295.0  -0.307214  0.068109   1.092883
1      25.0  -0.489306  0.001263  -0.132690
2   19000.0   2.231317  1.000000  18.178528
3       5.0  -0.492173  0.000211  -0.151990
4       1.0  -0.492747  0.000000  -0.155850
5     300.0  -0.449877  0.015738   0.132690
```

robust 这一列所展示的是经过鲁棒缩放的值，你可以将其与其他列展示的采用其他缩放方法获得的值相比较。同样，你还可以使用为鲁棒缩放所制定的数学公式计算出相同的结

果，如下面的代码片段所示（第一行为索引值）。

```
In [8]: quartiles = np.percentile(vw, (25., 75.))

    ...: iqr = quartiles[1] - quartiles[0]
    ...: (vw[0] - np.median(vw)) / iqr
Out[8]: 1.0928829915560916
```

还有一些其他的用于特征缩放和标准化的技术，但是本章所讲的这些技术应该足以帮助你入门，并广泛地使用在你构建机器学习系统的过程中。当你处理数值特征时，请始终记住检查是否需要进行特征缩放和标准化。

4.10　特征选择

虽然尝试对底层数据进行特征工程处理，尝试捕获一些能够表征数据的潜在表征和模式是很好的，但处理具有数千个甚至更多特征的特征集并不总是一件好事。处理大量的特征会带来在前面的"分类型数据的特征工程"一节中提到过的维数的诅咒的问题。太多的特征往往会使模型更加复杂且难以解释。除此之外，它还经常会导致模型与训练数据过拟合。这将会导致训练出一个很特殊的模型，它只能根据其训练数据做调整，所以即使这个模型的性能可能很好，但是当将该模型用于对它未见过的数据进行预测时，得到的预测结果将很差。这里最终目标是选择最优数量的特征来进行模型的训练和构建。所构建的模型能够很好地对数据进行表征，并且没有过拟合现象。

可以根据特征选择策略的类型和使用的技术将特征选择策略分为 3 个主要的类型。简要地概括如下。

1）过滤法：这些技术纯粹是基于像相关性、互信息等指标来进行特征选择的。这些方法不依赖于从任何模型获得的结果，它们一般是检查每个特征与要预测的响应变量之间的关系。流行的方法包括基于阈值的方法和统计测试。

2）包装法：这些技术尝试通过使用递归方法，使用特征子集构建多个模型来捕获多个特征之间的交互关系，并选择最佳的特征子集，从而为我们提供性能最佳的模型。后向选择和前向消除等方法是流行的基于包装法的特征选择方法。

3）嵌入法：这些技术试图结合前两种方法的优势，利用机器学习模型本身，根据特征的重要性对特征变量进行排序和打分。诸如决策树之类的基于树的方法和诸如随机森林之类的集成的方法是嵌入法的常见的例子。

特征选择的好处包括可获得性能更高的模型、更少的过拟合、更通用的模型、更短的计算和模型训练时间，以及深入地理解数据中各种特征的重要性。本节将介绍一些最常用的特征选择技术。你可以直接加载 feature_selection.py 文件，或使用交互体验更好的 Jupyter Notebook 打开 Feature Selection.ipynb 文件并开始运行示例。在开始之前，先加载一些依赖项和配置项。

```
In [1]: import numpy as np
    ...: import pandas as pd
    ...: np.set_printoptions(suppress=True)
    ...: pt = np.get_printoptions()['threshold']
```

现在，将通过使用一些样本数据集来研究包括基于统计和基于模型技术的各种特征选择方法。

4.10.1　基于阈值的方法

这是一个基于过滤式的特征选择策略，在此策略中，可以使用某种形式的截断或阈值对特征选择时的所有特征进行限制。阈值可以有多种形式。其中一些是可以指定阈值参数并在特征工程的过程中使用。一个简单的例子就是在前面提到的基于文本数据的特征工程中所使用的词袋模型中的特征限制项。scikit-learn 框架提供了像 min_df 和 max_df 等参数，这些参数可以用来指定用于截去文档频率高于和低于用户指定阈值的术语的阈值。下面的代码片段展示了实现这个目标的方法。

```
In [2]: from sklearn.feature_extraction.text import CountVectorizer
   ...:
   ...: cv = CountVectorizer(min_df=0.1, max_df=0.85, max_features=2000)
   ...: cv
Out[2]:
CountVectorizer(analyzer='word', binary=False, decode_error='strict',
        dtype=<class 'numpy.int64'>, encoding='utf-8', input='content',
        lowercase=True, max_df=0.85, max_features=2000, min_df=0.1,
        ngram_range=(1, 1), preprocessor=None, stop_words=None,
        strip_accents=None, token_pattern='(?u)\\b\\w\\w+\\b',
        tokenizer=None, vocabulary=None)
```

这可以说是构建了一个向量计数器，它忽略了语料库中出现频率排在 10% 以下的词，也忽略了语料库中出现频率排在 85% 以上的词。此外，还在特征集中设定了最大特征数为 2000 的硬性限制条件。

使用阈值的另一种方法是使用基于方差的阈值，即删除具有低方差（低于用户指定阈值）的特征。这表示要删除在数据集的所有观察值中几乎不变的值的要素。我们可以将它应用到我们在本章前面使用过的口袋妖怪数据集中。首先我们将 Generation 特征变换为如下所示的分类型特征。

```
In [3]: df = pd.read_csv('datasets/Pokemon.csv')
   ...: poke_gen = pd.get_dummies(df['Generation'])
   ...: poke_gen.head()
Out[3]:
   Gen 1  Gen 2  Gen 3  Gen 4  Gen 5  Gen 6
0      1      0      0      0      0      0
1      1      0      0      0      0      0
2      1      0      0      0      0      0
3      1      0      0      0      0      0
4      1      0      0      0      0      0
```

接下来，将把通过独热编码后的特征值小于 0.15 的这部分特征移除掉。下面可以使用以下代码片段完成此操作。

```
In [4]: from sklearn.feature_selection import VarianceThreshold
   ...:
   ...: vt = VarianceThreshold(threshold=.15)
```

```
    ...: vt.fit(poke_gen)
Out[4]: VarianceThreshold(threshold=0.15)
```

我们可以分别使用 variances_ property 和 get_support( ) 函数来查看方差值，以及最终选择的特征有哪些。以下代码片段将这些信息通过一个格式化后的数据框清楚地展示了出来。

```
In [5]: pd.DataFrame({'variance': vt.variances_,
    ...:               'select_feature': vt.get_support()},
    ...:              index=poke_gen.columns).T
Out[5]:
                  Gen 1      Gen 2   Gen 3     Gen 4      Gen 5     Gen 6
select_feature    True       False   True      False      True      False
variance          0.164444   0.114944 0.16     0.128373   0.163711  0.0919937
```

可以清楚地看到哪些特征是基于它们的 True 值而被选择出来的，并且它们的方差值也都大于 0.15。可以使用以下代码来获取所选特征的最终子集。

```
In [6]: poke_gen_subset = poke_gen.iloc[:,vt.get_support()].head()
    ...: poke_gen_subset
Out[6]:
   Gen 1  Gen 3  Gen 5
0      1      0      0
1      1      0      0
2      1      0      0
3      1      0      0
4      1      0      0
```

前面的特征子集展示了最终从最初的 6 个特征中选择的 Gen 1、Gen 3 和 Gen 5 共 3 个特征。

4.10.2　统计法

另一种广泛使用的基于过滤式的特征选择方法稍微复杂一点，是基于单变量统计检验来进行特征选择的。你可以对基于回归和分类的模型使用一些统计检验，包括互信息、方差分析（ANOVA）和卡方检验。你可以根据特征在这些统计检验中获得的分数来选择最佳的特征。现在加载一个包含 30 个特征的样本数据集。此数据集被称为威斯康星州乳腺癌诊断数据集，你可以通过这个链接 https: //archive.ics.uci.edu/ml/datasets/Breast+Cancer+Wisconsin+(Diagnostic) 获得其原始格式的数据，该数据集为 UCI 机器学习数据集。下面将使用 scikit-learn 来加载它的数据特征和响应类变量。

```
In [7]: from sklearn.datasets import load_breast_cancer
    ...:
    ...: bc_data = load_breast_cancer()
    ...: bc_features = pd.DataFrame(bc_data.data, columns=bc_data.feature_names)
    ...: bc_classes = pd.DataFrame(bc_data.target, columns=['IsMalignant'])
    ...:
    ...: # 构建特征集和响应类标签
    ...: bc_X = np.array(bc_features)
    ...: bc_y = np.array(bc_classes).T[0]
    ...: print('Feature set shape:', bc_X.shape)
```

```
    ...: print('Response class shape:', bc_y.shape)
Feature set shape: (569, 30)
Response class shape: (569,)
```

可以清楚地看到，正如之前提到的，该数据集中共有 30 个特征，一共有 569 行观测值。要获取特征名称的更多详细信息并查看相关数据点，可以使用以下代码。

```
In [8]: np.set_printoptions(threshold=30)
    ...: print('Feature set data [shape: '+str(bc_X.shape)+']')
    ...: print(np.round(bc_X, 2), '\n')
    ...: print('Feature names:')
    ...: print(np.array(bc_features.columns), '\n')
    ...: print('Response Class label data [shape: '+str(bc_y.shape)+']')
    ...: print(bc_y, '\n')
    ...: print('Response variable name:', np.array(bc_classes.columns))
    ...: np.set_printoptions(threshold=pt)
Feature set data [shape: (569, 30)]
[[  17.99  10.38  122.8  ...,    0.27   0.46   0.12]
 [  20.57  17.77  132.9  ...,    0.19   0.28   0.09]
 [  19.69  21.25  130.   ...,    0.24   0.36   0.09]
 ...,
 [  16.6   28.08  108.3  ...,    0.14   0.22   0.08]
 [  20.6   29.33  140.1  ...,    0.26   0.41   0.12]
 [   7.76  24.54   47.92 ...,    0.     0.29   0.07]]

Feature names:
['mean radius' 'mean texture' 'mean perimeter' 'mean area'
 'mean smoothness' 'mean compactness' 'mean concavity'
 'mean concave points' 'mean symmetry' 'mean fractal dimension'
 'radius error' 'texture error' 'perimeter error' 'area error'
 'smoothness error' 'compactness error' 'concavity error'
 'concave points error' 'symmetry error' 'fractal dimension error'
 'worst radius' 'worst texture' 'worst perimeter' 'worst area'
 'worst smoothness' 'worst compactness' 'worst concavity'
 'worst concave points' 'worst symmetry' 'worst fractal dimension']

Response Class label data [shape: (569,)]
[0 0 0 ..., 0 0 1]

Response variable name: ['IsMalignant']
```

这让我们能够更好地了解正在处理的数据。响应类变量是二进制的，其中 1 表示检测到的肿瘤是良性的，0 表示是恶性的。我们还可以看到 30 个特征，它们是描述乳房肿块数字图像中存在的细胞核特征的实数值。现在在此特征集上使用卡方检验，并从 30 个特征中选择出前 15 个最佳特征。以下代码片段可以帮助实现这一目的。

```
In [9]: from sklearn.feature_selection import chi2, SelectKBest
    ...:
    ...: skb = SelectKBest(score_func=chi2, k=15)
    ...: skb.fit(bc_X, bc_y)
Out[9]: SelectKBest(k=15, score_func=<function chi2 at 0x0000018C2BEB7840>)
```

可以看到，在计算必要的指标时，已经将输入特征（bc_X）和相应的响应类输出（bc_y）传递给了 fit（）函数。卡方检验将计算每个特征和类变量之间的统计信息（单变量检验）。选择前 K 个特征很可能会删除分数较低的特征，因为这些特征独立于类变量的可能性最大，在模型构建中的贡献度可能很小。接下来使用以下代码根据检验得分对特征进行排序，以查看最相关的特征。

```
In [10]: feature_scores = [(item, score) for item, score in zip(bc_data.feature_names,
                                                                 skb.scores_)]
     ...: sorted(feature_scores, key=lambda x: -x[1])[:10]
Out[10]:
[('worst area', 112598.43156405364),
 ('mean area', 53991.655923750892),
 ('area error', 8758.5047053344697),
 ('worst perimeter', 3665.0354163405909),
 ('mean perimeter', 2011.1028637679051),
 ('worst radius', 491.68915743332195),
 ('mean radius', 266.10491719517802),
 ('perimeter error', 250.57189635982184),
 ('worst texture', 174.44939960571074),
 ('mean texture', 93.897508098633352)]
```

现在，可以使用以下代码，通过使用卡方验证，创建从原来特征集的 30 个特征中选择的 15 个特征的特征子集。

```
In [11]: select_features_kbest = skb.get_support()
     ...: feature_names_kbest = bc_data.feature_names[select_features_kbest]
     ...: feature_subset_df = bc_features[feature_names_kbest]
     ...: bc_SX = np.array(feature_subset_df)
     ...: print(bc_SX.shape)
     ...: print(feature_names_kbest)
(569, 15)
['mean radius' 'mean texture' 'mean perimeter' 'mean area' 'mean concavity'
 'radius error' 'perimeter error' 'area error' 'worst radius'
 'worst texture' 'worst perimeter' 'worst area' 'worst compactness'
 'worst concavity' 'worst concave points']
```

现在从上面的输出中你可以看到，我们新的特征子集 bc_SX 共有 569 个观察值的 15 个特征而不是 30 个。为了便于理解，还将所选的特征的名称打印了出来。你可以使用以下代码片段来查看新的特征集。

```
In [12]: np.round(feature_subset_df.iloc[20:25], 2)
```

具有最高评分的特征的信息如图 4-39 中的数据框所示。现在使用逻辑回归对原来的有 30 个特征的特征集进行回归运算，构建一个简单的分类模型，并将模型准确率性能与使用我们选择的 15 个特征构建的另一个模型进行比较。对于模型评估，将使用准确率度量（正确预测的百分比），并使用五折交叉验证方案。本书将在第 5 章中详细介绍模型评估和调优策略，所以如果你现在无法理解某些术语，请不要沮丧。这里的主要思想是比较在不同特征集上训练的模型之间的模型预测性能。

Out[12]:

mean radius	mean texture	mean perimeter	mean area	mean concavity	radius error	perimeter error	area error	worst radius	worst texture	worst perimeter	worst area	worst compactness	worst concavity	worst concave points
13.08	15.71	85.63	520.0	0.05	0.19	1.38	14.67	14.50	20.49	96.09	630.5	0.28	0.19	0.07
9.50	12.44	60.34	273.9	0.03	0.28	1.91	15.70	10.23	15.66	65.13	314.9	0.11	0.09	0.06
15.34	14.26	102.50	704.4	0.21	0.44	3.38	44.91	18.07	19.08	125.10	980.9	0.60	0.63	0.24
21.16	23.04	137.20	1404.0	0.11	0.69	4.30	93.99	29.17	35.59	188.00	2615.0	0.26	0.32	0.20
16.65	21.38	110.00	904.6	0.15	0.81	5.46	102.60	26.46	31.56	177.00	2215.0	0.36	0.47	0.21

图 4-39　使用卡方检验在威斯康星州乳腺癌诊断数据集中选择出的特征子集

```
In [13]: from sklearn.linear_model import LogisticRegression
    ...: from sklearn.model_selection import cross_val_score
    ...:
    ...: # 构建逻辑回归模型
    ...: lr = LogisticRegression()
    ...:
    ...: # 评估基于完整特征集构建的模型的准确率
    ...: full_feat_acc = np.average(cross_val_score(lr, bc_X, bc_y, scoring='accuracy', cv=5))
    ...: # 评估基于经过特征选择的特征集构建的模型的准确率
    ...: sel_feat_acc = np.average(cross_val_score(lr, bc_SX, bc_y, scoring='accuracy', cv=5))
    ...:
    ...: print('Model accuracy statistics with 5-fold cross validation')
    ...: print('Model accuracy with complete feature set', bc_X.shape, ':', full_feat_acc)
    ...: print('Model accuracy with selected feature set', bc_SX.shape, ':', sel_feat_acc)
Model accuracy statistics with 5-fold cross validation
Model accuracy with complete feature set (569, 30) : 0.950904193921
Model accuracy with selected feature set (569, 15) : 0.952643324356
```

准确率指标清楚地向我们表明了，与使用原始的 30 个特征建立的模型（准确率为 95.09%）相比，在选定的 15 个特征子集上进行训练后，实际构建了一个准确率为 95.26% 的更好的模型。你可以在自己的数据集上试试这个方法！看到有什么改进了吗？

4.10.3　递归特征消除

还可以在基于机器学习的模型评估器的帮助下对特征进行排序和评分，这样你就可以递归的方式继续消除得分低的特征，直到达到特定的特征子集内元素的个数。递归特征消除也称为 RFE，是一种流行的允许你使用这种策略的基于包装器的特征选择技术。基本思想是从一个特定的机器学习评估器开始，比如用于分类需求的逻辑回归算法。接下来，取出整个特征集的全部 30 个特征和对应的响应类变量。RFE 旨在根据模型拟合程度为这些特征分配权重。修剪掉具有最小权重的特征，然后在剩余特征上再建立一个模型以获得新的权重或分数。这个过程被递归地执行了多次，每次都消除了分数/权重最低的特征，直到修剪的特征子集包含的特征数量达到用户的期望值（这是在开始时作为输入参数输入的）。这种策略也被普遍称为"反向消除"。下面使用 RFE 在乳腺癌数据集中选择前 15 个特征。

```
In [14]: from sklearn.feature_selection import RFE
    ...:
```

```
    ...: lr = LogisticRegression()
    ...: rfe = RFE(estimator=lr, n_features_to_select=15, step=1)
    ...: rfe.fit(bc_X, bc_y)
Out[14]:
RFE(estimator=LogisticRegression(C=1.0, class_weight=None, dual=False, fit_intercept=True,
        intercept_scaling=1, max_iter=100, multi_class='ovr', n_jobs=1,
        penalty='l2', random_state=None, solver='liblinear', tol=0.0001,
        verbose=0, warm_start=False),
  n_features_to_select=15, step=1, verbose=0)
```

现在可以使用 get_support（）函数来获取最终的 15 个选定的特征。下面的代码片段可以实现这一目的。

```
In [15]: select_features_rfe = rfe.get_support()
    ...: feature_names_rfe = bc_data.feature_names[select_features_rfe]
    ...: print(feature_names_rfe)
['mean radius' 'mean texture' 'mean perimeter' 'mean smoothness'
 'mean concavity' 'mean concave points' 'mean symmetry' 'texture error'
 'worst radius' 'worst texture' 'worst smoothness' 'worst concavity'
 'worst concave points' 'worst symmetry' 'worst fractal dimension']
```

我们是否可以将这个特征子集与在上一节中通过统计检验获得的特征子集进行比较，并看一下这些子集中有哪些特征是常见的吗？当然可以！下面使用 set 操作来获取这两种技术所选择的特征的列表。

```
In [16]: set(feature_names_kbest) & set(feature_names_rfe)
Out[16]:
{'mean concavity', 'mean perimeter', 'mean radius', 'mean texture',
 'worst concave points', 'worst concavity', 'worst radius', 'worst texture'}
```

现在，可以看到 15 个特征中有 8 个特征是常见的，并且都被两种特征选择技术同时选中了，这绝对是很有趣的!

4.10.4　基于模型的选择

基于树的模型（如决策树）和集成模型如随机森林（树模型的集成）不单单可以用于建模，还可用于特征选择。这些模型可用于在构建模型时计算特征的重要性，来选择最佳的特征并舍弃分数较低的不相关的特征。随机森林是一种可以用作嵌入式特征选择的集成模型，其中集成的每个决策树模型都是通过整个数据集的训练样本数据训练而来的。采样方法为 bootstrap 采样（有放回的采样）。任何节点上的分割都是通过从特征的随机子集中选择的最佳分割，而不是考虑所有的特征。这种随机方式倾向于以稍微增加偏差为代价来减少模型的方差。总的来说，这样可以获得一个更通用的模型。本书将在第 5 章更详细地讨论偏差 - 方差的权衡。现在使用随机森林模型，根据特征的重要性对它们进行评分和排序。

```
In [17]: from sklearn.ensemble import RandomForestClassifier
    ...:
    ...: rfc = RandomForestClassifier()
    ...: rfc.fit(bc_X, bc_y)
Out[17]:
```

```
RandomForestClassifier(bootstrap=True, class_weight=None, criterion='gini',
        max_depth=None, max_features='auto', max_leaf_nodes=None,
        min_impurity_split=1e-07, min_samples_leaf=1,
        min_samples_split=2, min_weight_fraction_leaf=0.0,
        n_estimators=10, n_jobs=1, oob_score=False, random_state=None,
        verbose=0, warm_start=False)
```

以下代码使用这个随机森林评估器根据特征的重要性对特征进行评分，并根据该得分展示出前 10 个最重要的特征。

```
In [18]: importance_scores = rfc.feature_importances_
    ...: feature_importances = [(feature, score) for feature, score in zip(bc_data.feature_
names, importance_scores)]
    ...: sorted(feature_importances, key=lambda x: -x[1])[:10]
Out[18]:
[('worst area', 0.25116985146898885),
 ('worst radius', 0.16995187376059454),
 ('worst concavity', 0.1164662504282163),
 ('worst concave points', 0.11253251729478526),
 ('mean concave points', 0.10839170432994949),
 ('mean concavity', 0.063554137255925847),
 ('mean area', 0.023771318604377804),
 ('worst perimeter', 0.020636790800076958),
 ('worst texture', 0.019171556030722112),
 ('mean radius', 0.014908508522792335)]
```

你现在可以使用基于阈值的参数根据需要过滤掉前 n 个要素，你甚至可以使用 scikit-learn 提供的 SelectFromModel 元变换器，将其作为模型的包装器。你能找出随机森林模型中有多少排名较高的特征与前两个特征选择器的选择是相同的吗？

4.11 特征降维

对大量特征进行处理可能会导致模型过拟合和模型复杂度过高等问题，这些问题都会成为我们提到过的"维数的诅咒"。请参阅第 1 章中的"降维"部分来回忆一下。降维是指使用特征选择或特征提取等方法减少特征集中特征总数的过程。现在已经在上一节中详细讨论了特征选择，现在介绍一下特征提取，特征提取的基本目标是从现有特征集中提取新的特征，使得具有很多特征的高维数据集可以简化为由这些新提取的特征构成的低维数据集。主成分分析是将数据从较高维度变换到较低维度的非常流行的线性数据变换技术，它也称为 PCA。让我们试着了解更多关于 PCA 的内容，以及如何在之后的部分中使用它来进行特征提取。

4.11.1　使用主成分分析进行特征提取

主成分分析，通常称为 PCA，是一种统计方法，它利用线性正交变换过程来变换可能与低维度线性不相关特征集相关的高维特征集。这些通过变换和新创建的特征也称为主要成分或 PC。在任何 PCA 变换中，PC 的总数始终小于或等于初始特征的数量。第一个主成分试图捕获原始特征集的最大方差。每个后续的成分都试图捕获更多的差异，这样它们与前面的成分是正交的关系。需要记住的一点是，PCA 对特征值的范围很敏感。

我们的主要任务是取一组初始特征，假设它为 D，并将提取其组成分来构成一个较低维度的特征子集 LD。奇异值分解的矩阵分解过程对于获得主成分很有帮助。你可以在第 1 章的"数学"一节的"重要概念"节中的"奇异值分解"部分查阅必要的数学公式和概念，快速回忆一下 SVD 相关的内容。考虑到有一个含有 n 个值的 D 维（特征）数据矩阵 $F_{(n \times D)}$，我们将 SVD 的特征矩阵描述为 $(F_{(n \times D)}) = USV^T$。这样所有的主成分都包含在了 V^T 分量中，可以用公式表示为

$$V^T_{(D \times D)} = \begin{bmatrix} PC_{1(1 \times D)} \\ PC_{2(1 \times D)} \\ \vdots \\ PC_{D(1 \times D)} \end{bmatrix}$$

主成分由 $\{PC_1, PC_2, \cdots, PC_D\}$ 表示，它们都是维度为（$1 \times D$）的一维向量。为了提取前 d 个主成分，可以先对该矩阵进行转置，得到如下的表示。

$$PC_{(D \times D)} = (V^T)^T = \left[PC_{1(D \times 1)} \Big| PC_{2(D \times 1)} \Big| \cdots \Big| PC_{D(D \times 1)} \right]$$

现在可以提取出第一个前 d 个主成分 $d \leq D$，减少后的主成分集可以表示如下。

$$PC_{(D \times D)} = (V^T)^T = \left[PC_{1(D \times 1)} \Big| PC_{2(D \times 1)} \Big| \cdots \Big| PC_{D(D \times 1)} \right]$$

最后，为了进行降维，可以使用以下数学变换得到简化的特征集 $F_{(n \times d)} = F_{(n \times D)} \cdot PC_{(D \times d)}$，在这通过原始特征矩阵与减少了主成分的特征子集点积，获得了含有 d 个特征的简化的特征集。这里要记住的非常重要的一点是，可能需要通过将矩阵中的每个值都减去它们的均值来将你的初始特征矩阵进行居中。因为默认情况下，PCA 假定你的数据是以原点为中心。

现在首先尝试使用 SVD 从我们的乳腺癌特征集的 30 个特征中提取出前 3 个主成分。我们首先将特征矩阵居中，然后通过下面的代码来实现使用 SVD 提取出前 3 个主成分。

```
In [19]: # 居中特征集
    ...: bc_XC = bc_X - bc_X.mean(axis=0)
    ...:
    ...: # 使用SVD进行分解
    ...: U, S, VT = np.linalg.svd(bc_XC)
    ...:
    ...: # 获得主成分
    ...: PC = VT.T
    ...:
    ...: # 获得前3个主成分
    ...: PC3 = PC[:, 0:3]
    ...: PC3.shape
Out[19]: (30, 3)
```

现在可以通过使用前面介绍的点积操作得到包含 3 个特征的简化后的特征集。下面的代码片段给出了可用于建模的最终简化的特征集。

```
# 降低特征集的维数
np.round(bc_XC.dot(PC3), 2)
Out[20]:
array([[-1160.14,  -293.92,   -48.58],
       [-1269.12,    15.63,    35.39],
       [ -995.79,    39.16,     1.71],
       ...,
       [ -314.5 ,    47.55,    10.44],
       [-1124.86,    34.13,    19.74],
       [  771.53,   -88.64,   -23.89]])
```

现在能够了解到，SVD 和 PCA 在通过提取必要的特征来进行降维方面是多么强大。当然，在机器学习系统和流程中，你可以使用 scikit-learn 中的程序，而不必编写没有必要的代码和公式。以下代码能够利用 scikit-learn 的 API 对乳腺癌特征集进行 PCA 处理。

```
In [21]: from sklearn.decomposition import PCA
    ...: pca = PCA(n_components=3)
    ...: pca.fit(bc_X)
Out[21]:
PCA(copy=True, iterated_power='auto', n_components=3, random_state=None,
  svd_solver='auto', tol=0.0, whiten=False)
```

你可以通过下面的代码来了解每个主成分表征了多少的差异性。

```
In [22]: pca.explained_variance_ratio_
Out[22]: array([ 0.98204467,  0.01617649,  0.00155751])
```

正如预期那样，从上面的输出可以看到第一个主成分解释了最大的方差。接下来可以使用以下代码片段来获得简化后的特征集。

```
In [23]: bc_pca = pca.transform(bc_X)
    ...: np.round(bc_pca, 2)
Out[23]:
array([[ 1160.14,  -293.92,    48.58],
       [ 1269.12,    15.63,   -35.39],
       [  995.79,    39.16,    -1.71],
       ...,
       [  314.5 ,    47.55,   -10.44],
       [ 1124.86,    34.13,   -19.74],
       [ -771.53,   -88.64,    23.89]])
```

如果你将这个简化后的特征集的值与通过基于数学公式实现的代码而获得的值进行比较，可以看到它们在某些情况下除了符号之外完全相同。

主成分中的某些值的符号出现反转的原因是这些主成分的方向是不稳定的。符号表示的是方向。因此，即使主成分指向的是相反的方向，但它们应该仍位于同一平面上，因此在使用这些数据进行建模时不会产生影响。

现在像之前一样快速构建一个逻辑回归模型，并使用模型准确率和五折交叉验证来对基于这 3 个特征构建的模型性能进行评估。

```
In [24]: np.average(cross_val_score(lr, bc_pca, bc_y, scoring='accuracy', cv=5))
Out[24]: 0.92808003078106949
```

可以从上面的输出中看到，即使只使用了 3 个从主成分派生出来的特征而不是初始的 30 个特征，但是仍然获得了接近 93% 的模型准确率，这是相当不错的！

4.12 总结

这是一个内容丰富的章节，其中包含了大量基于真实数据集的实战案例。本章的主要目的是让你熟悉用于特征提取、工程、缩放和选择的基本概念、工具、技术和策略。数据科学家日复一日面临的最艰巨的任务之一就是数据处理和特征工程。因此，了解从原始数据进行特征的提取所涉及的各个方面至关重要。本章旨在作为起点和参考指南，用于了解在你自己的数据集上进行特征工程时应采用哪些技术和策略。本章介绍了特征工程、缩放和选择的基本概念以及每个过程背后的重要性。涵盖了针对各种数据类型（包括数值型、分类型、文本型、时态型和图像型）的特征工程技术。还介绍了多种特征缩放技术，这些技术有助于在建模之前缩小和降低特征的范围和大小。最后，详细介绍了特征选择技术，重点介绍了 3 种不同的特征选择策略，即过滤式、包装式和嵌入式方法。关于降维和使用深度学习进行自动特征提取这样的特殊章节也包括在内，因为它们在相关研究领域和行业中都占有了很突出的地位。

我想在本章结束时向你介绍 Google 的著名计算机科学家兼主管彼得·诺维格（Peter Norvig）说过的一句话，这句话很能够体现特征工程的重要性。

"更多的数据胜过聪明的算法，但更好的数据胜过更多的数据。"

——彼得·诺维格

第 5 章
构建、调优和模型的部署

机器学习社区中有一个非常流行的说法是"机器学习的 70% 是数据处理",并且按本书的结构来看,这个引用非常合适。在前面的章节中,你已经看到了如何提取、处理和转换数据,从而将其转变成一种适用于机器学习算法来学习的格式。本章将介绍使用处理过数据的最重要部分,并且学习一个可以用来解决现实世界问题的模型。你还可以学习用于开发数据解决方案和项目的跨行业数据挖掘标准流程(Cross-industry Standard Process for Data Mining,CRISP-DM),这涉及构建和调优这些模型的步骤是机器学习迭代周期中的最后一步。

如果按照前面章节中所有规定的步骤进行了操作,那现在肯定已经有了一个已清理和处理过的数据集或特征集。该数据很有可能是数组或数据组(特征集)格式的数值。大多数的机器学习算法要求数据以数字格式作为机器学习算法的核心,我们有一些数学方程,也有一个要么是误差\损失最小化要么是利润最大化的优化问题。因此机器学习算法总是在处理数字数据。回看第 4 章特征工程技术,将结构化和非结构化数据转换成现成的数字格式。我们通过学习可用的不同类型的算法来开始本章。然后,你将学习如何为你拥有的数据选择相关的算法,之后会为你引入超参数的概念并学习如何优化任何算法的超参数。本章还介绍了一种使用开源框架解释模型的新方法。除此之外,你还会学习有关持久化和部署已开发的模型,以便可以根据你的需求和收益来使用它们。

根据前面所说的,本章包含以下 5 个主要部分:

- 构建模型。
- 模型评估技术。
- 模型调优。
- 模型解释。
- 在实践中部署模型。

你应该充分理解前几章的内容,因为它有助于帮助你更好地理解本章里各个方面的内容。本章中使用的所有代码片段和示例均可在本书的 GitHub 仓库的第 5 章的目录 / 文件夹中找到,网址为 https://github.com/dipanjanS/practical-machine-learning-with-python。对于本章中使用到的所有示例,你可以参考名为 model_build_tune_deploy.py 的 Python 文件,并在阅读过程中尝试运行一些示例,甚至你可以通过运行名为 Building、Tuning 和 Deploying Models.ipynb 的 jupyter notebook 文件从而获得更多的交互体验。

5.1 构建模型

在开始构建模型流程之前，应该尝试着去理解模型代表的是什么。用最简单的术语来说，一个模型可以被描述为一个数据集中的输出或因变量和与之相对应的输入或自变量之间的关系。有时候这种关系仅在于输入变量之间（在数据集没有定义输出或因变量的情况下）。变量之间的这种关系可以用一些能关联模型的输出和输入的数学方程、函数和规则来表示。

考虑到线性回归分析的案例，这种案例下的输出是一组参数，被称为权重或系数（会在本章后面讨论），这些参数定义了输入和输出变量之间的关系。思路是使用学习流程构建一个模型，这样你就可以学习模型中的一些必要的参数（系数），这些参数可以在数据集的最小误差（利用方均误差等验证指标）下帮你把输入变量（自变量）转换为相应的输出变量（因变量）。我们的思路不是为每一个输入数据点预测一个正确的输出（那样会导致模型过拟合），而是更好地适用于大量数据点，使得我们将模型用于新的数据点上时误差更小并且同样适用。这是通过在构建模型流程中学习正确的系数或参数值来实现的。所以当我们说正在学习一个线性回归模型时，这些就是隐藏在该陈述中的考量集合。如图 5-1 所示。

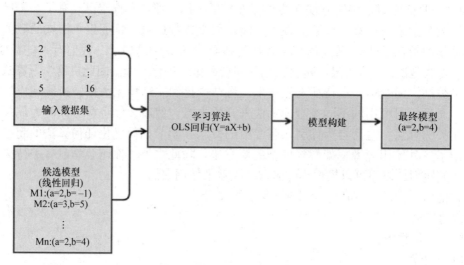

图 5-1　模型构建的高层表示

当指定线性回归为候选模型时，就意味着定义了依赖和非依赖变量之间的关系。该候选模型将会成为模型的所有可能的参数组合（稍后会详细介绍）。学习算法是使用一些优化处理来确定这些参数的最优值并通过一些规律来验证性能的方法（通过方均误差来减少整体误差）。最终的模型就是通过学习算法选出来的参数的最优值。因此在简单线性回归例子中，它只不过是一个包含了两个参数 a 和 b 的元组。这里要记住的一点是，术语参数类似于模型中的系数或权重。还有一些被称为超参数的其他类型参数，这些参数代表模型的更高级别的基础参数，并且不依赖于基础数据。它们通常需要在开始构建或学习流程之前设置好。这些超参数被调整获取最优值的流程通常作为调优阶段的一部分（学习阶段本身的一部分）。另外一个要记住的重点是输出模型一般都依赖于为数据集选择的学习算法。

5.1.1　模型类型

模型可以根据各种类别和命名进行区分。这其中很多是基于学习算法和方法本身来建立模型。例如模型是线性的或者非线性的，模型的输出是什么，它是一个有参模型还是无参模型，它是监督的、非监督的或者半监督的，它是一个组合模型或者甚至是一个深度学习模型。参考第 1 章中的"机器学习方法"一节，重新温习下在数据集上构建模型的机器学习方法。本节将重点讨论监督学习和非监督学习中的一些最流行的方法。

1. 分类模型

分类是最容易辨识的机器学习任务之一，第 1 章中已经详细介绍过它了。它是被称为监督学习中更广泛的机器学习问题的一个子集。监督学习是一组机器学习问题/任务，其中我们有带输入属性和相应的输出标签或分类（离散）的标记数据集。然后，这些输入和相应的输出用于学习一个通用系统，这个系统可用于预测先前不可知数据点的结果（输出类标签）。分类是整个监督学习领域的一个重要部分。

分类模型的输出通常是输入数据可能属于的标签或分类。解决分类问题（或一般任何监督问题）的任务包含一组已经标注过它们正确类/类别的训练数据集。然后，使用特定于分类问题的监督机器学习算法来为我们的问题概括一个类似的分类函数。该分类函数的输入与用来训练我们模型的数据完全相似。该输入通常是在特征工程步骤中生成的数据属性或特征。

典型的分类模型包括以下主要类型的方法，当然，该列表并非详尽无遗。

- 逻辑回归、朴素贝叶斯和支持向量机等线性模型。
- 非参数模型，如 K 最近邻。
- 基于树的方法，如决策树。
- 像随机森林（装袋）和梯度提升机器（提升）等集成方法。
- 神经网络（MLP）。

分类模型可以根据输出变量类型和它们产生的输出变量的数目进一步分类。该术语对于理解你通过查看数据集属性和要解决的目标来处理的分类问题的类型是非常重要的。

- **二分类**：当总共有两个分类来区分数据中的输出响应变量时，那么这个问题就被称为二分类问题。因此，需要一个适合执行二分类的模型（被称为二分类模型）。有一个比较流行的二分类问题是"邮件分类问题"。在这个问题中，候选邮件需要被分类并标记为两个不同的类别中的任何一个："垃圾邮件"或"非垃圾邮件"（也称为 Ham）。

- **多类别分类**：这是二分类问题的一个扩展。这种情况下，数据可以被分为两个以上的类别。多类别分类问题的一个例子是预测手写数字，其中响应变量可以是 0~9 范围内的任意值。这就变成了一个 10 分类问题。多类别分类是一个难以解决的问题，解决多分类问题的通用方案大多是通过修改二分类问题实现的。

· **多标签分类**：这些分类问题通常涉及输出变量不是一个单一值而是具有多个值或标签的向量的数据。有一个简单的例子是预测新闻报道分类，每篇新闻报道都有可能包含科学、政治和宗教等多个标签。

分类模型通常输出每个可能类别标签的真实类别或概率，从而为预测提供一个置信度。下面是分类模型的主要输出格式：

· **类别分类输出**：在某些分类模型中，任何未知数据点的输出都是其预测的分类或类标签。这些模型通常会计算所有分类的概率，但只报告最大概率或置信度的类标签。

· **类别概率分类输出**：在这些模型中，输出是可能的类别标签的概率值。当想要进一步使用分类模型产生的输出进行详细分析或做出复杂决策的时候，这些模型就很重要。举个非常简单的例子如典型的市场潜在用户选择问题。在这个问题中，通过潜在转换的概率输出，可以消减我们的市场支出费用。

2. 回归模型

在分类模型中，通过模型预测的输出变量是离散值。即使输出是概率值，这些概率值也是与可能分类的离散类标签值相关联的。回归模型是监督学习模型家族中的一个子集。在这些模型中，输入数据通常是用实值输出变量（连续而不离散）标注。逻辑分析是统计学中的重要部分，并且它在机器学习中有着相似的用途。

在统计学中，回归分析用来找出依赖和非依赖变量（可能一个或多个）之间的关系。在回归模型下，当把新的数据提供给我们的学习 / 训练回归模型时，模型的输出是一个连续值。基于变量的数量、输出的概率分布和关系形式（线性和非线性），有不同类型的回归模型。下面是一些回归模型的主要分类。

· **简单线性回归**：它在所有的回归模型中是最简单的，但是它非常有效且广泛用于各种实际用途。在这种情况下，我们只有一个自变量和一个因变量。因变量是一个真实值并且假设它遵循正态分布。在线性回归中开发模型时，假设自变量和因变量之间是线性关系。

· **多元线性回归**：它是简单线性回归模型的扩展，包含超过一个的自变量。其他假设不变，即因变量仍然是一个真实值，并遵循正态分布。

· **非线性回归**：回归模型中因变量依赖于参数 / 系数的非线性变换，那么这个模型就被称为非线性回归模型。它与使用自变量非线性变换的模型略有不同。下面用一个例子说明这一点。思考一下这个模型，$y = \beta_0 + \beta_1 x^2 + \epsilon$。在之前的模型中使用了自变量的二次方，但这个模型的参数（贝塔系数或系数）依然是线性的。因此，这个模型依然是一个线性回归模型的例子，或者更具体地说，它是一个多项式回归模型。系数不是线性的模型可以被称为一个非线性回归模型。思考一个完全满足这个标准的可以被称为非线性回归模型的例子，$y = \beta_0 + \left(\log \beta_1\right) x^2 + \epsilon$。这些例子很难学习，所以在实践中没有被广泛使用。在大多数情况下，对输入变量应用非线性变换的线性模型通常就足够了。

回归模型对于统计学和机器学习来说都是非常重要的部分，我们非常希望你能够通过重新阅读第 1 章的"回归"一节（见 1.12.2 节）来加固下你的记忆，以及阅读一下关于回归模型的标准文献来进一步深入了解详细概念。本书将在下面的章节中关注以及研究真实案例中的回归。

3. 聚类模型

下面简短地讨论下第 1 章中的聚类，以防你可能需要回忆下相关知识。聚类是一个不同类别的机器学习方法成员，称为非监督学习。聚类简单的定义是将没有任何预先标记分类或类别的相似的数据分组在一起的过程。典型的聚类流程的输出是数据点的分隔组，这样同一组里面的数据点彼此相似，但与其他组里面的成员（数据点）不同。两个方法之间的主要区别是，与监督学习不同，我们没有预先标记好的用来训练和构建我们模型的数据集。非监督学习问题的输入集通常是整个数据集本身。非监督学习问题集的另一个重要的标志是它们很难评估，这将在后面看到。

根据聚类的方法和原则，聚类模型可以分为不同的类型。下面将简要介绍下聚类算法的不同类型，如下所示。

- **基于划分的聚类**：基于划分的聚类是推测聚类流程中最自然的方式。基于划分的聚类将定义一个概念——相似性。这是通过对数据点的属性（特征）应用数学方法在这些属性中导出的任何值。然后，基于这种相似性值，可以把彼此相似的数据点分为一组，并将不同的数据点分开。一个基于划分的聚类通常是使用递归技术开发的，换句话说，以数据的任意划分开始，然后基于相似性值，会持续重新分配数据点，直到达到一个稳定的停止标准。这样的例子包括 K 平均值聚类算法（K-means）、K 中心点聚类算法（K-medoids）和基于随机选择聚类算法（CLARANS）等技术。

- **层次聚类**：层次聚类模型在开发方式和工作方式上都不同于基于划分的聚类模型。在层次聚类范例中，要么从一个组中的所有数据点开始（分裂），要么从不同组的所有数据点开始（凝聚）。根据起始点，可以基于一些可接受的相似性规范把一个大组划分为更小的组或者集群，或根据相同的标准持续把不同的组或集群合并为更大的组。当达到明确的停止条件时这个流程就停止了。相似性标准是相比于其他数据集群点数据集群内部点之间的距离。这样的例子包括基于 Ward 最小方差标准的凝聚层次聚类。

- **基于密度的聚类**：前面提到的所有聚类模型都依赖于距离的概念。这导致这些算法主要研究的是球状结果集。当面对任意形状的数据集时，这将成为问题。通过消除基于距离值的聚类的概念可以解除这个限制。我们可以定义一个数据"密度"的概念，并用它来开发我们的聚类。然后，聚类开发的方法从在一些点附近找点变为查找我们有数据点的区域。这个方法不像解释距离度量方法那么简单，但它使得聚类不用必须是球形的。这个方法是非常令人满意的，因为不是所有我们感兴趣的聚类都是球形的了。这样的例子包括 DBSCAN 和 OPTICS。

5.1.2　学习一个模型

自本章以来，一直在讨论构建模型和学习参数等。本节将从机器学习的角度来解释构建模型这一术语的实际含义。在下面的章节中，将以一个特定的模型为例来简略地讨论下学习一个模型的数学方面的内容。在本节中试着阐述相关的数学，这样你就不会被过多的信息淹没了。然而，有兴趣的读者可以查看关于机器学习模型及其实现的理论和概念的书籍（本书推荐 Tibshirani 等人的 *An Introduction to Statistical Learning*，https：//www.springer.

com/in/book/9781461471370）。

1. 机器学习的 3 个阶段

机器学习通常是一个复杂的领域。我们有不同的算法来解决不同的问题和任务，也有复杂的数学、统计和逻辑，它们是构成多元领域的骨干。如果你还记得，在第 1 章中学到的机器学习是统计学、数学、最优化、线性代数和其他一些学科的综合。但是，不要绝望，你不必立刻开始学习这些所有的东西！这些多样化的机器学习实践可以归纳为一个简单的三阶段范式。这 3 个阶段是：

- 表达式。
- 评估。
- 优化。

现在来分别讨论每一个步骤，了解几乎所有机器学习算法或方法是如何工作的。

1）表达式。任何机器学习算法的第一步都是问题在形式语言中的表达式。这是我们根据数据和业务目标或要解决的问题来定义机器学习任务的地方。通常这个阶段会隐藏在选择 ML 算法的这个阶段（在这个阶段你可能有多个可能的模型表达式）下面。当选择了目标算法时，就默认地决定了想要用于解决问题的表达式。这个阶段类似于选一组模型，这组模型中任何一个都可以解决我们的问题。例如，当决定要执行的机器学习任务是回归查看数据集时，我们选择线性回归作为回归模型。然后，我们决定了因变量和自变量之间的线性组合关系。在这个阶段做的另一个隐式的选择是决定我们需要学习的模型的参数 / 权重 / 系数。

2）评估。一旦决定了问题的表达式和可能的模型集，就需要一些判断标准或准则来帮助选择一个胜过其他模型的模型，或者在一个候选模型集中选出最好的模型。思路是定义一个评估指标或评分函数 / 损失函数，它可以帮助我们达到目的。评估指标通常以目标或评估函数（也可以称为损失函数）的形式提供。这些目标函数通常会提供一个数字的性能值，这将帮助决定每个候选模型的有效性。目标函数依赖于要解决问题的类型、选择的表达式和其他内容。举一个简单的例子是损失越低或错误率越低，模型的表现越好。

3）优化。学习流程中的最后一个步骤是优化。在这种情况下，优化可以被简单地描述为搜索所有假设模型空间表达式，找到能给我们评估函数最优值的那个。尽管该优化的描述隐藏了流程中绝大多数复杂性，但它仍是一个理解核心原则的好方法。我们平时使用的优化方法取决于表达式和评估方法或功能的选择。幸运的是，只要选定了表达式和评估部分，就会有一大组强大的优化器可用。优化算法可以是梯度下降和甚至像泛型算法那样的元启发式方法等。

2. 逻辑回归的 3 个阶段

理解复杂流程细微差别的最好方法是用一个例子来解释它。在本部分中，我们使用逻辑回归模型来探索机器学习流程的 3 个步骤。逻辑回归是解决分类问题的线性回归的扩展。下面将看到如何使用基于梯度下降的优化解决一个简单的逻辑回归问题，梯度下降是最流行的优化方法之一。

1）表达式。通过将 logit 函数应用于线性回归模型的表达式来获得逻辑回归的表达式。

线性回归的表达式由这个假说函数给出：

$$h(\theta) = \theta^T x$$

式中，θ 为模型的参数；x 为输入向量。logit 函数由下面给出：

$$\sigma(t) = \frac{1}{1 - e^{-t}}$$

在线性回归的表达式上应用这个 logit 函数可以得到逻辑回归的表达式。

$$h(\theta) = \frac{1}{1 - e^{-\theta^T x}}$$

这是逻辑回归模型的表达式。由于 logit 函数的取值范围介于 0~1 之间，可以通过提供一个输入向量 x 和一组参数 θ 来计算 $h(\theta)$ 的值以决定两个类别之间的关系。如果值小于 0.5，那么这个标签为 0；否则，标签为 1（二分类问题就用的这个方法）。

2）评估。该流程的下一步是指定一个评估或代价函数。在本例中代价函数取决于数据点的实际类别。假设 logit 函数的输出对于类别为 1 的数据点为 0.75，那么该情况下的误差或损失是 0.25。但是，如果该数据点是类别 0，那么误差为 0.75。以此类推，对一个数据点定义如下的代价函数。

$$\cos t(h_\theta(x), y) = \begin{cases} -\log(h_\theta(x)), & \text{若} y = 1 \\ -\log(1 - h_\theta(x)), & \text{若} y = 0 \end{cases}$$

利用之前的逻辑，整个数据集的代价函数如下：

$$\cos t(\theta) = l(\theta) = \sum_{i=1}^{m} y^i \log(h(x^i)) + (1 - y^i) \log(1 - h(x^i))$$

3）优化。之前描述的代价函数是一个关于 θ 的函数，因此需要最大化之前的函数并找到给出最大值的 θ 的集合（通常会最小化代价函数，但是在这里使用了一个逻辑函数，所以会最大化这个逻辑函数）。通过模型的表达式获得的 θ 值（参数）就是想要学习的值。

最大化或最小化一个函数的基本思路是求这个函数的微积分并找到使得梯度（导数）为 0 的点。这个点就是函数取得最大值或最小值的地方。但是，必须记住，我们拥有的这个函数是一个参数 θ 的非线性函数。因此不能直接求解 θ 的最优值。讲到这正好可以引进梯度下降方法的概念了。

简单来说，梯度下降是一个流程，在该流程中会计算在每个点想要优化的函数的梯度并保持沿着负梯度值方向移动。通过移动，我们会根据计算出来的梯度更新 θ 值。

可以按下面的方法计算参数向量的每一个分量的代价函数的梯度：

$$\frac{\partial}{\partial \theta_j} = (y - h_\theta(x)) x_j$$

通过对参数向量的每个分量的重复计算，可以计算出整个参数向量的函数的梯度。一旦得到了梯度，下一步就是使用如下方程来更新新的参数向量集合。

$$\theta_j := \theta_j + \alpha\left(y^i - h_\theta\left(x^i\right)\right)x_j^i$$

这里，α 代表想要在梯度方向上采用的最小步。α 是优化过程中的超参数（你可以把它想象成学习率或学习步长），并且它的值决定了我们达到的是全局最小值还是局部最小值。

如果不断重复这个流程，则会到达一个对 θ 做任何小的更新代价函数几乎都不发生变化的点。通过这种方式，可以获得最优的一组参数值。

请记住，这个简单的描述只是为了让梯度更容易理解和解释。通常还有许多解决优化问题的其他因素要考虑和大量其他的挑战。本节的主要意图是让你意识到优化为什么是任何机器学习问题中最重要部分的。

5.1.3 模型构建示例

本书后面的章节将致力于构建和调整优化真实世界数据集的模型。所以一般会做很多模型构建、调优和评估的操作。本节将描述一些在前面章节中讨论过的每个模型分类的例子。这将成为未来我们模型构建开发的指南。

1. 分类

在所有的分类（或监督学习）问题中，准备好整个数据集后的第一步是将数据分为一个测试集、一个训练集和一个随机的验证集。思路是在训练集上训练学习模型，在验证集上进行评估和调优以及使用交叉验证等技术来检测它在测试数据集上的性能。你将在本章的模型评估部分了解到，模型评估对于任何机器学习解决方案都是一个至关重要的部分。因此，根据经验，必须牢记，一个机器学习算法的真实评估总是基于以前没有见过的数据（即使是基于训练集的交叉验证也会使用部分训练数据来构建模型，剩余数据用来做评估）。

有时候我们将整个数据集用来训练模型，然后用它的一些子集来作为测试集。这是在机器学习中我们许多人经常犯的一个常见错误。为了准确地分析一个模型，它必须要被很好地归纳并能够很好地处理从未见过的数据。对训练数据有很好的评估指标，但对没有见过（验证或测试）的数据的处理却不尽人意，这意味着这个算法不能为这类问题提供一个通用解决方案（稍后将详细讲解）。对于分类的示例，会使用一个之前讨论过的流行的多分类问题，即手写数字识别示例。Scikit-learn 库可以为我们提供同样的数据。这里的问题是预测一个手写数字图像中的真实数字值。这个问题源于基于图像的分类和计算机视觉领域。在数据集中，有一个 1×64 的特征向量，它是手写数字的灰度图像的图像表达式。

在开始构建模型之前，先看看我们打算分析的数据和图片看起来是什么样的。下面的代码会加载索引是 10 的图像并把它绘制出来。

```
In [2]: from sklearn import datasets
   ...: import matplotlib.pyplot as plt
   ...: %matplotlib inline

   ...: digits = datasets.load_digits()
```

```
...:
...: plt.figure(figsize=(3, 3))
...: plt.imshow(digits.images[10], cmap=plt.cm.gray_r)
```

代码生成的图像如图 5-2 所示。猜猜它代表哪个数字？

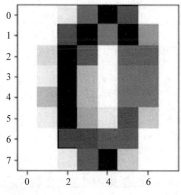

图 5-2　代表 0 的手写数字数据

通过下面的代码，可以了解如何用扁平向量表达式和数字（类标签）表示原始像素数据。

```
# 真实的图像像素矩阵
In [3]: digits.images[10]
Out[3]:
array([[  0.,   0.,   1.,   9.,  15.,  11.,   0.,   0.],
       [  0.,   0.,  11.,  16.,   8.,  14.,   6.,   0.],
       [  0.,   2.,  16.,  10.,   0.,   9.,   9.,   0.],
       [  0.,   1.,  16.,   4.,   0.,   8.,   8.,   0.],
       [  0.,   4.,  16.,   4.,   0.,   8.,   8.,   0.],
       [  0.,   1.,  16.,   5.,   1.,  11.,   3.,   0.],
       [  0.,   0.,  12.,  12.,  10.,  10.,   0.,   0.],
       [  0.,   0.,   1.,  10.,  13.,   3.,   0.,   0.]])

# 扁平化向量
In [4]: digits.data[10]
Out[4]:
array([  0.,   0.,   1.,   9.,  15.,  11.,   0.,   0.,   0.,   0.,  11.,  16.,   8.,  14.,
         6.,   0.,   0.,   2.,  16.,  10.,   0.,   9.,   9.,   0.,   0.,   1.,  16.,   4.,
         0.,   8.,   8.,   0.,   0.,   4.,  16.,   4.,   0.,   8.,   8.,   0.,   0.,   1.,
        16.,   5.,   1.,  11.,   3.,   0.,   0.,   0.,  12.,  12.,  10.,  10.,   0.,   0.,
         0.,   0.,   1.,  10.,  13.,   3.,   0.,   0.])

# 图像类别标签
In [5]: digits.target[10]
Out[5]: 0
```

稍后会看到，可以通过各种方式来解决这个问题。但在本教程中，将使用一个逻辑回归模型来实现此分类。在开始模型构建之前，将把数据集分为独立的测试集和训练集。测试集大小通常取决于可用数据的总量。在案例中，使用的测试集是整个数据集的 30%。为了便于理解，输出了每个数据集中的全部数据点。

```
In [12]: X_digits = digits.data
    ...: y_digits = digits.target
    ...:
    ...: num_data_points = len(X_digits)
    ...:
    ...: X_train = X_digits[:int(.7 * num_data_points)]
    ...: y_train = y_digits[:int(.7 * num_data_points)]
    ...: X_test = X_digits[int(.7 * num_data_points):]
    ...: y_test = y_digits[int(.7 * num_data_points):]
    ...: print(X_train.shape, X_test.shape)
(1257, 64) (540, 64)
```

从上面的输出中，可以看到训练数据集有 1257 个数据点，测试集有 540 个数据点。该流程的下一步是指定将要使用的模型以及想要使用的超参数值。这些超参数的值不依赖于基础数据，通常在模型训练之前设置，然后在提炼最佳模型过程中进行微调。你将在本章的后面学习调优模型。目前，如之前所说在初始化模型评估器时使用默认值，在训练集上逐渐拟合模型。

```
In [14]: from sklearn import linear_model
    ...:
    ...: logistic = linear_model.LogisticRegression()
    ...: logistic.fit(X_train, y_train)
LogisticRegression(C=1.0, class_weight=None, dual=False, fit_intercept=True,
          intercept_scaling=1, max_iter=100, multi_class='ovr', n_jobs=1,
          penalty='l2', random_state=None, solver='liblinear', tol=0.0001,
          verbose=0, warm_start=False)
```

在上面的输出中，可以看到模型描述的各种超参数和参数。现在在测试集上测一下该模型的准确率。

```
In [15]: print('Logistic Regression mean accuracy: %f' % logistic.score(X_test, y_test))
Logistic Regression mean accuracy: 0.900000
```

这就是 scikit-learn 中拟合一个像逻辑回归这样的模型所需要的所有操作。在第一步中，确定了想要使用的模型，在例子中是一个被称为逻辑回归的线性模型。然后用训练数据和它的输出标签调用该对象的拟合方法。拟合方法使用该模型的学习参数更新模型对象本身。然后使用对象的评分方法来确定在测试集上这个拟合模型的准确性。所以在没有任何精确调优的情况下开发的模型在预测手写数字时的准确率为 90%。

这是在数据集上拟合分类模型的最基础的例子。请注意，数据集是一个完全处理过和清理过的格式。在解决任何问题时，你均需要确保你的数据在开始拟合之前已经采用了同样的方式处理过了。

2. 聚类

在本部分中，将学到我们如何在其他的数据集上拟合一个聚类模型。在将要使用的例子中，使用一个标注过的数据集来帮查看聚类模型的结果并与真实标签做对比。有一点需要记住，在真实世界中很难获得标注过的数据集，这就是为什么会选择像聚类这样的非监督方法。下面将尝试两种不同的聚类算法，它们分别是基于划分的聚类和层次聚类。

此处将要使用的聚类示例的数据集是非常流行的威斯康星州乳腺癌诊断数据集，本书在第 4 章 "特征选择和降维" 一节中详细介绍过这些数据。这里可以重新温习以下相关内容。该数据集有 30 个属性或特征以及每个数据点（乳房质量）的相应的描述是否具有癌症（恶性：标签值 0）或无癌症（良性：标签值 1）的标签。下面使用以下代码加载数据。

```
import numpy as np
from sklearn.datasets import load_breast_cancer

# 加载数据
data = load_breast_cancer()
X = data.data
y = data.target
print(X.shape, data.feature_names)
(569, 30) ['mean radius' 'mean texture' 'mean perimeter' ... 'worst fractal dimension']
```

很显然，有 569 条数据，每条数据有 30 个属性或特征。

1）基于划分的聚类。我们将选择最简单同时也最受欢迎的基于划分的聚类模型来举例，即 K-means 算法。该算法是基于重心法的聚类算法，首先对数据的所有聚类进行假设，并为每一个聚类分配一个随机中心。然后它使用欧几里得距离作为距离以此来重新把每个数据点分配给距离最近的中心。每次重新分配之后，它会重新计算每个聚类的中心。这整个流程不停重复迭代直到重新分配的数据点不再改变聚类中心。该算法的变体包括 K-medoids 等算法。

这里已经通过数据标签知道我们有 0 或 1 两种可能的类别，下面的代码试图通过利用 K-means 聚类算法来从数据中确定这两个类别。在现实世界中，情况并非总是如此，因为将无法得知可能的聚类数。这是 K-means 聚类最严重的缺陷之一。

```
from sklearn.cluster import KMeans

km = KMeans(n_clusters=2)
km.fit(X)

labels = km.labels_
centers = km.cluster_centers_
print(labels[:10])
[0 0 0 1 0 1 0 1 1 1]
```

一旦拟合流程完成，便可以通过使用前面的属性获得数据集中的中心和两个聚类标签。这里的中心是指聚类数据周围的数据维度（在数据中是 30 个属性）的数值。

但是，能否将这些聚类与实际标签进行可视化和比较？请记住，正在处理的这 30 个特征并在 30 维度上可视化这些聚类的操作是无法解释和执行的。因此，将利用 PCA 把输入维度减少为两个主要部分，并在此基础上将聚类可视化。请参考第 4 章介绍的主成分分析的内容。

```
from sklearn.decomposition import PCA

pca = PCA(n_components=2)
bc_pca = pca.fit_transform(X)
```

下面的代码有助于在实际标签和聚类的输出标签降维到的 2D 特征空间上可视化这些聚类。

```
fig, (ax1, ax2) = plt.subplots(1, 2, figsize=(8, 4))
fig.suptitle('Visualizing breast cancer clusters')
fig.subplots_adjust(top=0.85, wspace=0.5)
ax1.set_title('Actual Labels')
ax2.set_title('Clustered Labels')

for i in range(len(y)):
    if y[i] == 0:
        c1 = ax1.scatter(bc_pca[i,0], bc_pca[i,1],c='g', marker='.')
    if y[i] == 1:
        c2 = ax1.scatter(bc_pca[i,0], bc_pca[i,1],c='r', marker='.')
    if labels[i] == 0:
        c3 = ax2.scatter(bc_pca[i,0], bc_pca[i,1],c='g', marker='.')
    if labels[i] == 1:
        c4 = ax2.scatter(bc_pca[i,0], bc_pca[i,1],c='r', marker='.')

l1 = ax1.legend([c1, c2], ['0', '1'])
l2 = ax2.legend([c3, c4], ['0', '1'])
```

在图 5-3 中，可以很清楚地看到聚类工作得很好，它展示了标签 0 和 1 之间明显的分隔并且与实际标签非常相似。然而，在错标的一些实例处存在一些重叠现象，在右图中尤为明显。请记住，在实际的真实世界场景中，没有可对比的真实的标签，主要思路是以这些聚类的形式找出数据集的结构或模型。另外一个需要记住的重点是聚类标签值是没有意义的。标签 0 和 1 只是用来区分聚类数据点的值。如果再运行一次这个流程，可以很轻松地获得标签颠倒的相同图。因此，即使在处理标注数据和运行聚类时也不会比较聚类标签值和真实标签值并尝试测量准确性。另外一个重要的注意事项是，如果我们要求提供两个以上的聚类，虽然算法可以支持多个聚类，但是很难解释这些聚类并且大多数聚类是没有意义的。因此，使用 K-means 算法的一个注意事项就是在对数据中可能存在的所有聚类数目有所了解的情况下使用它。

2）分层聚类。我们可以使用相同的数据执行一个分层聚类，并查看结果与 K-means 聚类和真实标签比是否变化很大。在 scikit-learn 中，我们有许多像凝聚聚类（Agglomerative-Clustering）类一样的接口来执行分层聚类。根据在本章前面和第 1 章中讨论的内容，凝聚聚类是用自下而上的方法进行分层聚类，即开始是把数据点自己作为一个聚类，并且将这些聚类依次合并在一起。可用的合并准则来自于一组候选连接；选定的连接决定了合并策略。连接举例包括 Ward、全连接和平均连接等。下面将利用 scipy 的底层功能，因为仍然会提到想要避免的凝聚聚类接口中聚类的数目。由于已经拥有在变量 X 中设置的乳腺癌特征，下面的代码通过使用 Ward 的最小方差标准来计算关联矩阵。

可视化乳腺癌数据集中的聚类

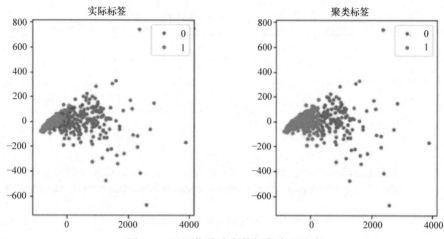

图 5-3　可视化乳腺癌数据集中的聚类

```
from scipy.cluster.hierarchy import dendrogram, linkage
import numpy as np
np.set_printoptions(suppress=True)

Z = linkage(X, 'ward')
print(Z)

[[   287.         336.            3.81596727      2.       ]
 [   106.         420.            4.11664267      2.       ]
 [    55.         251.            4.93361024      2.       ]
 ...,
 [  1130.        1132.         6196.07482529     86.       ]
 [  1131.        1133.         8368.99225244    483.       ]
 [  1134.        1135.        18371.10293626    569.       ]]
```

在看到上面的输出时，可能会想这个关联矩阵代表什么？你可以把关联矩阵想象成一个完整的历史地图，记录每次迭代哪些数据点合并到了哪些聚类里了。如果你有 n 个数据点，则连接矩阵 Z 将具有 $(n-1) \times 4$ 的形状，$Z[i]$ 代表了第 i 次合并了哪些聚类。每行有 4 个元素，前两个元素是数据点的标识符或聚类标签（在矩阵的后面部分，如果多个数据点合并了），第 3 个元素是前面两个元素之间的聚类距离（数据点或聚类），最后一个元素是合并完成后元素或数据点的总个数。我们建议你参考 https∶//docs.scipy.org/doc/scipy/reference/generated/scipy.cluster.hierarchy.linkage.html，这里解释得更详细些。使用树状图是可视化这些基于距离的合并的最好的方法，如图 5-4 所示。

```
plt.figure(figsize=(8, 3))
plt.title('Hierarchical Clustering Dendrogram')
plt.xlabel('Data point')
```

```
plt.ylabel('Distance')
dendrogram(Z)
plt.axhline(y=10000, c='k', ls='--', lw=0.5)
plt.show()
```

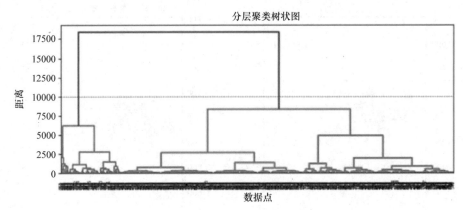

图 5-4　可视化分层聚类树状图

在图 5-4 所示的树状图中，可以看到每个数据点如何作为一个单独的聚类开始，慢慢地与其他数据点合并形成新的聚类。在颜色和树状图的高层次上，如果你研究的距离度量值大于或等于 10000 时，可以看到这个模型已经正确地识别出了两个主要聚类。利用这个距离，可以通过下面的代码得到聚类标签。

```
from scipy.cluster.hierarchy import fcluster

max_dist = 10000
hc_labels = fcluster(Z, max_dist, criterion='distance')
```

现在来比较下，与原始标签分布（详细代码在 notebook 中）相比，基于 PCA 降维的聚类的输出看起来是什么样的，如图 5-5 所示。

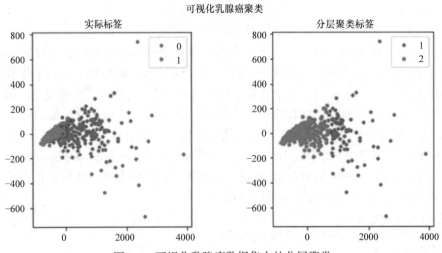

图 5-5　可视化乳腺癌数据集中的分层聚类

最终看到了两个不同的聚类，但与 K-means 方法相比，有很多的重叠和漏标的实例。然而，请记下标签数目；我们有 1 和 2 作为标签值。这仅仅是为了强调一个事实，即标签值仅用于区分聚类并无实际意义。这个方法的优点是不必预先输入聚类的数目，该模型会试着在底层数据中找到它。

5.2　模型评估

现在已经了解了基于各种需求的数据检索、数据处理、数据重整和数据建模的流程。随之而来的是另外一个问题，如何判断一个模型是好还是坏？仅仅因为使用一个著名的算法开发了一些花哨的东西，这并不能保证它的性能也很好。模型评估就是这个问题的答案，并且它是整个机器学习过程中必不可少的一部分。之前曾经多次提到模型开发是一个迭代过程。模型评估是迭代过程的定义部分，它使模型开发具有迭代性质。基于模型评估和之后的比较，可以决定继续改善模型还是停止它，并选择一个最终用来使用 / 部署的模型。模型评估还在调优模型的超参数和判断某些场景，比如新添加的智能功能是否为模型增加了价值，这些重要的流程提供了帮助。综合上面所有的论点，为建立一个明确的模型评估流程以及可用于度量和评估模型的指标提供了一个令人信服的案例。

那如何才能评估一个模型呢？如何判定是模型 A 好还是模型 B 好？理想的方法是让模型的有效性拥有一些数字指标或值，并通过这个值来对模型进行排序和选择。这将是评估模型的主要方法之一，但是必须牢记，有些时候这些评估指标可能无法获得正在试着解决的问题所需要的成功准则。在这些情况下，需要更富有想象力，并把这些指标应用到我们的问题和像业务约束与目标之类的事情。

模型评估指标非常依赖于我们拥有模型的类型，因此回归模型的指标是不同于分类模型或聚类模型的。考虑到这种依赖性，应将把该部分分为 3 节。这里涵盖了三类模型的主要模型评估标准。

5.2.1　评估分类模型

分类模型是在机器学习从业者中最流行的模型之一。由于它们的普及，知道如何构建高质量、高普及性的模型是非常重要的。他们有多种可用于评估分类模型的指标。在本节中，我们的目标是这些重要指标的一个子集。我们使用前面章节开发的模型来详细说明它们。为此，先准备好训练和测试数据集用来构建分类模型。下面利用之前的 X 和 y 变量，它们包含了通过乳腺癌的数据集观察到的数据和标签。

```
from sklearn.model_selection import train_test_split

X_train, X_test, y_train, y_test = train_test_split(X, y, test_size=0.3, random_state=42)
print(X_train.shape, X_test.shape)
(398, 30) (171, 30)
```

上面的输出显示了在训练数据集中有 398 个值和在测试数据集中有 171 个值。下面将利用为模型评估而创建的一个精确模块。它的名字是 model_evaluation_utils，可以在本章的代码文件和 notebook 中找到它。这里建议你看一下代码，该代码利用 scikit-learn 指标模块计算大部分评估指标和图。

1. 混淆矩阵

混淆矩阵是评估一个分类模型最流行的方法之一。虽然矩阵本身并不是一个指标,但矩阵可以用来表示各种指标,在特定的情况和场景下,这些度量值都很重要。人们可以为二分类或多分类创建混淆矩阵。

通过将一个数据点的预测分类标签和真实标签进行对比来创建一个混淆矩阵。在整个数据集上重复该比较操作,并把比较结果编写为矩阵或表格格式。这个合成矩阵就是混淆矩阵。在进一步研究之前,先在乳腺癌数据集的基础上构建一个逻辑回归模型并查看在测试数据集上该模型预测的混淆矩阵。

```
from sklearn import linear_model
# 训练和构建模型
logistic = linear_model.LogisticRegression()
logistic.fit(X_train,y_train)

# 在测试数据上预测并查看混淆矩阵
import model_evaluation_utils as meu

y_pred = logistic.predict(X_test)
meu.display_confusion_matrix(true_labels=y_test, predicted_labels=y_pred, classes=[0, 1])


           Predicted:
               0    1
Actual: 0     59    4
        1      2  106
```

上面的输出描述了带有必要注释的混淆矩阵。可以看到,在 63 个标记为 0(恶性)的观测值中,模型已经正确地预测了 59 个观测值。同样的,在 108 个标记为 1(良性)的观测值中,模型已经正确预测了 106 个。更多详细分析即将到来!

1)理解混淆矩阵。尽管这个名字听起来非常难以理解,但只要掌握了基本知识,理解混淆矩阵并不难!重复一下你在前面学到的内容,混淆矩阵是一个用于记录正确分类和错误分类的表结构。这对于评估知道真实数据的标签并且可以与预测数据标签进行比较的分类模型的性能很有用。混淆矩阵中的每列代表基于模型预测的分类实例个数,矩阵的每行代表基于真实/正确分类标签实例个数。这个结构也可以颠倒过来,即,行代表预测描述和列代表真实标签。在典型的二分类问题中,通常有一个基本上是我们感兴趣的正向分类标签。例如在乳腺癌数据集中,称我们感兴趣的是当患者没有乳腺癌(良性)时候的检测或预测。那么标签 1 是正向分类。但是,假设感兴趣的类别是检测癌症(恶性),那么可以选择标签 0 作为正向分类。图 5-6 展示了一个二分类问题的典型混淆矩阵,其中 p 表示正向分类,n 表示负类。

图 5-6 使混淆矩阵的结构更加清晰。概括来说,像之前讨论的那样,通常有一个正向分类(正类),另一个分类是负向分类(负类)。基于这种结构,可以清楚地理解 4 个重要术语。

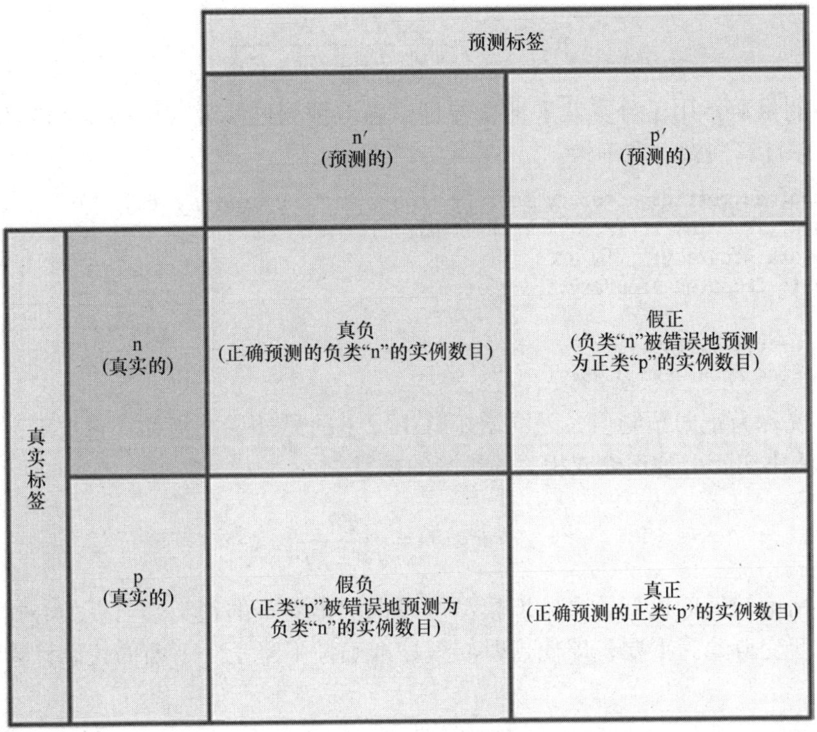

图 5-6　一个混淆矩阵的典型结构

- **真正（TP）**：这是真实类标签等于预测类标签的正类的实例总数目。即通过模型正确预测的正类标签的全部实例。
- **假正（FP）**：这是模型错误预测为正类的负类的实例总数目。因此名字叫作假正。
- **真负（TN）**：这是真实类标签和预测类标签都是负类的实例总数目。即通过模型正确预测的负类标签的全部实例。
- **假负（FN）**：这是模型错误预测为负类的正类的实例总数目。因此名字叫假负。

根据这些信息，能否为基于乳腺癌测试数据模型预测的混淆矩阵计算之前提到的指标？

```
positive_class = 1
TP = 106
FP = 4
TN = 59
FN = 2
```

2）性能指标。混淆矩阵本身并不是分类模型的性能指标。但它可以用来计算几个针对不同场景都有效的指标。接下来将描述如何在混淆矩阵中计算主要指标，手动使用必要的公式计算它们，然后通过 scikit-learn 提供的方法比较预测结果并给出这些指标可以被使用的直观场景。

准确性：这是最流行的分类器性能测量的方法之一。它的定义是模型的正确预测所占总体的准确度或比例。在混淆矩阵中计算准确性的公式是：

$$Accuracy = \frac{TP + TN}{TP + FP + TN + FN}$$

准确性测量通常用于分类几乎平衡并且正确地预测这些分类也同样重要的情况下。下面的代码可以计算模型的准确性。

```
fw_acc = round(meu.metrics.accuracy_score(y_true=y_test, y_pred=y_pred), 5)
mc_acc = round((TP + TN) / (TP + TN + FP + FN), 5)
print('Framework Accuracy:', fw_acc)
print('Manually Computed Accuracy:', mc_acc)
```

```
Framework Accuracy: 0.96491
Manually Computed Accuracy: 0.96491
```

精度：统称为正向预测值，是混淆矩阵中派生的另外一个指标。它被定义为在所有基于正类的预测中实际上是正确或相关的预测的数目。

$$Precision = \frac{TP}{TP + FP}$$

相比于精度较低的模型，高精度模型可以识别出更多的正类。当更关心找出正类最大数目时，精度变得尤为重要，即使这时候整体准确性下降了。下面的代码计算了模型预测的精度。

```
fw_prec = round(meu.metrics.precision_score(y_true=y_test, y_pred=y_pred), 5)
mc_prec = round((TP) / (TP + FP), 5)
print('Framework Precision:', fw_prec)
print('Manually Computed Precision:', mc_prec)
```
```
Framework Precision: 0.96364
Manually Computed Precision: 0.96364
```

召回率：也成为敏感度，是一个模型鉴别相关数据点百分比的度量。它被定义为正确预测结果中正类实例的数目。也被称为命中率、覆盖率或敏感度。召回率的公式如下

$$Recall = \frac{TP}{TP + FN}$$

当想要捕获最大量的特定类别实例时，召回率对于测量分类器性能变得尤为重要，即使这会使得错误率升高。例如，考虑到银行欺诈案，一个高召回率的模型将提供更多的潜在欺诈案例。它将帮助警惕大多数可疑案件。下面的代码计算了模型预测的召回率。

```
fw_rec = round(meu.metrics.recall_score(y_true=y_test, y_pred=y_pred), 5)
mc_rec = round((TP) / (TP + FN), 5)
print('Framework Recall:', fw_rec)
print('Manually Computed Recall:', mc_rec)
```

```
Framework Recall: 0.98148
Manually Computed Recall: 0.98148
```

F1 分数：在某些情况下，想要对精度和召回率进行均衡优化。F1 分数是精度和召回率的调和平均值，并且它可以通过平衡精度和召回率性能帮助优化分类器。

这是 F1 分数的公式：

$$\text{F1 } Score = \frac{2 \times Precision \times Recall}{Precision + Recall}$$

让我们用下面的代码来计算模型产生的预测的 F1 分数。

```
fw_f1 = round(meu.metrics.f1_score(y_true=y_test, y_pred=y_pred), 5)
mc_f1 = round((2*mc_prec*mc_rec) / (mc_prec+mc_rec), 5)
print('Framework F1-Score:', fw_f1)
print('Manually Computed F1-Score:', mc_f1)
```

```
Framework F1-Score: 0.97248
Manually Computed F1-Score: 0.97248
```

由此，可以了解手动计算的指标如何匹配从 scikit-learn 函数获取的结果。这为你提供了一个关于如何使用这些指标评估分类模型的好思路。

2. 受试者操作特征（ROC）曲线

代表受试者操作特征的 ROC 是早期雷达相关的概念。这个概念可以扩展到二分类和多分类的评估（注意，为了使 ROC 曲线适用于多分类器，需要使用一对多方案和平均技术，例如宏和微平均）。它可以被解释为模型能够区分实际信号和数据中噪声的有效性。

可以通过绘制真阳性分数与假阳性分数的关系来创建 ROC 曲线，即，它是真阳性率与假阳性率的关系图。它主要适用于评分分类器。评分分类器是返回每个类标签的概率值或分数的分类器，从这些返回值中可以推导出类标签（基于最大概率值）。可以使用分类器的真阳性率（TPR）和假阳性率（FPR）来绘制该曲线。TPR 被称为灵敏度和召回率，它是在数据集所有正样本中预测的正确正类结果的总数。FPR 被称为错误报警或（1- 特异性），它的定义是在数据集所有负样本中被错误预测为正样本的总数。虽然很少手动绘制 ROC 曲线，但理解如何绘制 ROC 曲线很重要。在给定每个数据点的类标签概率及其正确或真实标签的情况下，可以遵循以下步骤绘制 ROC 曲线：

1）按分数排序分类器的输出（或者是正类的概率）。

2）以坐标（0，0）开始。

3）对于排序中每个示例 x：

- 如果 x 是正数，向上移动 $\frac{1}{\text{pos}}$。

- 如果 x 是负数，向右移动 $\frac{1}{\text{neg}}$。

这里 pos 和 neg 分别是正面和负面例子。通常在任何 ROC 曲线中，ROC 空间在点（0,0）到（1,1）之间。混淆矩阵里每个预测结果都占据了 ROC 空间的一个点。理想情况下，最好的预测模型会给出一个左上角的点（0，1），表明最完美的分类（100% 灵敏度和特异性）。对角线描述的是随机猜测的分类器。理想情况下，如果你的 ROC 曲线占据了图的上半部分，那么你有一个比平均值更好的分类器。你可以利用 scikit-learn 提供的 roc_curve 函数来生成

ROC 曲线的必要数据。请参阅 http：//scikit-learn.org/stable/auto_examples/model_selection/
plot_roc.html。图 5-7 显示了刚才提到的链接的 ROC 曲线示例。

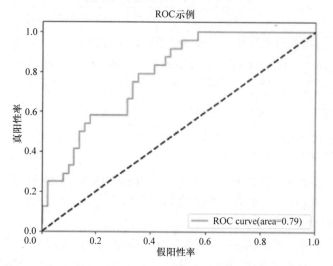

图 5-7　ROC 曲线示例（来源：http：//scikit-learn.org/stable/modules/model_evaluation. html#roc-metrics）

　　图 5-7 显示了 ROC 曲线示例。一般而言，ROC 曲线是直观解释分类模型的重要工具，但它并不能直接提供一个用于比较模型的数字值。做这项工作的指标是曲线下边的面积，通常称为 AUC。在图 5-7 的 ROC 图中，折线下的区域就是分类器的 ROC 曲线下的面积。理想的分类器拥有曲线下的单位面积。基于这个数值，可以比较两个模型，拥有 AUC 分数高的模型是更好的模型。在 model_evaluation_utils 模块中已经构建了一个通过二分类或多分类问题的 AUC 分数绘制 ROC 曲线的通用函数。查看 plot_model_roc_curve(...) 方法了解更多内容。下面的代码利用相同的方法绘制了乳腺癌逻辑回归模型的 ROC 曲线。

```
meu.plot_model_roc_curve(clf=logistic, features=X_test, true_labels=y_test)
```

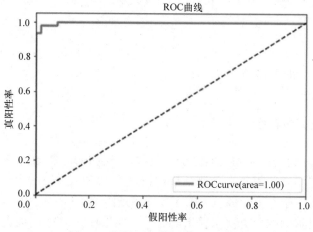

图 5-8　逻辑回归模型的 ROC 曲线

考虑到模型的准确度和 97% 的 F1 分数，图 5-8 中可以看到一个几乎完美的 ROC 曲线。读者可翻阅第 9 章查看多分类分类器的 ROC 曲线。

5.2.2 评估聚类模型

在上一节中讨论了一些流行的评估分类模型的方法。仅混淆矩阵就提供了一系列的可用于比较分类模型的指标，在评估聚类（或一般的非监督模型）模型时，表格变化非常剧烈。这种模型评估的困难来源于非监督模型下缺少验证过的基本事实，即数据中没有真正的标签。在本节中，将学习一些可用于评估聚类模型的性能的方法 / 指标。

为了用真实世界例子来说明评估指标，现在将利用乳腺癌数据集作为变量 X 数据和观测标签 y，还将利用 K-means 算法来拟合这个数据上的两个模型，一个具有两个聚类，另一个有 5 个聚类，然后评估它们的性能。

```
km2 = KMeans(n_clusters=2, random_state=42).fit(X)
km2_labels = km2.labels_

km5 = KMeans(n_clusters=5, random_state=42).fit(X)
km5_labels = km5.labels_
```

1. 外部验证

外部验证适用于有一些真实值作为标签时验证聚类模型。外部标签的存在减少了模型评估大部分的复杂性，因为聚类模型可以用分类模型类似的方式去验证。回想下在本章前面介绍的乳腺癌示例，通过聚类算法来运行标记数据。在那种情况下，从算法中获得两个聚类。然而，评估聚类算法的性能并不像分类算法那样简单。

如果你还记得之前在聚类标签中的讨论，它们仅仅是用来区分不同数据点的指标，这些数据点的区分基于它们所属的聚类或组。因此不能直接比较聚类的标签 0 和真实类标签 0。在聚类过程中，拥有真实类标签 0 的所有数据点可能聚类为标签 1。基于这些，当有真实标签时，可以利用多个指标来验证聚类性能。有 3 个指标可以用于此方案：

• **一致性**：如果所有聚类仅包含单个类别的数据点，那么这个聚类模型预测结果满足一致性。

• **完整性**：如果一个特定基础事实类标签的所有数据都是同一个聚类的元素，那么这个聚类模型预测结果满足完整性。

• **V 测量**：一致性和完整性的调和平均值给出了 V 测量。

数值通常限定在 0~1 之间，一般来说值越高越好。接下来在两个 K-means 聚类模型上计算这些指标。

```
km2_hcv = np.round(metrics.homogeneity_completeness_v_measure(y, km2_labels), 3)
km5_hcv = np.round(metrics.homogeneity_completeness_v_measure(y, km5_labels), 3)

print('Homogeneity, Completeness, V-measure metrics for num clusters=2: ', km2_hcv)
print('Homogeneity, Completeness, V-measure metrics for num clusters=5: ', km5_hcv)

Homogeneity, Completeness, V-measure metrics for num clusters=2:  [ 0.422  0.517  0.465]
Homogeneity, Completeness, V-measure metrics for num clusters=5:  [ 0.602  0.298  0.398]
```

我们可以看到具有两个聚类的 V 测量要优于具有 5 个聚类的那个，其原因在于更高的完整性分数。你可以尝试其他指标包括 Fowlkes-Mallows 分数。

2. 内部验证

内部验证意味着通过捕获一个好的聚类模型的预期行为来验证聚类模型。一个好的聚类模型可以通过两个非常合理的特征来识别：

- 紧凑组，即一个聚类中的数据点彼此接近。
- 分隔良好的组，即两个组 / 聚类之间的距离尽可能地大。

我们可以通过以数学方式计算这两个主要特征优劣的方法来定义指标，并使用它们来评估聚类模型。大多数的这类指标将用到数据点之间的距离概念。可以使用欧几里得距离、曼哈顿距离或任何满足作为距离值标准的指标这几个候选方案的任意一个来定义数据点之间的距离。

1）轮廓系数。轮廓系数是尝试结合一个好模型的两个需求的指标。轮廓系数是针对每个示例定义的，它是它自己聚类中数据的相似度和自己聚类外数据的不相似度的组合。

具有 n 个数据点的聚类模型的轮廓系数的数学公式由下式给出：

$$\frac{1}{n}\sum_{i=1}^{n} Sample\ SC_i$$

这里，样本 SC 是每个示例的轮廓系数。示例轮廓系数的计算公式是：

$$Sample\ SC = \frac{b-a}{\max(b,a)}$$

式中，a 为示例与同一类别中其他所有点之间的平均距离；b 为示例与下一个最近聚类中所有点之间的平均距离。

轮廓系数通常限定在 −1（不正确的聚类）和 +1（优质密集聚类）之间。较高的轮廓系数值意味着该聚类模型生成了密集、隔离性好和可彼此区分的聚类。在 scikit-learn 中，我们使用 silhouette_score 函数来计算轮廓系数。该函数允许不同的距离指标选项。

```
from sklearn import metrics

km2_silc = metrics.silhouette_score(X, km2_labels, metric='euclidean')
km5_silc = metrics.silhouette_score(X, km5_labels, metric='euclidean')

print('Silhouette Coefficient for num clusters=2: ', km2_silc)
print('Silhouette Coefficient for num clusters=5: ', km5_silc)

Silhouette Coefficient for num clusters=2:  0.697264615606
Silhouette Coefficient for num clusters=5:  0.510229299791
```

基于上面的输出，可以观察到，与 5 个聚类相比，我们的两个聚类有更好的聚类质量。

2）Calinski-Harabaz 指数。Calinski-Harabaz 指数是在基础事实不知道的情况下用来评估聚类模型的指标。Calinski-Harabaz 分数是聚类间离散均值和聚类内离散的比率。k 聚类分数的数学公式由以下给出：

$$s(k) = \frac{Tr(B_k)}{Tr(W_k)} \times \frac{N-k}{k-1}$$

其中,

$$W_k = \sum_{q=1}^{k} \sum_{x \in C_q} (x - c_q)(x - c_q)^T$$

$$B_k = \sum_q n_q (c_q - c)(c_q - c)^T$$

式中,Tr 为矩阵算子的轨迹;N 为数据中的数据点数;C_q 为聚类 q 中的点集;c_q 为聚类 q 的中心;c 为 E 的中心;n_q 为聚类 q 中的点的数目。

值得庆幸的是,不需要利用 scikit-learn 来计算这个复杂的公式也能计算这个指数。较高的分数通常表明聚类密集且分隔得很好,这与聚类模型的一般原理有关。

```
km2_chi = metrics.calinski_harabaz_score(X, km2_labels)
km5_chi = metrics.calinski_harabaz_score(X, km5_labels)

print('Calinski-Harabaz Index for num clusters=2: ', km2_chi)
print('Calinski-Harabaz Index for num clusters=5: ', km5_chi)

Calinski-Harabaz Index for num clusters=2:  1300.20822689
Calinski-Harabaz Index for num clusters=5:  1621.01105301
```

可以看到这两个的分数都很高,而 5 个聚类的结果甚至更高。这表明仅仅依靠指标数目是不够的,你必须尝试结合多个评估方法和数据科学家与领域专家的反馈。

5.2.3 评估回归模型

回归模型是监督模型的一个例子,由于能获取到正确值(真实值指标响应参数),它们的评估要比非监督模型简单得多。通常在监督模型的情况下,指标的选择让我们眼花缭乱,而为我们的用例选择一个正确的指标又是非常重要的。回归模型与分类模型一样,具有可用于评估它们自身的各种指标。本节将介绍这些重要指标中的一小部分。

1. 决定系数或 R^2

决定系数测量因变量方差的比例,它由自变量解释。决定系数 1 意味着一个完美的回归模型,表明所有的方差均由自变量来解释。它还提供了该模型能够预测未来样本的程度的指标。

计算 R^2 的公式如下,$\overline{y}$ 是因变量的平均值,y_i 表示实际真实相应值,$\hat{y}$ 表示模型的预测输出。

$$R^2(y, \hat{y}) = 1 - \frac{\sum_{i=0}^{n_{samples}-1} (y_i - \hat{y}_i)^2}{\sum_{i=0}^{n_{samples}-1} (y_i - \overline{y}_i)^2}$$

在 scikit-learn 包中，这可以通过为 r2_score 函数提供真实值和预测值（输出/响应变量）计算得到。

2. 方均误差

方均误差计算误差二次方的平均值或真实值与预测值之间的偏差。方均误差或 MSE 可以被用来评估回归模型，值越低意味着误差越低，模型越好。采用 MSE 的二次方根产生可用于作为回归模型的评估指标的方均根误差或 RMSE。

计算 MSE 和 RMSE 的数学公式很简单，如下

$$\text{MSE}(y, \hat{y}) = \frac{1}{n_{samples}} \sum_{i=0}^{n_{samples}-1} \left(y_i - \hat{y}_i\right)^2$$

在 scikit-learn 包中可以通过调用 metrics 模块下的 mean_squared_error 函数来计算 MSE。

回归模型有很多评估指标，包括绝对中位差、平均绝对误差和解释方差值等。使用 scikit-learn 库提供的函数很容易计算它们。它们的数学公式易于理解，并且具有关于它们的直观理解。这里仅介绍了它们中的两个，但建议你研究下可用于回归模型的其他指标。在下一章将详细讲解回归模型。

5.3 模型调优

在本章的前两节学习了如何在处理的数据上拟合模型以及如何评估这些模型。下面将进一步完善之前介绍的概念。本节将学习所有机器学习算法（之前讨论的）的一个重要特征，及它们的重要性和如何为这些实体找到最优值。模型调优是机器学习中最重要的概念之一，它需要一些基础数学和算法逻辑相关的知识。虽然不能深入研究我们讨论的算法的广泛理论部分，但将试着给出它们的一些直观讲解，以便于你能够更好地调优它们并学习相应的必要概念。

到目前为止所开发的模型大多是 scikit-learn 包提供的默认模型。在默认情况下，如果你记得看到一些模型评估器对象参数，意味着带有默认配置和设置的模型。我们分析的数据集基本上都不是难以分析的数据集，即使默认配置的模型也有合适的解决方案。当涉及有大量特征、噪声和缺失数据的实际真实数据集时，情况并没那么乐观。在后续章节中将看到真实数据通常是难以处理、纠错，甚至是难以建模的。因此，不太可能使用默认配置的模型。相反，我们将深入研究我们的目标模型，查找可调整部分并努力在任何给出的模型中发掘出最佳性能。对数据集、模型参数和特征进行迭代实验的过程是模型调优过程的核心。本节从介绍与 ML 算法相关的参数开始，然后会解释为什么构建一个完美的模型是困难的，在 5.3.4 节将讨论可以用来对模型进行调优的一些参数。

5.3.1 超参数介绍

什么是超参数？最简单的定义是超参数是与任何机器学习算法相关的元参数，通常在

模型的训练和构建过程之前设置。这样做是因为模型的超参数对模型训练数据派生内容没有任何依赖。超参数对于调优学习算法的性能是非常重要的。超参数经常会与模型参数混淆，但必须记住超参数是不同于模型参数的，因为它们是不依赖于数据的。简单来说，模型超参数代表一些高级别概念或要点，一个数据科学家可以在模型训练和构建过程中进行调优从而提高其性能。以防你仍然难以理解它们，我们来举一个例子说明这一点。

决策树是最简单易懂的分类算法之一（通常用于回归；查看 CATR 模型）。首先，将学习一个决策树是如何被创建的，超参数通常与算法的实际复杂性密切相关。决策树算法是基于初始数据集（特征）的贪婪递归划分。它利用一个基于决策树的结构来决定如何执行划分。学习决策树的步骤如下：

1）数据集开始，找到能够最好地划分分类的属性（特征）。使用信息增益或基尼不纯度等指标来找出最优属性。

2）找到最优属性，根据该属性的值把数据集划分为两部分（或更多部分）。

3）数据集的任意一部分仅包含一个类的标签，就可以停止这部分过程并把这部分标注为该类的叶子节点。

4）重复这个过程，直到拥有所有的叶子节点，叶子节点中只有一个类的数据点。

决策树算法返回的最终模型可以表示为流程图（核心决策树结构）。图 5-9 描述的是泰坦尼克号生存预测问题的决策树。

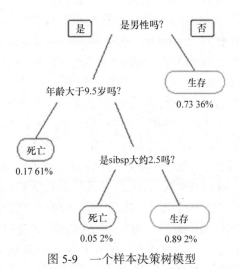

图 5-9　一个样本决策树模型

通过跟随未知数据点的数据流向路径可以很容易理解决策树。你最终得到的叶子节点就是数据点的预测分类。在这种情况下，模型参数是我们拆分的属性（这里是性别、年龄和 sibsp）以及这些属性的值。例如，如果一个人是女性，那么基于这个模型她或许可以存活下来。然而，年龄小于 9 岁半的婴儿男性可能会死亡。

在算法中，算法的一个叫作 min_samples_leaf 的超参数决定了我们是继续在节点处进一步拆分数据集还是停止该拆分过程。这是一个与决策树算法相关的超参数。这个参数的默认值是 1，意味着可以继续拆分数据，直到叶子节点只有单个数据点（具有唯一的类标签）。这会导致大量的过拟合，因为每个数据点可能最终都有自己的叶子节点，并且模型将无法学到任何有用的东西。假设想要在一个叶子节点中拥有整个数据集的 3%~4% 的数据且用大多数类标注了该节点时停止拆分过程。这可以通过为指定的超参数设置一个不同的值来实现。该操作允许我们控制过拟合并帮助开发一个通用模型。这只是与算法相关的超参数之一；还有更多像差分准则（criterion）、树的最大深度（max_depth）和特征数量（max_features）等，它们都会对整个模型的质量产生不同的影响。

每种学习算法都有类似的超参数。例如逻辑回归中的学习率、SVM 的内核和神经网络中的丢弃率。超参数通常与学习算法密切相关。因此，我们需要对算法有足够的了解才能有直觉去设置特定超参数值。在本章和本书的后面章节中，在处理数据集和模型时需要对超参数进行某种程度的调优。

5.3.2 偏差 - 方差权衡

目前为止，已经学习了调优模型相关的必要概念。但在开始实际去调优我们的模型之前，必须理解一个会对我们开发的最佳模型造成限制的问题，它被称为偏差与方差权衡。显而易见的问题是在机器学习模型中偏差和方差是什么？

1）偏差：这是由模型（算法）对基础数据中的参数做了错误的假设产生的误差。偏差误差是模型评估器的预期值或预测值与我们试着预测的真实或实际值之间的差值。如果你还记得，模型构建是一个迭代过程。想象下你每次在一个数据集上获得新的观察值时都会进行多次建模，由于数据中的潜在噪声和随机性，预测结果并不总是像预期的那样，偏差将测算实际和预测值的差异 / 误差。它也可以被阐述为模型对所有可能的训练数据集的平均近似误差。这里的最后一部分，所有可能的训练数据集，需要解释一下。这里观测和开发模型的数据集是存在数据的所有可能的组合之一。数据集中每个属性 / 特征的所有可能组合都将产生不同的数据集。例如，如果我们有一个 50 个二相（分类）特征，那么整个数据集的大小将是 2^{50} 个数据点。我们建模的数据集显然是这个巨大数据的一个子集。因此，偏差是可以预期整个数据集的子集的平均近似误差。偏差主要受基础数据和模式的假设（或模型的假设）的影响。例如，考虑一个简单的线性回归模型；它假定因变量线性依赖于自变量。考虑这个决策树模型的情况，它没有对数据结构做出这样的假设，而是纯粹地在数据中学习模式。因此，在相对意义上，相比于决策树模型，线性模型可能倾向于更高的偏差。高偏差会使模型错过特征与数据的输出变量之间的相关关系。

2）方差：这个误差是由模型对数据集中新数据点、特征、随机性和噪声等等引起波动的敏感性产生的。它是逼近函数在全部所有可能的数据集上的方差。它表示在特定数据点集合上模型预测结果的敏感性。假设能够在所有可能数据集的不同子集上学习模型，那么方差将量化模型结果是如何随着数据集变化而变化的。如果结果保持非常稳定，那么该模型将被认为具有低方差，但如果结果每次变化都很大，则该模型将被认为具有高方差。在因变量和自变量之间存在明确的线性关系的情况下，考虑同样的例子，对比线性模型和决策树模型。然后，面对足够大的数据集，我们的线性模型总是能够捕获该关系。然而决策树模型的能力取决于数据集，如果数据集是由许多异常值组成，可能会得到一个差的决策树模型。因此，可以得到基于数据和基础噪声 / 随机性的决策树模型要比线性回归模型拥有更高的方差这样的结论。高方差使得一个模型对异常值或随机噪声非常敏感而不是很好的泛化。

理解这个有些令人疑惑的概念比较有效的方式是可视化偏差和方差，如图 5-10 所示。

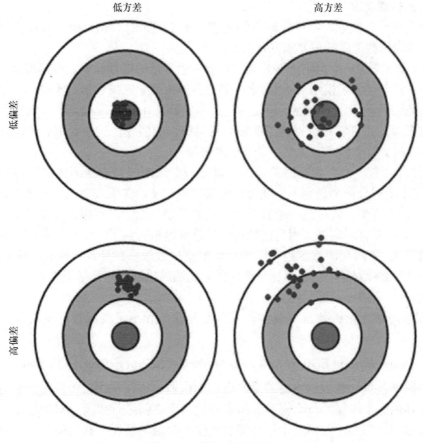

图 5-10　偏差 - 方差权衡

在图 5-10 中，中心的红圈表示我们考虑了能够获取到的所有数据组合后的完美模型。每个蓝点标记一个基于数据集和特征组合学习到的模型。

- 左上角的图片代表低偏差、低方差的模型，它将学习一个近似假设模型的好的基础数据格式和关系的结构，并且预测将正中靶心！
- 右上角的图片代表低偏差、高方差的模型，它是在某种程度上推广的模型（学习正

确的关系 / 模式）并且由于低偏差而平均地执行，但是对其训练的数据敏感导致高方差并且因此预测保持波动。

• 具有高偏差、低方差的模型更适用于连续预测，它不考虑模型构建的数据集引起的低方差，但由于高偏差，它将无法学习数据集中用于预测的必要模式 / 关系，因此由于高偏差而产生错失，如左下图所示。

• 具有高偏差、高方差的模型可能是最差的模型，因为它们不会学习与输出响应相关的必要数据属性关系。此外，它们对数据、异常值和噪声非常敏感，致使预测高度波动，从而导致高方差，如右下图所示。

1. 偏差的极端情况

在实际建模中，我们将始终在减少偏差和方差之间进行权衡。想要理解为什么有这种权衡需要先考虑两种可能的偏差和方差的极端例子。

1）欠拟合：考虑一个懒惰的并且始终预测一个常量的线性模型。该模型具有极低的方差（事实上它是个零方差模型），因为该模型完全不依赖于它的数据的子集。它总是预测一个常数，因此它具有稳定的性能。但是另一方面它将产生极高的偏差，因为它没有在数据中学到任何东西，并且它对数据做了非常死板且错误的假设。这是欠拟合的例子，在该例子中没有在数据、基本模式和关系中学到任何东西。

2）过拟合：考虑一个相反的例子，这里有一个试图拟合它所遇到的所有数据的模型（最接近的例子是拟合一个具有 n 个观测点的数据集的 n 阶多项式曲线，该曲线穿过了所有的数据点）。在本例中，将得到一个具有低偏差的模型，因为没有假设数据结构（即使存在某种结构）。但方差将非常高，因为已经将模型紧密地拟合到了一个可能数据子集上（过分关注训练数据）。任何与训练子集不同的子集都将导致很多的错误。这是一个过拟合的例子，构建的模型太针对手上的数据，从而导致它无法泛化到其他数据子集上。

2. 权衡

任何模型的总泛化误差是其偏差误差、方差误差和不可约减误差的总和，如下公式所示。

$$Generalization\ Error = Bias\ Error + Variance\ Error + Irreducible\ Error$$

不可约减误差是训练数据本身的噪声引起的误差，这在现实世界中是无法避免的。这里主要关注其他两个误差。每个模型都需要在这两个之间进行权衡：对数据结构进行假设或对现有数据过度拟合。任何一个选择都会产生一个极端情况。我们的思路是通过在偏差和方差之间进行优化权衡来集中于平衡模型复杂性，如图 5-11 所示。

在图 5-11 中可以很清楚地了解到，为了减少模型误差进行权衡是非常必要的。我们需要对数据的基础结果做一些假设，但这些假设必须是合理的。同时，模型必须确保能够在现有数据中进行学习，并且对每个数据点都能很好地泛化而不是过拟合。可以通过确保模型不是非常复杂并确保在未知验证数据上有合理的性能来控制这种权衡。在下节中会讲解更多的交叉验证相关的内容。建议你查看模型选择章节和 Tibshirani 等人的 *Bias-Variance Tradeoff in the Elements of Statistical Learning* 一书。

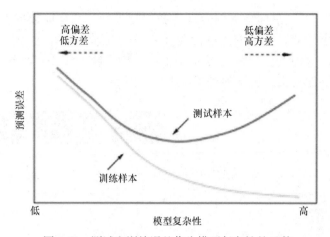

图 5-11　测试和训练误差作为模型复杂性的函数

（来源：*The Elements of Statistical Learning*，Tibshirani 等人，Springer）

5.3.3　交叉验证

在本章的初始部分学习拟合不同的模型时，遵循了把数据分割成一个训练集和一个测试集的实践。我们在训练集上构建模型，在测试集上测试它的性能。虽然这种构建模型的方式很有效，但是在深度调优时，需要考虑验证数据集的一些其他策略。本节将讨论如何使用相同的数据构建不同的模型，并使用一个简单的划分策略来调优它们的超参数。该策略是数据科学领域中最流行的实践之一，与模型类型无关，它被称为交叉验证或简称 CV。当只有少量的数据且无法将特定的数据分割成验证集时，该策略是非常有用的（稍后会详细讲解）。通过使用交叉验证策略你可以利用训练数据的部分数据进行验证，这样你的模型就不会过拟合了。

任何模型构建行为的主要目的是在可用数据上构建一个通用的模型，该模型在未知数据上也可以表现良好。但是要评估模型在未知数据上的性能，需要使用我们可用的数据来模拟这些未知数据。这是通过把现有数据拆分为训练数据和测试数据来实现的。遵循这个简单的原则，确保不会在已经出现过或训练过的数据上评估模型。如果对开发的模型已经完全满意了，那么我们的故事也就到这里了，但是通常初始模型很难令人满意。

理论上，可以把这个原则扩展到我们的算法调优上。我们可以在测试集上评估特定模型超参数值的性能。在拆分的不同训练集和测试集上使用不同的超参数重新训练模型。如果新的参数比旧的参数执行得更好，那么可以采用它们并不断重复相同的过程直到我们得到超参数的最优值。这个方案很简单，但有严重的缺陷。在模型开发过程中它会产生偏差。尽管在每次迭代中，测试数据集都会改变，但为了在模型开发过程中做出一些选择（当我们调优和构建模型时），这些数据都被使用过了。因此，我们开发的模型最终会产生偏差并且通用性不好，它们的性能可能不能反应它们在未知数据上的性能。

在数据拆分过程中一个简单的更改就可以帮助我们避免未知数据上的这种纰漏。假设最初制作 3 个数据子集而不是原来的两个。第一个是训练集，第二个是测试集，最后一个称为验证集。因此，可以在训练数据上训练我们的模型，在验证数据上评估它们的性能，以调整模型参数（甚至在不同模型间进行选择）。一旦完成了调优过程，则可以在真正的未知测试集上评估最终的模型，并且在测试集上的性能反映了模型在真实世界未知数据的近似性能。在本质上，这是交叉验证的基本原则，如图 5-12 所示。

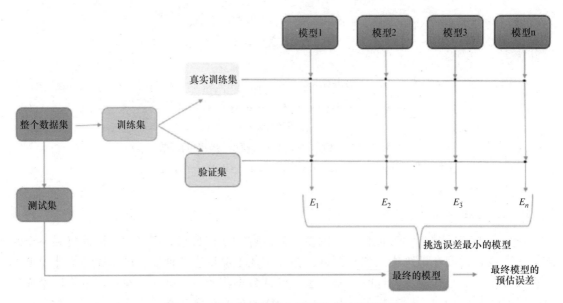

图 5-12 建立模型构建和调优的交叉验证过程

图 5-12 展示了整个流程的工作原理。这里把原始数据集划分为一个训练集和测试集。测试集是完全独立于学习过程的完整集合。训练集再次拆分为一个真实训练集和一个验证集。然后在训练集上学习不同的模型。值得注意的是模型是通用的，即所有的这些都可以是一个单一的类型，如逻辑回归，但是它们具有不同的超参数。它们也可以是使用如基于树的方法和支持向量机等其他算法的模型。无论是在评估完全不同的模型，还是在尝试相同类型模型的不同超参数值，模型选择过程都是类似的。一旦我们开发了模型，就在验证集上评估它们的性能，并选择性能最佳的作为最终模型。根据模型类型我们对它应用模型评估指标（准确度、F1 分数、RMSE 和轮廓系数等）。

前面描述的流程似乎已经很好了。我们已经描述了流程的验证部分，但还没有涉及它的交叉部分。那么交叉验证在哪里呢？要理解交叉验证过程的复杂性，必须先讨论我们为什么需要它。对它的需求源于下面的事实：把数据分成测试集和验证集使我们丢失了大量的原本可以用来进一步完善我们模型流程的数据。另外比较重要的一点是，如果将一个模型在一次迭代中的误差作为整体误差，那就犯了一个严重的错误。相反，我们希望采用同一个模型上多次迭代的误差的平均值。但是如果一直在同一个数据集上重新构建模型，那么模型性能将没有太大的差异。下面通过引入交叉验证的概念来解决这两个问题。

交叉验证的思路是使用一些策略（稍后将详细讲解）获得训练集和验证集的不同拆分，然后用这些不同的拆分构建每个模型的多次迭代。这些拆分的平均误差作为讨论模型的误差，并用这个平均误差值来做最终决策。这个策略对每个模型的评估误差有很好的影响，因为它可以确保平均误差与模型在未知数据（这里是测试集）上的误差非常接近，可以利用整个训练集来构建模型。图 5-13 中的图诠释了该流程。

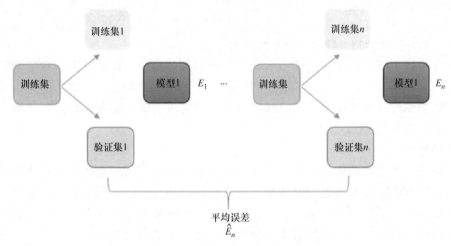

图 5-13　模型构建和调优的最终交叉验证过程

可以产生不同训练集和验证集的各种策略生成了不同种类的交叉验证策略。每种策略的思路都是一样的，唯一的区别是模型的每次迭代中原始训练集被拆分成训练集和验证集的方式。

在前面中解释了交叉验证的基本原则。在本章中，来看一下把训练数据拆分成训数据和验证数据的不同策略。除了拆分方式，如前所述，每种策略的流程都是一样的。交叉验证的主要种类如下所述。

1）留一法交叉验证：在这种交叉验证的策略中，在初始训练数据集中随机选择一个数据点作为我们的验证集。因此验证集中只有一个数据点，其余的 $n-1$ 个观测值作为训练集。这意味着如果训练集中有 1000 个数据点，那么将使用不同的训练集和验证集每次开发每个模型的 1000 次迭代，使得验证集有一个观测值，其余的（999 个）作为训练集。如果数据集很大，这可能是行不通的。但实际上，通过执行少量的迭代可以预估误差。由于这个方法的计算复杂性，它主要适用于小型数据集，并且很少在实践中使用。

2）k 重交叉验证：交叉验证的另外一个策略是把训练数据集拆分为 k 个相等的子集。在这 k 个子集中，我们使用 $k-1$ 个子集训练模型并将一个子集作为验证集。这个过程重复 k 次，并且误差是对通过开发模型不同迭代获得的 k 个模型取平均值得到的。通过不断改变每次迭代中的验证集来确保在每次迭代中模型均可以在不同的数据子集中训练。这种交叉验证的操作方法在模型选择和优化超参数方面非常有效。

这个策略的一个固有问题是选择适当的子集数目，因为它们控制了误差近似值和计算交叉验证流程运行时间。有几种数学方法可以选择最合适的 k，但在实践中 k 最好的选择范围是 5~10。因此，大多数情况下，通过 5 重或 10 重的验证，结果才是值得相信的。

5.3.4 超参数调优策略

根据目前为止的讨论，我们拥有了调优模型的所有先决条件；知道了超参数是什么，如何评估一个模型的性能，以及如何通过使用交叉验证在参数空间搜索算法超参数的最优值。本节讨论结合所有的这些来确定最优超参数的两个主要的策略。幸运的是，scikit-learn 库对通过交叉验证搜索超参数有非常好的内置支持。

这里有两种主要方式用于搜索参数空间来获得最佳模型。这两种方法在搜索它们的方式上有所不同：系统与随机。本节通过实际示例来讨论这两种方法。本节的重点是了解该过程，以便于你可以开始使用你自己的数据集。即使没有明确提及但也需要注意，我们将总是使用交叉验证来执行这些搜索。

1. 网格搜索

这是最简单的超参数优化方法。在这个方法中，将指定我们想要尝试和优化以用来获取最佳参数组合的值（超参数）的网格。然后我们将在这些值（多参数值的组合）的每一个上面构建模型，当然要使用交叉验证，并公布整个网格中的最优参数组合，输出的是使用网格中最佳组合的模型。虽然它非常简单，但它有一个严重的缺点，即用户必须手动提供实际参数，这些参数可能包含也可能不包含最佳参数。

在 scikit-learn 中，可以用 GridSearchCV 类来完成网格搜索。我们通过在之前乳腺癌数据集的支持向量机（SVM）模型上执行网格搜索来展示一个示例。这个 SVM 模型是另外一种用于分类的监督机器学习算法示例。这是一个最大间隔分类器的例子，它试图表示出所有的数据点，然后用一个清晰的间隔把类别 / 标签分割，并使间隔尽量大。因为我们的目的是运行网格搜索，所以在这里我们不会进一步讲解细节，但如果你对此感兴趣，建议你查看 SVM 的一些标准介绍。

首先将乳腺癌数据集变量 X 和 y 拆分成训练数据集和测试数据集，并使用默认参数构建一个 SVM 模型。然后将利用 model_evaluation_utils 模块在测试数据集上评估它的性能。

```
from sklearn.model_selection import train_test_split
from sklearn.svm import SVC

# 准备数据集
X_train, X_test, y_train, y_test = train_test_split(X, y, test_size=0.3, random_state=42)

# 构建默认的SVM模型
def_svc = SVC(random_state=42)
def_svc.fit(X_train, y_train)

# 预测和评估性能
def_y_pred = def_svc.predict(X_test)
print('Default Model Stats:')
meu.display_model_performance_metrics(true_labels=y_test, predicted_labels=def_y_pred,
                                      classes=[0,1])
```

如果看一下图 5-14 所示的内容，模型给出的 F1 分数只有 49%，模型准确度是 63%。

通过查看混淆矩阵，可以看到它预测的每个数据点都是良性的（标签 1）。模型基本上没学到任何东西！下面来调优下这个模型，看看能否让它好起来。因为选择了 SVM 模型，我们给它指定了一些特定的超参数，其中包括参数 C（处理 SVM 的间隔参数）、核心方法（用于将数据转换到更高维度的特征空间）和 gamma（确定对单个训练数据点的影响）。还有很多超参数可以调优，你可以查看 http://scikit-learn.org/stable/modules/generated/sklearn.svm.SVC.html 了解更多细节。我们通过提供一些预设值来构建网格。接下来是选择一个想要最大化的分数或指标，在这里选择的是最大化模型的准确度。一旦选择完，将使用 5 重交叉验证在此网格上构建多个模型，并对其进行评估以获得最优模型。详细代码和输出如下所示。

```
Model Performance metrics:        Model Classification report:                              Prediction Confusion Matrix:
----------------------------      ---------------------------------------------------       -----------------------------
Accuracy: 0.6316                             precision  recall  f1-score  support                      Predicted:
Precision: 0.3989                                                                                       0    1
Recall: 0.6316                        0        0.00     0.00     0.00       63        Actual: 0         0   63
F1 Score: 0.489                       1        0.63     1.00     0.77      108                1         0  108

                                  avg / total  0.40     0.63     0.49      171
```

图 5-14　乳腺癌数据集上默认 SVM 模型的性能指标

```
from sklearn.model_selection import GridSearchCV

# 设置参数网格

grid_parameters = {'kernel': ['linear', 'rbf'],
                   'gamma': [1e-3, 1e-4],
                   'C': [1, 10, 50, 100]}

# 执行超参数调优
print("# Tuning hyper-parameters for accuracy\n")
clf = GridSearchCV(SVC(random_state=42), grid_parameters, cv=5, scoring='accuracy')
clf.fit(X_train, y_train)
# 查看所有模型的准确度分数
print("Grid scores for all the models based on CV:\n")
means = clf.cv_results_['mean_test_score']
stds = clf.cv_results_['std_test_score']
for mean, std, params in zip(means, stds, clf.cv_results_['params']):
    print("%0.5f (+/-%0.05f) for %r" % (mean, std * 2, params))
# 查看最优模型性能
print("\nBest parameters set found on development set:", clf.best_params_)
print("Best model validation accuracy:", clf.best_score_)

# 调优超参数以提高准确度

Grid scores for all the models based on CV:

0.95226 (+/-0.06310) for {'C': 1, 'gamma': 0.001, 'kernel': 'linear'}
0.91206 (+/-0.04540) for {'C': 1, 'gamma': 0.001, 'kernel': 'rbf'}
0.95226 (+/-0.06310) for {'C': 1, 'gamma': 0.0001, 'kernel': 'linear'}
0.92462 (+/-0.02338) for {'C': 1, 'gamma': 0.0001, 'kernel': 'rbf'}
0.96231 (+/-0.04297) for {'C': 10, 'gamma': 0.001, 'kernel': 'linear'}
```

```
0.90201 (+/-0.04734) for {'C': 10, 'gamma': 0.001, 'kernel': 'rbf'}
0.96231 (+/-0.04297) for {'C': 10, 'gamma': 0.0001, 'kernel': 'linear'}
0.92965 (+/-0.03425) for {'C': 10, 'gamma': 0.0001, 'kernel': 'rbf'}
0.95729 (+/-0.05989) for {'C': 50, 'gamma': 0.001, 'kernel': 'linear'}
0.90201 (+/-0.04734) for {'C': 50, 'gamma': 0.001, 'kernel': 'rbf'}
0.95729 (+/-0.05989) for {'C': 50, 'gamma': 0.0001, 'kernel': 'linear'}
0.93467 (+/-0.02975) for {'C': 50, 'gamma': 0.0001, 'kernel': 'rbf'}
0.95477 (+/-0.05772) for {'C': 100, 'gamma': 0.001, 'kernel': 'linear'}
0.90201 (+/-0.04734) for {'C': 100, 'gamma': 0.001, 'kernel': 'rbf'}
0.95477 (+/-0.05772) for {'C': 100, 'gamma': 0.0001, 'kernel': 'linear'}
0.93216 (+/-0.04674) for {'C': 100, 'gamma': 0.0001, 'kernel': 'rbf'}
```

开发集上发现的最优参数: {'C': 10, 'gamma': 0.001, 'kernel': 'linear'}
最优模型验证准确度: 0.962311557789

如此，在上面的输出和代码中，可以看到如何基于交叉验证准确度获取最优模型参数，并且获得了 96% 的非常棒的准确度。接下来在测试数据上测试下这个优化和调优过的模型！

```
gs_best = clf.best_estimator_
tuned_y_pred = gs_best.predict(X_test)

print('\n\nTuned Model Stats:')
meu.display_model_performance_metrics(true_labels=y_test, predicted_labels=tuned_y_pred,
                                      classes=[0,1])
```

嗯，现在看起来很棒！如图 5-15 所示，在测试集上，我们的模型也给出了总体 F1 分数和 97% 的模型准确度。这清楚地表明了参数调优的强大之处！这种方案可以扩展到不同的模型和它们各自的超参数。下面还可以用于我们想要优化的评估指标。scikit-learn 框架提供了可以优化的不同值。它们是 adjusted_rand_score、average_precision、f1 和 average_recall 等。

图 5-15　针对乳腺癌数据集调优过的 SVM 模型的性能指标

2. 随机搜索

在实践中网格搜索是非常流行的优化超参数的方法。这是由于它的简单和并发性。当处理的数据集非常大时，这点就变得尤为重要。但是它有一些严重的缺点，最严重的一个是手动指定网格的限制。这使得在一个纯粹自动化受益的过程加入了人为因素。

随机参数搜索是对传统网格搜索的修改。它可以采取网格元素作为正常的网格搜索的输入，也可以将分布值作为输入。例如，考虑下参数 gamma，我们提供一个分布值而不是在上一部分中提供的确定的值给它。随机参数搜索的有效性是基于已经证实的（经验和数学）结果，即超参数优化函数通常有低维度并且某些参数的影响要比其他参数更大。我们通过指定我们想要运行的迭代次数（n_iter）来控制随机采样的次数。比较高的迭代数目通常意味着搜索参数更精细，但计算时间更长。

为了说明随机参数搜索的使用，这里将使用我们前面用过的示例，但用分布值替换 gamma 和 C 的值。示例的结果可能和网格搜索没有太大差别，但流程可供未来参考。

```
import scipy
from sklearn.model_selection import RandomizedSearchCV

param_grid = {'C': scipy.stats.expon(scale=10),
              'gamma': scipy.stats.expon(scale=.1),
              'kernel': ['rbf', 'linear']}
random_search = RandomizedSearchCV(SVC(random_state=42), param_distributions=param_grid,
                                   n_iter=50, cv=5)
random_search.fit(X_train, y_train)
print("Best parameters set found on development set:")
random_search.best_params_

Best parameters set found on development set:
Out[183]:
{'C': 12.020578954763398, 'gamma': 0.036384519279056469, 'kernel': 'linear'}

# 获得最优模型、预测和评估性能
rs_best = random_search.best_estimator_
rs_y_pred = rs_best.predict(X_test)
meu.get_metrics(true_labels=y_test, predicted_labels=rs_y_pred)

Accuracy: 0.9649
Precision: 0.9649
Recall: 0.9649
F1 Score: 0.9649
```

在这个例子中，可以从指数分布中获得参数 C 和 gamma 的值，并且通过参数 n_iter 控制模型搜索的迭代次数。虽然该模型整体性能与网格搜索相似，但我们的目的是了解模型调优中的不同策略。

5.4 模型解释

数据科学或机器学习是为了解决现实世界问题、自动执行复杂任务和让生活更简单、更好。当数据科学家花费大量时间来构建、调优和开发模型时，有人肯定会问"这是用来干什么的？"和"它如何真正起作用？"，以及一个最重要的问题，"我为什么要相信你的模型？"。通过利用分析和机器学习，一个企业或组织更关心业务目标、创造的利润和减小的损失。因此，在试图解释模型如何真正工作的时候，分析团队和关键受益群体、顾客和客户或管理层经常发生脱节。大多数时候，对这些没有概念，更甚者都没有兴趣理解所有详细细节的外行解释复杂的理论和数学概念真的非常困难。这使我们回到主要目标上，"我们能否用一种简单的易于理解的方式解释和说明机器学习模型"，这样即使没有机器学习相关知识的人都可以很容易地理解它。这样做的好处是双重的——机器学习模型将不仅仅停留在研究项目或概念验证上，它还将为在企业中采纳基于机器学习的解决方案铺平了道路。

一些机器学习模型使用了可解释的算法，例如决策树可以把所有参数的重要性作为结果输出给你，还可以使用决策树来分析任何新数据点的预测方向，因此我们可以学习到变量对预测起到了至关重要的作用。不幸的是，很多模型并不是这样的，尤其是那些没有参数重要性概念的模型。

很多模型在默认情况下是可以解释的，例如贝叶斯规则列表和 Letham（https：//arxiv.org/abs/1511.01644）等生成模型，然而，一些黑盒模型，如简单决策树，可以使用参数重要性作为输出来解释。一棵树从根到叶子的预测方向可以被可视化，捕获特征对估计器决策策略的贡献。但是，对复杂的非线性模型来说，如随机森林、深度神经网络 - 卷积神经网络（CNN）和递归神经网络（RNN），可能没有这种直观性。对机器学习决策策略的复杂性缺乏理解使得预测模型仍被视为黑盒。模型解释可以以各种方式帮助数据科学家和最终用户。它将有助于缩小技术团队和业务之间的差距。例如，它可以给出做出一个特定预测的原因，并且它可以利用简单易懂的解释通过使用最终用户的知识领域来验证。它还可以帮助数据科学家理解特征之间的相互作用，从而提高性能和得到更好的特征。它还可以在模型比较和向业务人员解释结果上有所帮助。

虽然拥有一个可解释的模型的最简单办法是使用算法创建可解释模型，如决策树和逻辑回归等。但是我们并不能保证可解释模型拥有最好的性能。因此，不能总是采用这种模式。最近，更好一些的方法是通过围绕预测学习一个局部解释模型用易于理解的方式来解释模型预测。事实上，在 2016 年这个话题便引起了广泛关注。参考 M.T. Ribeiro、S. Singh 和 C. Guestrin 的研究论文，标题是"我为什么要相信你？"（https：//arxiv.org/pdf/1602.04938.pdf），解释了任何分类器的预测，以更深入了解模型预测和 LIME 框架，意图解决这个问题。LIME 框架尝试在局部成功解释所有黑盒（需要定义解释范围——全局和局部），你可以在 https：//github.com/marcotcr/lime 查看 GitHub 库。

这里将利用一个名为 Skater 的库，这是一个开源的 Python 库，旨在揭开预测模型的内部运作的神秘面纱。Skater 定义了解释模型的范围：全局的（基于整个数据集），局部的（基于某个预测的）。对于全局解释，Skater 利用模型不可知变量重要性和部分依赖图来判断模型的偏差并理解其一般行为。另一方面，为了验证单个预测的模型决策策略，该库目前采用了一种称为局部可解释模型不可知解释的新技术（LIME，Ribeiro 等人，2016），该技术使用局部替代模型来评估性能。该库由 Aaron Kramer、Pramit Choudhary 和 DataScience.com 团队撰写，Skater 现在是一个主流项目，也是模型解释的优秀框架。我们要感谢 DataScience.com 上的人们——Ian Swanson、Pramit Choudhary 和 Aaron Kramer——开发了这个了不起的框架，特别是 Pramit 花时间向我们详细解释 Skater 项目的功能和愿景。下面讲述了 Skater 的一些优点，其中一些还在积极地进行完善。

• 使用代码生产准备好的代码。

• 启用针对监督学习问题的分类和回归模型的解释，然后逐步将其扩展到支持对无监督学习问题的解释。这包括计算有效的部分依赖图和模型独立特征重要性图。

• 工作流抽象：通用接口为内存中（模型处于开发中）以及部署的模型（模型已部署到生产中）执行局部解释。

• 扩展 LIME：增加了对基于回归模型的解释支持，对围绕局部预测生成示例提供了更好的采样，研究包含用于局部评估的非线性模型的能力。

• 启用对基于规则的可解释模型的支持，例如 Letham 等人（https：//arxiv.org/abs/1511.01644）。

• 更好地支持评估基于 NLP 的模型，例如 Bach 等人的分层相关传播（http：//journals.plos.org/plosone/ article?id=10.1371/journal.pone.0130140）。

• 更好地支持图像可解释性，例如 Batra 等人的梯度加权类激活图（https：//arxiv.org/abs/1610.02391）。

除此之外，自项目开始以来，他们已经做出了很多改进，即支持回归到最初的 LIME 仓库，他们还有其他几个方面的展望，并在未来进一步改进 LIME。你可以通过提示符或终端运行 pip install -U Skater 命令轻松安装 skater。有关更多的信息，你可以查看 GitHub 库（https：//github.com/datascienceinc/Skater）或加入聊天组（https：//gitter.im/datascienceinc-skater/Lobby）。

5.4.1 理解 Skater

Skater 是一个开源 Python 框架，旨在提供预测模型的未知解释。它是 GitHub 上的一个活跃项目，地址为 https：//github.com/datascienceinc/Skater，其中前面提到的许多功能正在积极开展。Skater 的理念是通过查询黑盒机器学习模型并解释它们学到的决策策略来理解它们。Skater 的原理是所有模型都应该作为黑盒进行评估，并且基于输入微扰推断和解释模型的决策标准，和观察相应的输出预测。通过利用 skater 的模型解释范围允许我们能够进行全面或局部解释，如图 5-16 所示。

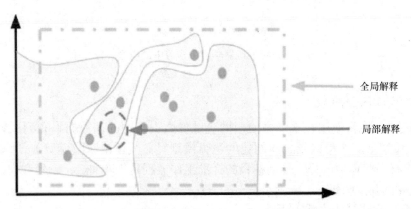

图 5-16　模型解释范围（源于：DataScience.com）

使用 skater 库，可以探索特征的重要性、特征的描述部分依赖关系图以及模型所做预测的全局和局部保真度。模型的保真度可以描述模型根据其计算和预测特定类别的原因。举例说明，假如有一个模型可以预测一个特定用户交易是否可以被标记为欺诈交易。如果我们能够识别，解释和描述模型将预测标记为欺诈的原因，那么模型的输出将更加值得信赖，因为该数量大于过去 6 个月中用户的最大交易量，并且交易地点距离用户的正常交易区域 1000km。将其与我们仅给出预测标签而没有任何合理解释的情况进行对比。

一般包含 skater 库的工作流程是创建解释对象、创建模型对象和运行解释算法。此外，解释对象作为输入、数据集和可选的一些元数据（如特征名称和行标识符）。在内部，解释对象将生成一个数据管理器来处理数据请求和采样。虽然可以利用模型评估对象来解释任何模型，但为了保证所有 skater 接口的一致性和正确的功能性，模型对象需要嵌套到 skater 的模型对象中，该对象可以是实际模型上的 In-MemoryModel 对象，也可以是用于获取 API 或 Web 服务后面的模型的 DeployedModel 对象。图 5-17 描绘了一个标准的机器学习工作流程，以及如何利用 skater 来解释刚刚提到的两种不同类型的模型。接下来使用之前的逻辑回归模型对我们的乳腺癌数据集做一些模型解释。

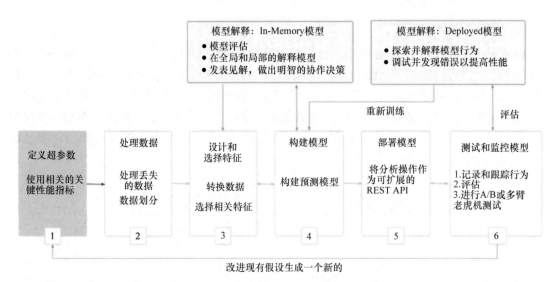

图 5-17　在标准机器学习工作流中的模型解释

5.4.2　运行中的模型解释

为了保证一致性将使用在本章中使用的乳腺癌数据集中的训数据集和测试数据集，并利用 X_train 和 X_test 变量以及之前创建的逻辑模型对象（逻辑回归模型）。这里将尝试对此模型对象运行一些模型解释。模型解释的标准工作流程是创建 skater 解释和模型对象。

```
from skater.core.explanations import Interpretation
from skater.model import InMemoryModel
```

```
interpreter = Interpretation(X_test, feature_names=data.feature_names)
model = InMemoryModel(logistic.predict_proba, examples=X_train, target_names=logistic.classes_)
```

一旦完成，就可以运行模型解释算法了。首先将尝试生成特征重要性。这将使我们了解预测模型依赖于特定特征的程度。skater 框架特征重要性的实现是基于信息理论标准，其中在给定特定特征的扰动的情况下，其测量预测变化中的熵。本书思路是，模型决策制定标准依赖特征越多，预测就会随着扰动特征而变化得越多。

```
plots = interpreter.feature_importance.plot_feature_importance(model, ascending=False)
```

可以从图 5-18 中清楚地看到，模型中最重要的特征是最差区域，其次是平均周长和面积误差。现在考虑最重要的特征，也就是最差区域，并考虑它在预测期间影响模型决策过程可能的方式。局部依赖图是将它可视化的一个很好的工具。通常，局部依赖图通过保持模型常量中其他特征不变来帮助描述特定特征对模型预测的边际影响。局部依赖的衍生物描述了特征的影响。以下代码有助于在模型中为最差区域特征构建局部依赖图。

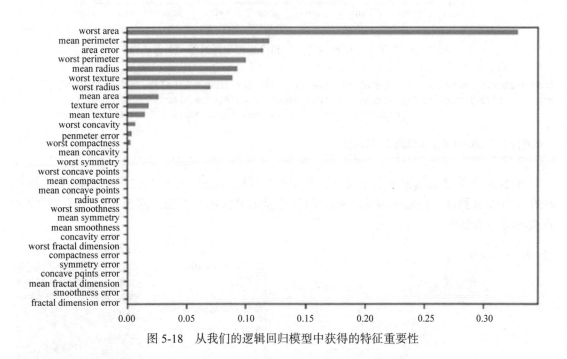

图 5-18　从我们的逻辑回归模型中获得的特征重要性

```
p = interpreter.partial_dependence.plot_partial_dependence(['worst area'], model,
                                                grid_resolution=50,
                                                with_variance=True, figsize = (6, 4))
```

从图 5-19 中的图中可以看出，最差区域特征对模型决策过程有很大影响。根据该图，如果最差区域值从 800 减小，则该模型更倾向于将数据点分类为良性（标签 1），其表示没有癌症。现在试着解释一些实际的预测，这里将预测两个数据点，一个没有癌症（标签 1），另一个患有癌症（标签 0），并尝试解释预测制定过程。

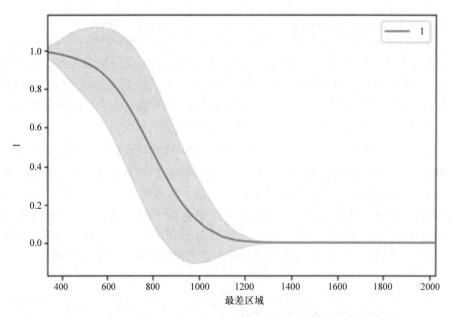

图 5-19　基于最差区域的逻辑回归模型预测器的单向局部依赖图

```
from skater.core.local_interpretation.lime.lime_tabular import LimeTabularExplainer
exp = LimeTabularExplainer(X_train, feature_names=data.feature_names,
                    discretize_continuous=True, class_names=['0', '1'])
```

```
# 解释没有癌症的数据点的预测，即标记1
exp.explain_instance(X_test[0], logistic.predict_proba).show_in_notebook()
```

　　图 5-20 中描述的结果显示主要负责模型的特征已将数据点预测为标签 1，即没有癌症。现在还可以看到这个决定中最有影响力的特征是最差区域。下面来对患有恶性癌症的数据点进行类似的解释。

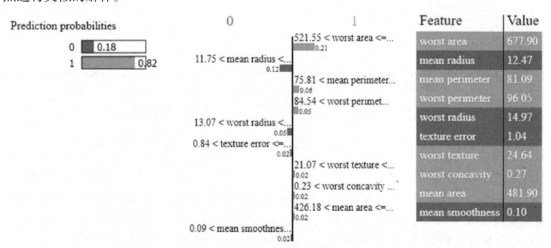

图 5-20　逻辑回归模型对没有癌症（良性）的数据点的预测的模型解释

```
# 解释对患有癌症的数据点的预测，即标记0
exp.explain_instance(X_test[1], logistic.predict_proba).show_in_notebook()
```

图 5-21 中描述的结果再次展示了主要负责模型的特征已将数据点预测为 0，即有癌症。最差区域特征仍是最有影响力的特征，你可以注意到与前面的数据点相比其价值有着明显的差异。希望这些例子可以让你深入了解模型解释的工作原理。这里有一点需要记住，刚开始使用基于 2016 以来最近流行的模型解释，但这对让任何人都能轻松理解模型来说，将是一个很好的、有价值的历程！

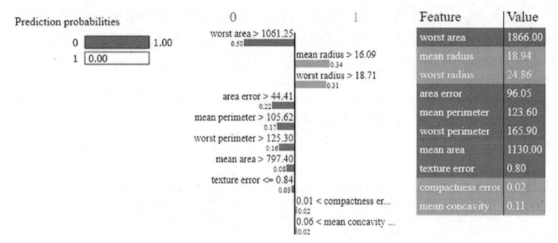

图 5-21   逻辑回归模型对患有癌症（恶性）数据点的预测的模型解释

5.5   模型部署

整个建模流程的艰难部分主要是特征工程及模型构建、调整和评估的迭代过程。一旦我们完成了这个模型开发的迭代过程，就可以松一口气，但不会长久！机器学习建模难题的最后一部分是在生产中运用模型，以便我们在实际中开始使用它。在本节中，将了解可以在实践中部署模型的各种方法以及在此过程中必须注意的必要依赖项。

5.5.1   模型持久化

模型持久化是部署模型的最简单方法。在这个方案中，将最终模型保存在永久性介质上，例如硬盘驱动器，并使用此持久版本在未来进行预测。这个简单的方案是用最小的工夫部署模型的好方法。模型开发通常在静态数据源上完成，但是一旦部署，在实时/接近实时或批量的情况下模型通常用于恒定的数据流。例如，考虑一下银行欺诈检测模型。在模型开发时，我们将在一段历史时间跨度内收集数据。我们将这些数据用于模型开发过程，并提出一个性能良好的模型，即一种非常擅长标记潜在欺诈交易的模型。然后，该模型需要运用在银行（或任何其他金融实体）进行的所有未来交易上。这意味着对于所有交易，均需要提取模型所需的数据并将数据提供给模型。模型预测附加到交易，并在此基础上将交易标记为欺诈交易或正常交易。

在最简单的方案中，可以编写一个独立的 Python 脚本，数据一旦到达就会得到新的数据。它对原始数据执行必要的数据转换，然后从永久数据存储介质中读取模型。一旦获得了数据和模型，就可以进行预测，并且可以将预测通信与所需的操作集成。这些必需的操作通常与模型的业务需求相关。在标记欺诈交易的案例中，它可能涉及通知欺诈部门或直接拒绝交易。此过程中涉及的大多数步骤，如数据采集、检索、特征工程和预测时要采取的操作都与软件或数据工程流程有关，需要定制软件开发和修改 ETL 等数据工程流程（提取 - 变换 - 加载）。

为了将模型存储到磁盘，可以利用像 pickle 或 joblib 这样的库，scikit-learn 也可以。这使得可以在将来部署和使用该模型，而无须在每次想要使用它时进行重新训练。

```
from sklearn.externals import joblib
joblib.dump(logistic, 'lr_model.pkl')
```

这段代码可以把模型在磁盘上存储为一个名为 lr_model.pkl 的文件。因此，每当再次将此对象加载到内存中时，将获得逻辑回归模型对象。

```
lr = joblib.load('lr_model.pkl')
lr
```

```
LogisticRegression(C=1.0, class_weight=None, dual=False, fit_intercept=True,
          intercept_scaling=1, max_iter=100, multi_class='ovr', n_jobs=1,
          penalty='l2', random_state=None, solver='liblinear', tol=0.0001,
          verbose=0, warm_start=False)
```

现在可以使用这个 lr 对象，它是从磁盘加载的模型，并进行预测。示例描述如下。

```
print(lr.predict(X_test[10:11]), y_test[10:11])
```

```
[1] [1]
```

记住，一旦你有一个持久化的模型，就可以很轻松地将它与用于实时预测或批量生成新数据的基于 Python 的脚本和应用程序集成起来。无论如何，恰当的解决方案对确保正确数据到达模型和预测输出可以被广播到正确的通道来说是必要的。

5.5.2　自定义开发

部署模型的另一个选择是单独开发模型以及模型预测方法的实现。大多数机器学习算法的输出只是所学习参数的值。一旦提取了这些参数值，预测过程就非常简单了。例如，逻辑回归的预测可以通过将系数向量与输入数据向量相乘来完成。这个简单的计算将提供数据向量的分数，可以将其提供给 sigmoid / logistic 函数并提取输入数据的预测。

这种方法在软件开发流程中有更多的根源，因为开发的模型被简化为一组配置和参数，主要关注的是使用某种编程语言来设计数据和必要的数学计算。此配置可用于开发自定义实现途径，其中预测过程只是一个简单的数学运算。

5.5.3　内部模型部署

很多企业和组织不希望在构建和部署的模型上公开其私有和机密数据。因此，他们将利用自己的软件和数据科学专业知识在自己的基础架构上构建和部署自定义解决方案。这可能涉及利用商业现成的技术来部署模型或使用自定义开源工具和框架。基于 Python 的模型可以轻松地与 Flask 或 Django 等框架集成,以在预测模型之上创建 REST API 或微服务,然后可以将这些 API 端点公开并与可能需要它的任何其他解决方案或应用程序集成。

5.5.4　模型部署为服务

在计算机世界中可以看到大量的云和 XAAS(一切皆为服务)模型出现在所有领域。对于模型开发和部署也是如此。Google、Microsoft 和 Amazon Web Services(AWS)等主要提供商提供了使用其云服务开发机器学习模型的工具和将这些模型在云上部署为服务的工具。这些服务提供商提供的可靠性和易扩展性对最终用户都是非常有益的。自定义开发或内部部署模型的一个主要缺点是需要额外的工作和维护。由于需要大量的预测量,解决方案的可测量性是某些模型(如欺诈预测)可能存在的另一个问题。

作为服务的模型部署需要注意这些问题,在大多数情况下,可以通过对基于云的 API 端点的请求来访问模型预测(当然,要通过提供必要的数据)。此功能免除了应用程序开发人员维护额外系统的负担,这将耗用模型的输出。在大多数情况下,如果开发人员可以负责将所需数据传递给模型部署 API,则他们不必处理预测系统的计算要求并对其维护。

云部署的另一个优势是更新模型更方便。模型开发是一个迭代过程,并且部署的模型需要一次又一次地更新来维护它们的相关性。通过在云上单个终端维护模型,可以简化模型更新的流程,因为只需要一次替换,通过按一下按钮即可实现,同时也可以与所有下游应用同步。

5.6　总结

本章总结了本书的第二部分,重点是机器学习流程。在这里学习了模型构建过程中最重要的方面,包括模型训练、调优、评估、解释和部署。在模型构建部分中讨论了各种类型模型的细节,包括分类、回归和聚类模型。本章还介绍了任何机器学习流程的 3 个关键阶段,其中包括逻辑回归模型的示例以及梯度下降为什么是一个重要的优化过程。在真实数据集上描述了分类和聚类模型构建过程的现有实例。评估分类、回归和聚类模型的各种策略也包含了每个模型的详细指标,并用实例进行了描述。本书的一部分完全致力于模型调优,包括超参数调优和交叉验证策略,并详细描述了对实际模型的调优。机器学习中的一个新兴领域是模型解释,我们试图理解和解释模型预测是如何工作的。本章还详细介绍了模型解释的各个方面,包括特征重要性、局部依赖图和预测解释。最后,还研究了模型部署以及部署模型的各种方式,这会让你更好地了解如何开始构建和调优模型。在本书的第三部分将强化这些概念和方法,并在该部分开展实际案例的研究。

第 3 部分
真实案例研究

第6章
共享单车趋势分析

"只工作不玩，聪明的孩子也会变傻"，这是一句著名的谚语，而我们当然不希望用笨办法来学习。到目前为止，本书已经涵盖了用于解决数据科学问题的理论概念、架构、工作流程以及工具。从这一章开始，每一章的主题都是基于具体用例的。在本书的这一部分，通过现实生活的案例研究，会广泛地覆盖到机器学习和数据科学的一些概念。通过后续的这些章节，将会讨论并应用目前为止学到的概念，来解决现实生活中一些有趣的问题。

这一章讨论使用回归模型分析数据并预测结果的方法。具体来说，将会使用 UCI 机器学习知识库（UCI Machine Learning Repository）中的"首都共享单车"数据集来理解回归模型，并预测单车的使用需求。通过这一章，将会学习以下主题：

- 通过共享单车的数据集，来理解 UCI 机器学习知识库中提供的数据集。
- 通过问题陈述，来规范地定义待解决的问题。
- 通过探索性的数据分析，来探索和理解手头的数据集。
- 通过回归分析，来理解回归模型的概念和使用它们解决问题的方法。

6.1 共享单车数据集

在最初的几章介绍的跨行业数据挖掘标准过程（CRISP-CM）模型，讲述了一个典型的数据科学／项目相关的工作流程。这个工作流程的中心之所以是数据，是有理由的。在开始用不同的技术来理解和把玩数据之前，先来理解一下它的起源。

共享单车的数据集可以在 UCI 机器学习知识库获取。它大约是世界上最大的或许也是存在时间最长的在线数据集知识库，这些数据集在全世界各种各样的学习和研究中都有使用。下面将要使用的这个数据集只是这个网站上几百个数据集之一。

这个数据集是由位于葡萄牙的波尔图大学在 2013 年捐赠的。更多信息可以在这里查到：https：//archive.ics.uci.edu/ml/datasets/Bike+Sharing+Dataset。

鼓励读者浏览一下 UCI 机器学习知识库的网站，特别是共享单车数据集的相关内容。在此向 Fanaee 等人致以诚挚的感谢，谢谢他们通过 UCI 机器学习知识库分享了这个数据集。

伴随着环境问题与健康的相关话题越来越受人关注的趋势，单车在近几年作为一种交通模式备受推崇。为了鼓励单车的使用，世界上许多城市都推出了共享单车的项目。在这种构想下，需要使用单车的人可以使用遍布该城市的人工或者自动的单车停放点，在某段特定的时间内租用一辆单车。在大多数情况下，需要使用单车的人可以在任何停放点取车，然后在任何其他指定地点返还。

遍布世界的共享单车平台是各种数据的热点，从使用时间、起始和终止的位置、使用单车的人的人口学分布等。通过使用这些数据和一些其他来源的信息，比如天气、路况、地形等，使得这个问题变成一个不同研究领域中引人注意的议题。

首都共享单车数据集中囊括了在华盛顿特区的共享单车项目的信息。之前提到了（单车使用情况和天气信息）的数据集，能不能使用它来预测这个项目的共享单车的需求呢？

6.2　问题陈述

近些年，随着环境和健康逐渐成为热门话题，自行车出行成为了一种受到关注的出行方式。为了鼓励自行车的使用，世界各地都成功推出了相应的自行车共享项目。在这种方案下，通过使用遍布在整个城市的人工的或自动的自行车亭，共享单车的使用者可以在规定的时间内租用自行车。大多数情况下，使用者可以从一个地点取自行车，然后在任意一个其他地点还自行车。

世界各地的自行车共享平台是产生各种数据的热点，相关数据包括使用时间、起始终止位置、使用者的人数统计等。附加上一些其他来源的数据，比如天气情况、交通情况、地形等，这些数据成为不同领域的热点研究对象。

首都共享单车数据集中包含的信息，是与在华盛顿正在进行中的一个共享单车项目相关的。有了这个增强型（包含共享单车详细信息以及天气信息的）数据集，现在可以预测此共享单车项目的自行车租赁需求吗？

6.3　探索性数据分析

现在有了一个业务问题的概貌和正式的问题描述，下一步将是探索和理解数据。这个步骤也被称作探索性数据分析，即将数据载入分析环境并探索它的特性。值得一提的是，探索性数据分析是整个工作流程中最重要的阶段之一，它不仅可以帮助理解数据集，还可以帮助发现一些在后续步骤中有用的细微之处。

 这个共享单车数据集中包括以天计量的数据和以小时计量的数据。我们只集中于hour.csv 这个文件中的以小时计量的数据。

6.3.1　预处理

探索性数据分析的步骤开始于将数据载入到环境中去，迅速地浏览一遍记录的数量和属性的个数。下面将要大量使用 pandas 和 numpy 来进行数据操作和相关的工作。将会使用matplotlib 和 seaborn 以及尽可能使用 pandas 的可视化能力来进行数据的可视化。

现在从载入 hour.csv 并检查已载入数据的形态开始。使用下面的代码片段：

```
In [2]: hour_df = pd.read_csv('hour.csv')
   ...: print("Shape of dataset::{}".format(hour_df.shape))

Shape of dataset::(17379, 17)
```

这个数据集包括了超过 17000 条记录和 17 个属性。通过使用 pandas 的 head（ ），可以查看最顶端的几行来了解数据基本的样子。输出结果如图 6-1 所示。

	instant	dteday	season	yr	mnth	hr	holiday	weekday	workingday	weathersit	temp	atemp	hum	windspeed	casual	registered	cnt
0	1	2011-01-01	1	0	1	0	0	6	0	1	0.24	0.2879	0.81	0.0	3	13	16
1	2	2011-01-01	1	0	1	1	0	6	0	1	0.22	0.2727	0.80	0.0	8	32	40
2	3	2011-01-01	1	0	1	2	0	6	0	1	0.22	0.2727	0.80	0.0	5	27	32
3	4	2011-01-01	1	0	1	3	0	6	0	1	0.24	0.2879	0.75	0.0	3	10	13
4	5	2011-01-01	1	0	1	4	0	6	0	1	0.24	0.2879	0.75	0.0	0	1	1

图 6-1　共享单车数据集的样本

看起来数据已经被正确地载入了。下一步，需要检查 pandas 所推断的数据类型，以及是否有属性值需要类型转换。下面的代码片段可以帮助我们检查所有属性的数据类型。

```
In [3]: hour_df.dtypes
Out[3]:
instant          int64
dteday           object
season           int64
yr               int64
mnth             int64
hr               int64
holiday          int64
weekday          int64
workingday       int64
weathersit       int64
temp             float64
atemp            float64
hum              float64
windspeed        float64
casual           int64
registered       int64
cnt              int64
dtype: object
```

正如文档中所提到的那样，这个数据集中包含了单车的使用情况和天气情况的属性。属性 dteday 需要从对象（或者字符串类型）到时间戳的类型转换。譬如季节、假日、工作日之类的信息都被 pandas 推断为整型，为了便于理解，它们也需要被转换为分类类型。

在开始类型转换之前，使用下面的代码片段清理属性的名称，让它们变得更易于理解也更符合 Python 的规范。

```
In [4]: hour_df.rename(columns={'instant':'rec_id',
   ...:                         'dteday':'datetime',
   ...:                         'holiday':'is_holiday',
```

```
    ...:                              'workingday':'is_workingday',
    ...:                              'weathersit':'weather_condition',
    ...:                              'hum':'humidity',
    ...:                              'mnth':'month',
    ...:                              'cnt':'total_count',
    ...:                              'hr':'hour',
    ...:                              'yr':'year'},inplace=True)
```

现在已经对属性名称进行了清理，接下来使用诸如 pd.to_datetime（）和 astype（）之类的工具进行类型转换。下面的代码片段可以将属性转换成合适的数据类型。

```
In [5]: # 日期时间转换
    ...: hour_df['datetime'] = pd.to_datetime(hour_df.datetime)
    ...:
    ...: # 分类变量
    ...: hour_df['season'] = hour_df.season.astype('category')
    ...: hour_df['is_holiday'] = hour_df.is_holiday.astype('category')
    ...: hour_df['weekday'] = hour_df.weekday.astype('category')
    ...: hour_df['weather_condition'] = hour_df.weather_condition.astype('category')
    ...: hour_df['is_workingday'] = hour_df.is_workingday.astype('category')
    ...: hour_df['month'] = hour_df.month.astype('category')
    ...: hour_df['year'] = hour_df.year.astype('category')
    ...: hour_df['hour'] = hour_df.hour.astype('category')
```

6.3.2 分布与趋势

在进行预处理（也就是上一步进行的操作）之后，就可以用这个数据集来做一些检视了。现在从各个季度每个整点时刻参与单车共享的人数进行可视化处理开始。下面的这个代码片段使用 seaborn 的 pointplot 进行数据可视化。

```
In [6]: fig,ax = plt.subplots()
    ...: sn.pointplot(data=hour_df[['hour',
    ...:                            'total_count',
    ...:                            'season']],
    ...:              x='hour',y='total_count',
    ...:              hue='season',ax=ax)
    ...: ax.set(title="Season wise hourly distribution of counts")
```

如图 6-2 所示，所有的季度都呈现出相同的趋势，数量的高峰处于早上 7~9 点之间，以及晚上 4~6 点之间，可能是由于在工作时间开始和结束时较多的移动导致的。这些数量在春季的时候最低，而在秋天的时候 24 小时之内所有的时刻都是最高的。

同样地，在一周中的每一天的共享单车使用情况的分布也呈现出有意思的趋势，周末的下午使用量较高，而工作日的早晨和晚上使用量较高。用来得到这组结果的代码可以在 jupyter notebook 的 bike_sharing_eda.ipynb 中找到。结果如图 6-3 所示。

已经观察到了不同类别的数据，在一天中各个整点时刻的分布，现在来看一看是否有任何整点趋势。通过使用 seaborn 的 barplot（），下面的代码片段将每个月的共享单车使用情况可视化。

不同季节每个整点时刻单车使用数量的分布

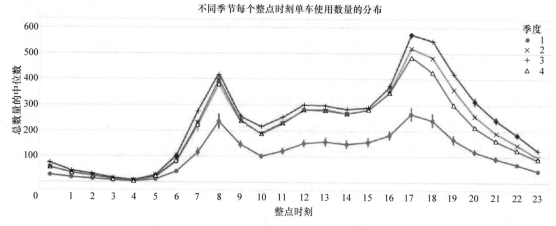

图 6-2　不同季节每个整点时刻单车使用数量的分布

一周中不同日子每个整点时刻单车使用数量的分布

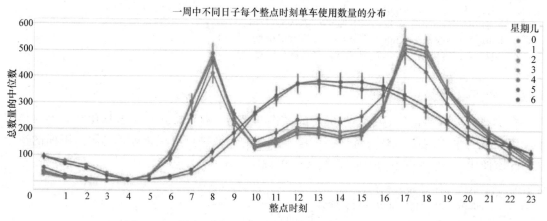

图 6-3　一周中不同日子每个整点时刻单车使用数量的分布

```
In [7]: fig,ax = plt.subplots()
   ...: sn.barplot(data=hour_df[['month',
   ...:                         'total_count']],
   ...:           x="month",y="total_count")
   ...: ax.set(title="Monthly distribution of counts")
```

　　这段代码生成的柱状图展示了基于一年中不同月份共享单车使用情况的确定的趋势。6 月到 9 月之间有最高的共享单车使用量。如图 6-4 所示，秋天看起来对共享单车来说是旺季。

　　我们鼓励你尝试使用不同的 subplot 给 4 个季节绘图，以练习对绘图（plotting）相关概念的应用，并分别观察不同季节的趋势。

　　提高聚合的水平，来看看按年份的分布情况。在数据集中，0 代表 2011 年的数据，1 代表 2012 年的数据。这里使用小提琴图，以清晰的格式来理解这个分布中的多个方面。

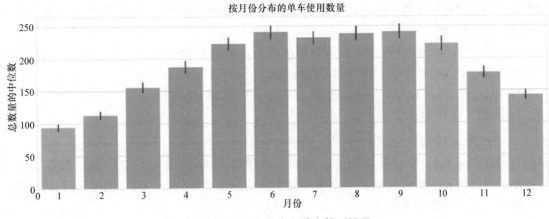

图 6-4   按月份分布的单车使用情况

> 小提琴图与箱形图类似。与箱形图一样，小提琴图也可以用于显示四分位距和其他汇总统计，如平均数和中位数。然而，小提琴图比标准的箱形图更强大，因为它们具有可视化数据概率密度的能力。如果数据是多模态的，这会非常有用。

下面的代码片段绘制了按年分布的小提琴图。

```
In [8]: sn.violinplot(data=hour_df[['year',
   ...:                            'total_count']],
   ...:             x="year",y="total_count")
```

图 6-5 清晰地帮助我们理解 2011 年和 2012 年共享单车使用数量的多模态分布，与 2012 年相比，2011 年的峰值更低。2012 年的数量值的分布也更广，尽管这两年单车使用的最大密度都在 100 ～ 200 个之间。

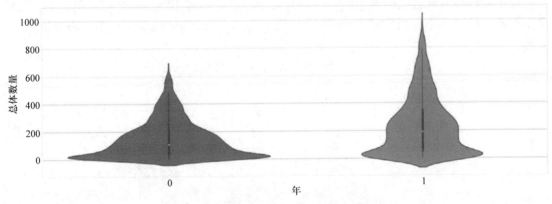

图 6-5   小提琴图显示出每年的共享单车情况的分布

6.3.3   离群值

在探索和学习任何数据集时，都必须要检查极端的和不太可能的数值。虽然会对缺失和不正确的信息进行处理，但是离群值通常在 EDA 期间被捕获。离群值会严重影响接下来的步骤，如建模和结果。

通常利用箱形图检查数据中的离群值。在下面的代码片段中，将对 total_count、temperature 和 wind_speed 等数字属性的离群值进行分析。

```
In [9]: fig,(ax1,ax2)= plt.subplots(ncols=2)
   ...: sn.boxplot(data=hour_df[['total_count',
   ...:                          'casual','registered']],ax=ax1)
   ...: sn.boxplot(data=hour_df[['temp','windspeed']],ax=ax2)
```

这段代码生成的图如图 6-6 所示。现在可以很容易地分辨出，这 3 个属性似乎都有相当数量的离群值，尽管未注册的共享单车使用者的总体数字较低。对于温度和风速这两个天气属性，只有风速有离群值。

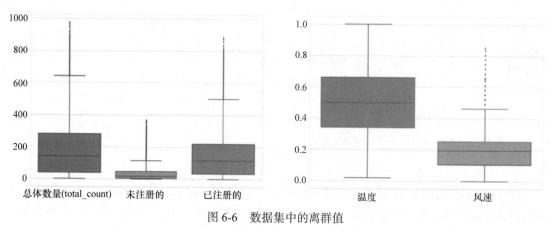

图 6-6　数据集中的离群值

现在可以类似地尝试检查不同粒度级别的离群值，如每小时、每月等。图 6-7 中的可视化图显示的是每小时级别的箱形图。（代码是 jupyter notebook 的 bike_sharing_eda.ipynb 文件）

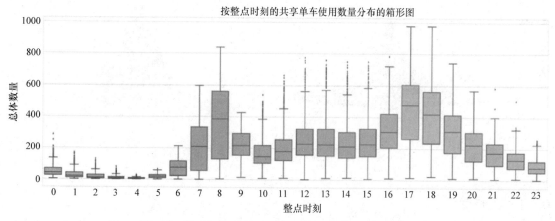

图 6-7　按整点时刻分布的共享单车使用情况的离群值

6.3.4 相关性

相关性可以帮助理解数据的不同属性之间的联系。由于这一章的重点在预测，相关性可以帮助理解与应用数据，以搭建出更好的模型。

> 重要的是，理解相关性并不意味着因果关系。强烈建议对这一点进行更多的探索。

下面的代码片段首先使用 pandas 的工具函数 corr（）准备了一个相关性矩阵，接着使用了一个热图（heat map）来绘制相关性矩阵。

```
In [10]: corrMatt = hour_df[["temp","atemp",
    ...:                      "humidity","windspeed",
    ...:                      "casual","registered",
    ...:                      "total_count"]].corr()
    ...: mask = np.array(corrMatt)
    ...: mask[np.tril_indices_from(mask)] = False
    ...: sn.heatmap(corrMatt, mask=mask,
    ...: vmax=.8, square=True,annot=True)
```

图 6-8 展示了输出的相关性矩阵（热图），数值显示在一个下三角矩阵中，形成蓝色到红色的渐变（从负相关到正相关）。

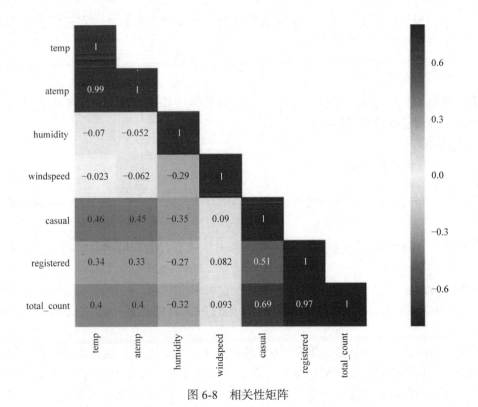

图 6-8　相关性矩阵

registered 和 casual 两个计数变量，与 total_count 展示出明显的强相关性。同样的，temp 与 atemp 也显示出强相关性。windspeed 和 humidity 有轻微的负相关性。总的来说，这些属性中没有呈现出统计上的强相关性。

6.4　回归分析

回归分析是一种统计学家与数据科学家常用的统计学的建模技术。这是研究自变量与因变量之间关系的过程。回归本身包括了建模与分析变量之间关系的许多技术。它本身被广泛应用于预测分析、预报和时间序列分析。

因变量和目标变量被当作自变量和预测变量的函数来估计。这个估计函数就是回归函数。

在一种非常抽象的情况下，回归指的是对连续的响应／目标变量的估计，这与用于估计离散目标的分类（classification）相反。

身高—体重关系是一个开始学习回归分析的典型的例子。这个例子陈述的是一个人的体重依赖于他的身高。因此，如果有足够多的训练样本，那么可以制定一个回归函数在给出身高（自变量）的情况下来估计一个人的体重（因变量）。在下个部分将会对这个问题进行更深入的讨论。

回归分析对因变量与自变量的关系进行建模。需要时刻记住的一点是因变量和自变量之间的相互关系并不意味着因果关系。

6.4.1　回归分析的种类

有许多技术可以帮助我们进行回归分析，并且多年来这些技术也在不断发展。总的来说，所有的回归建模技术都包括以下几项：
- 自变量 X；
- 因变量或者目标变量 Y；
- 未知的参数，记为 β。

因此，一个回归函数将这些部分关联起来成为

$$Y = f(X, \beta)$$

函数 $f()$ 需要依据数据集进行指定或是参考。根据数据和用例的不同，下面是几种常用的回归方法：

- **线性回归**：正如它的名字所显示出的，它将因变量和自变量通过线性关系关联。使用这种方法时，回归曲线是一条直线。这里的目的是将错误最小化（比如：错误的二次方和）。

- **逻辑回归**：当因变量是二进制（0/1 或者是／否）的时候，这种方法常被采用。它帮助我们决定二进制的目标变量的概率。它的名字来自于这个方法中使用的 logit 函数。这里的目的是将观察值的可能性最大化。与回归相比，这种方法在分类中更常用。

- **非线性回归**：当因变量与自变量呈多项式关联时，比如：回归函数是自变量的 n 次方（$n > 1$）。非线性回归也被称作多项式回归。

回归方法也可以被列为非参数的方法。

6.4.2 假设

回归分析有一些通用的假设，当具体的分析方法被指定时，也需要增加（或减少）一些假设。下面是一些回归分析的重要的通用假设：

- 训练用的数据集需要具有对被建模的全体的代表性。
- 自变量是线性独立的，即一个自变量不能被解释为其他变量的线性组合。换句话说，不应该具有多重共线性。
- 误差的同方差性，即误差的方差在整个样本中是一致的。

6.4.3 评估标准

评估模型性能是数据科学用例的一个重要方面。现在不仅要能够理解结果，还要对模型之间进行相互比较，以评估它们的性能是否是可接受的。

通常情况下，评估指标和性能指南都是针对具体的用例和领域的。回归分析通常使用一些标准的指标。

6.4.3.1 残值分析

回归是对解释变量使用回归函数而得到的目标变量的估计。由于输出是一个近似值，预测的目标值和观察值之间有一定的差异。

残值指的是观察值和预测值（回归函数的输出）之间的差异。从数学上讲，第 i 个数据点的残值或者说观察值和目标的预测值之间的差异可以表示为

$$e_i = y_i - f(x_i, \beta)$$

一个与数据适应良好的回归模型的残值会显示出随机性（即，没有呈现出任何模式）。这来自于回归模型的同方差性假设。通常残值和预测值的散点图被用于确认这个有关回归模型的假设。任何模式的存在都意味着对这一性质的违反，并指向一个不合适的模型。

6.4.3.2 正态性检验（Q-Q 图）

这是一个视觉／图形的测试，用于检查数据的正态性。这个测试帮助我们识别离群值、偏斜度等。这个测试是通过对比数据与理论四分位数来绘制完成的。同样的数据也会被绘制在直方图上以确定数据的正态性。以下的图例展示了数据的正态性检验的方法（见图 6-9）。

在分位图中任何与直线的偏差或者在直方图中的偏斜／多模态都表现出数据没有通过正态性测试。

6.4.3.3 决定系数：适合度

R 的二次方或者说决定系数是另外一种测量回归分析适合度的方法。它是用于确定回归线是否能够指示因变量的方差的度量，如独立变量所解释的那样。

R 的二次方是 0 到 1 之间的数值，1 表示自变量能够解释因变量的方差。接近 0 的值表

示这不是一个好的拟合模型。

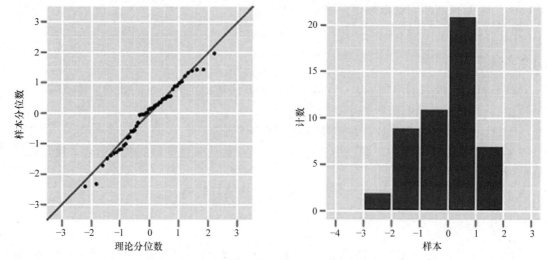

图 6-9　左边是分位图 (Q-Q 图)，右边是用来检验正态性的直方图

6.4.3.4　交叉验证

正如第 5 章所讨论的，模型泛化也是数据科学研究的一个重要方面。一个过拟合其训练集的模型可能对其之前没见过的数据有不良的表现，并导致各种各样的问题和业务影响。因此，在回归模型上采用 k 重交叉验证，以确保没有过拟合的发生。

6.5　建模

现在准备对单车共享数据集进行建模，并用它解决预测特定日期的单车使用需求的业务问题。下面使用上一部分讨论的回归分析概念来建模，并评估模型的表现。

在本章的前面已经进行过对数据集的分析和转换，例如属性重命名和类型转换。由于数据集中包含了多个分类变量，因此对标称属性进行编码是在建模中使用它们前必不可少的一步。

基于在第 4 章中讨论的方法，下面的代码片段展示了用独热（One hot）编码的方法处理分类变量的函数。

```
def fit_transform_ohe(df,col_name):
    """This function performs one hot encoding for the specified
        column.

    Args:
        df(pandas.DataFrame): the data frame containing the mentioned column name
        col_name: the column to be one hot encoded

    Returns:
        tuple: label_encoder, one_hot_encoder, transformed column as pandas Series
```

```
"""
# 标签编码
le = preprocessing.LabelEncoder()
le_labels = le.fit_transform(df[col_name])
df[col_name+'_label'] = le_labels
# 独热编码
ohe = preprocessing.OneHotEncoder()
feature_arr = ohe.fit_transform(df[[col_name+'_label']]).toarray()
feature_labels = [col_name+'_'+str(cls_label) for cls_label in le.classes_]
features_df = pd.DataFrame(feature_arr, columns=feature_labels)
return le,ohe,features_df
```

现在使用 fit_transform_ohe（）函数与 transform_ohe（）来对分类变量进行编码。标签
（Label）和独热编码器是 scikit-learn 预处理模块的一部分。

在接下来的部分中，将交替使用 scikit 和 sklearn。

如前面的章节提到的，通常会把数据集分为训练数据集和测试数据集来评估模型的表
现。现在这种情况下也是，将使用 scikit-learn 的 train_test_split（）函数，这个函数在 mod-
el_selection 模块中可以找到。现在将数据集分割为 67% 的数据用于训练，33% 的数据用于
测试，如下面这段代码所示。

```
In [11]: X, X_test, y, y_test = train_test_split(hour_df.iloc[:,0:-3],
   ...:                                          hour_df.iloc[:,-1],
   ...:                                          test_size=0.33,
   ...:                                          random_state=42)
   ...:
   ...: X.reset_index(inplace=True)
   ...: y = y.reset_index()
   ...:
   ...: X_test.reset_index(inplace=True)
   ...: y_test = y_test.reset_index()
```

下面的代码片段对分类变量的列表进行了遍历并将其转换，并准备了一列编码后的
属性。

```
In [12]: cat_attr_list = ['season','is_holiday',
   ...:                   'weather_condition','is_workingday',
   ...:                   'hour','weekday','month','year']
   ...:
   ...: encoded_attr_list = []
   ...: for col in cat_attr_list:
   ...:         return_obj = fit_transform_ohe(X,col)
   ...:         encoded_attr_list.append({'label_enc':return_obj[0],
   ...:                                   'ohe_enc':return_obj[1],
   ...:                                   'feature_df':return_obj[2],
   ...:                                   'col_name':col})
```

尽管将所有的分类变量转换成它们对应的独热编码，需要注意的是如小时、星期几之类的序数属性不需要这样的编码。

接下来，将数字和独热编码分类合并为一个数据框架用于建模。以下代码片段可帮助准备所需的数据集。

```
In [13]: feature_df_list = [X[numeric_feature_cols]]
    ...: feature_df_list.extend([enc['feature_df'] \
    ...:                              for enc in encoded_attr_list \
    ...:                              if enc['col_name'] in subset_cat_features])
    ...:
    ...: train_df_new = pd.concat(feature_df_list, axis=1)
    ...: print("Shape::{}".format(train_df_new.shape))
```

从原本的数据框架中，选出一个数字和独热编码分类属性来准备新的数据框架。原本的数据框架有 10 个属性（包括数字和分类属性）。在这个转换之后，由于来自分类属性的独热编码，新的数据框架有 19 个属性。

6.5.1　线性回归

线性回归是最简单的回归分析方法之一。正如这一章之前提到的那样，线性回归是一种对因变量与自变量之间关系的分析。线性回归假设两个变量之间的关系是线性的。扩展一般回归分析的表示法，线性回归的形式如下所示：

$$Y = a + bX$$

式中，Y 为因变量；X 为自变量；a 为回归线的截距；b 为斜率。

依据截距（即 a）和斜率（即 b）的不同，可以将多条线拟合到给定的数据集。目的是找到最佳拟合线来对给定数据进行建模。

如果我们想一下，最佳拟合线会是什么样子？这样的线总是具有最小的误差 / 残差，即预测值和观察值的差异对于这样的线是最小的。

普通最小二乘（OLS）准则是一种识别最佳拟合线的技术。该算法试图最小化关于斜率和截距的误差。它使用二次方误差的形式，如下所示：

$$q = \sum \left(y_{\text{observed}} - y_{\text{predicted}} \right)^2$$

式中，q 为总二次方误差。通过最小化总误差可以获得最佳拟合线的斜率和截距。

6.5.1.1　训练

现在已经了解了线性回归和 OLS，接下来将要开始进行建模。线性回归模型可以通过 scikit-learn 的 linear_model 模块得到。正如所有 scikit 中的机器学习算法一样，这也适用于 fit（）和 predict（）主题。下面的代码片段会准备好线性回归对象。

```
In [14]: X = train_df_new
    ...: y= y.total_count.values.reshape(-1,1)
```

```
...:
...: lin_reg = linear_model.LinearRegression()
```

一种简单的处理方法是调用 fit（）函数来创建线性回归模型，接着在测试集上调用 pre-dict（）函数来得到预测结果以用于评估。这里同时需要尽量减少过拟合带来的影响，以获取一个可推广的模型。如本章之前的部分和一些前面的章节所讨论的，交叉验证是一种避免过拟合的方法。因此，需要使用 k 重交叉验证（具体来说是 10 重），如下面的代码片段所示。

```
In [15]: predicted = cross_val_predict(lin_reg, X, y, cv=10)
```

函数 cross_val_predict（）是通过 sklearn 中的 model_selection 模块暴露出来的。这个函数将模型对象、预测器、目标作为输入。我们使用 cv 参数来指定中的 k 重。在这个例子中，使用了 10 重的交叉验证。这个函数将交叉验证的预测值作为模型对象拟合的值返回。这里使用散点图对预测结果进行分析。下面的代码片段使用 matplotlib 生成残差和观测值之间的散点图。

```
In [16]: fig, ax = plt.subplots()
    ...: ax.scatter(y, y-predicted)
    ...: ax.axhline(lw=2,color='black')
    ...: ax.set_xlabel('Observed')
    ...: ax.set_ylabel('Residual')
    ...: plt.show()
```

可以清楚地看到，图 6-10 中的图违反了同方差性假设，即残差是随机的，并且不遵循任何模式。为了进一步量化与模型相关的发现，这里绘制了交叉验证分数。这里再一次使用 model_selection 模块中的 cross_val_score（）函数，该模块的可视化显示如图 6-11 所示。

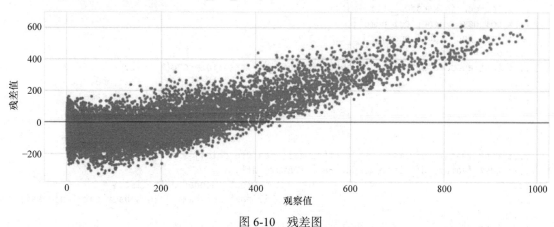

图 6-10 残差图

对于 10 重的交叉验证，R 的二次方或者决定系数的平均值是 0.39。这表明预测变量只能解释目标变量中 39% 的方差。

建议您亲自绘制并确认数据的正态性。这对于理解数据是否可以通过线性模型建模是十分重要的。这是留给您的探索练习。

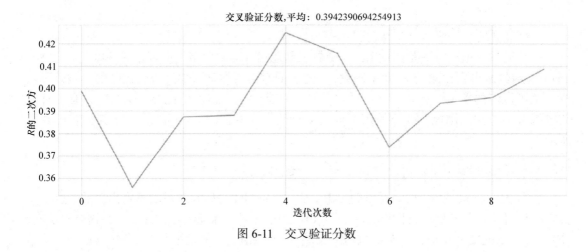

图 6-11　交叉验证分数

6.5.1.2　测试

在训练阶段准备和评估的线性回归模型需要在之前完全未见过的测试数据集上检测其性能。在这一部分的开头，我们使用 train_test_split（）函数来保留专门用于测试目的的数据集。

然而，在由机器学习所得到的回归线上使用测试数据集之前，需要确保各项属性在训练数据集和测试数据集上都经过了相同的预处理。由于在训练集上将分类变量转化为独热编码的形式，在下面的这段代码中，也对测试数据集执行了相同的操作。

```
In [17]: test_encoded_attr_list = []
    ...: for enc in encoded_attr_list:
    ...: col_name = enc['col_name']
    ...: le = enc['label_enc']
    ...: ohe = enc['ohe_enc']
    ...: test_encoded_attr_list.append({'feature_df':transform_ohe(X_test,
    ...:                                                           le,ohe,
    ...:                                                           col_name),
    ...:                         'col_name':col_name})
    ...:
    ...:
    ...: test_feature_df_list = [X_test[numeric_feature_cols]]
    ...: test_feature_df_list.extend([enc['feature_df'] \
    ...:                              for enc in test_encoded_attr_list \
    ...:                              if enc['col_name'] in subset_cat_features])
    ...:
    ...: test_df_new = pd.concat(test_feature_df_list, axis=1)
    ...: print("Shape::{}".format(test_df_new.shape))
```

经过转换后的测试数据集如图 6-12 所示。

最后一个难题是使用 LinearRegression 对象的 predict（）函数并比较结果和预测。以下代码片段执行了上述操作。

	temp	humidity	windspeed	hour	weekday	month	year	season_1	season_2	season_3	season_4	is_holiday_0	is_holiday_1
0	0.80	0.27	0.1940	19	6	6	1	0.0	0.0	1.0	0.0	1.0	0.0
1	0.24	0.41	0.2239	20	1	1	1	1.0	0.0	0.0	0.0	0.0	1.0
2	0.32	0.66	0.2836	2	5	10	0	0.0	0.0	0.0	1.0	1.0	0.0
3	0.78	0.52	0.3582	19	2	5	1	0.0	1.0	0.0	0.0	1.0	0.0
4	0.26	0.56	0.3881	0	4	1	0	1.0	0.0	0.0	0.0	1.0	0.0

图 6-12　转换之后的测试数据集

```
In [18]: X_test = test_df_new
    ...: y_test = y_test.total_count.values.reshape(-1,1)
    ...:
    ...: y_pred = lin_reg.predict(X_test)
    ...:
    ...: residuals = y_test-y_pred
```

这里同时还计算了残差，并使用它们来准备残差图的绘制，这和在训练过程中创建残差图的步骤是一致的。下面的代码片段绘制了测试数据集上的残差图。

```
In [19]: fig, ax = plt.subplots()
    ...: ax.scatter(y_test, residuals)
    ...: ax.axhline(lw=2,color='black')
    ...: ax.set_xlabel('Observed')
    ...: ax.set_ylabel('Residuals')
    ...: ax.title.set_text("Residual Plot with R-Squared={}".format(np.average(r2_score)))
    ...: plt.show()
```

如图 6-13 所示，这段代码所生成的图所显示的 R 的二次方值与训练结果的表现是可以相互比较的。

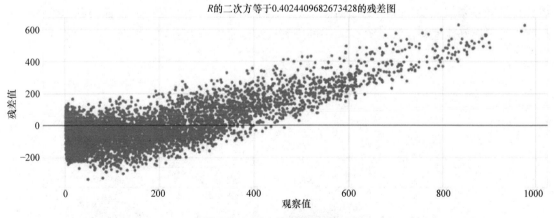

图 6-13　测试数据集的残差图

从评估中可以清楚地看出，线性回归模型对共享单车数据集的建模无法产生良好的结果。尽管，应该注意到该模型在训练数据集和测试数据集上的表现相同。看来在这种情况下，需要使用能够对非线性关系进行建模的方法来解决这个问题了。

练习

在这个部分，使用了由 19 个属性（包括数字和独热编码分类变量）组成的训练数据集和测试数据集。由于非线性关系和其他的因素，建模得到的模型的性能并不乐观。

对属性的不同组合进行实验（仅使用所有属性的一部分或者仅使用数字属性，或它们的任意组合）并准备不同的线性回归模型。按照这个部分所列出的步骤进行操作。对照部分准备的模型进行性能检测，并分析是否可以获得性能更好的模型。

6.5.2 基于决策树的回归

决策树是一种监督学习算法，在回归和分类问题上都有应用。在对非线性回归关系进行建模时，决策树既简单又实用。作为非参数模型，该算法的目的是学习基于特征的简单决策规则（例如，if-else 条件）。决策树的可理解性使我们能够从中得到更多信息，因为可以将它推断数据所得出的规则可视化。

接下来使用这些例子来解释与决策树相关的概念与术语。比如说有一个假设的关于不同汽车制造商的数据集。假设数据集中的每个数据点都有以下属性：fuel_capacity（燃料容量）、engine_capacity（发动机容量）、price（价格）、year_of_purchase（购买年份）、miles_driven（已行驶英里数）和 mileage（里程数）。鉴于这些数据，我们需要一个能够根据其他属性预测 mileage 的模型。

由于决策树是监督学习算法，那么可以使用一定数量的有 mileage 值的数据点进行建模。一个决策树从它的根开始，将数据集分为两个或多个不重叠的子集，每个子集表示为根的子节点。它根据特定属性将根分成子集。继续用这种方法对每个节点执行拆分，直到目标值可以确定的叶子节点。关于这一切如何发生的，可能会让人有很多疑问，下面会稍微谈谈这个过程。为了更好地理解，假设图 6-14 中的决策树结构是根据上述数据集推测出的结构。

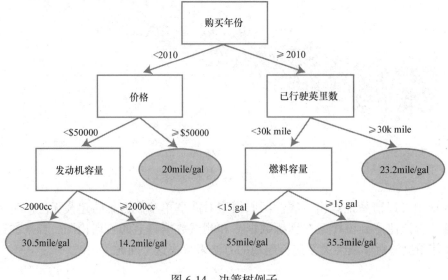

图 6-14 决策树例子

图 6-14 可视化描绘了一个决策树的例子，在这个例子中叶子节点都指向特定的目标值。这个决策树的根节点从购买年份开始拆分，其中，左面代表 2010 年之前购买的，右面代表 2010 年之后购买的，对其他的节点也类似。当新的、之前没有见到过的数据出现时，我们只需要遍历这棵树，直到到达决定目标值的叶子节点为止。尽管之前的例子很简单，但它清楚地展现了模型的可解释性以及学习简单规则的能力。

6.5.2.1　节点拆分

决策树以自上而下的方式工作，节点拆分对任何决策树算法来说都是重要的概念。大多数算法都遵循贪婪的方法，将输入空间划分为子集。

简单来说，基本过程是尝试使用不同的属性／特征分割数据点，并使用代价函数（cost function）对其进行测试。每次分割时，使用的代价最小的那一个作为结果。分类和回归问题使用的代价函数是不同的。一些常见的代价函数如下：

- **方均误差（MSE）**：主要用于回归树，使用观察值与预测值之差的二次方进行计算。
- **平均绝对误差**：用于回归树，它类似于 MSE，尽管我们只使用观察值和预测值之间的差。
- **方差缩减**：这种方法在 CART 算法中被首次引入，它使用方差的标准公式，选择产生最小方差的分割。
- **基尼不纯度／指数**：该方法主要在分类树时使用，由于标签是随机选择的，是随机选择的数据点有错误标记的度量。
- **信息增益**：该方法主要用于分类问题，也称为熵。根据信息增益量选择拆分。信息增益越高，越好。

 这些是一些最常用的代价函数。还有更多，在特定情况下使用。

6.5.2.2　停止准则

如上所述，决策树依据贪婪递归来对节点进行分割，但是在什么时候、怎么停止分割呢？有许多策略适用于停止准则的定义。最常用的一种是使用最小数据点数量。如果违反这个约束，节点分割将被停止。另一种约束是树的深度。

和其他参数一样，停止准则可以很好地帮助实现可以良好泛化的树。如果一棵树的深度很大，或者有太多的非叶子节点，这通常意味着过拟合。

6.5.2.3　超参数

超参数是设定的旋钮和控件，旨在优化模型在看不见的数据上的性能。这些超参数与在训练过程中使用学习算法学习得到的参数不同。超参数可以帮助实现诸如防止过拟合的目标。决策树提供了相当多的超参数，其中一些在第 5 章中已经讨论论过。

最大深度，叶子节点的最小样本，分割内部节点的最小样本，最大叶子节点等都是一些主动用于提高决策树性能的超参数。下面将使用网格搜索（参见第 5 章）等技术，在接下来的部分中确定这些超参数的最佳值。

6.5.2.4　决策树算法

决策树已经存在相当长的一段时间了。多年来，它们随着使用算法与技术的不同逐渐发展改进。以下列出的是一些最常见的决策树算法：

- CART 或分类和回归树；
- ID3 或 Iterative Dichotomizer 3；
- C4.5。

现在对决策树有了一个很好的理解，下面来看看是否可以通过将它们用于预测共享单车需求的回归问题来实现改进。

6.5.2.5　训练

与线性回归的过程类似，下面将会使用相同的预处理后的数据框架 train_df_new，其中有被转换成独热编码的分类变量和其他的数字变量。另外，还使用 scikit-learn 中的 train_test_split（）函数将数据集分割成训练集和测试集。

决策树的训练过程有一些复杂，并且和线性回归不同。尽管需要对训练得到的线性回归模型进行交叉验证，但是对线性回归模型并不需要进行任何超参数的调整。而对于决策树来说，有许多的超参数（其在前面的部分已经讨论过其中一些）。在着手获取最优的超参数之前，将先研究一下 sklearn 的树模型中的 DecisionTreeRegressor。通过实例化一个 regressor 对象并设置一些超参数来实现这一点，如下面这段代码所示：

```
In [1]: dtr = DecisionTreeRegressor(max_depth=4,
   ...:                             min_samples_split=5,
   ...:                             max_leaf_nodes=10)
```

这个代码片段准备了一个 DecisionTreeRegressor 对象，它将最大深度设为 4，最大叶子节点数量设为 10，分割节点所需的最小样本数量设为 5。尽管还可以设置许多其他的超参数，但这个例子仅是概述超参数在算法中使用的方法。

 鼓励尝试使用在训练数据集上默认设置的决策树回调器，并在测试数据集上观察它的表现。

正如之前提到的，决策树具有可解释性这个附加优点。这里可以使用 Graphviz 和 pydot 库对模型进行可视化，如下面这段代码所示。

```
In [2]: dot_data = tree.export_graphviz(dtr, out_file=None)
   ...: graph = pydotplus.graph_from_dot_data(dot_data)
   ...: graph.write_pdf("bikeshare.pdf")
```

输出结果是一个 pdf 文件，展示了使用上述的超参数所生成的决策树。如图 6-15 所示，根节点在属性 3 上被分割，然后一直到深度为 4 的时候停止。也有一些叶子节点的深度是小于 4 的。每个节点都清楚地标示出和它相关的属性。

现在开始真正的训练过程。在工作流中已经很明显了，训练的过程中需要使用 k 重的交叉验证。由于在训练决策树的过程中还需要将超参数考虑在内，所以需要一个方法对它们进行微调。

对超参数进行微调的方法有很多，最常见的是网格搜索（grid search）和随机搜索（random search），网格搜索是更常用的一种。正如它的名字一样，随机搜索随机地搜索超参数的不同组合，以寻找最优组合。网格搜索另一方面来讲是一种更加系统的方法，在确定最优组合之前，它会尝试所有组合的可能。为了让我们的应用更简便，sklearn 提供了在对模型进行交叉验证时对超参数进行网格搜索的工具，使用 model_selection 模块中的 GridSearchCV（）方法。

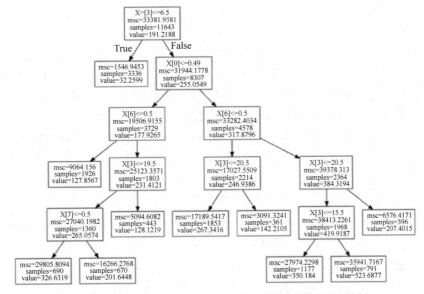

图 6-15　根据共享单车数据集生成的有超参数设定的决策树

GridSearchCV（）方法将 Regression/Classifier 对象当作输入参数，输入参数还包括许多超参数，如交叉验证的数量等。可以使用下面的字典定义超参数的网格。

```
In [3]: param_grid = {"criterion": ["mse", "mae"],
   ...:               "min_samples_split": [10, 20, 40],
   ...:               "max_depth": [2, 6, 8],
   ...:               "min_samples_leaf": [20, 40, 100],
   ...:               "max_leaf_nodes": [5, 20, 100, 500, 800],
   ...: }
```

这个字典提供了一个对每个希望微调的超参数都可行的值的列表。超参数作为这个列表的索引，而超参数的值以一个可能值的列表呈现。比如，字典提供了 max_depth 的可能值 2、6 和 8。GridSearchCV（）函数会将这一系列可能的值变为一个最优值。下面的代码片段准备了 GridSearchCV 对象，并对它应用给定的训练数据集。

```
In [4]: grid_cv_dtr = GridSearchCV(dtr, param_grid, cv=5)
```

在使用 k 重交叉验证的情况下，对超参数的网格搜索是一个迭代的过程，这个过程是被 GridSearchCV（）函数封装、优化并标准化的。也是由于这个原因，训练的过程需要花费一定的时间，而最终产生的结果会有很多有用的属性用来分析。best_score_ 属性帮助我们得到最好的决策树生成器可以得到的交叉验证分数。现在可以查看模型的超参数，它能够使用 best_params_ 生成最好的分数。通过使用 cv_results_ 属性，可以查看 GridSearchCV（）每一次迭代的详细信息。下面的代码片段展示了其中的一些属性。

```
In [5]: print("R-Squared::{}".format(grid_cv_dtr.best_score_))
   ...: print("Best Hyperparameters::\n{}".format(grid_cv_dtr.best_params_))


R-Squared::0.85891903233008
Best Hyperparameters::
{'min_samples_split': 10, 'max_depth': 8, 'max_leaf_nodes': 500, 'min_samples_leaf': 20,
'criterion': 'mse'}
```

这个结果是不错的，和线性回归模型相比有一个明显的进步。下面首先来尝试理解这个模型拟合的过程在使用不同的设置时学习／模型拟合的结果。使用 GridSearchCV 对象的 cv_results_ 属性，以得到在网格搜索阶段得到的不同的模型。cv_results_ 属性是一个 numpy 数组，可以被轻易地转换为 pandas 数据框架。数据框架如图 6-16 所示。

	mean_fit_time	mean_score_time	mean_test_score	mean_train_score	param_criterion	param_max_depth	param_max_leaf_nodes
0	0.032285	0.004816	0.48401	0.48875	mse	2	5
1	0.035995	0.005114	0.48401	0.48875	mse	2	5
2	0.036898	0.005816	0.48401	0.48875	mse	2	5
3	0.037800	0.005315	0.48401	0.48875	mse	2	5
4	0.036095	0.007220	0.48401	0.48875	mse	2	5

图 6-16　使用 CV 对一些网格搜索的属性微调结果的数据框架

重要的是理解使用交叉验证的网格搜索，是以寻找用来准备可泛化的决策树最优的超参数组合作为标准来进行优化的。进一步的优化也是可能的。下面使用 seaborn 对树的深度和叶子节点的数量对整体分数的影响进行绘图。下面的代码片段使用与之前相同的数据框架，这个数据框架和之前讨论过的一样，使用的是 GridSearchCV 对象的 cv_results_ 属性。

```
In [6]: fig,ax = plt.subplots()
   ...: sn.pointplot(data=df[['mean_test_score',
   ...:                       'param_max_leaf_nodes',
   ...:                       'param_max_depth']],
   ...:              y='mean_test_score',x='param_max_depth',
   ...:              hue='param_max_leaf_nodes',ax=ax)
   ...: ax.set(title="Affect of Depth and Leaf Nodes on Model Performance")
```

在树的最大深度从 2 增长到 6 之后，输出结果显示出了测试分数显著的进步，而从 6

增长到 8 之后，又有一些改善。叶子节点的数量的影响更有意思。使用叶子节点为 100 和 800 的测试分数并没有显著的差别。这明确地指示出进一步微调的可能性。图 6-17 为这些结果的可视化呈现。

如之前提到的，这里仍然有对超参数进行微调以进一步改善结果的空间。因此，这是一个有关具体用例和成本依赖的决定。需要付出精力、时间以达到相应的改进。现在将使用 GridSearchCV 帮助我们识别的最优模型来进行下一步了。

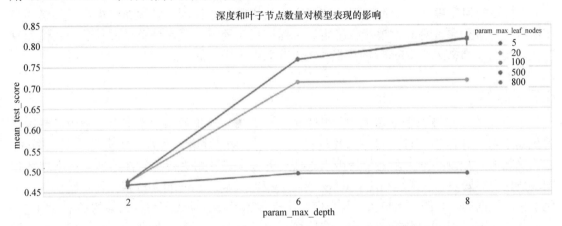

图 6-17   平均测试分数与树的深度和叶子节点数量的影响

6.5.2.6   测试

当有了一个使用最优的超参数训练出的模型后，便可以开始进行常规工作流中的下一步，也就是测试模型在之前没有见过的数据上的表现。如之前准备线性回归的测试数据集时讨论的，使用相同的预处理过程。（你可以参考线性回归的"测试"部分，或者 jupyter notebook 的 decision_tree_regression.ipynb）以下代码片段使用在训练阶段实现的最优估算器来预测测试数据集的输出值。

```
In [7]: y_pred = best_dtr_model.predict(X_test)
   ...: residuals = y_test.flatten() - y_pred
```

最后一步是观察这个数据集的 R 的二次方值。一个合适的模型应该在测试数据集上具有可以和训练数据集上相当的性能，如下面的代码片段所示。

```
In [1]: print("R-squared::{}".format(r2_score))
R-squared::0.8722
```

从 R 的二次方值可以看出，性能与训练性能非常相似。因此可以得出结论，与线性回归相比，决策树回归更适于预测对单车的需求。

6.6   下一步

决策树帮助我们达到比线性回归更好的性能，但是还有提高的可能性存在。以下是一些思考和后续步骤。

- **模型微调**：通过使用决策树实现了模型性能的显著改进，但通过分析训练结果、交叉验证等方法，可以进一步改善这一点。可接受的模型性能是由具体用例决定的，通常在形式化问题陈述时进行讨论。在例子中，0.8 的 R 二次方可能非常好或是未达到标准，因此需要与所涉及的所有利益相关者讨论结果。

- **其他模型和集成**：如果当前的模型没有达到性能标准，则需要评估其他算法甚至集成其他算法。还有许多其他回归模型可供探索。集成其他算法也很有用，并且被广泛使用。

- **机器学习流程**：为了帮助理解和探索相关的概念和技术，本章详细描述了共享的工作流程。一系列预处理和建模步骤稳定后，标准化流程将用于保持整个过程的一致性和有效性。我们鼓励您探索 sklearn 的流程模块以获取更多详细信息。

6.7 总结

本章介绍了 UCI 机器学习库中的共享单车数据集。这里遵循了本书上一章中详细讨论的机器学习工作流程，首先对数据集进行了一个简短的讨论，然后正式定义了问题描述。在明确任务是预测共享单车的使用需求之后，下一步是开始进行探索性数据分析来理解和发现数据中的属性和模式。利用 pandas、numpy 和 seaborn / matplotlib 来操作、转换和可视化手头的数据集。线图、条形图、箱形图、小提琴图等都有助于理解数据集的各个方面。

接着转向了对回归分析的探索。在这里讨论了重要的概念、假设、回归分析技术的类型。首先简短地接触了一些典型的回归问题的性能评估标准，比如残差图、正态图和决定系数。在更好地理解了数据集和回归分析本身之后，从一种叫作线性回归的简单算法开始。线性回归不仅是一种简单的算法，也是对回归的用例而言，被研究得最透彻的和被最广泛使用的算法。这里使用 sklearn 的 linear_model 来构建和测试数据集。同时还使用了 model_selection 模块来分割数据集并交叉验证模型。下一步，为了改善线性回归的性能，研究了基于决策树的回归模型。在使用决策树对数据集建模之前，讨论了与决策树相关的概念和重要方面内容。对线性回归和决策树，使用了相同的预处理步骤。最后，通过简要讨论有关改进和提升的后续步骤来结束本章。本章为后续章节设定了流程和背景，后续章节将基于此处的概念和工作流程展开。

第 7 章
电影影评的情感分析

　　本章将继续以案例研究为导向，将重点关注具体的现实问题和场景，以及如何使用机器学习来解决这些问题。在本章中将介绍与自然语言处理（NLP）、文本分析和机器学习有关的方面。手头的问题是情绪分析或意见挖掘，这里想要分析一些文本文档，并根据这些文档的内容预测他们的情感或意见。情感分析可能是自然语言处理和文本分析中最受欢迎的应用之一，有包含大量关于此主题的网站、书籍和教程。通常，情感分析似乎最适用于主观文本，在这类文本中，人们表达观点、感受和情绪。从现实世界的行业角度来看，情感分析被广泛应用于对企业调查、反馈问卷、社交媒体数据和对电影、地点、商品等的评论。这里的想法是分析与理解人类对特定实体的反应，并根据他们的情绪采取合适的行动。

　　文本语料库由多个文本文档组成，每个文档都可以是一个简单的句子或者一个有多个段落的完整的文档。文本数据尽管是高度非结构化的，但可以分为两种主要类型。事实性文件通常描述某种形式的声明或事实，没有特定的感情或情感，这些也称为客观文件。另一方面，主观文件是具有表达感受、情绪、情感和意见的文本。

　　情感分析通常也称为意见分析或意见挖掘。关键的想法是使用来自文本分析、NLP、机器学习和语言学的技术从非结构化文本中提取重要信息或数据点。这可以帮助我们得出定性结论，如整体情绪处于积极、中立或负面的级别，还有量化输出，如情绪极性及主观性和客观性比例。感情极性通常是一个分配给文本文档的正面和负面两方面的数字分数，这个分数是基于主观参数的，例如表达情感和情感的特定单词和短语。中性情绪通常具有 0 极性，因为它没有表达和指定情绪，正面情绪具有大于 0 的极性，而负面情绪则小于 0。当然，你可以随时根据正在处理的文本类型更改这些阈值，对此没有严格的限制。

　　本章专注于大量的电影评论分析并尝试捕捉其中的情感，会涵盖各种情感分析技术，其中包括以下内容。

- 无监督的基于词典的模型。
- 传统的有监督的机器学习模型。
- 较新的有监督深度学习模型。
- 高级的有监督深度学习模型。

　　除了研究各种方法和模型，我们还关注其他机器学习流程中的重要方面，包括文本预处理、规范化和模型的深入分析（包括模型的理解和主题模型）。这里的关键想法是理解如何解决非结构化文本的情感分析问题，学习各种技术、模型以及理解如何解释情感分析的结果。这个过程会让你在今后可以对自己的数据集使用这些方法。现在开始吧！

7.1 问题陈述

本章的主要目的是，基于从互联网电影数据库（IMDb）获得的大量电影评论，预测情感。此数据集包含 50000 条电影评论，根据其内容，这些电影评论已被预先标记了"正面"和"负面"情绪类别标签。除此之外，还有其他未标注的电影评论。数据集可以从 http：//ai.stanford.edu/~amaas/data/sentiment/ 获得，由斯坦福大学 Andrew L. Maas、Raymond E. Daly、Peter T. Pham、Dan Huang、Andrew Y. Ng 和 Christopher Potts 提供。该数据集还用于他们的著名论文《学习用于情感分析的单词向量》（*Learning Word Vectors for Sentiment Analysis*），这篇论文是计算语言学协会第 49 届年会的会议论文（ACL 2011）。他们的数据集有原始文本形式，也有已处理的文字格式包。在本章的分析中，我们将仅使用原始标记的电影评论。我们的任务是预测 15000 条有标记的电影评论的情感，并使用剩余的 35000 条评论来训练有监督模型。我们也会使用无监督模型对 15000 条评论的情感进行预测，来保证一致性，也便于对两种模型进行比较。

7.2 设置依赖项

这里将使用几个专门用于文本分析、NLP 和机器学习的 Python 库和框架。虽然已经基本在每个章节都提到过它们，但你还是需要确保安装了 pandas、numpy、scipy 和 scikit-learn，下面将会在数据处理和机器学习的过程中用到它们。本章使用的深度学习框架有使用 TensorFlow 作为后端的 Keras，但是你也可以选择使用 Theano 作为后端。将使用的 NLP 库包括 spacy、nltk 和 gensim。请记住检查已安装的 nltk 版本是否至少为 3.2.4，否则，ToktokTokenizer 类可能不存在。如果由于某种原因想要使用较低的 nltk 版本，可以使用任何其他标记器，如基于 TreebankWordTokenizer 的默认的 word_tokenize（）。gensim 的版本应该至少为 2.3.0，对于 spacy，书中使用的版本是 1.9.0。我们建议使用最近发布的最新版本的 spacy（版本 2.x），因为它修复了几个 bug 并进行了一些改进。如果是第一次安装它们，还需要为 spacy 和 nltk 下载必要的依赖项和语料库。下面的代码片段可以帮你完成这个操作。

```
import nltk
nltk.download('all', halt_on_error=False)
```

对于 spacy，您需要在 UNIX shell\windows 命令提示符下使用以下代码来安装库（如果您不想使用 conda，请使用 pip install spacy），另外，它还会获取英语模型依赖项。

```
$ conda config --add channels conda-forge
$ conda install spacy
$ python -m spacy download en
```

同时也可以使用自己开发的模块进行文本预处理和标准化，你会在文件名为 contrac-tions.py 和 text_normalizer.py 的两个文件中找到它们。与有监督模型相关的拟合、预测、评估工具可以在 model_evaluation_utils.py 中找到。所以，请你确保将这些模块方法与其他 Python 文件和 jupyter notebook 在相同的文件目录下。

7.3　获取数据

这一章的数据集和源代码在本书的 GitHub 库中可以找到，具体位置在 https：//github. com/dipanjanS/practical-machine-learning-with-python，文件名为 movie_reviews.csv，其中包含 50000 条标记的 IMDb 电影评论。如果需要，你也可以从 http：//ai.stanford.edu/~amaas/ data/sentiment/ 下载这个数据集。获得 CSV 文件后，可以使用 pandas 中的 read_csv（）工具函数在 Python 中加载它。

7.4　文字的预处理与标准化

在深入了解特征工程和建模过程之前的关键步骤之一是清理、预处理和规范化文本，目的是使短语和单词等文本组件成为某种标准格式。这样可以对文档语料库实现标准化，同时有助于构建有意义的特征（feature），并有助于减少由于许多因素（如无关符号、特殊字符、XML 和 HTML 标记等）而引入的噪声。用于文本规范化的所有工具函数都在名为 text_normalizer.py 的文件中可以找到。你也可以选择查看 jupyter notebook 中的 Text Normalization Demo.ipynb 以获取更具交互性的体验。这一部分将介绍文本规范化流程中的主要模块。

- **文本清理**：文本通常包含不必要的内容，比如 HTML 标记，在分析情感时不会增加太多价值。因此，需要确保在提取特征之前删除它们。BeautifulSoup 库非常好地为此提供了必要的函数。 strip_html_tags(...) 函数可以清理和删除 HTML 代码。

- **删除重音字符**：在数据集中，处理的是英语评论，因此需要确保将任何其他格式的字符（尤其是重音字符）转换并标准化为 ASCII 字符。一个简单的例子就是将 é 转换为 e。remove_accented_chars(...) 函数可以帮助我们完成这个操作。

- **扩展缩写**：在英语中，缩写基本上是缩短版本的单词或音节。这些现有单词的缩短版本是通过删除特定的字母和音节实现的。一个很常见的现象是单词中的元音被删除。例如，从 do not 到 don't，还有从 I would 到 I'd。缩写会在文本规范化中造成问题，因为必须处理像撇号这样的特殊字符，并且还必须将每个缩写转换为其扩展的原始形式。expand_contractions(...) 函数使用正则表达式还有各种缩写形式与 contractions.py 模块的映射来扩展我们的文本语料库中的所有缩写。

- **删除特殊字符**：文本清理和规范化中的另一个重要任务是删除通常会在非结构化文本中添加额外噪声的特殊字符和符号。这个任务可以通过使用简单的正则表达式实现。函数 remove_special_characters(...) 帮助删除特殊字符。在代码中保留了数字，但如果您不想在规范化语料库中保留数字，也可以选择删除数字。

- **词干提取和词形还原**：通常来说，词干是一个可能的词的基本形式，通过在词干上附加前缀或后缀等部分来创造新词。这也被称作词形变化。获得单词的基本形式的相反过程称为词干提取。一个简单的例子是 WATCHES、WATCHING 和 WATCHED。它们有词根词干 WATCH 作为基本形式。nltk 软件包提供各种词干分析器，如 PorterStemmer 和 LancasterStemmer。词形还原与词干提取非常类似，在进行词形还原时我们删除单词词缀以获得单词的基本形式。但是，在这种情况下，基本形式为根词，而不是根词干。不同之处在于根词总是词典上正确的单词（存在于字典中），但根词干可能不是这样。我们将仅在我们的规范化流程中使用词形还原来保留按字典顺序排列的正确单词。函数 lemmatize_text(...) 帮助完成这个步骤。

• **删除停用词**：在从文本中构造有意义的特征时，具有很少意义或是没有意义的词也被称为停用词。如果在文档语料库中执行简单的术语或单词频率查询，这些通常是具有最大频率的单词。像 a、an、the 这样的单词通常被认为是停用词。并没有一个通用的禁用词列表存在，但我们使用 nltk 的标准英语停用词列表。如果需要，还可以添加自己的域特定停用词。函数 remove_stopwords(...) 可帮助删除停用词并保留语料库中最具重要性和有上下文的单词。

接下来使用这些模块并用下面这个名为 normalize_corpus（）的函数，将它们连在一起，它可以将文档语料库作为输入，并将该语料库的文本文档进行清理、规范化后返回。

```
def normalize_corpus(corpus, html_stripping=True, contraction_expansion=True,
                     accented_char_removal=True, text_lower_case=True,
                     text_lemmatization=True, special_char_removal=True,
                     stopword_removal=True):
    normalized_corpus = []
    # 规范语料库中的每个文档
    for doc in corpus:
        # 删除 HTML
        if html_stripping:
            doc = strip_html_tags(doc)
        # 删除重音字符
        if accented_char_removal:
            doc = remove_accented_chars(doc)
        # 扩展缩写
        if contraction_expansion:
            doc = expand_contractions(doc)
        # 将文本改为小写
        if text_lower_case:
            doc = doc.lower()
        # 删除多余的换行符
        doc = re.sub(r'[\r|\n|\r\n]+', ' ',doc)
        # 在特殊字符之间插入空格以将其隔开
        special_char_pattern = re.compile(r'([{.(-)!}])')
        doc = special_char_pattern.sub(" \\1 ", doc)

        # 词干提取和词形还原
        if text_lemmatization:
            doc = lemmatize_text(doc)
        # 删除特殊字符
        if special_char_removal:
```

```
        doc = remove_special_characters(doc)
# 删除多余的空格
doc = re.sub(' +', ' ', doc)
# 删除停用词
if stopword_removal:
        doc = remove_stopwords(doc, is_lower_case=text_lower_case)

    normalized_corpus.append(doc)

return normalized_corpus
```

下面这段代码描述了一个小型演示，在这个演示中，使用标准化模块完成了对示例文档的文本标准化。

```
In [1]: from text_normalizer import normalize_corpus

In [2]: document = """<p>Héllo! Héllo! can you hear me! I just heard about <b>Python</
b>!<br/>\r\n
    ...: It's an amazing language which can be used for Scripting, Web development,\r\n\r\n
    ...: Information Retrieval, Natural Language Processing, Machine Learning & Artificial
Intelligence!\n
    ...: What are you waiting for? Go and get started.<br/> He's learning, she's learning,
they've already\n\n
    ...: got a headstart!</p>
    ...:                 """

In [3]: document
Out[3]: "<p>Héllo! Héllo! can you hear me! I just heard about <b>Python</b>!<br/>\r\n
\n            It's an amazing language which can be used for Scripting, Web development,
\r\n\r\n\n            Information Retrieval, Natural Language Processing, Machine
Learning & Artificial Intelligence!\n\n            What are you waiting for? Go and
get started.<br/> He's learning, she's learning, they've already\n\n\n            got a
headstart!</p>\n            "

In [4]: normalize_corpus([document], text_lemmatization=False, stopword_removal=False,
                    text_lower_case=False)
Out[4]: ['Hello Hello can you hear me I just heard about Python It is an amazing language
which can be used for Scripting Web development Information Retrieval Natural Language
Processing Machine Learning Artificial Intelligence What are you waiting for Go and get
started He is learning she is learning they have already got a headstart ']

In [5]: normalize_corpus([document])
Out[5]: ['hello hello hear hear python amazing language use scripting web development
information retrieval natural language processing machine learning artificial intelligence
wait go get start learn learn already get headstart']
```

现在准备好了规范化模块，就可以开始建模和分析我们的语料库了。NLP 和文本分析爱好者如果对文本规范化的更深入细节感兴趣的话，可以参考 *Text Analytics with Python* (Apress, Dipanjan Sarkar, 2016) 这本书的第 3 章、第 115 页的内容。

7.5 无监督的以词典为基础的模型

过去曾讨论过无监督学习方法,它们指的是不需要标记数据而可以直接应用于数据特征的特定建模方法。任何组织面临的主要挑战之一都是获得有标记的数据集,由于缺乏时间和资源来进行标记数据集这项烦琐的工作。在这种情况下,无监督方法非常有用,下面将在本节中介绍其中的一些方法。尽管使用的是已标记的数据,但本节应该让您对基于词典的模型的工作方式有所了解,并且在没有标记数据时可以在自己的数据集中应用相同的方法。

无监督情感分析模型使用精心策划的知识库、本体、词典和数据库,这些知识库具有与主观词、短语(包括情感、情绪、极性、客观性、主观性等)相关的详细信息。一个词典模型通常使用一个词典,也是专门针对情感分析的辞典或者单词的词汇表。通常这些词典包含与正面和负面情绪、极性(负面或正面评分的大小)、词类标签、主观性分类器(强、弱、中性)、情绪、情态等相关联的单词列表。你可以使用这些词典,通过匹配词典中特定单词来计算文本文档中包含的情感,并查看其他额外的因素,如是否有否定参数的存在,是否周围有其他单词,是否有上下文和短语,并根据这些汇总整体情感极性分数来决定最终情感评分。有一些流行的词典模型是用于情感分析的,下面我们将提到一些。

- Bing Liu 的词典(Bing Liu's Lexicon)。
- MPQA 主观性词典(MPQA Subjectivity Lexicon)。
- 模式词典(Pattern Lexicon)。
- AFINN 词典(AFINN Lexicon)。
- SentiWordNet 词典(SentiWordNet Lexicon)。
- VADER 词典(VADER Lexicon)。

这不是一个详尽的词典模型列表,但绝对列出了目前最流行的词典。我们将使用电影评论数据集,通过动手实践的代码和示例更详细地介绍最后 3 个词典模型。我们将使用最近的 15000 条评论并预测其情感,并根据模型评估指标(如准确度、精度、召回率和 F1 值)了解我们的模型表现如何,关于这一点,我们在第 5 章中已经详细介绍过了。由于已经标记了数据,因此很容易看到这些电影评论的实际情感值与基于词典模型的预测情感值的匹配程度。你可以参考标题为 unsupervised_sentiment_analysis.py 的 Python 文件,来获取这个部分中使用的所有代码,或者使用 Jupyter Notebook 中名为 Sentiment Analysis- Unsupervised Lexical.ipynb 的文件,以获得更具交互性的体验。在开始分析之前,使用以下代码片段加载必要的依赖项和配置设置。

```
In [1]: import pandas as pd
   ...: import numpy as np
   ...: import text_normalizer as tn
   ...: import model_evaluation_utils as meu
   ...:
   ...: np.set_printoptions(precision=2, linewidth=80)
```

现在,使用下面的代码片段,可以将 IMDb 影评数据集载入,将最后的 15000 条可以用来分析的影评分割成几部分,并将它们标准化。

```
In [2]: dataset - pd.read_csv(r'movie_reviews.csv')
   ...:
   ...: reviews = np.array(dataset['review'])
   ...: sentiments = np.array(dataset['sentiment'])
   ...:
   ...: # 从模型评估中提取数据
   ...: test_reviews = reviews[35000:]
   ...: test_sentiments = sentiments[35000:]
   ...: sample_review_ids = [7626, 3533, 13010]
   ...:
   ...: # 标准化数据集
   ...: norm_test_reviews = tn.normalize_corpus(test_reviews)
```

同时也可以提取出一些示例影评，以便可以在它们上运行我们的模型并详细解释它们的结果。

7.5.1　Bing Liu 的词典

这个词典包含超过 6800 个单词，这些单词被分为两个文件，名为 positive-words.txt，包含大约 2000 个单词/短语，还有 negative-words.txt，其中包含 4800 个单词/短语。多年来，这个词典由 Bing Liu 开发和策划，并且在 Nitin Jindal 和 Bing Liu 的原始论文中也给出了详细的解释，这篇论文名叫 "*Identifying Comparative Sentences in Text Documents*"，是 2006 年西雅图第 29 届国际计算机协会信息检索大会的会议论文。

如果您想使用此词典，可以从 https://www.cs.uic.edu/~liub/FBS/sentiment-analysis.html#lexicon 获取，其中还包含将其下载为压缩文件的链接（RAR 格式）。

7.5.2　MPQA 主观性词典

MPQA 一词代表多视角问答，它包含与意见语料库、主观词汇、主观意义注释、论证词典、辩论语料库、意见发现者等有关的各种资源。这是由匹兹堡大学开发和维护的，他们的官方网站 http://mpqa.cs.pitt.edu/ 包含所有必要的信息。主观性词典是其意见发现框架的一部分，包含主观性线索和语境极性。关于这一点的细节可以在 Theresa Wilson、Janyce Wiebe 和 Paul Hoffmann 的论文 "*Recognizing Contextual Polarity in Phrase-Level Sentiment Analysis*"（HLT-EMNLP-2005）中找到。

可以从他们的官方网站 http://mpqa.cs.pitt.edu/lexicons/subj_lexicon/ 下载主观性词典，其中包含名为 subjclueslen1-HLTEMNLP05.tff 的数据集，这个数据集中包含主观性线索的数据。以下代码片段显示了词典中的一部分作为示例。

```
type=weaksubj len=1 word1=abandonment pos1=noun stemmed1=n priorpolarity=negative
type=weaksubj len=1 word1=abandon pos1=verb stemmed1=y priorpolarity=negative
...
...
type=strongsubj len=1 word1=zenith pos1=noun stemmed1=n priorpolarity=positive
type=strongsubj len=1 word1=zest pos1=noun stemmed1=n priorpolarity=positive
```

每行包括一个特定的单词及其相关的极性、词类（POS）标签信息、长度（现在只有长度为 1 的单词）、主观上下文和词干信息。

7.5.3 Pattern 词典

Pattern 词典的包是一个基于 Python 的完整的自然语言处理框架，可用于文本处理、情感分析等。这是由 CLiPS（计算语言学和心理语言学）研究开发的，它属于安特卫普大学艺术学院语言学系。Pattern 词典使用自己的情感模块，模块的内部使用一个词典，可以从他们的官方 GitHub 库中找到它：https：//github.com/clips/pattern/blob/master/pattern/text/en/en-sentiment.xml。这个词典中包含完整的基于主观性的词典数据库。词典中的每一行通常类似于以下示例。

```
<word form="absurd" wordnet_id="a-02570643" pos="JJ" sense="incongruous" polarity="-0.5"
subjectivity="1.0" intensity="1.0" confidence="0.9" />
```

因此，可以从中获得重要的元数据信息，如 WordNet 语料库标识符、极性分数、词义、POS 标签、强度、主观性分数等，也可以反过来根据极性和主观性得分来计算文本文档上的情感。不幸的是，模式仍未正式移植到 Python 3.x，目前它适用于 Python 2.7.x。但是，您仍然可以加载此词典并根据需要进行自己的建模。

7.5.4 AFINN 词典

AFINN 词典可能是最简单、最流行的词典之一，可广泛用于情感分析。这个词典由 Finn Årup Nielsen 开发和策划，您可以在 Finn Årup Nielsen 的论文中找到有关此词典的更多详细信息，论文标题为 *"A new ANEW: evaluation of a word list for sentiment analysis in microblogs"*，是发表于 ESWC2011 研讨会的论文。当前最新版本的 AFINN 词典是 AFINN-en-165.txt，它包含超过 3300 个单词，每个单词都有对应的极性分数。你可以在作者的官方 GitHub 库中找到此词典以及此词典之前的版本，包括 AFINN-111，网址为 https：//github.com/fnielsen/afinn/blob/master/afinn/data/。作者还在 Python 中创建了一个很好的包装库，名为 afinn，下面将使用它对数据进行分析。你可以使用以下代码导入库并实例化对象。

```
In [3]: from afinn import Afinn
   ...:
   ...: afn = Afinn(emoticons=True)
```

接下来可以使用下面的代码片段来使用这个 afinn 对象，并用它来计算四个示例影评的极性分数。

```
In [4]: for review, sentiment in zip(test_reviews[sample_review_ids], test_
sentiments[sample_review_ids]):
   ...:     print('REVIEW:', review)
   ...:     print('Actual Sentiment:', sentiment)
   ...:     print('Predicted Sentiment polarity:', afn.score(review))
   ...:     print('-'*60)
REVIEW: no comment - stupid movie, acting average or worse... screenplay - no sense at
all... SKIP IT!
Actual Sentiment: negative
```

```
Predicted Sentiment polarity: -7.0
------------------------------------------------------------
REVIEW: I don't care if some people voted this movie to be bad. If you want the Truth this
is a Very Good Movie! It has every thing a movie should have. You really should Get this
one.
Actual Sentiment: positive
Predicted Sentiment polarity: 3.0
------------------------------------------------------------
REVIEW: Worst horror film ever but funniest film ever rolled in one you have got to see this
film it is so cheap it is unbelievable but you have to see it really!!!! P.S. Watch the
carrot
Actual Sentiment: positive
Predicted Sentiment polarity: -3.0
------------------------------------------------------------
```

我们可以比较每个评论的实际情感标签，并检查预测的情感极性评分。负极性通常表示负面情绪。为了预测我们整个测试数据集中 15000 条影评的情感（我在这里使用了原始文本文档，因为 AFINN 将表情符号和感叹号等其他方面也纳入了考虑范围），我们可以使用下面的代码片段。我在这里使用大于等于 1.0 作为阈值来确定总体情绪是否为正，否则为负。你也可以根据将来分析自己的语料库来选择自己的阈值。

```
In [5]: sentiment_polarity = [afn.score(review) for review in test_reviews]
   ...: predicted_sentiments = ['positive' if score >= 1.0 else 'negative' for score in
                                                                        sentiment_polarity]
```

现在已经对情感标签进行了预测，可以根据标准性能指标，使用工具函数来评估模型的性能了，如图 7-1 所示。

```
In [6]: meu.display_model_performance_metrics(true_labels=test_sentiments,
                                              predicted_labels=predicted_sentiments,
                                              classes=['positive', 'negative'])
```

```
Model Performance metrics:      Model Classification report:                             Prediction Confusion Matrix:
------------------------------  ------------------------------                           ------------------------------
Accuracy: 0.71                               precision    recall  f1-score   support                      Predicted:
Precision: 0.73                                                                                           positive negative
Recall: 0.71                        positive      0.67      0.85      0.75      7510     Actual: positive     6376     1134
F1 Score: 0.71                      negative      0.79      0.57      0.67      7490             negative     3189     4301

                                 avg / total      0.73      0.71      0.71     15000
```

图 7-1　基于 AFINN 词典的模型的性能指标

我们得到的整体 F1 分数为 71%，考虑到它是一种无人监督的模型，这是相当不错的。观察一下混淆矩阵，我们可以清楚地看到，相当多的负面情感评价被错误分类为正面（3189 条），这导致了负面情感类别只有 57% 的较低的召回率。在召回率或命中率方面，积极类别的表现更好，我们正确地预测了 7510 条正面评价中的 6376 条，但由于在负面情感评价的情况下做出了许多错误的正面预测，因此准确度为 67%。

7.5.5　SentiWordNet 词典

WordNet 语料库绝对是自然语言处理和语义分析中广泛使用的英语语料库之一。WordNet 为我们提供了同义词或同义词集的概念。SentiWordNet 词典基于 WordNet 语料库中的同义词，可用于情感分析和意见挖掘。SentiWordNet 词典通常为每个 WordNet 同义词集分配 3 个情感分数，分别是正极性评分、负极性评分和客观性评分。更多详细信息可在官方网站 http：//sentiwordnet.isti.cnr.it 上获得，包括研究论文和词典的下载链接。我们将使用 nltk 库，它为 SentiWordNet 提供了 Python 化的接口。设想我们有一个形容词 awesome（很棒）。我们可以使用以下代码片段获取与该单词的同义词集相关联的情感分数。

```
In [8]: from nltk.corpus import sentiwordnet as swn
   ...:
   ...: awesome = list(swn.senti_synsets('awesome', 'a'))[0]
   ...: print('Positive Polarity Score:', awesome.pos_score())
   ...: print('Negative Polarity Score:', awesome.neg_score())
   ...: print('Objective Score:', awesome.obj_score())
Positive Polarity Score: 0.875
Negative Polarity Score: 0.125
Objective Score: 0.0
```

现在让我们构建一个通用函数，根据该文档与同义词集的匹配提取和汇总完整文本文档的情感分数。

```
def analyze_sentiment_sentiwordnet_lexicon(review,
                                           verbose=False):

    # 标记化和POS标签文本标记
    tagged_text = [(token.text, token.tag_) for token in tn.nlp(review)]
    pos_score = neg_score = token_count = obj_score = 0
    # 获取基于POS标签的wordnet同义词集
    # 如果找到同义词集，则获取情感分数
    for word, tag in tagged_text:
        ss_set = None
        if 'NN' in tag and list(swn.senti_synsets(word, 'n')):
            ss_set = list(swn.senti_synsets(word, 'n'))[0]
        elif 'VB' in tag and list(swn.senti_synsets(word, 'v')):
            ss_set = list(swn.senti_synsets(word, 'v'))[0]
        elif 'JJ' in tag and list(swn.senti_synsets(word, 'a')):
            ss_set = list(swn.senti_synsets(word, 'a'))[0]
        elif 'RB' in tag and list(swn.senti_synsets(word, 'r')):
            ss_set = list(swn.senti_synsets(word, 'r'))[0]
        # 如果找到了情感-同义词集
        if ss_set:
            # 为所有找到的同义词集添加分数
            pos_score += ss_set.pos_score()
            neg_score += ss_set.neg_score()
            obj_score += ss_set.obj_score()
            token_count += 1

# 算出最终总分
final_score = pos_score - neg_score
norm_final_score = round(float(final_score) / token_count, 2)
final_sentiment = 'positive' if norm_final_score >= 0 else 'negative'
if verbose:
    norm_obj_score = round(float(obj_score) / token_count, 2)
    norm_pos_score = round(float(pos_score) / token_count, 2)
```

```
        norm_neg_score = round(float(neg_score) / token_count, 2)
        # 在表格中显示结果
        sentiment_frame = pd.DataFrame([[final_sentiment, norm_obj_score, norm_pos_score,
                                         norm_neg_score, norm_final_score]],
                                       columns=pd.MultiIndex(levels=[['SENTIMENT STATS:'],
                                                 ['Predicted Sentiment',
                                                  'Objectivity',
                                                   'Positive', 'Negative',
                                                   'Overall']],
                                                 labels=[[0,0,0,0,0],[0,1,2,3,4]]))
        print(sentiment_frame)
    return final_sentiment
```

代码的基本功能是，输入一条电影评论，用相应的 POS 标签标记每个单词，根据其 POS 标签提取任何匹配的同义词集标记的情感分数，最后对分数进行汇总。当在示例文档上运行它时，这将变得更加清晰。

```
In [10]: for review, sentiment in zip(test_reviews[sample_review_ids], test_
sentiments[sample_review_ids]):
    ...:        print('REVIEW:', review)
    ...:        print('Actual Sentiment:', sentiment)
    ...:        pred = analyze_sentiment_sentiwordnet_lexicon(review, verbose=True)
    ...:        print('-'*60)
REVIEW: no comment - stupid movie, acting average or worse... screenplay - no sense at
all... SKIP IT!
Actual Sentiment: negative
    SENTIMENT STATS:
  Predicted Sentiment Objectivity Positive Negative Overall
0            negative        0.76     0.09     0.15   -0.06
------------------------------------------------------------
REVIEW: I don't care if some people voted this movie to be bad. If you want the Truth this
is a Very Good Movie! It has every thing a movie should have. You really should Get this
one.
Actual Sentiment: positive
    SENTIMENT STATS:
  Predicted Sentiment Objectivity Positive Negative Overall
0            positive        0.74      0.2     0.06    0.14
------------------------------------------------------------
REVIEW: Worst horror film ever but funniest film ever rolled in one you have got to see this
film it is so cheap it is unbelievable but you have to see it really!!!! P.S. watch the
carrot

Actual Sentiment: positive
    SENTIMENT STATS:
  Predicted Sentiment Objectivity Positive Negative Overall
0            positive         0.8     0.14     0.07    0.07
------------------------------------------------------------
```

现在可以清楚地在格式化的数据框架中，看到预测的情感与情感极性分数，还有每条电影评论的客观性分数。现在使用这个模型来预测所有测试影评的情感，并评估其表现。阈值大于等于 0 表示整体情感极性为积极，而小于 0 则表示消极情绪，如图 7-2 所示。

```
In [11]: predicted_sentiments = [analyze_sentiment_sentiwordnet_lexicon(review,
verbose=False)
                                                  for review in norm_test_reviews]
     ...: meu.display_model_performance_metrics(true_labels=test_sentiments,
                                       predicted_labels=predicted_sentiments,
     ...:                                classes=['positive', 'negative'])
```

```
Model Performance metrics:     Model Classification report:                    Prediction Confusion Matrix:
-------------------------     ----------------------------                    ----------------------------
Accuracy: 0.69                          precision  recall  f1-score  support              Predicted:
Precision: 0.69                                                                         positive negative
Recall: 0.69                   positive     0.66    0.76      0.71     7510  Actual: positive   5742     1768
F1 Score: 0.68                 negative     0.72    0.61      0.66     7490          negative   2932     4558

                            avg / total     0.69    0.69      0.68    15000
```

图 7-2　基于 SentiWordNet 词典的模型的性能指标

这里得到的总体 F1 分值为 68%，和基于 AFINN 的模型相比这确实是一个下降。不过，消极情感被错误分类为积极情感的数量有所减少，虽然模型性能的其他方面受到了影响。

7.5.6　VADER 词典

由 C.J. Hutto 开发的 VADER 词典是一个基于规则的情感分析框架的词典，专门用于分析社交媒体中的情感。VADER 代表价值意识词典（Valence Aware Dictionary）和情感推理者（Sentiment Reasoner）。关于这个框架的详细信息可以在 C.J. Hutto 和 Gilbert 的原始论文中阅读，题为 "*VADER: A Parsimonious Rule-based Model for Sentiment Analysis of Social Media Text*"，是第 8 届国际网络博客和社交媒体会议（ICWSM-14）的会议论文。你可以在 nltk.sentiment.vader 模块下使用基于 nltk 接口的 VADER 词典相关的库。除此之外，你还可以从 https://github.com/cjhutto/vaderSentiment 下载 VADER 词典，或者安装其架构，并获得一些关于 VADER 的详细信息。这个词典存在于名为 vader_lexicon.txt 的文件中，包含与单词、表情符号和俚语（如 wtf、lol、nah 等）相关的必要情感分数。这里一共有超过 9000 个词汇特征，词典在其中选择了超过 7500 个词汇特征，并给出了适当的有效的价分数。每个特征的评级范围从 "[-4] 极端消极" 到 "[4] 极端积极"，当然也允许 "[0] 中性（或者都不是、不适用）"。选择词汇特征的过程是通过保持所有特征的中位数评级非零还有标准差小于 2.5 来完成的，这里的评分是由 10 个独立评估者的总和决定的。接下来对 VADER 词典的示例描述如下所示。

```
:(         -1.9   1.13578 [-2, -3, -2, 0, -1, -1, -2, -3, -1, -4]
:)          2.0   1.18322 [2, 2, 1, 1, 1, 1, 4, 3, 4, 1]
...
terrorizing -3.0  1.0     [-3, -1, -4, -4, -4, -3, -2, -3, -2, -4]
thankful     2.7  0.78102 [4, 2, 2, 3, 2, 4, 3, 3, 2, 2]
```

上面的词典样本中的每一行都描绘了一个词语，这个词语可以是表情符号或单词。第一列表示单词/表情符号，第二列表示平均情感极性分数，第三列表示标准偏差，最后一列表示由 10 个独立记分员给出的分数列表。现在来使用 VADER 来分析电影评论！按如下方式构建我们的建模函数。

```
from nltk.sentiment.vader import SentimentIntensityAnalyzer

def analyze_sentiment_vader_lexicon(review,
                                    threshold=0.1,
                                    verbose=False):
    # 文本预处理
    review = tn.strip_html_tags(review)
    review = tn.remove_accented_chars(review)
    review = tn.expand_contractions(review)

    # 分析情感以进行审查
    analyzer = SentimentIntensityAnalyzer()
    scores = analyzer.polarity_scores(review)
    # 获得总分和最终情感
    agg_score = scores['compound']
    final_sentiment = 'positive' if agg_score >= threshold\
                                 else 'negative'
    if verbose:
        # 显示详细的情感统计
        positive = str(round(scores['pos'], 2)*100)+'%'
        final = round(agg_score, 2)
        negative = str(round(scores['neg'], 2)*100)+'%'
        neutral = str(round(scores['neu'], 2)*100)+'%'
        sentiment_frame = pd.DataFrame([[final_sentiment, final, positive,
                                        negative, neutral]],
                          columns=pd.MultiIndex(levels=[['SENTIMENT STATS:'],
                                    ['Predicted Sentiment', 'Polarity Score',
                                     'Positive', 'Negative', 'Neutral']],
                                    labels=[[0,0,0,0,0],[0,1,2,3,4]]))
        print(sentiment_frame)

    return final_sentiment
```

在建模函数中，会进行一些基本的预处理，但保持标点符号和表情符号不变。除此之外，还使用 VADER 得到情感极性和积极、中性、消极情感在影评文字中所占的比例。我们还基于用户输入综合情感极性的阈值来预测最终情感。通常，VADER 建议对综合极性不低于 0.5 的情况采用正面情感，在 [-0.5，0.5] 之间的情况采用中性情感，对极性小于 -0.5 的情况采用负面情感。对语料库，我们对阈值不小于 0.4 的情况采用积极情感，对阈值小于 0.4 的情况采用消极情感。以下是影评样本的分析。

```
In [13]: for review, sentiment in zip(test_reviews[sample_review_ids], test_
sentiments[sample_review_ids]):
    ...:     print('REVIEW:', review)
    ...:     print('Actual Sentiment:', sentiment)
    ...:     pred = analyze_sentiment_vader_lexicon(review, threshold=0.4, verbose=True)
    ...:     print('-'*60)
REVIEW: no comment - stupid movie, acting average or worse... screenplay - no sense at
all... SKIP IT!
Actual Sentiment: negative
    SENTIMENT STATS:
  Predicted Sentiment Polarity Score Positive Negative Neutral
```

```
0              negative        -0.8     0.0%    40.0%   60.0%
-----------------------------------------------------------------
REVIEW: I don't care if some people voted this movie to be bad. If you want the Truth this
is a Very Good Movie! It has every thing a movie should have. You really should Get this
one.
Actual Sentiment: positive
     SENTIMENT STATS:
  Predicted Sentiment Polarity Score Positive  Negative Neutral
0              negative        -0.16    16.0%   14.0%   69.0%
-----------------------------------------------------------------
REVIEW: Worst horror film ever but funniest film ever rolled in one you have got to see this
film it is so cheap it is unbelievable but you have to see it really!!!! P.S. Watch the carrot
Actual Sentiment: positive
     SENTIMENT STATS:
  Predicted Sentiment Polarity Score Positive Negative Neutral
0              positive        0.49    11.0%   11.0%   77.0%
-----------------------------------------------------------------
```

可以看到有关每条电影评论示例的情感和极性的详细统计数据。现在，在完整的测试电影评论语料库中试用模型并评估模型性能。如图 7-3。

```
In [14]: predicted_sentiments = [analyze_sentiment_vader_lexicon(review, threshold=0.4,
                                               verbose=False) for review in test_
reviews]
    ...: meu.display_model_performance_metrics(true_labels=test_sentiments,
                               predicted_labels=predicted_sentiments,
    ...:                       classes=['positive', 'negative'])
```

```
Model Performance metrics:        Model Classification report:                        Prediction Confusion Matrix:
-------------------------         ------------------------------                       ------------------------------
Accuracy: 0.71                                precision  recall  f1-score  support                  Predicted:
Precision: 0.72                                                                                 positive negative
Recall: 0.71                      positive        0.67    0.83    0.74      7510  Actual: positive    6235    1275
F1 Score: 0.71                    negative        0.78    0.59    0.67      7490          negative    3068    4422

                                  avg / total     0.72    0.71    0.71     15000
```

图 7-3　基于 VADER 词典的模型性能指标

这里得到的总体 F1 分数值和模型准确度为 71%，这与基于 AFINN 的模型非常相似。基于 AFINN 的模型仅在平均精度上高出 1%，除此之外，两种模型的性能是相似的。

7.6　使用监督学习进行情感分类

另一种构建模型以理解文本内容并预测基于文本的评论的情感的方法，是使用有监督的机器学习。更具体地说，我们将使用分类模型来解决这个问题。本书已经在第 1 章 "监督学习" 的部分中介绍了与监督学习和分类相关的概念。关于搭建和评估分类模型的详细信息，如果需要，你可以返回第 5 章加深记忆。本书将在后续章节中构建自动情感文本分类系统。实现这一目标的主要步骤如下。

1）准备训练数据集和测试数据集（可选择同时准备验证数据集）。

2）预处理和规范化文本文档。

3）特征工程。

4）模型训练。

5）模型预测和性能评估。

这些是构建系统的主要步骤。最后一步是在服务器或云上部署模型，这是可选项。图 7-4 显示了使用监督学习（分类）模型构建标准文本分类系统的详细工作流程。

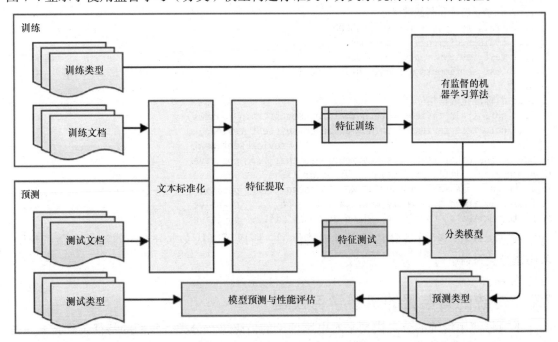

图 7-4　构建自动文本分类系统的蓝图（来源：Python 文本分析，Apress 2016）

在我们的场景中，文档中标明每条电影评论，类型文件中标明每条电影评论是积极的或者消极的，使之变成一个二元的分类问题。在后续的部分中，将使用传统的机器学习方法和较新的深度学习来构建模型。你可以参考标题为 supervised_sentiment_analysis.py 的 Python 文件，了解本节中使用的所有代码，或使用 jupyter notebook 中的 Sentiment Analysis - Supervised.ipynb 获得更具交互性的体验。在开始之前，先加载必要的依赖项和设置。

```
In [1]: import pandas as pd
   ...: import numpy as np
   ...: import text_normalizer as tn
   ...: import model_evaluation_utils as meu
   ...:
   ...: np.set_printoptions(precision=2, linewidth=80)
```

现在，可以加载 IMDb 电影评论数据集，使用前 35000 个评论用于模型训练，剩余的 15000 个评论用作评估模型性能的测试数据集。除此之外，还将使用我们的规范化模块来规范化数据集（工作流程中的步骤一和二）。

```
In [2]: dataset = pd.read_csv(r'movie_reviews.csv')
   ...:
   ...: # 看看数据
   ...: print(dataset.head())
   ...: reviews = np.array(dataset['review'])
   ...: sentiments = np.array(dataset['sentiment'])
   ...:
   ...: # 建立训练和测试数据集
   ...: train_reviews = reviews[:35000]
   ...: train_sentiments = sentiments[:35000]
   ...: test_reviews = reviews[35000:]
   ...: test_sentiments = sentiments[35000:]
   ...:
   ...: # 标准化数据集
   ...: norm_train_reviews = tn.normalize_corpus(train_reviews)
   ...: norm_test_reviews = tn.normalize_corpus(test_reviews)
                                    review sentiment
0  One of the other reviewers has mentioned that ...  positive
1  A wonderful little production. <br /><br />The...  positive
2  I thought this was a wonderful way to spend ti...  positive
3  Basically there's a family where a little boy ...  negative
4  Petter Mattei's "Love in the Time of Money" is...  positive
```

数据集现在已经准备好并且完成规范化了，所以可以从文本分类工作流的步骤三开始，来构建分类系统。

7.7　传统的有监督的机器学习模型

本节将使用传统的分类模型来对电影评论的情感进行分类。我们的特征工程技术（步骤 3）将基于词袋模型和 TF-IDF 模型，前面在第 4 章"文本数据上的特征工程"一节中已经进行了广泛讨论。下面的代码片段帮助在训练数据集和测试数据集上使用我们的模型实现特征工程。

```
In [3]: from sklearn.feature_extraction.text import CountVectorizer, TfidfVectorizer
   ...:
   ...: # 根据训练数据构建BOW特征
   ...: cv = CountVectorizer(binary=False, min_df=0.0, max_df=1.0, ngram_range=(1,2))
   ...: cv_train_features = cv.fit_transform(norm_train_reviews)
   ...: # 根据训练数据构建TFIDF特征
   ...: tv = TfidfVectorizer(use_idf=True, min_df=0.0, max_df=1.0, ngram_range=(1,2),
   ...:                      sublinear_tf=True)
   ...: tv_train_features = tv.fit_transform(norm_train_reviews)
   ...:
   ...: # 将测试数据转换为特征
   ...: cv_test_features = cv.transform(norm_test_reviews)
   ...: tv_test_features = tv.transform(norm_test_reviews)
   ...:
   ...: print('BOW model:> Train features shape:', cv_train_features.shape,
              ' Test features shape:', cv_test_features.shape)
   ...: print('TFIDF model:> Train features shape:', tv_train_features.shape,
              ' Test features shape:', tv_test_features.shape)
```

```
BOW model:> Train features shape: (35000, 2114021)  Test features shape: (15000, 2114021)
TFIDF model:> Train features shape: (35000, 2114021)  Test features shape: (15000, 2114021)
```

在特征集中，将单词和双字符都纳入了考虑范围。现在可以使用一些在文本分类时很有用的传统有监督的机器学习算法。这里建议在将来处理自己的数据集时使用逻辑回归、支持向量机和多项式朴素贝叶斯（Naïve Bayes）模型。在此处，使用逻辑回归和支持向量机构建模型。以下代码片段有助于初始化这些分类模型估计器。

```
In [4]: from sklearn.linear_model import SGDClassifier, LogisticRegression
   ...:
   ...: lr = LogisticRegression(penalty='l2', max_iter=100, C=1)
   ...: svm = SGDClassifier(loss='hinge', n_iter=100)
```

在没有太多理论复杂性的情况下，逻辑回归模型是用于分类的有监督线性机器学习模型，无论其名称是什么。在这个模型中，试图预测给定的电影评论属于一个离散类（场景中的二进制类）的概率。用来进行模型学习的函数如下所示。

$$P(y = positive \mid X) = \sigma(\theta^{\mathrm{T}} X)$$
$$P(y = negative \mid X) = 1 - \sigma(\theta^{\mathrm{T}} X)$$

该模型试图使用特征向量 X 和 $\sigma(z) = \dfrac{1}{1+\mathrm{e}^{-z}}$ 来预测情感类，这通常被称为 sigmoid 函数或逻辑函数或 logit 函数。该模型的主要目的是搜索 θ 的最佳值，使得当特征向量 X 用于正面电影评论时正面情感类别的概率最大，而当其用于负面情感评论时，正面情感类别的概率最小。逻辑函数对于模拟最终预测类的概率的描述是有帮助的。θ 的最佳值可以通过使用梯度下降等标准方法最小化适当的代价 / 损失函数来获得（如果您对更多细节感兴趣，请参阅第 5 章中的"逻辑回归的三个阶段"部分）。Logistic 回归也通常称为 logit 回归或 Max-Ent（最大熵）分类器。

现在将要在我们的训练特征上，使用 model_evaluation_utils 模块中的工具函数 train_predict_model（...）来构建逻辑回归模型，并评估其在测试特征上的表现（步骤 4 和步骤 5）。详见图 7-5。

```
In [5]: # 基于词袋特征的 Logistic 回归
   ...: lr_bow_predictions = meu.train_predict_model(classifier=lr,
   ...:                        train_features=cv_train_features, train_labels=train_
                               sentiments,
   ...:                        test_features=cv_test_features, test_labels=test_sentiments)
   ...: meu.display_model_performance_metrics(true_labels=test_sentiments,
   ...:                          predicted_labels=lr_bow_predictions,
   ...:                          classes=['positive', 'negative'])
```

```
Model Performance metrics:   Model Classification report:               Prediction Confusion Matrix:
--------------------------   ----------------------------               ----------------------------
Accuracy: 0.91                       precision  recall  f1-score  support        Predicted:
Precision: 0.91                                                                 positive negative
Recall: 0.91                 positive   0.90     0.91     0.91      7510  Actual: positive  6817    693
F1 Score: 0.91               negative   0.91     0.90     0.90      7490          negative   731   6759

                             avg / total 0.91    0.91     0.91     15000
```

图 7-5　基于词袋特征的模型性能指标

这里获得了 91% 的整体 F1 分数和模型准确度，如图 7-5 所示，这非常出色！现在可以使用以下代码片段在 TF-IDF 特征上类似地构建逻辑回归模型，如图 7-6 所示。

```
In [6]: # 基于 TF-IDF 特征的 Logistic 回归
   ...: lr_tfidf_predictions = meu.train_predict_model(classifier=lr,
   ...:                        train_features=tv_train_features, train_labels=train_
                               sentiments,
   ...:                        test_features=tv_test_features, test_labels=test_sentiments)
   ...: meu.display_model_performance_metrics(true_labels=test_sentiments,
   ...:                           predicted_labels=lr_tfidf_predictions,
   ...:                           classes=['positive', 'negative'])
```

```
Model Performance metrics:          Model Classification report:                          Prediction Confusion Matrix:
--------------------------          ----------------------------                          ----------------------------
Accuracy: 0.9                                  precision  recall  f1-score  support                       Predicted:
Precision: 0.9                                                                                     positive  negative
Recall: 0.9                         positive      0.89      0.90    0.90      7510   Actual: positive   6780      730
F1 Score: 0.9                       negative      0.90      0.89    0.90      7490           negative    828     6662

                                    avg / total   0.90      0.90    0.90     15000
```

图 7-6　基于 TF-IDF 特征的模型性能指标

这里获得了 90% 的总体 F1 分数和模型准确度，如图 7-6 所示，这个表现已经很好了，但之前的模型仍然略胜一筹。你可以类似地使用之前创建的支持向量机模型估计器对象 svm，并使用相同的片段来使用 SVM 模型进行训练和预测。使用 SVM 模型，获得了 90% 的最大准确度和 F1 分数值（请参阅 jupyter notebook 了解相关代码片段）。总之，可以看到这些有监督的机器学习分类算法在构建文本情感分类器方面的有效性和准确性。

7.8　较新的有监督的深度学习模型

在前几章中，已经多次提到深度学习在过去十年中如何彻底改变了机器学习领域。本节将构建一些深度神经网络，并在基于单词嵌入的一些高级文本特征上训练它们，以构建类似于在上一节中用到的文本情感分类系统。在开始分析之前，先加载以下必要的依赖项。

```
In [7]: import gensim
   ...: import keras
   ...: from keras.models import Sequential
   ...: from keras.layers import Dropout, Activation, Dense
   ...: from sklearn.preprocessing import LabelEncoder
Using TensorFlow backend.
```

如果您记得，在第 4 章中，讨论过对分类标签进行编码以及独热编码方法。到目前为止，在 scikit-learn 中的模型直接接受正面和负面的情感标签，并在内部执行这些转换操作。但是对于深度学习模型，需要明确地进行这些操作。以下代码片段有助于对电影评论进行标记，并将基于文本的情感类标签转换为独热编码向量（这是构成步骤 2 的一部分）。

```
In [8]: le = LabelEncoder()
   ...: num_classes=2
   ...: # 标记训练评论数据并编码训练标签
   ...: tokenized_train = [tn.tokenizer.tokenize(text)
   ...:                    for text in norm_train_reviews]
```

```
    ...: y_tr = le.fit_transform(train_sentiments)
    ...: y_train = keras.utils.to_categorical(y_tr, num_classes)
    ...: # 标记测试评论数据并编码训练标签                 .s
    ...: tokenized_test = [tn.tokenizer.tokenize(text)
    ...:                       for text in norm_test_reviews]
    ...: y_ts = le.fit_transform(test_sentiments)
    ...: y_test = keras.utils.to_categorical(y_ts, num_classes)
    ...:
    ...: # 打印输出类标签编码地图并给标签编码
    ...: print('Sentiment class label map:', dict(zip(le.classes_, le.transform
         (le.classes_))))
    ...: print('Sample test label transformation:\n'+'-'*35,
    ...:        '\nActual Labels:', test_sentiments[:3], '\nEncoded Labels:', y_ts[:3],
    ...:        '\nOne hot encoded Labels:\n', y_test[:3])
Sentiment class label map: {'positive': 1, 'negative': 0}

Sample test label transformation:
-----------------------------------
Actual Labels: ['negative' 'positive' 'negative']
Encoded Labels: [0 1 0]
One hot encoded Labels:
 [[ 1.  0.]
  [ 0.  1.]
  [ 1.  0.]]
```

因此，可以从上面的示例输出中看到情感类标签是如何编码成数字表示的，而数字表示又被转换为独热编码向量。本节中使用的特征工程技术（步骤 3）是基于单词嵌入概念的、稍微更先进的单词向量化技术。我们将使用 word2vec 和 GloVe 模型来生成嵌入。word2vec 模型由 Google 搭建，我们在第 4 章 "单词嵌入" 一节中对其进行了详细介绍。在这种情况下，将选择 size 参数为 500，表示每个单词的特征向量大小为 500。

```
In [9]: # 构建 word2vec 模型
    ...: w2v_num_features = 500
    ...: w2v_model = gensim.models.Word2Vec(tokenized_train, size=w2v_num_features,
         window=150,
    ...:                                     min_count=10, sample=1e-3)
```

这里将使用第 4 章的文档字向量平均方案，将每个电影评论表示为评论中所有不同单词的向量表示的平均向量。以下函数可帮助计算任何文本文档的语料库的平均单词向量表示。

```
def averaged_word2vec_vectorizer(corpus, model, num_features):
    vocabulary = set(model.wv.index2word)
    def average_word_vectors(words, model, vocabulary, num_features):
        feature_vector = np.zeros((num_features,), dtype="float64")
        nwords = 0.
        for word in words:
            if word in vocabulary:
                nwords = nwords + 1.
                feature_vector = np.add(feature_vector, model[word])
        if nwords:
```

```
            feature_vector = np.divide(feature_vector, nwords)
        return feature_vector

    features = [average_word_vectors(tokenized_sentence, model, vocabulary, num_features)
                    for tokenized_sentence in corpus]
    return np.array(features)
```

现在可以使用上面的函数在两个电影评论数据集上生成平均的单词向量表示。

```
In [10]: # 产生来自 word2vec 模型的平均单词向量特征
   ...: avg_wv_train_features = averaged_word2vec_vectorizer(corpus=tokenized_train,
   ...:                                         model=w2v_model, num_features=500)
   ...: avg_wv_test_features = averaged_word2vec_vectorizer(corpus=tokenized_test,
   ...:                                         model=w2v_model, num_features=500)
```

GloVe 模型，它的名称代表全局向量（Global Vector），是用于获得单词向量表示的无监督模型。该模型由斯坦福大学创建，是使用维基百科、Common Crawl 和 Twitter 等各种语料库进行训练的，并提供相应的预先训练的单词向量，可用于我们的分析需求。你可以参考 Jeffrey Pennington、Richard Socher 和 Christopher D. Manning 的原始论文（发表于 2014 年，名为 *GloVe：Global Vectors for Word Representation*）以了解更多详细信息。spacy 库提供了 300 个规模的单词向量，它们是使用 GloVe 模型在 Common Crawl 语料库上训练出来的。它们提供了一个简单的标准接口，可以为每个单词获取大小为 300 的特征向量，以及完整文本文档的平均特征向量。以下代码片段利用 spacy 为我们的两个数据集获取 GloVe 的嵌入。请注意，您还可以利用其他预先训练的模型或通过使用 https://nlp.stanford.edu/projects/glove 上提供的资源在您自己的语料库上构建模型来构建您自己的 GloVe 模型，这个网站上提供的资源包括已经训练好的单词嵌入、代码和例子。

```
In [11]: # 带有 GloVe 模型的特征工程
   ...: train_nlp = [tn.nlp(item) for item in norm_train_reviews]
   ...: train_glove_features = np.array([item.vector for item in train_nlp])
   ...:
   ...: test_nlp = [tn.nlp(item) for item in norm_test_reviews]
   ...: test_glove_features = np.array([item.vector for item in test_nlp])
```

使用下面的代码片段，你可以基于我们之前的模型，给我们的数据集检查特征向量维度。

```
In [12]: print('Word2Vec model:> Train features shape:', avg_wv_train_features.shape,
                ' Test features shape:', avg_wv_test_features.shape)
   ...: print('GloVe model:> Train features shape:', train_glove_features.shape,
                ' Test features shape:', test_glove_features.shape)
Word2Vec model:> Train features shape: (35000, 500)  Test features shape: (15000, 500)
GloVe model:> Train features shape: (35000, 300)  Test features shape: (15000, 300)
```

可以从前面代码的输出中看到，正如预期的那样，word2vec 模型的特征大小为 500，GloVe 模型的特征大小为 300。现在可以进入分类系统工作流程的第 4 步，在这里将构建和训练这些特征的深度神经网络。在第 1 章"深度学习"一节中已经简要介绍了深度神经网络的各个方面和架构。现在将为模型使用全连接的四层深度神经网络（多层感知器或深度

ANN）。我们通常不在任何深层架构中计算输入层，因此模型将由包括了 512 个神经元（或
单元）的 3 个隐藏层和一个具有两个单元的输出层组成，这两个单元将用于根据输入层特
征预测正面或负面情感。图 7-7 描绘了用于情感分类的深度神经网络模型。

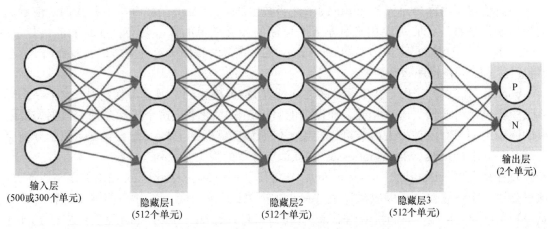

图 7-7　用于情感分类的全连接深度神经网络模型

　　我们称之为全连接的深度神经网络（DNN），是因为每对相邻层中的神经元或单元都是
完全成对连接的。这些网络也称为深度人工神经网络（ANN）或多层感知器（MLP），因为
它们具有多个隐藏层。以下函数利用 TensorFlow 之上的 Keras 来构建所需的 DNN 模型。

```
def construct_deepnn_architecture(num_input_features):
    dnn_model = Sequential()
    dnn_model.add(Dense(512, activation='relu', input_shape=(num_input_features,)))
    dnn_model.add(Dropout(0.2))
    dnn_model.add(Dense(512, activation='relu'))
    dnn_model.add(Dropout(0.2))
    dnn_model.add(Dense(512, activation='relu'))
    dnn_model.add(Dropout(0.2))
    dnn_model.add(Dense(2))
    dnn_model.add(Activation('softmax'))

    dnn_model.compile(loss='categorical_crossentropy', optimizer='adam',
                      metrics=['accuracy'])
    return dnn_model
```

　　从上面的函数中，可以看到我们接受了一个参数 num_input_features，它决定了输入层
所需的单元数（对于 word2vec 为 500，对于 glove 特征为 300）。这里构建了一个 Sequential
模型，它有助于线性堆叠隐藏层和输出层。

　　我们对所有隐藏层使用 512 个单位，对函数 relu 的激活表示这是一个整流线性单位。
此函数通常定义为 $relu(x) = max(0, x)$，其中 x 通常是神经元的输入。这通常被称为电子
和电气工程中的斜坡函数。与先前流行的 sigmoid 函数相比，这个函数现在是首选的，因
为它试图解决梯度消失的问题。当 $x > 0$ 时会出现这个问题，并且随着 x 的增加，来自
sigmoid 的梯度变得非常小（几乎消失），但 relu 函数阻止了这种情况的发生。除此之外，

它还有助于更快地收敛梯度下降。同时还以 Dropout 层的形式在网络中使用正规化。通过添加 0.2 的丢失率，在训练模型期间，每次更新时，它都会将 20% 的输入特征单位随机设置为 0。这种正规化形式有助于防止模型过拟合。

最终输出层由两个单元和 softmax 激活函数组成。softmax 函数基本上是我们之前看到的逻辑函数的推广，它可以用来表示 n 个可能的分类结果的概率分布。在我们的情景下，$n = 2$，其中分类可以是正数或负数，softmax 概率将帮助我们确定分类。二元 softmax 分类器也可称为二元逻辑回归函数。

compile（...）方法用于在实际训练之前配置 DNN 模型的学习或训练过程，这与在损耗参数中提供代价或损失函数相关，而模型的目标是试图最小化这个损耗参数。根据您要解决的问题类型，有各种损失函数可以使用，例如回归问题的方均误差、分类问题的分类交叉熵。您可查看 https://keras.io/losses/ 以获取更详尽的损失函数列表。

现在将使用 categorical_crossentropy，它将帮助我们最小化 softmax 输出的误差或损失。这里需要一个优化器来帮助收敛模型并最小化损失或误差函数。梯度下降或随机梯度下降是一种流行的优化器。我们将使用 adam 优化器，它只需要一阶梯度和非常小的内存。adam 优化器还使用动量，其中，基本上每次的更新不仅基于当前点的梯度计算，还包括先前更新的一部分。这有助于加快收敛速度。有关 adam 优化器的更多详细信息，请参阅 https://arxiv.org/pdf/1412.6980v8.pdf 中的原始论文。最后，metrics 参数用于指定模型性能指标，用于在训练时评估模型（但不用于修改训练损失本身）。现在，基于 word2vec 输入特征表示，来为我们的训练影评数据集构建 DNN 模型。

```
In [13]: w2v_dnn = construct_deepnn_architecture(num_input_features=500)
```

使用以下代码，你还可以在 Keras 的帮助下可视化 DNN 模型架构，类似于我们在第 4 章中所做的，如图 7-8 所示。

```
In [14]: from IPython.display import SVG
    ...: from keras.utils.vis_utils import model_to_dot
    ...:
    ...: SVG(model_to_dot(w2v_dnn, show_shapes=True, show_layer_names=False,
    ...:                  rankdir='TB').create(prog='dot', format='svg'))
```

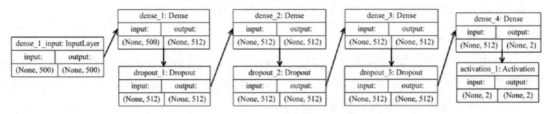

图 7-8　使用 Keras 可视化 DNN 模型

现在将在训练用的影评数据集上训练模型，基于 avg_wv_train_features 所代表的 word-2vec 特征（步骤 4）。我们将使用 Keras 的 fit（...）函数进行训练，并且其中有一些你应该注意的参数。epoch 参数表明通过网络的所有训练样本要完整地进行一次前向和后向遍历。

batch_size 参数指的是一次通过 DNN 模型传播的样本总数，用于一次后向和前向遍历以达到训练模型和更新梯度的目的。因此，如果有 1000 个观测值且批量大小为 100，则每个 epoch 将包含 10 次迭代，其中 100 次观测将一次通过网络，并且隐藏层单元的权重将更新。这里还指定了一个 0.1 的 validation_split 来提取 10% 的训练数据，并将其用作验证数据集来评估每个时期的表现。在训练模型时，shuffle 参数有助于在每个时期中对样本进行混洗。

```
In [18]: batch_size = 100
    ...: w2v_dnn.fit(avg_wv_train_features, y_train, epochs=5, batch_size=batch_size,
    ...:             shuffle=True, validation_split=0.1, verbose=1)
Train on 31500 samples, validate on 3500 samples
Epoch 1/5 31500/31500 - 11s - loss: 0.3097 - acc: 0.8720 - val_loss: 0.3159 - val_acc: 0.8646
Epoch 2/5 31500/31500 - 11s - loss: 0.2869 - acc: 0.8819 - val_loss: 0.3024 - val_acc: 0.8743
Epoch 3/5 31500/31500 - 11s - loss: 0.2778 - acc: 0.8857 - val_loss: 0.3012 - val_acc: 0.8763
Epoch 4/5 31500/31500 - 11s - loss: 0.2708 - acc: 0.8901 - val_loss: 0.3041 - val_acc: 0.8734
Epoch 5/5 31500/31500 - 11s - loss: 0.2612 - acc: 0.8920 - val_loss: 0.3023 - val_acc: 0.8763
```

前面的代码片段显示，已经在 5 个 epoch 的训练数据上训练了 DNN 模型，其中，以 100 作为批量大小。这里验证准确度接近 88%，这非常好。现在是时候对模型进行真正的测试了！下面使用测试影评数据集和 word2vec 特征来评估模型性能（步骤 5）。

```
In [19]: y_pred = w2v_dnn.predict_classes(avg_wv_test_features)
    ...: predictions = le.inverse_transform(y_pred)
    ...: meu.display_model_performance_metrics(true_labels=test_sentiments,
    ...:                 predicted_labels=predictions, classes=['positive', 'negative'])
```

图 7-9 所示的结果表明，已经获得了 88% 的模型精度和 F1 分数，这非常棒！你可以使用类似的工作流程搭建并训练一个基于 GloVe 特征的 DNN 模型，并评估模型性能。以下代码片段描述了文本分类系统蓝图中的步骤 4 和步骤 5 的工作流程。

```
Model Performance metrics:     Model Classification report:                         Prediction Confusion Matrix:
------------------------------ ------------------------------                       ------------------------------
Accuracy: 0.88                              precision    recall  f1-score   support              Predicted:
Precision: 0.88                                                                                  positive negative
Recall: 0.88                      positive       0.88      0.89      0.88      7510  Actual: positive   6711      799
F1 Score: 0.88                    negative       0.89      0.87      0.88      7490          negative    952     6538

                               avg / total       0.88      0.88      0.88     15000
```

图 7-9　在 word2vec 特征上构建的深度神经网络的模型性能指标

```
# 构建 DNN 模型
glove_dnn = construct_deepnn_architecture(num_input_features=300)
# 使用 GloVe 的训练特征，训练 DNN 模型
batch_size = 100
glove_dnn.fit(train_glove_features, y_train, epochs=5, batch_size=batch_size,
              shuffle=True, validation_split=0.1, verbose=1)
# 获取测试用的评论数据上的预测结果
y_pred = glove_dnn.predict_classes(test_glove_features)
predictions = le.inverse_transform(y_pred)
# 评估模型性能
meu.display_model_performance_metrics(true_labels=test_sentiments, predicted_
labels=predictions,
                                      classes=['positive', 'negative'])
```

这里使用 GloVe 特征获得了整体模型精度和 85% 的 F1 分数，这仍然很好，但并不比使用 word2vec 特征获得的结果要好。您可以参考 jupyter notebook 中的 Sentiment Analysis - Supervised.ipynb 来查看前一段代码获得的输出。最后，对利用较新的深度学习模型和方法构建文本情感分类系统的讨论就到这里。接下来，将继续学习高级深度学习模型！

7.9 高级的有监督的深度学习模型

在前一节中使用了全连接的深度神经网络和单词嵌入。另一种新的有趣的有监督深度学习方法是使用递归神经网络（RNN）和长短期记忆网络（LSTM），它们也考虑到数据序列（如单词、事件等）。这些是比常规全连接深度网络更高级的模型，通常需要更多时间进行训练。我们将在 TensorFlow 上使用 Keras，并尝试构建基于 LSTM 的分类模型，同时使用单词嵌入作为我们的特征。您可以参考标题为 sentiment_analysis_adv_deep_learning.py 的 Python 文件，了解本节中使用的所有代码，或使用 jupyter notebook 中的 Sentiment Analysis - Advanced Deep Learning.ipynb 以获得更具交互性的体验。

下面将研究在之前分析中创建的，已经经过标准化和预处理的训练和测试影评数据集 norm_train_reviews 和 norm_test_reviews。假设你已将它们加载，首先对这些数据集进行标记，以便将每个影评的文本分解为其对应的标记（工作流程步骤 2）。

```
In [1]: tokenized_train = [tn.tokenizer.tokenize(text) for text in norm_train_reviews]
   ...: tokenized_test = [tn.tokenizer.tokenize(text) for text in norm_test_reviews]
```

对于特征工程（步骤 3），将创建单词嵌入。不过，这里将使用 Keras 自己创建它们，而不是使用之前使用过的 word2vec 或 GloVe 等已经构建好的单词嵌入。单词嵌入倾向于将文本文档向量化为固定大小的向量，这样一来，就可以通过这些向量尝试捕获上下文和语义信息。

为了生成嵌入，将使用来自 Keras 的嵌入层，这需要将文档表示为标记化的数字向量。我们的 tokenized_train 和 tokenized_text 变量中已经有了标记化的文本向量。但是需要将它们转换为数字表示。除此之外，还需要向量具有统一的大小，尽管由于每条评论中标记数量不同，标记化的文本评论将具有可变长度。为此，一种策略是采用最长评论的长度（具有最大数量的标记 / 单词）并将其作为向量大小，这里称之为 max_len。然后，对于较短长度的评论，在开头用 PAD 术语填充，以将其长度增加到 max_len。

下面需要创建一个单词索引的词汇表映射，以便以数字形式表示每个标记化的文本评论。请注意，还需要为填充项创建一个数字映射，这里将其称为 PAD_INDEX，并为其指定数字索引 0。对于未知的术语，如果以后在测试数据集或者新的、之前没有见过的评论中遇到它们，将会需要给它们分配一个索引。这是因为将仅对训练数据进行向量化、特征设计和模型构建。因此，如果将来会出现一些新术语（原本不是模型训练的一部分），我们会将其视为词汇外（OOV）术语并将其分配给常量索引（我们会将这个术语命名为 NOT_FOUND_INDEX，并将 vocab_size + 1 的索引指定给它）。以下代码片段可以帮助我们从 tokenized_train 训练文本评论语料库中创建词汇表。

```
In [2]: from collections import counter
   ...:
   ...: # 构建单词到索引的词汇表
   ...: token_counter = Counter([token for review in tokenized_train for token in review])
   ...: vocab_map = {item[0]: index+1
   ...:                 for index, item in enumerate(dict(token_counter).items())}
   ...: max_index = np.max(list(vocab_map.values()))
   ...: vocab_map['PAD_INDEX'] = 0
   ...: vocab_map['NOT_FOUND_INDEX'] = max_index+1
   ...: vocab_size = len(vocab_map)
   ...: # 查看词汇表的大小以及词汇地图的一部分
   ...: print('Vocabulary Size:', vocab_size)
   ...: print('Sample slice of vocabulary map:', dict(list(vocab_map.items())[10:20]))
Vocabulary Size: 82358
Sample slice of vocabulary map: {'martyrdom': 6, 'palmira': 7, 'servility': 8, 'gardening':
9, 'melodramatically': 73505, 'renfro': 41282, 'carlin': 41283, 'overtly': 41284, 'rend':
47891, 'anticlimactic': 51}
```

在已经使用完词汇表中所有术语的情况下，通过使用 Counter 中的 most_common
（count）函数，轻松地过滤出更相关的术语（基于它们的频率），并从训练语料库的唯一列
表中获取最常用的术语。现在将基于先前的 vocab_map 对标记化的文本评论进行编码。除
此之外，我们还将文本情感类标签编码为数字表示。

```
In [3]: from keras.preprocessing import sequence
   ...: from sklearn.preprocessing import LabelEncoder
   ...:
   ...: # 获取训练语料库的最大长度并初始化标签编码器
   ...: le = LabelEncoder()
   ...: num_classes=2 # positive -> 1, negative -> 0
   ...: max_len = np.max([len(review) for review in tokenized_train])
   ...:
   ...: ## 训练评论数据语料库
   ...: # 将标记化文本评论转换为数字向量
   ...: train_X = [[vocab_map[token] for token in tokenized_review]
   ...:                 for tokenized_review in tokenized_train]
   ...: train_X = sequence.pad_sequences(train_X, maxlen=max_len) # pad
   ...: ## 训练预测类标签
   ...: # 将文本情感标签(负\正)转换为二进制编码(0/1)
   ...: train_y = le.fit_transform(train_sentiments)
   ...:
   ...: ## 测试评论数据语料库
   ...: # 将标记化文本评论转换为数字向量
   ...: test_X = [[vocab_map[token] if vocab_map.get(token) else vocab_map['NOT_FOUND_INDEX']
   ...:             for token in tokenized_review]
   ...:                 for tokenized_review in tokenized_test]
   ...: test_X = sequence.pad_sequences(test_X, maxlen=max_len)
   ...:
   ...: ## 测试预测类标签
   ...: # 将文本情感标签(负\正)转换为二进制编码(0/1)
   ...: test_y = le.transform(test_sentiments)
   ...:
   ...: # 查看向量形状
```

```
...: print('Max length of train review vectors:', max_len)
...: print('Train review vectors shape:', train_X.shape,
          ' Test review vectors shape:', test_X.shape)

Max length of train review vectors: 1442
Train review vectors shape: (35000, 1442)  Test review vectors shape: (15000, 1442)
```

从前面的代码片段和输出中可以清楚地看出,将每个文本评论编码为数字序列向量,这样每个评论向量的大小为 1442,这基本上是来自训练数据集的评论的最大长度。这里填充较短的评论并从较长的评论中截断额外的标记,以便每个评论的形状如输出中所示是恒定的。现在可以继续分类工作流的步骤 3 和步骤 4 的一部分,通过引入嵌入层并将其与基于 LSTM 的深层网络架构相结合。

```
from keras.models import Sequential
from keras.layers import Dense, Embedding, Dropout, SpatialDropout1D
from keras.layers import LSTM

EMBEDDING_DIM = 128 # 密集嵌入的维度
LSTM_DIM = 64 #  总的  LSTM 单元

model = Sequential()
model.add(Embedding(input_dim=vocab_size, output_dim=EMBEDDING_DIM, input_length=max_len))
model.add(SpatialDropout1D(0.2))
model.add(LSTM(LSTM_DIM, dropout=0.2, recurrent_dropout=0.2))
model.add(Dense(1, activation="sigmoid"))

model.compile(loss="binary_crossentropy", optimizer="adam",
              metrics=["accuracy"])
```

嵌入层有助于从头开始生成单词嵌入。这一层最初也需要使用一些权重进行初始化,在优化器中,这些权重会得到更新,这种方式与其他层中神经元单元的权重的更新方式类似,在这里神经网络都需要尝试将每个 epoch 的损失最小化。总的来说,嵌入层会试图对权重进行优化,可以获得最佳的单词嵌入,这将在模型中产生最小的误差并且还可以捕获语义之间的语义相似性和关系。

基于模型架构,嵌入层接受 3 个参数,即 input_dim,它等于 82358 的词汇量大小(vocab_size);output_dim,即 128,表示密集嵌入的维度(如图 7-10 中嵌入层中的行描述所示);input_len,它指定输入序列的长度(电影评论序列向量),即 1442。在图 7-10 所示的示例中,由于我们有一个评论,因此此维度为(1,3)。该评论基于 VOCAB_MAP 转换为数字序列 [2,57,121]。然后,具体列中表示评论序列中的索引被从嵌入层中被选出(也就是分别在列索引 2、57 和 121 处的向量),以生成最终的单词嵌入。这给了我们一个维度(1,128,3)的嵌入向量,也可以表示为(1,3,128)。在这里,每一行的表示都是基于每个序列的单词嵌入向量的。许多像 Keras 这样深度学习框架将嵌入维度表示为(m,n),其中 m 表示词汇表中的所有唯一术语的个数(82358),n 表示 output_dim,在这种情况下为 128。研究一下图 7-10 中的嵌入层的转置版本,就可以继续下一部分了。

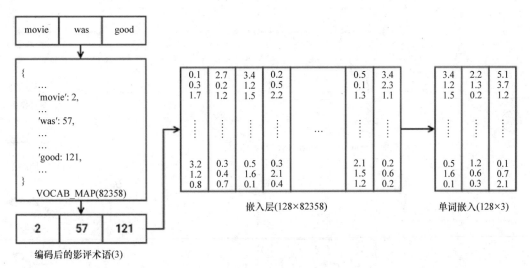

图 7-10 理解单词嵌入是如何生成的

通常，如果将被编码的电影评论术语序列表示为独热编码的形式，如（3，82358），并使用表示为（82358，128）的嵌入层进行矩阵乘法，其中每行代表词汇表中单词的嵌入，你将直接获得表示为（3，128）的电影评论序列的单词嵌入。嵌入层中的权重在每个 epoch 基于输入数据进行更新和优化，如同之前提到的那样通过整个网络传播，实现总体损失和误差的最小化，以获得最优模型性能。

然后这些密集的单词嵌入被传递到具有 64 个单元的 LSTM 层。本书已经在 1.10.1 节的"长短期记忆网络"部分中简要介绍了 LSTM 架构。LSTM 基本上试图克服 RNN 模型的缺点，特别是在处理长期依赖性和当与单元（神经元）相关的权重矩阵变得太小（导致梯度消失）或太大（导致梯度爆炸）时出现的问题上。这些架构比常规深度网络更复杂，并且进入详细的内部和数学概念的讨论将超出本书当前范围，但这里将尝试覆盖这里的基本要素，同时避免着重数学的部分。如果你对 LSTM 的内部结构感兴趣，请查看 Hochreiter. S 和 Schmidhuber. J 在 1997 年的论文 *Long short-term memory*. Neural computation.9（8），1735-1780。我们描述了 RNN 的基本架构，并将其与图 7-11 中的 LSTM 进行了比较。

RNN 单元通常有一系列重复模块（当展开循环时会发生这种情况；请参阅图 1-13，在那里讨论过这个问题），这样模块有一个简单的结构，就是可能有一层带有 tanh 激活。LSTM 也是一种特殊类型的 RNN，它们具有相似的结构，但 LSTM 单元具有 4 个神经网络层而不是一个。LSTM 单元的详细架构如图 7-12 所示。

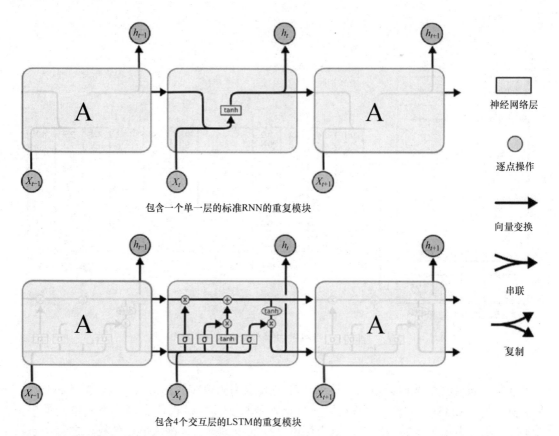

神经网络层

逐点操作

向量变换

串联

复制

包含一个单一层的标准RNN的重复模块

包含4个交互层的LSTM的重复模块

图 7-11　RNN 和 LSTM 单元的基本结构（来源：Christopher Olah 的博客：colah.github.io）

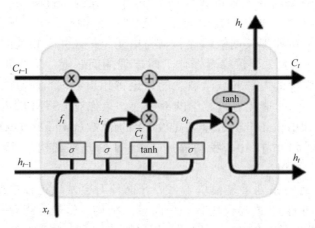

图 7-12　LSTM 单元的详细架构（来源：Christopher Olah 的博客：colah.github.io）

如图 7-12 所示，符号 t 指的是每一步操作的次数，C 指的是单元的状态，h 指的是隐藏状态。门 i、f、$\check{C}$ 帮助给单元状态增加或删减信息。门 i、f & o 分别代表输入、输出和 forget 门，它们中的每一个都由 sigmoid 层进行调制，并使用一个范围是 0 到 1 之间的值来控制这些门的输出中有多少应该通过。因此，这种机制帮助保护和控制单元状态。关于信息是如何通过 LSTM 单元的详细的工作流，如图 7-13 中的这 4 个步骤所示。

1）第一步是关于 forget 门 f 层的，它有助于指出应该从单元层移除哪些信息。这是通过观察公式中描述的前一个隐藏状态 h_{t-1} 和当前输入 x_t 完成的。sigmoid 层帮助我们控制应该保留或遗忘多少。

2）第二步描述了 input 门 t 层，它帮助我们确定将在当前单元状态中存储哪些信息。input 门中的 sigmoid 层基于 $h_{t-1}x_t$ 的值帮助我们确定有多少值需要被更新。基于可以被添加到当前单元状态的 $h_{t-1}x_t$ 的值，tanh 层帮助我们创建新候选值 $\check{C}_t$ 的向量。因此，tanh 层被用于创建值，而具有 sigmoid 层的 input 门帮助我们选择更新哪些值。

3）第三步涉及通过利用在前两个步骤中获得的内容将旧单元状态 C_{t-1} 更新为新单元状态 C_t。我们将旧单元状态乘以 forget 门（$f_t \times C_{t-1}$），然后将 input gate 缩放的新候选值与 sigmoid 层（$i_t \times \check{C}_t$）相加。

4）第四步也是最后一步帮助我们确定最终的输出应该是什么，它基本上是我们的单元状态的过滤版本。具有 sigmoid 层 o 的 output 门帮助我们选择单元状态的哪些部分将传递到最终输出。当通过 tanh 层时，它与单元状态值相乘，以给出最终隐藏状态值 $h_t = o_t \times \tanh(\check{C}_t)$。

图 7-13 中描述了详细工作流程，包括其中所有的步骤以及必要的注释和方程式。这里要感谢我们的朋友 Christopher Olah 提供了详细信息以及描述 LSTM 网络内部工作的图像。我们建议你访问 Christopher 的博客 http://colah.github.io/posts/2015-08-Understanding-LSTMs 了解更多详情。在此还向 Edwin Chen 致敬，是他以易于理解的方式解释了 RNN 和 LSTM。我们建议你参考 Edwin 的博客 http://blog.echen.me/2017/05/30/exploring-lstms，了解有关 RNN 和 LSTM 工作原理。

深层网络中的最后一层是具有一个单元和 sigmoid 激活函数的 Dense 层。我们基本上将 binary_crossentropy 函数与 adam 优化器一起使用，因为这是一个二元分类问题，模型的最终预测结果会是 0 或 1，可以使用标签编码器将其解码回负面或正面的情感预测。你也可以在此处使用 categorical_crossentropy 损失函数，但是你需要使用带有 2 个单位的 Dense 图层而不是 softmax 函数。现在我们的模型已经编译完成，可以继续进行分类工作流程的第 4 步，也就是在实际中对模型进行训练。我们使用与之前的深度网络模型类似的策略，在训练数据集上训练我们的模型，包括 5 个 epoch，批量大小为 100 的评论，以及 10% 的训练数据验证分割，以测量验证的准确性。

在 CPU 上训练 LSTM 的速度非常慢，可以看到我的模型花费了大约 3.6h 在 i5 3rd Gen CPU 和 8 GB 内存上训练了 5 个 epoch。当然，在基于云的环境中，如谷歌云平台或 AWS 上的 GPU，花了不到一个小时来训练相同的模型。因此，建议选择基于 GPU 的深度学习环境，尤其是在使用基于 RNN 或 LSTM 的网络架构时。基于前面的输出，可以看到，只需要 5 个 epoch，就可以得到很高的验证准确度，但训练准确度开始提高后，表明可能会发生一些过拟合。克服这个问题的方法包括增加更多数据或增加淘汰率。请试一试，看看它是否有效！是时候对我们的模型进行测试了！来看看这个模型如何预测我们的测试影评的情感，并对以前的模型使用相同模型评估框架（步骤 5）。

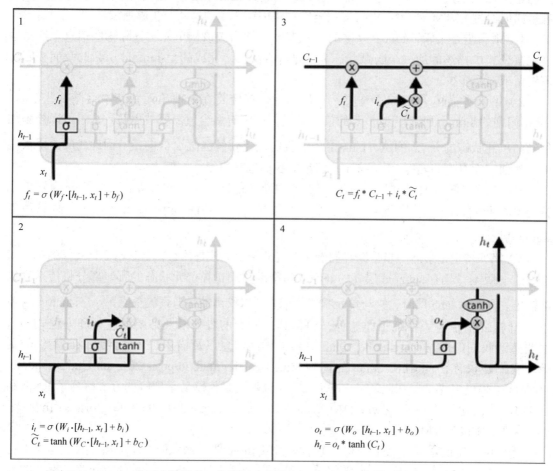

图 7-13　LSTM 单元中数据的工作流程（来源：Christopher Olah 的博客：colah.github.io）

```
In [4]: batch_size = 100
   ...: model.fit(train_X, train_y, epochs=5, batch_size=batch_size,
   ...:           shuffle=True, validation_split=0.1, verbose=1)
Train on 31500 samples, validate on 3500 samples
Epoch 1/5 31500/31500 - 2491s - loss: 0.4081 - acc: 0.8184 - val_loss: 0.3006 - val_acc:
0.8751
Epoch 2/5 31500/31500 - 2489s - loss: 0.2253 - acc: 0.9158 - val_loss: 0.3209 - val_acc:
0.8780
Epoch 3/5 31500/31500 - 2656s - loss: 0.1431 - acc: 0.9493 - val_loss: 0.3483 - val_acc:
0.8671
Epoch 4/5 31500/31500 - 2604s - loss: 0.1023 - acc: 0.9658 - val_loss: 0.3803 - val_acc:
0.8729
Epoch 5/5 31500/31500 - 2701s - loss: 0.0694 - acc: 0.9761 - val_loss: 0.4430 - val_acc:
0.8706
```

图 7-14 中显示的结果表明，已经获得了 88% 的模型精度和 F1 分数，这非常好！通过更高质量的数据，您可以获得更好的结果。尝试使用不同的架构，看看你是否获得了更好的结果！

```
In [5]: # 预测测试数据的情感
   ...: pred_test = model.predict_classes(test_X)
   ...: predictions = le.inverse_transform(pred_test.flatten())
   ...: # 评估模型性能
   ...: meu.display_model_performance_metrics(true_labels=test_sentiments,
   ...:                   predicted_labels=predictions, classes=['positive', 'negative'])
```

```
Model Performance metrics:        Model Classification report:                          Prediction Confusion Matrix:
------------------------------    ---------------------------                           ----------------------------
Accuracy: 0.88                                  precision  recall  f1-score  support                     Predicted:
Precision: 0.88                                                                                    positive  negative
Recall: 0.88                      positive       0.88      0.89      0.88      7510     Actual: positive  6711      799
F1 Score: 0.88                    negative       0.89      0.87      0.88      7490             negative   952     6538

                                  avg / total    0.88      0.88      0.88     15000
```

图 7-14 基于 LSTM 的单词嵌入深度学习模型表现指标

7.10 分析情感的因果关系

现在建立了有监督和无监督的模型，并根据评论文本内容预测电影评论的情感。虽然特征工程和建模绝对是目前的需求，但还需要知道如何分析和解释模型预测工作的原理。在本节中，要分析情感因果关系。这里的关键在于确定导致积极或消极情感的根本原因或关键因素。第一个重点是模型解释，将尝试理解、解释和分析我们的分类模型所做的预测背后的机制。第二个重点是应用主题建模并从正面和负面情感评论中提取关键主题。

7.10.1 理解预测模型

机器学习模型面临的挑战之一是从试验阶段或概念验证阶段到生产阶段的过渡。业务和关键利益相关者经常将机器学习模型视为复杂的黑盒子，并提出这样的问题：为什么我应该信任您的模型？向他们解释复杂的数学或理论概念并没有办法很好地解答这个问题。有没有什么方法可以让我们以易于理解的方式解释这些模型？事实上，这个话题最近在2016 年引起了广泛关注。这里可以参考 M.T. Ribeiro、S. Singh 和 C. Guestrin 的原始研究论文，题为《我为什么要相信你？：解释任何分类器的预测》（*Why Should I Trust You?*: *Explaining the Predictions of Any Classifier*）可以在 https://arxiv.org/pdf/1602.04938.pdf 这个地址找到，以更多地了解模型解释和 LIME 框架。可以阅读第 5 章以更好地了解模型的解释，在那里详细介绍了 skater 框架，并对各种模型进行了出色的解释。

有多种方法可以解释我们的情感分类模型所做的预测。我们希望更多地了解为什么正面影评被正确预测为具有积极情感，或负面影评为什么被预测为具有负面情感。除此之外，没有模型总是 100% 准确，所以我们也想了解错误分类或错误预测的原因。本节中使用的代码可以在名为 sentiment_causal_model_interpretation.py 的文件中找到，或者您也可以参考 jupyter notebook 中名为 Sentiment Causal Analysis - Model Interpretation.ipynb 的文件来获得交互式体验。

下面首先为目前为止表现最好的模型构建一个基本的文本分类流程，也就是基于词袋特征模型的逻辑回归模型。接下来将利用 scikit-learn 中的流程模块，使用以下代码构建此机器学习流程。

```
from sklearn.feature_extraction.text import CountVectorizer
from sklearn.linear_model import LogisticRegression
from sklearn.pipeline import make_pipeline

# 在训练用的评论数据集上构建 BOW 特征
cv = CountVectorizer(binary=False, min_df=0.0, max_df=1.0, ngram_range=(1,2))
cv_train_features = cv.fit_transform(norm_train_reviews)
# 构建 Logistic 回归模型
lr = LogisticRegression()
lr.fit(cv_train_features, train_sentiments)

# 建立文本分类管道
lr_pipeline = make_pipeline(cv, lr)

# 保留预测类列表(正，负)
classes = list(lr_pipeline.classes_)
```

这里基于 norm_train_reviews 构建模型，其中包含在之前所有分析中使用的标准化的影评训练数据集。现在已准备好分类流程，可以使用 pickle 或 joblib 部署模型，以保存分类器和功能对象，这类似于在 5.5 节中讨论的内容。假设在生产环境中使用流程，如何将它用于新的电影评论呢？让我们尝试预测两个新样本影评的情感（在此之前这些样本并未用于训练模型）。

```
In [3]: lr_pipeline.predict(['the lord of the rings is an excellent movie',
   ...:                       'i hated the recent movie on tv, it was so bad'])
Out[3]: array(['positive', 'negative'], dtype=object)
```

我们的分类流程正确预测了两个电影评论的情感！这是一个良好的开端，但我们如何解释模型的预测呢？一种通常使用的方法是将模型预测类概率作为置信度的度量。您可以使用以下代码来获取我们的样本电影评论的预测概率。

```
In [4]: pd.DataFrame(lr_pipeline.predict_proba(['the lord of the rings is an excellent movie',
   ...:                       'i hated the recent movie on tv, it was so bad']),
columns=classes)
Out[4]:
   negative  positive
0  0.169653  0.830347
1  0.730814  0.269186
```

因此，可以说第一条电影评论的拥有正面情感的预测置信度或概率为 83%，而相比之下，第二条电影评论有 73% 的可能性具有负面情感。现在来提高一个档次，不再只针对几个示例进行预测，现在将对 test_reviews 测试数据集中的实际评论进行这样的分析（我们将使用 norm_test_reviews，因为它具有规范化的文本评论）。除了预测概率之外，还将使用 skater 框架来解释模型决策，这类似于在 5.4 节中所做的操作。你需要首先从 skater 包加载以下依赖项。我们还定义了一个辅助函数，它接受文档索引、语料库及其响应预测，还有解释器对象，以有助于进行模型的解释和分析。

```
from skater.core.local_interpretation.lime.lime_text import LimeTextExplainer

explainer = LimeTextExplainer(class_names=classes)
# 模型解释的辅助函数
def interpret_classification_model_prediction(doc_index, norm_corpus, corpus,
                                              prediction_labels, explainer_obj):
    # 显示模型预测和实际情感
    print("Test document index: {index}\nActual sentiment: {actual}
                                    \nPredicted sentiment: {predicted}"
      .format(index=doc_index, actual=prediction_labels[doc_index],
              predicted=lr_pipeline.predict([norm_corpus[doc_index]])))
    # 显示实际评论内容
    print("\nReview:", corpus[doc_index])
    # 显示预测概率
    print("\nModel Prediction Probabilities:")
    for probs in zip(classes, lr_pipeline.predict_proba([norm_corpus[doc_index]])[0]):
        print(probs)

# 显示模型预测解释
exp = explainer.explain_instance(norm_corpus[doc_index],
                                 lr_pipeline.predict_proba, num_features=10,
                                 labels=[1])
exp.show_in_notebook()
```

前面的代码片段利用 skater 解释文本分类器，并以一种易于理解的方式分析其决策过程。尽管在全局的视角中模型可能是复杂的，但是，在本地示例上，对模型行为的解释和近似是比较容易的。这是通过学习感兴趣的数据点 X 附近的数据，然后建模来完成的，在 X 周围进行实例采样，并基于它们与 X 的接近度来分配权重。因此，通过更容易理解的方式解释类概率以及顶级特征在决策过程中对类概率的贡献，这些本地学习的线性模型有助于对复杂的模型进行解释。现在从测试数据集中取出一条电影评论，这条电影评论的实际和预测的情感都是负面的，并使用在前面的代码片段中创建的辅助函数进行分析。

```
In [6]: doc_index = 100
   ...: interpret_classification_model_prediction(doc_index=doc_index, corpus=norm_test_
reviews,
                                  corpus=test_reviews, prediction_labels=test_
                                  sentiments,
                                  explainer_obj=explainer)


Test document index: 100
Actual sentiment: negative
Predicted sentiment: ['negative']

Review: Worst movie, (with the best reviews given it) I've ever seen. Over the top dialog,
acting, and direction. more slasher flick than thriller. With all the great reviews this
movie got I'm appalled that it turned out so silly. shame on you Martin Scorsese

Model Prediction Probabilities:
```

```
('negative', 0.8099323456145181)
('positive', 0.19006765438548187)
```

图 7-15 中描述的结果展示了类预测概率以及对预测决策制定过程贡献最大的前 10 个特征。这些关键特征也在标准化的电影评论文本中突出显示。我们的模型在这种情况下表现得相当不错，可以看到导致这种评论的负面情感的关键特征，包括糟糕（bad）、愚蠢（silly）、对话（dialog）和羞耻（shame），而这些都是有意义的。除此之外，很好地（great）这个词对0.19 的正面情感的概率贡献最大，事实上如果从我们的评论文本中删除了这个词，那么正面情感的概率就会显著下降。

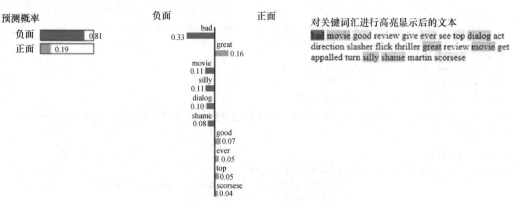

图 7-15　分类模型对负面评论做出的正确预测的模型解释

以下代码对测试电影评论进行了类似的分析，包括对实际和预测的正面情感的分析。

```
In [7]: doc_index = 2000
   ...: interpret_classification_model_prediction(doc_index=doc_index, corpus=norm_test_
reviews,
                        corpus=test_reviews, prediction_labels=test_
                        sentiments,
                        explainer_obj=explainer)


Test document index: 2000
Actual sentiment: positive
Predicted sentiment: ['positive']

Review: I really liked the Movie "JOE." It has really become a cult classic among
certain age groups.<br /><br />The Producer of this movie is a personal friend of mine.
He is my Stepsons Father-In-Law. He lives in Manhattan's West side, and has a Bungalow.
in Southampton, Long Island. His son-in-law live next door to his Bungalow.<br /><br
/>Presently, he does not do any Producing, But dabbles in a business with HBO movies.<br
/><br />As a person, Mr. Gil is a real gentleman and I wish he would have continued in the
production business of move making.

Model Prediction Probabilities:
('negative', 0.020629181561415355)
('positive', 0.97937081843858464)
```

图 7-16 中显示的结果显示了对模型构建贡献最大的主要特征，如图所示，这条电影评

论的情感被预测为正面情感。根据评论的内容，这个评论者真地很喜欢这部电影，并且对于某些年龄段的人们来说，它也是真正的狂热经典。在最终分析中，将研究一个模型做出错误预测的示例及其模型解释。

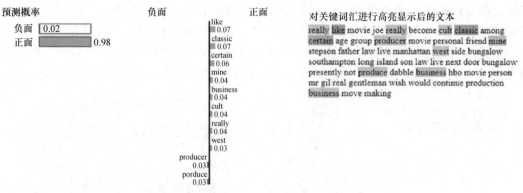

图 7-16　分类模型对正面评论做出的正确预测的模型解释

```
In [8]: doc_index = 347
   ...: interpret_classification_model_prediction(doc_index=doc_index, corpus=norm_test_
reviews,
                                corpus=test_reviews, prediction_labels=test_
sentiments,
                                explainer_obj=explainer)


Test document index: 347
Actual sentiment: negative
Predicted sentiment: ['positive']

Review: When I first saw this film in cinema 11 years ago, I loved it. I still think the
directing and cinematography are excellent, as is the music. But it's really the script that
has over the time started to bother me more and more. I find Emma Thompson's writing self-
absorbed and unfaithful to the original book; she has reduced Marianne to a side-character,
a second fiddle to her much too old, much too severe Elinor - she in the movie is given
many sort of 'focus moments', and often they appear to be there just to show off Thompson
herself.<br /><br />I do understand her cutting off several characters from the book, but
leaving out the one scene where Willoughby in the book is redeemed? For someone who red
and cherished the book long before the movie, those are the things always difficult to
digest.<br /><br />As for the actors, I love Kate Winslet as Marianne. She is not given the
best script in the world to work with but she still pulls it up gracefully, without too much
sentimentality. Alan Rickman is great, a bit old perhaps, but he plays the role beautifully.
And Elizabeth Spriggs, she is absolutely fantastic as always.

Model Prediction Probabilities:
('negative', 0.067198213044844413)
('positive', 0.93280178695515559)
```

前面的输出告诉我们，模型将该电影评论预测为正面情感，而事实上这条电影评论的实际的情感标签是负面的。图 7-17 中的结果描述告诉我们，评论者实际上在电影评论中显示出正面情感的迹象，特别是在他告诉我们"我喜欢它"的部分的时候："我仍然认为导演和摄影都很出色，音乐也是如此 …… Alan Rickman 很棒，也许有点老了，但他的角色扮演得很漂亮。和伊丽莎白·斯普里格斯一样，她一如既往地绝对精彩。"，这些显露正面情感的特征词汇被当作了顶级特征，并对最终这条电影评论被分类为正面情感这一结果做出了贡献。模型解释还正确地识别了导致负面情感的评论的各个方面，例如"但实际上，随着时间的推移，剧本开始越来越困扰我。"因此，这是一个复杂的评论，同时表露了正面和负面的情感，而最终的解释权将在读者的手中。你现在可以使用相同的框架来解释您自己的分类模型，并了解您的模型可能在哪些方面表现良好以及有哪些可能需要改进的地方！

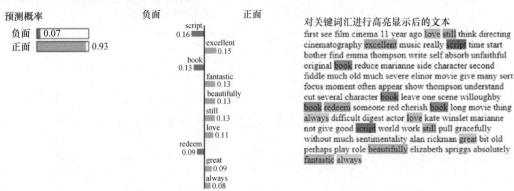

图 7-17 对分类模型产生的错误预测的模型解释

7.10.2 分析主题模型

另一种分析起决定作用的关键术语、概念或者主题的方法是被称为主题建模的不同方法。本书已经在 4.6.6 节中介绍了主题建模的一些基础知识。主题模型的主要目的是提取和描述其他潜在的，在大量的文本语料库中显得不是非常突出的关键主题或概念。在第 4 章中已经看到了如何使用 Latent Dirichlet Allocation（LDA）进行主题建模。使用另一种被称为非负矩阵分解的主题建模技术。请参阅名为 sentiment_causal_topic_models.py 的 Python 文件或 jupyter notebook 中名为 Sentiment Causal Analysis - Topic Models.ipynb 的文件，以获得更具互动性的体验。

此分析的第一步是将所有标准化之后的训练和测试数据集结合起来，并将这些电影评论分为正面和负面的情感评论。一旦这样做，将使用 TF-IDF 特征向量化器从这两个数据集中提取特征。以下代码片段有助于实现这一目标。

```
In [11]: from sklearn.feature_extraction.text import TfidfVectorizer
    ...:
    ...: # 合并所有标准化的评论
    ...: norm_reviews = norm_train_reviews+norm_test_reviews
    ...: # 只对正面评价取 tf-idf 特征
    ...: positive_reviews = [review for review, sentiment in zip(norm_reviews, sentiments)
                             if sentiment == 'positive']
    ...: ptvf = TfidfVectorizer(use_idf=True, min_df=0.05, max_df=0.95,
                             ngram_range=(1,1), sublinear_tf=True)
    ...: ptvf_features = ptvf.fit_transform(positive_reviews)
```

```
...: # 只对负面评价取 tf-idf 特征
...: negative_reviews = [review for review, sentiment in zip(norm_reviews, sentiments)
                                 if sentiment == 'negative']
...: ntvf = TfidfVectorizer(use_idf=True, min_df=0.05, max_df=0.95,
                                 ngram_range=(1,1), sublinear_tf=True)
...: ntvf_features = ntvf.fit_transform(negative_reviews)
...: # 查看特征集大小
...: print(ptvf_features.shape, ntvf_features.shape)
```

(25000, 331) (25000, 331)

从上面的输出维度中，你可以看到我们在构建分类模型时过滤掉了之前使用的许多特征，方法是将 min_df 设为 0.05，将 max_df 设为 0.95。这是为了加快主题建模过程，并删除过多或过少出现的特征。现在先为主题建模过程导入必要的依赖项。

```
In [12]: import pyLDAvis
    ...: import pyLDAvis.sklearn
    ...: from sklearn.decomposition import NMF
    ...: import topic_model_utils as tmu
    ...:
    ...: pyLDAvis.enable_notebook()
    ...: total_topics = 10
```

来自 scikit-learn 的 NMF 类将有助于进行主题建模。我们还使用 pyLDAvis 构建主题模型的交互式可视化。非负矩阵分解（NNMF）背后的核心原理是将矩阵分解（类似于 SVD）应用于非负特征矩阵 X，使得分解可以表示为 $X \approx WH$，其中 W 和 H 都是非负矩阵，而如果对它们使用矩阵的乘法，应该会近似重构特征矩阵 X。比如 L2 范数的代价函数可用于获得这种近似。现在将 NNMF 应用于正面情感的电影评论中获取 10 个主题，还将利用 topic_model_utils 模块中的一些实用程序函数以清晰的格式显示结果。

```
In [13]: # 基于正面情感评论数据的特征构建主题模型
    ...: pos_nmf = NMF(n_components=total_topics,
    ...:              random_state=42, alpha=0.1, l1_ratio=0.2)
    ...: pos_nmf.fit(ptvf_features)
    ...: # 提取特征和模块的权重
    ...: pos_feature_names = ptvf.get_feature_names()
    ...: pos_weights = pos_nmf.components_
    ...: # 提取并显示主题及其组成部分
    ...: pos_topics = tmu.get_topics_terms_weights(pos_weights, pos_feature_names)
    ...: tmu.print_topics_udf(topics=pos_topics, total_topics=total_topics,
    ...:                num_terms=15, display_weights=False)
Topic #1 without weights
['like', 'not', 'think', 'really', 'say', 'would', 'get', 'know', 'thing', 'much', 'bad',
'go', 'lot', 'could', 'even']


Topic #2 without weights
['movie', 'see', 'watch', 'great', 'good', 'one', 'not', 'time', 'ever', 'enjoy',
'recommend', 'make', 'acting', 'like', 'first']


Topic #3 without weights
['show', 'episode', 'series', 'tv', 'watch', 'dvd', 'first', 'see', 'time', 'one', 'good',
```

'year', 'remember', 'ever', 'would']

Topic #4 without weights
['performance', 'role', 'play', 'actor', 'cast', 'good', 'well', 'great', 'character',
'excellent', 'give', 'also', 'support', 'star', 'job']
...
Topic #10 without weights
['love', 'fall', 'song', 'wonderful', 'beautiful', 'music', 'heart', 'girl', 'would',
'watch', 'great', 'favorite', 'always', 'family', 'woman']

这里描述了上面输出中生成的 10 个主题中的一些主题。现在可以利用 pyLDAvis 在交互式可视化环境中可视化这些主题，如图 7-18 所示。

In [14]: pyLDAvis.sklearn.prepare(pos_nmf, ptvf_features, ptvf, R=15)

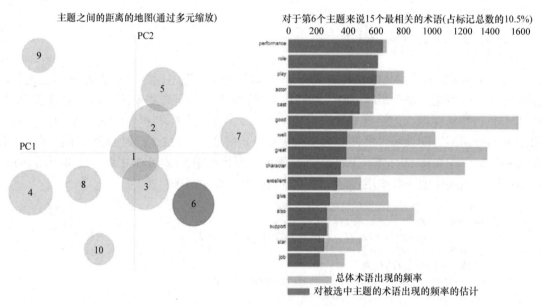

图 7-18   电影评论中正面评论的主题模型的可视化展示

图 7-18 可视化地展示了正面电影评论中的 10 个主题，可以看到输出中突出显示的主题 6 的主要相关术语。从主题和术语，可以看到像演员阵容（cast）、演员（actor）、表演（performance）、戏剧（play）、人物（character）、音乐（music）、精彩（wonderful）、好（good）等术语，为各种主题的正面情感做出了贡献。这非常有趣，可以帮助你对电影评论中正面情感的组成部分有更深入的理解。如果您使用 jupyter notebook，这个可视化视图会是完全交互式的，您可以单击左侧主题之间的距离的地图中代表主题的任何气泡，并在右侧条形图中查看每个主题中最相关的术语。

使用多维缩放（MDS）渲染左侧的图。类似的主题应该彼此接近，不同的主题应该相距甚远。每个主题气泡的大小基于该主题出现的频率及其在整个语料库中的组成部分。

右侧的可视化图显示了顶级术语。如果没有选择任何主题，它将显示语料库中排名前15 位的主题。术语的显著性被定义为用于区分主题时术语出现的频率及其区别因素的度量。选择某个主题后，图表会变为类似于图 7-13 的样子，其中显示了该主题的前 15 个最相关的术语。相关性度量由 λ 控制，可以根据条形图顶部的滑块进行更改（请参阅 notebook 与此进行交互）。如果你对这些可视化背后的更多数学理论感兴趣，建议访问 https：//cran.r-project.org/web/packages/LDAvis/vignettes/details.pdf 查看更多详细信息，这是一个关于名为 LDAvis 的 R 语言包的简介短文，它也已经作为 pyLDAvis 移植到了 Python。

现在从电影评论数据集中提取主题并对我们的负面情感评论进行同样的分析。

```
In [15]: # 基于负面情感评论数据的特征构建主题模型
    ...: neg_nmf = NMF(n_components=10,
    ...:               random_state=42, alpha=0.1, l1_ratio=0.2)
    ...: neg_nmf.fit(ntvf_features)
    ...: # 提取特征和模块的权重
    ...: neg_feature_names = ntvf.get_feature_names()
    ...: neg_weights = neg_nmf.components_
    ...: # 提取并显示主题及其组成部分
    ...: neg_topics = tmu.get_topics_terms_weights(neg_weights, neg_feature_names)
    ...: tmu.print_topics_udf(topics=neg_topics,
    ...:                      total_topics=total_topics,
    ...:                      num_terms=15,
    ...:                      display_weights=False)
Topic #1 without weights
['get', 'go', 'kill', 'guy', 'scene', 'take', 'end', 'back', 'start', 'around', 'look',
'one', 'thing', 'come', 'first']


Topic #2 without weights
['bad', 'movie', 'ever', 'acting', 'see', 'terrible', 'one', 'plot', 'effect', 'awful',
'not', 'even', 'make', 'horrible', 'special']
...
Topic #10 without weights
['waste', 'time', 'money', 'watch', 'minute', 'hour', 'movie', 'spend', 'not', 'life',
'save', 'even', 'worth', 'back', 'crap']

In [16]: pyLDAvis.sklearn.prepare(neg_nmf, ntvf_features, ntvf, R=15)
```

图 7-19 中描绘的可视化图展示了负面电影评论的 10 个主题，可以看到输出中突出显示的主题 8 的主要相关术语。从主题和术语，可以看到诸如浪费（waste）、时间（time）、金钱（money）、废话（crap）、情节（plot）、可怕（terrible）、表演（acting）等术语对各种主题的负面情感做出了贡献。当然，正面和负面情感评论的主题之间存在很大的重叠机会，但是会有一些可区分的、显著不同的主题，这些主题可以进一步帮助我们进行模型解释和因果分析。

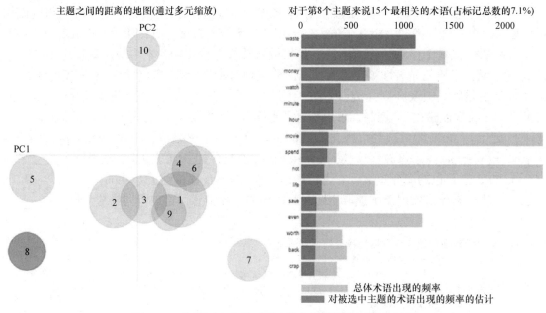

图 7-19　电影评论中负面评论的主题模型的可视化展示

7.11　总结

这个以案例研究为导向的章节介绍了 IMDb 电影评论数据集，目的是根据文本内容预测评论的情感。在本章介绍了自然语言处理（NLP）、文本分析、机器学习和深度学习等概念和技术，涵盖了 NLP 的多个方面，包括文本预处理、规范化、特征工程以及文本分类。本章详细介绍了使用像 Afinn、SentiWordNet 和 VADER 这样的情感词典的无监督学习技术的方法，以展示如何在没有标记的训练数据的情况下如何分析情感，这对于当今的各种研究机构是一个有意义的问题。详细的工作流程图将文本分类描绘成了一个有监督的机器学习问题，这帮助我们将 NLP 和机器学习联系起来，这样就可以利用机器学习技术和方法，在数据已经被标记的情况下，预测情感的问题。

对有监督方法的关注是双重的。这包括传统的机器学习方法和模型，如逻辑回归和支持向量机，同时也包括较新的深度学习模型，如深度神经网络、RNN 和 LSTM。为了预测电影评论的情感并获得最佳的模型表现，本章已经涵盖了多个有监督模型的详细概念、工作流程、动手实例和比较分析，以及多种不同的特征工程技术。本章的最后一部分介绍了机器学习的一个非常重要的方面，这是在分析中经常容易被忽略的。我们研究了分析和解释正面或负面情感的成因的方法。通过几个示例介绍了模型解释和主题模型的分析和可视化，以便你深入了解如何在自己的数据集上重用这些框架。本章中使用的框架和方法对你将来解决自己的文本数据中的类似问题是有帮助的。

第 8 章
顾客分类和有效的交叉销售

金钱使得这个世界得以运转，而在如今大量的数据支持商业行为的经济环境中，我们也可以说数据同样可以驱使世界运转。对于数据科学家来说，一项极为重要的能力就是能够用分析的技术去实现商业价值，比如创造财富。这一目的的实现方法是多样的，但是十分依赖于商业的类型和可供使用的数据。在前面的一些章节中，讨论了商业分析的框架（利用跨行业数据挖掘标准流程）以及和增加营收有关的一些问题。本章将重点关注两个非常重要的方面，而这两个方面能够直接对商业尤其是零售方面的收益流产生正面的影响。本章的特别之处同样在于将展示一些与前面章节不同的机器学习的算法，并且更多的关注与模式识别及无监督学习有关的任务。

在本章中，首先不会讲解技术层面的知识而是尝试让你对商业领域的知识有所了解。这些商业背景极为重要，因为这通常是阻碍许多数据科学家将机器学习的成果成功运用到实际商业问题的绊脚石。尽管他们构建了很完美的机器学习模型，但由于缺乏对实际商业需求的关注，使得这些模型带来的价值不能满足商业目的。一个想要抓住潜在商机（和财富）的企业应当帮助他们的数据科学家清楚了解到他们工作的实际价值从而确保他们能为雇主创造真正的财富。

为了实现本章的目标，将会从 UCI 机器学习资源库中的一个零售交易记录的数据（http://archive.ics.uci.edu/ml/datasets/online+retail）开始并且利用这个数据集去解决两个十分简单却极为重要的问题。本章使用的具体的代码、笔记和数据集都能在本书 GitHub 资源库的第 8 章找到（https://github.com/dipanjanS/practical-machine-learning-with-python）。

• **顾客分类**：顾客分类是基于顾客与商业之间的联系去挖掘企业拥有的顾客中的信息。在大多数情况下，这种联系主要指顾客的消费行为和模式。本章将探讨一些与此相关的问题。

• **购物篮子分析**：通过购物篮子分析可以获取顾客消费行为的信息。这些信息对于更深入理解顾客的消费决定并制定策略十分有帮助。这项分析十分有趣，因为大多数时候可能甚至顾客自己都没意识到他们消费行为中的这些倾向。

8.1 在线零售交易记录数据集

该在线零售交易记录数据集可以从 UCI 机器学习资源库中获取。在前面的章节中已经使用过该资源库中的一些数据集了，这也说明了该资源库对数据学习者的重要性。这里将会使用的这个数据集十分简单。根据 UCI 网站上的说明，该数据集包含了 2010 年 1 月 12 日至 2011 年 9 月 12 日之间的英国的一个注册的在线零售店的所有交易记录。从网站上也了解到该企业销售各种独特的礼物并且这个企业大部分的顾客都是批发商。

最后一个信息尤为重要，因为这意味着可以去研究更广范围的顾客的消费行为，而不是只研究普通的零售顾客。然而对于这个数据集并没有信息可以区分批发和零售的消费行为。在开始之前，请确保你加载了以下依赖项。

```
import pandas as pd
import datetime
import math
import numpy as np
import matplotlib.pyplot as plt
import matplotlib.mlab as mlab

%matplotlib inline
```

 建议你去 UCI 机器学习资源库查阅一下该数据集，网址为 http://archive.ics.uci.edu/ml/datasets/online+retail。在该网站上，你可以找到一些同样利用了该数据集的文献。相信这些文献结合本章所讲会让学习变得更加有趣。

8.2 探索性数据分析

无论基于何种目的或算法，总是想要呈现完整的标准的分析流程，而这一流程总是开始于数据的探索分析。所以根据流程，首先会对我们的数据集进行探索分析。

对于数据集第一个你应该要注意到的是它的格式。与本书中已经处理过的大多数数据集不同，该数据集不是 CSV 格式而是 Excel 文件。在其他的一些语言（或者甚至是框架）中这可能会导致一些问题，但是对于 python 和 pandas 来说这完全不是问题。这里可以利用 pandas 库的 read_excel 函数来读取数据库。下面查看几行其中的数据。

In [3]: cs_df = pd.read_excel(io=r'Online Retail.xlsx')

如图 8-1 所示，数据集中的几行数据让我们了解到数据集的特征。

	InvoiceNo	StockCode	Description	Quantity	InvoiceDate	UnitPrice	CustomerID	Country
0	536365	85123A	WHITE HANGING HEART T-LIGHT HOLDER	6	2010-12-01 08:26:00	2.55	17850.0	United Kingdom
1	536365	71053	WHITE METAL LANTERN	6	2010-12-01 08:26:00	3.39	17850.0	United Kingdom
2	536365	84406B	CREAM CUPID HEARTS COAT HANGER	8	2010-12-01 08:26:00	2.75	17850.0	United Kingdom
3	536365	84029G	KNITTED UNION FLAG HOT WATER BOTTLE	6	2010-12-01 08:26:00	3.39	17850.0	United Kingdom
4	536365	84029E	RED WOOLLY HOTTIE WHITE HEART.	6	2010-12-01 08:26:00	3.39	17850.0	United Kingdom

图 8-1 零售交易记录数据集样本

数据集中的特征可以很容易从它们的命名中理解，可以立马知道每一个大概是什么意思。为了完整性，这里罗列出数据中每一列的描述：

• InvoiceNo：发货单据的唯一标识码。如果有多行拥有同一个发货单号，说明这些交易记录是来自同一个货单（一次购买多件）。

- StockCode：物品标识码。
- Description：物品的文字描述。
- Quantity：购买物品的数量。
- InvoiceDate：购买日期。
- UnitPrice：物品单价。
- CustomerID：每个顾客的标识码。
- Country：顾客所在的国家。

下面首先来分析哪些国家是零售商销售去往最多的国家，以及各个国家的销量。

```
In [5]: cs_df.Country.value_counts().reset_index().head(n=10)
Out[5]:
           index  Country
0  United Kingdom   495478
1         Germany     9495
2          France     8557
3           EIRE     8196
4           Spain     2533
5     Netherlands     2371
6         Belgium     2069
7     Switzerland     2002
8        Portugal     1519
9       Australia     1259
```

以上结果显示销量最多的国家是该企业所在地英国，当然这并不足为奇。我们同样注意到有一个奇怪的国家名叫 EIRE，这有点让人困扰。但是简单地搜索一下我们便了解到这只是爱尔兰的旧称，所以没有大碍。有趣的是，澳大利亚在销量排行的前十个国家当中。

接下来或许会想了解零售商有多少个顾客以及顾客的累计订单量。或许同样还想知道订单量最多的前十名顾客他们的订单占比是多少。这些信息十分有趣，因为它能告诉我们这家企业的顾客基础是否是均匀分布的。

```
In [7]: cs_df.CustomerID.unique().shape
Out[7]: (4373,)

In [8]: (cs_df.CustomerID.value_counts()/sum(cs_df.CustomerID.value_counts())*100).
head(n=13).cumsum()
Out[8]:
17841.0    1.962249
14911.0    3.413228
14096.0    4.673708
12748.0    5.814728
14606.0    6.498553
15311.0    7.110850
14646.0    7.623350
13089.0    8.079807
13263.0    8.492020
14298.0    8.895138
15039.0    9.265809
```

```
14156.0     9.614850
18118.0     9.930462
Name: CustomerID, dtype: float64
```

这告诉我们该企业一共有 4373 名顾客，但是有近总销量的百分之十仅来自 13 位顾客（由前述结果的累计百分比得到）。鉴于我们同时拥有批发商和零售商的顾客，这一结果也是预料之中的。接下来我们想要确认该企业一共有多少种不同的商品以及我们是否有相同数量的商品描述。

```
In [9]: cs_df.StockCode.unique().shape
Out[9]: (4070,)

In [10]: cs_df.Description.unique().shape
Out[10]: (4224,)
```

从上面的结果可以看到两者之间的数量不完全匹配，商品描述多于商品数，这意味着对某些商品同时拥有多个描述与之对应。尽管这并不影响后面的分析，但还是可以继续深入了解一下是什么原因造成了这样的问题或者数据中都有一些怎样重复的描述。

```
cat_des_df = cs_df.groupby(["StockCode","Description"]).count().reset_index()
cat_des_df.StockCode.value_counts()[cat_des_df.StockCode.value_counts()>1].reset_index().head()
```

```
   index   StockCode
0  20713          8
1  23084          7
2  85175          6
3  21830          6
4  21181          5
```

```
In [13]: cs_df[cs_df['StockCode']
    ...:         ==cat_des_df.StockCode.value_counts()[cat_des_df.StockCode.value_counts()>1].
    ...:         reset_index()['index'][6]]['Description'].unique()
Out[13]:
array(['MISTLETOE HEART WREATH CREAM', 'MISTLETOE HEART WREATH WHITE',
       'MISTLETOE HEART WREATH CREAM', '?', 'had been put aside', nan], dtype=object)
```

这使得同一商品出现了多个描述，并且注意到了在任何的数据集中这些细微的地方都可能极大影响到数据的质量。一个看似简单的拼写错误就能降低数据质量并且造成错误的分析结果。在大企业中，会有专业的人员致力于不断维护数据质量。鉴于本章的重点是顾客分类，这里不再赘述这一问题。现在来查看数量和单价这两个特征因为这将是用来做分析的特征。

从上述结果可以观察到这两列数据中都有负值，这说明数据中包含了一些退回的交易记录。这一现象在零售中十分常见，不过得在进行分析之前处理这一数据问题。这些都是在数据中发现的一些问题。在真实的世界中，数据集往往都十分混乱并且有许多数据质量的问题，所以在进行数据分析之前首先检查数据质量总是很有必要的。我们鼓励你在将来也能尝试去发现你想要分析的数据中的一些类似问题。

8.3 顾客分类

分类是将一个融合在一起的整体划分成不同的部分或组别（类）。这些不同的类之间或许有也或许没有共同的属性。类似的，顾客分类就是基于顾客的各种属性将一个企业的顾客划分成不同的类别。这一想法源于我们相信顾客之间在本质上是有着不同之处的，而这些不同可以通过他们的行为反映出来。深入了解一个企业的顾客基础以及他们的行为通常是任何一个顾客分类项目的核心。发现顾客之间行为和模式的不同是顾客分类的前提。这些不同通常是基于顾客的消费行为、他们的个人信息、地理信息及心理特征等。

```
In [14]: cs_df.Quantity.describe()
Out[14]:
count    541909.000000
mean          9.552250
std         218.081158
min      -80995.000000
25%           1.000000
50%           3.000000
75%          10.000000
max       80995.000000
Name: Quantity, dtype: float64

In [15]: cs_df.UnitPrice.describe()
Out[15]:
count    541909.000000
mean          4.611114
std          96.759853
min      -11062.060000
25%           1.250000
50%           2.080000
75%           4.130000
max       38970.000000
Name: UnitPrice, dtype: float64
```

8.3.1 目标

顾客分类可以在许多方面帮助一个企业。在讲解进行这一分析的各种方法之前，先列举主要的目标以及顾客分类背后的好处。

8.3.1.1 了解顾客

顾客分类流程中一个主要的目标是深入了解一个企业的顾客以及他们的特征和行为。这些顾客背后隐藏的信息可以被运用到很多方面，对此将会做简短的讨论。但就这些信息本身而言是十分有价值的。"了解你的顾客"是被最广为接受的一个商业范例，而顾客分类就是这一范例很好的例子。对顾客的了解及其运用是顾客分类所能带来益处的基础。

8.3.1.2 市场目标

一个做顾客分类最显而易见的原因就是它使得我们能够更充分有效地锁定市场需求。如果一个企业知道他的客户的不同分类，他就能为每一个类别的顾客制定更合适的市场广告。就以一个旅游公司为例，如果他知道他的客户主要分为经济型游客和奢华型游客，那么他就可以为制定两个不同的广告分别针对这两种类型的客户。其中一个可以重点宣传性价比较高的产品而另一个则可以宣传奢华产品。尽管这个例子看上去很细微，然而同样的逻辑可以被运用到很多方面，从而能够做出更好的市场决策。一个好的顾客分类模型可以让企业更好地了解他的客户从而增大市场广告成功的概率。

8.3.1.3 优化产品更新

一个好的顾客分类策略同样可以帮助企业创造新的产品。这一益处高度取决于分类是如何进行的。举一个非常简单的例子，一个线上零售商发现他的顾客通常同时购买一些化妆品。这可能会启发他将这些产品进行捆绑促销，这可能会增加他的销售利润同时对顾客而言购买流程更加便捷。

8.3.1.4 发现潜在顾客群体

顾客分类可以帮助企业了解他的客户基础。而另一个显而易见的作用是发现可能缺失的顾客群体。这对于通过广告或是开发新产品来吸引新的顾客群体十分有帮助。

8.3.1.5 更高的回报

这是所有顾客分类工作的最显然的要求。综合本节所讨论的所有顾客分类带来的优势，可以得出顾客分类可以为企业带来更高的回报。

8.3.2 策略

回答"如何进行顾客分类？"，一个简单的答案就是"任何你认为合适的方法"，并且这是一个高度可接受的答案。这是一个正确答案的原因是因为顾客分类的原始定义。顾客分类只是为了区分顾客的一个方法。它可以简单到只是基于顾客的年龄或是其他特征进行人工分类，或是复杂到运用精细的算法以自动的方式进行分类。基于本书都是关于机器学习，下面将会描述顾客分类是怎么样转化成为一个核心的机器学习任务。本节的具体代码在名为 Customer Segmentation.ipynb 的笔记本中可以找到。

8.3.2.1 聚类

这里处理的是未标记的、非监督的交易记录数据集，从中想要得到顾客分类。因此，进行顾客分类最显而易见的方法就是运用诸如聚类的非监督的机器学习方法。因此本章将会采用这种方法来进行顾客分类。这种方法十分简单，只需要尽可能多地收集顾客的数据并以特征的方式呈现，然后从数据中得到不同的类别。最后，可以通过分析每一个聚类的特征来得到不同类别顾客的特点。

8.3.2.2 数据的探索分析

利用数据探索分析是另一个得到顾客分类的方法。这通常是对产品和顾客同时具有丰富的认知的分析员来完成的。这一分析十分灵活，可以包含一些决策要素。比如找出顾客的消费金额的范围就可以进行以消费金额为基础的顾客分类。类似的也可以就顾客的一些重要特征来进行处理直到我们得到的分类具有一些有趣的特点。

8.3.2.3 聚类和顾客分类

在例子中，将会运用聚类模型来找出有意思的顾客类别。在继续进行整理数据之前，有一个有趣的点我们想要澄清。许多人认为聚类就等同于顾客分类。尽管聚类是最适合进行顾客分类的方法，但是这并不是唯一的方法。除此之外，聚类只是一种"用于"分类的方法。

顾客分类只是区分顾客的一个任务。可以用很多种方法来实现并且不总是需要复杂的模型。聚类提供了一种可以用来发现数据中这种类别界限的数学框架。当我们拥有很多顾客特征的数据来进行顾客分类时，聚类是十分有效的。并且通常我们观察到基于聚类的分类要优于任意分割的方法，而且聚类通常包含任意分割所得到的分类。

8.3.3 聚类策略

现在对于什么是顾客分类、不同的方法以及如何运用各种方法已经有了一定的了解，可以开始用线上零售数据来实现顾客分类了。数据集仅包括顾客的销售交易数据，没有其他关于顾客的信息，也就是说没有额外的特征。通常大的企业会有更多的顾客特征信息，而这些信息可以帮助更好地聚类。然而仅用这些有限的特征也会很有趣，同时更具挑战性。因此我们将采用 RFM——最近一次消费（Recency）、消费频率（Frequency）、消费金额（Monetary）——顾客价值模型来找出我们的顾客分类。

8.3.3.1 顾客价值的 RFM 模型

RFM 模型是在市场分析和顾客分类中决定顾客价值的十分流行的模型。RFM 模型利用顾客的消费数据来为每个顾客计算 3 个重要的信息特征：

- **最近一次消费**：顾客是何时进行最近一次的消费；
- **消费频率**：顾客多久进行一次消费；
- **消费金额**：顾客所有消费的美金金额（或者在我们的例子中的英镑金额）。

这 3 个值的组合可以用来给每个顾客一个数值。现在可以直接思考通过这个模型我们想要得到什么样的顾客分类。比如说，一个高价值的顾客就是一个经常消费，并且最近有消费过，并且无论何时消费金额都很高的顾客。

8.3.3.2 数据清洗

在"数据的探索分析"那一节中提到过在数据集中有退还商品的数据。在进行分析流程之前，要找出所有这样的数据并把它们移除掉。另一个可能需要移除的是匹配购买的交易数据。但是我们假设这些数据同样是很重要的，所以将会保留这些数据。另一个数据清洗的选择是将某个特定区域的交易数据单独划分出来，例如不希望德国顾客的数据影响另一个国家顾客的数据分析。下面的一段代码同时实现了这两个任务。这里关注英国的顾客，这显然是最大的一个分类（基于国家！）。

```
In [16]: # 划分出一个区域的数据
    ...: cs_df = cs_df[cs_df.Country == 'United Kingdom']
    ...:
    ...: # 划分出总消费金额这个特征
    ...: cs_df['amount'] = cs_df.Quantity*cs_df.UnitPrice
    ...:
    ...: # 移除负的或者退还交易数据

    ...: cs_df = cs_df[~(cs_df.amount<0)]
    ...: cs_df.head()
    ...:
Out[16]:
   InvoiceNo StockCode                          Description  Quantity  \
0     536365    85123A   WHITE HANGING HEART T-LIGHT HOLDER         6
1     536365     71053                  WHITE METAL LANTERN         6
2     536365    84406B       CREAM CUPID HEARTS COAT HANGER         8
3     536365    84029G  KNITTED UNION FLAG HOT WATER BOTTLE         6
4     536365    84029E       RED WOOLLY HOTTIE WHITE HEART.         6

           InvoiceDate  UnitPrice  CustomerID         Country  amount
0  2010-12-01 08:26:00       2.55     17850.0  United Kingdom   15.30
1  2010-12-01 08:26:00       3.39     17850.0  United Kingdom   20.34
2  2010-12-01 08:26:00       2.75     17850.0  United Kingdom   22.00
3  2010-12-01 08:26:00       3.39     17850.0  United Kingdom   20.34
4  2010-12-01 08:26:00       3.39     17850.0  United Kingdom   20.34
```

现在这个数据只包含英国的交易记录。现在将移除所有缺失顾客标识码的交易记录，因为后续的交易记录会基于顾客标识码。

```
In [17]: cs_df = cs_df[~(cs_df.CustomerID.isnull())]
In [18]: cs_df.shape
Out[18]: (354345, 9)
```

接下来的步骤就是为数据集中的每一个顾客构建最近一次消费、消费频率和消费金额的数值。

1. 最近一次消费

为了构建最近一次消费的特征变量，需要决定一个参考日期。在例子中，定义数据集中最后一次交易记录的后一天作为参考日期。

```
In [19]: refrence_date = cs_df.InvoiceDate.max()
    ...: refrence_date = refrence_date + datetime.timedelta(days = 1)
    ...: refrence_date
Out[20]: Timestamp('2011-12-10 12:49:00')
```

现在将最近一次消费定义为参考日期与顾客最后一次消费日期间的天数。以下的代码将会创建这个变量。

在进行分析之前，先来检查在数据中顾客的最近一次消费是如何分布的（见图 8-2）。

```
In [21]: cs_df['days_since_last_purchase'] = refrence_date - cs_df.InvoiceDate
    ...: cs_df['days_since_last_purchase_num'] = cs_df['days_since_last_purchase'].
astype('timedelta64[D]')

In [22]: customer_history_df = cs_df.groupby("CustomerID").min().reset_index()
[['CustomerID', 'days_since_last_purchase_num']]
    ...: customer_history_df.rename(columns={'days_since_last_purchase_num':'recency'},
inplace=True)

x = customer_history_df.recency
mu = np.mean(customer_history_df.recency)
sigma = math.sqrt(np.var(customer_history_df.recency))
n, bins, patches = plt.hist(x, 1000, facecolor='green', alpha=0.75)

# 添加一条"最佳拟合"线
y = mlab.normpdf( bins, mu, sigma)
l = plt.plot(bins, y, 'r--', linewidth=2)

plt.xlabel('Recency in days')
plt.ylabel('Number of transactions')
plt.title(r'$\mathrm{Histogram\ of\ sales\ recency}\ $')
plt.grid(True)
```

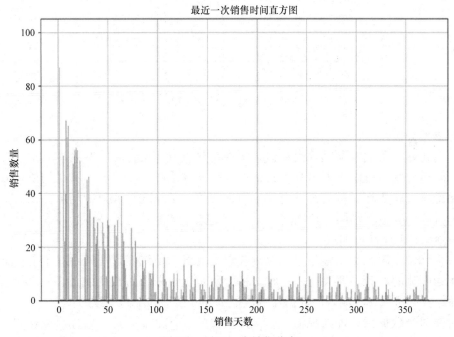

图 8-2　最近一次销售分布

图 8-2 中的直方图表明最近一次销售的分布是歪斜的，大部分交易记录都是最近的，只有少部分比较均匀分布的较远的交易记录。

2. 消费频率和消费金额

运用类似的方法，可以为数据集构建消费频率和消费金额的特征变量。现在将分别创建这些变量，然后把它们融合到一起来构建顾客价值数据集。我们将在这个数据集的基础上进行以聚类为基础的顾客分类。以下代码将会构建并融合这些变量。

```
In [29]: customer_monetary_val = cs_df[['CustomerID',
                                         'amount']].groupby("CustomerID").sum().reset_index()
    ...: customer_history_df = customer_history_df.merge(customer_monetary_val, how='outer')
    ...: customer_history_df.amount = customer_history_df.amount+0.001
    ...:
    ...: customer_freq = cs_df[['CustomerID',
                                 'amount']].groupby("CustomerID").count().reset_index()
    ...: customer_freq.rename(columns={'amount':'frequency'},inplace=True)
    ...: customer_history_df = customer_history_df.merge(customer_freq, how='outer')
```

聚类模型输入的数据结构如图 8-3 所示。注意到在消费金额上加了一个很小的数值0.001，是因为将对数据做对数处理，而数据中的 0 会带来错误。

	CustomerID	recency	amount	frequency
0	12346.0	326.0	77183.601	1
1	12747.0	2.0	4196.011	103
2	12748.0	1.0	33719.731	4596
3	12749.0	4.0	4090.881	199
4	12820.0	3.0	942.341	59

图 8-3 顾客价值数据集

3. 数据预处理

一旦创建好了我们的顾客价值数据集，将在该数据集上进行一些处理。对于将要进行的聚类，按前面章节所述将采用 K-means 算法。该算法的一个核心运算是均值中心化。均值中心化意味着先要将变量的实际值替换为标准值，替换之后变量的均值为 1，方差为 0。这确保了所有的变量都在同一范围内，尽管变量数值范围的差异并不会导致该算法表现不佳。这一做法类似于特征缩放。

另一个你可以研究的问题是每个变量能取到的最大范围。这一问题对于消费金额这一变量是尤为明显的。为了解决这一问题，将对所有变量采取对数变换。这一变换连同标准化将会确保我们对该算法输入的数据在数值范围和变换形式上是一致的。

有时候对于数据预处理的步骤一个十分重要的方面是需要这一处理是可逆的。在例子中，将来聚类的结果是基于对数变换和缩放过的变量。但是为了对原始数据做出判断，需要将所有变量逆向转换为实际的 RFM 图像。这一要求利用 Python 预处理的功能是可以得以实现的。

```
In [30]: from sklearn import preprocessing
    ...: import math
    ...: customer_history_df['recency_log'] = customer_history_df['recency'].apply(math.log)
    ...: customer_history_df['frequency_log'] = customer_history_df['frequency'].apply(math.log)
    ...: customer_history_df['amount_log'] = customer_history_df['amount'].apply(math.log)
    ...: feature_vector = ['amount_log', 'recency_log','frequency_log']

    ...: X = customer_history_df[feature_vector].as_matrix()
    ...: scaler = preprocessing.StandardScaler().fit(X)
    ...: X_scaled = scaler.transform(X)
```

上述代码将会为数据集创建经过对数变换和均值中心化的数据。为了检验预处理的结果，可以对取值范围最广的变量进行可视化。下面的一段代码将会帮助可视化数据。

```
In [31]: x = customer_history_df.amount_log
    ...: n, bins, patches = plt.hist(x, 1000, facecolor='green', alpha=0.75)
    ...: plt.xlabel('Log of Sales Amount')
    ...: plt.ylabel('Probability')
    ...: plt.title(r'$\mathrm{Histogram\ of\ Log\ transformed\ Customer\ Monetary\ value}\ $')
    ...: plt.grid(True)
    ...: plt.show()
```

如图 8-4 所示，可视化的结果趋近于均值为 0 方差为 1 的正态分布。

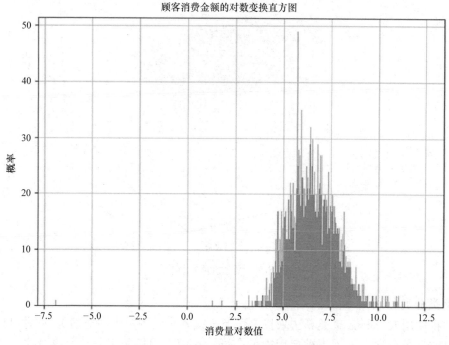

图 8-4　经标准化和对数变换的销量

现在试着在三维空间中可视化 3 个主要变量（R、F 和 M）来看是否能从数据的分布情况发现一些有趣的模式。

从图 8-5 中能发现的一个明显的模式是随着消费频率的增长和最近一次消费时间的减

少, 消费金额在增长, 说明那些有着高消费频率并且最近有消费的顾客往往会消费更高的金额。你有发现别的什么有趣的模式吗?

```
from mpl_toolkits.mplot3d import Axes3D

fig = plt.figure(figsize=(8, 6))
ax = fig.add_subplot(111, projection='3d')

xs =customer_history_df.recency_log
ys = customer_history_df.frequency_log
zs = customer_history_df.amount_log
ax.scatter(xs, ys, zs, s=5)

ax.set_xlabel('Recency')
ax.set_ylabel('Frequency')
ax.set_zlabel('Monetary')
```

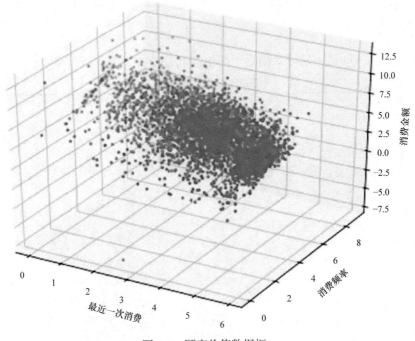

图 8-5   顾客价值数据框

4. 聚类分类

我们将使用 K-means 聚类算法来找出聚类(或者我们例子中的类别)。这是可以运用的最为简单的一种算法, 因此也被运用得最广泛。在用它进行顾客分类前将对这个算法做简单的介绍。

K-means 聚类属于基于分区 / 质心的聚类家族算法。K-means 算法中划分数据的步骤如下:

1) 算法开始于等同于设定的中心数量的随机初始点。K-means 中的"K"代表聚类的数量。

2）接下来，数据中的每一个点均被分配到离它最近的中心。K-means 中用到的距离为欧几里得距离。

3）一旦数据点被分配完成，每一个中心将被通过平均聚类中的每一个点来重新计算。

4）有了新的中心后上述步骤将一直重复直到每一个点的分配都不再变化，这时算法结束。

在聚类过程中将运用 scikit-learn 文件中所给的代码（网址为 http：//scikit-learn.org/stable/auto_examples/cluster/plot_kmeans_silhouette_analysis.html）以及轮廓系数来找出最佳的聚类数。如何运用所给的代码以及创建如图 8-6 所示的可视化，我们将留作练习让你完成。我们鼓励你自己调整代码使得不仅能可视化还能刻画出每一个聚类的中心和轮廓系数，因为我将依赖这些特征来进行顾客分类分析。当然如果你感觉有困难，可以参考 Customer Segmentation.ipynb 中的代码。

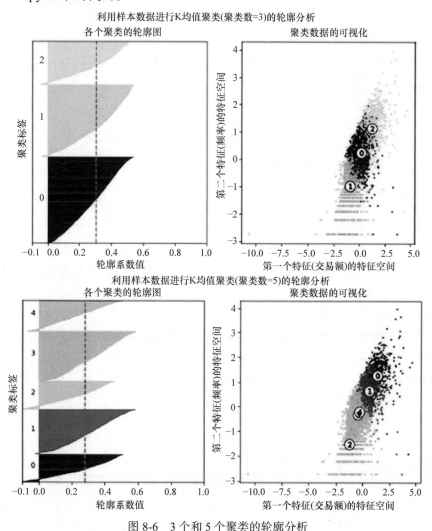

图 8-6　3 个和 5 个聚类的轮廓分析

在图 8-6 的可视化中，画出了发现的每个聚类的轮廓系数及其中心。在下一部的聚类分析中将用到这些信息。但是我们也得明白在一些情况下不能光看算法及其数学上的解释，还得结合商业需要。

5. 聚类分析

在分析所得到的聚类之前，首先看一下经过标准化和对数变换之后的聚类的中心值。以下的代码有助于将中心值逆转回变换之前的值。

```
In [38]: for i in range(3,6,2):
    ...:     print("for {} number of clusters".format(i))

    ...:     cent_transformed = scaler.inverse_transform(cluster_centers[i]['cluster_center'])
    ...:     print(pd.DataFrame(np.exp(cent_transformed),columns=feature_vector))
    ...:     print("Silhouette score for cluster {} is {}". format(i,
                                       cluster_centers[i]['silhouette_score']))
    ...:     print()


for 3 number of clusters
     amount_log   recency_log   frequency_log
0    843.937271    44.083222       53.920633
1    221.236034   121.766072       10.668661
2   3159.294272     7.196647      177.789098
Silhouette score for cluster 3 is 0.30437444714898737

for 5 number of clusters
     amount_log   recency_log   frequency_log
0   3905.544371     5.627973      214.465989
1   1502.519606    46.880212       92.306262
2    142.867249   126.546751        5.147370
3    408.235418   139.056216       25.530424
4    464.371885    13.386419       29.581298
Silhouette score for cluster 5 is 0.27958641427323727
```

当我们查看聚类分析的结果时，可以发现一些有趣的信息。让我考虑 3 个聚类的情况并尝试理解以下的信息。

- 从有着明显差异的消费金额中可以得到 3 个聚类。
- 第二个聚类是在每个商业中都有着高价值的顾客类群，他们消费频繁。
- 类似的，得到了低消费和中等消费的顾客群体，并分别标记为 1 和 0。
- 正如在图 8-3 中所讨论的，消费频率、最近一次消费时间是和消费金额高度相关的（高消费金额 - 最近有过消费 - 高消费频率）。

5 个聚类的结果更加令人惊讶！当分类更多时，我们发现高价值的顾客被分为了两个子群：

- 一类是这些经常消费并且消费金额高的（用聚类 0 表示）。
- 一类是消费金额很高但是相比之下没有那么频繁（用聚类 1 表示）。

与之矛盾的是从轮廓系数的矩阵中我们得到 5 个聚类没有 3 个聚类优化。当然，得记住不应该总是只严格遵照数学结果，也要结合商业问题思考。除此之外，结合可视化可能

会发现更多的信息，也许能证明 3 个聚类远胜于 5 个聚类。例如如果查看图 8-6 右边部分的
图形，可以发现相比于 3 个聚类，5 个聚类有许多重叠的部分。

就目测观察聚类的中心而言，不难发现基于最近一次消费、消费金额和消费频率的顾
客价值被很好地区分开。为了进一步深入了解这一点并查看这些差异的质量，可以用聚类
的标号来标记数据，然后可视化这些差异。我们将为顾客价值可能最重要的一个指标即总
消费金额进行可视化。

为了实现基于这种差异的计算，首先用聚类算法得到的类标号来标记顾客数据集中的
每一行。值得注意的是，如果你想尝试别的聚类数量，比如两个或四个聚类，你得调整代
码。我们必须做出调整来获得不同聚类数量的类标号。我们建议你尝试别的聚类数量看是
否能获得更好的分类。以下的代码将会获取类标号并将之附加到顾客数据集中。

```
labels = cluster_centers[5]['labels']
customer_history_df['num_cluster5_labels'] = labels
labels = cluster_centers[3]['labels']
customer_history_df['num_cluster3_labels'] = labels
```

一旦将每个顾客都分配好了类标号，则任务就变得简单了。现在想了解每个组里面的
顾客之间有什么样的差异。如果将这些信息可视化便能发现顾客聚类之间的差异并且基于
这些差异来调整我们的策略。目前为止已经使用过很多次 matplotlib 和 seaborn 了，在本部
分中将使用 plotly 来创建一些你可以在 jupyter notebook 中查看的交互式图形。

 尽管 plotly 能在 jupyter notebook 中提供很棒的交互式可视化，但是当你打开
notebook 的时候你可能会遇到一些 notebook 的绘制问题并以弹窗的形式告诉
你。为了解决这一问题你可以通过运行 conda 升级 nbformat 的命令并重新打开
notebook。之后问题应该会得到解决。

接下来的代码使用 plotly，将会使用从 5 个聚类中得到的标号并绘制箱形图，并从中显
示出这 5 个聚类的中位数、最小值、最大值及最高和最低值是如何变化的。注意在每个聚
类中想要避免极端大的异常值，因为它们会影响我们很好地观察（由于噪声）每个聚类的
中心趋势。所以会在数据上做出限制，每个聚类只使用 0.8 百分位数以下的数据。这样可以
很好地观察到每个聚类中大部分顾客的信息。接下来的代码会创建总消费金额的图形。

```
import plotly as py
import plotly.graph_objs as go
py.offline.init_notebook_mode()

x_data = ['Cluster 1','Cluster 2','Cluster 3','Cluster 4', 'Cluster 5']
cutoff_quantile = 80
field_to_plot = 'amount'

y0=customer_history_df[customer_history_df['num_cluster5_labels']==0][field_to_plot].values
y0 = y0[y0<np.percentile(y0, cutoff_quantile)]
y1=customer_history_df[customer_history_df['num_cluster5_labels']==1][field_to_plot].values
```

```
y1 = y1[y1<np.percentile(y1, cutoff_quantile)]
y2=customer_history_df[customer_history_df['num_cluster5_labels']==2][field_to_plot].values
y2 = y2[y2<np.percentile(y2, cutoff_quantile)]
y3=customer_history_df[customer_history_df['num_cluster5_labels']==3][field_to_plot].values
y3 = y3[y3<np.percentile(y3, cutoff_quantile)]
y4=customer_history_df[customer_history_df['num_cluster5_labels']==4][field_to_plot].values
y4 = y4[y4<np.percentile(y4, cutoff_quantile)]
y_data = [y0,y1,y2,y3,y4]

colors = ['rgba(93, 164, 214, 0.5)', 'rgba(255, 144, 14, 0.5)', 'rgba(44, 160, 101, 0.5)',
'rgba(255, 65, 54, 0.5)', 'rgba(207, 114, 255, 0.5)', 'rgba(127, 96, 0, 0.5)']
traces = []

for xd, yd, cls in zip(x_data, y_data, colors):
        traces.append(go.Box(
            y=yd,        name=xd,        boxpoints=False,
            jitter=0.5,        whiskerwidth=0.2,
            fillcolor=cls,        marker=dict(size=2,),
            line=dict(width=1), ))

layout = go.Layout(
    title='Difference in sales {} from cluster to cluster'.format(field_to_plot),
    yaxis=dict(
        autorange=True,        showgrid=True,
        zeroline=True,        dtick=1000,
        gridcolor='black',        gridwidth=0.1,
        zerolinecolor='rgb(255, 255, 255)',
        zerolinewidth=2,        ),
    margin=dict(l=40,r=30, b=80, t=100,        ),
    paper_bgcolor='white',        plot_bgcolor='white',    showlegend=False
)

fig = go.Figure(data=traces, layout=layout)
py.offline.iplot(fig)
```

  同样来观察一下得到的图形结果。如图 8-7 所示，聚类 1 和 2 有着较高的平均消费金额，他们是花费最多的顾客。尽管就消费金额而言聚类 4 和 5 之间差异并不大，但是聚类 3 的消费金额明显较小。这说明至少就消费金额而言可以合并聚类 4 和 5 中的顾客。同理你可以基于最近一次消费和消费频率来画出类似的图形来分析不同聚类之间的差异。分析 3 个聚类和 5 个聚类的具体代码和可视化可以在 notebook 文件中查看。在 notebook 中 plotly 使我们可以和图形进行交互来查看每个箱形图的中心趋势的数值。我们展示了基于 3 个聚类它们之间消费金额的差异，所以你可以和图 8-7 进行比较。

  具体图形请参考图 8-8，它展现了 3 个聚类间消费金额的差异。相比于 8-7 中聚类 4 和 5 十分的相似，很明显 8-8 中的差异更加明显并且重叠的部分较少。但是这并不意味着之前的方法是错误的，这只是在某一个维度上有一些聚类是相似的。

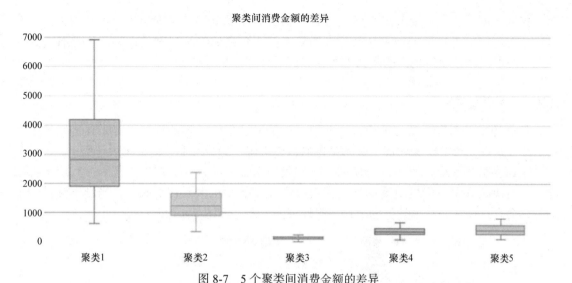

图 8-7　5 个聚类间消费金额的差异

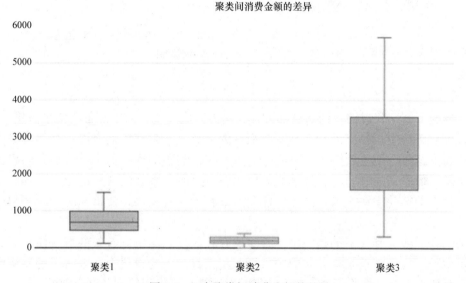

图 8-8　3 个聚类间消费金额的差异

　　我们可以通过加入已经创建好的其他相关的特征变量到数据集中来进一步提高聚类的质量。通常企业会向外部的数据供应商购买并使用他们顾客的数据以强化他们顾客分类的结果。我们的局限在于只有一年的交易数据，但即使对于一个中等规模的企业而言通常也会有好几年的数据，进而能得到更好的结果。另一个可以探索的维度是尝试其他不同的算法来进行分类，例如在前面的章节中我们提到过系统聚类。一个好的分类过程可以尝试所有的这些方法并最终找到一个可以提供有价值的信息的最优化分类。我们建议你对分类的过程能有创造性并且构建自己的例子。

　　在本次的分析中一个重要的提醒是当比较实际结果和数学上的度量标准时，不能一味地依赖数学度量。我们要养成在建模过程中结合商业度量和专业知识的习惯，因为这通常是一个可应用的高价值的项目和被舍弃的只专注于数据的方案之间的差异。一旦有了这些结果，便可以和企业市场部的团队来讨论如何更合理地划分顾客。

8.4　交叉销售

什么是交叉销售？简单地说，交叉销售就是通过分析顾客的消费趋势来促进销售更多的商品。这一简单的定义描述了交叉销售的核心思想，但也并非是能简单说清楚的。

下面将会用一个例子来加以说明。例如我们十分关注自身的健康（每一个人应该都如此）并且决定在最喜爱的电商网站购买蛋白质补充品。在大多数情况下，当浏览商品的页面时，会有一个区域写着其他的可以一起购买的商品。如图 8-9 所示。

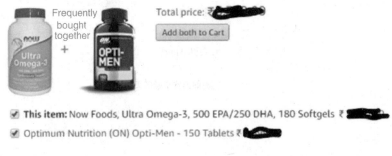

图 8-9　交叉销售例子

通常情况下，这些被推荐的商品都极具吸引力。比如说，如果准备购买蛋白质补充品，那么同时也购买维生素补充品肯定是一个很好的主意。通常零售商会以一个很有吸引力的价格进行捆绑销售，而也最终很有可能购买这些捆绑销售的商品而不是最初我们想买的那些。这就是简单但是强有力的交叉销售的概念。通过研究顾客的交易记录在顾客原有需求的基础上找出顾客的潜在需求，并将这些商品推荐给顾客购买，使得同时对顾客和商家都有利。

交叉销售在线上和线下的销售中都是普遍存在的。它简单却有效的特点使它成为一个对各种类型的零售商都很重要和有力的市场营销工具。无论对线上还是线下的零售商，不管是否将商品销售给最终的用户，交叉销售的方法都是可以延伸到各个企业的。

这一节将探索关联规则挖掘，它是可以被用来做交叉销售的很有力的一个技术。下面会以一个玩具数据集的例子来说明市场篮子分析，最后会在零售交易数据上运用同样的概念。

8.4.1　市场篮子分析和关联规则挖掘

在理解如何从零售数据中挖掘这些关联规则之前，先来理解如何去使用这些规则。在数据分析圈子中一个很有名的故事就是"啤酒和尿布"的故事。简单来说就是一个大的零售商在分析顾客消费行为的时候发现啤酒和尿布之间的销售有很强的联系。这个零售商运用这一联系将啤酒搬到离销售尿布很近的区域从而实现了更大的销量（故事的起源也许不完全是真实的，但是这整个概念是值得讨论的。为了更多地了解这个故事，建议浏览 http://www.dssresources.com/newsletters/66.php 这个网站上的讨论）。

无论啤酒和尿布的故事是否有虚构的成分，从顾客消费行为中挖掘销售关联都是一个很重要并启发人的概念。如果能从数学意义上捕捉这些联系的显著性，那么去尝试和发展这些很可能是正确的规则将会是一个很好的主意。关联规则挖掘的整个概念都是基于在顾客的消费行为中存在一些模式，并且可以通过运用这些模式在将来销售更多的商品给顾客。一个关联规则通常具有如下等式中的结构：

$$\{物品\ 1，物品\ 2，物品\ 3 \rightarrow 物品\ k\}$$

这一规则很显然可以读成当顾客购买了规则中左手边的商品时他很有可能也会买商品 k。在后面的内容中，我们将定义数学度量来衡量这些规则的强度。

我们有很多种方式来使用这些规则。而使用这些规则最显然的一个方式就是创建捆绑销售的商品使得顾客能更便捷地一起购买这些商品。使用这些规则的另一个方式是在捆绑销售的同时对其他与捆绑商品中有关联的商品进行打折，使得顾客更有可能买更多的商品。其他一些不太普遍的使用方式有设计一个更好的网页导航结构、入侵检测和生物信息学等。

8.4.2 关联规则挖掘基础

在对数据进行关联规则的探索之前，将了解一些关于关联规则挖掘的重要概念。这些术语及概念将会在之后的分析中对你有所裨益并且能让你更好地理解算法所创建的规则。首先来看表 8-1 中的玩具销售数据。

表 8-1 交易数据样本

交易号	物品
1	{牛奶，面包}
2	{黄油}
3	{啤酒，尿布}
4	{牛奶，面包，黄油}
5	{面包}

表格中的每一行均包含了一个交易记录。例如第一行记录中顾客购买了牛奶和面包。接下来是一些与关联规则挖掘相关的极为重要的概念。

• **物品集**：物品集就是在一个交易记录中同时出现的一个或多个物品的集合。例如这里的 {牛奶，面包} 就是一个物品集的例子。

• **支持度**：支持度被定义为在一个数据集中一个物品集出现的次数。数学上的定义如下：

$$支持度\big(\{啤酒，尿布\}\big) = \frac{有啤酒和尿布的交易记录数量}{总交易记录数量}$$

在之前的例子中，支持度（啤酒，尿布）=1/5=0.2。

- **自信度**：自信度是度量一个规则在数据集中出现的次数。例如｛啤酒，尿布｝规则的自信度的数学定义为

$$自信度(\{啤酒，尿布\}) = \frac{支持度(\{啤酒，尿布\})}{支持度（啤酒）}$$

- **提升度**：规则的提升度被定义为观察到的支持度与规则中元素如果是相互独立的支持度的比值。

在之前的交易记录中如果规则被定义为｛X，Y｝，那么提升度的公式为：

$$提升度(X \to Y) = \frac{支持度(X \cup Y)}{(支持度(X) \times 支持度(Y))}$$

- **频繁物品集**：频繁物品集是那些支持度大于人为设定的支持度的那些物品集。

8.4.2.1　FP 增长

最著名的关联规则挖掘算法是 Apriori 算法，在网上和标准数据挖掘文献中可以找到大量的代码和资源。但是，这里我们将使用一种不同且更有效的算法，用 FP 增长算法来查找我们的关联规则。任何关联规则挖掘算法的主要瓶颈是频繁项集的生成。如果交易数据集具有 k 个不同产品，那么可能有 2^k 个可能的项集。Apriori 算法将首先生成这些项集，然后继续查找频繁项集。

这种限制是一个巨大的性能瓶颈，即使对大约 100 种不同的产品，项集的可能数量也是巨大的。这种限制使得 Apriori 算法在计算上过于昂贵。FP 增长算法优于 Apriori 算法，因为它不需要生成所有候选项集。该算法使用特殊的数据结构，帮助它保留项集关联信息。数据结构的一个例子如图 8-10 所示。

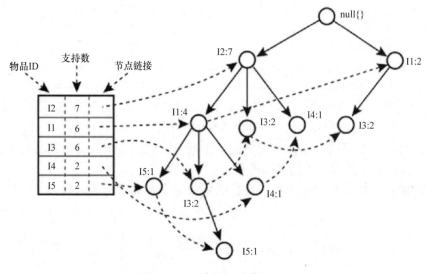

图 8-10　FP 树的一个例子

在这里不会对算法进行详细的数学描述，因为重点不是数学，而是要关注如何利用它来发现这些数据中的模式。但是，需要简要解释它，以便了解此方法的核心概念。FP 增长算法使用分而治之策略，并利用称为 FP 树的特殊数据结构，如图 8-10 所示，以查找频繁项集而不生成所有项集。该算法的核心步骤如下：

1）输入交易数据集并创建 FP 树结构以表示频繁项集。

2）将此压缩表示划分为多个条件数据集，使每个数据集与频繁模式相关联。

3）挖掘每个这样的数据集中的模式，以便可以将较短的模式递归地连接到更长的模式，从而使其更有效。

如果有兴趣了解它，可以参考 Wikibooks 的链接 https://en.wikibooks.org/wiki/Data_Mining_Algorithms_In_R/Frequent_Pattern_Mining/The_FP-Growth_Algorithm，该链接详细讨论了 FP 增长和 FP 树结构。

8.4.3 关联规则挖掘与行动

下面将使用著名的杂货数据集来说明关联规则挖掘。默认情况下，数据集在 R 语言的基础包中可用。要在 Python 中使用，可以从 https://github.com/stedy/Machine-Learning-with-R-datasets/blob/master/groceries.csv 或甚至在本章开头提到的官方 GitHub 库中获取它。这个数据集由一系列来自杂货零售商的交易组成。下面将使用此数据作为分析的基础，并使用此数据构建规则挖掘工作流程。

一旦掌握了关于杂货数据集的关联规则挖掘的基础知识，将把它作为练习，让你在客户细分部分中使用的交易数据集中应用相同的概念。请记住在开始之前加载以下文件。

```
import csv
import pandas as pd
import matplotlib.pyplot as plt
import Orange
from Orange.data import Domain, DiscreteVariable, ContinuousVariable
from orangecontrib.associate.fpgrowth import *

%matplotlib inline
```

有关如何安装 Orange 框架文件的详细信息，请查看"挖掘规则"部分。此部分的代码可在 Cross Selling.ipynb notebook 中找到。

8.4.3.1 数据探索分析

之前提到的杂货数据集的排列方式使得数据集中出现的每一行都是一个交易记录。每行中给出的物品以逗号分隔，并且是该特定交易中的物品。下面看一下图 8-11 中描述的数据集的前几行。

从这个数据集中首先观察到它不是一个完全结构化、易于分析的格式。这种限制意味着要做的第一件事就是编写自定义代码，将原始文件转换为可以使用的数据结构。由于到目前为止大部分分析都是使用的 pandas 数据结构，我们将把这些数据转换为类似的数据结构。以下代码片段将执行转换。

```
1  citrus fruit,semi-finished bread,margarine,ready soups
2  tropical fruit,yogurt,coffee
3  whole milk
4  pip fruit,yogurt,cream cheese ,meat spreads
5  other vegetables,whole milk,condensed milk,long life bakery product
6  whole milk,butter,yogurt,rice,abrasive cleaner
7  rolls/buns
8  other vegetables,UHT-milk,rolls/buns,bottled beer,liquor (appetizer)
9  pot plants
10 whole milk,cereals
11 tropical fruit,other vegetables,white bread,bottled water,chocolate
12 citrus fruit,tropical fruit,whole milk,butter,curd,yogurt,flour,bottled water,dishes
```

图 8-11　杂货数据集交易

```
grocery_items = set()
with open("grocery_dataset.txt") as f:
    reader = csv.reader(f, delimiter=",")
    for i, line in enumerate(reader):
        grocery_items.update(line)
output_list = list()
with open("grocery_dataset.txt") as f:
    reader = csv.reader(f, delimiter=",")
    for i, line in enumerate(reader):
        row_val = {item:0 for item in grocery_items}
        row_val.update({item:1 for item in line})
        output_list.append(row_val)

grocery_df = pd.DataFrame(output_list)

In [3]: grocery_df.shape
Out[3]: (9835, 169)
```

转换提供了具有维度的数据结构（num_transaction，total_items），其中每个交易记录行都有与其组成相对应的列作为 1。例如，对于图 8-11 中的第 3 行，将整个牛奶的列设为 1，其余的列都是 0。虽然这个数据结构很稀疏，意味着它有很多零，但用于提取关联规则的框架会处理这种稀疏性。

在继续构建关于数据集的关联规则之前，将探索数据集的一些显著特征。现在已经知道数据集中共有 9835 个交易记录和 169 个物品。但是数据集中出现的前 10 项是什么以及它们占总销售额的多少呢。我们可以绘制一个简单的直方图，以帮助提取这些信息。

```
In [4]: total_item_count = sum(grocery_df.sum())
   ...: print(total_item_count)
   ...: item_summary_df = grocery_df.sum().sort_values(ascending = False).reset
   ...: _index().head(n=20)
   ...: item_summary_df.rename(columns={item_summary_df.columns[0]:'item_name',
   ...: item_summary_df.columns[1]:'item_count'}, inplace=True)
   ...: item_summary_df.head()
43367
Out[4]:
          item_name  item_count
0        whole milk        2513
1  other vegetables        1903
```

2	rolls/buns	1809
3	soda	1715
4	yogurt	1372

为了创建直方图，将使用前面的代码创建摘要数据集。这告诉我们，在所有这些交易中总共有 43000 多种商品，也看到了最畅销的 5 种商品。下面来使用这个数据集来绘制前 20 种最畅销商品。以下代码片段将创建所需的条形图。

```
objects = (list(item_summary_df['item_name'].head(n=20)))
y_pos = np.arange(len(objects))
performance = list(item_summary_df['item_count'].head(n=20))
plt.bar(y_pos, performance, align='center', alpha=0.5)
plt.xticks(y_pos, objects, rotation='vertical')
plt.ylabel('Item count')
plt.title('Item sales distribution')
```

如图 8-12 所示，条形图描述了物品销售情况，它表明仅这 20 种物品就占据了总销量惊人的大部分。

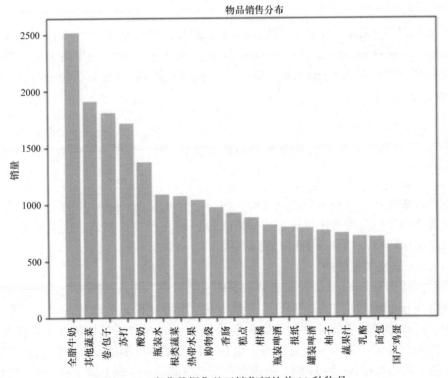

图 8-12　杂货数据集基于销售额的前 20 种物品

我们还可以了解仅这 20 种物品占总销售额的百分比。下面将使用 pandas（cumsum）提供的累积和函数来找出它。首先将在数据集中创建两列。一列可以告诉我们每种物品占总销售额的百分比，另一列将计算该销售百分比的累计总和。

```
item_summary_df['item_perc'] = item_summary_df['item_count']/total_item_count
item_summary_df['total_perc'] = item_summary_df.item_perc.cumsum()
item_summary_df.head(10)
```

	item_name	item_count	item_perc	total_perc
0	whole milk	2513	0.057947	0.057947
1	other vegetables	1903	0.043881	0.101829
2	rolls/buns	1809	0.041714	0.143542
3	soda	1715	0.039546	0.183089
4	yogurt	1372	0.031637	0.214725

```
In [12]: item_summary_df[item_summary_df.total_perc <= 0.5].shape
Out[12]: (19, 4)
```

这展示了前 5 种物品占整个销售额的 21.4%，而前 20 种物品占了超过 50% 的销售额！这很重要，因为对挖掘很少购买的物品的关联规则并不感兴趣。有了这些信息，可以限制想要探索的物品来创建关联规则。这也有助于将可能的项目集控制在一定范围内。

8.4.3.2　挖掘规则

接下来将使用 Orange 和 Orange3-Associate 框架，可以使用命令 conda install orange3 和 pip install orange3-associate 安装。orange3-associate 软件包包含由斯洛文尼亚卢布尔雅那大学生物信息学实验室为 Orange 数据挖掘软件包开发的 FP 增长算法（https：//fri.uni-lj.si/en/laboratory/biolab）。

 建议尝试使用 Orange 软件包，该软件包可从 https：//orange.biolab.si/ 获取。它是一个用 Python 编写的 GUI 驱动的数据挖掘框架，非常有助于以交互方式学习数据分析。

在继续使用软件包查找关联规则之前，将讨论数据在 Orange 库中的表示方式。数据表示有点迷惑性但我们会帮助你将现有数据修改为 Orange 所需的格式。这里主要关注如何将 pandas 数据结构转换为 Orange Table 数据结构。

1. Orange 表格数据结构

表格数据结构是 Orange 中任何表格数据的主要呈现方式。虽然它在某种程度上类似于 numpy 数组或 pandas 数据结构，但它在存储有关实际数据的元数据的方式上与它们不同。在例子中，可以通过提供有关列的元数据轻松地将 pandas 数据结构转换为表格数据结构。我们需要为每个变量定义域。域表示每个变量可以使用的可能值集。此信息将存储为元数据，并将在以后的数据转换中使用。由于列只有二进制值——即 0 或 1——可以使用此信息轻松创建域。以下代码片段可帮助我们将数据结构转换为 Orange 表。

这里通过将每个变量指定为值为（0，1）的 DiscreteVariable 来定义数据域。然后使用此域，我们为数据创建了表格结构。

```
from Orange.data import Domain, DiscreteVariable, ContinuousVariable
from orangecontrib.associate.fpgrowth import *

input_assoc_rules = grocery_df
domain_grocery = Domain([DiscreteVariable.make(name=item, values=['0', '1']) for item in
                                                   input_assoc_rules.columns])
data_gro_1 = Orange.data.Table.from_numpy(domain=domain_grocery,
                             X=input_assoc_rules.as_matrix(),Y= None)
```

2. 使用 FP 增长算法

现在已经了解了所有需要用来进行规则挖掘的知识。但是在进行挖掘之前，想再强调该分析一个重要的方面。在之前的内容中看到了只有一小部分物品占据了销售的大部分，因此这里想要修剪我们的数据来反映这些信息。为此创建了一个函数 prune_dataset（详见 notebook），这个函数会按照要求减小数据的量。这个函数可以用来做两种类型的修剪：

• **基于总销售量的百分比来进行修剪**：参数 total_sales_perc 将帮助我们选择能解释要求的百分比的销量的物品数量。默认值是 50% 或 0.5。

• **基于物品的排序进行修剪**：另一个修剪的方式是指定我们想要修剪的物品的起始和结束排序进行修剪。

默认情况下，只对至少包含两种物品的交易记录进行分析，因为只包含一种物品的交易记录是不符合关联规则挖掘的概念的。以下的代码将会帮助我们通过修剪函数来选择能解释 40% 总销售量的子数据集。

```
output_df, item_counts = prune_dataset(input_df=grocery_df, length_trans=2,total_sales_perc=0.4)
print(output_df.shape)
print(list(output_df.columns))

(4585, 13)
['whole milk', 'other vegetables', 'rolls/buns', 'soda', 'yogurt', 'bottled water', 'root
vegetables', 'tropical fruit', 'shopping bags', 'sausage', 'pastry', 'citrus fruit',
'bottled beer']
```

所以最终发现在 40% 的销售中只有 13 种物品是主要的，而有 4585 个交易记录包含了这些以及其他的一些物品。接下来的步骤是将这些选好的数据转化为要求的数据结构。

```
input_assoc_rules = output_df
domain_grocery = Domain([DiscreteVariable.make(name=item,values=['0', '1']) for item in
                                                   input_assoc_rules.columns])
data_gro_1 = Orange.data.Table.from_numpy(domain=domain_grocery,
                             X=input_assoc_rules.as_matrix(), Y= None)
data_gro_1_en, mapping = OneHot.encode(data_gro_1, include_class=False)
```

这里在之前的代码上加入了最后一行，这将使之呈现为二分变量。这将完成规则挖掘所需要的所有数据的准备工作。

最后一步是创建规则。这里需要明确两个信息来创建规则：支持度和自信度。在之前已经定义过这两个度量了，所以在这里不再进行定义。一个重要的方面是我们从一个较高的支持度开始，因为低支持度意味着将会有大量的频繁项集，从而有更长的挖掘时间。我们将明确最小的支持度为 0.01——至少 45 个交易记录——在明确自信度和创建规则之前先看频繁项集的数量。

```
min_support = 0.01
print("num of required transactions = ", int(input_assoc_rules.shape[0]*min_support))
num_trans = input_assoc_rules.shape[0]*min_support
itemsets = dict(frequent_itemsets(data_gro_1_en, min_support=min_support))

num of required transactions =  45
```

```
In [25]: len(itemsets)
Out[25]: 166886
```

所以在支持度只有 1% 的情况下得到了 166886 这个巨大数目的物品种类。如果降低支持度或者增加数据集中物品种类的数量，这个数会以指数级增长。下一步是明确自信度的值并建立规则。现在已经写好了一段代码来采用一个自信度的值并创建规则来满足一定的支持度和自信度要求。建好的规则然后通过映射和变量名来解码。Orange3-Associate 同样提供了函数来提取每一条规则的度量。接下来的代码将会创建规则并解码规则，然后将其编辑为整齐的数据结构以供进一步的分析使用。

```
confidence = 0.3
rules_df = pd.DataFrame()

if len(itemsets) < 1000000:
    rules = [(P, Q, supp, conf)
    for P, Q, supp, conf in association_rules(itemsets, confidence)
        if len(Q) == 1 ]

    names = {item: '{}={}'.format(var.name, val)
        for item, var, val in OneHot.decode(mapping, data_gro_1, mapping)}
    eligible_ante = [v for k,v in names.items() if v.endswith("1")]
    N = input_assoc_rules.shape[0] * 0.5
    rule_stats = list(rules_stats(rules, itemsets, N))
    rule_list_df = []
    for ex_rule_frm_rule_stat in rule_stats:
        ante = ex_rule_frm_rule_stat[0]
        cons = ex_rule_frm_rule_stat[1]
        named_cons = names[next(iter(cons))]
        if named_cons in eligible_ante:
            rule_lhs = [names[i][:-2] for i in ante if names[i] in eligible_ante]
            ante_rule = ', '.join(rule_lhs)
            if ante_rule and len(rule_lhs)>1 :
                rule_dict = {'support' : ex_rule_frm_rule_stat[2],
                             'confidence' : ex_rule_frm_rule_stat[3],
                             'coverage' : ex_rule_frm_rule_stat[4],
                             'strength' : ex_rule_frm_rule_stat[5],
                             'lift' : ex_rule_frm_rule_stat[6],
                             'leverage' : ex_rule_frm_rule_stat[7],
                             'antecedent': ante_rule,
                             'consequent':named_cons[:-2] }
                rule_list_df.append(rule_dict)
    rules_df = pd.DataFrame(rule_list_df)
    print("Raw rules data frame of {} rules generated".format(rules_df.shape[0]))
```

```
if not rules_df.empty:
    pruned_rules_df = rules_df.groupby(['antecedent','consequent']).max().reset_index()
else:
    print("Unable to generate any rule")
```

Raw rules data frame of 16628 rules generated

这段代码的输出结果包含了可以用来分析的关联规则数据结构。你可以调整物品种类数量、后件、前件、支持度和自信度来创建不同的规则。先从通过能解释 40% 总销售量，最小支持度为 1%（交易记录大于等于 45）和自信度大于 30% 创建的规则中取一些例子。通过以下代码，收集了一些每个物品均可以作为后件（出现在规则右边）的具有最大提升度的规则。

```
(pruned_rules_df[['antecedent','consequent',
                  'support','confidence','lift']].groupby('consequent')
                                          .max()
                                          .reset_index()
                                          .sort_values(['lift',
                                          'support','confidence'],
                                                      ascending=False))
```

下面来说明第一个例子，这个例子是：

{酸奶，全脂奶，热带水果 → 根菜}

这个规则中展现的模式十分容易理解——购买了酸奶、全脂牛奶和热带水果的人同时也趋向于购买根菜。下面来理解这些度量。这个规则的支持度是 228，也就是说，所有这些商品在数据集中一共一起出现了 228 次。这个规则的自信度是 46%，意味着在数据集中前件出现了的情况下有 46% 的交易记录后件也出现了（也就是有 46% 的情况顾客购买了左边的商品同时也购买了根菜）。在图 8-13 中另一个很重要的度量是提升度。提升度表示在出现

	consequent	antecedent	support	confidence	lift
4	root vegetables	yogurt, whole milk, tropical fruit	228	0.463636	2.230611
5	sausage	shopping bags, rolls/buns	59	0.393162	2.201037
8	tropical fruit	yogurt, root vegetables, whole milk	92	0.429907	2.156588
1	citrus fruit	whole milk, other vegetables, tropical fruit	66	0.333333	2.125637
10	yogurt	whole milk, tropical fruit	199	0.484211	1.891061
2	other vegetables	yogurt, whole milk, tropical fruit	228	0.643836	1.826724
6	shopping bags	sausage, soda	50	0.304878	1.782992
0	bottled water	yogurt, soda	59	0.333333	1.707635
9	whole milk	yogurt, tropical fruit	228	0.754098	1.703222
3	rolls/buns	yogurt, whole milk, tropical fruit	97	0.522222	1.679095
7	soda	yogurt, sausage	95	0.390625	1.398139

图 8-13　杂货数据集的关联规则

了酸奶、全脂奶和热带水果的交易记录中发现根菜的概率要大于在之前的交易记录（2.23）中发现根菜的正常概率。特别的，如果提升度等于 1 说明前件和后件同时出现的概率是相互独立的。因此，我们的目的是寻找那些提升度大于 1 的规则。在例子中，之前提到过的规则都是质量高的规则。

这是一个显著有用的信息，因为这可以启发零售商捆绑销售类似这样的商品或是当顾客同时购买根菜和其他 3 种商品时进行打折。

我们鼓励你将来应用自己的数据集进行类似的分析，同时也尝试我们用来做市场分类案例的线上零售交易数据集。当考虑用于市场分类的线上零售交易数据集时，分析的工作流程将十分类似。这两个数据集唯一的不同在于它们的呈现方式。你可以用接下来的代码来分析那个数据集中英国的模式。

```python
cs_mba = pd.read_excel(io=r'Online Retail.xlsx')
cs_mba_uk = cs_mba[cs_mba.Country == 'United Kingdom']
# 去掉被退货的物品
cs_mba_uk = cs_mba_uk[~(cs_mba_uk.InvoiceNo.str.contains("C") == True)]
cs_mba_uk = cs_mba_uk[~cs_mba_uk.Quantity<0]


# 创建交易数据集
items = list(cs_mba_uk.Description.unique())
grouped = cs_mba_uk.groupby('InvoiceNo')
transaction_level_df_uk = grouped.aggregate(lambda x: tuple(x)).reset_index()
[['InvoiceNo','Description']]
transaction_dict = {item:0 for item in items}
output_dict = dict()
temp = dict()
for rec in transaction_level_df_uk.to_dict('records'):
    invoice_num = rec['InvoiceNo']
    items_list = rec['Description']
    transaction_dict = {item:0 for item in items}
    transaction_dict.update({item:1 for item in items if item in items_list})
    temp.update({invoice_num:transaction_dict})

new = [v for k,v in temp.items()]
tranasction_df = pd.DataFrame(new)
del(tranasction_df[tranasction_df.columns[0]])
```

一旦你建立好了交易记录的数据集，便可以基于提取和挖掘规则选择你自己的参数设置。比如说，以下的代码将会用 0.01 的最小支持度（至少 49 个交易记录）和 0.3 的最小自信度来挖掘销量最高的 15 种商品的销售模式。

```python
output_df_uk_n, item_counts_n = prune_dataset(input_df=tranasction_df, length_trans=2,
                                              start_item=0, end_item=15)
input_assoc_rules = output_df_uk_n
domain_transac = Domain([DiscreteVariable.make(name=item,values=['0', '1']) for item in
                                                input_assoc_rules.
                                                columns])
```

```
data_tran_uk = Orange.data.Table.from_numpy(domain=domain_transac,  X=input_assoc_rules.
as_matrix(),Y= None)
data_tran_uk_en, mapping = OneHot.encode(data_tran_uk, include_class=True)

support = 0.01
num_trans = input_assoc_rules.shape[0]*support
itemsets = dict(frequent_itemsets(data_tran_uk_en, support))
confidence = 0.3
rules_df = pd.DataFrame()
...  # rest of the code similar to what we did earlier
```

接下来的分析可以通过用于杂货数据集的同样的工作流程来进行。当卡住的时候可以参考 Cross Selling.ipynb notebook。图 8-14 展现了之前在线上零售交易数据集中发现的一些模式。

	consequent	antecedent	support	confidence	lift
8	PACK OF 72 RETROSPOT CAKE CASES	WHITE HANGING HEART T-LIGHT HOLDER, REGENCY CAKESTAND 3 TIER, NATURAL SLATE HEART CHALKBOARD	145	0.971014	5.394404
9	PAPER CHAIN KIT 50'S CHRISTMAS	WHITE HANGING HEART T-LIGHT HOLDER, REGENCY CAKESTAND 3 TIER, NATURAL SLATE HEART CHALKBOARD	94	0.597701	4.341428
3	JUMBO SHOPPER VINTAGE RED PAISLEY	WHITE HANGING HEART T-LIGHT HOLDER, PAPER CHAIN KIT 50'S CHRISTMAS	384	0.879310	4.218819
5	LUNCH BAG BLACK SKULL.	WHITE HANGING HEART T-LIGHT HOLDER, PACK OF 72 RETROSPOT CAKE CASES, LUNCH BAG RED RETROSPOT	227	0.852459	4.078157
4	JUMBO STORAGE BAG SUKI	WHITE HANGING HEART T-LIGHT HOLDER, SET OF 3 CAKE TINS PANTRY DESIGN , JUMBO BAG PINK POLKADOT	405	0.852459	4.016191

图 8-14　英国顾客线上零售交易的关联规则

从图 8-14 中的度量来看这些规则很明显质量都很高。这里可以发现和烘焙有关的商品通常都被一起购买，而包包也通常是同时购买。可以尝试改变之前提到的参数来看是否能发现更多有趣的模式。

8.5　总结

本章学习了一些简单却很有价值的案例。本章的关键之处在于要意识到对于任何分析或者基于机器学习的解决方案最重要的一点是要向企业提供价值。作为一个从事分析或是数据科学的专业人员，必须要尝试去平衡我们的工作价值和技术的复杂性。我们学习了一些很重要的方法，这些方法潜在地可以用来直接为企业创造回报或是构建零售业务。我们学习了关于顾客分类的概念及它的影响，并且用新颖的方法使用无监督学习来进行顾客分类并观察有趣的模式和行为。交叉销售展现了模式挖掘的世界，例如关联规则挖掘的基于规则的框架以及例如市场篮子分析的法则。我们运用了和之前完全不同的框架并且了解了除了常规的建模和分析之外的数据切分和预处理。在本书接下来的章节中，将提高案例学习的技术复杂性，但是还是提醒你时刻记住清楚认识到这些解决方案背后的价值和影响。加油！

第 9 章
分析酒的类型和质量

上一章研究了利用如聚类和规则挖掘框架的无监督机器学习技术的具体案例。本章将重点介绍一些与监督机器学习算法和预测分析相关的案例研究。在第 7 章中研究了基于分类的问题，其中我们基于文本评论构建情感分类器以预测电影评论的情感。在本章中，手中的问题是使用物理化学属性来分析、建模和预测葡萄酒的类型和质量。葡萄酒是一种品尝起来令人愉快的酒精饮料，深受全球数百万人的喜爱。事实上，许多人都喜欢用葡萄酒来庆祝，或者甚至在艰难的一天结束时喝一杯葡萄酒放松！弗朗西斯·培根的以下引用应该能引起你对葡萄酒及其意义的兴趣。

"在 4 件事中时间是最好的东西：用来生火的木材，陈年佳酿，可信任的旧友，值得阅读的老作家的书。"

——弗朗西斯·培根

无论你是否喜欢饮用葡萄酒，分析葡萄酒的理化属性并了解它们与葡萄酒质量和类型的关系和意义肯定会很有趣。由于我们将尝试预测葡萄酒的类型和质量，因此这里涉及的监督机器学习任务是分类。本章将介绍分析和可视化葡萄酒数据属性和特征的各种方法，同时关注单变量和多变量分析。为了预测葡萄酒的类型和质量，我们将基于最先进的监督机器学习技术构建分类器，包括逻辑回归、深度神经网络、决策树和例如随机森林和梯度提升的集成模型等。我们将特别强调分析、可视化和数据建模，以便你可以在未来根据自己的基于分类的实际问题模拟类似的原则。这里要感谢 UC Irvine ML 存储库的数据集。还特别值得一提的是 DataCamp 和著名的数据科学记者 Karlijn Willems，她在分析葡萄酒质量数据集方面做了一些出色的工作，并在 https://www.datacamp.com/community/tutorials/deep-learning-python 撰写了一篇关于她的发现的文章，您可以从中查看更多详细信息。我们从文中获取了一些分析和解释作为本书章节的灵感来源，而 Karlijn 也十分热心地分享了这些内容。

9.1 问题陈述

"给定一个数据集，或者在这个案例中，两个葡萄酒理化性质的数据集，你能猜出葡萄酒的类型和质量吗？"这是本章的主要目标。当然，这并不意味着整个重点只是利用机器学习来构建预测模型。下面将基于标准机器学习和数据挖掘工作流模型（如 CRISP-DM 模型）来处理、分析、可视化和建模我们的数据集。

本章中使用的数据集可以在非常流行的 UCI 机器学习知识库中找到，其名称为 Wine Quality Data Set。你可以访问 https：//archive.ics.uci.edu/ml/datasets/wine+quality 查看更多详细信息，这样你就可以访问原始数据集以及有关数据集中各种特征的详细信息。这里有两个数据集，一个用于红葡萄酒，另一个用于白葡萄酒。更具体地说，葡萄酒数据集与来自葡萄牙北部的红色和白色 vinho verde 葡萄酒样品有关。 同一网页中的另一个文件说明了数据集的详细信息，包括属性信息。 数据集的收集归功于 P. Cortez、A.Cerdeira、F.Almeida、T.Matos 和 J. Reis，你可以通过他们的论文 *"Modeling wine preferences by data mining from physicochemical properties"* [发表在 Decision Support Systems，Elsevier，47（4）：547-553，2009] 获得更多具体信息。

总而言之我们的主要目标是尝试通过在葡萄酒质量数据集上利用机器学习和数据分析来解决以下主要问题。

- 预测每种葡萄酒样品是红葡萄酒还是白葡萄酒。
- 预测每种葡萄酒样品的质量，可以是低、中或高。

让在开始数据分析之前先设置必要的文件！

9.2 设置依赖项

我们将使用几个特定于机器学习和深度学习的 Python 库和框架。就像我们之前的章节一样，你需要确保安装了 pandas、numpy、scipy 和 scikit-learn，它们将用于数据处理和机器学习。我们还将广泛使用 matplotlib 和 seaborn 进行探索性数据分析和可视化。本章中使用的深度学习框架包括具有 TensorFlow 后端的 Keras，但你也可以选择使用 Theano 作为后端。我们还将使用 xgboost 库来构建梯度增强集合模型。与监督模型拟合、预测和评估相关的实用程序存在于 model_evaluation_utils.py 中，因此请确保将这些模块连同本章的其他 Python 文件和 jupyter notebook 放在同一目录中，这些文件可以从 Github 相关目录中获取，地址为 https：//github.com/dipanjanS/practical-machine-learning-with-python。

9.3 获取数据

你可以通过 https：//github.com/dipanjanS/practical-machine-learning-with-python 获取本章中的数据集和代码，文件位于第 9 章的相应文件夹下。 以下是本章中的相关文件。

- 名为 winequality-red.csv 的文件包含与 1599 份红葡萄酒样本记录有关的数据集。
- 名为 winequality-white.csv 的文件包含与 4898 份白葡萄酒样本记录有关的数据集。
- 名为 winequality.names 的文件包含详细信息和与数据集相关的数据字典。

如果需要也可以从 https：//archive.ics.uci.edu/ml/datasets/wine+quality 下载相同的数据。获得 CSV 文件后，你可以使用 pandas 中的 read_csv（...）函数轻松地在 Python 中加载它。

9.4 探索性数据分析

　　标准机器学习和分析工作流程建议在数据建模之前先处理、清理、分析和可视化数据。我们也还将遵循在其他章节中使用的相同工作流程。 你可以参考标题为 exploratory_data_analysis.py 的 Python 文件来了解本节中使用的所有代码，或使用名为 Exploratory Data Analysis.ipynb 的 jupyter notebook 获得更具交互性的体验。

9.4.1 处理和合并数据集

　　下面加载以下必要的文件和配置设置。

```
import pandas as pd
import matplotlib.pyplot as plt
import matplotlib as mpl
import numpy as np
import seaborn as sns

%matplotlib inline
```

　　现在将处理数据集（红葡萄酒和白葡萄酒），并添加一些我们希望在以后的部分中预测的其他变量。下面将添加的第一个变量是 wine_type，基于数据集和葡萄酒样本它可以是红葡萄酒或白葡萄酒。将添加的第二个变量是 quality_label，它是基于质量得分对葡萄酒样品质量的定性测量。用于将质量映射到 quality_label 的规则描述如下。

- 在 quality_label 中，葡萄酒质量分数 3、4 和 5 被映射到低质量葡萄酒。
- 在 quality_label 中，葡萄酒质量分数 6 和 7 被映射到中质量的葡萄酒。
- 在 quality_label 中，葡萄酒质量分数 8 和 9 被映射到高质量葡萄酒。

　　添加这些属性后，还将红葡萄酒和白葡萄酒的两个数据集合并在一起以创建单个数据集，我们使用 pandas 来合并和打乱数据的顺序。以下代码片段将帮助实现这一目标。

```
In [3]: white_wine = pd.read_csv('winequality-white.csv', sep=';')
   ...: red_wine = pd.read_csv('winequality-red.csv', sep=';')
   ...:
   ...: # 将酒的类别创建为一个属性
   ...: red_wine['wine_type'] = 'red'
   ...: white_wine['wine_type'] = 'white'
   ...: # 将酒的品质分数划分成定性数量标签
   ...: red_wine['quality_label'] = red_wine['quality'].apply(lambda value: 'low'
   ...:                                                 if value <= 5 else 'medium'
   ...:                                                 if value <= 7 else 'high')
   ...: red_wine['quality_label'] = pd.Categorical(red_wine['quality_label'],
   ...:                                     categories=['low', 'medium', 'high'])
   ...: white_wine['quality_label'] = white_wine['quality'].apply(lambda value: 'low'
   ...:                                                 if value <= 5 else 'medium'
   ...:                                                 if value <= 7 else 'high')
   ...: white_wine['quality_label'] = pd.Categorical(white_wine['quality_label'],
   ...:                                     categories=['low', 'medium', 'high'])
   ...:
   ...: # 合并红葡萄酒和白葡萄酒数据集
   ...: wines = pd.concat([red_wine, white_wine])
```

```
...: # 再次随机打乱数据顺序
...: wines = wines.sample(frac=1, random_state=42).reset_index(drop=True)
```

在接下来的章节中我们的目标是根据葡萄酒数据集中的其他特征来预测 wine_type 和 quality_label。现在先尝试更多地了解我们的数据集及其特征。

9.4.2　理解数据集特征

在上一节中获得的葡萄酒数据集是将用于分析和建模的最终数据集。我们还将在必要时使用 red_wine 和 white_wine 数据集进行基本的探索性分析和可视化。下面从查看数据样本总数以及数据集中的不同特征开始。

```
In [3]: print(white_wine.shape, red_wine.shape)
   ...: print(wines.info())
(4898, 14) (1599, 14)
<class 'pandas.core.frame.DataFrame'>
RangeIndex: 6497 entries, 0 to 6496
Data columns (total 14 columns):
fixed acidity           6497 non-null float64
volatile acidity        6497 non-null float64
citric acid             6497 non-null float64
residual sugar          6497 non-null float64
chlorides               6497 non-null float64
free sulfur dioxide     6497 non-null float64
total sulfur dioxide    6497 non-null float64
density                 6497 non-null float64
pH                      6497 non-null float64
sulphates               6497 non-null float64
alcohol                 6497 non-null float64
quality                 6497 non-null int64
wine_type               6497 non-null object
quality_label           6497 non-null category
dtypes: category(1), float64(11), int64(1), object(1)
memory usage: 666.4+ KB
```

这些信息说明，有 4898 个白葡萄酒数据点和 1599 个红葡萄酒数据点。合并的数据集共包含 6497 个数据点，我们还可以了解数值的和分类属性。 接下来看看数据集中的一些样本数据点。

```
In [4]: wines.head()
```

图 9-1 中显示了葡萄酒质量数据集的葡萄酒样本记录。查看这些值，可以了解数值和分类特征。现在来尝试获得关于葡萄酒及其属性的一些专业知识。专业知识是必不可少的，并且始终建议了解，特别是如果你尝试分析和建模来自不同领域的数据。

Out[4]:

	fixed acidity	volatile acidity	citric acid	residual sugar	chlorides	free sulfur dioxide	total sulfur dioxide	density	pH	sulphates	alcohol	quality	wine_type	quality_label
0	7.0	0.17	0.74	12.8	0.045	24.0	126.0	0.99420	3.26	0.38	12.2	8	white	high
1	7.7	0.64	0.21	2.2	0.077	32.0	133.0	0.99560	3.27	0.45	9.9	5	red	low
2	6.8	0.39	0.34	7.4	0.020	38.0	133.0	0.99212	3.18	0.44	12.0	7	white	medium
3	6.3	0.28	0.47	11.2	0.040	61.0	183.0	0.99592	3.12	0.51	9.5	6	white	medium
4	7.4	0.35	0.20	13.9	0.054	63.0	229.0	0.99888	3.11	0.50	8.9	6	white	medium

图 9-1　来自葡萄酒质量数据集的样本数据点

葡萄酒是一种由葡萄发酵而制成的酒精饮料,不添加糖、酸、酶、水或其他营养成分。红葡萄酒和白葡萄酒是两种变体。通常红葡萄酒由深红色和黑色葡萄制成。颜色范围从红色、棕色到紫罗兰等各种色调。这是用包括葡萄皮在内的全葡萄制作的,这增加了红葡萄酒的颜色和风味,使其具有浓郁的风味。白葡萄酒由白葡萄制成,没有皮或种子。颜色通常为稻草黄色、黄绿色或黄金色。与较浓的红葡萄酒相比,大多数白葡萄酒具有淡淡的水果味。现在让我们深入了解数据集中每个属性的详细信息。再次感谢 Karlijn 对一些属性进行的描述。我们的数据集共有 14 个属性,描述如下。

- **固定酸度(fixed acidity)**:酸是葡萄酒的基本特性之一,对葡萄酒的味道影响很大。显著减少酸度可能导致葡萄酒味道平淡。固定酸包括酒石酸、苹果酸、柠檬酸和琥珀酸,它们存在于葡萄中(琥珀酸除外)。该变量通常以数据集中的 $\frac{g(tartarioacid)}{dm^3}$ 表示。

- **挥发性酸度(volatile acidity)**:在完成生产过程之前,要从葡萄酒中蒸馏出这些酸。它主要由乙酸构成,但也可能存在其他酸(如乳酸、甲酸和丁酸)。过量的挥发性酸是不被希望的,因为会导致令人不喜欢的味道。在美国,红葡萄酒的挥发性酸度的法定限量为 1.2g/L,白葡萄酒的挥发酸度为 1.1 g/L。挥发性酸度在数据集中以 $\frac{g(aceticacid)}{dm^3}$ 表示。

- **柠檬酸(citric acid)**:这是固定酸之一,赋予葡萄酒新鲜感。通常大多数是在发酵过程中产生的,有时它是单独添加的,以使葡萄酒更加新鲜。它通常以 $\frac{g}{dm^3}$ 表示在数据集中。

- **残糖(residual sugar)**:这通常是指发酵过程停止或停止后残留的葡萄中的天然糖。它通常以 $\frac{g}{dm^3}$ 表示在数据集中。

- **氯化物(chlorides)**:这通常是葡萄酒中咸味的主要原因。它通常用数据集中的氯化钠 $\frac{g(sodiumchloride)}{dm^3}$ 表示。

- **游离二氧化硫(free sulfur dioxide)**:这是二氧化硫的一部分,据说当添加到葡萄酒中时在剩余部分结合后是游离的。酿酒师总是试图将最高比例的游离硫结合起来。它们也被称为亚硫酸盐,太多是人们不希望的,并且会产生刺激性气味。该变量在数据集中以 $\frac{mg}{dm^3}$ 表示。

- **总二氧化硫(total sulfur dio xide)**:这是结合的和游离的二氧化硫(SO_2)的总和。此处以 $\frac{mg}{dm^3}$ 表示。这主要是为了杀死有害细菌,以保持质量和新鲜度。葡萄酒中的硫含量通常有法律限制,过量甚至可以杀死好的酵母并产生不良气味。

- **密度(density)**:这可以表示为特定体积葡萄酒的重量与等量水的比值。它通常用作糖转化为酒精的量度。此处以 $\frac{g}{cm^3}$ 表示。

- **pH 值**:也称氢的潜力,这是一个用于明确葡萄酒的酸度或碱度的数字量。固定酸度对葡萄酒的 pH 值影响最大。你可能知道，pH 小于 7 的溶液是酸性的，而 pH 大于 7 的溶液是碱性的。pH 为 7 的纯水为中性。大多数葡萄酒的 pH 介于 2.9~3.9 之间，因此是酸性的。

- **硫酸盐（sulphates）**：这些是含硫的矿物盐。硫酸盐对葡萄酒而言犹如麸质对于食物。它们是世界各地葡萄酒酿造的常规组成部分，被认为是必不可少的。它们与发酵过程相关，可以影响葡萄酒的香气和风味。此处它们用数据集中的 $\frac{g(potassium sulphate)}{dm^3}$ 表示。

- **酒精（alcohol）**：葡萄酒是一种酒精饮料。酵母在发酵过程中转化糖而形成酒精。酒精的百分比因酒而异。因此将此属性作为此数据集的一部分并不奇怪。它通常以 %vol 或酒精量（ABV）来衡量。

- **质量（quality）**：葡萄酒专家将葡萄酒质量评为 0（非常差）和 10（非常优秀）。最终的质量得分是由相同的葡萄酒专家进行的至少 3 次评估的中位数。

- **wine_type**：由于我们最初有两个（红葡萄酒和白葡萄酒）数据集，我们在最终合并数据集中引入了此属性，该数据集指示每个数据点的葡萄酒类型。葡萄酒可以是红葡萄酒或白葡萄酒。我们将在本章中建立的预测模型之一是通过查看其他葡萄酒属性来预测葡萄酒的类型。

- **quality_label**：这是 quality 属性的派生属性。我们将葡萄酒质量分数分组为 3 个定性类别，即低、中、高。质量得分分别为 3、4 和 5 的葡萄酒质量较差；分数为 6 和 7 的为中等质量；8 分和 9 分是高质量的葡萄酒。我们还将在本章中构建另一个模型，以根据其他葡萄酒属性预测该葡萄酒的质量标签。

现在你已经拥有了数据集及其属性的基础知识，下面来分析并可视化各种属性及其联系。

9.4.3 描述性统计

首先计算数据集中感兴趣的各种特征的一些描述性统计数据。这涉及计算聚合度量，如均值、中值、标准差等。你应该还记得我们的主要目标之一是建立一个能够根据其属性正确预测葡萄酒是红葡萄酒还是白葡萄酒的模型。让我们根据葡萄酒类型建立一个关于葡萄酒各种属性的描述性汇总表。

图 9-2 中描述的汇总表显示了葡萄酒各种属性的描述性统计数据。你注意到什么有趣的属性吗？首先，白葡萄酒中的平均残糖和总二氧化硫含量似乎远远高于红葡萄酒。此外，与白葡萄酒相比，红葡萄酒中硫酸盐和挥发性酸度的平均值似乎更高。尝试其他属性，看看你是否能找到更有趣的比较！将葡萄酒质量水平视为数据子集，下面使用以下代码片段构建一些描述性摘要统计数据。

```
In [5]: subset_attributes = ['residual sugar', 'total sulfur dioxide', 'sulphates',
                             'alcohol', 'volatile acidity', 'quality']
   ...: rs = round(red_wine[subset_attributes].describe(),2)
   ...: ws = round(white_wine[subset_attributes].describe(),2)
   ...: pd.concat([rs, ws], axis=1, keys=['Red Wine Statistics', 'White Wine Statistics'])
```

Out[5]:

	Red Wine Statistics						White Wine Statistics					
	residual sugar	total sulfur dioxide	sulphates	alcohol	volatile acidity	quality	residual sugar	total sulfur dioxide	sulphates	alcohol	volatile acidity	quality
count	1599.00	1599.00	1599.00	1599.00	1599.00	1599.00	4898.00	4898.00	4898.00	4898.00	4898.00	4898.00
mean	2.54	46.47	0.66	10.42	0.53	5.64	6.39	138.36	0.49	10.51	0.28	5.88
std	1.41	32.90	0.17	1.07	0.18	0.81	5.07	42.50	0.11	1.23	0.10	0.89
min	0.90	6.00	0.33	8.40	0.12	3.00	0.60	9.00	0.22	8.00	0.08	3.00
25%	1.90	22.00	0.55	9.50	0.39	5.00	1.70	108.00	0.41	9.50	0.21	5.00
50%	2.20	38.00	0.62	10.20	0.52	6.00	5.20	134.00	0.47	10.40	0.26	6.00
75%	2.60	62.00	0.73	11.10	0.64	6.00	9.90	167.00	0.55	11.40	0.32	6.00
max	15.50	289.00	2.00	14.90	1.58	8.00	65.80	440.00	1.08	14.20	1.10	9.00

图 9-2　根据葡萄酒类型的葡萄酒属性描述性统计

图 9-3 中描述的汇总表显示了按葡萄酒质量等级划分的葡萄酒各种属性子集的描述性统计数据。有趣的是，平均酒精含量似乎会根据葡萄酒质量的等级而增加。同时还发现不同质量的葡萄酒样品的 pH 值几乎一致。有没有办法在统计上证明这一点呢？这些将在下一节中讨论。

```
In [6]: subset_attributes = ['alcohol', 'volatile acidity', 'pH', 'quality']
   ...: ls = round(wines[wines['quality_label'] == 'low'][subset_attributes].describe(),2)
   ...: ms = round(wines[wines['quality_label'] == 'medium'][subset_attributes].describe(),2)
   ...: hs = round(wines[wines['quality_label'] == 'high'][subset_attributes].describe(),2)
   ...: pd.concat([ls, ms, hs], axis=1, keys=['Low Quality Wine', 'Medium Quality Wine',
                                              'High Quality Wine'])
```

Out[6]:

	Low Quality Wine				Medium Quality Wine				High Quality Wine			
	alcohol	volatile acidity	pH	quality	alcohol	volatile acidity	pH	quality	alcohol	volatile acidity	pH	quality
count	2384.00	2384.00	2384.00	2384.00	3915.00	3915.00	3915.00	3915.00	198.00	198.00	198.00	198.00
mean	9.87	0.40	3.21	4.88	10.81	0.31	3.22	6.28	11.69	0.29	3.23	8.03
std	0.84	0.19	0.16	0.36	1.20	0.14	0.16	0.45	1.27	0.12	0.16	0.16
min	8.00	0.10	2.74	3.00	8.40	0.08	2.72	6.00	8.50	0.12	2.88	8.00
25%	9.30	0.26	3.11	5.00	9.80	0.21	3.11	6.00	11.00	0.21	3.13	8.00
50%	9.60	0.34	3.20	5.00	10.80	0.27	3.21	6.00	12.00	0.28	3.23	8.00
75%	10.40	0.50	3.31	5.00	11.70	0.36	3.33	7.00	12.60	0.35	3.33	8.00
max	14.90	1.58	3.90	5.00	14.20	1.04	4.01	7.00	14.00	0.85	3.72	9.00

图 9-3　根据葡萄酒质量的葡萄酒属性的描述性统计

9.4.4　推论统计

推论统计的一般概念是利用样本数据来对总量进行推论和命题。其基本想法是使用统计方法和模型从给定的假设中得出统计推断。每个假设都由原假设和备择假设组成。根据统计检验结果，如果基于预设显著性水平（例如，如果获得的 p 值小于 5% 显著性水平）结果是统计学显著的，则我们拒绝原假设而支持备则假设。否则，如果结果在统计上不显著，得出的结论是原假设是正确的。回到上一节中的问题，根据葡萄酒质量等级给出多个数据组或葡萄酒样品子集,有没有办法证明数据组中的平均酒精含量或 pH 值水平差异是否很大?

用来证明或反驳数据子集之间的平均差异的一个很好的统计模型是使用单向 ANOVA 测试。ANOVA 代表"方差分析",这是一个非常好的统计模型,可用于分析各组平均值之间的统计学显著差异。这基本上是通过统计检验来实现的,该检验可以帮助确定几个组的平均值是否相等。通常原假设表示为

$$H_0: \mu_1 = \mu_2 = \mu_3 = \cdots = \mu_n$$

式中,n 为数据组或子集的数量,并且该等式表示基于统计显著性水平,各组的平均值彼此差异不大。另一种假设 H_A 告诉我们,至少有两个子集的均值在统计上显著不同。通常 F 统计量和与之相关的 p 值用于确定统计显著性。通常小于 0.05 的 p 值被认为是统计上显著的结果,于是拒绝原假设。建议阅读有关推论统计的标准书籍以获得有关这些概念的更深入的知识。

对于我们的案例,数据中的 3 个数据子集或组是根据葡萄酒质量等级来创建的。第一次测试中的平均值将基于葡萄酒的酒精含量,第二次测试将基于葡萄酒的 pH 值水平。此外,假设零假设是低、中、高质量葡萄酒的组平均值相同,而备择假设是至少两组平均值之间存在差异(统计上显著)。以下代码片段可帮助我们执行单向 ANOVA 测试。

```
In [7]: from scipy import stats
   ...:
   ...: F, p = stats.f_oneway(wines[wines['quality_label'] == 'low']['alcohol'],
   ...:                       wines[wines['quality_label'] == 'medium']['alcohol'],
   ...:                       wines[wines['quality_label'] == 'high']['alcohol'])
   ...: print('ANOVA test for mean alcohol levels across wine samples with different quality
              ratings')
   ...: print('F Statistic:', F, '\tp-value:', p)
   ...:
   ...: F, p = stats.f_oneway(wines[wines['quality_label'] == 'low']['pH'],
   ...:                       wines[wines['quality_label'] == 'medium']['pH'],
   ...:                       wines[wines['quality_label'] == 'high']['pH'])
   ...: print('\nANOVA test for mean pH levels across wine samples with different quality
              ratings')
   ...: print('F Statistic:', F, '\tp-value:', p)
ANOVA test for mean alcohol levels across wine samples with different quality ratings
F Statistic: 673.074534723        p-value: 2.27153374506e-266

ANOVA test for mean pH levels across wine samples with different quality ratings
F Statistic: 1.23638608035        p-value: 0.290500277977
```

从上面的结果可以清楚地看到,在第一次测试中 p 值远小于 0.05,在第二次测试中大于 0.05。这表明,对于 3 个中的至少两个群体,酒精水平平均值存在统计学上的显著差异(拒绝零假设而支持备择假设)。然而,在 pH 水平均值的情况下,不拒绝零假设,因此得出结论,在 3 组之间的 pH 水平均值在统计学上没有显著差异。这里甚至可以使用以下代码片段将这两个属性可视化,并观察其均值。

```
f, (ax1, ax2) = plt.subplots(1, 2, figsize=(10, 4))
f.suptitle('Wine Quality - Alcohol Content/pH', fontsize=14)
f.subplots_adjust(top=0.85, wspace=0.3)

sns.boxplot(x="quality_label", y="alcohol",
            data=wines, ax=ax1)
ax1.set_xlabel("Wine Quality Class",size = 12,alpha=0.8)
ax1.set_ylabel("Wine Alcohol %",size = 12,alpha=0.8)

sns.boxplot(x="quality_label", y="pH", data=wines, ax=ax2)
ax2.set_xlabel("Wine Quality Class",size = 12,alpha=0.8)
ax2.set_ylabel("Wine pH",size = 12,alpha=0.8)
```

图 9-4 中描绘的箱形图显示了基于葡萄酒质量的葡萄酒酒精含量分布与 pH 水平相比的显著差异，pH 值看起来在 3.1～3.3 之间，实际上如果你看一下 3 组中 pH 水平的平均值和中值，其大约为 3.2，与酒精含量相比有着显著不同。你能从这些数据中找到更有趣的模式和假设吗？试一试!

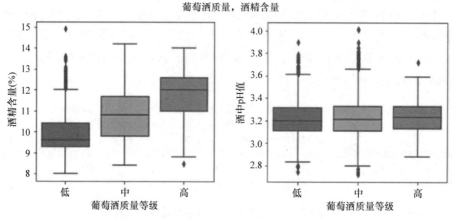

图 9-4　根据质量等级可视化葡萄酒酒精含量和 pH 值分布

9.4.5　单变量分析

这可能是探索性数据分析中最容易的并且是核心基础步骤之一。在单变量分析的例子中往往只涉及处理一个变量或特征。不涉及分析多个变量之间的关系或相关性。构建直方图是可视化所有数据最简便的方法。以下代码片段会帮助可视化所有属性的数据分布。虽然在许多情况下直方图可能不是一个合适的可视化方式，但对于数值型数据来说是一个不错的选择。

```
red_wine.hist(bins=15, color='red', edgecolor='black', linewidth=1.0,
              xlabelsize=8, ylabelsize=8, grid=False)
plt.tight_layout(rect=(0, 0, 1.2, 1.2))
rt = plt.suptitle('Red Wine Univariate Plots', x=0.65, y=1.25, fontsize=14)

white_wine.hist(bins=15, color='white', edgecolor='black', linewidth=1.0,
                xlabelsize=8, ylabelsize=8, grid=False)
```

```
plt.tight_layout(rect=(0, 0, 1.2, 1.2))
wt = plt.suptitle('White Wine Univariate Plots', x=0.65, y=1.25, fontsize=14)
```

如图 9-5 所示，matplotlib 和 pandas 等软件包的强大功能使你可以使用最少的代码轻松绘制变量分布。你是否注意到两种葡萄酒类型中有任何有趣的模式呢？下面用名为残糖的特征来绘制红葡萄酒和白葡萄酒样本中的数据分布。

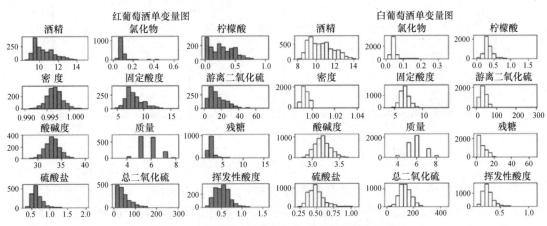

图 9-5　葡萄酒质量数据集特征分布的单变量图

```
fig = plt.figure(figsize = (10,4))
title = fig.suptitle("Residual Sugar Content in Wine", fontsize=14)
fig.subplots_adjust(top=0.85, wspace=0.3)

ax1 = fig.add_subplot(1,2, 1)
ax1.set_title("Red Wine")
ax1.set_xlabel("Residual Sugar")
ax1.set_ylabel("Frequency")
ax1.set_ylim([0, 2500])
ax1.text(8, 1000, r'$\mu$='+str(round(red_wine['residual sugar'].mean(),2)),
        fontsize=12)
r_freq, r_bins, r_patches = ax1.hist(red_wine['residual sugar'], color='red', bins=15,
                                edgecolor='black', linewidth=1)

ax2 = fig.add_subplot(1,2, 2)
ax2.set_title("White Wine")
ax2.set_xlabel("Residual Sugar")
ax2.set_ylabel("Frequency")
ax2.set_ylim([0, 2500])
ax2.text(30, 1000, r'$\mu$='+str(round(white_wine['residual sugar'].mean(),2)),
        fontsize=12)
w_freq, w_bins, w_patches = ax2.hist(white_wine['residual sugar'], color='white', bins=15,
                                edgecolor='black', linewidth=1)
```

可以从图 9-6 中的可视化图中很容易地注意到，与红葡萄酒样品相比，白葡萄酒样品中的残糖含量似乎更多。你可以重复使用前面代码片段中的绘图模板来可视化更多的属性特征。一些图描述如下（详细代码在 jupyter notebook 中）。

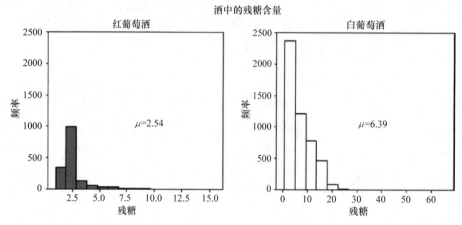

图 9-6　红葡萄酒和白葡萄酒样品中的残糖含量分布

　　图 9-7 中描绘的图显示，与白葡萄酒样品相比，红葡萄酒样品中的硫酸盐含量略高，并且两种类型的酒精含量平均几乎相等。当然，白葡萄酒所有情况下的频率计数都较高，因为与红葡萄酒相比我们有更多的白葡萄酒样本记录。接下来绘制质量和 quality_label 的分类特征的分布以获得类分布的概念，我们将在后面对此进行预测。

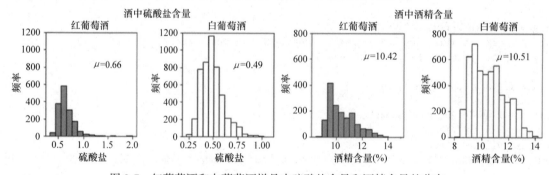

图 9-7　红葡萄酒和白葡萄酒样品中硫酸盐含量和酒精含量的分布

　　图 9-8 中描绘的条形图展示了基于类型和质量的葡萄酒样品的分布。很明显与低质量和中等质量的葡萄酒样品相比，高质量的葡萄酒样品要少得多。

9.4.6　多变量分析

　　分析多个特征变量及其关系是多变量分析的内容。我们希望看看我们的葡萄酒样品的物理化学属性之间是否存在任何有趣的模式和关系，这可能对我们未来的建模过程有所帮助。分析特征的最佳方法之一是建立成对相关图，描绘数据集中每对特征之间的相关系数。以下代码片段可帮助构建相关矩阵，并以易于理解的热图的形式绘制相关矩阵。

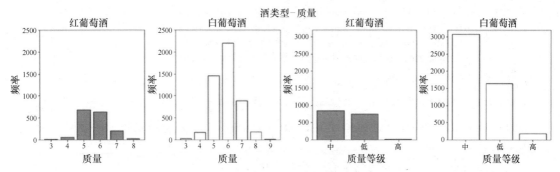

图 9-8　红葡萄酒和白葡萄酒样品的质量分布

```
f, ax = plt.subplots(figsize=(10, 5))
corr = wines.corr()
hm = sns.heatmap(round(corr,2), annot=True, ax=ax, cmap="coolwarm",fmt='.2f',
        linewidths=.05)
f.subplots_adjust(top=0.93)
t= f.suptitle('Wine Attributes Correlation Heatmap', fontsize=12)
```

　　如图 9-9 所示，虽然大部分相关性较弱，但可以看到密度与酒精之间存在强烈的负相关，并且总体和游离二氧化硫之间存在强烈的正相关性，这是预料之中的。你还可以使用成对图来显示多个变量之间的模式和关系，并对葡萄酒类型使用不同的色调来一次绘制 3 个变量。 以下代码片段可以用于构建数据集中某些属性的样本成对图。

葡萄酒属性相关结构图

	固定酸度	挥发性酸度	柠檬酸	残糖	氯化物	游离二氧化硫	总二氧化硫	密度	酸碱度	硫酸盐	酒精	质量
固定酸度	1.00	0.22	0.32	−0.11	0.30	−0.28	−0.33	0.46	−0.25	0.30	−0.10	−0.08
挥发性酸度	0.22	1.00	−0.38	−0.20	0.38	−0.35	−0.41	0.27	0.26	0.23	−0.04	−0.27
柠檬酸	0.32	−0.38	1.00	0.14	0.04	0.13	0.20	0.10	−0.33	0.06	−0.01	0.09
残糖	−0.11	−0.20	0.14	1.00	−0.13	0.40	0.50	0.55	−0.27	−0.19	−0.36	−0.04
氯化物	0.30	0.38	0.04	−0.13	1.00	−0.20	−0.28	0.36	0.04	0.40	−0.26	−0.20
游离二氧化硫	−0.28	−0.35	0.13	0.40	−0.20	1.00	0.72	0.03	−0.15	−0.19	−0.18	0.06
总二氧化硫	−0.33	−0.41	0.20	0.50	−0.28	0.72	1.00	0.03	−0.24	−0.28	−0.27	−0.04
密度	0.46	0.27	0.10	0.55	0.36	0.03	0.03	1.00	0.01	0.26	−0.69	−0.31
酸碱度	−0.25	0.26	−0.33	−0.27	0.04	−0.15	−0.24	0.01	1.00	0.19	0.12	0.02
硫酸盐	0.30	0.23	0.06	−0.19	0.40	−0.19	−0.28	0.26	0.19	1.00	−0.00	0.04
酒精	−0.10	−0.04	−0.01	−0.36	−0.26	−0.18	0.27	−0.69	0.12	−0.00	1.00	0.44
质量	−0.08	−0.27	0.09	−0.04	−0.20	0.06	−0.04	−0.31	0.02	0.04	0.44	1.00

图 9-9　葡萄酒质量数据集中特征的相关热图

```
cols = ['wine_type', 'quality', 'sulphates', 'volatile acidity']
pp = sns.pairplot(wines[cols], hue='wine_type', size=1.8, aspect=1.8,
                  palette={"red": "#FF9999", "white": "#FFE888"},
                  plot_kws=dict(edgecolor="black", linewidth=0.5))
fig = pp.fig
fig.subplots_adjust(top=0.93, wspace=0.3)
t = fig.suptitle('Wine Attributes Pairwise Plots', fontsize=14)
```

如图9-10所示，可以注意到一些有趣的模式，这些模式与之前获得的一些见解相吻合。这些观察包括：

- 与白葡萄酒相比，红葡萄酒中硫酸盐含量更高。
- 高质量葡萄酒中的硫酸盐含量较低。
- 高质量葡萄酒中挥发性酸含量较低。
- 与白葡萄酒相比，红葡萄酒中挥发性酸含量更高。

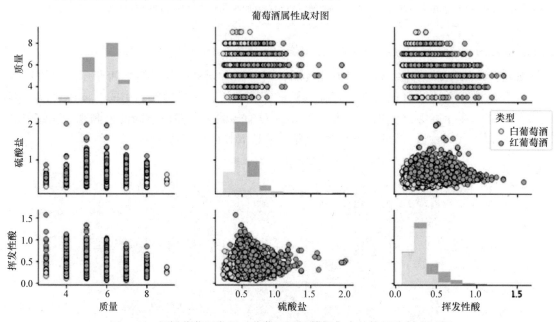

图 9-10　根据葡萄酒类型对葡萄酒属性数据集中的特征绘制成对图

你可以对其他变量和特征使用类似的图来寻找更多的模式和关系。为了更微观地观察特征之间的关系，联合图是专门用于多变量可视化的出色工具。以下代码片段描述了葡萄酒类型、硫酸盐和质量等级之间的关系。

```
rj = sns.jointplot(x='quality', y='sulphates', data=red_wine,
                   kind='reg', ylim=(0, 2),
                   color='red', space=0, size=4.5, ratio=4)
rj.ax_joint.set_xticks(list(range(3,9)))
fig = rj.fig
fig.subplots_adjust(top=0.9)
t = fig.suptitle('Red Wine Sulphates - Quality', fontsize=12)
```

```
wj = sns.jointplot(x='quality', y='sulphates', data=white_wine,
                   kind='reg', ylim=(0, 2),
                   color='#FFE160', space=0, size=4.5, ratio=4)
wj.ax_joint.set_xticks(list(range(3,10)))
fig = wj.fig
fig.subplots_adjust(top=0.9)
t = fig.suptitle('White Wine Sulphates - Quality', fontsize=12)
```

  尽管似乎有一些模式描述了较高质量的葡萄酒样品中的硫酸盐含量较低，但相关性却很弱（见图 9-11）。但是，我们确实清楚地看到，与白葡萄酒相比，红葡萄酒中的硫酸盐含量要高得多。在这种情况下，借助两个绘图可视化了 3 个特征（类型、质量和硫酸盐）。如果想可视化更多特征并从中确定模式怎么办？ seaborn 框架提供了多方面的网格，可帮助在二维图中可视化更多数量的变量。下面尝试可视化葡萄酒类型、质量等级、挥发性酸度和酒精度之间的关系。

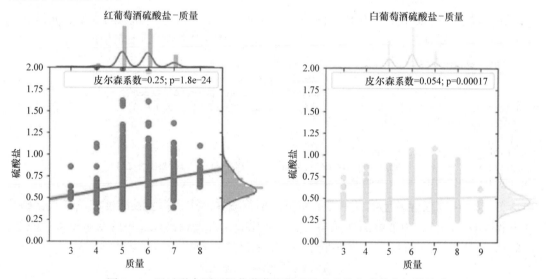

图 9-11 通过联合图可视化葡萄酒类型的硫酸盐和质量之间的关系

```
g = sns.FacetGrid(wines, col="wine_type", hue='quality_label',
                  col_order=['red', 'white'], hue_order=['low', 'medium', 'high'],
                  aspect=1.2, size=3.5, palette=sns.light_palette('navy', 3))
g.map(plt.scatter, "volatile acidity", "alcohol", alpha=0.9,
      edgecolor='white', linewidth=0.5)
fig = g.fig
fig.subplots_adjust(top=0.8, wspace=0.3)
fig.suptitle('Wine Type - Alcohol - Quality - Acidity', fontsize=14)
l = g.add_legend(title='Wine Quality Class')
```

  图 9-12 展示了一些有趣的模式。这里不仅可以成功地可视化 4 个变量，而且可以看到它们之间有意义的关系。与中等和低等的葡萄酒样品相比，高质量的葡萄酒样品（以深色阴影表示）具有较低的挥发性酸度和较高的酒精含量。除此之外，还可以看到，白葡萄酒样品中的挥发性酸度水平略低于红葡萄酒样品。

Python 机器学习实战：
真实智能案例实践指南

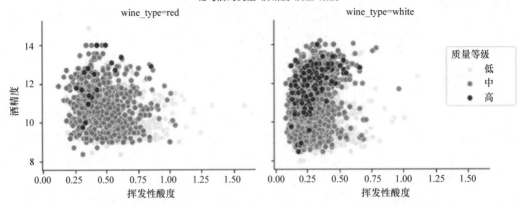

图 9-12　葡萄酒类型之间的可视化关系：酒精度、质量和酸度水平

现在，建立一个类似的可视化。但是，在这种情况下，要分析葡萄酒类型、质量、二氧化硫和酸度水平的模式。这里可以使用与上一代码片段相同的框架来实现此目的。

```
g = sns.FacetGrid(wines, col="wine_type", hue='quality_label',
                  col_order=['red', 'white'], hue_order=['low', 'medium', 'high'],
                  aspect=1.2, size=3.5, palette=sns.light_palette('green', 3))
g.map(plt.scatter, "volatile acidity", "total sulfur dioxide", alpha=0.9,
      edgecolor='white', linewidth=0.5)
fig = g.fig
fig.subplots_adjust(top=0.8, wspace=0.3)
fig.suptitle('Wine Type - Sulfur Dioxide - Acidity - Quality', fontsize=14)
l = g.add_legend(title='Wine Quality Class')
```

从图 9-13 可以很容易地解释，在高质量的葡萄酒样品中，挥发性酸度和总二氧化硫的含量要低得多。同样，白葡萄酒样品中的总二氧化硫比红葡萄酒样品中的要多得多。但是，白葡萄酒样品中的挥发性酸度水平略低于在先前曲线图中观察到的红葡萄酒样品。

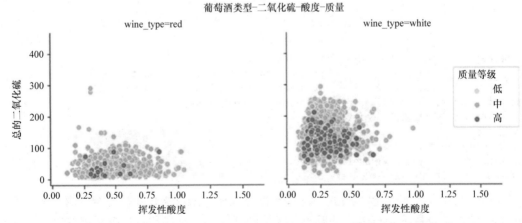

图 9-13　各葡萄酒类型之间的可视化关系：质量、二氧化硫和酸度水平

可视化按组（分类变量）细分的数值特征的一种好方法是使用箱形图。在我们的数据

集中，我们已经在"推论统计"部分讨论了葡萄酒样品中较高酒精含量与较高质量等级之间的关系。让我们尝试可视化葡萄酒酒精度与葡萄酒质量等级之间的关系。下面将针对葡萄酒酒精含量与葡萄酒 quality 和 quality_label 生成两个图。

```
f, (ax1, ax2) = plt.subplots(1, 2, figsize=(14, 4))
f.suptitle('Wine Type - Quality - Alcohol Content', fontsize=14)

sns.boxplot(x="quality", y="alcohol", hue="wine_type",
            data=wines, palette={"red": "#FF9999", "white": "white"}, ax=ax1)
ax1.set_xlabel("Wine Quality",size = 12,alpha=0.8)
ax1.set_ylabel("Wine Alcohol %",size = 12,alpha=0.8)

sns.boxplot(x="quality_label", y="alcohol", hue="wine_type",
            data=wines, palette={"red": "#FF9999", "white": "white"}, ax=ax2)
ax2.set_xlabel("Wine Quality Class",size = 12,alpha=0.8)
ax2.set_ylabel("Wine Alcohol %",size = 12,alpha=0.8)
l = plt.legend(loc='best', title='Wine Type')
```

　　根据在"推论统计"部分中对葡萄酒质量与酒精含量的较早分析，这些结果看起来是一致的。图 9-14 中的每个箱形图都描绘了按葡萄酒类型划分的特定葡萄酒质量等级的酒精含量分布。箱形本身描绘了四分位数间距，里面的线描绘了酒精的中位数。晶须表示最小值和最大值，通常用单个点表示离群值。可以清楚地观察到，基于质量较高的葡萄酒样品，葡萄酒中酒精的含量分布呈增加趋势。同样，也可以使用小提琴形图来可视化数值特征在分类特征上的分布。下面来建立一个可视化视图，以通过质量等级分析葡萄酒样品的固定酸度。

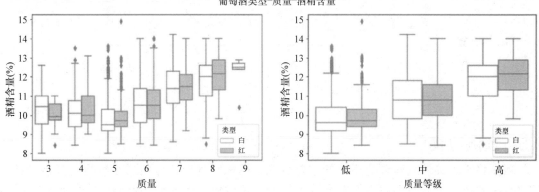

图 9-14　葡萄酒类型之间的可视化关系：质量和酒精含量

```
f, (ax1, ax2) = plt.subplots(1, 2, figsize=(14, 4))
f.suptitle('Wine Type - Quality - Acidity', fontsize=14)

sns.violinplot(x="quality", y="volatile acidity", hue="wine_type",
               data=wines, split=True, inner="quart", linewidth=1.3,
               palette={"red": "#FF9999", "white": "white"}, ax=ax1)
ax1.set_xlabel("Wine Quality",size = 12,alpha=0.8)
ax1.set_ylabel("Wine Fixed Acidity",size = 12,alpha=0.8)
```

```
sns.violinplot(x="quality_label", y="volatile acidity", hue="wine_type",
               data=wines, split=True, inner="quart", linewidth=1.3,
               palette={"red": "#FF9999", "white": "white"}, ax=ax2)
ax2.set_xlabel("Wine Quality Class",size = 12,alpha=0.8)
ax2.set_ylabel("Wine Fixed Acidity",size = 12,alpha=0.8)
l = plt.legend(loc='upper right', title='Wine Type')
```

在图 9-15 中，每个小提琴形图通常用四分位数表示中位数的四分位间距，该图中用虚线表示。你还可以使用密度图可视化数据分布，其中宽度表示频率。因此，除了从箱形图获得的信息之外，您还可以使用小提琴形图来可视化数据的分布。实际上，在这种情况下，我们已经建立了一个小提琴形分割图，描绘了两种葡萄酒。相当明显的是，与白葡萄酒相比，红葡萄酒样品具有更高的酸度。我们还可以看到，对于红葡萄酒样品，高质量葡萄酒的酸度总体下降了，而对白葡萄酒样品的酸度却没有下降。这些代码片段和示例应为你提供一些良好的框架和蓝图，以便将来对数据集进行有效的探索性数据分析。

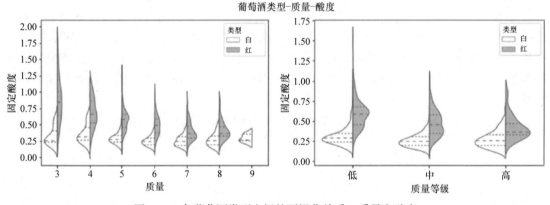

图 9-15 各葡萄酒类型之间的可视化关系：质量和酸度

9.5 预测建模

现在将重点关注构建预测模型的主要目标，即根据其他特征预测葡萄酒类型和质量等级。在这种情况下，我们将遵循标准分类机器学习流程。下面将在本节中构建两种主要的分类系统。

- 葡萄酒类型预测系统（红葡萄酒或白葡萄酒）。
- 葡萄酒质量等级预测系统（低、中或高）。

下面将使用前几节中的葡萄酒数据。此部分的完整代码可在标题为 predictive_analytics. py 的 Python 文件中找到，或者你可以使用名为 Predictive Analytics.ipynb 的 jupyter notebook 获得更具交互性的体验。首先，让我们加载以下必要的文件和设置。

```
import pandas as pd
import numpy as np
import matplotlib.pyplot as plt
import model_evaluation_utils as meu
from sklearn.model_selection import train_test_split
from collections import Counter
from sklearn.preprocessing import StandardScaler
from sklearn.preprocessing import LabelEncoder

%matplotlib inline
```

　　请记住将 model_evaluation_utils.py 模块放在运行代码的同一目录中，因为将使用它来评估我们的预测模型。让我们简要地看一下将在预测系统中遵循的工作流程。我们将重点关注两个主要阶段：模型训练及模型预测和评估。

　　从图 9-16 中，可以看到葡萄酒质量数据集的属性的训练数据和测试数据。由于我们已经拥有必要的葡萄酒属性，因此不会构建其他手动添加的属性。基于分类系统，标签可以是葡萄酒类型或质量等级。在训练阶段，特征选择主要涉及选择所有必要的葡萄酒理化属性，然后在必要的缩放后，将在预测阶段训练预测模型以用于预测和评估。

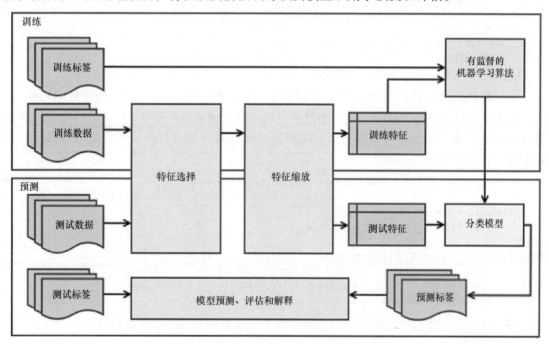

图 9-16　葡萄酒类型和质量分类系统的工作流程蓝图

9.6　预测葡萄酒类型

　　在葡萄酒质量数据集中，有两种类型的葡萄酒——红葡萄酒和白葡萄酒。本节中分类系统的主要任务是根据其他特征预测葡萄酒类型。首先，选择必要的属性并分离预测类标签，并准备训练数据集和测试数据集。根据需要在变量中使用前缀 wtp_ 来轻松识别它们，其中 wtp 描述了葡萄酒类型预测。

```
In [5]: wtp_features = wines.iloc[:,:-3]
   ...: wtp_feature_names = wtp_features.columns
   ...: wtp_class_labels = np.array(wines['wine_type'])
   ...:
   ...: wtp_train_X, wtp_test_X, wtp_train_y, wtp_test_y = train_test_split(wtp_features,
   ...:                                    wtp_class_labels, test_size=0.3, random_state=42)
   ...:
   ...: print(Counter(wtp_train_y), Counter(wtp_test_y))
   ...: print('Features:', list(wtp_feature_names))
Counter({'white': 3418, 'red': 1129}) Counter({'white': 1480, 'red': 470})
Features: ['fixed acidity', 'volatile acidity', 'citric acid', 'residual sugar', 'chlorides',
'free sulfur dioxide', 'total sulfur dioxide', 'density', 'pH', 'sulphates', 'alcohol']
```

这些数字展示了每个类型的葡萄酒样本，还可以看到在属性集中使用的属性名称。下面开始缩放属性，将在此使用标准缩放器。

```
In [6]: # 定义缩放器
   ...: wtp_ss = StandardScaler().fit(wtp_train_X)
   ...: # 缩放训练集
   ...: wtp_train_SX = wtp_ss.transform(wtp_train_X)
   ...: # 缩放测试集
   ...: wtp_test_SX = wtp_ss.transform(wtp_test_X)
```

由于我们处理的是二分类问题，可以使用的传统机器学习算法之一是逻辑回归模型。如果你还记得的话在第 7 章中已经详细讨论了这一点。请随意浏览 7.7 节，以唤起你对逻辑回归的记忆，或者可以参考任何关于分类模型的标准教科书或材料。现在使用逻辑回归在训练数据集和标签上来训练模型。

```
In [7]: from sklearn.linear_model import LogisticRegression
   ...:
   ...: wtp_lr = LogisticRegression()
   ...: wtp_lr.fit(wtp_train_SX, wtp_train_y)
Out[7]:
LogisticRegression(C=1.0, class_weight=None, dual=False, fit_intercept=True,
        intercept_scaling=1, max_iter=100, multi_class='ovr', n_jobs=1,
        penalty='l2', random_state=None, solver='liblinear', tol=0.0001,
        verbose=0, warm_start=False)
```

现在模型已准备就绪，接下来预测测试数据样本的葡萄酒类型并评估性能。

```
In [8]: wtp_lr_predictions = wtp_lr.predict(wtp_test_SX)
   ...: meu.display_model_performance_metrics(true_labels=wtp_test_y,
   ...:                   predicted_labels=wtp_lr_predictions, classes=['red', 'white'])
```

如图 9-17 所示，我们得到了一个整体的 F1 分数和 99.2% 的模型准确度，这真是太神奇了！尽管红葡萄酒样本量很低，但我们似乎做得很好。如果由于类不平衡问题导致模型在其他数据集上表现不佳，你可以考虑过采样或欠采样技术，包括样本选择和 SMOTE。回到分类问题，我们有一个非常好的模型，但我们能做得更好吗？虽然这似乎是一个勉强的梦想，但让我们仍尝试使用具有 3 个隐藏层的完全连接的深度神经网络（DNN）对数据进行建模。请参阅 7.8 节来回忆起完全连接的 DNN 和 MLP。像搭建在 TensorFlow 之上的 Keras 这样的深度学习框架更喜欢被编码为更容易使用的数字形式的输出响应标签。以下代码片段帮助我们对葡萄酒类型类标签进行编码。

```
Model Performance metrics:      Model Classification report:                    Prediction Confusion Matrix:
--------------------------      ----------------------------                    -----------------------------
Accuracy: 0.9923                           precision   recall  f1-score  support                Predicted:
Precision: 0.9923                                                                               red  white
Recall: 0.9923                    red         0.98      0.99     0.98      470    Actual: red    463    7
F1 Score: 0.9923                  white       1.00      0.99     0.99     1480          white     8   1472
                                avg / total   0.99      0.99     0.99     1950
```

图 9-17　各葡萄酒类型的逻辑回归预测模型的模型性能指标

```
In [9]: le = LabelEncoder()
   ...: le.fit(wtp_train_y)
   ...: # encode wine type labels
   ...: wtp_train_ey = le.transform(wtp_train_y)
   ...: wtp_test_ey = le.transform(wtp_test_y)
```

现在为三隐藏层的 DNN 构建架构，其中每个隐藏层有 16 个单元（输入层有 11 个单元对应 11 个属性），输出层有 1 个单元用于预测 0 或 1 并且映射回红酒或白酒。

```
In [10]: from keras.models import Sequential
   ...: from keras.layers import Dense
   ...:
   ...: wtp_dnn_model = Sequential()
   ...: wtp_dnn_model.add(Dense(16, activation='relu', input_shape=(11,)))
   ...: wtp_dnn_model.add(Dense(16, activation='relu'))
   ...: wtp_dnn_model.add(Dense(16, activation='relu'))
   ...: wtp_dnn_model.add(Dense(1, activation='sigmoid'))
   ...:
   ...: wtp_dnn_model.compile(loss='binary_crossentropy', optimizer='adam',
metrics=['accuracy'])
Using TensorFlow backend.
```

可以看到使用了搭建在 TensorFlow 之上的 Keras，对于优化器，我们选择了具有二分类交叉熵损失的 adam 优化器。如果需要，你还可以使用分类交叉熵，这在你有两个以上的类时尤其有用。以下代码片段可以帮助训练 DNN。

```
In [11]: history = wtp_dnn_model.fit(wtp_train_SX, wtp_train_ey, epochs=10, batch_size=5,
   ...:                             shuffle=True, validation_split=0.1, verbose=1)
Train on 4092 samples, validate on 455 samples
Epoch 1/10  4092/4092 - 1s - loss: 0.1266 - acc: 0.9467 - val_loss: 0.0115 - val_acc: 0.9978
Epoch 2/10  4092/4092 - 1s - loss: 0.0315 - acc: 0.9934 - val_loss: 0.0046 - val_acc: 1.0000
 ...
Epoch 9/10  4092/4092 - 1s - loss: 0.0112 - acc: 0.9973 - val_loss: 0.0029 - val_acc: 1.0000
Epoch 10/10 4092/4092 - 1s - loss: 0.0098 - acc: 0.9978 - val_loss: 0.0013 - val_acc: 1.0000
```

训练模型时使用 10% 的训练数据作为验证集以了解它在每次迭代的表现。现在在实际测试数据集上预测和评估我们的模型。

```
In [15]: wtp_dnn_ypred = wtp_dnn_model.predict_classes(wtp_test_SX)
    ...: wtp_dnn_predictions = le.inverse_transform(wtp_dnn_ypred)
    ...: meu.display_model_performance_metrics(true_labels=wtp_test_y,
    ...:                    predicted_labels=wtp_dnn_predictions, classes=['red', 'white'])
```

如图 9-18 所示，得到了一个整体 F1 分数和 99.5% 的模型准确度，甚至比之前的模型更好！这证明，即使对于深度学习模型，你也不总是需要大数据，但需要高质量的数据和特征属性。每次迭代的损失和准确度测量如图 9-19 所示，详细代码存于笔记本中。

Model Performance metrics:	Model Classification report:					Prediction Confusion Matrix:		
		precision	recall	f1-score	support		Predicted:	
Accuracy: 0.9954							red	white
Precision: 0.9954								
Recall: 0.9954	red	1.00	0.99	0.99	470	Actual: red	463	7
F1 Score: 0.9954	white	1.00	1.00	1.00	1480	white	2	1478
	avg / total	1.00	1.00	1.00	1950			

图 9-18　葡萄酒类型的深度神经网络预测模型的模型性能指标

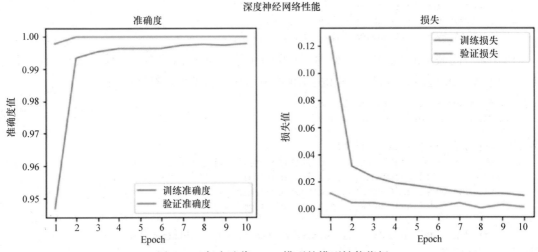

图 9-19　每次迭代 DNN 模型的模型性能指标

现在有一个可以使用的葡萄酒类型分类系统，下面尝试解释这些预测模型中的一个。模型解释的关键方面之一是尝试理解数据集中每个属性的重要性。下面将使用前面章节中使用的 skater 包来满足对模型解释的需求。以下代码有助于可视化逻辑回归模型的特征重要性。

```
In [16]: from skater.core.explanations import Interpretation
    ...: from skater.model import InMemoryModel
    ...:
    ...: wtp_interpreter = Interpretation(wtp_test_SX, feature_names=wtp_features.columns)
    ...: wtp_im_model = InMemoryModel(wtp_lr.predict_proba, examples=wtp_train_SX,
    ...:                    target_names=wtp_lr.classes_)
    ...: plots = wtp_interpreter.feature_importance.plot_feature_importance(wtp_im_model,
    ...:                                        ascending=False)
```

可以在图 9-20 中看到，密度、总二氧化硫和残糖是将葡萄酒样品分类为红色或白色的 3 个最重要的特征。除了查看度量之外，了解模型表现情况的另一种方法是绘制受试者操作特征曲线，也称为 ROC 曲线。可以使用分类器的真阳性率（TPR）和假阳性率（FPR）来绘制该曲线。TPR 被称为灵敏度或召回率，它是在数据集的所有阳性样本中预测的正确阳性结果的总数。FPR 被称为错误警报或（1- 特异性），确定数据集中所有阴性样本中不正确阳性预测的总数。ROC 曲线有时也称为灵敏度与（1- 特异性）图。以下代码使用模型评估实用程序模块在 ROC 空间中绘制逻辑回归模型的 ROC 曲线。

In [17]: meu.plot_model_roc_curve(wtp_lr, wtp_test_SX, wtp_test_y)

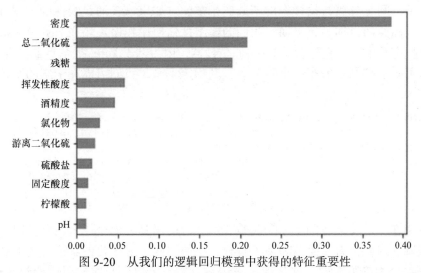

图 9-20　从我们的逻辑回归模型中获得的特征重要性

　　通常在任何 ROC 曲线中，ROC 空间在点（0，0）和（1，1）之间。来自混淆矩阵的每个预测结果占据该 ROC 空间中的一个点。理想情况下，最佳预测模型会在左上角（0，1）给出一个指示完美分类（100% 灵敏度和特异性）的点。对角线描绘了进行随机猜测的分类器。 理想情况下，如果你的 ROC 曲线出现在图的上半部分，那么你就有了一个不错的分类器，它比平均值好。图 9-21 说明了这一点。

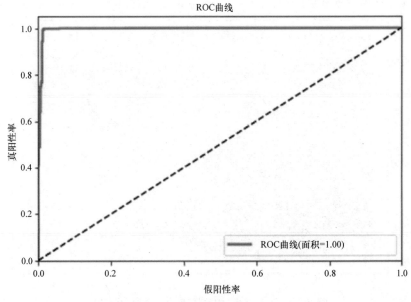

图 9-21　逻辑回归模型的 ROC 曲线

如果还记得这个模型，几乎达到了 100% 的准确度，因此 ROC 曲线几乎是完美的，我们也看到曲线下面积（AUC）是 1，这是完美的。最后，从我们之前获得的特征重要性排序中，让我们看看是否可以将模型的决策表面或决策边界可视化，这可以直观地看见在何种程度上模型能学习并区分不同类别的点。该表面基本上是超曲面，其有助于基于数据样本的特征（特征空间）分离数据样本的基础向量空间。如果该表面是线性的，则分类问题是线性的，并且超曲面也称为超平面。我们的模型评估使用程序模块在 easy-to-use 函数的帮助下进行绘制（请注意，这仅适用于 scikit 估计器，因为基于 keras 的估算器没有克隆函数，并且在写本书时它刚刚才公布一个月；一旦其稳定下来，我们可能在未来的某个时候进行改变）。

```
In [18]: feature_indices = [i for i, feature in enumerate(wtp_feature_names)
    ...:                     if feature in ['density', 'total sulfur dioxide']]
    ...: meu.plot_model_decision_surface(clf=wtp_lr,
    ...:                                 train_features=wtp_train_SX[:, feature_indices],
    ...:                                 train_labels=wtp_train_y, plot_step=0.02,
    ...:                                 cmap=plt.cm.Wistia_r, markers=[',', 'o'],
    ...:                                 alphas=[0.9, 0.6], colors=['r', 'y'])
```

由于希望在底层特征空间上绘制决策表面，因此当具有两个以上的特征时，可视化会变得非常困难。因此，为了简单和易于解释，将使用两个最重要的特征（密度和总二氧化硫）来可视化模型决策表面。这是通过在这两个特征上拟合原始模型估计器的克隆模型，然后根据它学到的内容绘制决策表面来完成的。查看 plot_model_decision_surface（...）函数来了解有关如何可视化决策表面的更多详细信息。

图 9-22 中描绘的图形强化了这样一个事实，即模型基于两个最重要的特征很好地学习了基本模式，从散点图看来它能将大多数红葡萄酒样品与白葡萄酒样品分离出来。根据之前在混淆矩阵中获得的统计数据来看错误分类很少。

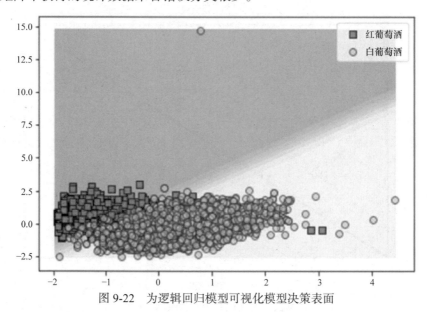

图 9-22　为逻辑回归模型可视化模型决策表面

9.7　预测葡萄酒质量

在葡萄酒质量数据集中，有从 3 到 9 几个质量等级。下面将关注的是 quality_label 变量，它根据在 9.4 中创建的映射，根据基础质量变量将葡萄酒分为低、中、高 3 个等级。这样做是因为几个评级分数的葡萄酒样本很少，因此相似的质量评级被归为一个质量等级。我们使用前缀 wqp_ 来标记预测葡萄酒质量所涉及的所有变量和模型，以区别于其他分析。前缀 wqp 代表葡萄酒质量预测。在本节中将评估和查看基于树的分类模型以及集合模型。以下代码可帮助准备建模的训练数据集和测试数据集。

```
In [19]: wqp_features = wines.iloc[:,:-3]
    ...: wqp_class_labels = np.array(wines['quality_label'])
    ...: wqp_label_names = ['low', 'medium', 'high']
    ...: wqp_feature_names = list(wqp_features.columns)
    ...: wqp_train_X, wqp_test_X, wqp_train_y, wqp_test_y = train_test_split(wqp_features,
    ...:                               wqp_class_labels, test_size=0.3, random_state=42)
    ...:
    ...: print(Counter(wqp_train_y), Counter(wqp_test_y))
    ...: print('Features:', wqp_feature_names)

Counter({'medium': 2737, 'low': 1666, 'high': 144}) Counter({'medium': 1178, 'low': 718,
'high': 54})
Features: ['fixed acidity', 'volatile acidity', 'citric acid', 'residual sugar', 'chlorides',
'free sulfur dioxide', 'total sulfur dioxide', 'density', 'pH', 'sulphates', 'alcohol']
```

从上面的结果表明可以使用相同的葡萄酒物理化学属性。每个质量等级类别中的样本数量都有描述。很明显，我们有较少的高级别的葡萄酒样品和大量中等质量的葡萄酒样品。继续进行下一步的属性缩放。

```
In [20]: # 定义缩放器
    ...: wqp_ss = StandardScaler().fit(wqp_train_X)
    ...: # 缩放训练集
    ...: wqp_train_SX = wqp_ss.transform(wqp_train_X)
    ...: # 缩放测试集
    ...: wqp_test_SX = wqp_ss.transform(wqp_test_X)
```

先来根据这些数据训练一个基于树的模型。决策树分类器是经典树模型的一个很好的例子。这基于决策树的概念，决策树侧重于使用树状图或流程图来模拟决策及其可能的结果。树中的每个决策节点表示对特定数据属性的决策测试。每个节点的边缘或分支代表决策测试的可能结果。每个叶节点表示预测的类标签。要获得所有端到端的分类规则，你需要考虑从根节点到叶节点的所有路径。机器学习语义中的决策树模型是非参数有监督学习方法，它使用这些基于决策树的结构进行分类和回归。核心目标是构建一个模型，通过利用基于决策树的结构从输入数据特征中学习决策规则，可以预测目标响应变量的值。基于决策树的模型的主要优点是模型可解释性，因为它很容易理解和解释导致特定模型预测的决策规则。除此之外，其他优势还包括模型能够轻松处理分类和数值数据以及多类别分类问题。树甚至可以被可视化以更好地理解和解释决策规则。以下代码片段利用 DecisionTreeClassifier 估计器构建决策树模型并预测葡萄酒样本的葡萄酒质量等级。

```
In [21]: from sklearn.tree import DecisionTreeClassifier
    ...: # 训练模型
    ...: wqp_dt = DecisionTreeClassifier()
    ...: wqp_dt.fit(wqp_train_SX, wqp_train_y)
    ...: # 预测和评估性能
    ...: wqp_dt_predictions = wqp_dt.predict(wqp_test_SX)
    ...: meu.display_model_performance_metrics(true_labels=wqp_test_y,
    ...:                     predicted_labels=wqp_dt_predictions, classes=wqp_label_names)
```

如图 9-23 所示，得到了一个整体 F1 得分和约为 73% 的模型准确度，这对于开始并不差。查看基于类别的统计数据，可以看到高质量葡萄酒样品的召回率非常糟糕，因为很多葡萄酒样品被错误分类为中等和低质量的评级。这基本在预期之内，因为如果你记得之前的训练样本量的话，没有很多高质量葡萄酒的训练样本。考虑到低质量和高质量的葡萄酒样品，至少应该试着看看是否可以阻止我们的模型将低质量的葡萄酒预测为高质量，和将高质量的葡萄酒预测为低质量。为解释此模型，你可以使用以下代码查看基于模型学习的模式的特征重要性分数。

```
Model Performance metrics:      Model Classification report:                          Prediction Confusion Matrix:
-------------------------       -----------------------------                         -----------------------------
Accuracy: 0.7297                          precision   recall  f1-score   support                  Predicted:
Precision: 0.7306                                                                                  low medium high
Recall: 0.7297                      low        0.68     0.69      0.68       718   Actual: low       493    222    3
F1 Score: 0.7302                 medium        0.78     0.78      0.78      1178           medium    227    914   37
                                   high        0.29     0.30      0.29        54           high       5     33   16
                            avg / total        0.73     0.73      0.73      1950
```

图 9-23 葡萄酒质量的决策树预测模型的模型性能指标

从图 9-24 可以清楚地看到，与之前的模型相比最重要的特征已经发生了变化。酒精和挥发性酸度占据前两位，二氧化硫总量似乎是对葡萄酒类型和质量进行分类的最重要特征之一（见图 9-20）。如果你还记得，之前提到你还可以轻松地从决策树模型中可视化决策树结构，并查看从基础属性中学习到并用于预测新数据样本的决策规则。以下代码可帮助可视化决策树。

```
In [22]: wqp_dt_feature_importances = wqp_dt.feature_importances_
    ...: wqp_dt_feature_names, wqp_dt_feature_scores = zip(*sorted(zip(wqp_feature_names,
    ...:                              wqp_dt_feature_importances), key=lambda x: x[1]))
    ...: y_position = list(range(len(wqp_dt_feature_names)))
    ...: plt.barh(y_position, wqp_dt_feature_scores, height=0.6, align='center')
    ...: plt.yticks(y_position , wqp_dt_feature_names)
    ...: plt.xlabel('Relative Importance Score')
    ...: plt.ylabel('Feature')
    ...: t = plt.title('Feature Importances for Decision Tree')
```

我们的决策树模型具有大量的节点和分支，因此基于前面的片段将我们的树可视化为最大深度为 3。你可以从图 9-25 中的树开始观察决策规则，其中起始分割是由酒精 ≤ −0.1277 的规则确定的，并且随着每个是 / 否的决策分支的划分，下降到每个深度水平下有进一步的决策节点。类变量，即葡萄酒质量低、中或高，是我们试图进行预测的，变量的值确定了每个实例当前决策节点中每个类的样本总数。gini 参数基本上是用于确定和测量每个决策节点处的分割质量的标准。最佳分割可以通过 gini 杂质 /gini 指数或信息增益等指标来确定。只是为了给你一些背景信息，gini 杂质是一个有助于最大限度地减少错误分类概率的指标。它通常在数学上表示如下，

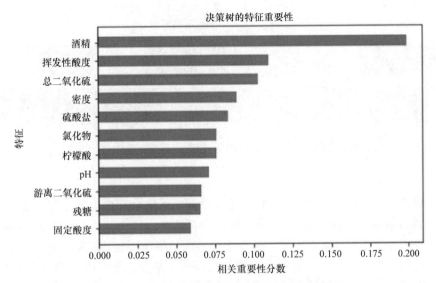

图 9-24　从我们的决策树模型获得的特征重要性

$$I_G(p) = \sum_{i=1}^{C} p_i(1-p_i) = 1 - \sum_{i=1}^{C} p_i^2$$

在有 C 个预测类别的情况下，p_i 是被标记为类 i 的项的比例或者类 i 被选择到的概率度量，并且（$1-p_i$）是对该项错误分类的度量。gini 杂质 \gini 指数的计算是通过对 C 类中每个类别标签的分类实例的比例的二次方进行求和并用 1 中减去该结果。感兴趣的读者可以查看关于决策树的一些标准文献来深入了解熵和 gini 系数之间的差异或了解更复杂的数学细节。

```
In [23]: from graphviz import Source
    ...: from sklearn import tree
    ...: from IPython.display import Image
    ...:
    ...: graph = Source(tree.export_graphviz(wqp_dt, out_file=None, class_names=wqp_label_names,
    ...:                                      filled=True, rounded=True, special_
                                             characters=False,
                                             feature_names=wqp_feature_names, max_depth=3))
    ...: png_data = graph.pipe(format='png')
    ...: with open('dtree_structure.png','wb') as f:
    ...:     f.write(png_data)
    ...: Image(png_data)
```

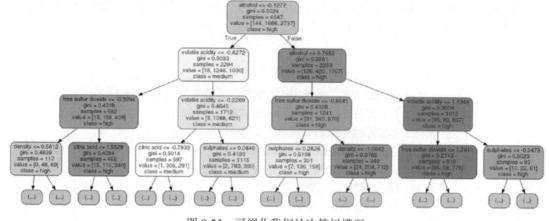

图 9-25　可视化我们的决策树模型

　　为了继续改进葡萄酒质量预测模型，先来看看一些集合建模方法。集合模型通常是机器学习模型通过组合或采用已经使用他们自己的有监督方法构建的每个单独基础模型估计器的预测的加权（平均\多数）投票。与每个单独的基础模型相比，集合模型通常对数据具有更好的广泛性，更加鲁棒，并且能做出更好的预测。集合模型可以归类为 3 个主要家族。

　　• **装袋方法**：装袋代表引导聚集，其中集合模型试图通过组合由随机生成的训练样本训练的各个基础模型的预测来提高预测准确度。引导样本，即有替换的独立样本，是从原始训练数据集中获取的，并且基于这些采样数据集构建几个基础模型。在任何情况下，来自各个估计器的所有预测的平均值都被用于集合模型进行其最终预测。随机抽样试图减少模型方差，减少过拟合，并提高预测准确度。其例子包括非常受欢迎的随机森林。

　　• **提升方法**：与基于组合或平均原理的装袋方法相比，在提升方法中，通过有顺序地训练每个基础模型估计器来逐步建立集合模型。训练每个模型都需要特别强调学习以前错误分类的实例。这个想法是将几个较弱的基础学习器结合起来形成一个强大的整体。在训练数据的多次迭代中有顺序地训练弱学习器，并在每次训练阶段插入权重修改。在弱基础学习器的每次重新训练中，将较高权重分配给先前错误分类的训练实例。因此，这些方法试图重点训练在先前训练序列中错误预测的实例。提升模型容易过拟合，因此应当非常小心。提升方法的例子包括 Gradient Boosting、AdaBoost 和非常受欢迎的 XGBoost。

　　• **堆叠方法**：在基于堆叠的方法中，首先在训练数据上构建多个基础模型。然后，通过将这些模型的输出预测作为训练的额外输入来进行最终预测，从而构建最终的集合模型。

　　现在先尝试使用随机森林建立模型，这是一种非常流行的装袋方法。在随机森林模型中，每个基础学习器都是在训练数据的引导样本上训练的决策树模型。除此之外，当我们想要在树中分割决策节点时，是从所有特征的随机子集中选择分割，而不是从所有特征中进行最佳分割。由于这种随机性的引入，偏差增加了，当对森林中所有树木的平均结果进行平均时，总体方差减小了，并提供了一个鲁棒的具有泛化能力的集合模型。下面将使用来自 scikit-learn 的 RandomForestClassifier，它将来自森林中所有树的概率预测进行平均，并用于最终预测，而不是采用实际预测投票然后对其进行平均。

如图 9-26 所示，测试数据集上的模型预测结果给出了一个整体 F1 分数和约为 77% 的模型准确度。相比决策树，这 4% 绝对是一个改进，证明了集合学习能更好地工作。

```
In [24]: from sklearn.ensemble import RandomForestClassifier
    ...: # train the model
    ...: wqp_rf = RandomForestClassifier()
    ...: wqp_rf.fit(wqp_train_SX, wqp_train_y)
    ...: # predict and evaluate performance
    ...: wqp_rf_predictions = wqp_rf.predict(wqp_test_SX)
    ...: meu.display_model_performance_metrics(true_labels=wqp_test_y,
    ...:                                       predicted_labels=wqp_rf_predictions,
    ...:                                       classes=wqp_label_names)
```

```
Model Performance metrics:     Model Classification report:                              Prediction Confusion Matrix:
--------------------------     ----------------------------                              ----------------------------
Accuracy: 0.7759                            precision  recall  f1-score  support                    Predicted:
Precision: 0.7741                                                                                   low medium high
Recall: 0.7759                      low        0.72     0.73     0.72      718    Actual: low        522    195    1
F1 Score: 0.7734                    medium     0.81     0.83     0.82     1178            medium     197    973    8
                                    high       0.67     0.33     0.44       54            high         3     33   18

                               avg / total     0.77     0.78     0.77     1950
```

图 9-26　葡萄酒质量的随机森林预测模型的模型性能指标

进一步改进此结果的另一种方法是模型调优。更具体地说，正如我们在 5.3 节中详细讨论的那样，模型具有可以调整的超参数。超参数也称为元参数，通常在开始模型训练过程之前进行设置。这些超参数不依赖于从训练模型的基础数据导出。通常这些超参数代表一些高级概念或旋钮，可用于在训练期间调整模型以提高其性能。我们的随机森林模型有几个超参数，你可以按如下方式查看其默认值。

```
In [25]: print(wqp_rf.get_params())
{'bootstrap': True, 'random_state': None, 'verbose': 0, 'min_samples_leaf': 1, 'min_weight_
fraction_leaf': 0.0, 'max_depth': None, 'class_weight': None, 'max_leaf_nodes': None,
'oob_score': False, 'criterion': 'gini', 'n_estimators': 10, 'max_features': 'auto', 'min_
impurity_split': 1e-07, 'n_jobs': 1, 'warm_start': False, 'min_samples_split': 2}
```

从上面的结果中，你可以看到许多超参数。我们建议你查看 http://scikit-learn.org/stable/modules/generated/sklearn.ensemble.RandomForestClassifier.html 上的官方文档，以了解有关每个参数的更多信息。对于超参数调优，下面将力求简单并将注意力集中在表示森林集合模型中基本树模型的总数的 n_estimators 和表示在每次最佳分割期间要考虑的特征数 max_features 上。接下来使用具有五重交叉验证的标准网格搜索方法来选择最佳超参数。

```
In [26]: from sklearn.model_selection import GridSearchCV
    ...:
    ...: param_grid = {
    ...:                 'n_estimators': [100, 200, 300, 500],
    ...:                 'max_features': ['auto', None, 'log2']
    ...:              }
    ...:
    ...: wqp_clf = GridSearchCV(RandomForestClassifier(random_state=42), param_grid, cv=5,
    ...:                        scoring='accuracy')
    ...: wqp_clf.fit(wqp_train_SX, wqp_train_y)
```

```
    ...: print(wqp_clf.best_params_)
{'max_features': 'auto', 'n_estimators': 200}
```

可以在上面的结果中看到在网格搜索之后获得的超参数的选择值。这里有 200 个估计器和自动最大化特征，它们代表了在最佳分割操作期间要考虑的特征总数的二次方根。将评分参数设置为准确度以评估模型以获得最佳准确度。你可以将其设置为其他参数，如 F1 分数、精度、召回率等，来评估模型。查看 http://scikit-learn.org/stable/modules/model_evaluation.html#scoring-parameter 了解更多详情。你可以按如下方式查看所有超参数组合的网格搜索结果。

```
In [27]: results = wqp_clf.cv_results_
    ...: for param, score_mean, score_sd in zip(results['params'], results['mean_test_score'],
                                                  results['std_test_score']):
    ...:     print(param, round(score_mean, 4), round(score_sd, 4))
{'max_features': 'auto', 'n_estimators': 100} 0.7928 0.0119
{'max_features': 'auto', 'n_estimators': 200} 0.7955 0.0101
{'max_features': 'auto', 'n_estimators': 300} 0.7941 0.0086
{'max_features': 'auto', 'n_estimators': 500} 0.795 0.0094
{'max_features': None, 'n_estimators': 100} 0.7847 0.0144
{'max_features': None, 'n_estimators': 200} 0.781 0.0149
{'max_features': None, 'n_estimators': 300} 0.784 0.0128
{'max_features': None, 'n_estimators': 500} 0.7858 0.0107
{'max_features': 'log2', 'n_estimators': 100} 0.7928 0.0119
{'max_features': 'log2', 'n_estimators': 200} 0.7955 0.0101
{'max_features': 'log2', 'n_estimators': 300} 0.7941 0.0086
{'max_features': 'log2', 'n_estimators': 500} 0.795 0.0094
```

上面的结果描述了所选择的超参数组合及其在网格上的相应平均精度和标准偏差值。下面使用有关超参数训练一个新的随机森林模型，并评估其在测试数据上的表现。

如图 9-27 所示，测试数据集上的模型预测结果给出了整体 F1 分数和约为 81% 的模型准确度。考虑到在调优之前从初始随机森林模型中获得了 4% 的改进，而总体而言我们从基础决策树模型中获得了 8% 的改进，这是非常好的。还可以看到，没有低质量的葡萄酒样品被错误分类为高质量。同样，也没有高质量的葡萄酒样品被错误分类为低质量。中高质量的葡萄酒样品之间存在相当大的重叠，但考虑到数据和类别分布的性质，这也是预料之中的。

```
In [28]: wqp_rf = RandomForestClassifier(n_estimators=200, max_features='auto', random_state=42)
    ...: wqp_rf.fit(wqp_train_SX, wqp_train_y)
    ...:
    ...: wqp_rf_predictions = wqp_rf.predict(wqp_test_SX)
    ...: meu.display_model_performance_metrics(true_labels=wqp_test_y,
    ...:                       predicted_labels=wqp_rf_predictions, classes=wqp_label_names)
```

```
Model Performance metrics:        Model Classification report:                        Prediction Confusion Matrix:
------------------------------    ------------------------------                      ------------------------------
Accuracy: 0.8108                          precision  recall  f1-score  support        Predicted:
Precision: 0.8114                                                                              low medium high
Recall: 0.8108                       low       0.80    0.73      0.76      718  Actual: low     522    196    0
F1 Score: 0.8053                  medium       0.82    0.89      0.85     1178          medium  132   1044    2
                                    high       0.88    0.28      0.42       54          high      0     39   15

                             avg / total       0.81    0.81      0.81     1950
```

图 9-27　用于葡萄酒质量预测的调优随机森林模型的模型性能指标

另一种集合建模的方法是提升。一种非常流行的方法是 XGBoost，它代表极值梯度提升（Extreme Gradient Boosting）。它是梯度提升机（GBM）模型的变体。该模型在数据科学界非常受欢迎，因为它在几个数据科学挑战和竞争中表现出色，特别是在 Kaggle 上。要使用此模型，可以在 Python 中安装 xgboost 软件包。有关此框架的详细信息，请随时访问 http：//xgboost.readthedocs.io/en/latest 上的官方网站，该网站提供有关安装、模型调优等的详细文档。感谢分布式机器学习社区（通常称为 DMLC），创建了 XGBoost 框架以及流行的 MXNet 深度学习框架。如之前讨论过的梯度提升使用提升的方法来进行集成，并且在添加新的弱基础学习器时使用梯度下降来最小化误差或损失。详细介绍模型内部结构将超出本书范围，但我们建议你查看 http：//xgboost.readthedocs.io/en/latest/model.html 以获得对提升树和 XGBoost 原理的介绍。首先根据数据训练了一个基本的 XGBoost 模型，并获得了大约 74% 的总体准确度。在使用网格搜索调优模型之后，我们使用以下参数值训练模型并评估其在测试数据上的性能（jupyter notebook 中提供了详细的步骤摘录）。

如图 9-28 所示，测试数据集上的模型预测结果给出了整体 F1 分数和约为 79% 的模型准确度。虽然随机森林的表现稍好一些，但它肯定比决策树这样的基础模型表现得更好。尝试添加更多超参数来调优模型，看看是否可以获得更好的模型。

```
In [29]: import os
    ...: mingw_path = r'C:\mingw-w64\mingw64\bin'
    ...: os.environ['PATH'] = mingw_path + ';' + os.environ['PATH']
    ...: import xgboost as xgb
    ...:
    ...: # 训练调参模型
    ...: wqp_xgb_model = xgb.XGBClassifier(seed=42, max_depth=10, learning_rate=0.3,
                                           n_estimators=100)
    ...: wqp_xgb_model.fit(wqp_train_SX, wqp_train_y)
    ...: # 评估和预测性能
    ...: wqp_xgb_predictions = wqp_xgb_model.predict(wqp_test_SX)
    ...: meu.display_model_performance_metrics(true_labels=wqp_test_y,
    ...:                    predicted_labels=wqp_xgb_predictions, classes=wqp_label_names)
```

```
Model Performance metrics:    Model Classification report:                        Prediction Confusion Matrix:
--------------------------    ----------------------------                        ----------------------------
Accuracy: 0.7887                     precision  recall  f1-score  support         Predicted:
Precision: 0.7891                                                                           low medium high
Recall: 0.7887                 low      0.75     0.71    0.73      718   Actual: low    511   207    0
F1 Score: 0.7841             medium     0.81     0.86    0.83     1178           medium  165  1011    2
                             high       0.89     0.30    0.44       54           high     3    35   16

                          avg / total   0.79     0.79    0.78     1950
```

图 9-28　葡萄酒质量预测的调优 XGBoost 模型的模型性能指标

现在已经使用多种技术成功构建了一个不错的葡萄酒质量分类器，并且还看到了模型调优和验证的重要性。下面采用最好的模型，并在其上进行一些模型解释任务以尝试更好地理解它。首先，可以查看数据集中各种特征的特征重要性排名。以下代码片段显示了使用 staker 包的特征重要性比较图以及从 scikit-learn 模型本身获得的默认特征重要性。我们使用 skater 构建一个 Interpretation 和 InMemoryModel 对象，这对将来的模型解释分析很有用。

可以从图 9-29 中清楚地看到，两个图中最重要的特征是一致的，考虑到只是在同一模型上使用不同的接口，这也是预料之中的。前两个最重要的特征是酒精体积和挥发性酸度含量。下面将很快使用它们进行进一步分析。但是现在，先看一下模型的 ROC 曲线和曲线下面积（AUC）的统计数据。绘制二分类器的 ROC 曲线很容易，但是当你处理多类分类器（在我们的例子中为 3 类）时你会怎么做？有几种方法可以做到这一点。你需要将输出二值化。执行此操作后，你可以为每个类标签绘制一条 ROC 曲线。除此之外，你还可以遵循两个聚合指标来计算平均 ROC 指标。微平均涉及通过将每个预测元素视为二元预测来绘制整个预测空间上的 ROC 曲线。因此，对每个预测分类决策给予相等的权重。宏平均涉及在平均时给予每个类标签相同的权重。我们的 model_evaluation_utils 模块有一个不错的可调整的函数 plot_model_roc_curve（...），它可以帮助绘制具有微平均和宏平均功能的多类分类器 ROC 曲线。建议你查看代码，代码本身就能进行解释。现在来绘制随机森林分类器的 ROC 曲线。

```
In [31]: from skater.core.explanations import Interpretation
    ...: from skater.model import InMemoryModel
    ...: # 利用 skater 得到特征重要性
    ...: interpreter = Interpretation(wqp_test_SX, feature_names=wqp_feature_names)
    ...: wqp_im_model = InMemoryModel(wqp_rf.predict_proba, examples=wqp_train_SX,
                                      target_names=wqp_rf.classes_)
    ...: # 从 scikit-learn 的估计量中得到特征重要性
    ...: wqp_rf_feature_importances = wqp_rf.feature_importances_
    ...: wqp_rf_feature_names, wqp_rf_feature_scores = zip(*sorted(zip(wqp_feature_names,
                                      wqp_rf_feature_importances), key=lambda x: x[1]))
    ...: # 画出特征重要性柱状图
    ...: f, (ax1, ax2) = plt.subplots(1, 2, figsize=(10, 3))
    ...: t = f.suptitle('Feature Importances for Random Forest', fontsize=12)
    ...: f.subplots_adjust(top=0.85, wspace=0.6)
    ...: y_position = list(range(len(wqp_rf_feature_names)))
    ...: ax1.barh(y_position, wqp_rf_feature_scores, height=0.6, align='center',
                  tick_label=wqp_rf_feature_names)
    ...: ax1.set_title("Scikit-Learn")
    ...: ax1.set_xlabel('Relative Importance Score')
    ...: ax1.set_ylabel('Feature')
    ...: plots = interpreter.feature_importance.plot_feature_importance(wqp_im_model,
                                      ascending=False, ax=ax2)
    ...: ax2.set_title("Skater")
    ...: ax2.set_xlabel('Relative Importance Score')
    ...: ax2.set_ylabel('Feature')
```

对于随机森林模型，可以在图 9-30 中看到各种 ROC 图（每类的和平均值）。根据看到的，AUC 非常好。虚线表示每类的 ROC 曲线，实线表示宏平均和微平均的 ROC 曲线。现在来重新审视我们最重要的两个特征 - 酒精和挥发性酸度。下面使用它们并尝试绘制我们的随机森林模型的决策曲面 / 边界，类似于之前在图 9-22 中基于逻辑回归的葡萄酒类型分类器所做的。

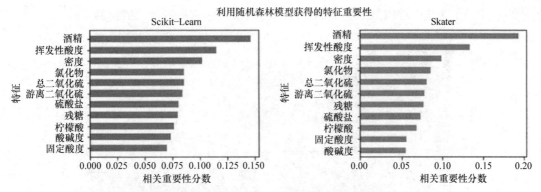

图 9-29　从调整随机森林模型获得的特征重要性比较分析

In [32]: meu.plot_model_roc_curve(wqp_rf, wqp_test_SX, wqp_test_y)

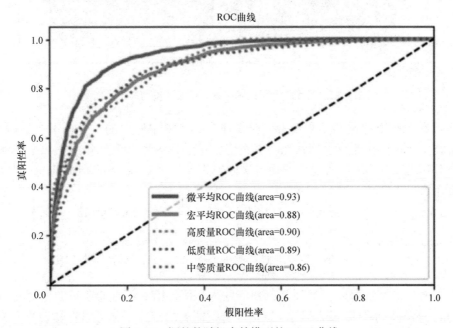

图 9-30　调整的随机森林模型的 ROC 曲线

```
In [33]: feature_indices = [i for i, feature in enumerate(wqp_feature_names)
    ...:                    if feature in ['alcohol', 'volatile acidity']]
    ...: meu.plot_model_decision_surface(clf=wqp_rf,
    ...:                    train_features=wqp_train_SX[:, feature_indices],
    ...:                    train_labels=wqp_train_y, plot_step=0.02, cmap=plt.cm.RdYlBu,
    ...:                    markers=[',', 'd', '+'], alphas=[1.0, 0.8, 0.5],
    ...:                    colors=['r', 'b', 'y'])
```

　　图 9-31 所示的图形展示了这 3 个类别绝对不像红葡萄酒和白葡萄酒的葡萄酒类型分类
器那么容易区分。当然，与使用两个最重要的特征进行可视化相比，使用多个特征可视化
超曲面变得困难，但是该图形应该让你了解到模型能够在类之间很好地区分，尽管有一定

数量的重叠，尤其是中等质量的葡萄酒样品和高质量与低质量的葡萄酒样品。

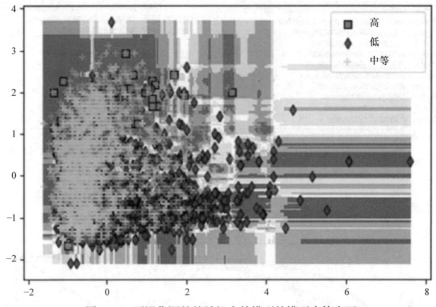

图 9-31   可视化调整的随机森林模型的模型决策表面

下面看看一些模型预测结果解释，类似于在第 7 章中所做的，分析了电影评论情感。为此，将利用 staker 并查看模型预测。现在将尝试解释为什么模型预测了一个类标签以及哪些特征对其决策有影响。首先，使用以下代码片段构建 LimeTabularExplainer 对象，这将有助于解释预测结果。

```
from skater.core.local_interpretation.lime.lime_tabular import LimeTabularExplainer

exp = LimeTabularExplainer(wqp_train_SX, feature_names=wqp_feature_names,
                           discretize_continuous=True,
                           class_names=wqp_rf.classes_)
```

现在来看看测试数据集中的两个葡萄酒样本实例。第一种是低质量的葡萄酒。我们使用 top_labels 参数显示具有最大概率 / 置信度的预测类的解释。你可以将其设置为 3 以查看所有 3 个类标签的相同内容。

图 9-32 所示的结果展示了主要影响模型预测葡萄酒质量低的特征。这里可以看到最重要的特征是酒精，考虑到在迄今为止从特征重要性和模型决策表面解释中得到的结果，这是有意义的。这里描绘的每个对应特征的值是在特征缩放之后获得的缩放值。下面来解释另一个预测，这次是高质量的葡萄酒。

```
exp.explain_instance(wqp_test_SX[10], wqp_rf.predict_proba, top_labels=1).show_in_notebook()
```

从图 9-33 的解释中，可以看到影响模型正确地预测葡萄酒质量高的最主要特征是酒精体积（除了密度、挥发性酸度等其他特征）。你还可以注意到图 9-32 和图 9-33 所示的两个实例的酒精比例值存在明显差异。

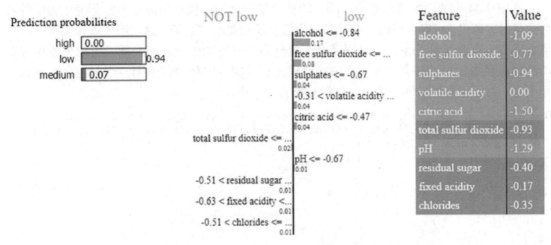

图 9-32　葡萄酒质量模型对低质量葡萄酒的预测的模型解释

```
exp.explain_instance(wqp_test_SX[747], wqp_rf.predict_proba, top_labels=1).show_in_notebook()
```

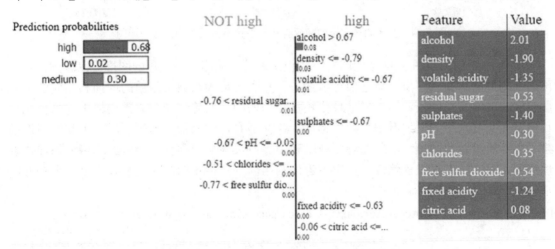

图 9-33　葡萄酒质量模型对高质量葡萄酒的预测的模型解释

　　为了总结关于模型解释的讨论，将讨论部分依赖图以及它们在我们的案例中如何有用。通常，部分依赖性通过保持其他特征不变来帮助描述特征对模型预测决策的边际影响。因为高维特征空间的可视化非常困难，所以通常使用一个或两个有影响的和重要的特征来可视化部分依赖图。scikit-learn 框架具有 partial_dependence（...）和 plot_partial_dependence（...）等函数，但不幸的是，截至编写本书时，这些函数仅适用于诸如 GBM 的提升模型。staker 的美妙之处在于可以在任何模型上构建部分依赖图，包括随机森林模型。我们将基于我们在计算特征重要性时创建的随机森林模型利用 skater 的 Interpretation 对象、解释器和 InMemoryModel 对象、wqp_im_model。以下代码描述了基于最重要特征——酒精的模型预测函数的单向部分依赖图。

从图 9-34 中的图中可以看出，随着酒精含量的增加，模型预测器预测葡萄酒为中等或高质量的置信度 / 概率在增加，同时预测为低质量的概率在下降。这表明质量预测与酒精含量之间肯定存在某种关系，并且酒精对于质量高的预测的影响也相当低，考虑到优质葡萄酒的训练样本较少，这也是预期之中的。现在来绘制双向部分依赖图，用于解释随机森林预测因子对酒精和挥发性酸度这两个最有影响力的特征的依赖性。

```
In [36]: axes_list = interpreter.partial_dependence.plot_partial_dependence(['alcohol'],
    ...:                     wqp_im_model, grid_resolution=100, with_variance=True, figsize = (4, 3))
    ...: axs = axes_list[0][3:]
    ...: [ax.set_ylim(0, 1) for ax in axs];
```

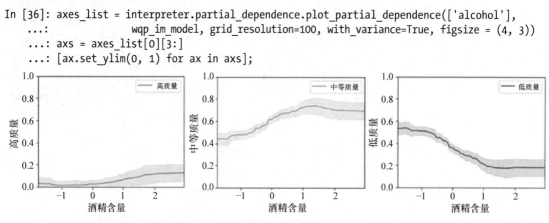

图 9-34   基于酒精含量的随机森林模型预测器的单向部分依赖图

图 9-35 中的图与图 9-34 中的图有一些相似之处。从图中最左边的图形可以看到，对于预测高质量的葡萄酒，由于缺乏训练数据，虽然高质量葡萄酒对酒精的增加和相应的挥发性酸度的下降有一些依赖性，但这种依赖是相当弱的。低质量葡萄酒预测似乎与酒精减少和挥发性酸度水平的增加有很强的依赖性。这在最右边的图形中清晰可见。中间的图形描绘了中等质量葡萄酒预测。现在可以观察到中等质量葡萄酒预测与相应的酒精增加和挥发性酸度水平降低有很强依赖性。这应该为你利用部分依赖图深入模型解释提供一个良好的基础。

```
In [42]: plots_list = interpreter.partial_dependence.plot_partial_dependence([('alcohol',
    ...:                                                          'volatile acidity')],
    ...:                     wqp_im_model, n_samples=1000, figsize=(10, 5), grid_resolution=100)
    ...: axs = plots_list[0][3:]
    ...: [ax.set_zlim(0, 1) for ax in axs];
```

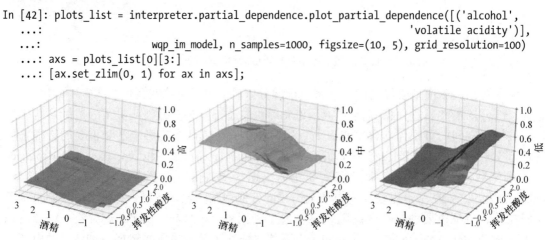

图 9-35   基于酒精和挥发性酸度的随机森林模型预测器的双向部分依赖图

9.8　总结

本章重点对与葡萄酒样品的类型和质量等级有关的数据集进行了处理、分析和建模。特别强调了探索性数据分析，数据科学家急于建立和部署模型时经常会忽略这种分析。关于我们的葡萄酒数据集中的各种特征，探索了该领域的一些背景知识，并对其进行了详细解释。除了专注于数学、机器学习和分析之外，我们建议你始终探索你需要解决问题的领域，并在需要时接受该领域专家的帮助。

我们研究了多种方法来分析和可视化我们的数据及其特征，包括描述性和推论性统计以及单变量和多变量分析。详细解释了用于可视化分类和多维数据的特殊技术。目的是让你在这些原则的基础上重新使用类似的原则和代码，以便将来在你自己的数据集上可视化属性和关系。本章的两个主要目标是建立预测模型，根据各种葡萄酒理化属性预测葡萄酒的类型和质量。介绍了各种预测模型，包括逻辑回归等线性模型和深度神经网络等复杂模型。除此之外，还介绍了基于树的模型，如决策树和集合模型，如随机森林和非常流行的极端梯度增强模型。详细介绍了模型训练、预测、评估、调整和解释的各个方面。我们建议你不仅要构建模型，还要使用验证指标对其进行彻底评估，必要时使用超参数调整，并利用集合建模来构建鲁棒、泛化和优秀的模型。我们还特别关注了用于解释模型的概念和技术，包括分析特征重要性、可视化模型 ROC 曲线和决策表面、解释模型预测以及可视化部分依赖图。

第 10 章
分析音乐趋势和推荐

推荐引擎可能是机器学习领域最流行、最为人熟知的应用之一，以致一些不是机器学习社区的人会觉得推荐引擎就是机器学习的唯一用途。尽管都知道机器学习拥有非常广泛的子领域，推荐引擎只是其中的一种而已，但对于推荐引擎的流行程度却是无法否认的。推荐引擎之所以如此流行，原因之一是由于它的普遍性。任何上过网的人，无论以何种方式，可能都已经接触过了推荐引擎。推荐引擎被电子商务网站用于推荐商品，被旅游网站用于推荐旅游景点，被音乐视频网站用于推荐歌曲或视频，被美食聚合门户网站用于推荐餐馆，等等。可以列出一个非常长的列表来体现推荐引擎的普遍应用。

推荐引擎之所以如此流行源于其两个重要的关键点：

• **容易实现**：将推荐引擎集成到一个已经存在的工作流中是一件很容易的事。我们需要做的就是收集关于用户趋势和模式的数据，这通常可以从企业的交易数据库中抽取出来。

• **奏效**：这种说法对于所讨论过的所有机器学习算法都同样管用，但有一个很重要的差别在于，推荐引擎的缺点非常有限。举个例子，考虑这样一个旅游门户网站，它就是向用户推荐其数据集中最受欢迎的一些景点而已。这样的推荐引擎看起来可能非常微不足道，因为它在用户面前存在的意义好像就是激起用户对这些景点的兴趣而已。如果这些公司选择构建复杂的推荐引擎，肯定也能够从中获益，但即使是一个非常简单的推荐引擎能够保证只需要最少的投入就能够获得回报了，正是这点使得推荐引擎成为非常诱人的方案。

本章将研究如何使用交易数据来开发不同类型的推荐引擎。其中将会了解到一个非常有意思的数据集，叫"百万歌曲数据集"。这里将通过这个数据集中的用户听歌记录来开发多个不同复杂度的推荐引擎。

10.1 百万歌曲数据集品味画像

百万歌曲数据集是一个非常流行的数据集，可以通过网址 https://labrosa.ee.columbia. edu/millionsong/ 下载获得。原始的数据集包含了不同年份的大概一百万首歌曲的量化的音频特征。该数据集是由 The Echonest(http://the.echonest.com/) 和 LABRosa(http://labrosa. ee.columbia.edu/) 创建的合作项目。我们不会直接使用该数据集，但会使用其中的一部分数据。

原始的百万歌曲数据集也衍生出了几个其他的数据集，其中的一个数据集叫作 The Echonest 用户品味画像子集，这个数据集是由 The Echonest 和一些不愿透露身份的合伙人所创建。该数据集包含了一些匿名用户对百万歌曲数据集中歌曲的播放次数。用户品味画像数据集的规模相当大，因其包含了大约 48000000 行三元组数据，每个三元组包含了以下信息：

（用户 id，歌曲 id，播放次数）

每一行数据均给出了"用户 id"所标记的用户对"歌曲 id"所标记的歌曲进行播放的次数。整个数据集涵盖了百万歌曲数据集中大概 1000000 位不同的用户和 384000 首歌。

你 可 以 从 http://labrosa.ee.columbia.edu/millionsong/sites/default/files/challenge/train_triplets.txt.zip 下载该数据集。压缩后的数据集大小大概是 500MB，解压后可能需要 3.5GB 的磁盘空间。在下载并解压该数据集后，会看看如何将该数据集划分为不同的子集以降低其大小。

> 百万歌曲数据集还有其他几个有用的辅助数据集，这里不会详细介绍它们，但鼓励你自己探究这些数据集，并结合自己的想象力来开发出创新的使用案例。

10.2 探索性数据分析

探索性数据分析是数据分析工作流中很重要的一步。到目前为止，相信已经在你心目中建立起对这一事实牢固的认知了。探索性数据分析在大型数据集的场景下甚至更为重要，因为它通常会带给我们一些可以用来修剪数据集以降低其规模的信息。正如将会看到的，有时候为了迂回地解决这些大型数据所呈现的问题，还不得不跳出传统数据访问工具的局限，另辟蹊径。

10.2.1 加载和修剪数据

处理流程的第一步是从解压后的文件中加载数据。由于数据规模在 3GB 左右，不会将整个数据集都加载进来，只会从数据集中加载指定行数的数据。这可以通过指定 pandas 的 read_csv 函数中的 nrows 参数达到此目的。

```
In [2]: triplet_dataset = pd.read_csv(filepath_or_buffer=data_home+'train_triplets.txt',
    ...: nrows=10000,sep='\t', header=None, names=['user','song','play_count'])
```

由于数据集没有头部信息，我们还在调用函数时提供了列名。该数据集的一个子集如图 10-1 所示。

对于这种规模的数据集，可能得先确定究竟需要考虑多少不同的用户（或者歌曲）。在原始的数据集中，有大概一百万的用户，但是想确定需要考虑的用户数。举个例子，如果 20% 的用户占据了 80% 的播放次数，那么将分析的重点放在这 20% 的用户上就是个不错的想法。通常情况下，可以根据用户维度（或者歌曲维度）将数据集进行求和，获得播放次数的累计总和，然后就可以计算出多少用户占据了 80% 的播放次数。但是由于使用的数据集规模太大，pandas 所提供的累计求和函数运行时会产生问题，因此将自己写代码，一行一行地读取文件，提取出某个用户（或某一首歌曲）的播放次数信息。在数据集规模太大，且超过了系统可用内存的情况下，也可以使用这种方法进行处理。以下的代码会一行一行地读取文件，提取出所有用户各自的总播放次数，然后将其持久化，以备后续使用。

	用户	歌曲	播放次数
0	b80344d063b5ccb3212f76538f3d9e43d87dca9e	SOAKIMP12A8C130995	1
1	b80344d063b5ccb3212f76538f3d9e43d87dca9e	SOAPDEY12A81C210A9	1
2	b80344d063b5ccb3212f76538f3d9e43d87dca9e	SOBBMDR12A8C13253B	2
3	b80344d063b5ccb3212f76538f3d9e43d87dca9e	SOBFNSP12AF72A0E22	1
4	b80344d063b5ccb3212f76538f3d9e43d87dca9e	SOBFOVM12A58A7D494	1
5	b80344d063b5ccb3212f76538f3d9e43d87dca9e	SOBNZDC12A6D4FC103	1
6	b80344d063b5ccb3212f76538f3d9e43d87dca9e	SOBSUJE12A6D4F8CF5	2
7	b80344d063b5ccb3212f76538f3d9e43d87dca9e	SOBVFZR12A6D4F8AE3	1
8	b80344d063b5ccb3212f76538f3d9e43d87dca9e	SOBXALG12A8C13C108	1
9	b80344d063b5ccb3212f76538f3d9e43d87dca9e	SOBXHDL12A81C204C0	1

图 10-1　来自数据集 "The Echonest 用户品味画像" 的样本数据

```
In [2]: output_dict = {}
   ...: with open(data_home+'train_triplets.txt') as f:
   ...:     for line_number, line in enumerate(f):
   ...:         user = line.split('\t')[0]
   ...:         play_count = int(line.split('\t')[2])
   ...:         if user in output_dict:
   ...:             play_count +=output_dict[user]
   ...:             output_dict.update({user:play_count})
   ...:         output_dict.update({user:play_count})
   ...: output_list = [{'user':k,'play_count':v} for k,v in output_dict.items()]
   ...: play_count_df = pd.DataFrame(output_list)
   ...: play_count_df = play_count_df.sort_values(by = 'play_count', ascending = False)
   ...: play_count_df.to_csv(path_or_buf='user_playcount_df.csv', index = False)
```

这样一来，后续就可以根据需求，将持久化的数据框加载并使用了。也可以用相同的办法将每一首歌的播放次数提取出来。图 10-2 展示了数据集中的一部分数据。

对于这个数据集，首先要做的事是找出占了约 40% 播放次数的用户数。这里主观地选择了 40% 这个数字，是为了让最终的数据集规模可控。你可以在这些数字上调整并实验，得到不同规模大小的数据集，你甚至可以利用一些大数据处理分析框架来分析整个完整的数据集，像 Hadoop 上的 Spark 框架。以下代码确定了一个用户的子集，这些用户占了指定比例的数据。在这个案例中，有大约 100000 用户占了 40% 的播放次数，因此会将这些用户分到子数据集中。

	播放次数	用户
0	13132	093cb74eb3c517c5179ae24caf0ebec51b24d2a2
1	9884	119b7c88d58d0c8eb051365c103da5caf817bea6
2	8210	3fa44653315697f42410a30cb768a4eb102080bb
3	7015	a2679496cd0af9779a92a13ff7c8af5c81ea8c7b
4	6494	d7d2d888ae04d16e994d6964214a1de81392ee04
5	6472	4ae01afa8f2430ea0704d502bc7b57fb52164882
6	6150	b7c24f770be6b802805ac0e2106624a517643c17
7	5656	113255a012b2affeab62607563d03fbdf31b08e7
8	5620	6d625c6557df84b60d90426c0116138b617b9449
9	5602	99ac3d883681e21ea68071019dba828ce76fe94d

图 10-2　一些用户的播放次数

```
In [2]: total_play_count = sum(song_count_df.play_count)
   ...: (float(play_count_df.head(n=100000).play_count.sum())/total_play_count)*100
   ...: play_count_subset = play_count_df.head(n=100000)
```

　　使用相同的方法，可以确定占了 80% 播放次数的歌曲数量。在例子中，发现 30000 首歌曲占了 80% 的播放次数。这绝对是个重大的发现，因为 10% 的歌曲就带来了 80% 的播放量。使用类似前面确定用户的代码，就可以确定这些歌曲的子集。有了这些歌曲和用户的子集，就可以将原始的数据集进行分割，以降低数据集规模，使其仅包含过滤出来的用户和歌曲。以下的代码使用了前面持久化的数据框来过滤原始数据集，并将结果子集持久化以备后续使用。

```
In [2]: triplet_dataset =
   ...: pd.read_csv(filepath_or_buffer=data_home+'train_triplets.txt',sep='\t', header=None,
   ...: names=['user','song','play_count'])
   ...: triplet_dataset_sub = triplet_dataset[triplet_dataset.user.isin(user_subset) ]

   ...: del(triplet_dataset)
   ...: triplet_dataset_sub_song =
   ...: triplet_dataset_sub[triplet_dataset_sub.song.isin(song_subset)]
   ...: del(triplet_dataset_sub)
   ...: triplet_dataset_sub_song.to_csv(path_or_buf=data_home+'triplet_dataset_sub_song.
   csv', index = False)
```

　　本次分割子集给了我们一个大约有 1000 万行二元组的数据框。下面将会使用这个数据框作为后续所有分析的初始数据集。你可以随意调整以上分割子集的参数，最终会得到不同的数据集，可能也会得到不同的分析结果。

10.2.2 增强数据

这里加载进来的数据仅仅包含一些三元组，因此无法得知歌曲名称、歌手姓名和专辑名称。我们可以通过添加这些歌曲信息来增强我们的数据集。这些歌曲信息正好也是百万歌曲数据集的一部分，它们以 SQLite 数据库文件的形式被提供。首先我们需要下载这些数据，可以在网页 https://labrosa.ee.columbia.edu/millionsong/pages/getting-dataset#subset 上下载 track_metadata.db 文件获得这些信息。

接下来是将这个 SQLite 数据库读取到一个数据框中，然后将歌曲的信息抽取出来，与三元组数据框进行合并。对于在后续分析中不会使用到的额外字段，会将其丢弃。下面的代码加载整个数据库，将其与前面分割出来的子集三元组数据进行连接，丢弃一些额外的字段信息。

```
In [2]: conn = sqlite3.connect(data_home+'track_metadata.db')
   ...: cur = conn.cursor()
   ...: cur.execute("SELECT name FROM sqlite_master WHERE type='table'")
   ...: cur.fetchall()

Out[2]: [('songs',)]
```

以上代码输出说明这个数据库包含了一个数据表，名为 songs。下面将读取这个表的所有行，将其读取到一个数据框中。

```
In [5]: del(track_metadata_df_sub['track_id'])
   ...: del(track_metadata_df_sub['artist_mbid'])
   ...: track_metadata_df_sub = track_metadata_df_sub.drop_duplicates(['song_id'])
   ...: triplet_dataset_sub_song_merged = pd.merge(triplet_dataset_sub_song, track_metadata_
      df_sub, how='left', left_on='song', right_o
   ...: n='song_id')
   ...: triplet_dataset_sub_song_merged.rename(columns={'play_count':'listen_
      count'},inplace=True)
   ...: del(triplet_dataset_sub_song_merged['song_id'])
   ...: del(triplet_dataset_sub_song_merged['artist_id'])
   ...: del(triplet_dataset_sub_song_merged['duration'])
   ...: del(triplet_dataset_sub_song_merged['artist_familiarity'])
   ...: del(triplet_dataset_sub_song_merged['artist_hotttnesss'])
   ...: del(triplet_dataset_sub_song_merged['track_7digitalid'])
   ...: del(triplet_dataset_sub_song_merged['shs_perf'])
   ...: del(triplet_dataset_sub_song_merged['shs_work'])
```

整合了三元组数据框和歌曲信息的最终数据集如图 10-3 所示。这就构成了后续数据分析探索之路的初始数据框。

10.2.3 可视化分析

在开始构建不同种类的推荐引擎之前，先对数据集做一些可视化分析。我们将会看到关于歌曲、专辑和发行的不同趋势。

	用户	歌曲	播放次数	歌曲名称	发行	歌手姓名	年份
0	d6589314c0a9bcbca4fee0c93b14bc402363afea	SOADQPP12A67020C82	12	You And Me Jesus	Tribute To Jake Hess	Jake Hess	2004
1	d6589314c0a9bcbca4fee0c93b14bc402363afea	SOAFTRR12AF72A8D4D	1	Harder Better Faster Stronger	Discovery	Daft Punk	2007
2	d6589314c0a9bcbca4fee0c93b14bc402363afea	SOANQFY12AB0183239	1	Uprising	Uprising	Muse	0
3	d6589314c0a9bcbca4fee0c93b14bc402363afea	SOAYATB12A6701FD50	1	Breakfast At Tiffany's	Home	Deep Blue Something	1993
4	d6589314c0a9bcbca4fee0c93b14bc402363afea	SOBOAFP12A8C131F36	7	Lucky (Album Version)	We Sing. We Dance. We Steal Things.	Jason Mraz & Colbie Caillat	0
5	d6589314c0a9bcbca4fee0c93b14bc402363afea	SOBONKR12A58A7A7E0	26	You're The One	If There Was A Way	Dwight Yoakam	1990
6	d6589314c0a9bcbca4fee0c93b14bc402363afea	SOBZZDU12A6310D8A3	7	Don't Dream It's Over	Recurring Dream_ Best Of Crowded House (Domest...	Crowded House	1986
7	d6589314c0a9bcbca4fee0c93b14bc402363afea	SOCAHRT12A8C13A1A4	5	S.O.S.	SOS	Jonas Brothers	2007
8	d6589314c0a9bcbca4fee0c93b14bc402363afea	SODASIJ12A6D4F5D89	1	The Invisible Man	The Invisible Man	Michael Cretu	1985
9	d6589314c0a9bcbca4fee0c93b14bc402363afea	SODEAWL12AB0187032	8	American Idiot [feat. Green Day & The Cast Of ...	The Original Broadway Cast Recording 'American...	Green Day	0

图 10-3　整合了歌曲元数据的播放次数数据集

1. 最流行的歌曲

首先能够对数据集进行可视化的信息是关于数据集中不同歌曲的流行度。我们将尝试确定数据集中流行度排行前 20 的歌曲。对这个流行度稍做修改就能够充当最基本的推荐引擎了。

以下代码将从数据集中找出最流行的歌曲。

```
In [7]: import matplotlib.pyplot as plt; plt.rcdefaults()
   ...: import numpy as np
   ...: import matplotlib.pyplot as plt
   ...:
   ...: popular_songs = triplet_dataset_sub_song_merged[['title','listen_count']].
       groupby('title').sum().reset_index()
   ...: popular_songs_top_20 = popular_songs.sort_values('listen_count', ascending=False).
       head(n=20)
   ...: objects = (list(popular_songs_top_20['title']))
   ...: y_pos = np.arange(len(objects))
   ...: performance = list(popular_songs_top_20['listen_count'])
...:
...: plt.bar(y_pos, performance, align='center', alpha=0.5)
...: plt.xticks(y_pos, objects, rotation='vertical')
...: plt.ylabel('Item count')
...: plt.title('Most popular songs')
...: plt.show()
```

以上代码生成的图如图 10-4 所示。该图表明，数据集中最流行的歌曲是 "You're The One"。通过搜索歌曲信息的数据框，还可以发现负责该首歌曲的乐队是 The Black Keys。

2. 最流行的歌手

下一个可能会感兴趣的问题是，数据集中哪些歌手是最受欢迎的。绘出这个信息的代码和之前的代码相当类似，因此不会将其完全列出来。最终生成的图如图 10-5 所示。

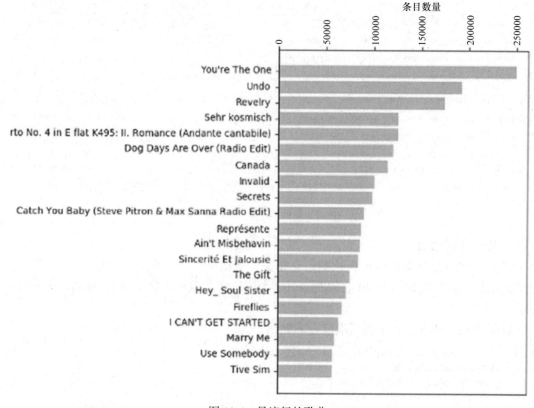

图 10-4　最流行的歌曲

　　从图中可以看出，在数据集中，Coldplay 是最受欢迎的歌手之一。如果是音乐狂热爱好者的朋友可能会发现这里除了像 Metallica 和 Radiohead 这样的歌手，并没有出现很多像 U2 和 The Beatles 这样的经典歌手。这就突出了两个关键信息——第一，数据集很可能是来源于不怎么喜欢在网上听经典歌曲的那一代人；第二，这也是很少见的情况，就是以往的一个歌手，其歌曲直到今天被放到网上播放之后，还能获得很高的评分。令人惊讶的是，在数据集中，Metallica 和 Radiohead 就是这种情况中仅有的两个例子。他们起源于 20 世纪 80 年代，但是来到网络播放的年代，他们还是很受欢迎。音乐流派方面，除了 Radiohead 和 Metallica 所代表的经典摇滚乐和金属乐队之外，在最流行的歌手当中，音乐流派的表现形式却是由像 Eminem 这样的说唱歌手，像 Linkin Park 和 The Killers 这样的摇滚乐队，甚至像 Train 和 OneRepublic 这样的流行摇滚乐队所刻画。

　　还有稍微偏题的一点是，Coldplay 是最受欢迎的歌手，但在最流行的歌曲列表中却没有他们的作品。这间接地暗示了他们的所有歌曲的播放次数都很均匀。作为练习，你可以尝试解决以下问题：对于在图 10-5 中出现的各位歌手，算出他们各首歌曲的播放次数分布情况。这能够给你带来一些提示，某位歌手的流行度是很有偏向性的，还是很均匀的。甚至可以进一步将这个想法开发成一个成熟的推荐引擎。

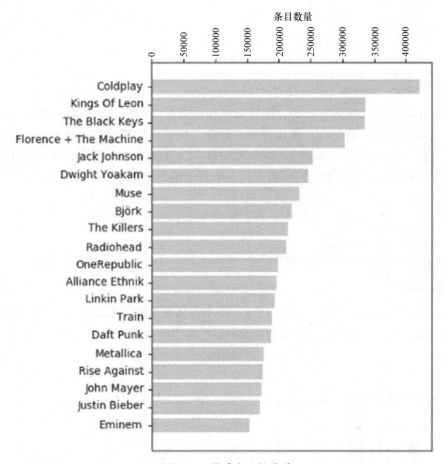

图 10-5　最受欢迎的歌手

3. 用户相对歌曲分布

现在能够从数据集中探寻的最后一点信息是关于用户歌曲数量的分布。这部分信息能够告诉用户所收听的歌曲平均数量是怎么分布的，可以使用这些信息来创建不同的用户分类，然后在此基础上对推荐引擎进行修改。对于那些收听特别精选的歌曲的用户，可以用来开发简单的推荐引擎，而对于那些需要深入洞察分析其播放行为的用户，则可以用来开发复杂的推荐引擎。

在继续对该播放数量分布图进行绘制之前，先尝试找出一些关于该分布的统计信息。以下的代码计算出了该分布，并显示了总体的统计数据。

```
In [11]: user_song_count_distribution = triplet_dataset_sub_song_merged[['user','title']].
groupby('user').count().reset_index().sort_values(by='title', ascending = False)
    ...: user_song_count_distribution.title.describe()
Out[11]:
count    99996.000000
```

```
mean         107.752160
std           79.741555
min            1.000000
25%           53.000000
50%           89.000000
75%          141.000000
max         1189.000000
Name: title, dtype: float64
```

这给了我们关于歌曲播放次数在用户间是如何分布的信息。可以看到平均每个用户收听了超过 100 首歌曲，同时有一些用户对于歌曲多样化的"胃口"也很大。现在尝试将这个分布可视化。以下的代码将帮助绘制出数据集中的播放次数分布图。这里有意使得条形图的条形数量相对较少，因为这足以给我们一个关于用户分类数量的大概信息了。

```
In [12]: x = user_song_count_distribution.title
    ...: n, bins, patches = plt.hist(x, 50, facecolor='green', alpha=0.75)
    ...: plt.xlabel('Play Counts')
    ...: plt.ylabel('Probability')
    ...: plt.title(r'$\mathrm{Histogram\ of\ User\ Play\ Count\ Distribution}\ $')
    ...: plt.grid(True)
    ...: plt.show()
```

以上代码生成的分布图如图 10-6 所示。图中清晰地表明了尽管最多播放次数和最少播放次数相差非常巨大，但播放次数的主体分布集中在 100 次左右。

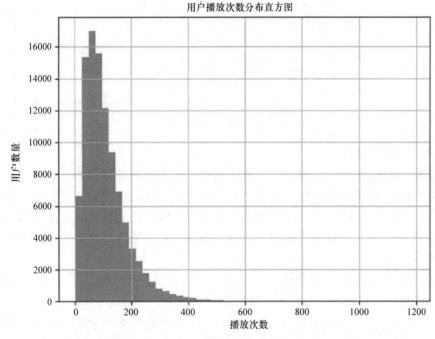

图 10-6　用户播放次数分布

考虑到本数据集的性质，可以在此数据集上进行多种酷炫的可视化操作；比如说，在最流行的歌手列表中，各个歌手的歌曲播放情况是怎么样的；按年度进行计算的播放次数分布情况，等等。但我们相信，到目前为止，你已经掌握了提问相关问题的艺术和如何通过可视化来回答这些问题的能力。因此将会直接结束探索性数据分析的讨论，并进入本章的重点内容，即推荐引擎的开发。但你可以自由地尝试对这些数据进行另外的分析和可视化，如果你发现了一些很酷的东西，你尽可以给图书的代码仓库发起一个合并请求。

10.3 推荐引擎

推荐引擎所做的事可以简要地从其名称中得知——它所要做的就是做出推荐。我们不得不承认这样的说法看起来貌似很简单。推荐引擎是一种对用户的偏好信息进行建模和重组，然后基于这些信息来提供一些有见地的建议。推荐引擎的基础始终建立在用户和产品之间的交互记录之上。比如说，一个电影推荐引擎是建立在用户对不同电影的评价之上；一个新闻文章推荐引擎则必须将用户以往阅读过的文章考虑进去，等等。

本节内容将使用用户—歌曲播放次数数据集，展示向不同用户推荐新歌的多种方式。下面将以一个非常基础的推荐系统开始，并尝试线性逐步地开发一个复杂的推荐系统。在开始构建这些系统之前，会先研究一下它们的功能以及不同类型的推荐引擎。

10.3.1 推荐引擎的类型

不同类型的推荐引擎之间的主要区别来自于它们在生成推荐过程中假设的最重要的实体。有多种选择可以作为中心实体，且不同的选择会导致我们最终开发出来的推荐引擎所属的种类不同。

- **基于用户的推荐引擎**：在这种类型的推荐引擎中，用户是中心实体。推荐算法会寻找用户之间的相似度，然后基于这些相似度得出推荐内容。
- **基于内容的推荐引擎**：在推荐引擎界的另一端，还有基于内容的推荐引擎。在这些推荐引擎中，内容才是中心实体，也是我们想要推荐的部分。比如在我们的例子中，中心实体就是要推荐的歌曲。这些推荐算法会尝试找出内容的特征，然后找到相似的内容，这些相似的内容会被用来推荐给最终的用户。
- **混合推荐引擎**：这种类型的推荐引擎会综合考虑用户的特征和内容的特征来产生推荐。这种类型的推荐引擎有时候也被称为协同过滤推荐引擎，因为它们"协同"了内容和用户的特征。由于吸收了以上两种类型的推荐引擎的最优特性，这也是最为有效的推荐引擎之一。

10.3.2 推荐引擎的利用

在前面的一章中，讨论了对于任何企业机构都至关重要的需求之一，就是了解客户。这个需求对网上企业来说更加重要，网上企业几乎不会与其客户有物理性的交互。推荐引擎不仅为这些企业提供了了解其客户的绝佳机会，还能帮助它们使用这些信息来提高其盈利能力。推荐引擎的另一个重要优势是它们拥有极有限的潜在缺点，最差的情况下就是用户对推荐给他们的事物毫不在意。企业机构可以很容易先将一个粗糙的推荐引擎集成到其与用户的交互当中，然后根据推荐引擎的表现，决定是否进一步开发更加复杂的版本。经常有言论声称推荐引擎在像 Netflix、亚马逊、YouTube 之类的主流在线服务提供商的销售中起到了重要作用，还有几篇论文提供了对其有效性的颇为有趣的见解。尽管这些言论未被证实，但我们还是鼓励你在 http：//ai2-s2-pdfs.s3.amazonaws.com/ba21/7822b81c3c9449014cb92e197d8a6baa4914.pdf 阅读其中的一篇论文。有研究声称一个好的推荐引擎往往会提高大约 35% 的销售量，并且引导顾客发现更多的产品，这反过来又积极地提高了用户体验。

在开始讨论不同类型的推荐引擎之前，要先感谢一下我们的朋友和伙伴，即数据科学家、作家和课程导师 Siraj Raval，他为我们提供了本章关于推荐引擎的主要代码，还分享了他的代码库帮助我们开发推荐引擎（参考 Siraj 在 GitHub 上的主页 https：//github.com/llSourcell）。接下来将会修改他的一些代码示例来开发我们后续章节介绍到的推荐引擎。感兴趣的读者还可以在 https：//www.youtube.com/c/sirajology 查看 Siraj 的 YouTube 频道，那里有他录制的关于机器学习、深度学习、人工智能和其他有趣教育内容的精彩视频。

10.3.3　基于流行度的推荐引擎

最简单的推荐引擎自然是最容易开发的。如可以很容易地开发出推荐引擎一样，这种类型的推荐引擎也非常容易实现。这种推荐引擎背后的驱动逻辑如下，如果一些产品被绝大部分用户群体所喜爱（收听），那么一个很好的想法就是将其也推荐给那些还没有接触过这些产品的用户。

开发这种类型推荐引擎极其容易，实际上也就是一个求和过程而已。为了开发这样的推荐引擎，要先确定数据集中的哪些歌曲被最多用户听过，这会成为给每个用户的标准推荐。以下的代码定义了一个函数，它会总结出被最多用户收听的歌曲，并以数据框表示形式返回结果。

```
In [1]:
def create_popularity_recommendation(train_data, user_id, item_id):
    #获取每首歌的播放用户ID总数作为推荐分数
    train_data_grouped = train_data.groupby([item_id]).agg({user_id: 'count'}).reset_index()
    train_data_grouped.rename(columns = {user_id: 'score'},inplace=True)

    #根据推荐分数对歌曲进行排序
    train_data_sort = train_data_grouped.sort_values(['score', item_id], ascending = [0,1])

    #根据推荐分数生成推荐列表
    train_data_sort['Rank'] = train_data_sort['score'].rank(ascending=0, method='first')

    #获取推荐列表的 top 10
    popularity_recommendations = train_data_sort.head(20)
    return popularity_recommendations

In [2]: recommendations = create_popularity_recommendation(triplet_dataset_sub_song_
merged,'user','title')
In [3]: recommendations
```

现在可以在数据集上使用该函数来为每个用户生成前 10 首推荐歌曲。这个普通推荐系统的输出如图 10-7 所示。可以看到推荐的内容与上一节中的最流行歌曲列表非常相似,这是可以预料到的,因为两者背后的逻辑都是一样的——只是输出不一样而已。

		歌曲名称	分数	排名
19580	Sehr kosmisch		18629	1.0
5780	Dog Days Are Over (Radio Edit)		17636	2.0
27314	You're The One		16082	3.0
19542	Secrets		15139	4.0
18636	Revelry		14942	5.0
25070	Undo		14682	6.0
7531	Fireflies		13087	7.0
9641	Hey_ Soul Sister		12991	8.0
25216	Use Somebody		12790	9.0
9922	Horn Concerto No. 4 in E flat K495: II. Romanc...		12343	10.0
24291	Tive Sim		11825	11.0
3629	Canada		11591	12.0
23468	The Scientist		11534	13.0
4194	Clocks		11358	14.0
12136	Just Dance		11056	15.0

图 10-7 基于流行度的推荐引擎输出的推荐内容

10.3.4 基于相似度的推荐引擎

上一节介绍了最简单的一种推荐引擎。本节将处理一个稍微复杂一点的解决方案。这个推荐引擎是基于用户的记录与数据集中其他记录的相似度之上的。

在进一步开展我们的开发工作之前,让我们先描述一下打算怎么计算物品与物品之间的相似度,这是这个推荐引擎的核心。通常,为了定义一组物品的相似度,需要一个特征集,在此基础上,这组物品内的每个物品都能够通过这些特征来描述。在我们的案例中指的就是歌曲的特征,通过这些特征可以将一首歌和另一首歌区分开来。因为没有关于歌曲现成的特征属性(或者说已经有了而我们不知道),我们将从听了这些歌曲的用户的角度来定义这些歌曲的相似度。感到疑惑吗?看看以下的数学公式,应该能让你对这种测量方法有更深入的了解。

$$相似度_{ij} = \left(用户集合_i \cap 用户集合_j\right) / \left(用户集合_i \cup 用户集合_j\right)$$

这种相似度的度量方式被称为杰卡德指数（Jaccard index，https://en.wikipedia.org/wiki/Jaccard_index），在例子中，我们可以使用它来定义两首歌之间的相似度。基本的理论仍然是认为如果两首歌都被很大一部分相同的用户听过，那么这两首歌就可以视为彼此相似的。基于这种相似度度量方式，我们就可以定义出该算法向用户 k 推荐一首歌曲所需要执行的步骤。

1）确定被用户 k 听过的歌曲列表。

2）使用前面定义的相似度度量方式，计算出该用户听过的歌曲列表中每一首歌与我们数据集中所有歌曲的相似度。

3）确定与该用户听过的歌曲相似度最高的歌曲。

4）基于相似度得分，选择这些歌曲的一个子集作为推荐。

当数据集拥有非常多的歌曲时，由于步骤 2）可能会成为计算密集型的一步，因此将数据集分割为只含有 5000 首歌的子集，使得该计算操作更加具有可行性。这里将选择最流行的前 5000 首歌曲，以便不会遗漏掉任何重要的推荐内容。

```
In [4]:
song_count_subset = song_count_df.head(n=5000)
user_subset = list(play_count_subset.user)
song_subset = list(song_count_subset.song)
triplet_dataset_sub_song_merged_sub = triplet_dataset_sub_song_merged[triplet_dataset_sub_
song_merged.song.isin(song_subset)]
```

以上代码将数据集分割为只包含最流行的 5000 首歌曲的子集。然后将构建基于相似度的推荐引擎，并为任意的某一个用户生成推荐内容。这里将利用 Siraj 的推荐模块来实现基于物品相似度的推荐系统。

```
In [5]:
train_data, test_data = train_test_split(triplet_dataset_sub_song_merged_sub, test_size =
0.30, random_state=0)
is_model = Recommenders.item_similarity_recommender_py()
is_model.create(train_data, 'user', 'title')
user_id = list(train_data.user)[7]
user_items = is_model.get_user_items(user_id)
is_model.recommend(user_id)
```

为一些随机用户生成的推荐内容如图 10-8 所示。请注意其中与基于流行度的推荐引擎的明显区别。据此几乎可以确定图中的这位用户肯定不喜欢数据集中最流行的那些歌曲。

 在本节开始的时候，提到过没有现成的歌曲特征可以用来定义歌曲相似度。其实在百万歌曲数据集中，有每首歌的特征属性可以直接使用。我们鼓励你将本节中基于共同收听用户的隐性相似度，替换为这些特征属性所描述的显性相似度，然后比较替换前后两者推荐内容的变化。

	用户 id	歌曲	分数	排名
0	2a2f776cbac6df64d6cb505e7e834e01684673b6	Meteor	0.099810	1
1	2a2f776cbac6df64d6cb505e7e834e01684673b6	Coda	0.093718	2
2	2a2f776cbac6df64d6cb505e7e834e01684673b6	Tuesday Moon	0.084476	3
3	2a2f776cbac6df64d6cb505e7e834e01684673b6	Tron	0.083682	4
4	2a2f776cbac6df64d6cb505e7e834e01684673b6	Acadian Coast	0.081797	5
5	2a2f776cbac6df64d6cb505e7e834e01684673b6	Love Letter To Japan	0.081042	6
6	2a2f776cbac6df64d6cb505e7e834e01684673b6	Heavy Water	0.080742	7
7	2a2f776cbac6df64d6cb505e7e834e01684673b6	Balloons (Single version)	0.079459	8
8	2a2f776cbac6df64d6cb505e7e834e01684673b6	Blackbirds	0.078346	9
9	2a2f776cbac6df64d6cb505e7e834e01684673b6	Diamond Dave	0.076680	10

图 10-8　基于相似度的推荐引擎做出的推荐内容

10.3.5　基于矩阵分解的推荐引擎

当涉及在生产环境中实现推荐引擎的时候，基于矩阵分解的推荐引擎可能是最常用到的推荐引擎。本节将会给出基于矩阵分解的推荐引擎的基础介绍。尽量避免太多数学理论的深入讨论，因为从一个实践者的角度来看，我们的目的是了解如何利用这种推荐引擎从现实数据中获得有价值的推荐内容。

矩阵分解是指为原始矩阵找出两个或多个矩阵，使得这两个或多个矩阵相乘可以得到原始的矩阵。矩阵分解可以用来发现两个不同实体间的潜在特征。那么这些潜在特征是什么？在探寻其数学解释之前，先花点时间讨论一下这些潜在特征。

稍微花点时间想一下你为什么会喜欢某一首歌——答案可能从其深情的歌词，到吸引人的曲调，再到其优美的旋律各种原因不等。首先可以尝试通过测量其节拍、速度和其他类似的特征，用数学术语来描述这一首歌曲，然后在用户方面也定义与此相似的特征。举个例子，可以从用户的收听歌曲记录中，定义说该用户喜欢节奏比较快的歌曲，诸如此类。一旦明确地定义了这些"特征"，基于某些相似度标准，就可以用它们来为用户寻找匹配的歌曲。但是通常情况下，这个流程中最难的一部分就是如何定义这些特征，因为没有指南手册来教我们如何才能定义出好的特征。大多数情况下这都是基于特定领域专家的意见，再加上一点经验而来的。但正如你将在本节看到的那样，你可以使用矩阵分解来发现潜在的特征，并且这些特征似乎还挺奏效的。

任何基于矩阵分解方法的出发点都是效用矩阵，如表 10-1 所示。效用矩阵是一个 *user* × *item* 维的矩阵（*user* 表示用户数量，*item* 表示物品数量），其中每一行代表一个用户，每一列代表一个物品。

表 10-1   效用矩阵的例子

	物品 1	物品 2	物品 3	物品 4	物品 5
用户 A	2				5
用户 B		1		5	
用户 C	5	1			

注意到在表中有很多地方没有值，这些空白表示该用户没有对该物品进行评价。要么是因为该用户还没有看过该物品，要么是因为该用户根本就不想看。我们马上可以猜测物品 4 可以作为用户 C 的推荐内容，因为用户 B 和用户 C 都不喜欢物品 2，因此很可能他们会喜欢相同的物品，就是这里的物品 4。

矩阵分解旨在找出低阶近似效用矩阵，所以我们的目的是将效用矩阵 U 分解为两个低阶矩阵，使得可以通过将这两个低阶矩阵相乘重新得到矩阵 U。使用数学语言表示就是，

$$R = U * I^{\mathrm{T}}$$

且

$$|R| = |U| * |I|$$

式中，R 是原始的评分矩阵；U 是用户矩阵；I 是物品矩阵。假设该过程帮助找出了 K 个潜在特征，我们的目的是找出两个矩阵 X 和 Y，使得 X 和 Y 的乘积（矩阵乘法）近似等于 R。

$$X = |U| \times K 矩阵 (其中 K 矩阵是一个用户数 \times 因子的矩阵)$$

$$Y = |P| \times K 矩阵 (其中 K 矩阵是一个因子 \times 电影数的矩阵)$$

下面还可以尝试使用图形的方式来解释矩阵分解的概念。在图 10-9 的基础上，可以通过将右边两个矩阵相乘重新生成原始的矩阵。要给用户生成推荐内容，可以将第一个矩阵中该用户对应的行向量与物品矩阵相乘，找出该行中拥有最高评分的物品，就是要给该用户推荐的内容。第一个矩阵表示了用户和潜在特征之间的联系，而第二个矩阵表示物品（在我们的例子中即歌曲）和潜在特征的联系。图 10-9 描绘了在电影推荐系统中一种典型的矩阵分解操作，但我们的目的是通过这个图理解该方法，并将其延伸至我们的使用场景，来构建一个音乐推荐系统。

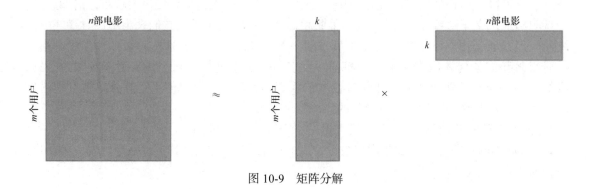

图 10-9   矩阵分解

1. 矩阵分解和奇异值分解

有多种算法可以用来确定一个矩阵的分解矩阵，这里使用了其中最简单的一种算法，即奇异值分解（Singular Value Decomposition，SVD）。还记得在第 1 章中讨论过奇异值分解背后的数学原理，这里将解释一下 SVD 所提供的分解为什么可以用作矩阵分解。

你可能还记得在第 1 章中，对一个矩阵进行奇异值分解会产生 3 个不同的矩阵：U、S 和 V。你可以按照以下的步骤，使用 SVD 函数的返回结果来确定一个矩阵的分解矩阵。

• 将矩阵进行奇异值分解得到 3 个矩阵：U、S 和 V。

• 将矩阵 S 降维，取其中前 k 个成分。（使用的函数只有 k 维，因此这一步可以跳过。）

• 计算降维后矩阵 S_k 的二次方根，得到 $S_k^{1/2}$。

• 计算两个矩阵 $U * S_k^{1/2}$ 和 $S_k^{1/2} * V$，这就是我们想要的两个分解后的矩阵，如图 10-9 中所刻画的。

然后就可以通过将第一个矩阵的第 i 行和第二个矩阵的第 j 列进行点乘运算，来生成用户 i 对产品 j 的预测结果。以上信息提供了构建基于矩阵分解的推荐引擎所必需的所有知识。

2. 构建基于矩阵分解的推荐引擎

前面已经讨论过基于矩阵分解的推荐引擎的实现机制，现在尝试使用数据集来构建一个这样的推荐引擎。首先会注意到在数据集中没有"用户评分"这样的概念，有的只是用户对歌曲的播放次数。在推荐引擎案例中这是很常见的问题，叫作"隐式反馈"问题。有很多种办法可以用来解决这个问题，但这里会采用一种非常简单直观的解决方案。我们将使用分数式的播放次数来替换原来的播放次数。有了这种逻辑，就可以使用 [0, 1] 范围之间的数对一首歌的"受喜爱程度"进行度量。下面可以讨论出更好的方法来解决这个问题，但对于问题来说，这个简单的方案就已经可以令人接受了。以下的代码将完成这个任务。

```
In [7]:
triplet_dataset_sub_song_merged_sum_df = triplet_dataset_sub_song_merged[['user','listen_
count']].groupby('user').sum().rese
t_index()
triplet_dataset_sub_song_merged_sum_df.rename(columns={'listen_count':'total_listen_
count'},inplace=True)
triplet_dataset_sub_song_merged = pd.merge(triplet_dataset_sub_song_merged,triplet_dataset_
sub_song_merged_sum_df)
triplet_dataset_sub_song_merged['fractional_play_count'] = triplet_dataset_sub_song_
merged['listen_count']/triplet_dataset_s
ub_song_merged['total_listen_count']
```

修改后的数据框如图 10-10 所示。

	用户	歌曲	播放次数	分数式的播放次数
0	d6589314c0a9bcbca4fee0c93b14bc402363afea	SOADQPP12A67020C82	12	0.036474
1	d6589314c0a9bcbca4fee0c93b14bc402363afea	SOAFTRR12AF72A8D4D	1	0.003040
2	d6589314c0a9bcbca4fee0c93b14bc402363afea	SOANQFY12AB0183239	1	0.003040
3	d6589314c0a9bcbca4fee0c93b14bc402363afea	SOAYATB12A6701FD50	1	0.003040
4	d6589314c0a9bcbca4fee0c93b14bc402363afea	SOBOAFP12A8C131F36	7	0.021277

图 10-10　带隐式反馈的数据集

　　下一步必须要做的数据转换就是将数据框转换成 numpy 矩阵表示的效用矩阵。我们将把数据框转换成为稀疏矩阵，这是因为矩阵中有很多地方是没有值的，而稀疏矩阵很适合用来表示这样的矩阵。由于无法直接将歌曲 ID 和用户 ID 转换成 numpy 矩阵，得先将它们转换成数值类型的值，然后才能使用它们来创建稀疏矩阵。以下的代码就创建了这样的矩阵。

```
In [8]:
from scipy.sparse import coo_matrix
small_set = triplet_dataset_sub_song_merged
user_codes = small_set.user.drop_duplicates().reset_index()
song_codes = small_set.song.drop_duplicates().reset_index()
user_codes.rename(columns={'index':'user_index'}, inplace=True)
song_codes.rename(columns={'index':'song_index'}, inplace=True)
song_codes['so_index_value'] = list(song_codes.index)
user_codes['us_index_value'] = list(user_codes.index)
small_set = pd.merge(small_set,song_codes,how='left')
small_set = pd.merge(small_set,user_codes,how='left')
mat_candidate = small_set[['us_index_value','so_index_value','fractional_play_count']]
data_array = mat_candidate.fractional_play_count.values
row_array = mat_candidate.us_index_value.values
col_array = mat_candidate.so_index_value.values
data_sparse = coo_matrix((data_array, (row_array, col_array)),dtype=float)
```

```
In [8]: data_sparse
Out  : <99996x30000 sparse matrix of type '<class 'numpy.float64'>'
        with 10774785 stored elements in COOrdinate format>
```

　　一旦把矩阵转换为稀疏矩阵，就可以使用 scipy 库提供的 svds 函数将稀疏矩阵分解为 3 个不同的矩阵了。现在可以指定使用多少潜在因素来分解我们的数据。在示例中使用了 50 个潜在因素，但我们鼓励你尝试潜在因素的不同的数值，观察推荐内容是怎么样变化的。以下的代码创建了矩阵的分解矩阵，并像基于相似度推荐引擎一样，预测了相同用户的推荐内容。我们利用 compute_svd（...）函数执行奇异值分解操作，然后使用 compute_estimated_matrix（...）进行低阶矩阵近似估计。详细的步骤和函数实现一如既往地在 jupyter notebook 中提供。

```
In [9]:
K=50
# 初始化用户平分矩阵样本
urm = data_sparse
MAX_PID = urm.shape[1]
MAX_UID = urm.shape[0]

# 计算评分矩阵的奇异值分解
U, S, Vt = compute_svd(urm, K)
uTest = [27513]

# 为测试用户生成估计评分
print("Predicted ratings:")
uTest_recommended_items = compute_estimated_matrix(urm, U, S, Vt, uTest, K, True)
```

```
for user in uTest:
    print("Recommendation for user with user id {}". format(user))
    rank_value = 1
    for i in uTest_recommended_items[user,0:10]:
        song_details = small_set[small_set.so_index_value == i].drop_duplicates('so_index_
        value')[['title','artist_name']]
        print("The number {} recommended song is {} BY {}".format(rank_value, list(song_
        details['title'])[0],list(song_details['artist_name'])[0]))
        rank_value+=1
```

　　基于矩阵分解的推荐引擎所给出的推荐内容也在图 10-11 中展示。如果你参考了我们提供的 jupyter notebook 里面的代码，你会观察到 id 是 27513 的用户和之前使用基于相似度推荐引擎做出推荐的用户是同一个用户。参考 jupyter notebook 获得进一步的详情，以了解是如何实现这几个不同的函数，并将它们用在推荐系统中的！还请注意比较前面两个推荐系统给用户生成的推荐内容是如何变化的。图中的这位用户似乎喜欢听一些 Coldplay 和 Radiohead 的歌曲，绝对是很有趣的发现！

```
Recommendation for user with user id 27513
The number 1 recommended song is Behind The Sea [Live In Chicago] BY Panic At The Disco
The number 2 recommended song is Una Confusion BY LU
The number 3 recommended song is Home BY Edward Sharpe & The Magnetic Zeros
The number 4 recommended song is Dead Souls BY Nine Inch Nails
The number 5 recommended song is The City Is At War (Album Version) BY Cobra Starship
The number 6 recommended song is Tighten Up BY The Black Keys
The number 7 recommended song is Climbing Up The Walls BY Radiohead
The number 8 recommended song is Yellow BY Coldplay
The number 9 recommended song is Creep (Explicit) BY Radiohead
The number 10 recommended song is West One (Shine On Me) BY The Ruts
```

图 10-11　基于矩阵分解的推荐系统生成的推荐内容

　　本次案例中使用了最简单的矩阵分解算法，你可以完成更多关于矩阵分解的复杂的实现，这会导致不一样的推荐系统的产生。这里还对另一个话题有一点忽略，就是如何将歌曲播放次数转换成"隐式反馈"的。对于所选择的系统来说这种转换方式是可以接受的，但还远称不上完美。有很多文献讨论了如何处理这个问题。我们鼓励你找出处理这个问题的不同方式，然后用不同的度量方式进行实验！

10.4　推荐引擎库的注意事项

　　你可能发现了我们并没有使用任何现成的库来构建推荐系统。正如其他所有的任务一样，Python 也有多种现成的库可以用来构建推荐引擎。但是并没有使用这样的库，因为想让你了解推荐引擎背后的原理。这些库中的绝大部分都是接收一个稀疏矩阵作为输入就可以让你开发一个推荐引擎。我们鼓励你将你的实验贡献给至少一个这样的库，因为这可以让你了解同一个问题的多种可能实现，还有就是这些不同实现之间的区别。有一些你可以用来探索的库，包括 scikit-surprise、lightfm、crab、rec_sys 等。

10.5 总结

本章学习了推荐系统，一种重要且广为人知的机器学习应用。这里发现了一个非常流行的数据源，使得可以对一小部分在线音乐听众进行分析。然后开始学习构建不同类型的推荐引擎。从基于歌曲流行度的一个简易版本开始，然后提高推荐引擎的复杂程度，开发了基于物品相似度的推荐引擎。这里强烈建议使用百万歌曲数据集的元数据来扩展这个推荐引擎。最后，构建了一个具有全然不同的视角的推荐引擎，并以此总结全章。我们探究了矩阵分解的一些基础知识，学习了像奇异值分解这样非常基本的分解方法是如何应用在开发推荐系统之中的。最后，还涉及在我们的数据集中可以用来开发复杂推荐引擎的一些库。

这里希望通过进一步强调推荐引擎的重要性来结束本章，特别是在网络内容交付的背景下。关于推荐引擎，有一个未经证实的说法是"Netflix 有 60% 的电影观看次数是通过推荐产生的"。根据维基百科的说法，Netflix 的年度收益大概是 80 亿美元。即使其中只有一半收入来自电影，再即使以上说的数字只有 30% 而不是 60%，这都意味着 Netflix 的年度收益中有大概 10 亿美元要归功于推荐引擎。尽管我们永远也无法验证这些数字的真假，但它们无疑是推荐引擎及其所能产生的价值的强有力论据。

第 11 章
预测股票和商品价格

到目前为止，本书已经覆盖了各种相关的概念，并解决了各种现实的问题。本章将深入讨论与预测相关的问题。预测分析或建模涉及数据挖掘、高级统计、机器学习等众多概念，它对历史数据进行建模，以便预测未来的事件。预测建模在众多领域都有使用场景，比如金融服务、医疗保健和电子通信等。

多年来，为了理解时间序列数据、模型模式，人们开发了很多技术来理解与时态相关的数据，以获得未来事件及行为。时序分析形成了时序数据的一个描述性层面，对时序数据的理解能够帮助对相同类型数据的建模和预测。多年来，人们一直深入研究和应用类似于回归分析（详见 6.4 节）和 Box-Jenkins 方法这样的传统方法。直到最近，随着计算能力的提升以及机器学习算法的改进，人们也见证了像神经网络这样的机器学习技术——或者更准确地说是深度学习，在预测方面取得的进展和惊人的成果。

本章将使用股票和商品价格数据集来讨论预测方面的话题，将会利用传统时序模型以及像递归神经网络这样的深度学习模型来预测价格。本章将涉及以下话题：

- 时序分析的简要概述。
- 使用类似 ARIMA 的传统方法预测商品价格。
- 使用类似 RNN 和 LSTM 等更新的深度学习方法预测股票价格。

本章中的示例代码，jupyter notebook 和示例数据集都可以在本书的 GitHub 仓库中获得，地址是 https：//github.com/dipanjanS/practical-machine-learning-with-python，位于第 11 章的文件夹下。

11.1 时序数据及时序分析

时序数据是指以时间为顺序进行的一系列观测值。观测过程以固定的时间间隔进行，并记录观测值。时序数据在众多领域都可以被利用，如统计学、经济学、金融学、天气建模、模式识别等。

时序分析主要是研究产生时序数据的底层结构和驱动力，它提供了描述性的框架以便分析数据的特征和其他有意义的结论数据，同时也提供了一些可以利用该框架来拟合预测、监控和控制模型的技术。

还有另外一种思想学派将时序的描述性和建模构件分离开来。在这种学派中，时序分析通常只关注时序数据的描述性分析，以了解不同的构件和底层结构。在预测 / 预报的场景中利用时间序列进行的建模被称为时间序列预测法。不过通常两种思想学派都利用同样的工具和技术，这种学派的划分更多的是关于在结构化的学习和应用中对概念的组织方式不同。

时序及其分析是自成一体的一个完整领域，这里只讨论用到的特定的概念和技术。本章并非要成为时序及其分析的完整指南。

时间序列既可以在频域上也可以在时域上进行分析。基于频域的分析包括频谱分析技术和小波分析技术，而基于时域的分析包括自动和交叉相关分析。本章主要集中在时域的时间序列预测上，同时简要地介绍时序数据的描述性特征。此外将主要专注于单变量的时序分析（时间是一个隐式变量）。

为了更好地理解与时序相关的概念，将利用一个样本数据集。以下代码片段使用 pandas 加载了一个网站的每日浏览数据。可以参考 jupyter notebook 中的 notebook_getting_started_time_series.ipynb 文件得到必要的代码和示例。数据集可以在网站 http：//openmv.net/info/website-traffic 获得。

```
In [1] : import pandas as pd
    ...:
    ...: # 加载数据
    ...: input_df = pd.read_csv(r'website-traffic.csv')
    ...:
    ...: input_df['date_of_visit'] = pd.to_datetime(input_df.MonthDay.\
    ...:                                         str.cat( input_df.Year.astype(str),
    ...:                                         sep=' '))
```

代码首先将基本数据框中已经存在的日、月、年结合，创建了一个新的属性叫作 date_of_visit。由于数据集是关于网站的每日访问数据，因此其中的变量是关于时间维度上的每日访问量，也就是说，date_of_visit 就是隐式的一个变量。关于每日访问量描绘如图 11-1 所示。

11.1.1　时序构件

目前手头的数据是关于一个网站的每日访问量。如前所述，时序分析旨在理解我们所看见的序列的底层结构和驱动力。现在，来尝试将手头上时间序列的多个构件进行分解。一个时间序列基本由以下 3 个主要构件组成：

- **周期性**：就是观察到的数据中的周期性波动，比如气候模式和销售模式。
- **趋势**：就是随着时间变化的序列的上升或下降的行为，比如人口增长模式。
- **残差**：就是除了周期性信号和趋势信号之外剩余的信号，可以被进一步分解以便消除噪声构件。

值得注意的是现实中的大多数时间序列数据都存在以上 3 个构件中的某两个，甚至 3 者都有。然而，噪声几乎总是明显存在，趋势和周期性在某些特定的案例中却可能缺失。在以下的代码中利用了 statsmodels 来将我们的网站访问时序数据分解成 3 个组成成分，然后将它们绘制出来。

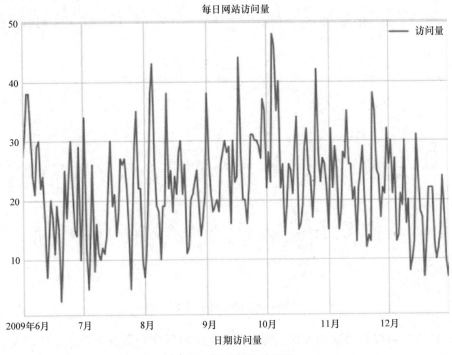

图 11-1　每日网站访问量

```
In [2] : from statsmodels.tsa.seasonal import seasonal_decompose
   ...:
   ...: # 从 dataframe 中抽取访问序列
   ...: ts_visits = pd.Series(input_df.Visits.values,

   ...:                       index=pd.date_range(
   ...:                               input_df.date_of_visit.min(),
   ...:                               input_df.date_of_visit.max(),
   ...:                               freq='D')
   ...:                       )
   ...:
   ...:
   ...: deompose = seasonal_decompose(ts_visits.interpolate(),
   ...:                               freq=24)
   ...: deompose.plot()
```

　　首先，创建了一个 pandas 的 Series 对象，额外小心地设置了时间序列索引的频率。需要特别注意的是 statsmodels 有许多的时间序列建模的模块，它们都依赖于不同的底层数据结构（如 pandas、numpy 等）来指定时间序列的频率。在本例中，由于数据是在每天级别的，因此将 ts_visits 对象的频率设置为 'D'，表示频率为每天。然后简单地使用了来自 statsmodels 的 seasonal_decompose（）函数以获取必要的成分。分解后的序列如图 11-2 所示。

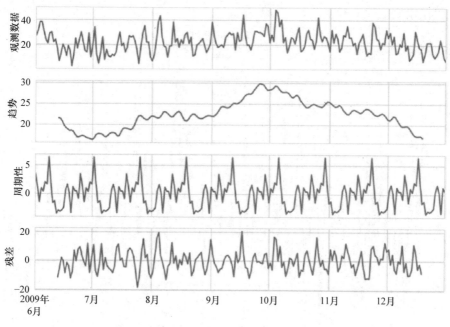

图 11-2 网站浏览量时间序列及其成分信号

从图 11-2 中可以很明显地看出，现在手头上的时间序列既有上升的趋势，也有下降的趋势。可以看到在 10 月份之前都有逐渐上升的趋势，之后开始出现下降的趋势。该序列肯定有月度的周期或季节性的周期。剩余的信号就是图 11-2 中标记为残差的部分。

11.1.2 平滑技术

如前面的章节所述，对原始数据进行预处理既取决于原始数据本身，还取决于用例的需求。不过对于每种类型的数据都有特定的预处理技术的标准。到目前为止，所遇到的数据集中，我们都认为每一个观察数据都是与其他（过去的或将来的）观察数据相互独立的，与此不同的是，时间序列具有对历史观察数据的固有依赖。正如在网站浏览量时间序列的分解中看到的，有多个因素在影响每个观察数据。时间序列数据除了以上说的 3 个构件之外，还具有一定的随机变化因素，这是时间序列数据的固有属性。为了更好地理解、建模和利用时间序列来预测相关的任务，通常会执行一个预处理步骤，称为平滑。平滑处理能够帮助降低随机变化因素的影响，同时还能清晰地揭露时间序列的周期性、趋势和残差等构件。有多种方法可以对时间序列进行平滑。它们的大致分类如下。

1. 移动平均

移动平均利用了滑动窗口的方法来对时间序列进行求和，而非对整个时间序列进行求和（对无时态的数据就是这么做的）。在本示例中，计算了过去数据的每一个连续小窗口的平均值，以平滑随机变化的影响。以下是移动平均计算的一个通用公式。

$$\mathrm{MA}_t = \frac{x_t + x_{t-1} + x_{t-2} + \cdots + x_{t-n}}{n}$$

式中，MA_t 是时间周期 t 的移动平均值；x_t，x_{t-1}，$\cdots x_{t-n}$ 是特定时间周期的观察数据；n 是窗口大小。

举个例子，以下的代码以 3 为窗口大小计算的访问量的移动平均。

```
In [3] : # 移动平均
   ...: input_df['moving_average'] = input_df['Visits'].rolling(window=3,
   ...:                                                   center=False).mean()
   ...:
   ...: print(input_df[['Visits','moving_average']].head(10))
   ...:
   ...: plt.plot(input_df.Visits,'-',color='black',alpha=0.3)
   ...: plt.plot(input_df.moving_average,color='b')
   ...: plt.title('Website Visit and Moving Average Smoothening')
   ...: plt.legend()
   ...: plt.show()
```

使用窗口大小为 3 计算出来的移动平均的结果如下。有一点应该是很清晰的，由于窗口大小是 3，因此前两个观察数据不会有移动平均，因此显示 NaN。

```
Out[3]:
   Visits  moving_average
0      27             NaN
1      31             NaN
2      38       32.000000
3      38       35.666667
4      31       35.666667
5      24       31.000000
6      21       25.333333
7      29       24.666667
8      30       26.666667
9      22       27.000000
```

图 11-3 展示了平滑后的访问量时间序列。图中平滑的序列捕捉了原始序列的整体结构，同时降低了其随机因素的影响。鼓励家探索和实验不同的窗口大小，然后比较它们的结果。

取决于使用场景和手头上的数据，除了尝试不同窗口大小之外，也可以尝试移动平均值的不同变种，如居中移动平均、二次移动平均。本章接下来的内容中，在处理实际案例的时候，将会利用到其中的一些概念。

2. 指数平滑

基于移动平均的平滑技术是有效的，不过也是相当简单的预处理技术。在移动平均中，窗口中的所有过去的观察值都被赋予了相等的权重。与前面方法不同的是，指数平滑技术对更旧的观察值应用了指数下降的权重。简而言之，相比更远的旧数据，指数平滑方法给更近的旧数据更大的权重。取决于需要平滑的水平，在指数平滑技术中可能需要设置一个或多个平滑参数。

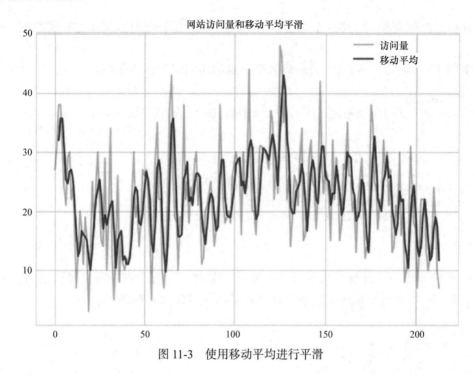

图 11-3　使用移动平均进行平滑

指数平滑也被称为指数加权移动平均，或简称 EWMA。单指数平滑是最容易入门的一种。通用公式如下。

$$E_t = \alpha y_{t-1} + (1-\alpha)E_{t-1}$$

式中，E_t 是第 t 个平滑的观测值；y 是 $t-1$ 时刻的实际观测值；α 是 0~1 之间的平滑常数。有不同的方法可以用来启动 E_2 的值（也是平滑开始的时间点）。可以将其设置为 y_1 或前 n 个时间点的平均值，等等。同时，α 的值决定了过去的观测值有多重要，越接近 1 的取值会更快减少过去观测值的影响，越接近 0 的取值则更慢地减少过去观测值的影响。以下的代码使用了 pandas 的 ewm（）函数来计算访问量的平滑时间序列。本示例中参数 halflife 被用于计算 α 的值。

```
In [4] : input_df['ewma'] = input_df['Visits'].ewm(halflife=3,
    ...:                                             ignore_na=False,
    ...:                                             min_periods=0,
    ...:                                             adjust=True).mean()
    ...:
    ...: plt.plot(input_df.Visits,'-',color='black',alpha=0.3)
    ...: plt.plot(input_df.ewma,color='g')
    ...: plt.title('Website Visit and Exponential Smoothening')
    ...: plt.legend()
    ...: plt.show()
```

图 11-4 中所绘的图形展示了 EWMA 平滑的序列和原始的时间序列。

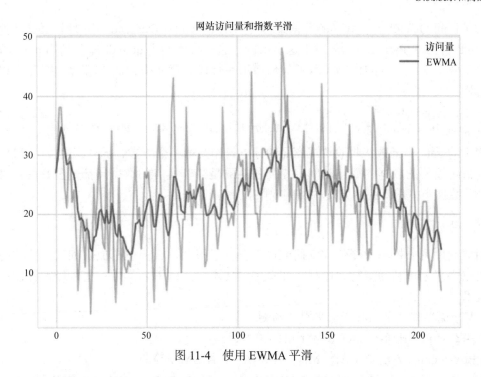

图 11-4   使用 EWMA 平滑

在以下的内容中，将使用多种不同的预测方法，把我们对时间序列、预处理技术等的
理解应用来解决股票和商品的价格预测问题。

11.2   预测黄金价格

黄金，这种黄色闪亮的金属，很久以来一直都是人类的幻想。从制造珠宝到用作投资，
黄金涵盖了大量的使用场景。像其他金属一样，黄金也在全球的大宗商品指数上进行交易。
为了更好地理解时间序列在现实世界中的场景，我们将研究收集到的历史黄金价格数据，
并用来预测它的未来价值。接下来先正式地陈述一下问题，以此来开始工作。

11.2.1   问题陈述

像黄金这样的金属已经在全球交易了很多年。黄金的价格由多种因素决定，并被用于
日常商品交易所的金属交易。我们的任务就是仅仅使用每日黄金价格水平的信息，来预测
黄金的未来价格。

11.2.2   数据集

对于任何问题，首要的就是数据。股票和大宗商品交易所在存储和分享日常价格数据
方面做得很好。基于本案例的目的，下面将利用来自 Quandl 的金价。Quandl 是一个金融、
经济和数据集的平台。你可以参考 jupyter notebook 中的 notebook_gold_forecast_arima.ipynb
文件，获取必要的代码片段和示例。

为了访问 Quandl 公开共享的数据集，可以使用 pandas-datareader 库加上 quandl 库（来自 Quandl 自己的 Python 库）。对于这个示例，这里将依赖于 quandl 库。请用 pip 或 conda 安装以上两个库。以下的代码展示了如何使用一行代码就能得到从 20 世纪 80 年代以来的黄金价格。

```
In [5]: import quandl
   ...: gold_df = quandl.get("BUNDESBANK/BBK01_WT5511", end_date="2017-07-31")
```

以上的 get( ) 函数接收股票或商品的标志符作为第一个参数，随后跟着一个日期参数，该日期表示需要的数据的截止时间。需要注意的是并非所有的数据集都是公开的，对于其中的某些数据集，需要获得 API 的访问权限。

11.2.3　传统方法

对时间序列分析和预测的详细研究已经持续了很久，目前也有成熟和广泛使用的建模技术可以用来分析和预测时间序列。在众多的技术中，以下是其中一些最经常被使用和研究的技术：

- 基于简单移动平均和指数平滑的预测；
- 基于 Holt、Holt-Winter 指数平滑的预测；
- Box-Jenkins 方法论（AR、MA、ARIMA、S-ARIMA 等）。

 因果或截面预测 / 建模是指目标变量与一个或多个预测变量之间的联系，例如回归模型（见第 6 章）。时间序列预测是预测变量随着时间变化的值。以上两者技术都被划分到定量分析技术中。

如前所述，有相当多的技术可以利用，每一种都是一个深入研究和学习主题。本节以及本章的讨论范围将重点关注利用 ARIMA 模型（来自 Box-Jenkins 方法论）来预测黄金价格。在继续讨论 ARIMA 之前，先来看看几个关键的概念。

关键概念如下：

- **平稳性**：平稳性是接下来将讨论到的，ARIMA 模型背后关键的假设之一。平稳性是指时间序列的平均值、方差和自相关是时间无关的。换句话说就是，其平均值、方差和自相关不会随着时间而变化。比如说，一个有上升（或下降）的趋势的时间序列就是非平稳的一个很明显的标志，因为其平均值会随着时间变化。

- **差分法**：差分法是使时间序列平稳化的方法之一。尽管可能还有其他的转换方法，但差分法还是被广泛使用来使时间序列的均值稳定化。现在只需要计算连续观测值之间的差值，就可以得到一个差值序列。然后可以应用不同的测试来确认结果序列是否已经平稳。还可以根据手头上的数据进行二阶差分、周期性差分等。

- **单位根检验**：单位根检验是一种帮助确定给定的时间序列是否平稳的统计学检验。增广 Dickey - Fuller 检验以时间序列非平稳的零假设开始，而 Kwiatkowski-Phillips-Schmidt-Shin 检验的零假设则是序列是平稳的。然后进行回归拟合来拒绝或接受这个零假设。

ARIMA

Box-Jenkins 方法论包含了广泛的统计模型，这些模型被广泛地应用于时间序列预测的建模。本节将集中讨论其中一个模型，叫 ARIMA。

ARIMA 表示自回归积分移动平均模型（Auto Regressive Integrated Moving Average Model）。听起来相当复杂，对吧？首先看看这个模型的原理和组成，然后根据我们的理解来对黄金价格进行预测。

- **自回归建模，AR 建模**：是一种简单的线性回归模型，其中当前观测值是由一个或多个以前观测值回归得到。该模型可以表示为

$$X_t = \delta + \theta_1 X_{t-1} + \cdots + \theta_p X_{t-p} + \varepsilon_t$$

其中 X_t 是 t 时刻的观测值，ε_t 是噪声，且

$$\delta = \left(1 - \sum_{i=1}^{p} \theta_i\right)\mu$$

对以前数据的依赖表示为 p，或称为 AR 模型的阶。

- **移动平均建模，MA 建模**：本质上还是一种线性回归模型，将以前数据对当前数据的噪声／错误的影响进行建模。该模型表示如下

$$X_t = \mu + \varepsilon_t - \varphi_1 \varepsilon_{t-1} + \cdots + \varphi_q \varepsilon_{t-q}$$

式中，μ 是序列的均值；ε_t 是噪声项；q 是模型的阶。

早在 Box-Jenkins 方法论出现之前，AR 和 MA 模型就已经为人熟知。然而，Box-Jenkins 方法论提出了一种系统的方法来识别和应用这些模型，以进行预测。

> Box、Jenkins 和 Reinsel 三人在《时间序列分析：预测与控制》一书中提出了该方法论。鼓励大家通览该书以深刻理解它。

ARIMA 模型是以上两个模型的逻辑发展和组合。如果把 AR 和 MA 两个模型与一个差分序列进行结合，得到的将是一个叫作 ARIMA（p，d，q）的模型。

其中：

- p 是自回归的阶；
- q 是移动平均的阶；
- d 是差分的阶。

因此，对于一个平稳的时间序列，ARIMA 模型结合了自回归和移动平均概念来对长时间序列行为进行建模，有助于预测。现在来将这些概念应用到黄金价格预测模型中。

11.2.4 建模

在描述数据集的时候，本书使用了 quandl 库将黄金价格信息提取出来了。下面先绘图来看看该时间序列是什么样的。以下代码使用了 pandas 库来绘制其时间序列。

```
In [6]: gold_df.plot(figsize=(15, 6))
   ...: plt.show()
```

图 11-5 显示了 20 世纪 80 年代的总体上升趋势以及 2010 年左右的一个突然上升趋势。

图 11-5　不同年份的黄金价格

由于平稳性是 ARIMA 模型的主要假设之一，现在将利用增广 Dickey - Fuller 来检验序列的平稳性。以下代码帮助计算增广 Dickey—Fuller 检验去测试统计数据，并绘制该序列的滚动特性。

```
In [7]: # 检验平稳性的 Dickey — Fuller 检验
   ...: def ad_fuller_test(ts):
   ...: dftest = adfuller(ts, autolag='AIC')
   ...: dfoutput = pd.Series(dftest[0:4], index=['Test Statistic',
   ...:                                          'p-value',
   ...:                                          '#Lags Used',
   ...:                                          'Number of Observations Used'])
   ...: for key,value in dftest[4].items():
   ...:         dfoutput['Critical Value (%s)'%key] = value
   ...: print(dfoutput)
   ...:
   ...: # 绘制时间序列的滚动统计数据

   ...: def plot_rolling_stats(ts):
   ...: rolling_mean = ts.rolling(window=12,center=False).mean()
   ...: rolling_std = ts.rolling(window=12,center=False).std()
   ...:
   ...: # 绘制滚动统计数据
   ...: orig = plt.plot(ts, color='blue',label='Original')
   ...: mean = plt.plot(rolling_mean, color='red', label='Rolling Mean')
   ...: std = plt.plot(rolling_std, color='black', label = 'Rolling Std')
   ...: plt.legend(loc='best')
   ...: plt.title('Rolling Mean & Standard Deviation')
   ...: plt.show(block=False)
```

如果增广 Dickey-Fuller 检验的测试数据小于临界值，就拒绝非平稳性的零假设。增广

Dickey-Fuller 检验作为 statsmodel 库中的一部分，直接可用。由于原始的黄金价格序列很明显不是平稳的，我们将尝试对其进行一次对数变换，并看看是否能够得到平稳性。以下代码使用了滚动统计图和增广 Dickey-Fuller 检验来检测该尝试。

```
In [8]: log_series = np.log(gold_df.Value)
   ...:
   ...: ad_fuller_test(log_series)
   ...: plot_rolling_stats(log_series)
```

测试数据 −1.8 大于所有的临界值，因此无法拒绝零假设，也就是说，即使经过了对数变换，该序列仍旧是非平稳的。图 11-6 的输出和绘图验证了这一点。

```
Test Statistic                     -1.849748
p-value                             0.356057
#Lags Used                         29.000000
Number of Observations Used     17520.000000
Critical Value (1%)                -3.430723
Critical Value (5%)                -2.861705
Critical Value (10%)               -2.566858
dtype: float64
```

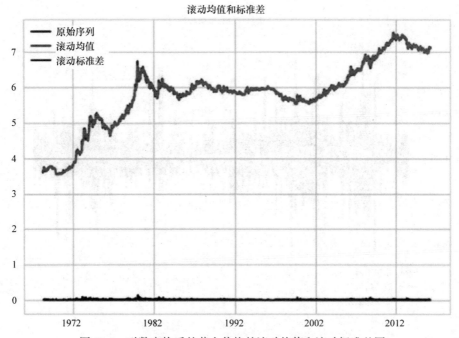

图 11-6　对数变换后的黄金价格的滚动均值和滚动标准差图

图中指出了序列随时间变化的均值，因此该序列是非平稳的。正如在关键概念那部分中讨论的，将序列进行差分有助于达到平稳性。以下的代码准备了一个一阶差分对数序列，并执行了差分测试。

```
In [9]: log_series_shift = log_series - log_series.shift()
   ...: log_series_shift = log_series_shift[~np.isnan(log_series_shift)]
   ...:
   ...: ad_fuller_test(log_series_shift)
   ...: plot_rolling_stats(log_series_shift)
```

测试数据 −23.91 小于甚至 1% 的临界值，因此拒绝接受该增广 Dickey- Fuller 检验的零假设。以下是测试结果。

```
Test Statistic                  -23.917175
p-value                           0.000000
#Lags Used                       28.000000
Number of Observations Used   17520.000000
Critical Value (1%)              -3.430723
Critical Value (5%)              -2.861705
Critical Value (10%)             -2.566858
dtype: float64
```

以上的测试指出了一个事实，就是需要给 ARIMA 使用一个对数差分序列来对手头上的数据集进行建模，如图 11-7 所示。不过还需要计算出自动回归的阶和移动平均值构件，即 p 和 q。

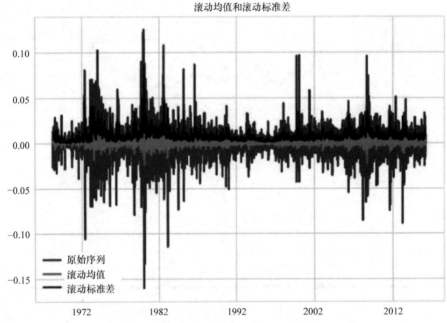

图 11-7　对数差分化的黄金价格序列的滚动均值和标准差图示

与其他模型相比，构建一个 ARIMA 模型需要一些经验和直觉。尽管要准确地确定模型参数 p、d 和 q 的值需要依赖于特定需求和经验，但还是有多种方式可以用来确定它们的值。

其中一种经常使用的方法是通过绘制 ACF 和 PACF 的图来确定 p 和 q 的值。自相关函数（Auto Correlation Function，ACF）和偏自相关函数（Partial Auto Correlation Function，PACF）能够帮助缩小在确定 p 和 q 时所需要搜索的空间。多年来，为了更好地利用这些图，人们制定出了特定的规则或启发信息，不过这些也不能保证获得最好的值。

ACF 图帮助我们理解观测值与其后续（或先前）值的关系。ACF 图用于确定 MA 的阶，即 q 的值。ACF 下降的值即为 MA 模型的阶。

同样是图中的图线，PACF 指出了一个观测值和它后继（或前继）某个特定时间的观测值之间的联系，而不包含其他后继时间观测值的影响。PACF 下降时的值就是 AR 模型的阶，即 ARIMA (p, d, q) 中的 p。

 关于 ACF 和 PACF 的更多细节可以从 http: //www.itl.nist.gov/div898/handbook/eda/section3/autocopl.htm 获得。

接下来再一次利用 statsmodels 库来为序列生成 ACF 和 PACF 图，并尝试确定 p 和 q 的值。以下代码使用了对数差分序列来生成所要的图。

```
In [10]: fig = plt.figure(figsize=(12,8))
   ...: ax1 = fig.add_subplot(211)
   ...: fig = sm.graphics.tsa.plot_acf(log_series_shift.squeeze(), lags=40, ax=ax1)
   ...: ax2 = fig.add_subplot(212)
   ...: fig = sm.graphics.tsa.plot_pacf(log_series_shift, lags=40, ax=ax2)
```

输出的图（见图 11-8）显示了 ACF 和 PACF 在时刻 1 时突然下降，因此也指明了 q 和 p 的可能取值分别都是 1。

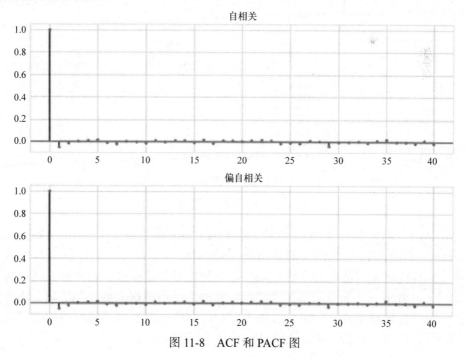

图 11-8 ACF 和 PACF 图

ACF 和 PACF 图还能帮助我们了解一个序列是否是平稳的。如果一个序列的 ACF 和 PACF 有逐步上升的值，这就指出了该序列的非平稳属性。

 为 ARIMA 模型确定 p、d、q 参数的值是一门科学，更是一门艺术。更多关于这个话题的细节可以在 https://people.duke.edu/~rnau/411arim.htm 获得。

另一种获得 p、d、q 参数值的方法是在参数空间上进行网格搜索，这也是更符合机器学习的超参数调优方法。虽然 statsmodels（出于很明显的原因）没有提供这样的工具，但我们可以写出自己的工具程序来识别达到最佳拟合模型的参数值。另外和其他机器学习 / 数据科学的案例相类似的一点就是，需要将数据集划分为训练集和测试集。这里利用 scikit-learn 的 TimeSeriesSplit 工具来获得合适的训练集和测试集。

我们写了一个工具函数 arima_grid_search_cv（）来对手头上的黄金价格数据进行网格搜索和交叉验证。函数在 arima_utils.py 模块中以供参考。以下代码使用自动 ARIMA 来执行一个 5 重交叉验证，以寻找最佳拟合模型。

```
In [11]: results_dict = arima_gridsearch_cv(gold_df.log_series,cv_splits=5)
```

注意到我们将对数差分后的序列作为输入传递给 arima_gridsearch_cv（）函数。正如在前面看到的那样，对数差分序列正是帮助我们获得平稳性的方法，因此使用对数差分变换作为起点，将 d 设置为 1，来拟合 ARIMA 模型。该函数调用为每一个划分后的训练集 - 测试集对（我们有 5 对训练集 - 测试集）各生成一个详细的输出，每一次迭代都针对 p、d 和 q 执行网格搜索。图 11-9 展示了第一次迭代的输出结果，该次迭代中训练集只包含了 2924 个观测值。

```
*********************
Iteration 1 of 5
TRAIN: [    0    1    2 ..., 2922 2923 2924] TEST: [2925 2926 2927 ..., 5847 5848 5849]
Train shape:(2925,), Test shape:(2925,)
ARIMA(0, 0, 0)- AIC:5358.675881541096
ARIMA(0, 0, 1)- AIC:1370.644173716044
ARIMA(0, 1, 0)- AIC:-17795.53995335306
ARIMA(0, 1, 1)- AIC:-17793.56497363464
ARIMA(1, 0, 0)- AIC:-17788.098388741855
ARIMA(1, 0, 1)- AIC:-17786.10419500408
ARIMA(1, 1, 0)- AIC:-17793.562143972762
ARIMA(1, 1, 1)- AIC:-17796.006063269502
Best Model params:(1, 1, 1) AIC:-17796.006063269502
```

图 11-9　自动 ARIMA

与使用 ACF-PACE 时所发现的类似，自动 ARIMA 认为在基于 AIC（Akaike Information Criterion，赤池信息量准则）的情况下，ARIMA（1，1，1）是最佳拟合模型。注意 AIC 是度量拟合优度和简洁度的方法。AIC 是一种相对度量标准，它并不指出绝对意义上的模型质量，也就是说，如果用来比较的所有模型都是质量很差的，AIC 就无法指出这一点。因此，AIC 应该被用作一种启发式信息。AIC 越低的值表示了越好的拟合模型。以下是 ARIMA（1，1，1）生成的概要信息，如图 11-10 所示。

```
                          ARIMA Model Results
==============================================================================
Dep. Variable:          D.log_series   No. Observations:              2924
Model:                  ARIMA(1, 1, 1)  Log Likelihood              8902.003
Method:                       css-mle   S.D. of innovations            0.012
Date:              Sat, 02 Sep 2017   AIC                        -17796.006
Time:                      18:11:07   BIC                        -17772.083
Sample:                  04-02-1968   HQIC                       -17787.390
                       - 04-03-1976
==============================================================================
                     coef    std err          z      P>|z|      [0.025      0.975]
------------------------------------------------------------------------------
const              0.0004      0.000      1.934      0.053   -5.59e-06       0.001
ar.L1.D.log_series -0.7385      0.120     -6.129      0.000      -0.975      -0.502
ma.L1.D.log_series  0.7649      0.115      6.668      0.000       0.540       0.990
                                Roots
==============================================================================
                  Real          Imaginary           Modulus         Frequency
------------------------------------------------------------------------------
AR.1           -1.3540           +0.0000j            1.3540            0.5000
MA.1           -1.3073           +0.0000j            1.3073            0.5000
------------------------------------------------------------------------------
```

图 11-10　ARIMA（1，1，1）的总体信息

以上的总体信息从各项名称就能看出含义。顶部部分展示了训练样本、AIC 和其他度量的详细信息。中间部分展示了拟合模型的系数。在 ARIMA（1，1，1）第 1 次迭代的案例中，AR 和 MA 的系数都具有统计学意义。使用 ARIMA（1，1，1）的第 1 次迭代的预测图如图 11-11 所示。

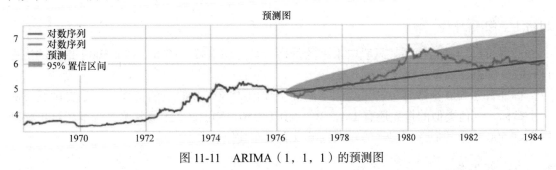

图 11-11　ARIMA（1，1，1）的预测图

从图 11-11 的图中可以看出，尽管错失了 1980 年前后的突然上升趋势，该模型还是成功捕捉到了总体的上升趋势。所以似乎可以从这一点看出使用这种方法能够达到的目的。函数 arima_gridsearch_cv（ ）针对 5 个训练集 - 测试集对都产生了相似的统计数据和图形。尽管可以定义额外的性能指标和错误指标来选择特定的模型，不过可以观察到 ARIMA（1，1，1）已经提供了足够好的拟合模型。

本案例生成了已有数据的时间段的预测，这帮助可视化和理解该模型的性能如何。这也被称为后验测试。通过 statsmodels 的 forecast（ ）方法也可以达到样本之外的预测目的。此外，图 11-11 展示了变换后的规模，即对数规模。通过逆变换可以很容易地得到原来的形式。

应该也注意到大宗商品价格受到许多其他因素的影响，如全球需求，经济状况如经济衰退等。因此本案例中展示的是一个复杂过程的朴素建模。如果要得到精确的预测结果，就需要更多的特征和属性。

11.3 股票价格预测

全球股票市场为此类交易提供了便利，使得财富在人与人之间易手。股票价格在上下波动，拥有能够预测其走势的能力就有巨大的潜力使一个人富有。

股票价格预测让人们感兴趣了很长的时间，有一些假说（如有效市场假说）认为，人们几乎不可能一直击败市场，还有一些假说则不同意这种说法。

有许多已知的方法和新的探索正在寻找能让你变得富有的神奇公式。其中一种传统的方法就是时间序列预测，这在之前的内容中已经见过。基本分析是另一种方法，它通过分析大量的性能比率来评估给定的股票。在新兴的前沿技术方面，有神经网络、遗传算法和集成技术等方法。

股票价格预测（以及前一节中的黄金价格预测）是一种解释概念和技术，以对真实世界的数据和案例进行建模的尝试。本章绝不打算成为算法交易的广泛指南。算法交易本身是一个完整的研究领域，可以进一步探索。单凭本章的知识不足以进行任何形式的交易，而且这也超过了本书的范围和意图。

通过本节将学习如何将递归神经网络（Recurrent Neural Networks，RNN）应用到股票价格预测的问题上，并理解其中的复杂性。

11.3.1 问题陈述

股票价格预测是预测某只股票未来的价格。给定标准普尔 500（S&P 500）指数的历史每日收盘价格，准备并比较预测方案。

标准普尔 500 指数是包含了美国不同经济部门的 500 只股票的指数，它是美国股市的一个指标。其他类似的指数还有 Dow 30、NIFTY 50、Nikkei 225 等。为了理解，这里将利用 S&P 500 指数的概念，同样的知识也可以应用在其他股票上。

11.3.2 数据集

与黄金价格数据集类似，历史股票价格信息也是公开可用的。针对目前的案例，我们将利用 pandas_datareader 库，使用雅虎财经数据库，来获得所需的 S&P 500 指数历史数据。尽管数据集提供了类似开盘价格、调整收盘价格等信息供我们使用，但这里将利用数据集中的收盘价格信息来进行预测。

本书准备了一个工具函数 get_raw_data（）来从 pandas 数据框中提取所需的信息。该函数接收指数股票名称作为参数。对于 S&P 500 指数，股票名称为 ^GSPC。以下代码片段使用了该工具函数以获取所需的数据。

```
In [1]: sp_df = get_raw_data('^GSPC')
   ...: sp_close_series = sp_df.Close
   ...: sp_close_series.plot()
```

收盘价格示图如图 11-12 所示。

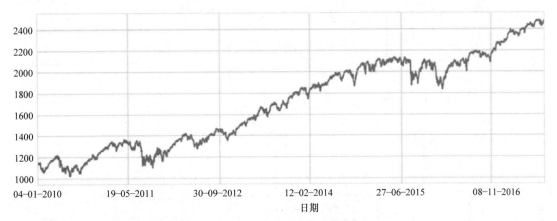

图 11-12　标准普尔 500 指数

图 11-12 展示了我们拥有的从 2010 年到 2016 年的收盘价格信息。

请注意，同样的信息也可以通过 quandl 库获得，在之前的内容中曾使用过 quandl 来获得黄金价格信息，你也可以使用相同的方法来获得这些数据。

11.3.3　递归神经网络：LSTM

人工神经网络被用来解决各种领域的许多案例。递归神经网络是一类能够对时间序列数据进行建模的神经网络。长短期记忆（Long Short Term Memory，LSTM）是一种 RNN 架构，它可以对任意信息间隔进行建模。在第 1 章就已经讨论过 RNN 了，尤其是 LSTM。而实践的案例也在第 7 章中探索过，用来分析电影评论的文本数据，从中进行情感分析。

快速回顾一下，图 11-13 指出了 RNN 的通用架构以及经典 LSTM 单元的内部结构。LSTM 由三个主要的门组成——输入门、输出门和遗忘门。这些门可以同时学习和存储长期和短期的序列相关信息。要了解更多详细信息，请参考 *Advanced Supervised Deep Learning Models* 一书的第 7 章。

对于股票价格预测，将利用 LSTM 单元来实现一个 RNN 模型。RNN 在序列建模应用中非常有用，其中的一些序列建模应用有：

- **序列分类任务**：如针对给定的语料库进行情感分析（详细案例见第 7 章）。
- **序列标签任务**：如给定一个句子，对其词性进行标注。
- **序列映射任务**：如语音识别。

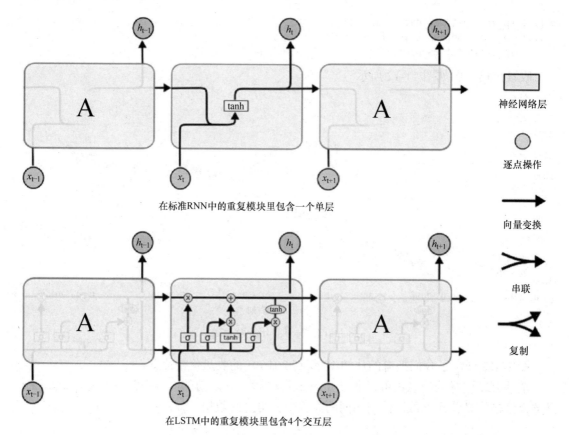

在标准RNN中的重复模块里包含一个单层

在LSTM中的重复模块里包含4个交互层

神经网络层

逐点操作

向量变换

串联

复制

图 11-13　RNN 和 LSTM 单元的基本结构（来源：Christopher Olah 的博客：colah.github.io）

传统的预测方法（如 ARIMA）需要对时间序列信息进行预处理，以确保平稳性，还需要一些其他的假设，同时还要确定参数（如 p、d、q），与此不同的是，神经网络（尤其是 RNN）要求的限制则要少得多。

由于股票价格信息也是一个时间序列数据，下面将探讨 LSTM 在这个案例中的应用，并生成预测模型。有很多种方法可以对这个问题进行建模，以进行预测结果。以下的内容将涵盖其中的两种。

1. 回归建模

在第 6 章中引入了回归建模，基于特定的预测变量来分析共享单车的需求。从本质上讲，回归建模就是要研究相关和相互独立的变量之间的联系。

为了将本案例建模为回归问题，这里声明在 $t+1$（相关变量）时刻的股票价格是 t，$t-1$，$t-2$，$\cdots$，$t-n$ 时刻的股票价格的函数。其中 n 是过去的股票价格窗口。

既然已经定义好了如何对时间序列进行建模的框架，现在需要将时间序列数据变换成窗口形式，如图 11-14 所示。

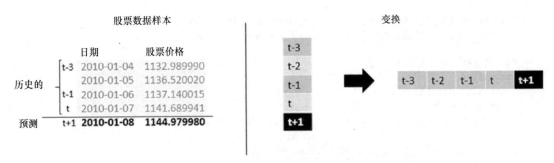

图 11-14　股票价格时间序列变换成窗口形式

图 11-15 中描述了窗口形式的变换，其中窗口大小为 4。$t + 1$ 时刻的值是使用前四个值预测出来的。现在已经有了从 2010 年以来的 S&P 500 指数数据，因此将使用一种滚动的方式将窗口变换应用到本案例中，并创建多个这样的序列。因此，如果有一个长度为 M 的时间序列以及大小为 n 的窗口，就会生成总共 $M–n–1$ 个窗口。

图 11-15　原始时间序列的滚动 / 滑动窗口

对于本节的案例，你可以参考 jupyter notebook 中的 notebook_stock_prediction_regression_modeling_lstm.ipynb 以获得必要的代码片段和示例。为了使用 LSTM 来对时间序列进行建模，需要再应用一层变换才能将数据作为输入。LSTM 接受三维张量作为输入，因此将每一个窗口（或者说序列）转换为 (N, W, F) 的形式。其中 N 表示样本数量或原始时间序列的窗口数，W 是每个窗口的大小或历史时间步数，F 是每个时间步的特征数。在本案例中，由于只使用了收盘价格，所以 F 等于 1，N 和 W 是可配置的。

以下函数使用了 pandas 和 numpy 进行窗口和三维张量变换。

```
def get_reg_train_test(timeseries,sequence_length= 51,
               train_size=0.9,roll_mean_window=5,
               normalize=True,scale=False):
    # 让序列更平滑
    if roll_mean_window:
        timeseries = timeseries.rolling(roll_mean_window).mean().dropna()

    # 创建窗口
    result = []
```

```
    for index in range(len(timeseries) - sequence_length):
        result.append(timeseries[index: index + sequence_length])

    # 归一化数据，使下标从 0 开始
    if normalize:
        normalised_data = []
        for window in result:
            normalised_window = [((float(p) / float(window[0])) - 1) \
                                  for p in window]
            normalised_data.append(normalised_window)
        result = normalised_data

    # 确定训练集 - 测试集的划分
    result = np.array(result)
    row = round(train_size * result.shape[0])

    # 划分训练集和测试集
    train = result[:int(row), :]
    test = result[int(row):, :]

# 将数据缩放至 0~1 之间
scaler = None
if scale:
    scaler=MinMaxScaler(feature_range=(0, 1))
    train = scaler.fit_transform(train)
    test = scaler.transform(test)

# 将独立和非独立的变量区分开
x_train = train[:, :-1]
y_train = train[:, -1]

x_test = test[:, :-1]
y_test = test[:, -1]

# 数据变换，以作为 LSTM 的输入
x_train = np.reshape(x_train, (x_train.shape[0],
                               x_train.shape[1],
                               1))
x_test = np.reshape(x_test, (x_test.shape[0],
                             x_test.shape[1],
                             1))

return x_train,y_train,x_test,y_test,scaler
```

　　函数 get_reg_train_test（）还执行了一些其他的可选预处理步骤。它允许在进行窗口化之前，使用滚动均值的方法来对时间序列进行平滑。也可以将数据进行归一化或根据需求进行缩放。神经网络对输入值很敏感，因此我们通常建议在训练神经网络之前对数据进行缩放。对于本案例而言，将利用归一化的时间序列，也就是说，在每个窗口中，每个时间步都是该窗口第一个值的百分比变换（也可以使用缩放或两者都用，然后重复该步骤）。

　　对于本案例，从窗口大小为 6 天开始（你可以试验更小或更大的窗口，并观察其异同）。以下代码使用了 get_reg_train_test（）函数，并将归一化选项设置为启用。

```
In [2] : WINDOW = 6
   ...: PRED_LENGTH = int(window/2)
   ...: x_train,y_train,x_test,y_test,scaler = get_reg_train_test(sp_close_series,
   ...:                                             sequence_length=WINDOW +1,
   ...:                                             roll_mean_window=None,
   ...:                                             normalize=True,
   ...:                                             scale=False)
```

以上代码创建了一个 7 天的窗口，由 6 天的历史数据（x_train）和一天的预测数据（y_train）组成。训练数据变量和测试数据变量的形态如下所示。

```
In [3] : print("x_train shape={}".format(x_train.shape))
   ...: print("y_train shape={}".format(y_train.shape))
   ...: print("x_test shape={}".format(x_test.shape))
   ...: print("y_test shape={}".format(y_test.shape))

x_train shape=(2516, 6, 1)
y_train shape=(2516,)
x_test shape=(280, 6, 1)
y_test shape=(280,)
```

张量 x_train 和 x_test 遵循了前面讨论过的（N, W, F）格式，这是要将它们作为 RNN 的输入所必需的。训练集中有 2516 个序列，每一个都有 6 个时间步和一个要预测的值。类似的，测试集中有 280 个序列。

既然已经准备好了数据集，接下来将使用 Keras 构建一个 RNN。Keras 为我们提供了使用神经网络的一个高层次抽象，其背后使用了 Theano 和 TensorFlow。以下代码展示了使用 get_reg_model（）函数准备的一个模型。

```
In [4]: lstm_model = get_reg_model(layer_units=[50,100],
   ...:                      window_size=window)
```

生成的 LSTM 模型结构有两个堆叠的隐藏 LSTM 层，其中第一个有 50 个 LSTM 单元，第二个有 100 个 LSTM 单元。输出层是具有线性激活函数的密集层。这里使用方均差作为损失函数来进行优化模型。由于使用堆叠的 LSTM 层，因此需要将 return_sequences 参数设置为 true 以便后续层能够获得必须的值。显而易见，Keras 抽象了大部分繁重的工作，并可以很直观地使用简单的几行代码就能构建出复杂的结构。

接下来是训练 LSTM 网络。将使用 20 个批大小为 16 的批次，以及 5% 的校验集，进行实验。以下代码使用了 fit（）函数来训练模型。

```
In [5]: # 使用快速停止策略，避免过度拟合
   ...: callbacks = [keras.callbacks.EarlyStopping(monitor='val_loss',
   ...:                                        patience=2,
   ...:                                        verbose=0)]
   ...: lstm_model.fit(x_train, y_train,
   ...:               epochs=20, batch_size=16,
   ...:               verbose=1,validation_split=0.05,
   ...:               callbacks=callbacks)
```

该模型每次运行时都会生成训练和校验损失的信息。停止回调使得可以在两次连续批次之间没有提升时停止训练。从设置批大小为 16 作为开始，可以试验更大的批大小并观察

区别。

一旦模型拟合完成，下一步就是使用 predict（）函数来预测了。由于这里将这个问题建模为固定窗口大小的回归问题，因此将为每一个序列都生成预测。为此，我们编写了另一个工具函数 predict_reg_multiple（）。该函数接收参数 lstm 模型、窗口化数据集、窗口和预测长度，返回每一个输入窗口的预测值列表。函数 predict_reg_multiple（）工作原理如下。

1）对窗口化的每一个序列，循环①~③步骤：

① 使用 keras 的 predict（）函数生成一个输出值。

② 将该输出值添加到输入序列的末尾，移除输入序列的第一个值，以保持窗口大小。

③ 重复该过程（即步骤①和②）直到达到要求的预测长度。

2）该函数利用了预测值来预测后续的预测值。

该函数可以在文件 lstm_utils.py 中获得。以下代码使用了 predict_reg_multiple（）函数获得测试集的预测值。

```
In [6] : test_pred_seqs = predict_reg_multiple(lstm_model,
    ...:                                        x_test,
    ...:                                        window_size=WINDOW,
    ...:                                        prediction_len=PRED_LENGTH)
```

为了分析性能，这里将计算拟合序列的 RMSE。我们使用 sklearn 的 metrics 模块达到目的。以下代码计算 RMSE 分数。

```
In [7] : test_rmse = math.sqrt(mean_squared_error(y_test[1:],
    ...:                                           np.array(test_pred_seqs).\
    ...:                                           flatten()))
    ...: print('Test Score: %.2f RMSE' % (test_rmse))
Test Score: 0.01 RMSE
```

输出 0.01 的 RMSE。作为练习，你可以比较不同窗口大小和预测长度下的 RMSE 值，并观察总体的模型性能。

为了将预测值进行可视化，将预测值和归一化的测试集都进行了绘图比较。这里使用了 plot_reg_results（）函数，该函数同样可以在 lstm_utils.py 中获得。以下代码使用该函数生成了所需的图。

```
In [8]: plot_reg_results(test_pred_seqs,y_test,prediction_len=PRED_LENGTH)
```

在图 11-16 中，灰色的线是原始 / 真实的测试数据（归一化的），黑色的线表示以三天为周期的预测值。虚线用来解释预测序列的总体流动。显然，有些预测值在某种程度上与实际数据趋势不符，但它们与实际数据似乎还是有一些相似性的。

在结束本部分前，有重要的几点需要记住。LSTM 是非常强大的单元，它具有存储和使用过去信息的功能。在当前的场景中，利用了一种窗口化的方法和一种堆叠的 LSTM 结构（在我们的模型中有两个 LSTM 层）。这也被称为多对一结构，在这种结构中，多个输入值被用于生成单个输出值。另一个重要的点是，窗口大小和网络的其他超参数（如批数、批大小、LSTM 单元数等）都会对最终结果产生影响（这留作供你探索的练习）。因此，要将这个模型部署到生产环境必须非常小心。

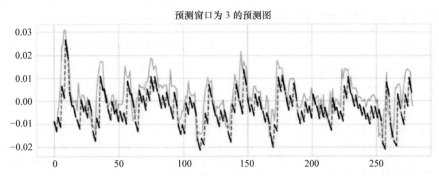

图 11-16　使用窗口大小为 6 预测长度为 3 的 LSTM 模型的预测值绘图

2. 序列建模

在前面的部分中，将时间序列当作回归用例来进行建模。从本质上讲，该问题的解决思路虽然利用了过去的窗口进行预测，但并没有使用时间步信息。在本部分中，将使用 LSTM 来将该问题作为序列进行建模，并解决同样的股票预测问题。本部分的实际操作示例，可以参考 jupyter notebook 中的 notebook_stock_prediction_sequence_modeling_lstm.ipynb 文件获得必要的代码片段和示例。

递归神经网络（RNN）天生适合序列建模任务，如机器翻译、语音识别等。RNN 利用了记忆（不像普通的前馈神经网络）来跟踪上下文环境，并利用该记忆来生成输出。通常来说，前馈神经网络假设输入是相互独立的。这种独立性在很多场景下并不成立（如时间序列数据）。而 RNN 对序列中的每一个元素都应用了相同的变换，变换结果依赖于先前的值。

在股票价格时间序列的案例中，现在将它作为序列来进行建模，其中的每一个时间步都是前一个值的函数。与回归类型的建模不同，此处不会将时间序列分割为固定大小的窗口，相反，将利用 LSTM 来从数据中学习，并决定过去的哪些数据可以被利用来进行预测。

为此，需要对先前处理数据的方式和构建 RNN 的方式进行调整。在前一节中，利用了 (N, W, F) 格式的输入，在本节中，输入格式保持不变，但要做出以下改变。

- N（序列的数量）：由于只处理一个股票价格序列，因此此处为 1。
- W（序列的长度）：我们拥有的价格信息的总天数。此处将整个序列作为一个大的序列。
- F（每时刻的特征数）：此处还是 1。因为我们只使用了每时刻的收盘价格。

至于输出，在前一节中，对于每一个窗口 / 序列都有一个输出。然而，当将数据作为序列进行建模的时候，希望输出也是一个序列。因此，本节的输出也是三维的张量，格式与输入参数的格式一致。

下面编写了一个小工具函数 get_seq_train_test（）来帮助将时间序列进行缩放和从中生成训练集和测试集。本案例中使用了 7∶3 的划分。然后使用 numpy 来将我们的时间序列重塑为三维张量。以下代码利用了 get_seq_train_test（）函数达到这一目的。

```
In [1]: train,test,scaler = get_seq_train_test(sp_close_series,
   ...:                                          scaling=True,
   ...:                                          train_size=TRAIN_PERCENT)
   ...:
   ...: train = np.reshape(train,(1,train.shape[0],1))
   ...: test = np.reshape(test,(1,test.shape[0],1))

...:
...: train_x = train[:,:-1,:]
...: train_y = train[:,1:,:]
...:
...: test_x = test[:,:-1,:]
...: test_y = test[:,1:,:]
...:
...: print("Data Split Complete")
...:
...: print("train_x shape={}".format(train_x.shape))
   ...: print("train_y shape={}".format(train_y.shape))
   ...: print("test_x shape={}".format(test_x.shape))
   ...: print("test_y shape={}".format(test_y.shape))
Data Split Complete
train_x shape=(1, 1964, 1)
train_y shape=(1, 1964, 1)
test_x shape=(1, 842, 1)
test_y shape=(1, 842, 1)
```

准备好了数据集之后，现在来构建 RNN。由于要将输出结果生成为一个序列，而不是像之前的单一的值，所以需要调整网络结构。

本案例中的需求是在每一个时间步上应用相同的转换 / 处理，使得能够得到每一个输入时刻的输出，而不必等到整个序列都处理完毕。为了达到这样的目的，Keras 提供了在密集层之上的一层封装，叫 TimeDistributed。该封装对每一个时间步都应用了相同的任务，并提供了回调在每个时间步结束时都可获得输出结果。通过在 Dense 层之上使用 TimeDistributed 的封装来获得每个被处理过的时间步的输出。以下代码展示了如何使用 get_seq_model（）函数生成所需的模型。

```
def get_seq_model(hidden_units=4,input_shape=(1,1),verbose=False):
    # 创建并拟合 LSTM 网络

model = Sequential()

# 输入形状大小 = 时间跨步 * 特征
model.add(LSTM(input_shape=input_shape,
               units = hidden_units,
               return_sequences=True
))

# TimeDistributed Dense 使用这个方法处理所有时间跨步
model.add(TimeDistributed(Dense(1)))
start = time.time()
```

```
model.compile(loss="mse", optimizer="rmsprop")

if verbose:
    print("> Compilation Time : ", time.time() - start)
    print(model.summary())

return model
```

该函数返回一个单隐藏层和 4 个 LSTM 单元的 RNN，以及一个 TimeDistributedDense
输出层。接下来再次使用方均差作为损失函数。

> TimeDistributed 是一个基于 Keras 的强大而复杂的工具。可以在 https://
> github.com/fchollet/keras/issues/1029 和 https://datascience.stackexchange.com/
> questions/10836/the-difference-between-dense-and-timedistributeddense-of-keras 探 索
> 更多的相关信息。

前面已经使用了 get_seq_model（）函数对数据集进行了预处理，将其划分为训练集和
测试集，并有了模型对象。下一步就是简单地使用 fit（）函数来训练模型了。在将股票价格
信息作为序列进行建模时，假设整个时间序列是一个大的序列，因此，在训练模型的时候，
将批大小设置为 1，因为本案例只有一只股票的数据集要训练。以下代码获得模型对象并使
用 fit（）函数对其进行训练。

```
In [2]: # 生成模型
   ...: seq_lstm_model = get_seq_model(input_shape=(train_x.shape[1],1),
   ...:                                 verbose=VERBOSE)
   ...:
   ...: # 训练模型
   ...: seq_lstm_model.fit(train_x, train_y,
   ...:                     epochs=150, batch_size=1,
   ...:                     verbose=2)
```

该代码片段返回一个模型对象及其概况，这里还看到了在模型训练过程中，150 批的每
一批的输出。

图 11-17 展示了 RNN 试图进行学习的全部参数，一共有 101 个。这里强烈建议探索上
一节中准备的模型的概况，探索结果应该是非常意外的（提示：这个模型需要学习的参数
数要少得多！）。该概况也指出了一个重要事实，LSTM 第一层的形态。这清楚地表明该模
型期望输入参数遵循这个形态（训练集的形态）进行训练和预测。

由于我们的测试集规模更小 [形态：（1，842，1）]，需要一些方式来匹配到所需要的
形态。在使用 RNN 对序列进行建模的时候，为了匹配所需的形态，有一种很常用的做法是
将序列进行填充对齐。通常在有多个序列要训练的情况下（如文本生成），选用最长的序列
的大小，较短的序列将会被填充来匹配它。这么做只是为了编程上的方便，并会将填充的
部分进行舍弃（更多详情见 Keras 掩码操作）。填充对齐的工具可以在 keras.preprocessing.
sequence 模块中获得。以下代码将测试集使用 0 在原始数据后进行填充对齐（可以选择在
原始数据前或原始数据后填充），并使用填充过的序列进行预测。这里还计算并输出了预测

的 RMSE 得分。

```
Layer (type)                 Output Shape              Param #
=================================================================
lstm_2 (LSTM)                (None, 1964, 4)           96
_____

time_distributed_1 (TimeDist (None, 1964, 1)           5
=================================================================
Total params: 101
Trainable params: 101
Non-trainable params: 0
_____

None
```

图 11-17　RNN 概况

```
In [3]: # 填充输入序列
   ...: testPredict = pad_sequences(test_x,
   ...:                             maxlen=train_x.shape[1],
   ...:                             padding='post',
   ...:                             dtype='float64')
   ...:
   ...: # 预测值
   ...: testPredict = seq_lstm_model.predict(testPredict)
   ...:
   ...: # 评估性能
   ...: testScore = math.sqrt(mean_squared_error(test_y[0],
   ...:                       testPredict[0][:test_x.shape[1]]))
   ...: print('Test Score: %.2f RMSE' % (testScore))
Test Score: 0.07 RMSE
```

现在也可以在训练集上执行相同的步骤并检测其性能。在生成训练集和测试集时,函数 get_seq_train_test() 还返回了标量对象。接下来将使用该标量对象来执行一个逆变换,以便得到原始数据的预测值。以下代码执行了该逆变换并将序列绘制出来。

```
In [4]: # 逆变换
   ...: trainPredict = scaler.inverse_transform(trainPredict.\
   ...:                                 reshape(trainPredict.shape[1]))
   ...: testPredict = scaler.inverse_transform(testPredict.\
   ...:                                 reshape(testPredict.shape[1]))
   ...:
   ...: train_size = len(trainPredict)+1
   ...:
   ...: # 绘制真实和预测的值
   ...: plt.plot(sp_close_series.index,
   ...:          sp_close_series.values,c='black',
   ...:          alpha=0.3,label='True Data')
   ...:
   ...: plt.plot(sp_close_series.index[1:train_size],
   ...:          trainPredict,
   ...:          label='Training Fit',c='g')
```

```
...:
...: plt.plot(sp_close_series.index[train_size+1:],
...:          testPredict[:test_x.shape[1]],
...:          label='Forecast')
...: plt.title('Forecast Plot')
...: plt.legend()
...: plt.show()
```

从图 11-18 中可以看到训练拟合接近完美，这也是意料之中的。测试的性能或者说预测也显示了良好的性能。尽管预测偏离了实际的位置，但从 RMSE 和拟合度方面来讲，整体的性能似乎还算可靠。

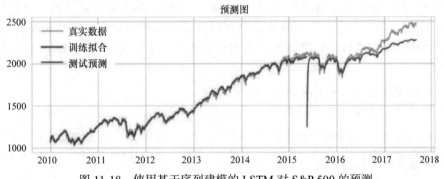

图 11-18　使用基于序列建模的 LSTM 对 S&P 500 的预测

通过对 TimeDistributed 层封装的使用，达到了将此数据作为序列进行建模的目的。该模型不仅在总体拟合度上拥有更好的性能，还在工程上对数据集的特征要求更少，以及拥有更简单的模型（从训练参数的数量上讲）。在本模型中，通过让 LSTM 学习和计算过去信息对预测的影响程度及其如何影响预测（与回归模型相比，我们限制了窗口大小），我们也真正利用了 LSTM。

在结束本节之前，有两个重要的点需要提及。第一点，两种模型都有其各自的优缺点。本节的目的是为给定的问题勾画潜在的建模方法。实际的应用大都取决于使用场景的需求。第二点也是最重要的一点，两种模型都是为了学习 / 演示的目的。实际的股票价格预测要求则更严格和需要更多的知识，这里只是触及冰山一角而已。

11.3.4　未来的技术：Prophet

数据科学领域正在不断地发展，新的算法、调整和工具也在迅速地出现。其中一个工具叫作 Prophet。这是一个由 Facebook 的数据科学团队为了分析和预测时序开发和开源的框架。

Prophet 使用了一种可以处理趋势和周期性数据的附加模型。该工具的目的是使得预测大规模数据成为可能。该工具还处于测试阶段，但已经有了一些很有用的特性了。更多关于 Prophet 的信息可以在 https：//facebook incubator.github.io/prophet/ 获得。该工具背后的研究以及客观事实可以从 https：//facebook incubator.github.io/prophet/static/prophet-paper_20170113.pdf 中的论文获得。

该工具的安装步骤已经在其网站上列出，如果通过 pip 或 conda 安装的话也很简单直接。Prophet 也使用了 scikit 风格的 API，如 fit（）和 predict（）以及其他一些为了更好处理时间序列数据的附加工具。对于本节的实践示例，可以参考 jupyter notebook 文件 notebook_stock_prediction_fbprophet.ipynb 以获得必要的代码片段和示例。

Prophet 目前仍处于测试阶段，且正在经历着变化。此外，其在 Windows 平台上的安装也有已知的问题。请使用 conda install（安装步骤在官方网站上可以获得）以及 Anaconda 发行版本来安装 Prophet 以避免问题。

既然已经有了 S&P 500 指数价格信息数据框和序列，那么现在要测试一下如何使用该工具来进行预测。作为开始，先将该时间序列转换成它本身的一列（简单来说就是 Prophet 所期望的数据格式），然后将该序列分割为训练集和测试集（按 9∶1 划分）。以下代码执行所需的操作。

```
In [1]: # 重置指数以获得 date_time 作为 1 列
   ...: prophet_df = sp_df.reset_index()
   ...:
   ...: # prepare the required dataframe
   ...: prophet_df.rename(columns={'index':'ds','Close':'y'},inplace=True)
   ...: prophet_df = prophet_df[['ds','y']]
   ...:

   ...: # 准备训练集和测试集
   ...: train_size = int(prophet_df.shape[0]*0.9)
   ...: train_df = prophet_df.ix[:train_size]
   ...: test_df = prophet_df.ix[train_size+1:]
```

一旦把数据准备好了，就可以创建一个 Prophet 类的对象，然后简单地使用 fit（）函数来对模型进行拟合。请注意该模型期望时间序列的值是一个名为 'y' 的列，期望时间戳是一个名为 'ds' 的列。为了做出预测，Prophet 需要一个想预测的日期集合。为此，它提供了一个简单的工具函数 make_future_dataframe（），该函数接收想要预测的天数作为输入。以下代码使用了该数据框来预测值。

```
In [2]: # 准备一个存放预测值的数据框
   ...: test_dates = pro_model.make_future_dataframe(periods=test_df.shape[0])
   ...:
   ...: # 预测值
   ...: forecast_df = pro_model.predict(test_dates)
```

predict（）函数的输出是一个数据框，它包含样本内的预测值与样本外的预测值。该数据框还包含了置信区间。所有的这些都可以通过模型对象的 plot（）函数很容易地绘出图来。以下代码绘制了预测值图形以及原始时间序列（含置信区间）进行对比。

```
In [3]: # 针对真实数据进行绘图
   ...: plt.plot(forecast_df.yhat,c='r',label='Forecast')
   ...: plt.plot(forecast_df.yhat_lower.iloc[train_size+1:],
   ...:             linestyle='--',c='b',alpha=0.3,
   ...:             label='Confidence Interval')
```

```
...: plt.plot(forecast_df.yhat_upper.iloc[train_size+1:],
...:              linestyle='--',c='b',alpha=0.3,
...:              label='Confidence Interval')
...: plt.plot(prophet_df.y,c='g',label='True Data')
...: plt.legend()
...: plt.title('Prophet Model Forecast Against True Data')
...: plt.show()
```

该模型的预测有点偏离了标准（见图 11-19），但本次的测试清楚表明该模型的可能性。预测的数据框甚至提供了更多关于周期性、每周趋势等相关的细节。我们鼓励你对此进一步探索。Prophet 是基于 Stan 的，Stan 是一个统计学建模语言 / 框架，它提供了可通过各种主流编程语言（包括 Python）调用的算法接口。可以在 http：//mc-stan.org 探索更多关于 Stan 的内容。

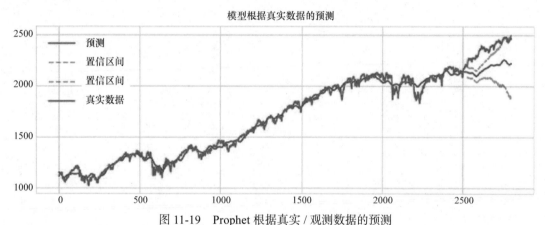

图 11-19　Prophet 根据真实 / 观测数据的预测

11.4　总结

本章利用股票价格和商品价格信息介绍了时间序列预测和分析的概念。在本章中，涵盖了时间序列的基本构件以及预处理这类数据的常见技术。然后我们处理了黄金价格预测的案例。该案例使用了 quandl 库来获取每日黄金价格信息。接着讨论了传统的时间序列分析技术，着重介绍了关于 Box-Jenkins 方法论和 ARIMA 的关键概念。本章还讨论了鉴定一个序列是否具有平稳性和将不平稳序列转换为平稳序列的技术，包括 增广 Dickey-Fuller 检验、ACF 和 PACF 绘图。我们基于 statsmodel 的 API，使用 ARIMA 对黄金价格信息进行建模，同时也开发了一些关键的工具函数，像 auto_arima（）和 arima_gridsearch_cv（）。本章也讨论了一些重要的见解和告诫。本章后面的内容介绍了股票价格预测案例。其中，利用 pandas_datareader 来获得了 S&P 500 每日收盘价格信息。

为了解决该案例，可以利用基于 RNN 的模型。这里主要提供了解决该预测问题的两种不同视角，两者都使用了 LSTM。第一种视角与前面讨论的回归概念密切相关。使用一个由两层堆叠起来的 LSTM 网络来预测股票价格信息。第二种视角利用了来自 Keras 的 Time-

Distributed 层封装，使得能够将股票价格信息作为序列进行建模。在处理该案例的过程中，也讨论了各种工具和关键概念。最后，讨论了一个即将到来的工具（目前尚在测试阶段），来自 Facebook 的 Prophet。该工具是由 Facebook 的数据科学团队为了在大规模场景下进行预测而开发和开源的。我们在同样的股票价格信息上利用该框架快速评估了它的性能，并分享了结果。本章介绍了大量的技术和概念，以及如何解决特定时间序列问题的直觉。请继续关注下一章中一些更令人兴奋的案例。

第 12 章
计算机视觉深度学习

深度学习不仅是工业界和学术界的关键词，它还开辟了一个全新的领域。深度学习模型正被应用于各种各样的场景和领域，其中的一些在前面的章节中已经见过。深度神经网络在学习复杂非线性函数、模式和表示方面有着非常巨大的潜力。其巨大的威力正在推动着对多个领域的研究，包括计算机视觉、音视频分析、聊天机器人和自然语言理解等。本章将接触计算机视觉领域的一些前沿领域，这些领域随着深度学习的出现正在变得日益突出，包括真实世界的应用，如图像分类，以及非常流行的图片风格转换的概念。计算机视觉是一门艺术和科学，它旨在让机器从图像和视频中理解高层有用模式和表示，以便能够做出类似人类在考察之后所能做出的智能决策。本章以卷积神经网络（CNN）和迁移学习等核心概念为基础，通过真实世界几个计算机视觉的案例研究，为你提供深度学习前沿研究的概要介绍。

本章将使用像 CIFAR、ImageNet 和 MNIST 这样的公共数据集，通过图像分类的任务来介绍卷积神经网络。然后，我们将利用对 CNN 的理解来完成对图像风格迁移的任务，并了解如何利用神经网络来理解高层次的特征。通过本章，我们将详细涵盖以下主题：

- 卷积神经网络的简要概述；
- 从头使用 CNN 进行图像分类；
- 迁移学习：通过预先训练好的模型进行图像分类；
- 使用 CNN 进行神经类型转换。

本章中的代码示例、jupyter notebook 以及样本数据集都可以在本书的 GitHub 资源库 https：//github.com/dipanjanS/practical-machine-learning-with-python 获得，位于其中的第 12 章文件夹下。

12.1 卷积神经网络

卷积神经网络（CNN）和本书前面章节中所讨论的普通神经网络类似。假设输入数据是图片（张量），这一附加显式的假设是区别 CNN 与普通神经网络不同的地方。这一显式的假设（相比于普通神经网络）使得我们能够在设计深度 CNN 的同时，还能够保持可训练参数的数量可控。

在第 1 章（"深度学习"一节）和第 4 章（"图像数据的特征工程"一节）中接触了 CNN 的概念。作为快速回顾，以下是值得重述一遍的一些关键概念：

- **卷积层：**这是区别 CNN 和其他神经网络的关键差异部分。卷积层是一组可学习的过滤器。这些过滤器帮助捕捉空间特征。这些特征通常是小的（沿着宽度和高度方向）但却涵盖了整个图片深度（颜色范围）。在前向传播的过程中，沿着图片宽和高滑动该过滤器，同时计算过滤器属性和过程中任一位置处的输入的矩阵点乘。每一个过滤器的输出都是一个二维激活图，然后这些图会被堆叠起来，获得最终的输出。
- **池化层：**基本上就是用来降低空间大小和参数个数的下采样层。这些层也有助于控制过拟合。池化层通常被插入到卷积层之间。池化层可以使用最大值、平均值和 L2 范数等技术来进行采样。
- **全连接层：**简称 FC 层。这也类似于一般神经网络中的全连接层。这一层与前一层中的所有神经元有完全的连接。这一层有助于执行分类任务。
- **参数共享：**除了卷积层之外，CNN 的另一个独特之处就是参数共享。卷积层在所有过滤器中使用相同的权重集，因此降低了整体所需的参数个数。

包含所有组成成分的经典 CNN 架构如图 12-1 所示，该图是一个 LeNet CNN 模型（来源：deeplearning.net）。

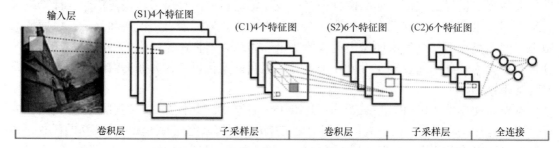

图 12-1　LeNet CNN 模型（来源：deeplearning.net）

人们对 CNN 进行了深入的研究，并不断地对其进行改进和试验。要更深入了解 CNN，请参考相关课程，如这一门来自斯坦福大学的课程：http://cs231n.github.io/convolutional-networks。

12.2　使用 CNN 进行图像分类

神经网络有潜力能从图像中学习到详细的特征表示和模式，并执行复杂的任务，从物品识别到图像分类等，卷积神经网络就是拥有这样潜力的主要例子。CNN 经历了极多的研究，其中的进步也带来了更加复杂和强大的架构，像 VGG-16、VGG-19、Inception V3 和很多很多的有趣模型。

下面首先将通过解决一个图像分类的问题来获得一些 CNN 的实践经验。在第 4 章中通过 jupyter notebook 的 Bonus - Classifying handwritten digits using Deep CNNs.ipynb 分享了一个基于 CNN 的分类例子，其中讨论了利用基于 CNN 的深度学习来对人类手写数字进行分类和预测。如果你之前没有阅读过该文件，不用担心，因为接下来将介绍另一个详细的例子。出于深度学习需要，将利用基于 TensorFlow 的 Keras 框架，这和前面章节中使用的类似。

12.2.1 问题陈述

给定包含真实世界物品的一系列图像，对于人类来说要识别出它们来相当容易。我们这里的任务是构建一个多分类（10 个分类）的图像分类器，使得该分类器能够鉴别出给定图像的所属类标签。对于本任务，我们将利用 CIFAR10 数据集。

12.2.2 数据集

CIFAR10 数据集是一个打了标签的微型图像集合，其中有 10 个不同的标签类。该数据集由 Alex Krizhevsky、Vinod Nair 和 Geoffrey Hinton 所收集，可以在 https：//www.cs.toronto.edu/~kriz/cifar.html 获得，也可以在 Keras 的 datasets 模块获得。

该数据集包含了尺寸为 32×32 的微型图像，其中训练集有 50000 张样本图像，测试集有 10000 张样本图像。每张图像都必定属于且只能属于以下类别中的一个。

- 汽车；
- 飞机；
- 鸟；
- 猫；
- 鹿；
- 狗；
- 青蛙；
- 马；
- 船；
- 卡车。

每个类别都是相互排斥的。还有另一个更大版本的数据集叫 CIFAR100。对于本节的学习目的，这里将考虑使用 CIFAR10 数据集。

下面将通过 keras.datasets 模块来获得 CIFAR10 数据集。如果还没有所需的文件，请先下载。

12.2.3 从头构建基于 CNN 的深度学习分类器

与所有机器学习算法相似，神经网络也需要输入数据遵循一定的形态、尺寸和类型。因此，在开始建模之前，首先要对数据进行预处理。以下代码首先获取数据，然后对标签进行热编码。请记住需要处理 10 个类标签，因此这是在处理一个多分类问题。

```
In [1]: import keras
   ...: from keras.datasets import cifar10
   ...:
   ...: num_classes = 10
   ...:
   ...: (x_train, y_train), (x_test, y_test) = cifar10.load_data()
   ...:
   ...: # 将类向量转换为二进制类矩阵
```

```
...: y_train = keras.utils.to_categorical(y_train, num_classes)
...: y_test = keras.utils.to_categorical(y_test, num_classes)
```

如果本地不存在该数据集，keras.datasets 模块则会自动下载。以下是所获得的对象的形态。

```
In [2]: print('x_train shape:', x_train.shape)
   ...: print(x_train.shape[0], 'train samples')
   ...: print(x_test.shape[0], 'test samples')
   ...:
x_train shape: (50000, 32, 32, 3)
50000 train samples
10000 test samples
```

既然已经有了训练集和测试集，下一步就开始构建 CNN 模型。由于拥有二维图像（第三维度是通道信息），将使用 Conv2D 层。如前面所讨论的，CNN 结合使用卷积层和池化层，随后跟着一个全连接端来鉴定 / 分类数据。该模型架构按如下方法构建。

```
In [3]: model = Sequential()
   ...: model.add(Conv2D(32, kernel_size=(3, 3),
   ...:                      activation='relu',
   ...:                      input_shape=input_shape))
   ...: model.add(Conv2D(64, (3, 3), activation='relu'))
   ...: model.add(MaxPooling2D(pool_size=(2, 2)))
   ...: model.add(Dropout(0.25))
   ...: model.add(Flatten())
   ...: model.add(Dense(128, activation='relu'))
   ...: model.add(Dropout(0.5))
   ...: model.add(Dense(num_classes, activation='softmax'))
```

它首先从一个卷积层开始，该卷积层有 32 个 3×3 的过滤器和一个激活函数作为修正线性单元（REctified Linear Unit，又称线性整流函数，RELU）。输入类似于每张图像的尺寸，也就是 32×32×3（彩色图片有 3 个通道——红绿蓝）。接下来是另一个卷积层和一个 max-pooling 层。最后是全连接的密集层。由于这里拥有 10 个类标签可供选择，最终的输出层是一个 softmax 激活函数。

下一步是编译。由于正在处理多分类问题，将使用 categorical_crossentropy 作为损失函数。除此之外，还将使用 Adadelta 优化器，在训练集上训练分类器。以下代码展示了如何做到这些。

```
In [4]: model.compile(loss=keras.losses.categorical_crossentropy,
   ...:               optimizer=keras.optimizers.Adadelta(),
   ...:               metrics=['accuracy'])
   ...:
   ...: model.fit(x_train, y_train,
   ...:           batch_size=batch_size,
   ...:           epochs=epochs,
   ...:           verbose=1)
Epoch 1/10
50000/50000 [==============================] - 256s - loss: 7.3118 - acc: 0.1798
Epoch 2/10
```

```
50000/50000 [==============================] - 250s - loss: 1.7923 - acc: 0.3564
Epoch 3/10
50000/50000 [==============================] - 252s - loss: 1.5781 - acc: 0.4383
...
Epoch 9/10
50000/50000 [==============================] - 251s - loss: 1.1019 - acc: 0.6163
Epoch 10/10
50000/50000 [==============================] - 254s - loss: 1.0584 - acc: 0.6284
```

从上面的输出来看，有一点很清晰，这里对模型进行了 10 代训练。这在 CPU 上运行需要花 200 ~ 400s 不等，如果使用 GPU 运行的话性能将提高很多。这里可以看到最后一代训练准确率大概是 63%。现在将评估测试集的性能，这可以通过使用模型对象的评估函数来进行检验。结果如下所示。

```
Test loss: 1.10143025074
Test accuracy: 0.6354
```

这里可以看到，即使没有做很多预处理，也没有对模型进行调优，这个基于深度学习模型的非常简单的 CNN 也达到了 63.5% 的准确率。我们鼓励你尝试不同的 CNN 架构并尝试对超参数进行调优，观察如何才能对结果进行优化。

模型中最初的几个卷积层是用于特征提取的，而最后几层（全连接层）则有助于对数据进行分类。所以，我们对刚刚创建的卷积层网络是如何操作图像数据的很感兴趣，幸运的是，Keras 在模型的中间步骤提供了回调函数，以供我们抽取信息。它们描绘了图像的不同区域是如何激活卷积层以及卷积层是如何将相应的特征表示和模式提取出来的。

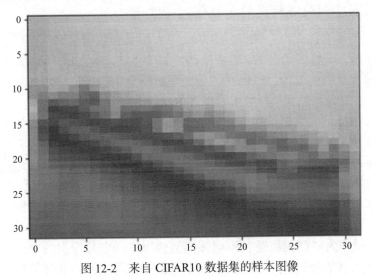

图 12-2　来自 CIFAR10 数据集的样本图像

在 jupyter notebook 的 notebook_cnn_cifar10_classifier.ipynb 中解释了 CNN 是如何查看一幅图像的示例。该 notebook 还包含了本节中剩余部分的代码。图 12-2 展示了来自测试集的一幅图像。图像看起来像是一条船，而我们的模型也辨认出了这一点，如下所示。

```
# 真实图像
img_idx = 999
# 真实图像标签
In [5]: y_test[img_idx]
array([ 0.,  0.,  0.,  0.,  0.,  0.,  0.,  0.,  1.,  0.])
# 使用我们的模型预测标签
In [6]: test_image =np.expand_dims(x_test[img_idx], axis=0)
    ...: model.predict_classes(test_image,batch_size=1)
1/1 [==============================] - 0s
Out[16]:
array([8], dtype=int64)
```

你可以在 jupyter notebook 中使用函数 get_activations（...）和 display_activations（...），根据卷积层所学习和提取到的表示形式来抽取查看被激活的部分。图 12-3 展示了刚刚构建的 CNN 模型中初始卷积层被激活的部分。

图 12-3   通过 CNN 层的样本图像

同时还建议你浏览 4.8.10 节 "基于深度学习的自动化特征工程" 一节，学习如何使用卷积层从图像中提取特征表示。

12.2.4   基于 CNN 预训练模型的深度学习分类器

从头构建分类器有优点也有缺点。但是处理大型复杂数据集时，更精细的方法是利用预先训练好的模型。有许多著名的 CNN 架构，如 LeNet、ResNet、VGG-16、VGG-19 等，这些模型拥有深度复杂的架构，已经在各种大型数据集上进行了训练和调优。因此，这些模型已经被证实在复杂物品识别任务上有惊人的性能。

由于获取大型标记的数据集和训练复杂深度神经网络是一个耗时的任务（训练一个类似 VGG-19 的复杂 CNN 可能需要花费几周时间，即使使用 GPU）。在实际操作中，将利用一个称为迁移学习的概念。迁移学习概念有助于利用已存在的模型来处理我们的任务。其核心的想法就是利用学习的能力，模型在大型数据集上训练学到的知识，通过重复利用该模型学习到的知识，将其迁移到抽取新图像特征表示上。有几种策略来执行迁移学习，其中的一些如下：

• **预训练模型作为特征提取器**：预训练模型被用来提取数据集的特征。我们在此特征上再构建一个全连接的分类器。在这种情况下只需要训练全连接的分类器，这并不需要花太多时间。

• **调优预训练模型**：对已存在的预训练模型进行调优是有可能实现的，通过修改一些层，让其他层从这些层和全连接层学习 / 更新权重。就特征提取而言，通常观察到的是初始层捕获的一般的特征，而更深度的层则提取到更具体的特征。因此取决于需求，我们会修改特定的层并对其他层进行调优。

在本节中，将看到一个例子，在这个例子中，将利用预训练的卷积层作为特征提取器，在此之上构建基于全连接层的分类器，并训练模型。这里不会训练特征提取层，这是利用迁移学习的原理，使用了预训练的卷积层来做特征提取工作。

来自牛津大学视觉几何小组（VGG）的 VGG-19 模型是最先进的卷积神经网络模型之一。可以从其各种基准测试和比赛的出色表现中看出来。VGG-19 是一个 19 层卷积网络，使用了 ImageNet 数据集进行训练。ImageNet 是一个视觉数据集，包含了 1000 万幅手写图像，横跨 9000 多个分类。该模型已经被广泛研究和应用在类似迁移学习的任务中。

更多关于 VGG-19 和 VGG 小组的其他研究，可以在 http://www.robots.ox.ac.uk/~vgg/research/very_deep/ 获得。

该预训练模型可以通过 keras.applications 模块获得。如前所述，我们将利用 VGG-19 来作为特征提取器，构建 CIFAR10 数据集的分类器。

由于只使用 VGG-19 来作为特征提取器，因此在该模型中不需要顶层（或全连接层）。Keras 让这操作变得很简单，只是设置一个标记变量为 False 就行了。以下代码加载 VGG-19 模型架构，包含了卷积层，省略了全连接层。

```
In [1]: from keras import applications
   ...:
   ...: vgg_model = applications.VGG19(include_top=False, weights='imagenet')
```

既然预训练模型已经可以使用了，那么将利用它来从我们的训练集中提取特征。请记住 VGG-19 是在 ImageNet 数据集上训练出来的，而我们将用它在 CIFAR10 数据集上构建分类器。由于 ImageNet 包含了 9000 多个分类的超过 1000 万幅图像，所以可以安全地假设 CIFAR10 的分类就是其中的子集。在开始使用 VGG-19 模型来进行特征提取前，有一个很好的想法是先检查一下模型的架构。

```
In [1]: vgg_model.summary()
```

Layer (type)	Output Shape	Param #
input_1 (InputLayer)	(None, None, None, 3)	0
block1_conv1 (Conv2D)	(None, None, None, 64)	1792
block1_conv2 (Conv2D)	(None, None, None, 64)	36928
block1_pool (MaxPooling2D)	(None, None, None, 64)	0
block2_conv1 (Conv2D)	(None, None, None, 128)	73856
block2_conv2 (Conv2D)	(None, None, None, 128)	147584
block2_pool (MaxPooling2D)	(None, None, None, 128)	0

block3_conv1 (Conv2D)	(None, None, None, 256)	295168
block3_conv2 (Conv2D)	(None, None, None, 256)	590080
block3_conv3 (Conv2D)	(None, None, None, 256)	590080
block3_conv4 (Conv2D)	(None, None, None, 256)	590080
block3_pool (MaxPooling2D)	(None, None, None, 256)	0
block4_conv1 (Conv2D)	(None, None, None, 512)	1180160
block4_conv2 (Conv2D)	(None, None, None, 512)	2359808
block4_conv3 (Conv2D)	(None, None, None, 512)	2359808
block4_conv4 (Conv2D)	(None, None, None, 512)	2359808
block4_pool (MaxPooling2D)	(None, None, None, 512)	0
block5_conv1 (Conv2D)	(None, None, None, 512)	2359808
block5_conv2 (Conv2D)	(None, None, None, 512)	2359808
block5_conv3 (Conv2D)	(None, None, None, 512)	2359808
block5_conv4 (Conv2D)	(None, None, None, 512)	2359808
block5_pool (MaxPooling2D)	(None, None, None, 512)	0

```
=================================================================
Total params: 20,024,384
Trainable params: 20,024,384
Non-trainable params: 0
```

从上面的输出可以看出，该架构非常巨大，拥有很多层。图 12-4 用一种容易理解的可视化方法展示了这一点。请记住这里并没有使用全连接层，也就是图 12-4 中最右边的那部分。这里强烈建议查看由 Karen Simonyan 和 Andrew Zisserman 合著的论文 *Very Deep Convolutional Networks for Large-Scale Image Recognition*，两位作者均来自牛津大学工程科学系的视觉几何小组（VGG）。该论文可以在 https://arxiv.org/abs/1409.1556 获得，该论文详细讨论了这些模型的架构。

加载 CIFAR10 训练集和测试集与前面章节所述相同。下面也将对标签进行类似的热编码。由于 VGG-19 模型除了全连接层外已经全部被加载了，该模型的 predict（…）函数可以帮助我们将数据集的特征提取出来。以下的代码将训练集和测试集的特征都提取出来了。

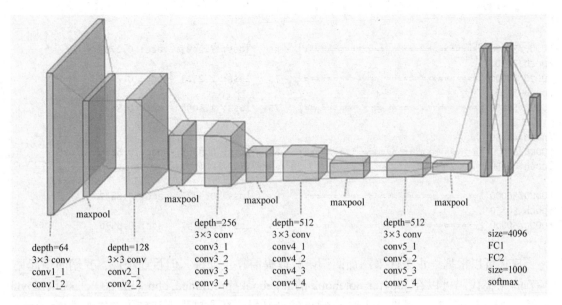

depth=64
3×3 conv
conv1_1
conv1_2

maxpool

depth=128
3×3 conv
conv2_1
conv2_2

maxpool

depth=256
3×3 conv
conv3_1
conv3_2
conv3_3
conv3_4

maxpool

depth=512
3×3 conv
conv4_1
conv4_2
conv4_3
conv4_4

maxpool

depth=512
3×3 conv
conv5_1
conv5_2
conv5_3
conv5_4

maxpool

size=4096
FC1
FC2
size=1000
softmax

图 12-4   VGG-19 架构的可视化描述

```
In [2]: bottleneck_features_train = vgg_model.predict(x_train, verbose=1)
   ...: bottleneck_features_test = vgg_model.predict(x_test, verbose=1)
```

这些特征被广泛地称为瓶颈特征，这是因为对于输入数据的量来说，提取出的特征数量总体上减少了。该模型的输出概要值得探究，以理解 VGG 模型是如何对数据进行转换的。该阶段的输出（瓶颈特征）将用来作为后续构建分类器的输入，以下代码构建了一个由两层全连接的简单的分类器。

```
In [3]: clf_model = Sequential()
   ...: clf_model.add(Flatten(input_shape=bottleneck_features_train.shape[1:]))
   ...: clf_model.add(Dense(512, activation='relu'))
   ...: clf_model.add(Dropout(0.5))
   ...: clf_model.add(Dense(256, activation='relu'))
   ...: clf_model.add(Dropout(0.5))
   ...: clf_model.add(Dense(num_classes, activation='softmax'))
   ...: clf_model.compile(loss=keras.losses.categorical_crossentropy,
                    optimizer=keras.optimizers.Adadelta(),
                    metrics=['accuracy'])
```

模型的输入层维度和瓶颈特征的维度相匹配（显而易见的原因）。与前面从头构建的 CNN 模型一样，该模型也有一个密集输出层，使用 softmax 激活函数。相比于训练一个完整的 VGG-19 模型，训练该模型相当简单和快速，如下代码所示。

```
In [4]: clf_model.fit(bottleneck_features_train, y_train, batch_size=batch_size,
   ...:               epochs=epochs, verbose=1)
Epoch 1/50
```

```
50000/50000 [==============================] - 8s - loss: 7.2495 - acc: 0.2799
Epoch 2/50
50000/50000 [==============================] - 7s - loss: 2.2513 - acc: 0.2768
Epoch 3/50
50000/50000 [==============================] - 7s - loss: 1.9096 - acc: 0.3521
 ...
Epoch 48/50
50000/50000 [==============================] - 8s - loss: 0.9368 - acc: 0.6814
Epoch 49/50

50000/50000 [==============================] - 8s - loss: 0.9223 - acc: 0.6832
Epoch 50/50
50000/50000 [==============================] - 8s - loss: 0.9197 - acc: 0.6830
```

现在可以根据终止条件来添加回调函数以提前停止训练。但目前来说，我们简单起见。本节的完整代码可以在 jupyter notebook 的 notebook_pretrained_cnn_cifar10_ classifier.ipynb 获得。总体来说，在训练集上达到了 68% 的准确率，在测试集上达到了约 64% 的准确率。

现在可以看到基于预训练模型的分类器在测试集上的性能了。以下代码展示了一个工具函数，该工具函数接收测试集中一幅图像的下标，比较其真实标签和预测的标签。

```python
def predict_label(img_idx,show_proba=True):
    plt.imshow(x_test[img_idx],aspect='auto')
    plt.title("Image to be Labeled")
    plt.show()
print("Actual Class:{}".format(np.nonzero(y_test[img_idx])[0][0]))

test_image =np.expand_dims(x_test[img_idx], axis=0)
bf = vgg_model.predict(test_image,verbose=0)
pred_label = clf_model.predict_classes(bf,batch_size=1,verbose=0)

print("Predicted Class:{}".format(pred_label[0]))
if show_proba:
    print("Predicted Probabilities")
    print(clf_model.predict_proba(bf))
```

以下是对测试集中几幅图像进行测试时，predict_label（...）函数的输出。如图 12-5 所示，我们正确地预测了该图像属于标签 5（狗）和标签 9（卡车）！

本节展示了迁移学习的威力和优点。这里没有花费时间重新制造轮子，而是仅仅使用了几行代码就能够利用神经网络的艺术来解决分类任务。

迁移学习的概念是风格转换的基础，将在下一节进行讨论。

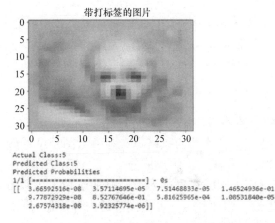
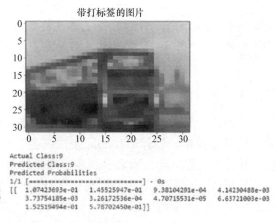

```
Actual Class:5
Predicted Class:5
Predicted Probabilities
1/1 [==============================] - 0s
[[ 3.66592516e-08    3.57114695e-05    7.51468833e-05    1.46524936e-01
   9.77872929e-08    8.52767646e-01    5.81625965e-04    1.08531840e-05
   2.67574318e-08    3.92325774e-06]]
```

```
Actual Class:9
Predicted Class:9
Predicted Probabilities
1/1 [==============================] - 0s
[[ 1.07423693e-01    1.45525947e-01    9.38104291e-04    4.14230488e-03
   3.73754185e-03    3.26172536e-04    4.70715531e-05    6.63721003e-03
   1.52519494e-01    5.78702450e-01]]
```

图 12-5　来自预训练的基于 CNN 分类器的预测标签

12.3　使用 CNN 的艺术风格转换

绘画（或任何形式的艺术）需要特殊的技巧，这些技巧只有少数人掌握。绘画呈现了内容和风格之间的相互作用。另一方面，摄影是视角和光线的结合。当绘画和摄影两者结合起来的时候，效果非常惊人。其中一个例子如图 12-6 所示。

图 12-6　左图：德国图宾根的原始图片。右图：该图（插图：梵高的《星空》）为原始图片提供了风格，如生成的图片所示。图片来源：Gatys 等人的 *A Neural Algorithm of Artistic Style*。（arXiv：1508.06576v2）

图 12-6 中的结果展示了一副绘画（梵高的《星空》）的风格是如何被迁移到另一张摄影图片上的。乍一眼看起来，处理过程似乎是从摄影图片中提取内容，从绘画中提取风格、颜色和笔画模式，然后生成最终的结果。结果非常奇妙，但更令人惊讶的是，这是如何做到的？

图 12-6 展示了一种叫作艺术风格迁移的处理过程。该处理过程是 Gatys 等人的研究结果，并在其论文 *A Neural Algorithm of Artistic Style* 中介绍。在本节中，我们将从实现的角度来讨论这篇论文的复杂性，看看自己如何实现这一技术。

Prisma 是一个使用了艺术风格迁移，能够将照片转换成艺术照的应用，其基于卷积神经网络。关于该应用的更多详情请参考 https://prisma-ai.com。

12.3.1 背景

从形式上来讲，风格转换是指将参考图片的"风格"应用到特定目标图片的处理过程，使得在该过程中，目标图片的原始"内容"保持不变。此处的风格定义为参考图片中的颜色、模式和纹理呈现，而内容则表示图片的总体结构和高层次组成成分。

这里的主要目标是保持原目标图片的内容不变，同时在目标图片上叠加或采用参考图片的风格。为了用数学语言定义这种概念，考虑这 3 张图片——原始图片的内容（记为 c），参考的风格（记为 s），生成的图片（记为 g）。因此我们需要一种度量方式，来度量图片 c 和图片 g 在内容上的不同。如果图片 c 和图片 g 完全不同，则函数值趋近于 0，否则函数值上升。这可以通过一个简洁的损失函数来表示：

$$L_{content} = distance\,(c,\ g)$$

其中 $distance$ 是一个归一化函数，如 L2。同样的，我们也可以定义另一个函数来表示图片 s 和图片 g 在风格上的差异程度。换句话说，这可以用如下数学语言描述：

$$L_{style} = distance\,(s,\ g)$$

因此，对于风格转换的总体处理过程，我们有总体的损失函数，该函数可以定义为内容和风格损失函数的结合。

$$L_{style-transfer} = argmin_g\,(\alpha L_{content}\,(c,\ g) + \beta L_{style}\,(s,\ g))$$

其中 α 和 β 是用于控制内容和风格组成成分对总体损失影响的权重。我们需要最小化的损失函数包含了 3 部分，即内容损失、风格损失和总体损失，这些我们后续会讨论到。

深度学习的美妙之处在于，通过利用像深度卷积神经网络（CNN）的架构，可以从数学上定义以上涉及的风格和内容函数。下面将使用迁移学习的原理来构建风格转换系统。前面使用像 VGG-19 的预训练深度 CNN 模型介绍了迁移学习的概念。下面将利用同样的预训练模型来解决风格转换任务。主要步骤如下。

- 利用 VGG-19 来帮助计算风格、内容和生成图片的激活层。
- 使用这些激活层来定义前面提到的具体损失函数。
- 最后，使用梯度下降法来最小化总体损失。

我们建议你使用标题为 Neural Style Transfer.ipynb 的 Jupyter notebook 来跟着本节步骤学习，该 notebook 中包含了风格转换过程的详细步骤。我们还想特别提一点，感谢 François Chollet 和 Harish Narayanan 提供了关于风格转换的宝贵资源。对此的详细细节将会在后面提及。我们也推荐你查看以下论文（稍后将详细介绍）。

- 由 Leon A. Gatys、Alexander S. Ecker 和 Matthias Bethge 合著的 *A Neural Algorithm of Artistic Style*。

• 由 Justin Johnson、Alexander Alahi 和李飞飞合著的 *Perceptual Losses for Real-Time Style Transfer and Super-Resolution*。

12.3.2 预处理

本案例中，实现这种网络的第一步也是最重要的一步就是对数据或图片进行预处理。以下代码是用来预处理图片的尺寸和通道调整的快速工具函数。

```
import numpy as np
from keras.applications import vgg19
from keras.preprocessing.image import load_img, img_to_array

def preprocess_image(image_path, height=None, width=None):
    height = 400 if not height else height
    width = width if width else int(width * height / height)
    img = load_img(image_path, target_size=(height, width))
    img = img_to_array(img)
    img = np.expand_dims(img, axis=0)
    img = vgg19.preprocess_input(img)
    return img

def deprocess_image(x):
    # Remove zero-center by mean pixel
    x[:, :, 0] += 103.939

x[:, :, 1] += 116.779
x[:, :, 2] += 123.68
# 'BGR'->'RGB'
x = x[:, :, ::-1]
x = np.clip(x, 0, 255).astype('uint8')
return x
```

由于接下来将编写自定义的损失函数和处理函数，需要定义特定的占位符。Keras 是一个高层次的库，它背后利用了张量操作（像 TensorFlow、Theano 和 CNTK）来执行复杂的任务。因此，这些占位符提供了高层次的抽象，来处理底层的张量对象。以下代码将准备风格、内容和生成图片的占位符，以及神经网络的输入张量。

```
In [1]: # 这是要应用风格的图片文件路径
   ...: TARGET_IMG = 'data/city_road.jpg'
   ...: # 这是将风格转换的图片文件路径
   ...: REFERENCE_STYLE_IMG = 'data/style2.png'
   ...:
   ...: width, height = load_img(TARGET_IMG).size
   ...: img_height = 320
   ...: img_width = int(width * img_height / height)
   ...:
   ...:
   ...: target_image = K.constant(preprocess_image(TARGET_IMG,
   ...:                                             height=img_height,
   ...:                                             width=img_width))
   ...: style_image = K.constant(preprocess_image(REFERENCE_STYLE_IMG,
```

```
    ...:                                                    height=img_height,
    ...:                                                    width=img_width))
    ...:
    ...: # 生成图片的占位符
    ...: generated_image = K.placeholder((1, img_height, img_width, 3))
    ...:
    ...: # 将 3 张图片合并到一起
    ...: input_tensor = K.concatenate([target_image,
    ...:                               style_image,
    ...:                               generated_image], axis=0)
```

和在前面内容所做的类似，将加载除了全连接层的预训练的 VGG-19 模型。唯一的区别是我们将提供模型的构造函数以及输入张量的尺寸维度。以下代码可获得预训练的模型。

```
In [2]: model = vgg19.VGG19(input_tensor=input_tensor,
    ...:                     weights='imagenet',
    ...:                     include_top=False)
```

你可以使用 summary（）函数来理解预训练模型的架构。

12.3.3　损失函数

正如在"背景"一节所讨论的，风格转换问题涉及内容和风格的损失函数。在本节中，将讨论和定义所需的损失函数。

1. 内容损失

在基于 CNN 的模型中，顶层的激活部分包含了更多的是图片的全局和抽象信息（高层次结构，如一张脸），低层则包含了图片的局部信息（低层次结构，如眼睛、鼻子、轮廓和角落）。我们想要利用 CNN 顶层的信息来捕获图片内容的正确表示。

因此，对于内容损失，考虑到将使用预训练的 VGG-19 CNN，可以定义损失函数为通过目标图片计算出来的高层次激活部分（给出了特征表示）和通过生成的图片计算出来的相同层次的 L2 范数（缩放的欧几里得距离二次方）。假设我们经常能够从 CNN 的顶层获得图片内容的特征表示，生成的图片看起来就应该与基本的目标图片相似。以下代码展示了计算内容损失的函数。

```
def content_loss(base, combination):
    return K.sum(K.square(combination - base))
```

2. 风格损失

关于风格转换的原始论文 *A Neural Algorithm of Artistic Style* 在 CNN 中利用了多重（而不是一重）卷积层来提取有意义的模式和表示形式，捕获了作为参考风格的图片所有空间尺度上的外观相关的信息，而忽略了其图片内容。

为了保持对原论文的忠实性，这里将利用格拉姆矩阵（Gram Matrix）并在由卷积层生成的特征表示上计算其值。格拉姆矩阵计算了在任一卷积层中产生的特征图之间的矩阵内积。该矩阵内积与相应的特征集合的协方差成正比，因此捕获了一层中可能同时激活的特征之间的相关性模式。这些特征相关性有助于捕获特定空间尺度模式的相关聚合数据，对应于风格、纹理和外观，而不是图片中出现的组成成分。

因此，风格损失被定义为作为参考风格的图片和生成图片的风格的格拉姆矩阵的缩放的弗罗贝尼乌斯范数（Frobenius norm）。最小化该损失有助于确保在作为参考的图片的不同空间尺度找到的纹理和生成的图片相似。

以下代码基于格拉姆矩阵的计算，定义了风格损失函数。

```
def style_loss(style, combination, height, width):

    def build_gram_matrix(x):
        features = K.batch_flatten(K.permute_dimensions(x, (2, 0, 1)))
        gram_matrix = K.dot(features, K.transpose(features))
        return gram_matrix

    S = build_gram_matrix(style)
    C = build_gram_matrix(combination)
    channels = 3
    size = height * width
    return K.sum(K.square(S - C)) / (4. * (channels ** 2) * (size ** 2))
```

3. 全变差损失

据观察，单纯为了降低风格和内容损失的优化会导致高度像素化和噪声输出。为了达到同样的效果，引入了全变差损失。

全变差损失类似于正则化损失，是为了确保生成的图片的空间连续性和光滑性，避免产生噪声和过度像素化的结果。以下函数定义了该损失。

```
def total_variation_loss(x):
    a = K.square(
        x[:, :img_height - 1, :img_width - 1, :] - x[:, 1:, :img_width - 1, :])
    b = K.square(
        x[:, :img_height - 1, :img_width - 1, :] - x[:, :img_height - 1, 1:, :])
    return K.sum(K.pow(a + b, 1.25))
```

4. 总体损失函数

定义了风格转换的总体损失函数所必需的各个组成成分后，下一步是将这些成分组合起来。由于内容和风格的信息在 CNN 的不同深度网络层被捕获了，需要在合适的层应用和计算各种损失。利用 Gatys 等人和 Johnson 等人在其各自论文中的研究和见解，这里定义了以下的工具函数来识别 VGG-19 模型的内容和风格层。即使 Johnson 等人为了更快和更好的性能利用了 VGG-16 模型，但还是限制自己使用 VGG-19 模型，以方便理解和一致性。

```
# 定义函数，基于下文所说的论文设置各层
def set_cnn_layers(source='gatys'):
    if source == 'gatys':
        # 来自 Gatys 等人的配置
        content_layer = 'block5_conv2'
        style_layers = ['block1_conv1', 'block2_conv1', 'block3_conv1',
                        'block4_conv1', 'block5_conv1']
    elif source == 'johnson':
```

```
        # 来自 Johnson 等人的配置
        content_layer = 'block2_conv2'
        style_layers = ['block1_conv2', 'block2_conv2', 'block3_conv3',
                        'block4_conv3', 'block5_conv3']
    else:
        # 使用来自 Gatys 的配置作为默认值
        content_layer = 'block5_conv2'
        style_layers = ['block1_conv1', 'block2_conv1', 'block3_conv1',
                        'block4_conv1', 'block5_conv1']
    return content_layer, style_layers
```

以下代码对基于 set_cnn_layers（）函数为了内容和风格所选择出来的层，应用了总体损失函数。

```
In [2]: # 用于加权平均损失函数的权重
   ...: content_weight = 0.025
   ...: style_weight = 1.0
   ...: total_variation_weight = 1e-4

...:
...: # 设置内容和风格层
...: source_paper = 'gatys'
...: content_layer, style_layers = set_cnn_layers(source=source_paper)
...:
...: ## 构建带权损失函数
...:
...: # 初始化总损失
...: loss = K.variable(0.)
...:
...: # 加上内容损失
...: layer_features = layers[content_layer]
...: target_image_features = layer_features[0, :, :, :]
...: combination_features = layer_features[2, :, :, :]
...: loss += content_weight * content_loss(target_image_features,
...:                                        combination_features)
...:
...: # 加上风格损失
...: for layer_name in style_layers:
...: layer_features = layers[layer_name]
...: style_reference_features = layer_features[1, :, :, :]
...: combination_features = layer_features[2, :, :, :]
...: sl = style_loss(style_reference_features, combination_features,
...:                 height=img_height, width=img_width)
...: loss += (style_weight / len(style_layers)) * sl
...:
...: # 加上全变差损失
...: loss += total_variation_weight * total_variation_loss(generated_image)
```

12.3.4 自定义优化器

这里的目的是在优化算法的帮助下，逐渐最小化总体损失。在 Gatys 等人的论文中，优化是通过使用 L-BFGS 算法完成的，该算法是一种基于拟牛顿法的优化算法，拟牛顿法广泛应用于解决非线性优化问题和参数估计。该方法通常比标准梯度下降法收敛得快。SciPy 在 scipy.optimize.fmin_l_bfgs_b（）函数中有该算法的一种实现。然而，该算法的局限性包括，它只适用于平面一维向量，而不能用于正在处理的三维图片矩阵；还有就是损失函数的值和梯度需要作为两个单独的函数进行传递。

我们基于遵循了 Keras 的创建者 François Chollet 的模型构建了一个 Evaluator 类，来一次性计算损失和梯度值，而不是单独计算。这将在第一次调用时返回损失值，并将梯度缓存以供下次调用使用。因此，比单独运算会更加高效。以下代码定义了 Evaluator 类。

```
class Evaluator(object):

    def __init__(self, height=None, width=None):
        self.loss_value = None
        self.grads_values = None
        self.height = height
        self.width = width

def loss(self, x):
    assert self.loss_value is None
    x = x.reshape((1, self.height, self.width, 3))
    outs = fetch_loss_and_grads([x])
    loss_value = outs[0]
    grad_values = outs[1].flatten().astype('float64')
    self.loss_value = loss_value
    self.grad_values = grad_values
    return self.loss_value

def grads(self, x):
    assert self.loss_value is not None
    grad_values = np.copy(self.grad_values)
    self.loss_value = None
    self.grad_values = None
    return grad_values
```

损失和梯度按如下方法获得。该代码还创建了 Evaluator 类的一个实例对象。

```
In [3]: # 获取生成的图片的梯度和损失
   ...: grads = K.gradients(loss, generated_image)[0]
   ...:
   ...: # 获取当前损失和当前梯度的函数
   ...: fetch_loss_and_grads = K.function([generated_image], [loss, grads])
   ...:
   ...: # 评估对象
   ...: evaluator = Evaluator(height=img_height, width=img_width)
```

12.3.5 风格转换实战

拼图的最后一部分就是使用所有的构建块，通过实践来查看如何进行风格转换。艺术风格和内容图片可以在 data 文件夹下获得。以下代码概述了损失和梯度是如何评估的。我们还在定期间隔（第 5 次、第 10 次等迭代）将输出返回，以便稍后理解风格转换的过程。

```
In [4]: result_prefix = 'style_transfer_result_'+TARGET_IMG.split('.')[0]
   ...: result_prefix = result_prefix+'_'+source_paper
   ...: iterations = 20
   ...:
   ...: # 在生成的图片像素上，运行基于 scipy 的优化 (L-BFGS)，
   ...: # 以此来最小化风格的损失
   ...: # 这是我们的初始状态：目标图片
   ...: # 需要注意的是：`scipy.optimize.fmin_l_bfgs_b` 只能处理平坦问题
   ...: x = preprocess_image(TARGET_IMG, height=img_height, width=img_width)
   ...: x = x.flatten()
   ...:
   ...: for i in range(iterations):
   ...:         print('Start of iteration', (i+1))
   ...:         start_time = time.time()
   ...:         x, min_val, info = fmin_l_bfgs_b(evaluator.loss, x,
   ...:                             fprime=evaluator.grads, maxfun=20)

   ...:         print('Current loss value:', min_val)
   ...:         if (i+1) % 5 == 0 or i == 0:
   ...:                 # Save current generated image only every 5 iterations
   ...:                 img = x.copy().reshape((img_height, img_width, 3))

   ...:                 img = deprocess_image(img)
   ...:                 fname = result_prefix + '_at_iteration_%d.png' %(i+1)
   ...:                 imsave(fname, img)
   ...:                 print('Image saved as', fname)
   ...:         end_time = time.time()
   ...:         print('Iteration %d completed in %ds' % (i+1, end_time - start_time))
```

到现在为止，有一点是很肯定的，风格转换是一种计算密集型的任务。在一个 Intel i5 CPU，8GB 内存的机器上，对于所考虑的图片集合，每一次迭代花费了 500 ~ 1000 s。平均来说，每一次迭代花费了大概 500s，但如果你一次运行多个网络，每一次迭代将花费达到 1000s 的时间。如果相同的任务使用 GPU 来进行计算，你应该可以看到速度有所提升。以下代码是其中某些迭代的输出。下面输出打印了损失值以及每次迭代花费的时间，并在每 5 次迭代后保存图片。

```
Start of iteration 1
Current loss value: 2.4219e+09
Image saved as style_transfer_result_city_road_gatys_at_iteration_1.png
Iteration 1 completed in 506s
Start of iteration 2
Current loss value: 9.58614e+08
Iteration 2 completed in 542s
Start of iteration 3
Current loss value: 6.3843e+08
Iteration 3 completed in 854s
Start of iteration 4
Current loss value: 4.91831e+08
Iteration 4 completed in 727s
Start of iteration 5
```

```
Current loss value: 4.03013e+08
Image saved as style_transfer_result_city_road_gatys_at_iteration_5.png
Iteration 5 completed in 878s
 ...
Start of iteration 19
Current loss value: 1.62501e+08
Iteration 19 completed in 836s
Start of iteration 20
Current loss value: 1.5698e+08
Image saved as style_transfer_result_city_road_gatys_at_iteration_20.png
Iteration 20 completed in 838s
```

现在你将知道风格转换是如何在给定的图片中实现的了。请记住，在每一对风格和内容图片的特定迭代后均执行了检查点输出。

 如图 12-7 所示，用于第一幅图片的风格，称为 Edtaonisl。这是 1913 年由 Francis Picabia 创作的作品。通过该油画，Francis Picabia 开创了一个新的视觉语言。更多关于此画的细节可以在 http://www.artic.edu/aic/collections/artwork/80062 获得。

下面利用了 matplotlib 和 skimage 库来加载和理解风格转换的魔法！以下代码加载城市街道图作为内容图片，加载 Edtaonisl 油画作为风格图片。

```
In [5]: from skimage import io
   ...: from glob import glob
   ...: from matplotlib import pyplot as plt
   ...:
   ...: cr_content_image = io.imread('results/city road/city_road.jpg')
   ...: cr_style_image = io.imread('results/city road/style2.png')
   ...:
   ...:
   ...: fig = plt.figure(figsize = (12, 4))
   ...: ax1 = fig.add_subplot(1,2, 1)
   ...: ax1.imshow(cr_content_image)
   ...: t1 = ax1.set_title('City Road Image')
   ...: ax2 = fig.add_subplot(1,2, 2)
   ...: ax2.imshow(cr_style_image)
   ...: t2 = ax2.set_title('Edtaonisl Style')
```

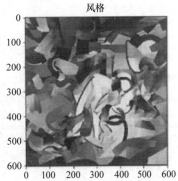

图 12-7　城市道路图作为内容图片，Edtaonisl 油画作为风格图片的风格转换

以下代码加载生成的图片（转换了风格的图片），在第 1 次、第 10 次和第 20 次迭代后观察到的结果。

```
In [6]: fig = plt.figure(figsize = (20, 5))
   ...: ax1 = fig.add_subplot(1,3, 1)
   ...: ax1.imshow(cr_iter1)
   ...: t1 = ax1.set_title('Iteration 1')
   ...: ax2 = fig.add_subplot(1,3, 2)
   ...: ax2.imshow(cr_iter10)

   ...: t2 = ax2.set_title('Iteration 10')
   ...: ax3 = fig.add_subplot(1,3, 3)
   ...: ax3.imshow(cr_iter20)
   ...: t3 = ax3.set_title('Iteration 20')
   ...: t = fig.suptitle('City Road Image after Style Transfer')
```

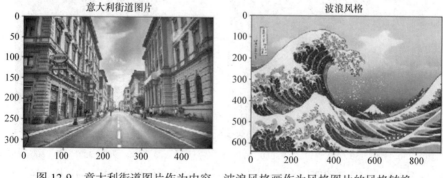

图 12-8　城市道路图在第 1 次、第 10 次和第 20 次迭代的风格转换

图 12-8 中所描绘的结果似乎是令人满意的，而且很惊人。相当明显的一点是，在第 1 次迭代后，生成的图片在结构上和内容图片相似，而随着迭代继续进行，风格图片开始影响纹理、颜色、笔画等。

 如图 12-9 所示，在下一个例子中使用的风格图片是一幅著名的画，名为《神奈川上的大海浪》。该艺术品是在 1830 至 1832 年间完成的。看到这些才华横溢的艺术家的风格被迁移到日常摄影中是非常令人惊讶的一件事。更多关于该艺术品的细节可以在 http://www.metmuseum.org/art/collection/search/36491 查看。

图 12-9　意大利街道图片作为内容，波浪风格画作为风格图片的风格转换

我们试验了更多的图片，结果相当令人惊讶和满意。图 12-10 展示了不同次迭代下，一张描绘意大利街道的图片（见图 12-9）的风格转换输出。

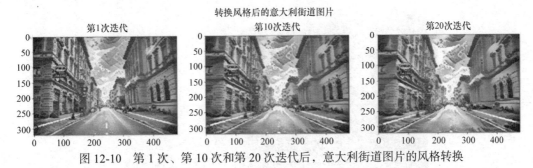

图 12-10　第 1 次、第 10 次和第 20 次迭代后，意大利街道图片的风格转换

图 12-10 中所描绘的结果绝对是振奋人心的，给人一种在水下观看整个城市的感觉！我们鼓励你在这个框架中使用自己的图片。也可以自由尝试利用不同的卷积层来进行风格和内容的特征表示形式，如 Gatys 等人和 Johnson 等人所提到的。

> 风格转换的概念由 Gatys 等人和 Johnson 等人分别在其论文中引入和解释，他们的论文可以在 https://arxiv.org/abs/1508.06576 和 https://arxiv.org/abs/1603.08155 获得。要了解更多关于风格转换的详细指南，你也可以查看由 François Chollet 所著的 *Deep Learning with Python* 一书以及 Harish Narayanan 的博客：https://harishnarayanan.org/writing/artistic-style-transfer/。

12.4　总结

本章提出了机器学习领域的最前沿的主题。通过本章，我们利用了机器学习，特别是深度学习的认识，来理解图片分类、迁移学习以及风格转换的概念。本章开头快速介绍了与卷积神经网络相关的概念，以及如何优化它们的架构来处理图片相关的数据。然后我们致力于开发图片分类器。我们开发的第一个图片分类器是在 Keras 的辅助下从头开发的，并取得了不错的效果。第二个分类器利用了预训练的 VGG-19 深度 CNN 模型作为图片特征提取器。基于预训练模型的分类器帮助我们理解迁移学习的概念及其为何有益。本章结尾部分介绍了风格转换的高级主题，也是主要的亮点。风格转换是一种将参考图片风格应用到制定目标的过程，使得在该过程中，目标图片的原始内容保持不变。该过程利用了 CNN 理解不同粒度图片特征以及学习迁移的潜力。基于对这些概念的理解和 Gatys 等人及 Johnson 等人的研究，这里提供了一个循序渐进的指南，来实现一个风格转换的系统。此处通过展示风格转换过程中的一些惊人结果来结束本章。

深度学习每天都在打开新的大门。它在不同领域和问题的应用上展示了其解决未知问题的潜力。机器学习是一个不断发展的领域，同时也是一个非常复杂的领域。本书从机器学习框架的基础、Python 生态系统到不同的算法和概念，在章节之间讨论了多种使用案例，展示了使用机器学习工具解决一个问题的不同场景和方法。机器学习的领域正在以极快的速度不断扩张，此处的尝试是为了让你走上正确的轨道，踏上这段美妙的征程。

扫码了解更多

深度强化学习：入门与实践指南

［俄］马克西姆·拉潘（Maxim Lapan）著　　　　王静怡　刘　斌　程国建　译

- **迅速理解深度强化学习，从原理到新近算法全面探索**
- **面向实践，掌握构建智能体、聊天机器人等实践项目**

本书对 RL 的核心知识进行了全面深入讲解，并为你提供了编写智能体代码的详细知识，以使其执行一系列艰巨的实际任务。帮助你掌握如何在"网格世界"环境中实现 Q-learning，教会你的智能体购买和交易股票，并掌握如何通过实现自然语言模型来推动聊天机器人的发展。

你将学到什么：

- 理解如何通过 RL 的 DL 上下文实现复杂的 DL 模型。
- 掌握 RL 的基础理论：马尔可夫决策过程。
- 学会评估 RL 的方法，包括交叉熵、DQN、Actor-Critic、TRPO、PPO、DDPG、D4PtG 等。
- 研究探索如何处理各种环境中的离散和连续动作空间。
- 学会使用值迭代方法击败 Atari 街机游戏。
- 学会创建自己的 OpenAI Gym 环境以训练股票交易智能体。
- 教会你的智能体使用 AlphaGo Zero 玩 Connect4。
- 探索有关主题的深度 RL 研究，包括 AI 驱动的聊天机器人。

扫码了解更多

TensorFlow 深度学习：数学原理与 Python 实战进阶

［印］桑塔努·帕塔纳雅克（Santanu Pattanayak）著　　　　魏国强　等译

- **掌握深度学习数学原理、编程实战经验**
- **轻松构建复杂实际项目的深度学习方案**

本书重点在帮你掌握深度学习所要求的数学原理和编程实战经验，使你能快速使用 TensorFlow 轻松部署产品中的深度学习解决方案，并形成开发深度学习架构和解决方案时所需的数学理解和直觉。

深入浅出讲解数学基础、深度学习与 TensorFlow、卷积神经网络、自然语言处理、无监督学习、高级神经网络等内容，帮助你快速理解数学基础、理论知识，掌握实际项目开发经验，迅速胜任学习、工作要求。

本书特点：
- 通过使用 TensorFlow 深入理解全栈深度学习，并为深度学习奠定坚实的数学基础。
- 使用 TensorFlow 在实际项目中部署复杂的深度学习解决方案。
- 深入深度学习研究，并使用 TensorFlow 进行具体项目实践。

扫码了解更多

TensorFlow 机器学习

[美] 尼山特·舒克拉（Nishant Shukla） 著　　刘宇鹏　杨锦锋　滕志扬　译

• 关于 TensorFlow 机器学习的快速入门的极好指南。由浅入深讲解经典核心算法、神经网络、强化学习

为你提供了机器学习概念的坚实基础，以及使用 Python 编写 TensorFlow 的实战经验。

本书由浅入深地对 TensorFlow 进行了介绍，并对 TensorFlow 的本质、核心学习算法（线性回归、分类、聚类、隐马尔可夫模型）和神经网络的类型（自编码器、强化学习、卷积神经网络和循环神经网络）都进行了详细介绍，同时配以代码实现。

你将通过经典的预测、分类和聚类算法等快速学习掌握基础知识。然后，继续学习具有深度价值的内容：探索深度学习的概念，例如自动编码器、递归神经网络和强化学习等。通过本书，你将会准备好将 TensorFlow 用于自己的机器学习和深度学习应用程序中。

本书可作为人工智能、机器学习、深度学习相关行业的从业者和爱好者的重要参考书。

推荐阅读

《Swift 机器学习：面向 iOS 的人工智能实战》

扫码了解更多

- 一本书理解 Swift 和机器学习，掌握构建智能 iOS 应用方法

利用 Swift 与 Core ML 构建和部署机器学习模型，开发出用于 NLP 和 CV 的神经网络

本书是机器学习和 Swift 的完美指南，通过学习对机器学习原理和 Swift 实现方法、实际案例的详细讲解后，你将能够掌握如何开发使用 Swift 编写的可自学习的智能 iOS 应用程序。

《计算机视觉入门到实践》

扫码了解更多

- 轻松入门计算机视觉一站式指南，学会如何利用 Python、TensorFlow、Keras、OpenCV 执行图形处理、对象检测、特征检测等项目

介绍图像变换和滤波相关概念，讲解 FAST 和 ORB 等特征检测器，并利用其查找类似对象。学习如何利用 Keras 构建深度神经网络，并对 Fashion-MNIST 数据集进行分类。目标检测实现简单人脸检测器方法。理解基于 TensorFlow 的 Faster R-CNN 和 SSD 等复杂深度学习目标检测器工作原理。使用 FCN 模型进行语义分割，并利用 Deep DORT 进行目标跟踪。在标准数据集上应用视觉 SLAM（vSLAM）方法，如 ORB-SLAM。

《增强现实开发者实战指南》

扫码了解更多

- 阿里、微软、百度及学界专家联合推荐

5G 技术将极大促进增强现实、虚拟现实（AR/VR）行业的突破性发展，学习增强现实开发正当时。

适合 AR 开发者的实战案头书，采用逐步教学的实战方式详解如何使用 Unity 3D、Vuforia、AR-Toolkit、HoloLens、Apple ARKit 和 Google ARCore 等主流开发工具。助你快速掌握并在移动智能设备和可穿戴设备上构建激动人心的实用 AR 应用程序。

本书适合想要在各平台上开发 AR 项目的开发人员、设计人员等从业者，相关 AR 技术研究者、学习者。

推荐阅读

《人工智能真好玩：同同爸带你趣味编程》

扫码了解更多

- 孩子动手玩人工智能的起步书
- 18个精选生活案例，真正理解学习编程的本意，在玩中形成计算思维能力
- 用人工智能给快乐、思维和创意升个级
- 趣味生活真实案例、配套完整讲解视频

通过18个人工智能案例，孩子会对人工智能技术有基本了解，又可以让创造力一点就燃。每个案例分多个思考阶段，效果逐步完善，循循善诱，帮助孩子培养逻辑思维、创造性思维和计算思维，去揭开人工智能的神秘面纱。

发现生活的乐趣，带着动力趣学编程知识，在玩中实际使用人工智能技术，发挥创意，你会发现编程、人工智能真好玩。

《给孩子的计算思维与编程书：AI核心素养教育实践指南》

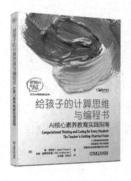

扫码了解更多

- 人工智能赋能科技教育，适合老师、家长、孩子阅读，理解如何培养计算思维，帮助未来创新者掌握AI核心素养

本书是K-12教育工作者老师、家长、青少年的计算思维入门指南，将以通俗易懂的语言帮助你了解什么是计算思维，它为什么重要，以及如何使计算融入学习。

本书讲解了计算思维的实用策略，帮助学生设计学习路径的具体指南，以及提供了将计算机科学的基础知识整合到信息课程、跨学科和课外学习的入门步骤。

对青少年人工智能、编程课的课程体系设计具有指导和借鉴作用，对教师编程教学具有启示作用。